油气田地面工程

——天然气处理工艺与设备设计

（第三版）

[美] Maurice I. Stewart　著
张明益　崔兰德　李国娜　等译

石油工业出版社

内 容 提 要

本书是集天然气处理工艺及设备设计、选型、定型、运行、检修于一体的工具书，内容涵盖了天然气从井口开始进入集气管线，再进入分离、处理、调节和加工设备直至产品外销的全过程。

本书可作为从事天然气处理的工程设计人员、管理人员、现场技术人员的参考书，也可供高等院校相关专业师生参考阅读。

图书在版编目（CIP）数据

油气田地面工程——天然气处理工艺与设备设计（第三版）/（美）毛瑞斯·斯图尔特（Maurice I. Stewart）著；张明益等译.—北京：石油工业出版社，2021.8

书名原文：Surface Production Operations：Vol 2：Design of Gas-Handling Systems and Facilities，Third Edition

ISBN 978-7-5183-4672-1

Ⅰ.①油… Ⅱ.①毛… ②张… Ⅲ.①天然气工程-地面工程 Ⅳ.①TE37

中国版本图书馆CIP数据核字（2021）第106266号

Surface Production Operations：Vol 2：Design of Gas-Handling Systems and Facilities，3rd Edition
Maurice I. Stewart
ISBN：9780123822079

《油气田地面工程—天然气处理工艺与设备设计》（第三版）（张明益 崔兰德 李国娜 等译）
ISBN：978-7-5183-4672-1

出版发行：石油工业出版社
（北京安定门外安华里2区1号楼 100011）
网 址：www.petropub.com
编辑部：（010）64523710 图书营销中心：（010）64523633
经 销：全国新华书店
印 刷：北京中石油彩色印刷有限责任公司

2021年8月第1版 2021年8月第1次印刷
787×1092毫米 开本：1/16 印张：29.5
字数：755千字

定价：236.00元
（如出现印装质量问题，我社图书营销中心负责调换）

译者前言

随着我国经济快速发展，人们对能源的需求日益增长。天然气作为一种清洁能源，已成为人们生活中不可或缺的一部分。近年来我国天然气工业迅猛发展，油田地面工程面临着更多的机遇和挑战。很多从事油田地面工程技术研究及生产管理人员，迫切需要天然气开发地面工程方面的综合性工具参考书，用于指导、解决工作中的问题。

本书全面论述天然气地面处理工艺，内容系统详尽，涉及了油田地面工程中天然气集输、处理、加工直至产品外销的全过程，详细介绍了工艺设计步骤及设备选型等内容，对从事油田地面工程设计和技术研究人员具有指导和帮助作用。

译者在翻译过程中尽量忠实于原著，但也未拘泥于原著。译文尽量做到准确表达作者本意，又兼顾中国读者的阅读习惯，同时对原著中明显的笔误或印刷错误进行了勘误。

本书共分为 11 章。第 1 章概述了天然气处理、调节和加工设施。第 2 章论述基本原理和流体特性。第 3 章、4 章论述传热理论和换热设备。第 5 章论述水合物预测和防治。第 6 章论述凝析油稳定，闪蒸以及天然气凝液回收。第 7 章主要介绍天然气脱水。第 8 章介绍甘醇脱水系统的维护、保养和故障排除。第 9 章论述天然气脱硫，从天然气中脱除酸性气体化合物（主要是 CO_2 和 H_2S）。第 10 章论述天然气组分提取，主要是乙烷、丙烷、丁烷以及天然气凝液。其中第 1 章、第 2 章、第 3 章由张明益高级工程师翻译，第 4 章、第 5 章、第 6 章由崔兰德、赵志勇高级工程师翻译，第 7 章、第 8 章、第 9 章、第 10 章由莫小伟、解鲁平、梁钊、王玉柱、陈英敦工程师共同翻译，第 11 章及序言和附录由李国娜高级工程师翻译。全书由张明益、崔兰德、李国娜统稿。

限于译者水平，翻译错误与不当之处在所难免，敬请读者批评指正。

关于本书

本书是一本集天然气处理工艺说明及处理设备设计、选型、定型、运行、检修于一体的工具书，内容全面、现代、普适性强。它是迄今为止第一本最为全面涉及天然气地面工程各个阶段的综合性图书，内容涵盖了天然气从井口开始进入集气管线，再进入分离、处理、调节和加工设备直至产品外销的全过程。本书重要的内容是天然气换热、脱水、脱烃、脱硫、水合物抑制、凝析油稳定等。

新版在老版的基础上进一步加强了其作为设备工程处理方法和标准的设计手册的使用。新版增加了一些近年出现的重要的设备机械及相关数据、图表，同时也增加了改进的技术和基本方法，指导工程师在进行设备设计时充分结合新的处理工艺。

《油气田地面工程系列丛书》的每一册都为现场工程师提供了条理清晰的设计步骤，提供了设备选型的详细说明，提供了可靠实用的图表和术语解释。设备工程师、设计师和操作者在读本书会加深在设计、定型、运行和检修地面工程设备过程中的认识，读者也会从根本上理解这些系统在设计和运行过程中的不确定性以及受到的限制和优缺点。

第三版前言

作为路易斯安那州立大学和休斯敦大学石油工程地面生产设施设计课程的教师，肯和我认识到在这个领域还没有教科书可供使用。我们从报告和已完成的设计中复制这些内容，把这些设计里的基础数据提供给学生以便他们能理解讲课内容和完成作业。更为重要的是，这些已有的资料包含了计算图表、图纸和基本理论及基本假设的经验规则。尽管本书是建立在已有的《油气田地面工程——采出液处理工艺与设备设计》基础之上，但是也有自己的基本概念和技术来选择、确定天然气处理的规模、条件和处理设施。《油气田地面工程系列丛书》前两分册出版后，我们意识到还有更多的主题需要深入讨论。因此我们又在这个系列里陆续地增加了三个分册内容。第三分册阐述了管道设施和管道系统以及泄放和排气处理系统的设计；第四分册讨论了所涉及的动设备，特别是泵、压缩机和驱动装置；第五分册论述了自控系统、过程控制、安全系统、危险分类场所的电气装置以及项目和风险管理。

本书包含了一个学期的课程或一个两周的短期课程，集中讲述天然气处理工艺、条件和设施方面的内容。确定天然气处理工艺、条件和设施的目的是分离天然气、凝析油以及气井产出的油和水，以便外销或处理。本书涉及的特殊区域包括基本原理、流体性质、换热设备、水合物预测与预防、凝析油稳定、天然气增压、脱水、酸气处理和天然气加工工艺。如同第一分册涉及的主题对于原油和天然气处理生产设施均适用，如安全防护系统。

本书主要讲述现代普遍常用的做法。笔者和同事亲自参与了全球的这些现代化设施的设计和故障排除。毫无疑问，我们会被经验和不足所左右。我们为所遗漏的内容或与你对设备的观点看法不一致而道歉。我们也从学生那里学到了很多，同时也感谢能收到你对以后版本修订所提出的宝贵意见。

毛瑞斯·斯图尔特

第三版致谢

十分感谢肯·阿德诺在第一分册《采出液处理工艺与设备设计》和第二分册《天然气处理工艺与设备设计》中所表现出来的洞察力、学识和指导建议。没有他的无私奉献，第一分册和第二分册是不可能完成的任务。肯和我也万分感谢在过去三十年里那些为我们提供这两卷观点和见解的公司和个人。没有他们的慷慨相助，第一分册和第二分册也无疑是空中楼阁。最后感谢 Heri Wibowo 为本书所做的起草和协调工作，以及他为本书二分册第三版出版所做的一切工作！

毛瑞斯·斯图尔特

目　　录

1 天然气处理、调节和加工设施概述

天然气处理与加工的目的是将气井所产天然气、凝析油或原油与水分离，并将这些流体处理合格后销售或排放。

图 1.1 是天然气井生产设施简化框图。每个主要框图描述如下。

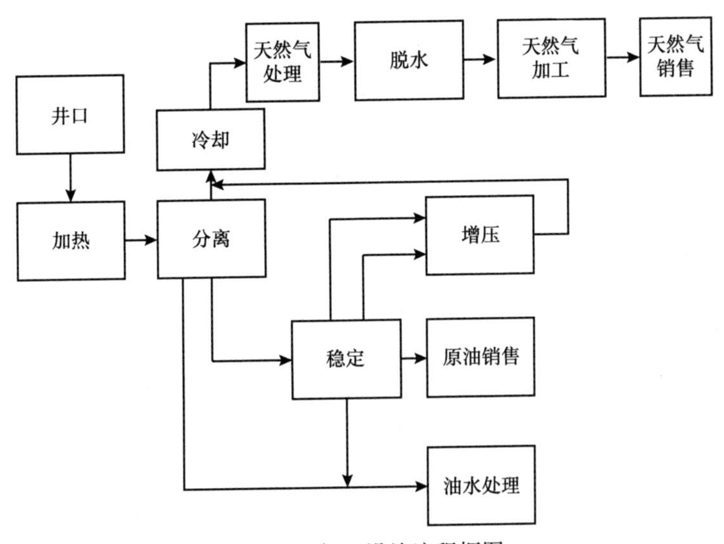

图 1.1 气田设施流程框图

1.1 加热

井流物在初步分离之前可能需要加热。气井压力较高，关井油管压力为 5000～15000psig，油管流动压力常常超过 3000psig。所以需要将井口压力降至与地面设施和管线适应的压力。

井口安装油嘴来控制流量。当流体节流降压时，气体膨胀，温度降低，液体凝结。当温度低到一定程度，将形成水合物。水合物是由碳氢化合物和水分子组成的晶状固体，在有气态烃类和液态水存在的情况下形成，形成温度明显高于水的冰点温度。水合物能堵塞流体管线、油嘴及下游设备，降低容器和管线的容积。因此高压气井流体可能需要在节流前加热至水合物形成温度以上，或者在油嘴将其压力从井口压力降至分离压力后立即加热。关于水合物更详细的论述请参考本书第 5 章。

1.2 分离

高压分离器的作用是分离天然气中的固体杂质及液态烃。一般情况下，如果井口流动压力足够高，则分离器的设定压力应高于商品天然气管网压力，使天然气经过制冷、处理及脱水等工艺产生一定的压降后，仍可达到所需要的销售压力。

通常在天然气处理厂，设置原料气高压分离器，利用地层能量，使天然气经过处理及加工后外输。在开采前期，很少出现油压低于天然气销售压力的气井。随着开发时间的增加，油压会下降，需要在天然气处理前增加压缩机。起始分离通常是三相分离，分离器的尺寸由气量决定，同时考虑为三相分离提供足够的液体停留时间。

1.3 冷却

若天然气温度较高，油嘴下游的温度也较高，则高压分离器上游就不需要设置加热设施。对于高温高压气井，高压分离器气相温度将超出下游处理工艺的适用温度，则需进行冷却。酸气处理和脱水工艺存在最高适用温度，若高压分离器气相温度过高，天然气将携带更多的气态水，增加下游脱水系统的负荷，这将导致系统运行费用高于天然气在前端进行冷却的工况。此外，进气温度高将严重限制下游压缩机排气压力与吸入压力之比。因此，对于高温高压气井，天然气在压缩、处理或脱水之前应进行冷却。

比较典型的冷却器有空冷器和管壳式换热器，管壳式换热器使用海水或冷却循环水冷却。理想的天然气进站温度在 80~110℉（27~43℃）之间。

通常在气井开采早期，油压较高，油嘴温降较大时，需要加热。随着气田的开采，气井产液量上升，油压下降，则天然气需要冷却。对于相同的压降，液体比气体产生的温降更小。

1.4 稳定

初始分离器的液相通过降压闪蒸（多级闪蒸分离）或精馏来实现稳定，其中精馏是通过降压和加热共同作用来实现的（凝析油稳定）。大部分水分在分离过程中被去除。稳定凝析油蒸气压较低，可以在常压下存储，在货车、火车、驳船或轮船运输过程中，不会挥发出较多的蒸气。对于管道输送的液体同样需要稳定，同样存在蒸气压的限制。

烃类液体的稳定最大限度地回收了中间烃类组分（C_3—C_6）。凝析油稳定在本书第 6 章进行论述。

分离、稳定工艺脱除的水和凝析油需要分离、处理和排放。

1.5 压缩

稳定工艺产生的轻组分比高压天然气压力低，需要增压至高压分离器的压力，与高压分离器气相混合后进行下一步处理。常用的压缩机有往复式压缩机和离心式压缩机。若压缩功率较低，特别是油库储罐天然气的增压（烃蒸气回收），通常使用螺杆或叶片式压缩机。

1.6 天然气净化

商品天然气中应脱除无用组分。脱除无用组分可提高管线的输送效率，有利于用户燃气设备的运行。因此，天然气销售合同通常包含考虑天然气质量的条款，并且采用周期性的检验来保证卖方实现这些要求。

酸性气体中，二氧化硫（H_2S）和二氧化碳（CO_2）是常见的无用组分，需要脱除。含有 H_2S 的天然气通常称为“酸气”。如果天然气中不含 H_2S，或者 H_2S 已经被脱除，则称为“甜气”。脱除 H_2S 的工艺称为“脱硫”。同时脱除 H_2S 和 CO_2 的工艺称为“酸气处理”，但是有时 酸气处理也可指单独脱除 H_2S，单独脱除 CO_2，或者同时脱除。

H_2S 和 CO_2 在有水的环境下腐蚀性很强，CO_2 溶于水形成腐蚀性较强的碳酸。H_2S 可能导致钢的氢脆。此外，H_2S 在很低的浓度下有剧毒。在天然气销售过程中，买方指定 CO_2 和 H_2S 的最大允许浓度。CO_2 体积分数的正常限度在 2%～4%，H_2S 的正常限度是 0.25gr①/100ft^3 或 4mL/m^3（体积分数）。其他无用组分还有氮气。因为氮气本身没有热值，会降低天然气的热值。买方会设定热值的最低限值（通常是 950Btu/ft^3），有时需要脱除氮气来满足这一条件。脱除氮气可使用超低温装置或渗透膜来实现。

胺液吸收法是天然气脱除 H_2S 和 CO_2 的一种常见工艺，该工艺使用板式或填料式接触塔，当酸气通过胺液时，H_2S 和部分 CO_2 将被吸收。然后胺液进入提馏塔进行再生，脱除 H_2S 和 CO_2。从天然气中脱除酸气的工艺有多种，第 9 章将更详细描述这些工艺。

1.7 天然气脱水

气井生产的天然气通常含有饱和水。大部分天然气脱硫脱碳工艺也使天然气中含有饱和水。天然气增压或冷却时，水蒸气会变为液态或固态，给天然气处理带来一定困难。首先，液态水加剧了管线和设备的腐蚀；其次会形成水合物堵塞阀门、管件甚至管线；液态水还会在管线的低点聚集，降低管线的输量。因此，天然气销售合同中规定商品天然气应进行脱水处理。

天然气脱水后，水露点（水从气相凝结成液相的温度）会降低。美国墨西哥湾沿海常用脱水指标是每百万标准立方英尺天然气中含 7lb 水蒸气（7lb/10^{6}ft^3）。即天然气在 1000psi 压力下的水露点为 32℉左右。在美国北部、加拿大、北欧和北亚，天然气销售合同中要求的水露点指标更低。水含量一般为 4lb/10^{6}ft^3，即天然气在 1000psi 压力下的水露点为 0℉（−18℃）左右。如果天然气需要深冷处理，如深冷天然气处理厂，则需要脱水至 1mL/m^3。脱水工艺常采用乙二醇脱水工艺。其他方法包括固体干燥剂吸附、制冷和膜分离。关于天然气脱水更详细的论述请参考第 7 章和第 8 章。

1.8 天然气处理

虽然从天然气中脱除乙烷、丙烷、丁烷等组分会降低天然气的热值，但为了实现更高的经济价值，通常将乙烷、丙烷、丁烷等组分提取出来。当天然气销售管道直接为居住区或商业区供燃料气时，销售合同将限制天然气的热值，即使提取工艺并不经济合理，天然气仍需要处理来使其热值降至最低。

天然气处理以天然气凝液（NGL）或液化石油气（LPG）的形式回收液态烃类。NGL 是液态烃类，在环境温度下脱除重组分的天然气，可进一步分离出天然气凝液，例如乙烷、丙烷、丁烷和稳定轻烃等。

---

① 1gr = 64.7989mg。

第10章讨论生产NGL或LPG最常用的工艺，如J-T阀、制冷或者低温处理。处理后的贫气可作为燃料、重新注入储层或进入管道销售。

为便于通过汽车、火车、驳船或轮船运输，大部分由甲烷组成的天然气可以在超低温状态下冷却成液体，称为液化天然气（LNG）。天然气液化需要特殊的工艺和设备。LNG工厂的设计和运行超出本书的范畴。

在天然气和石油处理的整个过程中，必须确保设备能够承受其所受的最大压力。

安全是任何的工厂设计都必须考虑的重要部分，本书第11章重点论述安全分析及安全系统设计。

表1.1为某个气田的实例。本书许多部分所涉及的工程实例计算均按以下参数进行。

表1.1　气田示例

参数	数值
Q_g—气体流量（10口井）	$100\times10^6ft^3/d$
SIBHP—关井井底压力	8000psig①
SITP—关井油管压力	5000psig
初始FTP—初始油管流动压力	4000psig
最终FTP—最终油管流动压力	1000psig
初始FTT—初始油管流动温度	120℉
最终FTT—最终油管流动温度	175℉
BHT—井底温度	224℉
分离器气相组分（1000psia）②	
成分	摩尔分数,%
CO_2	4.03
N_2	1.44
C_1	85.55
C_2	5.74
C_3	1.79
iC_4	0.41
nC_4	0.41
iC_5	0.20
nC_5	0.13
C_6	0.15
C_{7+}	0.15
H_2S	19mL/L

①表压。

②绝对压力。

对于C_{7+}分子量=147，p_c=304psia，T_c=1112°R

凝析油—60bbl/10^6ft^3，52.3°API

初始游离水产量——0bbl/10^6ft^3

后期游离水产量——15bbl/10^6ft^3（在地面工况下）

天然气销售条件——1000psi，7 lb/10^6ft^3，0.25gr H_2S，2%CO_2

2 基础原理

2.1 概述

在介绍天然气处理工艺、设备及设计之前，先介绍一下基本原理和流体性质，以及常见的流体计算过程、转换和操作。

2.2 流体分析

典型气井的流体组分见表 2.1。表中只给出了烷烃组分，且所有的庚烷及分子量大于庚烷的组分都视为庚烷+。但在实际生产中，组分中只有烷烃是不准确的。有时，设计人员需要更多的组分信息和更完整的组分分析数据来进行模拟计算，但是从实际角度来看，这些主要组分的精确含量对设备的大小没有太大影响。并且流体样本通常也不能完全还原在新油井钻探和储层条件变化时的真实工况。若为优化设计而选取精确的组分数据，也会降低处理设施对工况变化的适应性。

表 2.1 气井的流体组分

组分	摩尔分数，%	组分	摩尔分数，%	组分	摩尔分数，%
甲烷	35.78	正丁烷	10.71	庚烷+	3.24
乙烷	21.46	异戊烷	3.81	氮气	0.20
丙烷	1.40	正戊烷	3.07	二氧化碳	1.66
异丁烷	5.35	己烷	3.32	总计	100.00

2.3 物理属性

若要得到精确的计算数据，确定流体的物理属性至关重要。流体的物理和化学属性取决于压力、温度和组分。

大多数井流物含有大量的烃类混合物，还有不同数量的混合物，例如硫化氢、二氧化碳和水。

混合物分子的性质越相似，整体呈现的规律越有序。一个完全由简单分子组成的纯组分体系，如甲烷组分体系，其反应是可预测的，可修正的。

计算精度按以下顺序依次下降：

(1) 纯组分系统；

(2) 同源系列的分子混合物；

(3) 不同源系列的分子混合物；

(4) 含烃化合物或含碳、氧混合物。

单组分体系的相态可以用曲线准确地表述出来。对于其他组分体系，必须使用压力/体积/温度（PVT）状态方程或加权平均。加权平均表示某一组分在混合物中权重的相对占比，分子越不相似，计算准确度越差。表 2.2 列出了一些烷烃系列的物理性质。

表 2.2　烷烃的物理性质

组分	甲烷	乙烷	丙烷	异丁烷	正丁烷	异戊烷	正戊烷	正己烷	正庚烷	正辛烷	正壬烷	正癸烷
分子量	16.043	30.070	44.097	58.124	58.124	72.151	72.151	86.178	100.205	114.232	128.259	142.286
沸点,℉（14.696psia）	−258.73	−127.49	−43.75	10.78	31.08	82.12	96.92	155.72	209.16	258.21	303.47	345.48
冰点,℉（14.696psia）	−296.44	−297.49	−305.73	−255.28	−217.05	−255.82	−201.51	−139.58	−131.05	70.18	−64.28	−21.36
蒸气压，psia（100℉）	（5000.0）	（800.0）	188.4	72.58	51.71	20.445	15.574	4.960	1.620	0.5369	0.1795	0.0609
液体密度（60℉，14.696 psia）												
相对密度（60℉）	（0.3）	0.3562	0.5070	0.5629	0.5840	0.6247	0.6311	0.6638	0.6882	0.7070	0.7219	0.7342
°API	（340.0）	265.6	147.3	119.8	110.7	95.1	92.7	81.60	74.08	68.64	64.51	61.23
绝对密度，lb/gal（真空）	（2.5）	2.970	4.227	4.693	4.870	5.208	5.262	5.534	5.738	5.894	6.018	6.121
表观密度，lb/gal（空气）	（2.5）	2.960	4.217	4.683	4.861	5.198	5.252	5.524	5.729	5.885	6.008	6.112
气体密度（60℉，14.696 psia）												
相对密度（空气为 1）	0.5539	1.0382	1.5225	2.0068	2.0068	2.4911	2.4911	2.9755	3.4598	3.9441	4.4284	4.9127
理想气体，$lb/10^3ft^3$	42.28	79.24	116.20	153.16	153.16	190.13	190.13	227.09	264.06	301.02	337.98	374.95
体积（60℉，14.696psia）												
液体，gal/mol	（6.4）	10.13	10.43	12.39	11.94	13.85	13.72	15.57	17.46	19.38	21.31	23.45
液体，理想气体，gal/ft^3	（59.1）	37.48	36.375	30.64	31.79	27.39	27.67	24.37	21.73	19.58	17.81	16.33
真空中气体比例（气体/液体）	（442.0）	280.4	272.1	229.2	237.8	204.9	207.0	182.3	162.6	146.5	133.2	122.2
临界条件												
温度,℉	−116.67	89.92	206.06	274.46	305.62	369.10	385.8	453.6	512.7	564.22	610.68	652.0
压力，psia	666.4	706.5	616.0	527.9	550.6	490.4	488.6	436.9	396.8	360.7	331.8	305.2

续表

组分	甲烷	乙烷	丙烷	异丁烷	正丁烷	异戊烷	正戊烷	正己烷	正庚烷	正辛烷	正壬烷	正癸烷
总热值（60℉）												
液体，Btu/lb	-	22，181	21，489	21，079	21，136	20，891	20，923	20，783	20，679	20，607	20，543	20，494
气体，Btu/lb	23，891	22，332	21，653	21，231	21，299	21，043	21，085	20，942	20，838	20，759	20，700	20，651
理想气体，Btu/ft^3	1016.0	1769.6	2516.1	3251.9	3262.3	4000.9	4008.9	4755.9	5502.5	6248.9	6996.5	7742.9
液体，Btu/gal	-	65，869	90，830	98，917	102，911	108，805	110，091	115，021	118，648	121，422	123，634	125，448
燃烧单位体积理想气体所需的空气体积	9.54	16.71	23.87	31.03	31.03	38.19	38.19	45.35	52.52	59.68	66.84	74.00
可燃性极限（100℉，14.696psia）												
空气中含量下限值，%（体积分数）	5.0	2.9	2.0	1.8	1.5	1.3	1.4	1.1	1.0	0.8	0.7	0.7
空气中含量上限值，%（体积分数）	15.0	13.0	9.5	8.5	9.0	8.0	8.3	1.7	7.0	6.5	5.6	5.4
气化热（沸点，14.696psia）												
Btu/lb	219.45	211.14	183.01	157.23	165.93	147.12	153.57	143.94	163.00	129.52	124.36	119.65
比热容（60℉，14.696psia）												
气体 C_p，Btu/（lb·℉）	0.5267	0.4078	0.3885	0.3867	0.3950	0.3844	0.3882	0.3863	0.3845	0.3833	0.3825	0.3818
气体 C_v，Btu/（lb·℉）	0.4029	0.3418	0.3435	0.3525	0.3608	0.3869	0.3607	0.3633	0.3647	0.3659	0.3670	0.3678
气体比热容比 $K=C_p/C_v$	1.307	1.193	1.131	1.097	1.095	1.077	1.076	1.064	1.054	1.048	1.042	1.038
液体 C_p，Btu/（lb·℉）	-	0.9723	0.6200	0.5707	0.5727	0.5333	0.5436	0.5333	0.5280	0.5241	0.5224	0.5210

体系中都会含有一定量的液态水或气态水。液态水与液态烃类是不相溶的，但在不同的压力和温度下，一些水蒸气将存在于烃类气相中。因为常规的相态计算不适合水相，因此采用特殊的计算。

状态方程［式（2.1）］使用临界点处的 p、V、T。纯组分体系有唯一的临界点。

对于纯组分体系，临界值代表气液两相存在时的最大压力 ρ_o 和最高温度 T_C。在临界压力 p_c 和临界温度 T_c 之上只有单相存在。对于混合物，准临界值的计算仅仅是相关常数而不是相图上的点。

2.3.1 状态方程

下列方程适用于大多数烃类系统的计算。有关 p、V 和 T 的方程称为状态方程。理想气体状态方程有时称为理想气体法则或一般气体法则，表达式为

$$pV=nRT \tag{2.1}$$

式中 p——绝对压力；

V——体积；

n——气体物质的量；

R——通用气体常数；

T——绝对温度。

状态方程（2.1）在低于60psia压力下适用。当压力超过这个值时，计算准确度降低，系统被认为是非理想气体。表2.3列出了不同单位制下的气体常数值。

表2.3 通用气体常数

p	V	T	R
kPa	m^3	K	8.314kPa·m^3/(kmol·K)
MPa	m^3	K	0.00831MPa·m^3/(kmol·K)
bar	m^3	K	0.08314bar·m^3/(kmol·K)
psi	ft^3	R	10.73psia·ft^3/(lb·mol·°R)
lbf/ft^2	ft^3	R	1545psia·ft^3/(lb·mol·°R)

2.3.2 分子量与表观分子量

物质的量定义为

$$物质的量=\frac{质量}{摩尔质量} \tag{2.2}$$

表达为

$$n=\frac{m}{M} \tag{2.3}$$

或用单位表达为

$$\mathrm{mol}=\frac{\mathrm{lb}}{\frac{\mathrm{lb}}{\mathrm{mol}}}\frac{\mathrm{g}}{\left(\frac{\mathrm{g}}{\mathrm{mol}}\right)} \tag{2.4}$$

分子量是存在的各种元素的原子量之和。

例 2.1：分子量计算

求 C_2H_6 分子量。

解答：

元素	原子个数	原子质量
C	2	12
H	6	1
分子量		

C_2H_6 分子量 $=12\times2+1\times6=30$。

以上是单一组分的计算，下面介绍烃类混合物计算。首先介绍一下表观分子量和相对密度。准确地说烃类混合物没有分子量，表观分子量指各组分的分子量乘以该组分摩尔分数的和。

$$M=\sum Y_iM_i \tag{2.5}$$

式中 Y_i——第 i 个组分的摩尔分数；

M_i——各组分的分子量，$\sum y_i=1$。

下面举例说明表观分子量计算方法。

例 2.2：计算干空气的表观分子量。干空气是氮气、氧气和少量氩气混合气体。

已知：

空气组成如下。

组成	摩尔分数
氮	0.78
氧	0.21
氩	0.01
合计	1.00

解答：

(1) 从物理常数表中查找每个组分的分子量。

$M_N=28$；$M_O=32$；$M_A=40$

(2) 把每个组分的摩尔分数乘以它的分子量。

$M_{AIR}=\sum_{Yi}M_i=y_NM_N+y_OM_O+y_AM_A=0.78\times28+0.21\times32+0.01\times40=29$

2.3.3 气体相对密度

气体的相对密度是指气体的密度与标准状况下空气密度的比值。

$$S=\frac{\rho_g}{\rho_{air}} \tag{2.6}$$

式中 ρ_g——气体密度；

ρ_{air}——空气密度。

两种密度必须在相同压力和温度下计算，通常选择标准状况。

也可以用分子量计算，如式（2.7）：

$$S=\frac{M_g}{29} \tag{2.7}$$

例 2.3：用下列组分计算天然气相对密度

已知：

组成	摩尔分数 yi
甲烷（C_1）	0.85
乙烷（C_2）	0.09
丙烷（C_3）	0.04
正丁烷（nC_4）	0.02
合计	1000

2.3.4 非理想气体状态方程

理想气体状态方程描述了实际气体在低压条件下的状态变化，但在高压条件下计算结果偏差较大。因此开发出多种 PVT 方程来描述非理想、实际气体状态变化。不同方程根据经验来设定不同的经验常数。但是没有一个固定的方程对所有气体混合物都适用。方程的数量与关联变量的数量相同，在某些情况下，这些方程已经超过它们所确定的组分，导致数据缺乏准确性。

理想气体状态方程可近似为可压缩气体方程，将方程中的“nRT”部分乘以 Z：

$$pV=ZnRT \tag{2.8}$$

其中：

$$Z=\frac{实际天然气体积}{理想气体体积} \tag{2.9}$$

如果气体可视为理想气体，那么“Z”因子就是 1.0。大多数天然气 Z 值范围为 0.8~1.2。天然气压缩因子可以从图 2.1 至图 2.6 中近似得到，图中数据来自 GPSA 工程数据手册。

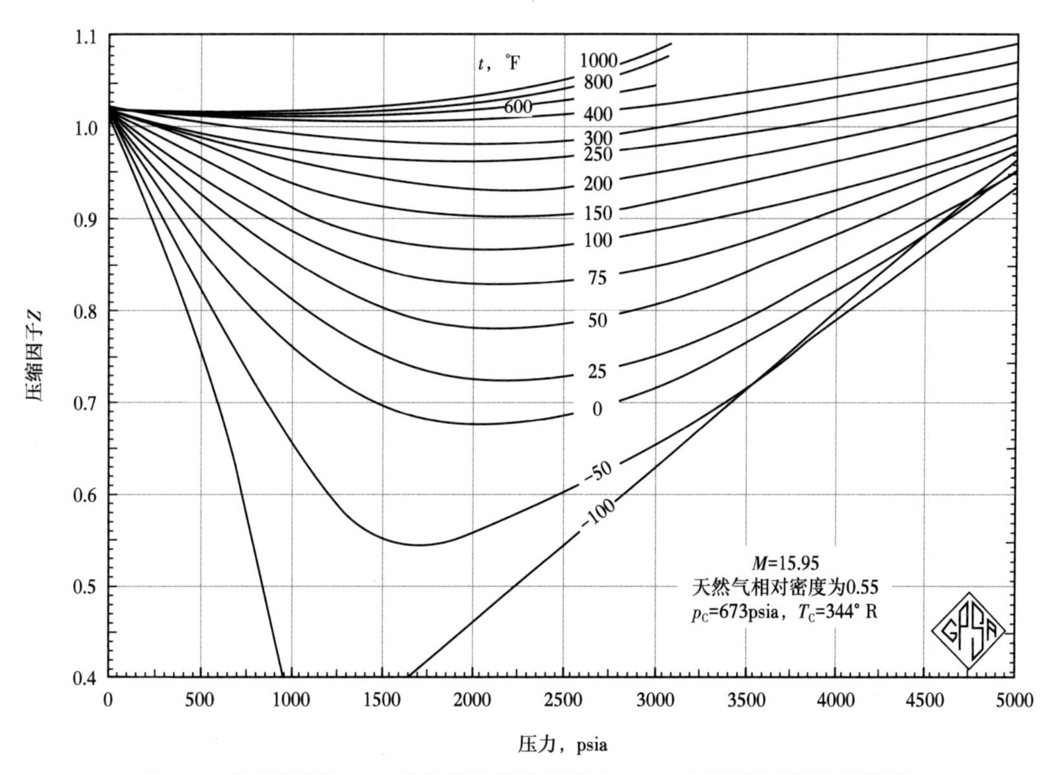

图 2.1　相对密度为 0.55 的天然气压缩因子（GPSA 工程数据手册提供数据）

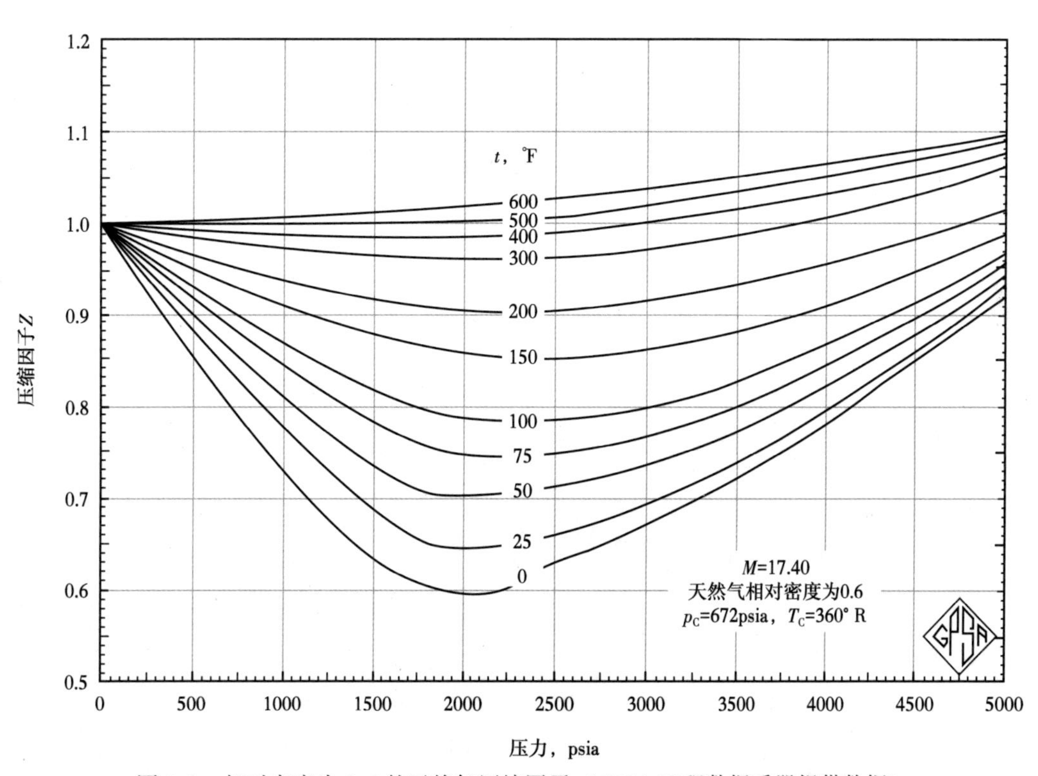

图 2.2　相对密度为 0.6 的天然气压缩因子（GPSA 工程数据手册提供数据）

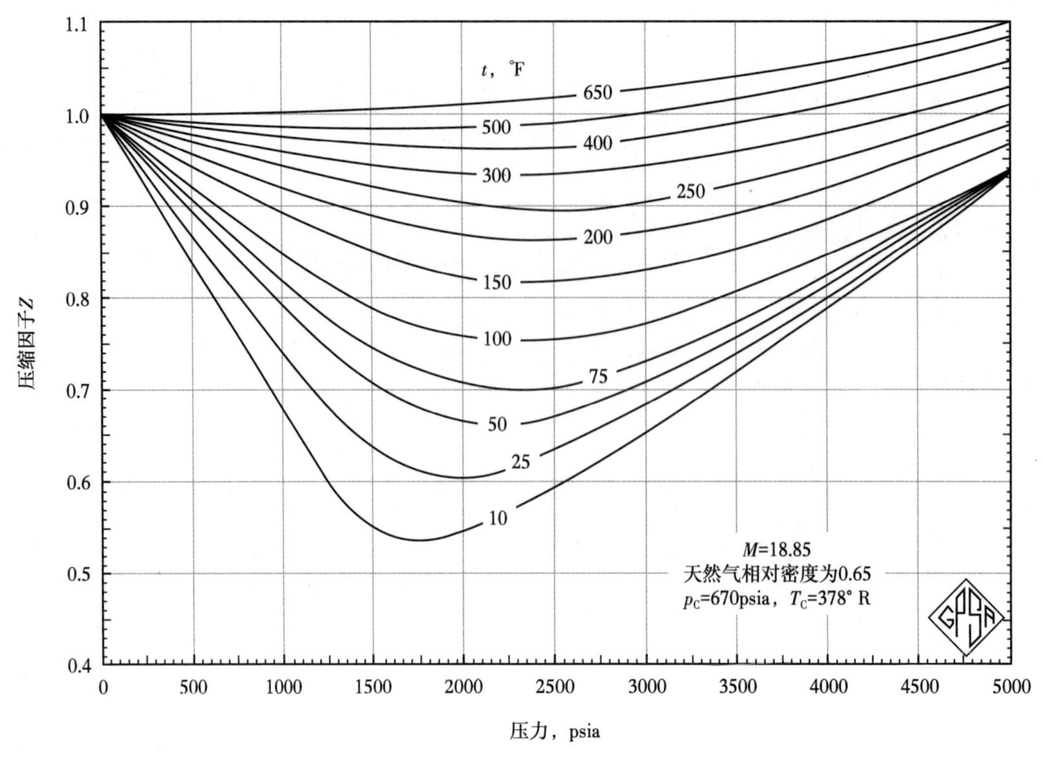

图 2.3　相对密度为 0.65 的天然气压缩因子（GPSA 工程数据手册提供数据）

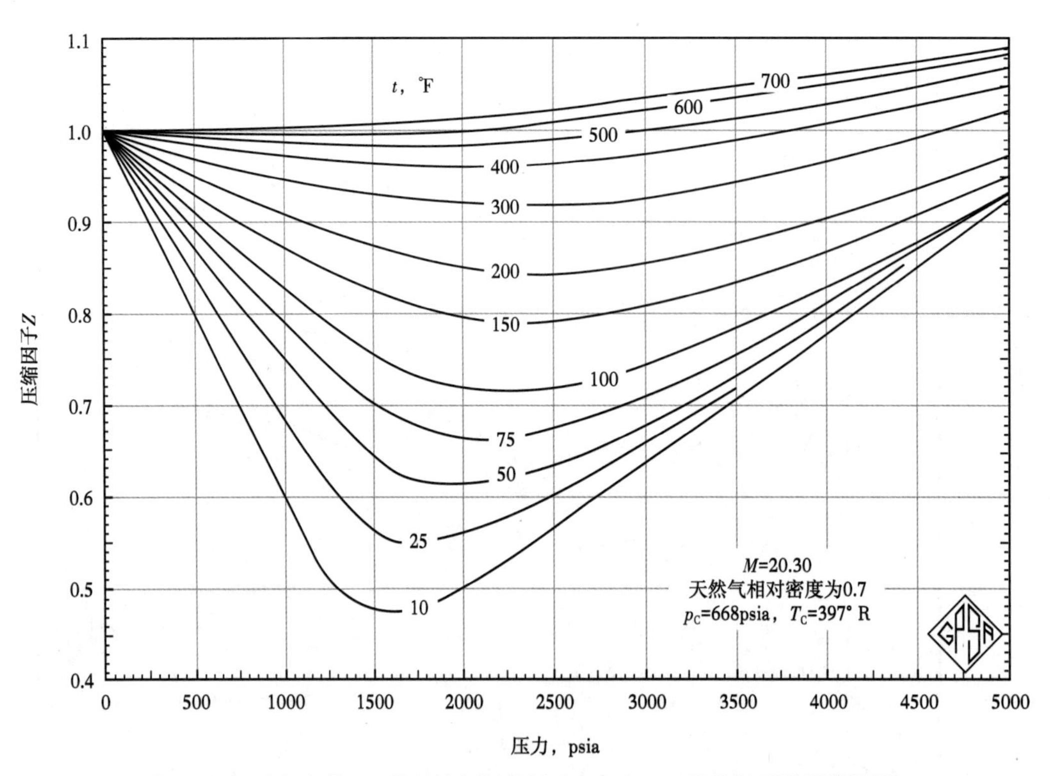

图 2.4　相对密度为 0.7 的天然气压缩因子（GPSA 工程数据手册提供数据）

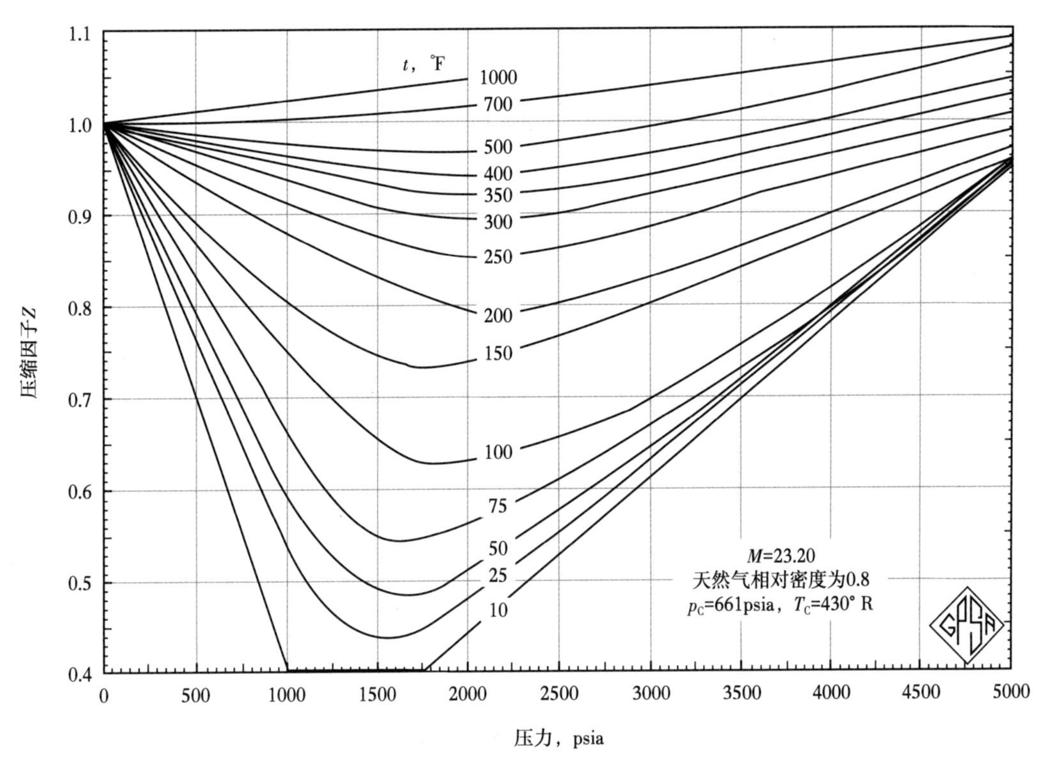

图 2.5　相对密度为 0.8 的天然气压缩因子（GPSA 工程数据手册提供数据）

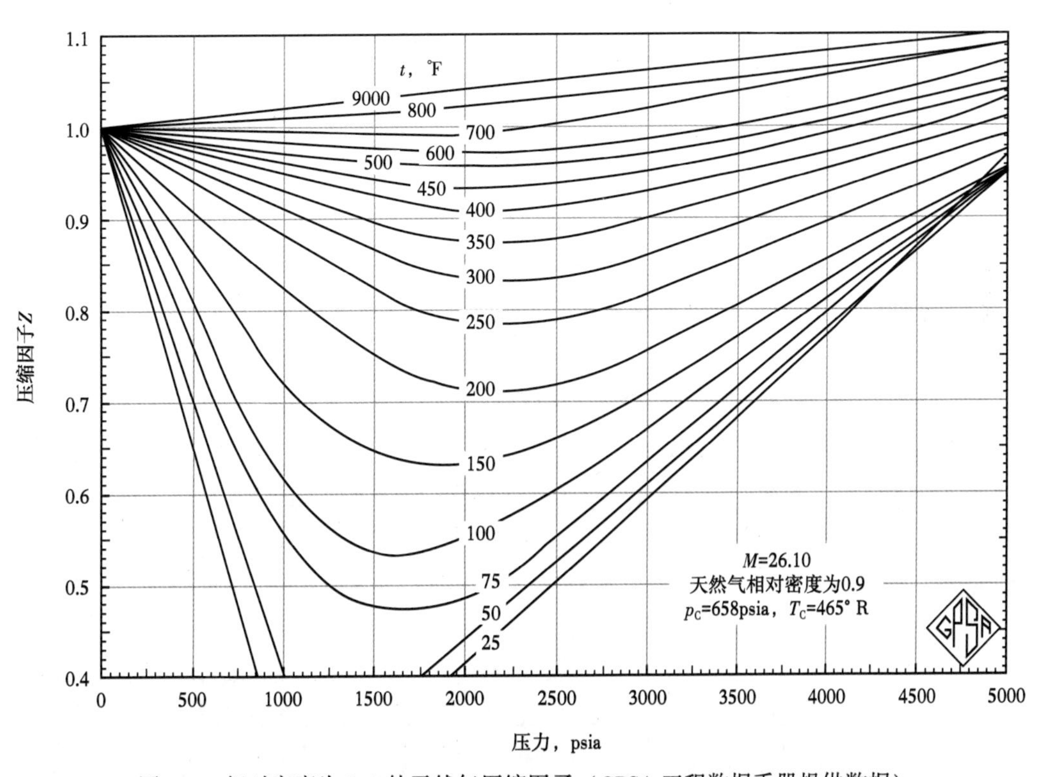

图 2.6　相对密度为 0.9 的天然气压缩因子（GPSA 工程数据手册提供数据）

2.3.5 液体密度和相对密度

液体相对密度是液体在60℉的密度与纯水在60℉时的密度比。

$$SG=\frac{\rho_1}{\rho_w} \tag{2.10}$$

式中 SG——液体相对密度；

ρ_1——液体密度；

ρ_w——60℉水的密度。

式中原油密度由美国石油学会（API）确定。

$$SG=\frac{141.5}{131.5+°API} \tag{2.11}$$

$$°API=\frac{1415}{SG}-131.5 \tag{2.12}$$

在大多数计算中，液体相对密度通常与实际温度和压力有关。如图2.7所示，在不改变相态的情况下，液体相对密度随温度升高而减小。在工艺设施计算中，如果相态不发生变化，压力变化引起的相对密度变化可以忽略不计。

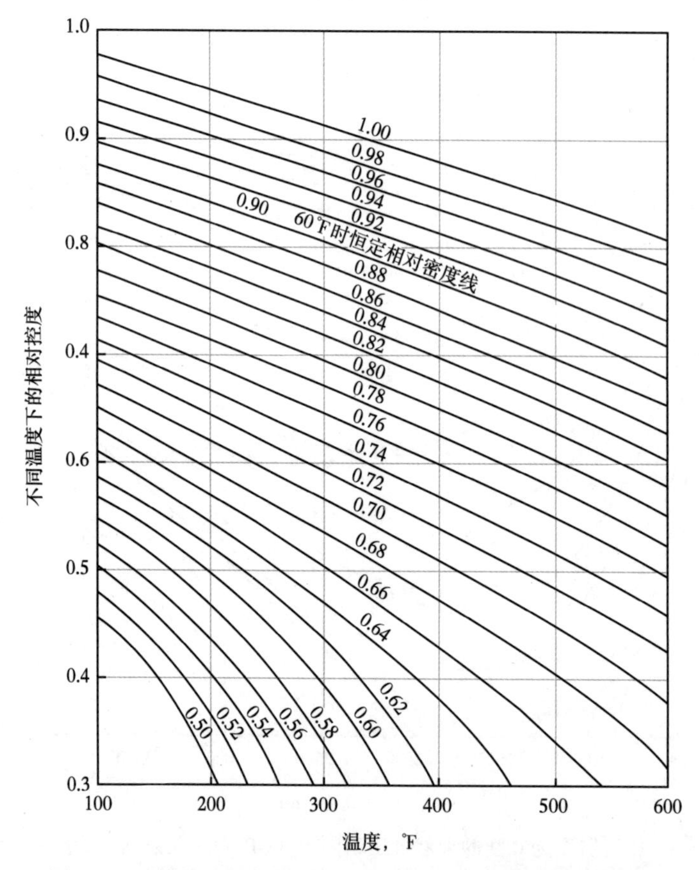

图2.7 石油馏分近似相对密度（GPSA工程数据手册提供）

对于相态变化较大的烃类混合物，已知液体 API 度，在图 2.8 中可得到给定压力和温度下的相对密度。

图 2.7 和图 2.8 中是液体组分的近似计算。当对烃类混合物进行精确计算时，必须考虑随着压力的降低和温度的升高而引起的气体减少。因此，在恒压条件下加热，相对密度会随着轻组分的减少而增加。流体分子组成的变化在“闪蒸计算”中会考虑到，详细内容在后面章节进行介绍。

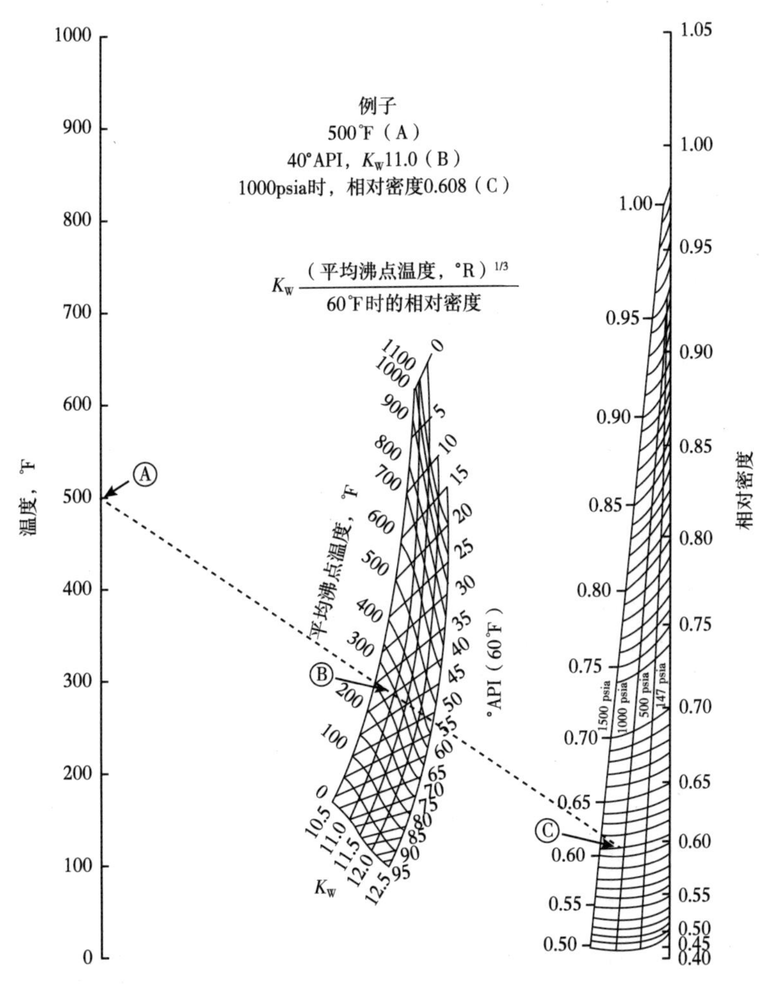

图 2.8　石油馏分近似相对密度（由石油制造商：Ritter，Lenory，Schweppe，1958 提供）

2.3.6　液体体积

1bbl = 42gal（美）= 35gal（英）= 5.61ft^3 = 0.159m^3 = 159L

2.3.7　黏度

黏度是流体对流动所表现的阻力。黏度是流量方程和工艺设备尺寸计算过程中的一个重要属性。因其具有动态特性，只能在流体运动时才能测量。黏度是表示相邻流体层由于吸引力所产生的阻力值，可看作是分子间的内摩擦力，与流体和管壁之间产生的摩擦不同。

$$1cP = 0.01g/cm \cdot s = 1mPa \cdot s = 10^{-3}Pa \cdot s$$

黏度有两种表现形式：绝对（动力）黏度和运动黏度。

这些表达式由下式表示：

$$\nu = \frac{\mu}{\rho} \tag{2.13}$$

式中 μ——绝对黏度；

ν——运动黏度；

ρ——密度。

$$1cSt = 0.01cm^2/s = 1.0 \times 10^{-6}m^2/s$$

流体黏度随温度变化而变化。液体黏度随温度升高而减小，气体黏度随温度升高先减小后增大。

若已知气体在标准条件下的相对密度，图 2.9 可用于估算烃类气体在不同温度和压力下的黏度。当气体组分未知时，也能确定气体黏度。图中数据不能校正硫化氢、二氧化碳和氮气，但是可以估算高压条件下的黏度。但是这仅是近似计算，结果不如其他计算方法

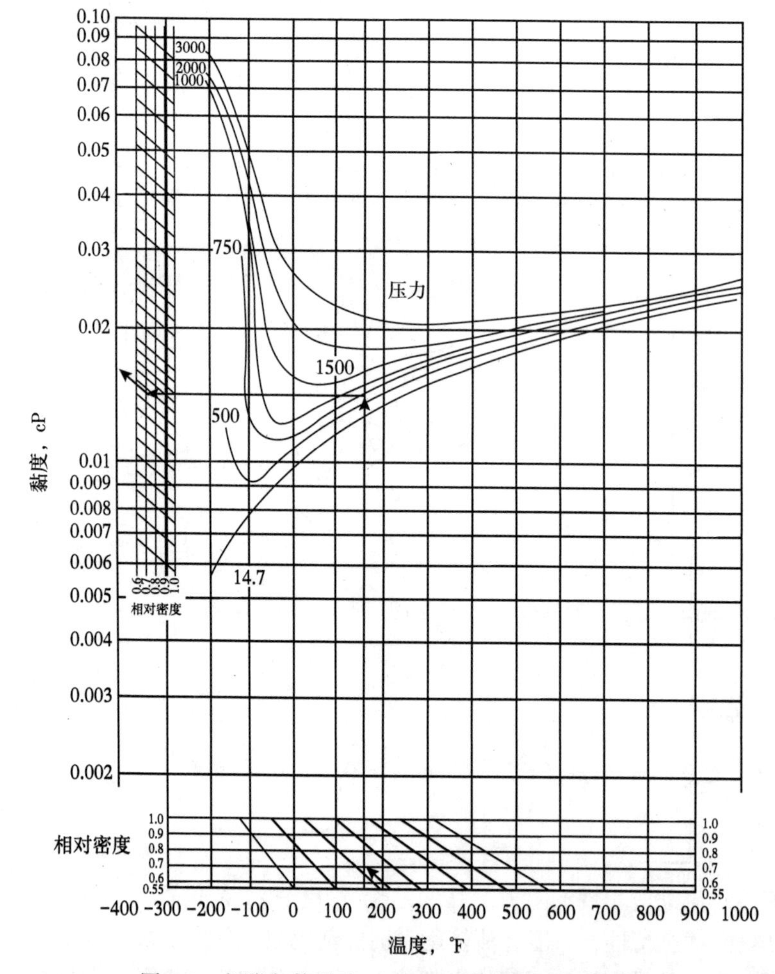

图 2.9 烃类气体黏度（GPSA 工程数据手册提供）

准确，但对于大多数工程计算来说，图 2.9 给出的结果误差在可接受的范围之内。因为气体分子之间的距离大，与液体黏度相比，气体黏度非常低。

测量是确定原油在任意温度下黏度的最佳方法。若黏度未知，可以用图 2.10 作粗略近似。若已知某一温度下液体的黏度，则根据图 2.10 可以确定液体在其他温度下的黏度，方法是画一条与所示直线平行的直线。但要确保原油的倾点不在关注的温度范围内。否则，黏温曲线将变成如图 2.11 中原油“B”中所示。

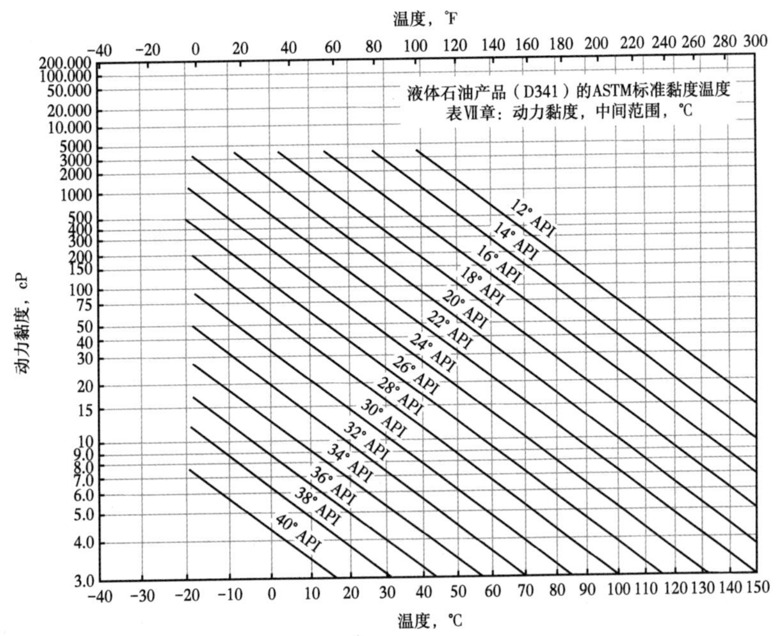

图 2.10 原油黏度随重力和温度的变化（Paragon 工程服务公司提供）

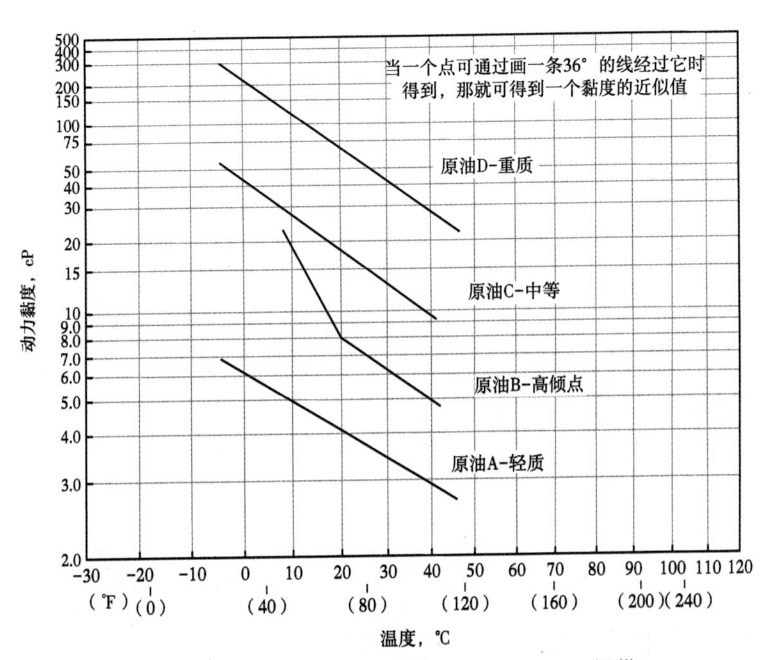

图 2.11 典型的原油黏温曲线（ASTM D-341 提供）

固态高分子碳氢化合物，又称石蜡，可以显著影响原油样品的黏度。浊点是原油样品开始出现可见石蜡的温度。图 2. 11 为原油“B”在浊点对温度—黏度曲线的影响。这种温度—黏度关系变化会导致估算中出现显著的误差。因此，在估算浊点附近黏度时要小心。

倾点是原油变成固态并停止流动的温度，可根据美国材料试验学会（ASTM）的固定程序（D97）测量。对靠近倾点的黏度估计是不准确的，应给予修正。

采出水的黏度取决于水中溶解固体的量和温度，一般情况下，50℉下的黏度在 1. 5~2cP 之间，100℉下的黏度在 0. 7~1cP 之间，150℉下的黏度在 0. 4~0. 6cP 之间。

当水和油的乳化液形成时，混合物的黏度可能大于水或者油的黏度。图 2. 12 显示了南路易斯安那油田开采的油和水混合物的一些实验数据。将采出的水和油剧烈混合，测定水在不同比例时混合物的黏度。对于含水率 70%时，乳化液在读出黏度值之前就开始消失，而对于含水率大于 70%时，一旦停止搅拌，油和水就开始分离。因此，在含水率为 0~70%时，油不再是连续相，而水是连续相。

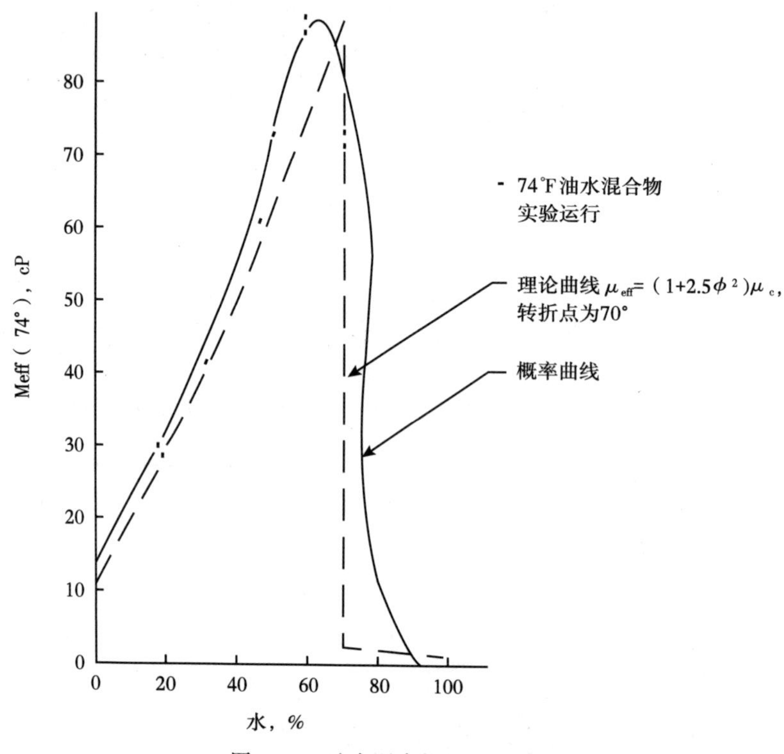

图 2. 12　油水混合物的有效黏度

图 2. 12 所示的实验室数据曲线与修正的 Vand 方程在转折点为 70%的结论上是一致的。这个方程可以用来确定油水混合物的有效黏度，并写成

$$\mu_{eff}=(1+2.5\phi+10\phi^2)\mu_c \tag{2.14}$$

式中　μ_{eff}——有效黏度；

μ_c——连续相黏度；

ϕ——不连续相体积分数。

2.4 闪蒸计算

烃类混合物在处理过程各节点存在气相和液相的量可由闪蒸计算来确定。对于给定的压力和温度，气相中的每个组分不仅取决于压力和温度，还取决于组分的分压。因此，气体的量取决于液体的总组成，因为气相中任何一个组分的摩尔分数是气相中其他组分摩尔分数的函数。

为了便于理解，给每个组分定义一个平衡值“K”。K 值是温度、压力以及气液相组成的函数。

$$K_N = \frac{V_N/V}{L_N/L} \tag{2.15}$$

式中 K_N——N 在给定温度和压力下为常数；
V_N——组分 N 在气相中的物质的量；
V——气相总物质的量；
L_N——组分 N 在液相中的物质的量；
L——液相的总物质的量。

如图 2.13 所示，GPSA 提供了烃类混合物中重要组分的 K 值图。K 值代表特定的“会聚”压力。GPSA 工程数据手册给出了会聚压力的计算过程，该计算是基于模拟二元流体体系，该体系液体中含有至少 0.1%的最轻烃组分，以及与重组分具有相同平均质量和临界温度的虚拟重组分。虚拟二元体系的会聚压力，可通过会聚压力与操作温度的关系图得到。在大多数油田应用中，会聚压力为 2000~3000psia，但也存在会聚压力很低的情况，为 500~1500psia。当操作压力远小于会聚压力时，会聚压力的选取对平衡常数影响不大。因此，对于大多数闪蒸计算来说，会聚压力取 2000psia 近似效果更好。如果要求更高的精度，则应计算会聚压力。如果每个组分的 K_N 及气、液两相总物质的量比值已知，则组分 N 在气相中的物质的量 V_N 和液相中的物质的量 L_N 可由下式计算：

$$V_N = \frac{K_N F_N}{\frac{1}{V/L} + K_N} \tag{2.16}$$

$$L_N = \frac{F_N}{K_N (V/L) + 1} \tag{2.17}$$

式中 F_N——液体中组分 N 的总物质的量。

为解式（2.16）和式（2.17），首先要知道 V/L 值，但 V 和 L 由计算每个 V_N 和 L_N 加和得到，因此需要使用迭代计算。先估算 V/L，再计算每个组分的 V_N 和 L_N，求和得到气体 V 和液体 L 总物质的量，然后将计算出来的 V/L 与假设值进行比较。

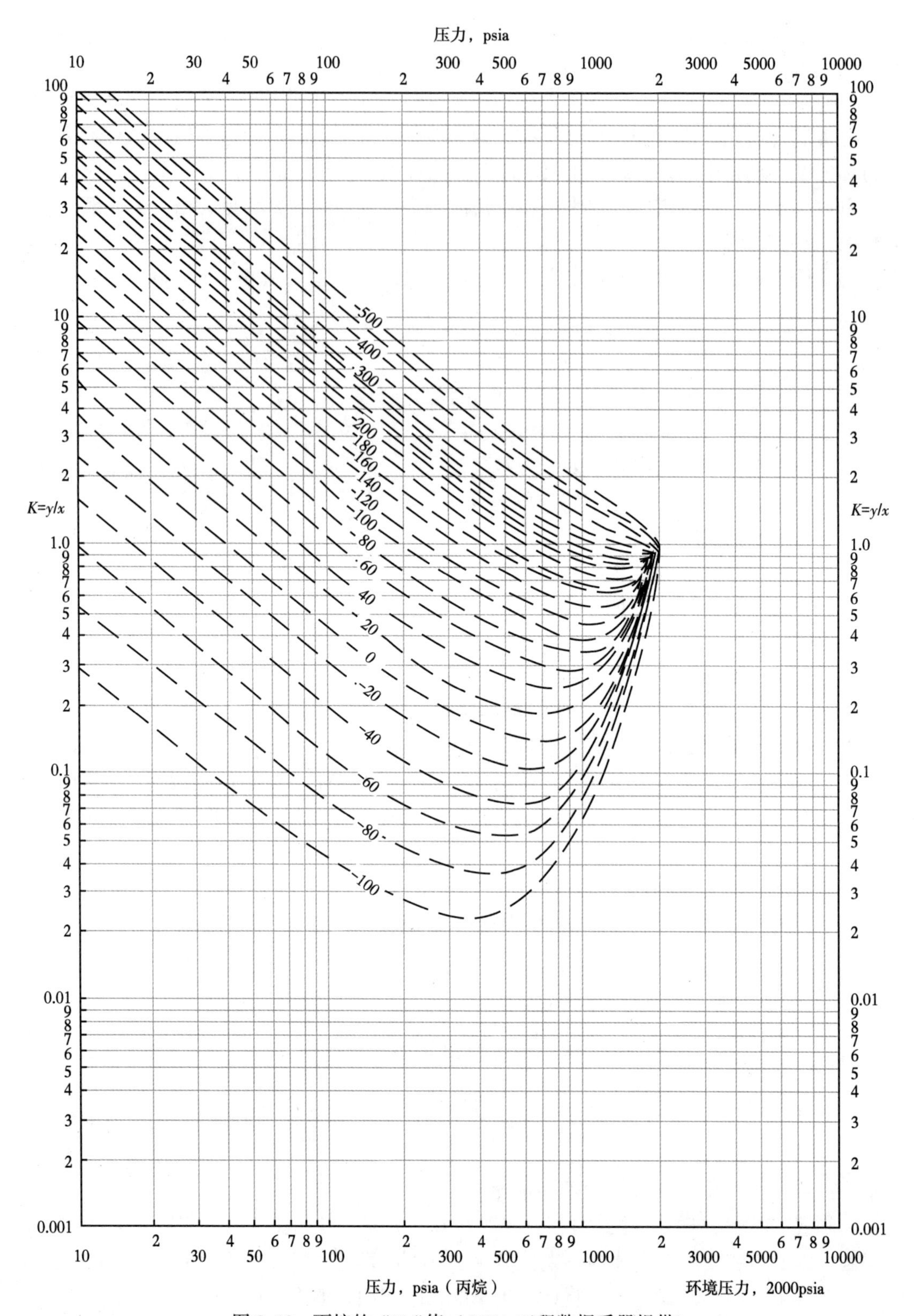

图 2. 13　丙烷的“K“值（GPSA 工程数据手册提供）

2.5 流体性质描述

一旦完成闪蒸计算并确定了液体和气体组分的分子组成，就可以确定气相和液相的性质和流速。流体的摩尔质量由气体加权平均分子量来计算：

$$M=\sum V_N M_N \tag{2.18}$$

气体的相对密度由式（2.7）中分子量确定。如果入口流体的流量已知，以 mol/d 为单位，气体流量为

$$V=\frac{F}{1+\frac{1}{V/L}} \tag{2.19}$$

式中 V——气体流量，mol/d；

F——总流量，mol/d；

L——液体流量，mol/d。

若气体摩尔流量已知，则根据标准状态下每摩尔气体的体积为 380ft^3，可以得到标准状态下气体体积流量：

$$Q_g=\frac{380V}{1000000} \tag{2.20}$$

式中 Q_g——气体流量，10^6ft^3/d。

液相的相对分子量由液体组分的加权平均分子量计算得

$$M=\frac{\sum L_N M_N}{L} \tag{2.21}$$

液体相对密度为

$$SG=\frac{\sum L_N M_N}{\sum \frac{L_N M_N}{SG_N}} \tag{2.22}$$

液体体积流量由式（2.23）得

$$Q_1=\frac{LM}{350SG} \tag{2.23}$$

式中 Q_1——液体流量，bbl/d；

SG——液体相对密度。

通常，设计人员得到的是进口流体每个组分的摩尔分数，而不是该流体的摩尔流量。从一个已知的储油罐油流量来估计进料流中的总物质的量。作为近似处理，首先假设储罐中的原油可以用 C_{7+}组分来定性，则进口流量（mol/d）可近似为

$$L=\frac{350SG_7 Q_1}{M_7} \tag{2.24}$$

式中 L——液体流量，mol/d；

SG——C_{7+}相对密度；

M_7——C_{7+}相对分子量；

Q_1——液体流量。

然后计算进料流摩尔流量为

$$F=\frac{L}{x_7} \tag{2.25}$$

式中 F——输入流体流量，mol/d；

x_7——输入流体中 C_{7+}的摩尔分数。

然后进行闪蒸计算。工艺计算中，每一流体的计算流量可以用比值的形式反映假设地面流量和设计地面流量之间的误差。

2.6 使用计算机程序进行闪蒸计算

在前几节中详细介绍的迭代手动闪蒸计算只是许多平衡计算方法之一。闪蒸计算非常复杂，最好使用仿真软件（如 HYSIM 或类似程序）来计算。

2.7 近似闪蒸计算

有时需要快速估算不同压力下原油闪蒸出来的气体体积。

对不同重量原油在不同压力下进行闪蒸，结果如图 2.14 所示。图中为近似曲线，实际形状取决于初始分离压力、闪蒸压力和级数以及温度。

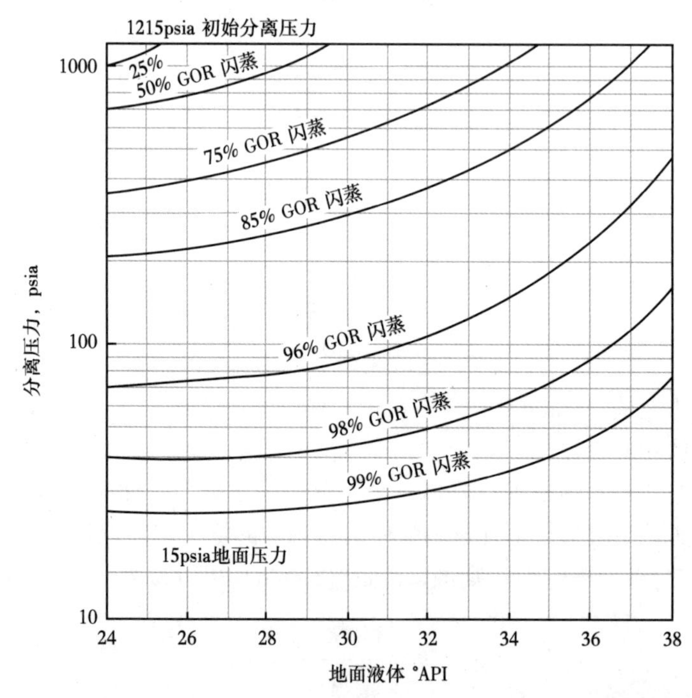

图 2.14 给定的°API 和分离压力的地面液体 GOR 初始估算（墨西哥湾原油）

下面用实例来更好地解释曲线的用法。假设原油密度为30°API，气油比为500，分别在1000psia、500psia和50psia下闪蒸后进入储罐。则在1000psia分离压力下大约有50%的气体最终从原油中闪蒸出来，或者有250ft³/B的气体闪蒸出来；在500psia分离压力下有25%（50%-75%）或125ft³/B气体闪蒸出来，在50psia下有23%或115ft³/B的气体闪蒸出来。其余10ft³/B的气体将从储罐排空。

必须强调的是，图2.14只适用于可接受误差的快速近似估算，该方法不能用于气井凝析液的闪蒸估算。

2.8 其他性质

一旦平衡条件（气体和液体组分）已知，就可以得到几个非常有用的物理性质，如露点、泡点、热值（净热值和总热值）以及气体比热容比 K，上述性质描述如下。

2.8.1 露点

气体中液体开始出现的点。更准确地说，露点分为烃露点和水露点，烃露点代表烃类液体的析出，而水露点代表液态水的析出。通常情况下，天然气销售合同为控制水合物和腐蚀，明确规定了水露点，而不是烃露点。在这种情况下，随着气体温度的降低，液态烃会在管道中凝结出来（假设分离的温度高于环境温度），合同中需要规定分离凝液的条款。

2.8.2 泡点

液体样品中气体开始出现的点。

2.8.3 净热值

当水蒸气作为燃烧产物时，气体燃烧所释放的热量，也称低热值。

2.8.4 总热值

当液态水作为燃烧产物时，气体燃烧所释放的热量，也称高热值。

2.8.5 *K*

比定压热容（C_P）和比定容热容（C_V）之比。通常用于压缩机的功率和体积效率的计算。该比值对于天然气分子量来说是相对恒定的，一般为1.2~1.3（图2.15）。

2.8.6 雷德蒸气压

泡点可视为“真实蒸气压”，真实蒸气压和雷德蒸气压（RVP）是不同的。RVP是根据特定的ASTM标准（D323）测定的，低于真实蒸气压。两种压力之间的近似关系如图2.16所示（请注意，RVP低于大气压不意味着样品在大气压下不存在蒸气）。

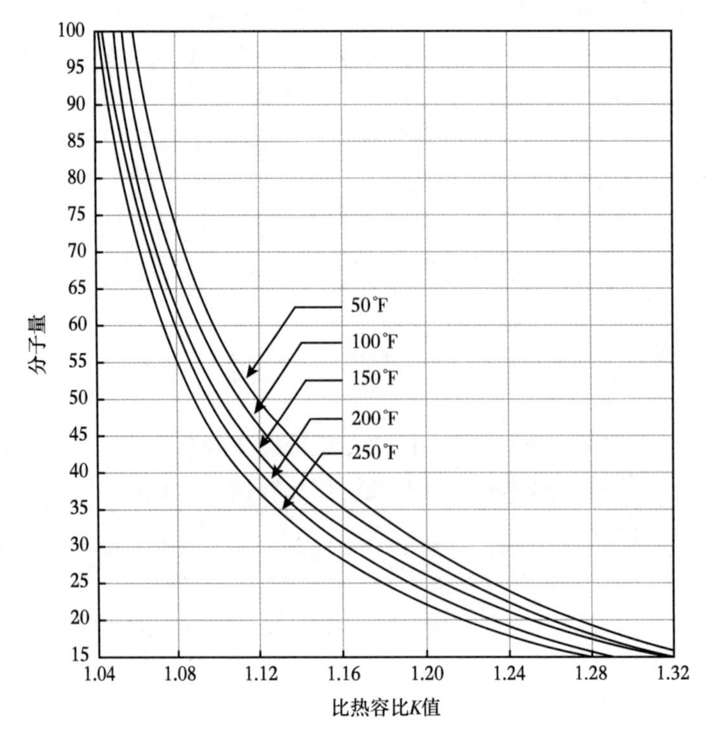

图 2.15　烃类气体的近似比热容比（GPSA 工程数据手册提供）

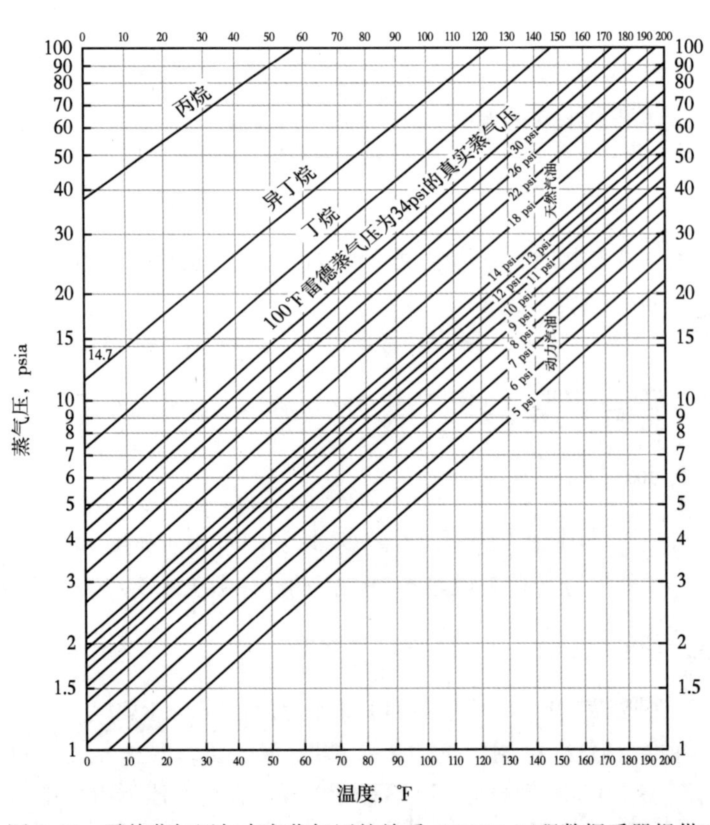

图 2.16　雷德蒸气压与真实蒸气压的关系（GPSA 工程数据手册提供）

2.9 相平衡

已知流体组成，在 p–H（压力—焓）图中可以找到该流体的平衡数据。这些数据主要取决于样品的组成。该图可以用来研究流体的热力学性质以及热力学现象，如反凝析和焦耳—汤姆逊效应。但是 p–H 图只适用于混合物中的单一组分，除非该图是由模拟软件包创建。丙烷的 p–H 图如图 2.17 所示，相对密度为 0.6 的天然气的 p–H 图如图 2.18 所示。

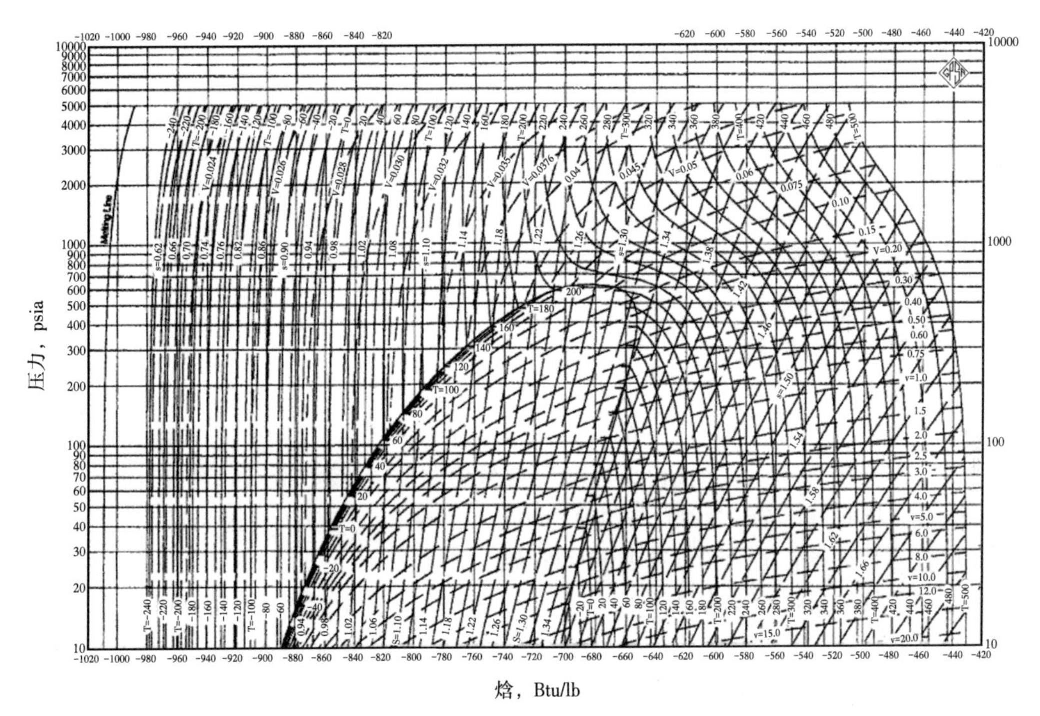

图 2.17　丙烷的 p–H 图（GPSA 工程数据手册提供）

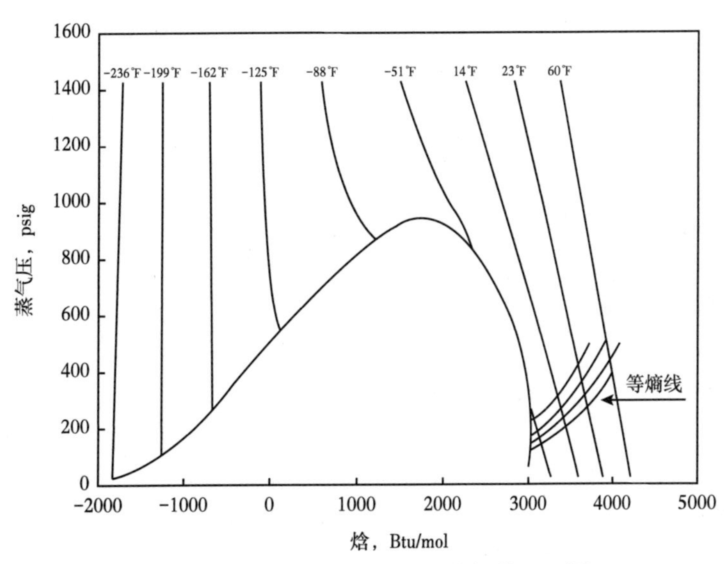

图 2.18　相对密度为 0.6 的天然气的 p–H 图

3 传热学

3.1 目的

本章目的是让读者了解换热器（HEX）在上游作业中的作用，另外还让读者获得以下知识。

（1）了解需要什么信息。

①定义用途和操作范围；

②建立物流特性。

（2）评估换热器的运行和性能。

（3）了解换热器设计原则。

（4）探索在换热器设计中涵盖的基本的机械标准，包括：

①美国机械工程师协会（ASME），第Ⅷ卷第1册——适用于绝大部分的换热器；

②管壳式换热器制造商协会标准（TEMA），“R”级——适用于石油加工设施；

③美国石油协会（API）标准API660，API661，API662和API632。

（5）确定每种场合适用哪种类型的换热器。

（6）学会处理设计修正中的问题。

（7）了解换热器设计和评价中需要哪些信息。

（8）探讨换热器的基本维护方法。

本章着重介绍了基本的传热理论和工艺热负荷，第4章讨论了换热器的命名和换热器类型及配置，例如：

（1）管壳式；

（2）双管式；

（3）多管式；

（4）平板式；

（5）板翅式（铝钎焊的）；

（6）间接加热器；

（7）直接火烧加热器；

（8）废热回收装置；

（9）空冷器；

（10）冷却塔。

3.2 换热器

换热器是用于从一种介质到另一种介质有效传热的装置，传热介质间有可能是用壁分隔开间接换热，也有可能是混合在一起直接换热。

换热器广泛应用于上游和下游生产设施中。它们可以根据其流动方式来进行分类，例如分为顺流式和逆流式。

（1）顺流式（平行流）：两种流体在同一端进入换热器，平行地流动到另一端。

（2）逆流式（回流）：两种流体从相反的方向进入换热器。

3.2.1 常用换热器类型

（1）管壳式换热器。

管壳式换热器是由管壳内的一组管束组成的。需要加热或冷却的流体在管程中流动，另外一种提供热量或吸收热量的流体在壳程中流动。

（2）平板式换热器。

平板式换热器是由多个轻薄的稍微分开的平板组成，这些平板在热传导中相对它们的尺寸来说，具有非常大的传热表面积。

（3）板翅式换热器。

板翅式换热器是使用翅片来提高装置的效率。设计包括将交叉流和反向流与各种翅片结构（直线型、偏流型或波纹型）相结合。

（4）空冷式换热器。

空冷式换热器由一组管束组成，空气在管束外流通。

3.2.2 换热器的不足之处

图 3.1 显示了导致生产停止的主要原因。换热器虽然没有活动部件，但容易出现诸如结垢、腐蚀和泄漏等问题。这些问题也可能限制单元生产能力。

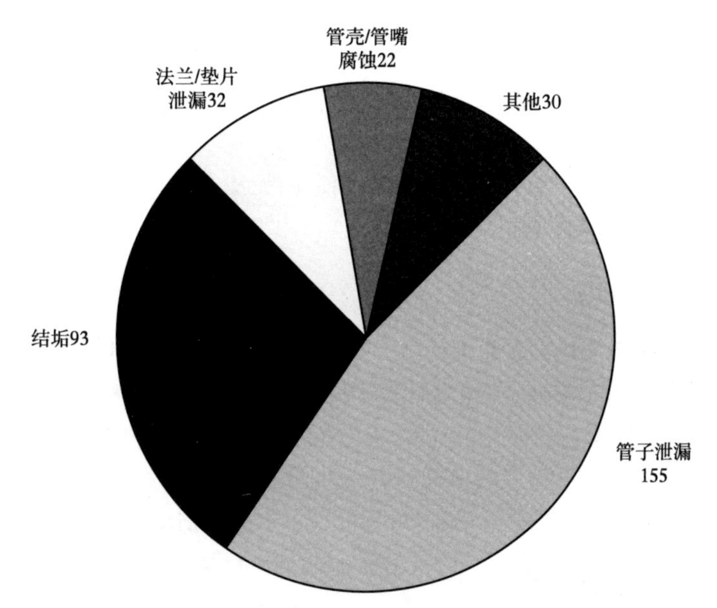

图 3.1 换热器常见的生产问题（基于 5 年研究的 332 个案例，由美国雪佛龙公司提供）

3.2.3 总则

换热器的设计出发点有以下几点。

（1）ASME 锅炉及压力容器规范：

①第Ⅷ卷第 1 册：适用于大部分换热器；

②第Ⅰ卷：适用于燃烧式蒸汽发生器。

（2）管壳式换热器制造商协会标准（TEMA）：

①“R”级适用于石油及相关加工应用的一般性苛刻要求；

②“C”级适用于商用及通用加工用途；

③“B”级适用于化学加工用途。

（3）API 标准：

①API 660 炼油厂通用管壳式换热器；

②API 661 炼油厂通用空冷式换热器；

③API 632 空冷式换热器的防冻处理；

④API 662 炼油厂通用板式换热器。

上述标准中都没有涉及温差和热应力的问题。ASME 第Ⅷ卷第 1 册包含了承压件（例如管程和通道）和一些大型法兰的机械设计。但忽视了热应力和变形，这影响了法兰在高于 250℉或 121℃下的密封性以及在高温下管板的完整性。ASME 第Ⅰ卷提供了留置管板的设计原则，这有助于保持管板的轻薄，并保证在燃烧或其他热气体存在下可以通过水淬冷却。

TEMA 只涉及管壳式换热器，包括术语、制造公差、标准间隙、最小板厚和管板设计规则。

API 标准参照上述标准以及与配管、焊接材料和无损检测有关的其他标准，提出了许多普遍适用的设计特征（例如密封条）；并提供购买者必须做出决议的清单。

大多数公司将 API 660 用于管壳式换热器，API 661 用于空冷式换热器。在下游炼油服务中使用板式换热器的需求和动力都不大，但它们广泛应用于上游作业中，特别是在占地面积较小的海上设施。

行业标准仅限于中等压力和温度，不包括制造商无法控制的问题，如结垢、腐蚀、振动、法兰密封性泄漏和管道破裂。

3.2.4 企业标准和规范

企业标准和规范涵盖了绝大多数换热器，并且超过了行业标准的范围。它们通常参考和补充用于管壳式换热器的 API 660，并对有关于结垢、腐蚀、管道振动和管道破裂以及法兰密封泄漏等提出了附加要求。另外它们还涵盖了使用特殊材料或厚壁结构的换热器。许多公司参考和补充了用于空冷式换热器的 API 661。企业标准还包括其他的内容，如双管式换热器、管夹式换热器、平板式换热器。这些标准和规范确保了优化设计，消除了臆测。

3.2.5 管子振动和管子破裂

管子振动和管子破裂的预防措施应与布局、流程设计以及机械设计有机地结合起来。TEMA 很好地解决了流动诱发振动的问题。图 3.2 展示了振动机制，图 3.3 阐明了振动可能发生的位置。

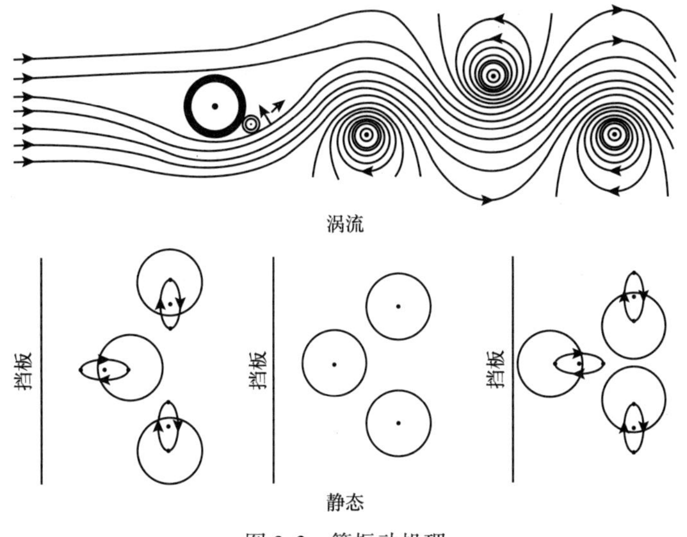

图 3.2　管振动机理

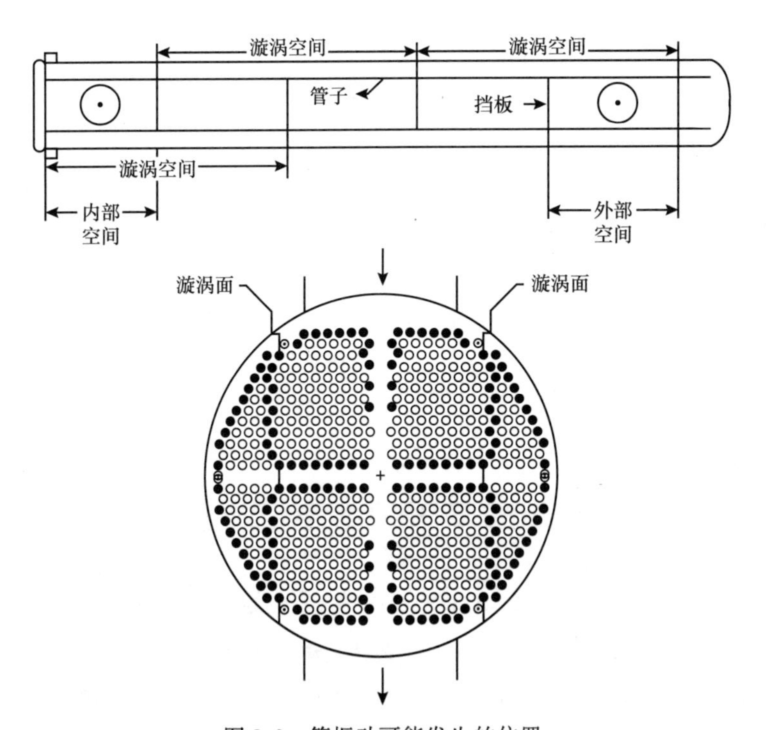

图 3.3　管振动可能发生的位置

2001 年版的 ASME 标准将 1998 年版的 ASME 标准和 1999 年的增版结合在一起，将最大许用应力的设计系数定为 3.5，来代替传统的设计系数 4.0。在 1999 年的增版之前，所有的压力容器和工艺管线需要按照规定设计压力的 150%进行水压试验。例如，一个压力容器的设计压力为 100psi，那么它的水压试验压力必须达到 150psi，100/150 = ⅔，这被称为“⅔原则”。API RP 521 中，如果换热器低压侧的设计压力在高压侧的设计压力的⅔之内，就没有必要将管道破裂作为一个可靠的泄压方案。API 给出的原因是如果 2 个设计压力是如此接近，管子的灾难性故障就不会发生。API 通过指定整个系统都在“⅔原则”之内来扩展了该原则，而不仅是换热器的管壳。如果换热器后的容器直接连接到换热器的低压侧，那么它的设计压力也必须在换热器高压侧的设计压力的⅔之内。

在 1999 年增版后，ASME 标准规定了压力容器的水压试验压力为标准设计压力的 130%。例如，一个压力容器的设计压力为 100psi，那么它的水压试验压力必须达到 130psi，100/130=10/13，这又被称“10/13 原则”。因此，为避免管破裂这种情况发生，低压侧的设计压力必须在高压侧的设计压力的10/13之内，包括整个系统。但同时，设备的试验压力要求达到标准设计压力的 130%，而工艺管线的试验压力仍要求达到标准设计压力的 150%。ASME 标准并没有禁止设备的水压试验压力为标准设计压力的 150%。因此，如果是用 150%进行试验，那么它仍要使用“⅔原则”来确定是否确实会发生管破裂这种情况。

大部分公司的设计标准是在“⅔原则”基础上改进的。增加低压侧的设计压力对管道破裂的可能性影响不大。然而，通过把低压侧的设计压力升高到某一个点，在这点上低压侧的试验压力与高压侧的设计压力相等，此时就要确保换热器因管破裂而损坏的可能性极小。

通过多年来对灾难性工厂事故的调查和美国西南研究院 1977—1979 年大规模的实验室试验，设计标准在不断改进。

管道破裂的行业标准和推荐做法包括以下几种。

（1）ASME 的Ⅷ章第 1 节，UG-133（d）规范案例Ⅷ-80-56（6/25/80）只要求了仅供蒸汽锅炉使用的减压装置。

（2）API 推荐的 521 实践讨论了 ASME 标准规则的不足，用处不大。它认为管子完全断开或在一端断开时，会是最坏的情况。

（3）标准建议将高压的两相流都认为是气体（液体的流动较慢），如图 3.4 所示。

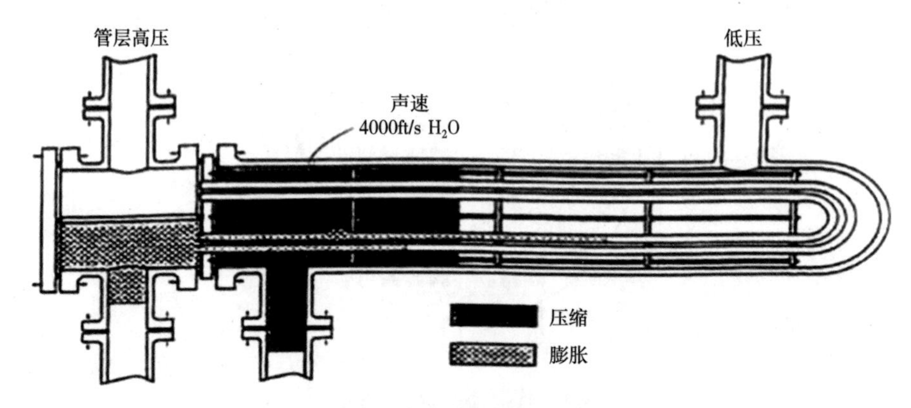

图 3.4　管破裂瞬态示意图

高压密封并非商品，必须进行定制设计。这些密封设计起来并不容易。在这些特殊器件的设计中推荐使用有良好记录的制造商。当存在以下条件时，许多公司推荐使用高压密封。

现场单位：

压力（psi）×管径（in）>75000

国际标准单位：

压力（bar）×管径（mm）>131345

3.2.6 声共振与振动

位于管壳式换热器内暴露在交叉流中的管束对声共振与振动的阻力较低。通过在管束内部设置隔音板阻力能明显增加。这些挡板会使声波发生扭曲，以此来增加管束对声共振与振动的阻力。挡板的设置位置和数量在抑制声波的有效程度上起到很关键的作用。已经对挡板能提高振动临界值或者是降低共振噪声程度的效果进行过评估。结果表明在管束中设置一到两组挡板能明显提高声共振的临界值。例如，对于声模态 1 到 5，一组挡板可以将振动临界值提高大约 4 倍，两组挡板通过把振动临界值提高 3 倍来主要影响更高的模态（模态 4 和 5）。能抑制声共振和振动以及降低共振噪声程度的挡板最佳设置位置可以被确定下来。通用程序被开发出来，可以用于评估挡板在任何几何形状流道内的任何所需位置设置时的效果。图 3.5 是管束正确设置挡板位置的一个示例，它会提高声共振与振动的临界值。减轻声共振与振动超出了本文的范围，但也应对它进行调查研究。

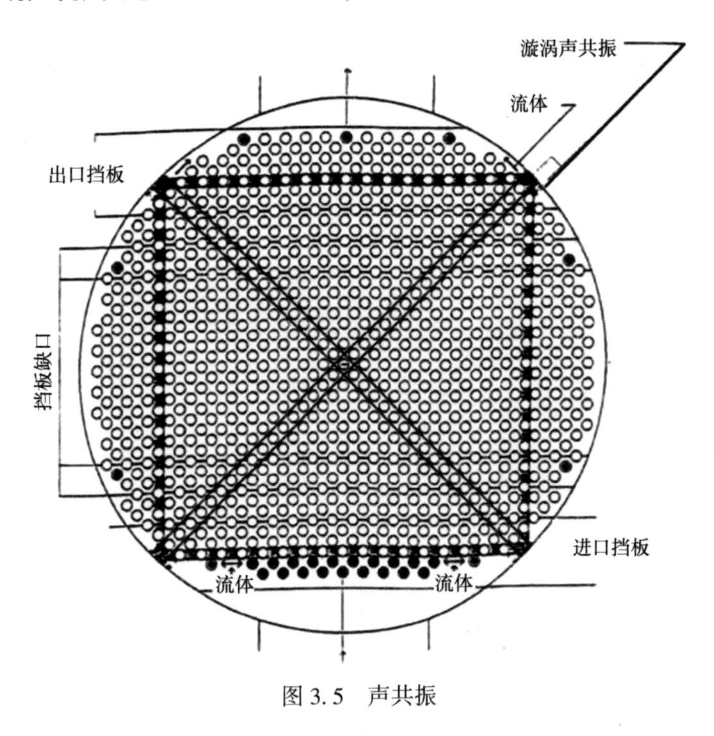

图 3.5　声共振

3.3 工艺说明

3.3.1 工艺说明表

工艺说明表描述了工艺要求和换热器设计的优先项。它是换热器制造厂商和设计公司之间的沟通工具。工艺说明表通常包括：

（1）已完成的 API 660 说明表或设计数据表；

（2）已完成的 API 660 清单；

（3）2 份表均未注明的其他事项。

3.3.2 设计数据表

设计数据表被用于以下用途。

（1）定义一个新的换热器项目或提供足够的信息来分析已有的换热器。

（2）允许信息双向流动。

①公司提供制造厂商需要的信息。

②公司接收来自制造厂商的如下反馈：机械设计信息，包括了制造图纸；传热和压降性能信息；振动分析结果。

3.3.3 所需的物理/热性能

所需的物理/热性能主要依赖于每种流体的流态。

设计人员应使用 API 660 附录 D 中的标准形式以及考虑其他所需的信息。需要注意的内容包括性能需求和流体数据。

对于各种相态或单相流体，需要以下内容：

（1）密度，lb/ft^3 或 kg/m^3；

（2）黏度，cP 或 Pa・s；

（3）比热容，Btu/(lb・℉）或 J/(kg・℃)；

（4）导热系数，Btu/(h・℉・ft) W/(m・℃)。

对于沸腾液体，需要以下内容：

（1）蒸气分子量；

（2）蒸气质量分数；

（3）液相和气相的相焓变；

（4）临界压力和温度；

（5）在入口温度下的导热系数 Btu/(h・℉・ft) 或 W/(m・℃)；

（6）从入口温度到露点（通常是在 2 个压力下操作）范围内的表面张力。

对于冷凝液体，需要以下内容：

（1）蒸气分子量；

（2）蒸气质量分数；

（3）流体焓；

（4）通过换热器或相存在范围的两种流体的表面张力（特别是翅片管）。

传热分析使用基本公式和计算机程序。大量的膜系数信息是有专利权的。管程的单相流压降是直线下降的。每隔一行，壳程或相变都是不同的，从专有的来源得到。传热和压降有重要的关联。设计人员也必须要考虑系统的经济性。还要合理分配以使设备费用和生产费用最小化。机械和材料的约束条件包括以下方面：

（1）最小化。

　　①一开始的设备费用［采购费用（OPEX)］；

　　②生产费用［采购费用（OPEX)］；

　　③热膨胀。

（2）法兰和管子泄漏；

（3）安全性；

（4）材料与工艺条件。

结垢信息是高度专有的。设计人员必须了解并能控制污垢以避免它产成高昂的费用。

3.4 压降因素

3.4.1 设计和故障排除的关键参数

由于工艺约束，应设置合理的压降。关键的压降因素包括以下几点。

（1）设计评估：

①确定流体路径长度。

②计算压降梯度（$\Delta p/L$）。

③根据情况确定压降原因。

④降低系统成本。约束条件、原因以及影响限制方面。

⑤结垢的影响。

（2）性能评估。

①与设计相比较。

②结垢的另一个指标。

③什么是时间趋势？

调整压降的方法。

（1）管程：

①单位面积管数量；

②管长；

③管程数量；

④壳和路径数量。

（2）壳程：

①流体路径长度（TEMA 类型，管长）；

②挡板（类型，切割，间距）；

③壳和路径数量。

（3）其他方法：

①设置管内衬；

②改变管间距。

对于单相流和两相流（主要是传递显热），它们的压降计算起来比较简单，就是压降梯度乘以流体路径长度：

$$\Delta p\ (\text{psi}) = \frac{\Delta p}{L}\ (L) \tag{3.1}$$

对所有换热器来说，压降产生的原因包括管嘴、通道、端部或 U 形管。对两相流来说，假如不持液时，它的密度是均匀的。

（1）典型压降梯度（$\Delta p/L$）。

对于液体（烃和水）：

管程：0.2~0.3psi/ft（4524~6784Pa/m）

壳程：0.4~0.6psi/ft（9048~13570Pa/m）

对于所有的流体，包括两相流和气体：

管程：(0.05~0.08)×(密度,lb/ft³)$^{1/3}$(1131~1809)×[(密度,kg/m³)$^{1/3}$]/2.52(Pa/m)

壳程：(0.1~0.15)×(密度,lb/ft³)$^{1/3}$(2262~1809)×[(密度,kg/m³)$^{1/3}$]/2.52(Pa/m)

（2）流道长度（ft或m）。

管子侧：管子直线长度——通过的管子数）

壳体侧：轴向长度（对于E型壳体是直线长度）

压降可以根据基于达西—韦史巴赫流动方程的新工艺条件估值，该液体方程以ft（m）为单位表示如下：

$$h=\frac{fL}{D}\frac{v^2}{2g}=\left(\frac{fL}{D}+K\right)\frac{v^2}{2g} \tag{3.2}$$

式中 h——水头损失，ft或m；

f——达西摩擦系数；

L——管长，ft或m；

D——管子内径，ft或m；

v——流速，ft/s（m/s）；

g——重力加速度，取值32.17ft/s^{2}或9.807m/s^2；

K——拟合损失系数。

式（3.2）以psi（Pa）为单位表示为

$$p=\frac{fL}{D}\frac{m^2}{pDA^2\ (1.2\times10^{11})}=\frac{fL}{D}\frac{m^4}{pD^4\ (7.4\times10^{10})} \tag{3.3}$$

式中 p——压降，psi或Pa；

m——质量流速，lbm/h或kg/s；

ρ——液体密度，lb/ft^{3}或kg/m^3；

A——流道横截面积，ft^{2}或m^2。

式3-3用国际单位制表示为

$$p=\frac{fL}{D}\frac{m^2}{D\rho A^2} \tag{3.4}$$

对于管子侧和壳体侧，压降与密度和流速的平方成正比。

需要已知的压降和相应的操作条件来推测新的参数下的操作情况。注意这项技术工作仅适用于流态不发生变化或者壳体侧流体分区时（多少会有泄漏或旁通）。

由于壳体侧的流动状态复杂，不做推算。达西摩擦系数可以从图3.6中查得。参考图3.7。

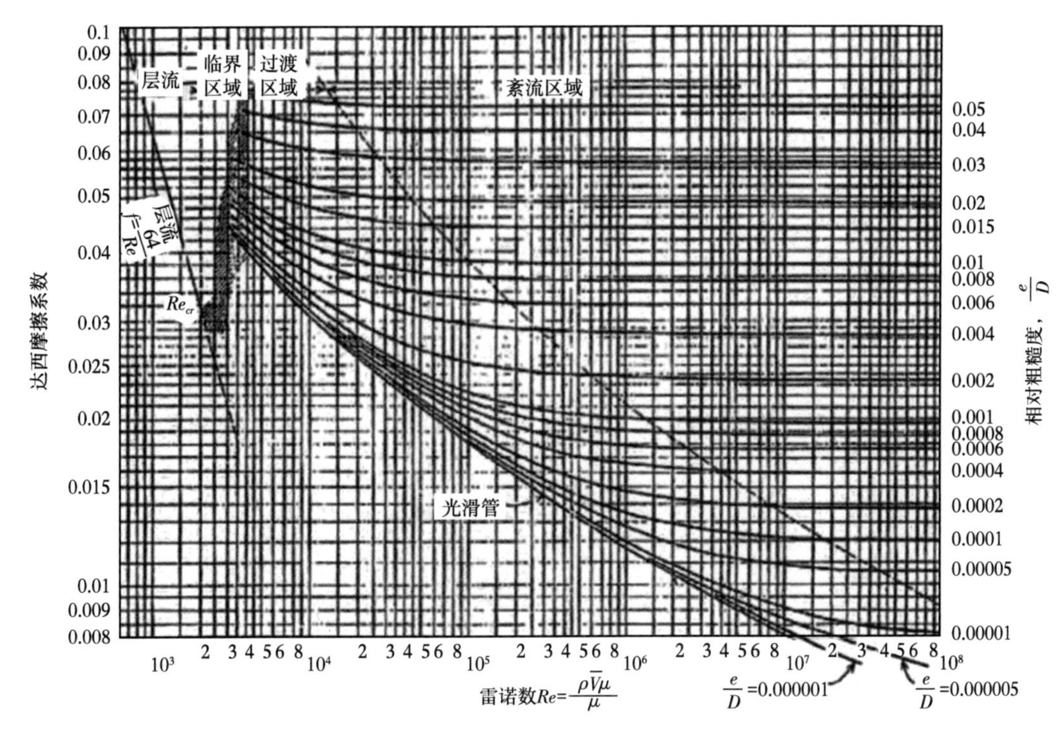

图 3.6　在圆形管道中充分流动的摩擦系数

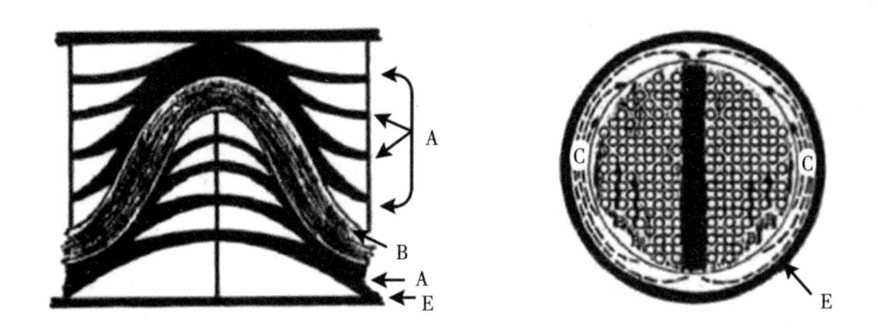

图 3.7　壳程流体

A—通过管和挡板之间的环状流；B—管端管束间交叉流动；C—通过管束和壳体之间的挡板端的环形空间的流体（虚线所示）；D—通过平行于横流方向的隔板通道的流体

3.5　基本热传导理论

显热是由于温度变化所产生的单独传递的能量。

3.5.1　传热机理

（1）热传导。

热传导是热量从一个分子传递到另一个相邻的分子，同时分子还保持在相对固定的位置。它是固体和一些停滞或流速低的固体的主要传热机理。

（2）对流。

对流是通过分子从一个地方到另一个地方的物理运动进行热量传递，例如，加热器中温度较高和较低部分的混合。它是流体的主要传热机理。

（3）辐射。

辐射是一个发射出来的热波被较冷物体吸收、反射和传递的过程。太阳通过电磁波向地球传递热量。热体发射热波。

总体来说，大部分上游设备是用热传导、对流或两者综合的方式来进行传热。

来自流体换热器中的直接火焰发出的辐射能，这温度还不足以使辐射成为一个重要的机制。它在计算火焰发出的热量时是重要的。参见 API 521“火炬系统尺寸和辐射计算指南”。

3.5.2 基本公式

热传导：

$$q=k\frac{A}{L}\Delta t_{\mathrm{m}} \tag{3.5}$$

对流：

$$q=hA\Delta t_{\mathrm{m}} \tag{3.6}$$

辐射：

$$q=\sigma AT^{4} \tag{3.7}$$

式中 q——导热率，Btu/h；

A——换热面积，ft^2；

Δt_{m}——温度变化，℉；

k——导热系数，Btu/(h·ft·℉)；

h——膜系数，Btu/(h·ft^2·℉)；

L——热量传递距离，ft；

σ——斯蒂芬玻尔兹曼常数，0.173×10^{3} Btu/(h·ft)；

h——表征液膜电阻的比例常数；

k——分开两种流体的固体的导热系数。

3.5.3 热流

如果热量是通过不同的层次、不同的模式传导，可以得到 2 个关于热流动的结论。

每层的热流是相等的，因此：

$$q_1=q_2=q_3 \tag{3.8}$$

热量等于总温差除以总热阻，因此：

$$q=\frac{\Delta t_{\mathrm{m}}}{\sum R} \tag{3.9}$$

其中

R =每层的热阻，h/(℉·Btu)；

$$=\frac{L}{kA}\text{（热传导）}=\frac{1}{hA}\text{（对流）}$$

如果$\sum R$被定为$\frac{1}{UA}$，式（3.9）可改为

$$q=UA\Delta t_{m} \tag{3.10}$$

式中　U——总传热系数，Btu/(h·ft²·℉)。

式（3.10）是计算传热的基本方程。式（3.10）可以重新排列来计算所需换热面积，它是所有换热器设计计算中最主要的组成。

$$A=\frac{q}{U\Delta t_{m}} \tag{3.11}$$

为计算换热面积，必须已知3个条件：

（1）平均温差Δt_{m}；

（2）传热系数U；

（3）热负荷q。

3.5.4　多传热机制

换热器传热分2步。

（1）对流：

①热流对换热器的换热管；

②换热器的换热管对冷流。

（2）传导：

热流通过换热器管壁。

3.6　平均温差的测定

3.6.1　平均温差

热量传导的驱动力是两种流体之间的温差。

由于随着工艺流体的流动，其温度会发生变化，因此引用平均温差（*MTD*）是很有必要的。

平均温差：

$$MTD=F(LMTD) \tag{3.12}$$

$$LMTD=[(\Delta t_{1}-\Delta t_{2})/\ln(\Delta t_{1}/\Delta t_{2})] \tag{3.13}$$

式中　Δt_{1}——最大温度；

Δt_{2}——最小温度；

ln——以e为底数的对数；

F——换热器几何修正系数，管中管和逆流管的是1，纯组分的沸腾或冷凝也是1。

对于放热曲线为直线的换热器，*MTD* 等于修正系数“*F*”为1时的平均温差的对数计算值。单相或两相换热器以及某一些冷凝器就属于这一类。图3.8给出了 *LMTD* 的值。

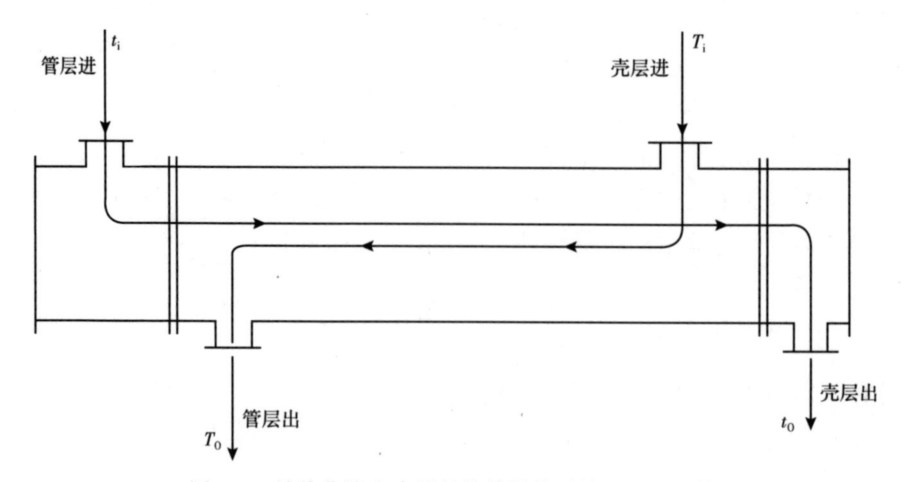

图3.8 放热曲线为直线的换热器的平均温差的对数

修正系数“*F*”的表达式被用于管程数为偶数的单个TEMA。

两种流体可以用两种方式传热：

逆流方向（图3.9）或顺流方向（图3.10）。

两种流体的相对方向会影响LMTD的值，因此一个给定的热量决定所需的换热面积。

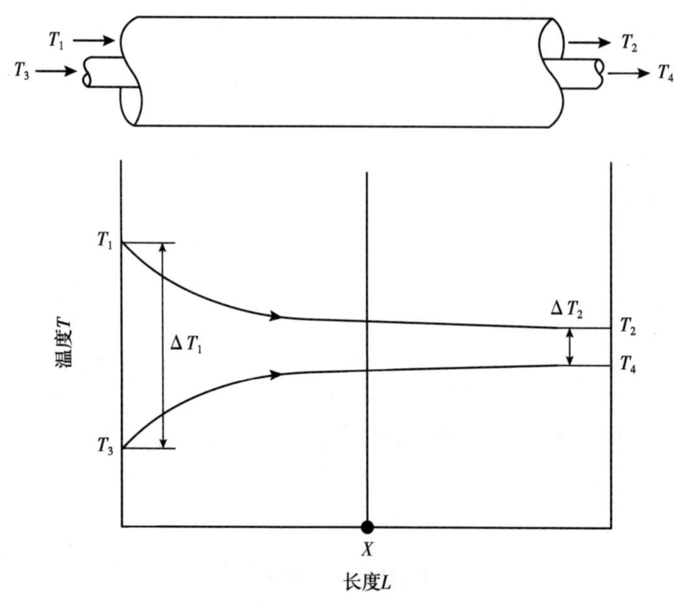

图3.9 逆向流

T_1—热流进口温度；T_2—热流出口温度；T_3—冷流进口温度；T_4—冷流出口温度

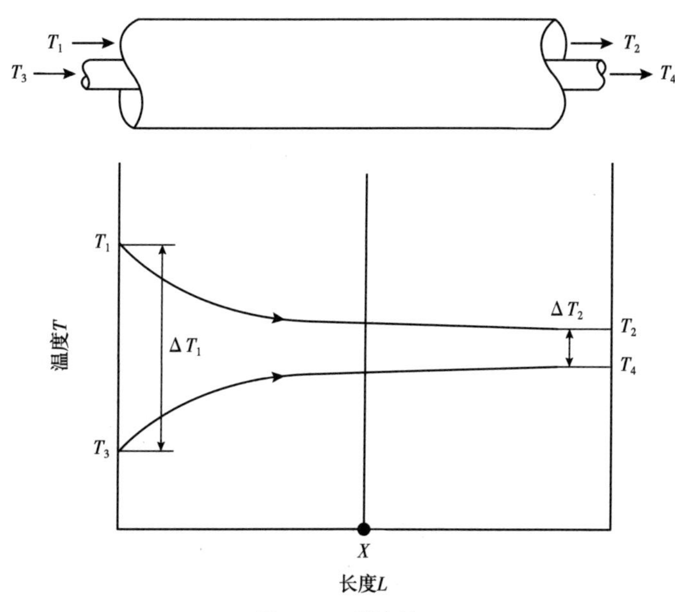

图 3.10　顺向流

T_1—热流进口温度；T_2—热流出口温度；T_3—冷流进口温度；T_4—冷流出口温度

例 3.1：平均温差的对数测定

已知：

热流在 300℉时进入同心管被 100℉的冷流降温至 200℉，同时冷流温度升至 150℉。

测定：

顺向流和逆向流的 LMTD。

解决：

(1) 顺向流。

项目	热流	冷流	ΔT
热流进口	300℉	100℉	200℉
热流出口	200℉	150℉	50℉
Δt_1 = GTTD = 200；Δt_2 = LTTD = 50°			

因此

$$\text{LMTD}=\frac{\Delta t_1-\Delta t_2}{\ln\dfrac{\Delta t_1}{\Delta t_2}}=\frac{200-50}{\ln\dfrac{200}{50}}=108.2\,℉$$

(2) 逆向流。

项目	热流	冷流	ΔT
热流进口	300°	150°	150°
热流出口	200°	100°	100°
Δt_1 = GTTD = 200；Δt_2 = LTTD = 50°			

因此

$$LMTD=\frac{\Delta t_1-\Delta t_2}{\ln\frac{\Delta t_1}{\Delta t_2}}=\frac{150-100}{\ln\frac{150}{100}}=123.3℉$$

图 3.11 是测定 LMTD 的一个图形化的解决方案。

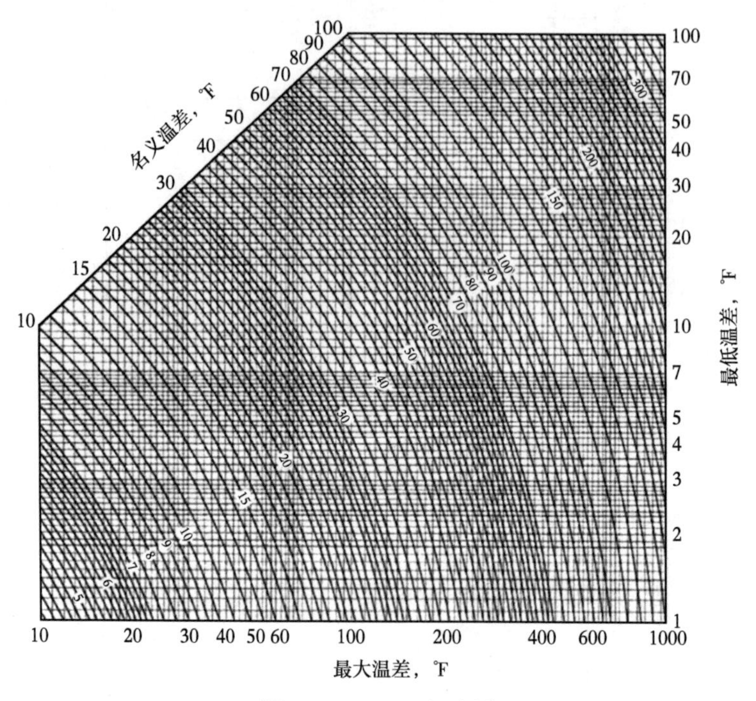

图 3.11　LMTD 解决图

3.6.2　对数平均温差

被用来推导 LMTD 的假设如下：

（1）整个换热器的 U 值不变；

（2）温度平滑线剖面图；

（3）顺流或逆流。

这些假设对大多数换热器都不适用，必须进行修正。

3.6.3　非常数“*U*”

总传热系数不总是常数。依据换热器两端中间部分的所取的 *U* 进行的计算是足够精准的。如果从换热器的一端到另一端的 *U* 差别巨大，一步一步地数值积分是很有必要的。

3.6.4　不同的流体分布

在换热设备内存在比简单的顺流或逆流更复杂的流体分布。这些很难进行分析处理，因此就引进了一个温度修正系数，它是换热器进出口温度和顺向流与逆向流流体分布的函数。

在 TEMA 和天然气加工商及供应商协会（GPSA）工程数据手册中给出了这些修正系数。实际上，当换热器的修正系数小于 0.8 时就没有必要使用。本书介绍了管壳式换热器和空冷器修正系数的附加数据。

3.6.5 非线性温度曲线

非线性温度曲线存在于以下三种情况，如图 3.12 所示。

（1）冷凝+低温冷却；

（2）蒸发+过热；

（3）T-Q 曲线图。

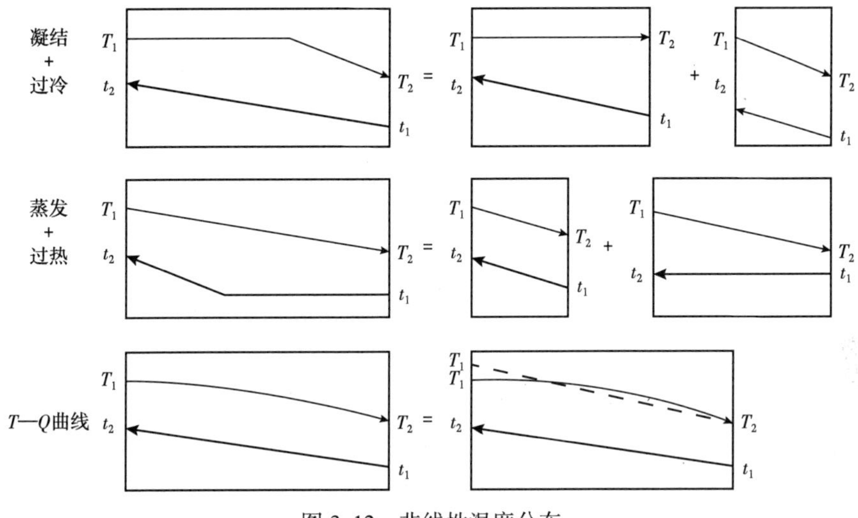

图 3.12　非线性温度分布

为了便于分析，在图 3.10 中这个过程可以被认为是两个或更多换热器的叠加重合。当温度曲线是非线性时，总换热面积不能用 $A=q/V\Delta t_M$ 进行计算。计算要点如下：

（1）计算换热器每一段的面积。整个换热器的传热系数 U 是不同的。每一段修正后的 U 值依赖于每段的液相。换热器的面积是每段的面积之和。

（2）如果所有的传热系数均已知，换热面积可以用加权 LMTD（WLMTD）进行计算，公式如下：

$$\text{WLMTD}=\frac{\sum q}{\frac{q_1}{\text{MLTD}_1}+\frac{q_2}{\text{MLTD}_2}+\frac{q_3}{\text{MLTD}_3}} \tag{3.14}$$

例 3.2：WLMTD 的应用

已知：图 3.13。

求解：冷凝和冷却的加权温度差。

解决方案：

$$\text{LMTD}_s=\frac{30-10}{\ln(30/10)}=18.2\text{℉}$$

$$\text{Latent}q_h=140$$

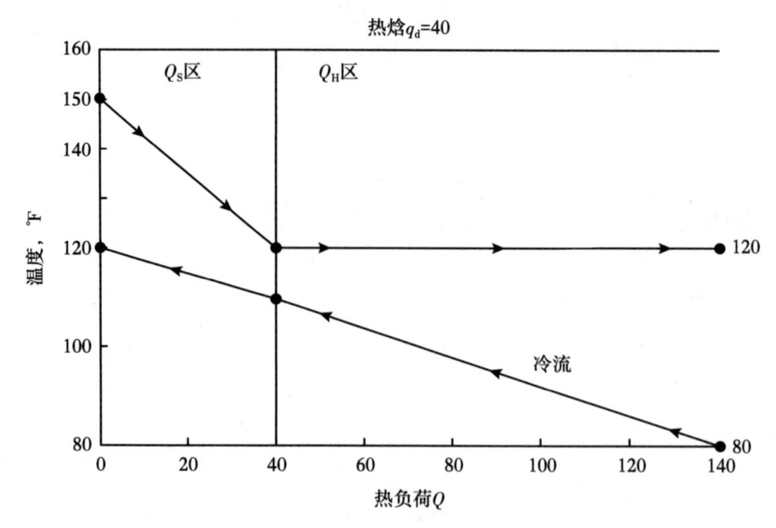

图 3.13　冷凝和冷却的温度差对数

$$\mathrm{LMTD_h}=\frac{40-10}{\ln\ (40/10)}=21.6\,℉$$

得

$$\mathrm{WLMTD}=\frac{140}{\frac{40}{18.2}+\frac{100}{21.6}}=20.5\,℉$$

（3）如果是 T—Q 曲线图，LMTD 的计算就可以使用一个线性近似值来替代分段计算法。

3.7　温度接近值的选择（ΔT_2）

温度接近值是一个经济的选择，因为这一指标控制着换热器成本。当“Δt_2”变小时：

（1）LMTD 变小；

（2）所需换热面积变大。

由于换热器成本是面积的直接函数。因此温度接近值的确定对成本有直接影响。当设计换热器时，规定最小或最大的近似值对供应商来说是有利的。换热器的实际温度出现在低于设置的最大温度近似值，或高于最小温度近似值附近。常用近似值：

空冷器（18~45℉）；

液烃和天然气水冷（14~22℉）；

液—液换热（20~45℉）；

气液两相流的制冷机（7~11℉）。

3.8 传热系数的确定

3.8.1 概述

换热器的传热系数可根据每单位面积的热阻之和来确定。

$$U=\frac{1}{\sum R_i A}$$

式中 U——总传热系数 Btu/(h · ft^2 · ℉)。

3.8.2 面积基础

几乎所有的换热器都涉及圆管周围3层甚至多层热传导的计算。通常，有两个方面需要考虑：

(1) 管内面积 (A_i)；

(2) 管外面积 (A_o)。

除非另作说明，本书中所有的传热值都是基于管外面积 (A_o) 得到的。

3.8.3 洁净管—传热系数

图3.14和图3.15展示了洁净管的传热情况。式 (3.10) 是最常用的传热公式，可以用3层热阻来改写：

$$R_1=\text{管内对流热阻}=\frac{1}{h_i A_i}$$

$$R_2=\text{管壁传导}=\frac{L}{kA_w}$$

$$R_3=\text{管外对流热阻}=\frac{1}{h_o A_o}$$

得到

$$q=\frac{\Delta t_m}{\sum R}=\frac{\Delta t_m}{R_1+R_2+R_3}=\frac{\Delta t_m}{\frac{1}{h_i A_i}+\frac{L}{k\,A_w}+\frac{1}{h_o A_o}} \tag{3.15}$$

假定 A_w (平均面积) 等于 A_o (管外壁面积)，式 (3.15) 改写为

$$q=\left[\frac{1}{\frac{1}{h_i}\left(\frac{A_o}{A_i}\right)+\frac{L}{k}+\frac{1}{h_o}}\right]A_o\Delta t_m$$

$$U=\frac{1}{\frac{1}{h_i}\left(\frac{A_o}{A_i}\right)+\frac{L}{k}+\frac{1}{h_o}}$$

式中 h_i——内膜系数，Btu/(h · ft^2 · ℉)；

h_o——外膜系数，Btu/(h · ft^2 · ℉)。

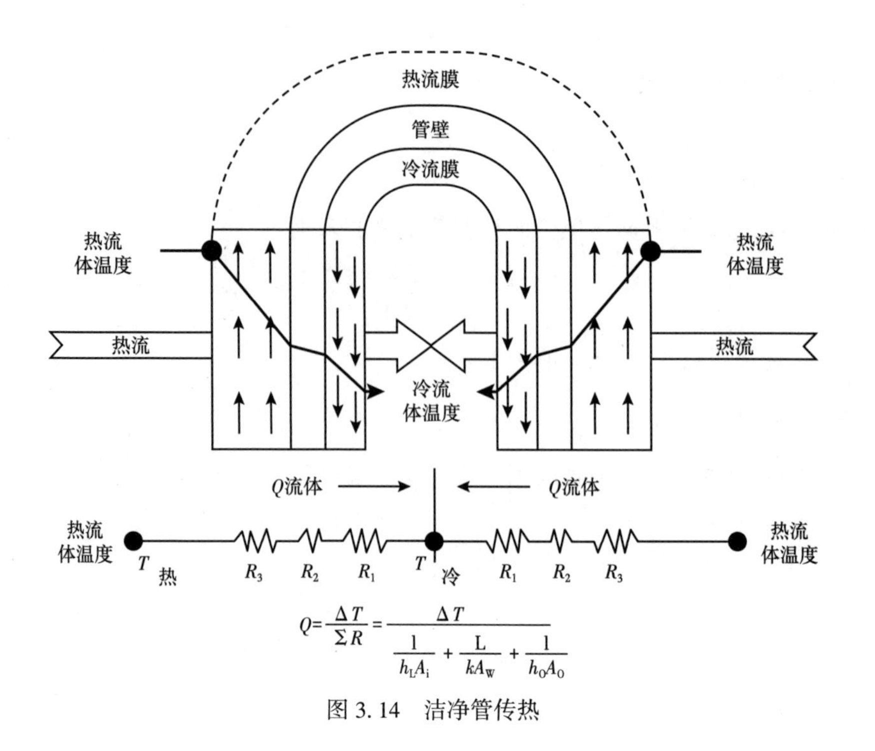

图 3.14　洁净管传热

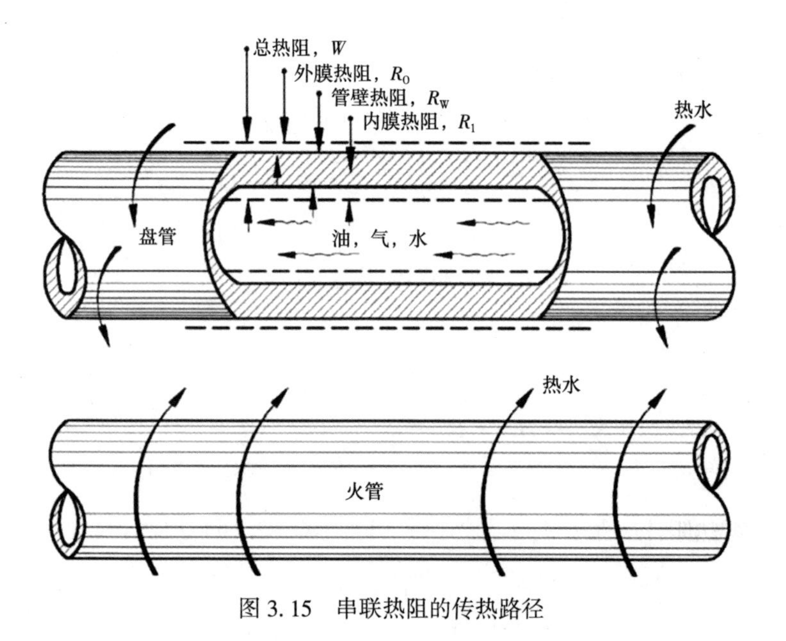

图 3.15　串联热阻的传热路径

3.8.4　污管传热系数

随着时间的推移，在管的内部或外部产生薄层的污垢、水垢、腐蚀产物或降解产物，可以降低传热效率（图 3.16）。

3.8.4.1　污染因素

计算中考虑污染因素，以解释膜累积。外部建立的热阻称为 r_o，内部建立的热阻称为

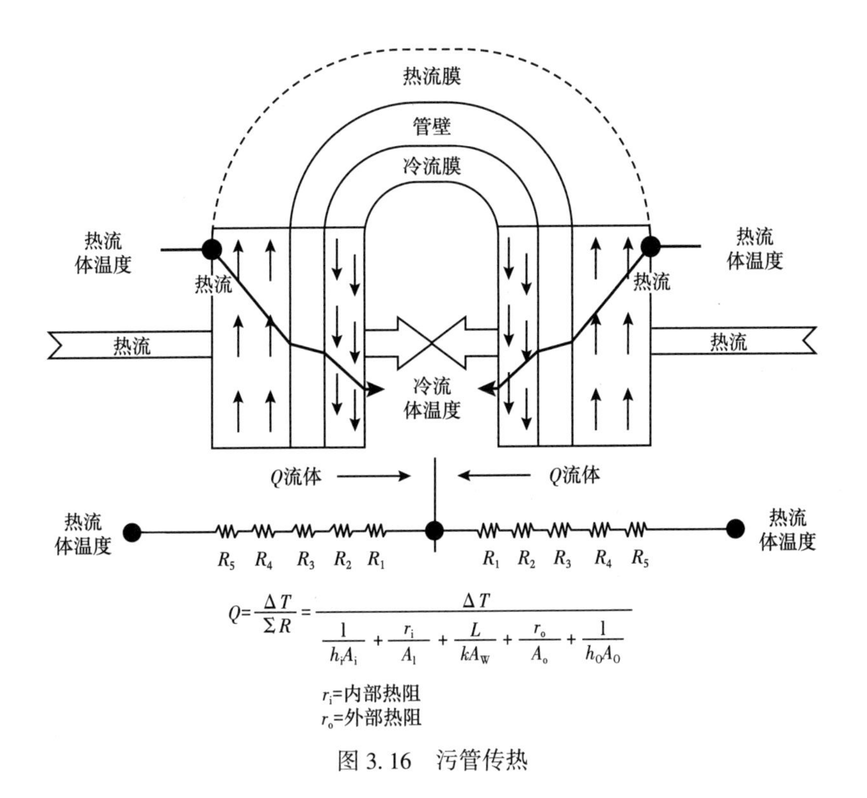

图 3.16　污管传热

r_i。它们在文献中以各种材料和条件出现。

因为水垢或污垢的热阻随使用时间的增加而增加，污垢系数的数值必须有选择依据。通常以一年的时间为准。

在计算污垢传热系数时，应考虑五个热阻：

R_1 = 内部对流热阻 $\frac{1}{h_i A_i}$

R_2 = 内部污垢热阻 $\frac{r_i}{A_i}$

R_3 = 管壁热阻 $\frac{L}{kA_w}$

R_4 = 外部污垢热阻 $\frac{r_o}{A_o}$

R_5 = 外部对流热阻 $\frac{1}{h_o A_o}$

因此

$$q = \frac{\Delta t_m}{\sum R} = \frac{\Delta t_m}{\frac{1}{h_i A_i} + \frac{r_i}{A_i} + \frac{L}{kA_w} + \frac{r_o}{A_o} + \frac{1}{h_o A_o}} \tag{3.16}$$

假设 $A_w=A_o$，则

$$q=\left|\frac{1}{\frac{1}{h_i}\left(\frac{A_o}{A_i}\right)+r_i\left(\frac{A_o}{A_i}\right)+\frac{L}{k}+r_o+\frac{1}{h_o}}\right|A_o\Delta t_m \tag{3.17}$$

其中：

$$U=\frac{1}{\frac{1}{h_i}\left(\frac{A_o}{A_i}\right)+r_i\left(\frac{A_o}{A_i}\right)+\frac{L}{k}+r_o+\frac{1}{h_o}} \tag{3.18}$$

式中 h_i，h_o——内部、外部膜系数，Btu/(h·ft^2·℉)；

k——传热系数，Btu/(h·ft^2·℉)；

A_o，A_i——内、外表面积，ft^2/ft；

r_i，r_o——内、外污垢热阻，(h·ft^2·℉)/Btu；

L——壁厚，ft。

根据污管的净传热系数和污垢系数，可以确定基于污管的传热系数：

$$U_{\text{fouled}}=\frac{1}{\frac{1}{U_{\text{clean}}}+r_i\left(\frac{A_o}{A_i}\right)+r_o}$$

换热器的实际污垢取决于以下因素：

（1）流体和沉积物的性质；

（2）流速；

（3）流体温度；

（4）管壁温度；

（5）管壁材料；

（6）管壁表面（有翅片或光滑）；

（7）上次清洁后的时间。

表 3.1 列出了典型的污垢系数。更详细的信息可以在 TEMA 标准中找到。污垢信息专有性很强。r_i+r_o 通常取 0.003（h·ft^2·℉)/Btu。

表 3.1　典型污垢系数

流体	R_o+R_i，(h·ft^2·℉)/Btu
原油	0.002
天然气	0.001
塔顶馏出物	0.001
贫油	0.002
富油	0.002
液化石油气	0.001
胺	0.002
酸气	0.001
制冷剂	0.001
发动机尾气	0.01
冷却水	0.001

3.8.4.2 污染因素

不能将实际污垢与计算结果混淆。污垢是材料在传热表面的堆积。污垢系数是：

(1) 根据工厂数据计算出的计算结果；

(2) 经验系数；

(3) 表格中的数字。

通常，不能确定壳程有多少污垢。

3.8.4.3 污染机理

使用趋势分析来确定污垢的类型。污垢的来源包括：

(1) 颗粒或固体沉积；

(2) 结晶或不溶性盐；

(3) 聚合、焦化或反应固体产物；

(4) 人为添加物；

(5) 生物生长；

(6) 腐蚀。

防止或减少污垢的方法包括以下几种。

(1) 颗粒或固体沉积：保持足够的速度以防止沉降。

(2) 盐结晶或不溶性盐：控制浓度、表面温度以及 pH 值。

(3) 聚合、焦化或反应固体产物：保持温度低于反应温度或控制反应速率。

①化学添加剂：确保它们的温度总是低于沸点或其分解温度。

②生物生长：用适当的化学药剂去除或控制沉积速率。

③腐蚀：调整工艺以防止腐蚀或选择耐腐蚀材料。

图 3.17 显示了三种不同的污垢趋势，可用于确定污垢的原因。

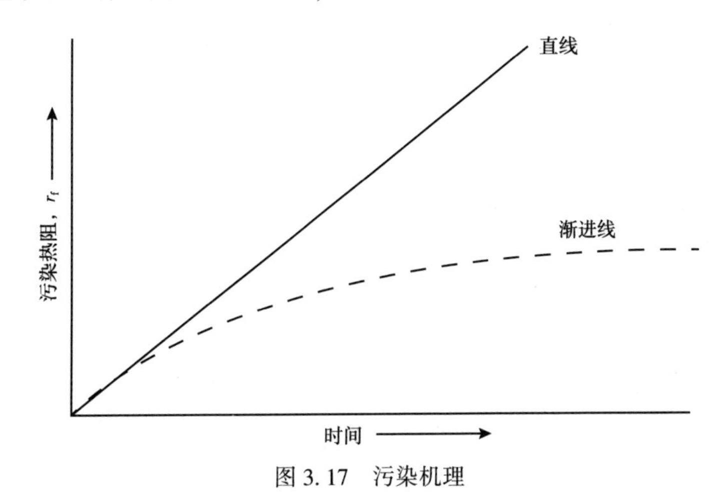

图 3.17 污染机理

3.8.5 性能评价

换热器的性能可以通过以下方程式来评价：

$$R_f = \frac{1}{U_{观测值}} - \frac{1}{U_{预期值}}$$

其中：

$$\frac{1}{U_{预期值}}=\frac{1}{U_{洁净值}}+R_{f(预期值)}$$

需要解决的问题包括：

（1）时间趋势；

（2）换热器污垢类型。

（3）确定换热器是否结垢。

设计计算步骤：

（1）首先确定 $U_{预期值}/U=125\%$；

（2）其次确定 $R_f=\frac{1}{U}-1/U_{预期值}$；

（3）例外情况。

如图 3.18 所示，列出了不同的污染数据趋势。

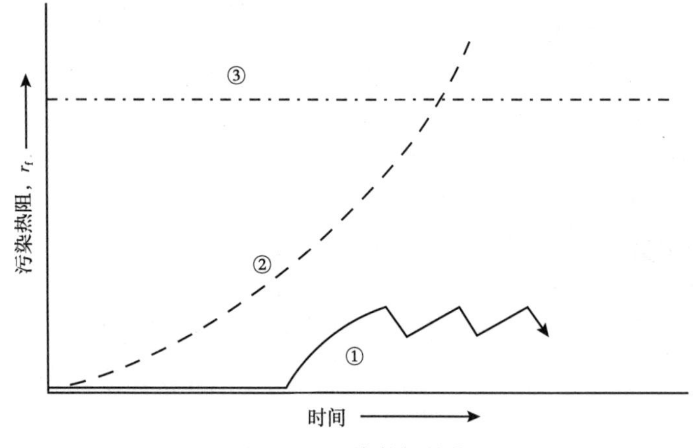

图 3.18　污染数据趋势

3.8.6　传热研究公司计算机模拟程序

电脑模拟程序是换热器组计算的主要手段，以及：

（1）设置是否简单；

（2）用于设计和故障排除；

（3）处理多种服务类型，包括：

①空冷器；

②焓传递；

③单相，除“两相”外，潜热占小于 70%；

③冷凝；

④管侧沸腾和壳侧沸腾；

⑤垂直热虹吸管；

⑥水平热虹吸管；

⑦釜式再沸器；

⑧板式换热器。

污垢的产生很快，并且会极大地限制传热（表 3.2）。

表 3.2 污垢防止措施

问题	发生条件	控制措施
固体沉积	多种流体—液，气，或两相流	保持一定的速度避免沉降
盐结晶或不溶性物质	含水	控制浓度、表面温度以及 pH 值
聚合、焦化或反应固体产物	受药剂污染的重烃液体和流体	保持温度低于反应温度或控制反应速率
人为添加物	任何液体或两相流	避免
生物生长	水或含水流体	杀死或控制生长速度。与材料、温度和速度有关
腐蚀	几乎所有流体	调整工艺以防止腐蚀或选择耐腐蚀材料

3.9 膜系数计算

传热膜系数的计算通常需要进行试错法计算，并且手算很费时。因此计算机被广泛用来进行细节计算。如果采用手算，还要注意所有的单位是否正确。

大部分液体和天然气是传热的不良导体。管壁附近的流体膜对传热产生了控制阻力，增加原料流的流速能减少膜的厚度。

典型的 *U* 值可用来进行粗略或初步计算，在本章的其余部分介绍。

膜系数取决于使用情况。可用的工具包括公式、图表、简化假设和计算机程序。对所有的计算来说，除了最简单的情况，就是使用计算机程序了。快速估算，可从表 3.3 中查近似膜系数。这样显热流的膜系数的计算相对比较简单。

表 3.3 近似膜系数

使用情况或液体		管壳侧膜系数，Btu/(h · ℉ · ft^2)（基于裸露的外部区域）
显热	纯水	1400
	HC，0.5cP	400
	HC，2.0cP	250
	HC，10cP	150
气体	轻 HC，150psi	100
	空气，10psi	15
	空气，300psi	60
冷凝	蒸汽	1000
	轻 HC	200
	重 HC	100
	冷却	50
沸腾	水	1000
	轻 HC	300
	重 HC	150
冷却空气	空气	175

如果采用经济规模标准，流速或压力梯度能得到优化，公式也得以求解。

（1）经济规模标准：

补偿或平衡膜系数（调整后）。

（2）对于新设计，需要平衡增压或压缩成本与传热表面成本的比例。

（3）流速因素：

①壳内轴向方向的 0.4～0.6psi/ft（9048～13570Pa/m）≈液体流速 2～3ft/s（0.61～0.91m/s）；

②管壁处［3/4in 管（19.05mm）］0.2～0.3psi/ft（4524～6784Pa/m）≌液体流速 7～9ft/s（2.1～2.7m/s）。

价格高的材质建议流体以更高的流速进行设计。活性污垢流体（污染流设计为高流速。同时设计者必须考虑调节操作功能，以保持压力梯度高于颗粒污染的临界值）。

（1）壳内轴向方向的 1psi/ft（2262Pa/m）≌1ft/s（0.305m/s）；

（2）管内轴向方向的 0.05psi/ft（1131Pa/m）≌4ft/s（1.22m/s）。

设计者应该使用单相、两相、多组分冷凝和沸腾流体的经济规模标准。

纯组分冷凝和沸腾有很大的膜系数，这时候精度就显得不那么重要了。和显热加上潜热的综合值一样，纯组分的冷凝和沸腾是很复杂的。

这些应该用合适的计算机程序来进行运算。对于沸腾流，要考虑成核状态下的设计和操作。对于冷凝流，随着热量的传递，机制发生了巨大的变化。如图 3.19 所示。

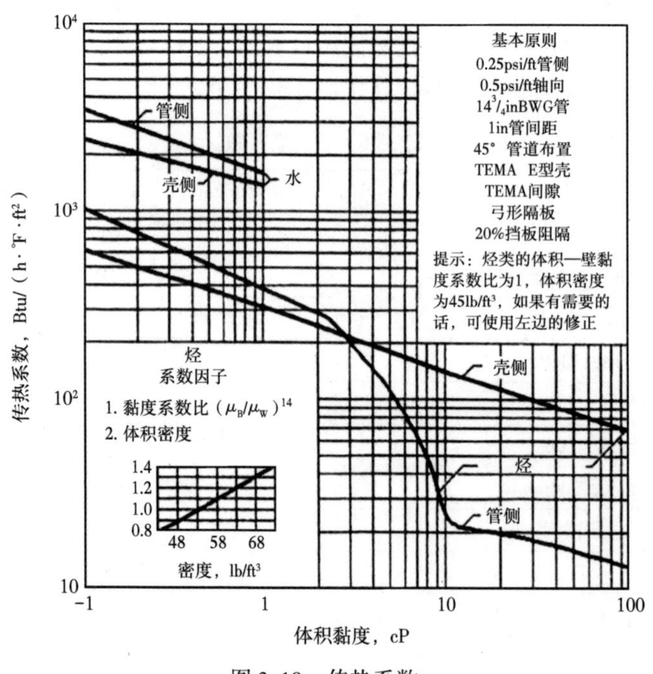

图 3.19　传热系数

3.9.1　内膜系数

内膜系数表示管内流动状态由中心湍流向管内表面层流转变所引起的对热流的阻力。内膜系数可用下列公式计算：

$$h_i = \left[0.022\left(\frac{dG}{\mu}\right)^{0.8}\left(\frac{C_p}{k}\right)^{0.4}\left(\frac{\mu}{\mu_w}\right)^{0.16}\right]\frac{k}{p} \tag{3.19}$$

式中 h_i——流体膜传热系数，Btu/(h · ft^2 · ℉)；

D——管内径，ft；

k——流体导热系数，Btu/(h · ft · ℉)（查图 3.20 至图 3.22 可得）；

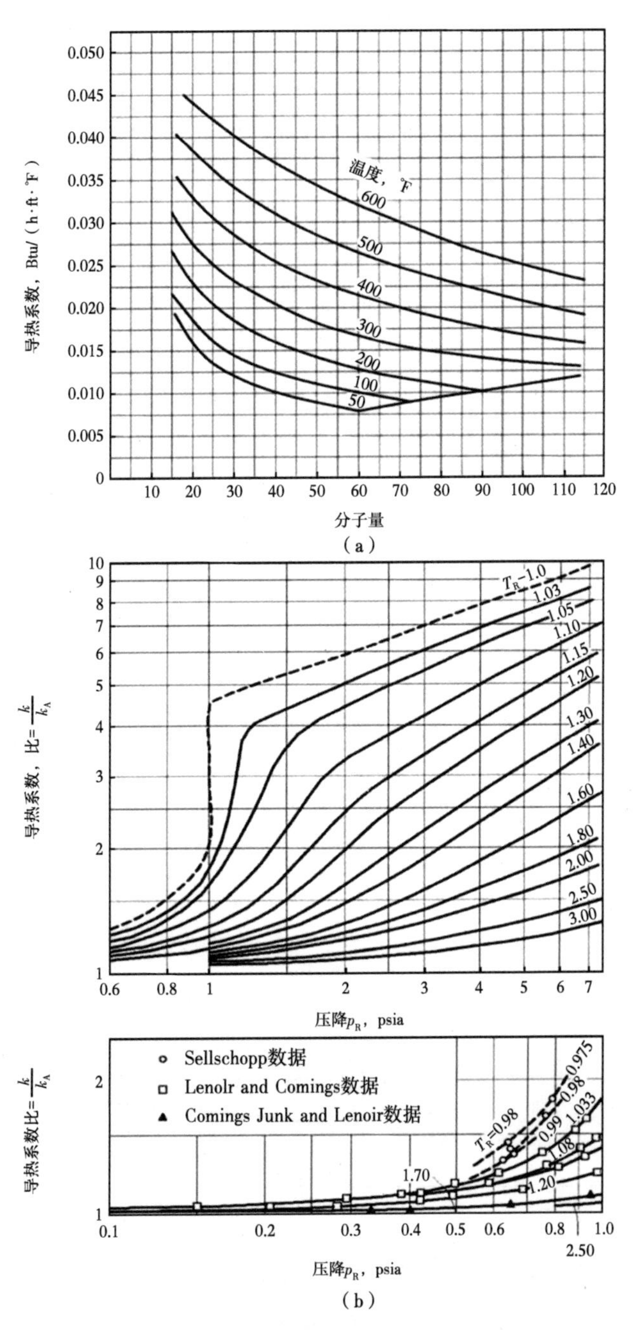

图 3.20 （a）标准压力下（14.67psia）碳氢化合物的导热系数（与（b）中的比率 k/k_A 相乘）；（b）气体导热比率［与（a）中的导热系数值相乘］

G——流体质量速度，lb/(h·ft^2) ［参见式（3.16）和式（3.17）］；μ_{CP}参见图3.23、图3.24；

μ——流体黏度，lb/(h·ft)；

μ_w——管壁处的流体黏度，lb/(h·ft)；

C_p——流体比热容，Btu/(lb·℉)。

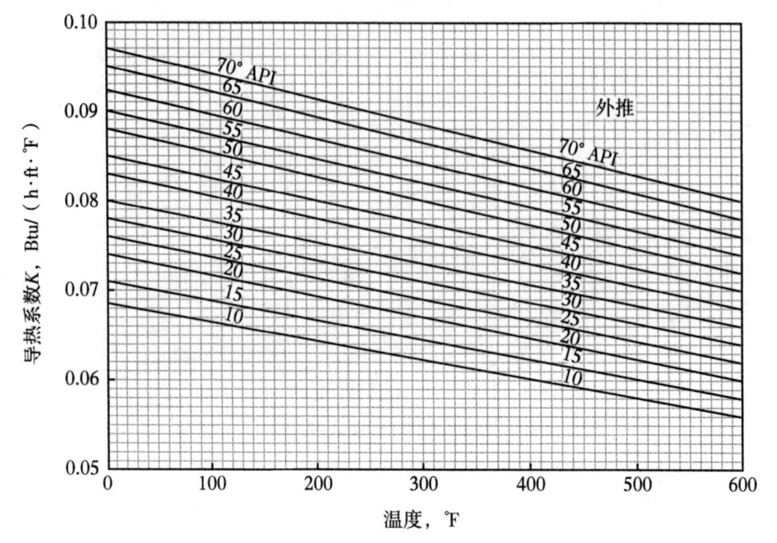

图3.21　烃流体的导热系数

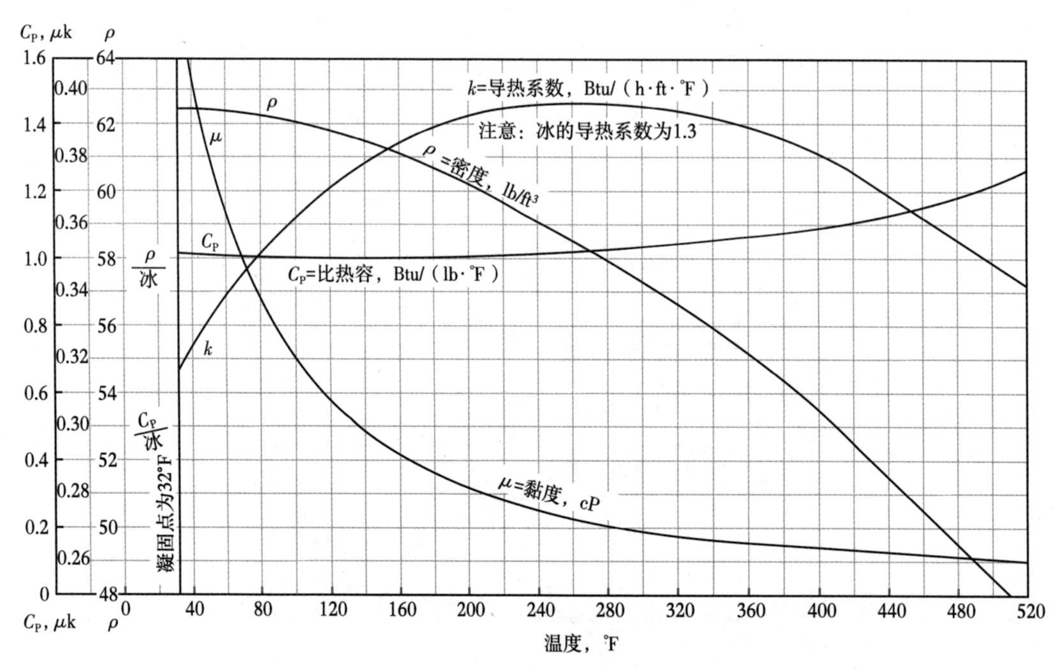

图3.22　水的物理性质

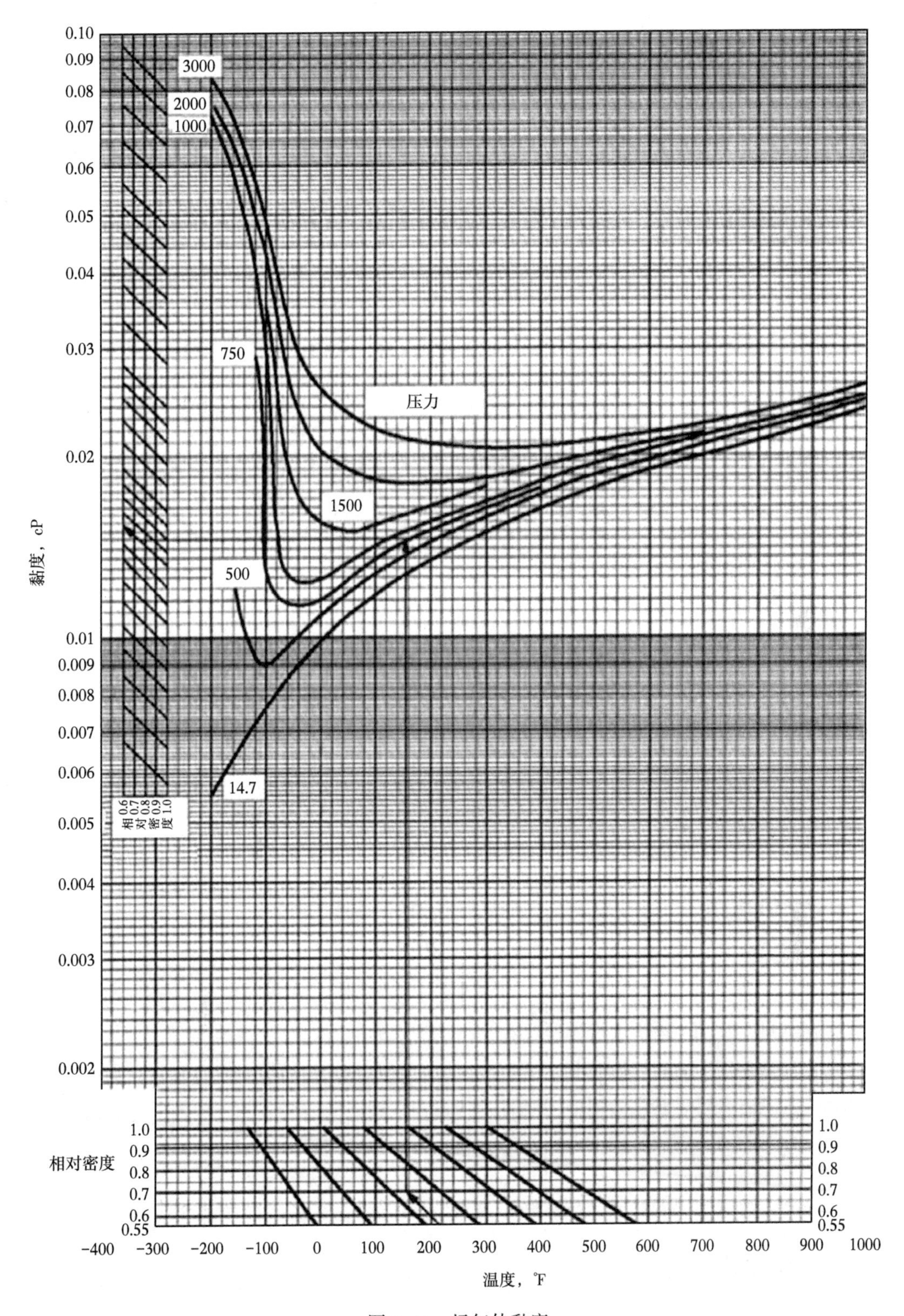

0.10
0.09
0.08
0.07
0.06
0.05
0.04
0.03
0.02
0.01
0.009
0.008
0.007
0.006
0.005
0.004
0.003
0.002
黏度，cP
3000
2000
1000
750
压力
1500
500
14.7
相对密度
0.6
0.7
0.8
0.9
1.0
0.55
-400
-300
-200
-100
0
100
200
300
400
500
600
700
800
900
1000
温度，℉

图 3.23　烃气体黏度

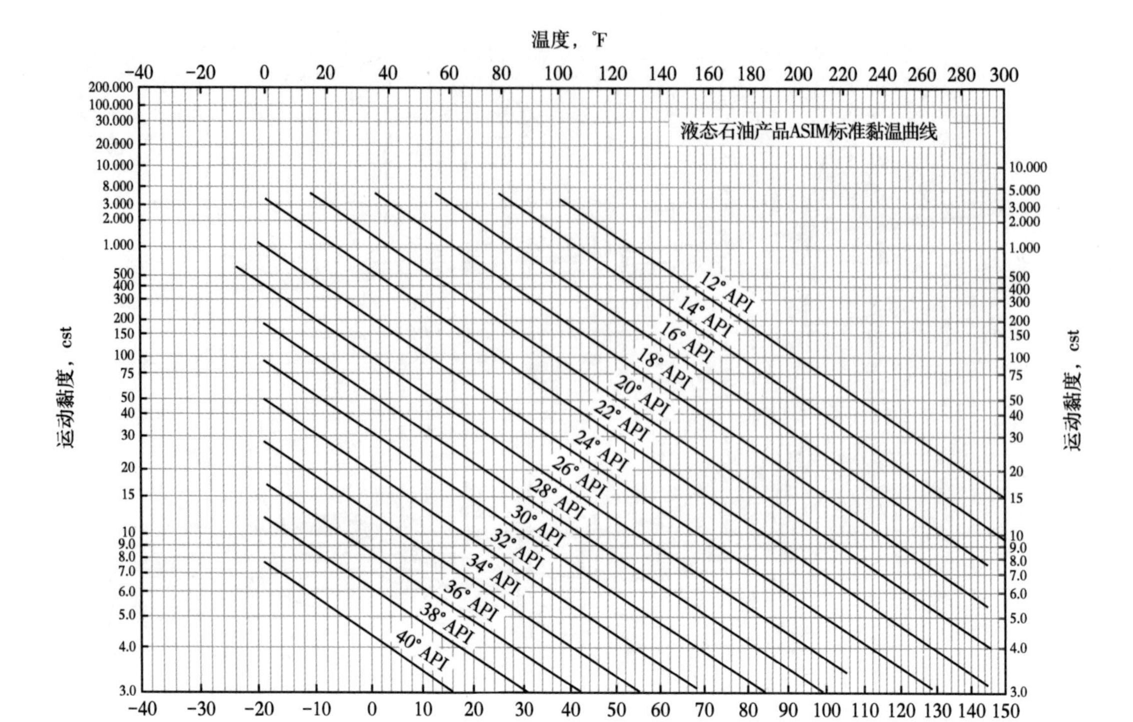

图 3.24　烃液体黏度

3.9.2　流体的质量速度

液体的质量流速：

$$G=18.6\frac{Q_1 SG}{D^2} \tag{3.20}$$

气体的质量流速：

$$G=4053\frac{Q_g S}{D^2} \tag{3.21}$$

式中　Q_1—单根管子的液体流量，bbl/d；

Q_g——单根管子的气体流量，$10^6 ft^3/d$；

SG——液体相对密度（相对于水）；

S——气体相对密度（相对于空气）；

D——管子内径，ft。

图 3.25 至图 3.29 给出了导热系数、黏度和各种热介质流体的比热容。

3.9.3　液浴的外膜系数

液浴的外膜系数是自然对流或自由对流的结果。流体温度的变化会引起密度的变化。密度变化会引起流体循环流动，这就会产生自由对流传热。对于水平管道和直径超过一定值的管道，可用如下公式：

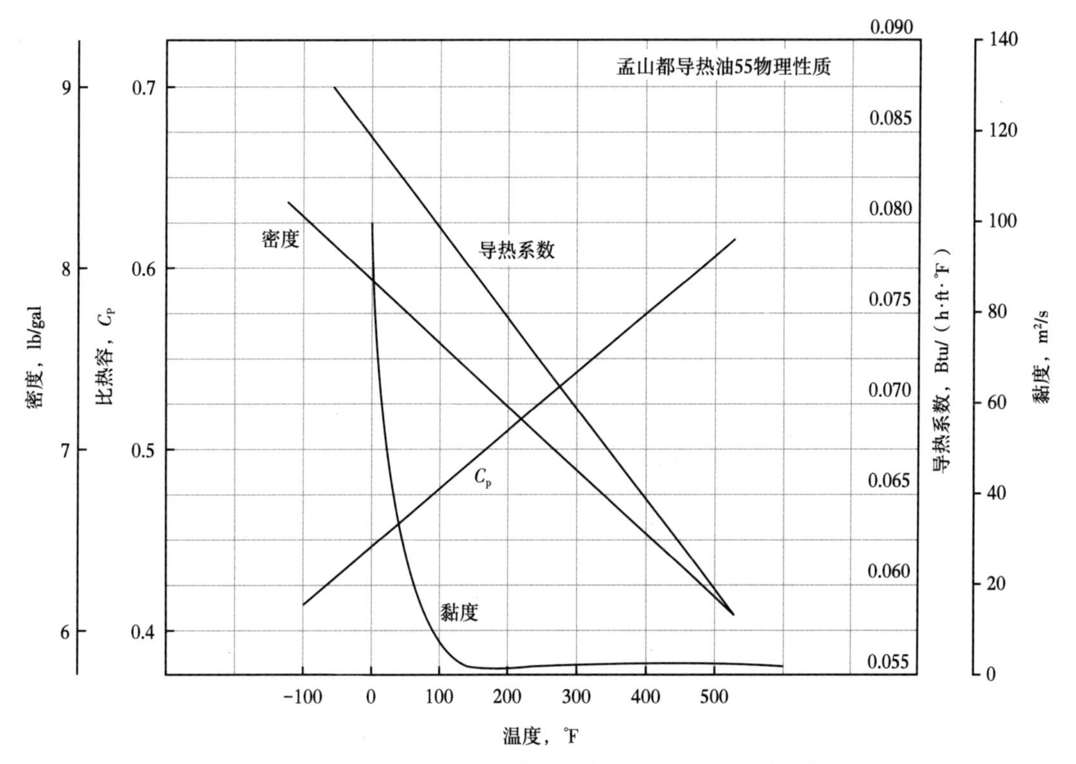

图 3.25　孟山都传热油 44 导热系数（使用温度 50~450℉；最大流体温度 635℉）

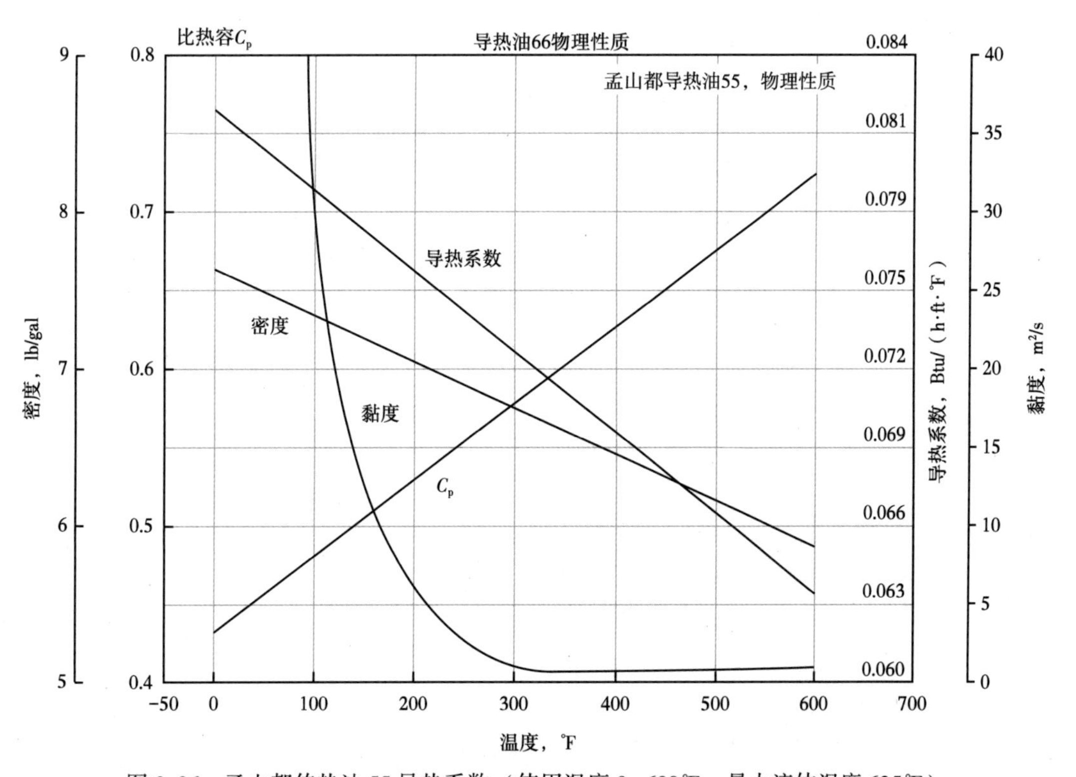

图 3.26　孟山都传热油 55 导热系数（使用温度 0~600℉；最大流体温度 635℉）

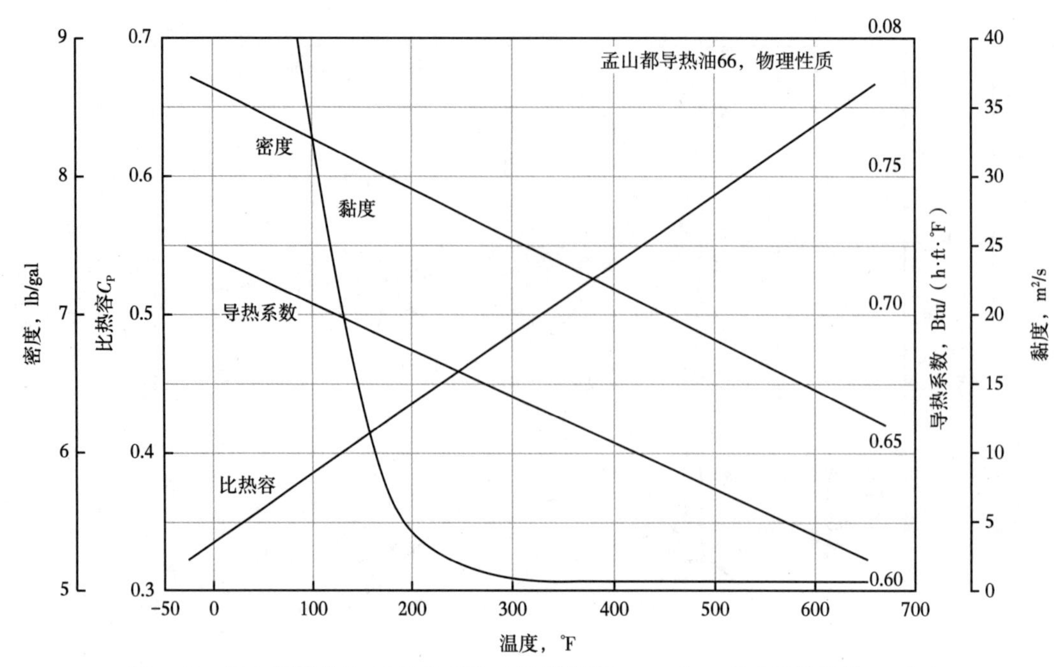

图 3.27 孟山都传热油 55 导热系数（使用温度 0~600℉；最大流体温度 635℉）

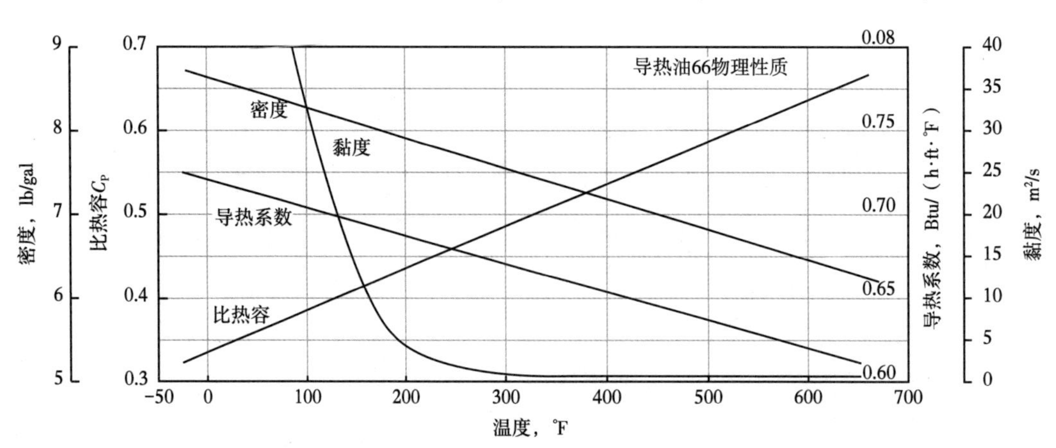

图 3.28 孟山都传热油 66 传热系数（使用温度 0~650℉；最大流体温度 750℉）

$$h_0 = 116\left[\frac{k^3 C^2 \rho \beta \Delta t_m}{\mu d_0}\right]^{0.25} \tag{3.22}$$

式中 h_0——外膜系数，Btu/（h·ft²·℉）；

k——浴液导热系数，Btu/（h·ft·℉）（参见表 3.4）；

C——浴液比热容，Btu/（lb·℉）；

ρ——浴液密度，lb/ft³；

μ——浴液黏度，cP；

Δt_m——平均温差，℉；

d_0——管外径，in；

β——浴液热膨胀系数，$℉^{-1}$（参见表 3.5）。

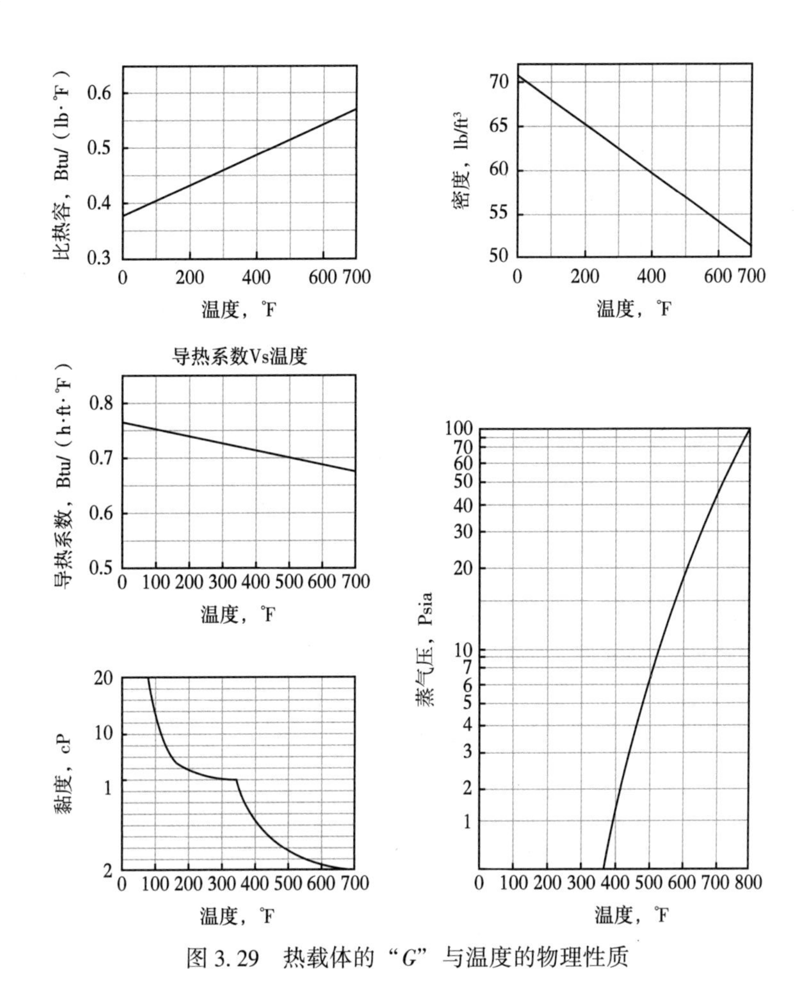

图 3.29　热载体的“*G*”与温度的物理性质

表 3.5 给出了浴液热膨胀系数。水的密度为蒸汽表中所给出的比容分之一（参见表 3.6）。

表 3.4　水的导热系数

温度，℉	导热系数，Btu/（h · ft · ℉）
32	0.343
100	0.363
200	0.393
300	0.395
420	0.376
620	0.275

表 3.5　热膨胀系数 β

温度，℉	系数，$℉^{-1}$
水	0.0024
热载体	0.00043
导热油	0.00039
美孚导热油	0.0035

表 3.6 干饱和蒸汽的特性

时间 θ	压力 p，psig	比热容			焓			熵		
温度 T ℉	p	饱和液体 V_{lip}	R_{vap}	饱和液体 V_{vap}	饱和液体 H_{lip}	R_{vap}	饱和蒸汽 H_{vap}	饱和液体 He_{lip}	R_{vap}	饱和蒸汽 He_{vap}
32	0. 08854	0. 01602	3308. 00	3208. 00	0. 00	1075. 3	1075. 8	0. 0000	2. 1877	2. 1877
35	0. 09995	0. 01602	2947. 00	2947. 00	3. 02	1074. 1	1077. 1	0. 0061	2. 1709	2. 1770
40	0. 12170	0. 01602	2444. 00	2444. 00	8. 05	1071. 3	1079. 3	0. 0162	2. 1435	2. 1597
45	0. 14752	0. 01602	2036. 40	2036. 40	13. 06	1068. 4	1081. 5	0. 0262	2. 1167	2. 1429
50	0. 17811	0. 01603	1703. 20	1703. 20	18. 07	1065. 8	1083. 7	0. 0361	2. 0903	2. 1264
60	0. 2583	0. 01604	1206. 80	1206. 70	28. 06	1059. 9	1088. 0	0. 0555	2. 0393	2. 0948
70	0. 3631	0. 01605	867. 80	857. 90	38. 04	1054. 3	1092. 3	0. 0745	1. 9902	2. 0647
80	0. 5069	0. 01608	632. 10	633. 10	48. 02	1048. 6	1096. 6	0. 0932	1. 9428	2. 0380
90	0. 5982	0. 01610	468. 00	468. 00	57. 99	1042. 9	1100. 9	0. 1115	1. 8972	2. 0087
100	0. 9492	0. 01613	350. 30	350. 40	67. 97	1037. 2	1105. 2	0. 1295	1. 3531	1. 9828
110	1. 2748	0. 01617	265. 30	265. 40	77. 94	1031. 8	1109. 5	0. 1471	1. 8106	1. 9577
120	1. 6924	0. 01620	203. 25	203. 27	87. 92	1025. 8	1113. 7	0. 1645	1. 7694	1. 9339
130	2. 2225	0. 01625	157. 32	157. 34	97. 90	1020. 0	1117. 9	0. 1818	1. 7256	1. 9112
140	2. 2886	0. 01629	122. 99	123. 01	107. 39	1014. 1	1122. 0	0. 1984	1. 6910	1. 3894
150	3. 7180	0. 01634	97. 04	97. 07	117. 99	1008. 2	1126. 1	0. 2149	1. 6537	1. 3685
160	4. 7410	0. 01629	77. 27	77. 29	127. 89	1002. 3	1130. 2	0. 2311	1. 6174	1. 3485
170	5. 9920	0. 01615	62. 04	62. 06	137. 93	996. 3	1134. 2	0. 2472	1. 5822	1. 8293
180	7. 5100	0. 01651	50. 21	50. 23	147. 92	990. 2	1138. 1	0. 2630	1. 5480	1. 8109
190	9. 3390	0. 01657	40. 94	40. 96	157. 95	984. 1	1142. 0	0. 2785	1. 5147	1. 7932
200	11. 5280	0. 01663	33. 62	23. 64	167. 99	977. 9	1145. 9	0. 2938	1. 4824	1. 7762
210	14. 1230	0. 01670	27. 80	27. 32	178. 05	971. 6	1149. 7	0. 3090	1. 4508	1. 7398

续表

时间 θ	压力 p，psig	比热容			焓			熵		
温度 T ℉	p	饱和液体 V_{lip}	R_{vap}	饱和液体 V_{vap}	饱和液体 H_{lip}	R_{vap}	饱和蒸汽 H_{vap}	饱和液体 He_{lip}	R_{vap}	饱和蒸汽 He_{vap}
212	14. 696	0. 01672	26. 7300	26. 8000	180. 07	970. 3	1150. 4	0. 3120	1. 4446	1. 7568
220	17. 186	0. 01677	23. 1300	22. 1500	188. 13	965. 2	1153. 4	0. 3239	1. 4201	1. 7440
230	20. 780	0. 01634	19. 2650	19. 3820	198. 23	958. 8	1157. 0	0. 3387	1. 3901	1. 7238
240	24. 969	0. 01692	16. 2080	16. 2230	208. 34	952. 2	1160. 5	0. 3531	1. 3609	1. 7140
250	29. 823	0. 01700	13. 8040	13. 8210	216. 48	945. 5	1164. 0	0. 3875	1. 3323	1. 6998
260	35. 429	0. 01709	11. 7460	11. 7630	225. 64	938. 7	1167. 3	0. 3817	1. 3043	1. 6860
270	41. 858	0. 01717	10. 0440	10. 0610	238. 84	931. 3	1170. 6	0. 3958	1. 2769	1. 6727
280	49. 203	0. 01726	8. 6280	8. 6450	249. 06	924. 7	1173. 8	0. 4098	1. 2301	1. 6597
290	37. 558	0. 01735	7. 4440	7. 4810	259. 31	917. 5	1176. 8	0. 4234	1. 2238	1. 6472
300	67. 013	0. 01745	6. 4490	6. 4680	289. 59	910. 1	1179. 7	0. 4399	1. 1980	1. 8330
310	77. 680	0. 01755	5. 6090	5. 5230	279. 92	902. 6	1182. 5	0. 4504	1. 1727	1. 6231
320	89. 680	0. 01765	4. 8960	4. 9140	290. 23	894. 9	1185. 2	0. 4637	1. 1478	1. 6115
330	103. 060	0. 01778	4. 2890	4. 3070	300. 68	887. 0	1187. 7	0. 4760	1. 1233	1. 6002
340	118. 010	0. 01787	3. 7700	3. 7880	311. 13	879. 0	1190. 1	0. 4900	1. 0992	1. 5891
350	134. 630	0. 01799	3. 3240	3. 3420	321. 53	870. 7	1192. 3	0. 5029	1. 0754	1. 5783
360	153. 040	0. 01811	2. 9390	2. 9570	332. 18	862. 2	1194. 4	0. 5158	1. 0519	1. 3677
370	173. 370	0. 01823	2. 6060	2. 6250	342. 79	853. 5	1196. 3	0. 5288	1. 0287	1. 5573
380	195. 770	0. 01826	2. 3170	2. 3350	353. 45	844. 8	1198. 1	0. 5413	1. 0059	1. 5471
390	220. 370	0. 01850	2. 0651	2. 0838	364. 17	835. 4	1199. 6	0. 3539	0. 9832	1. 5371
400	247. 310	0. 01864	1. 3447	1. 8633	374. 97	328. 0	1201. 0	0. 5684	0. 9608	1. 5272
410	278. 750	0. 01878	1. 6512	1. 6700	385. 53	816. 3	1202. 1	0. 5788	0. 9388	1. 5174

续表

时间 θ	压力 p，psig	比热容			焓			熵		
温度 T ℉	p	饱和液体 V_{lip}	R_{vap}	饱和液体 V_{vap}	饱和液体 H_{lip}	R_{vap}	饱和蒸汽 H_{vap}	饱和液体 He_{lip}	R_{vap}	饱和蒸汽 He_{vap}
420	308. 83	0. 01894	1. 4811	1. 5000	396. 77	806. 3	1203. 1	0. 5912	0. 9168	1. 5078
430	343. 72	0. 01910	1. 3308	1. 3499	407. 79	796. 0	1203. 8	0. 6035	0. 8947	1. 4982
440	281. 59	0. 01828	1. 1979	1. 2171	418. 90	785. 4	1204. 3	0. 6158	0. 8730	1. 4887
450	422. 80	0. 01940	1. 0799	1. 0993	430. 00	774. 5	1204. 8	0. 6290	0. 3513	1. 4793
460	466. 90	0. 01960	0. 9748	0. 9944	441. 40	783. 2	1204. 8	0. 6402	0. 8298	1. 4700
470	514. 70	0. 01980	0. 8811	0. 9009	452. 50	751. 3	1204. 3	0. 6523	0. 3083	1. 4806
480	366. 10	0. 02000	0. 7972	0. 8172	464. 40	739. 4	1203. 7	0. 6645	0. 7868	1. 4513
490	621. 40	0. 02020	0. 7221	0. 7423	476. 00	726. 8	1202. 8	0. 6768	0. 7653	1. 4419
500	680. 80	0. 02040	0. 6545	0. 6749	487. 80	713. 0	1201. 7	0. 5887	0. 7438	1. 4323
520	812. 40	0. 02090	0. 5385	0. 5594	511. 90	688. 4	1198. 2	0. 7130	0. 7006	1. 4138
540	962. 50	0. 02150	0. 4434	0. 4549	538. 80	656. 6	1193. 2	0. 7374	0. 6568	1. 2942
560	1133. 10	0. 02210	0. 2647	0. 3868	582. 20	624. 2	1186. 4	0. 7821	0. 6121	1. 3742
580	1325. 20	0. 02280	0. 2988	0. 2217	588. 90	588. 4	1177. 3	0. 7872	0. 5659	1. 2532
600	1542. 90	0. 02280	0. 2432	0. 2668	617. 00	548. 5	1165. 3	0. 8131	0. 5178	1. 3307
620	1738. 50	0. 02470	0. 1958	0. 2201	646. 70	503. 8	1150. 3	0. 8398	0. 4664	1. 2062
640	2059. 70	0. 02500	0. 1538	0. 1798	678. 60	452. 0	1130. 3	0. 8579	0. 4110	1. 2789
660	2265. 40	0. 02750	0. 1165	0. 1442	714. 20	390. 2	1104. 4	0. 8987	0. 3485	1. 2472
680	2708. 10	0. 03050	0. 0510	0. 1115	757. 30	309. 9	1067. 2	0. 9351	0. 2219	1. 2071
700	2093. 70	0. 03690	0. 0392	0. 0761	823. 30	172. 1	995. 4	0. 9905	0. 1484	1. 1389
705. 4	3206. 20	0. 05030	0	0. 0503	902. 70	0	902. 7	1. 0580	0	1. 0580

3.9.4 管壳换热器的外膜系数

对于壳体侧有挡板壳程流体垂直流过管束的管壳换热器，管壳换热器的外膜系数可由以下公式计算：

$$h_0 = 0.6K\left(\frac{C\mu_e}{k}\right)^{0.33}\left(\frac{DG_{max}}{\mu_e}\right)^{0.6}\frac{k}{D} \tag{3.23}$$

式中 h_0——外膜系数，Btu/(h·ft^2·℉)；

D——管外径，ft；

k——流体导热系数，Btu/(h·ft·℉)；

G_{max}——流体的最大质量流速，lb/(h·ft^2)；

C——流体比热容，Btu/(lb·℉)；

μ_e——流体黏度，lb/(h·ft)；

K——系数，参见表3.7。

表3.7 与错排管束垂直流动的流体“*K*”道，*N* 为错排管数量

N	*K*
1	0.24
2	0.27
3	0.29
4	0.30
5	0.31
6	0.32
10	0.33

3.10 金属管热阻

管金属热阻可用以下公式计算：

$$r_w = \frac{\Delta X_w}{K_w} = \frac{L}{K} \tag{3.24}$$

式中 ΔX_w——壁厚，ft；

K_w——管子导热系数，Btu/(h·ft·℉)（表3.10）。

表3.8和3.9给出了公式（3.10）中所需要的管子和盘管的基本参数，表3.10列出了不同材料在200℉时的导热系数。

表 3.8　管特性

管外径 in	B. W. G 标准尺寸	厚度 in	内表面积 in^2	每英尺长的 外表面积	每英尺长的 内表面积
1	14	0.083	0.5463	0.2618	0.2183
1	15	0.072	0.5755	0.2618	0.2241
1	16	0.065	0.5945	0.2618	0.2278
1	18	0.049	0.6390	0.2618	0.2361
1	20	0.035	0.6793	0.2618	0.2435
11/4	7	0.180	0.6221	0.3272	0.2330
11/4	8	0.165	0.6648	0.3272	0.2409
11/4	10	0.134	0.7574	0.3272	0.2571
11/4	11	0.120	0.8012	0.3272	0.2644
11/4	12	0.109	0.8365	0.3272	0.2702
11/4	13	0.095	0.8825	0.3272	0.2775
11/4	14	0.083	0.9229	0.3272	0.2838
11/4	16	0.065	0.9852	0.3272	0.2932
11/4	18	0.049	1.042	0.3272	0.3016
11/4	20	0.035	1.094	0.3272	0.3089
11/2	10	0.134	1.192	0.3927	0.3225
11/2	12	0.109	1.291	0.3927	0.3356
11/2	14	0.083	1.398	0.3927	0.3492
11/2	16	0.065	1.474	0.3927	0.3587
2	11	0.120	2.433	0.5236	0.4608
2	12	0.109	2.494	0.5236	0.4665
2	13	0.095	2.573	0.5236	0.4739
2	14	0.083	2.642	0.5236	0.4801

表 3.9　盘管数据

公称直径 in	钢级	外径 in	内径 in	内表面积 ft^2/ft	外表面积 ft^2/ft
1	S40	1.315	1.049	0.275	0.344
	X80		0.957	0.251	
	160		0.815	0.213	
	XX		0.599	0.157	
2	S40	2.375	2.067	0.541	0.622
	X80		1.939	0.508	
	160		1.687	0.442	
	XX		1.503	0.394	
2½	XXX	2.875	1.375	0.360	0.753

续表

公称直径 in	钢级	外径 in	内径 in	内表面积 ft^2/ft	外表面积 ft^2/ft
3	S40	3. 50	3. 068	0. 803	0. 916
	X80		2. 900	0. 759	
	160		2. 624	0. 687	
	XX		2. 300	0. 602	
4	S40	4. 50	4. 026	1. 054	1. 19
	X80		3. 826	1. 002	
	160		3. 438	0. 900	
	XX		3. 152	0. 825	

表 3. 10 200℉时金属的导热系数

金属材料	导热系数，Btu/(h · ft · ℉)
铜	223
海军黄铜	70
硅青铜	15
不锈钢（18cr-8in）	8
铬镍铁合金	8
90-10 铜镍铁合金	30
70-30 铜镍铁合金	18
蒙乃尔铜-镍合金	15
苔	10

3. 11 近似总传热系数

用之前的公式计算 U 是冗长繁琐的。专家们使用计算机程序来计算 U 值。GPSA 工程数据手册的速览表（表 3. 11、表 3. 12）提供了管壳式换热器的近似 U 值。例如：

（1）水与 100psia 气体的换热 U 值较低，因此换热器需要更大的换热面积；

（2）水与 1000psia 气体的换热 U 值较高，因此换热器需要较小的换热面积；

（3）水与水的交换能获得更高的 U 值。

表中的数值不分管侧流体和壳侧流体。流体的位置确实会使 U 值不同。史密斯工业公司的速览图（图 3. 30）给出了从水浴到天然气蒸汽在盘管中交换时的近似 U 值。图 3. 31 是原油水浴加热时的计算图表。

表 3.11　管壳换热器典型裸管传热系数　　单位：Btu/(h·ft^2·℉)

内容	U	内容	U
水，100psi	35~40	冷凝水与 C_3，C_4	125~135
气田水，300psi	40~50	冷凝水与石脑油	70~80
气田水，700psi	60~70	冷凝水与石脑油	70~80
气田水，1000psi	80~100	冷凝水与胺	100~110
气田水与煤油	80~90	重沸器 w/蒸汽	140~160
水与胺	130~150	重沸器 w/热油	90~120
水与空气	20~25	100psi 天然气 w/500psi 天然气	50~70
水与水	180~200	1000psi 天然气 w/1000psi 天然气	60~80
油与油	80~100	1000psi 天然气冷却装置（天然气 C_3）	60~80
C_3 与 C_3 液体	110~130	MEA 换热器	120~130

注：最大沸腾膜传热系数。烃类：300~500Btu/(h·ft^2·℉)；水：0~200Btu/(h·ft^2·℉)。

表 3.12　管壳换热器的典型 *U* 值范围

项目		U，Btu/(h·ft^2·℉)
水冷却器	气（≤500psi）	30~50
	气（500~1000psi）	50~80
	气（>1000psi）	80~100
	凝析油	70~90
	乙醇胺	130~150
	空气	15~25
	水	170~200
水冷凝器	胺再生器	100~110
	塔顶分馏器	70~80
	轻烃	85~135
重沸器	蒸汽	140~160
	热油	90~120
	乙二醇	10~20
	胺	100~120
其他	油—油	80~100
	丙烷—丙烷	100~130
	富乙醇胺—贫乙醇胺	120~130
	气—气（≤500psi）	50~70
	气—气（约 10000psi）	55~75
	气—丙烷冷却器	60~90

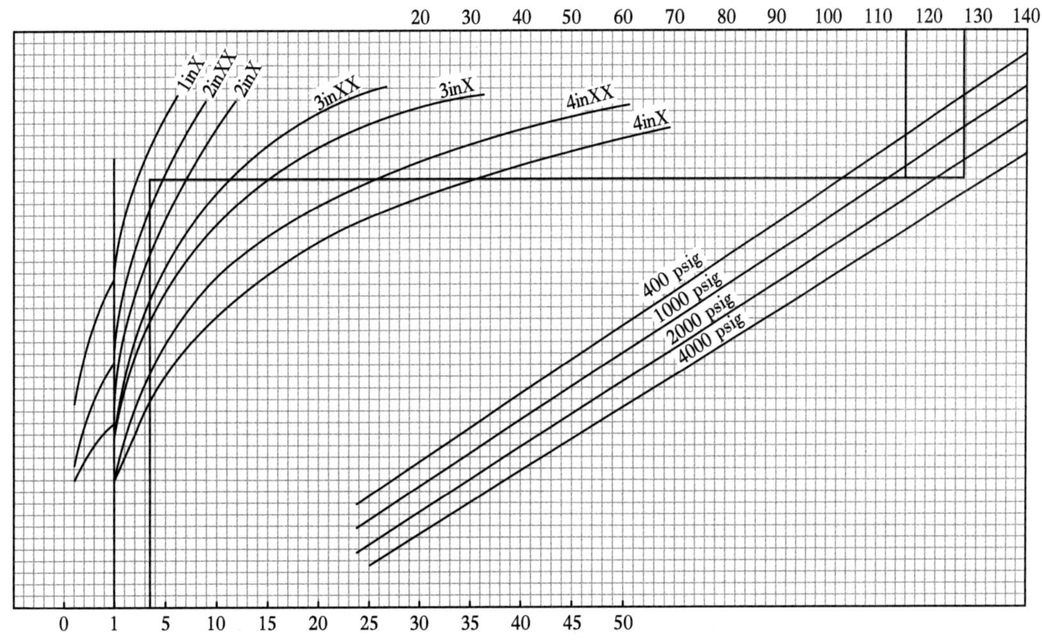

图 3.30　水浴盘管中天然气换热的 U 值

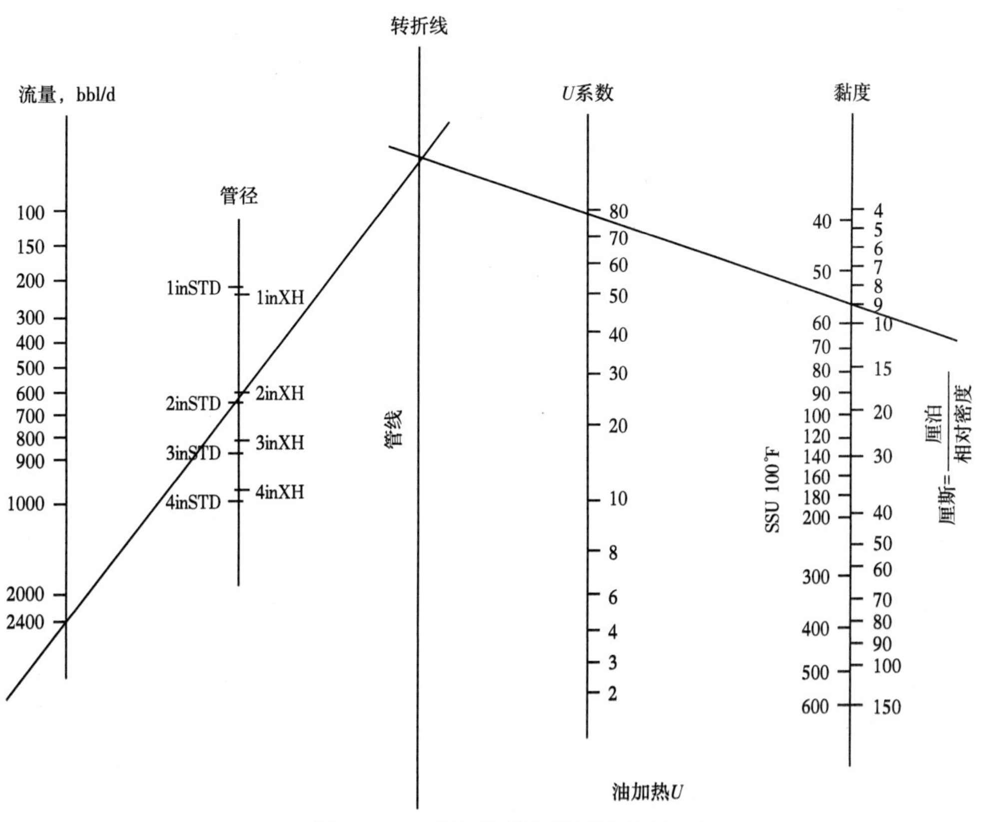

图 3.31　水浴加热器加热原油的 U

3.12 工业热负荷的测定

3.12.1 概述

过程流体产生温度变化所需要增加或减少的热量，可通过显热、潜热或汽化潜热形式来实现。

3.12.2 显热

显热是物体吸收或释放的热量，可引起物体温度的变化但不发生相变。例如，当钢铁被加热时，钢铁的温度会升高并且能被测出来。常用公式为

$$q_{sh} = WC_p\Delta T \tag{3.25}$$

式中 q_{sh}——显热负荷，Btu/h 或 k/h；

-- W——质量流量，lb/h 或 kg/h；

C_p——流体比热容，Btu/lb · ℉或 k/kg · ℃，如图 3.32、图 3.33 所示；

ΔT——温度变化，℉或℃。

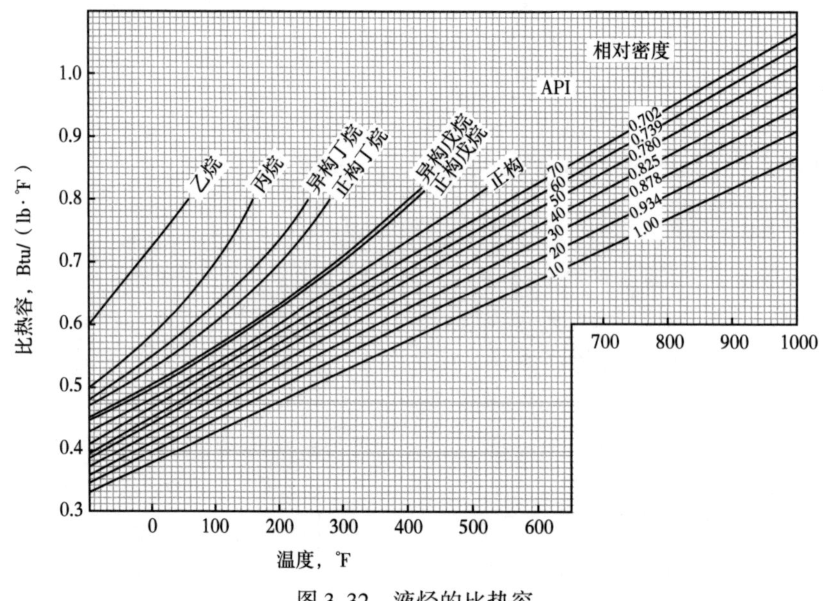

图 3.32 液烃的比热容

3.12.3 潜热

当物质发生相态变化时，会以潜热的方式吸收或释放热量。这种热量不能通过测量温度来确定。常用公式为

$$Q_{ih} = W\lambda \tag{3.26}$$

式中 Q_{ih}——潜热负荷，Btu/h；

W——质量流量，lb/h；

λ——潜热，Btu/lb。

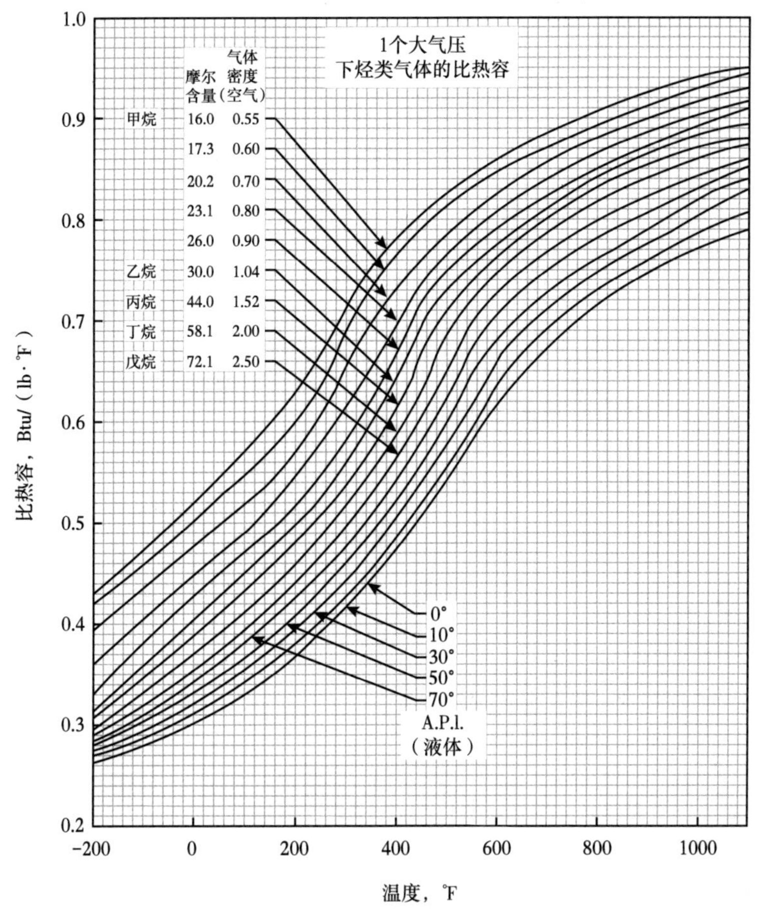

图 3.33　烃蒸气的比热容

表 3.13 给出了烃类的气化潜热值。水的汽化潜热为水蒸气表中 h_{fg} 的值。

表 3.13　烃类的气化潜热

化合物	沸点下 14.696psia 的气化潜热，Btu/lb
甲烷	219.22
乙烷	210.41
丙烷	183.05
正丁烷	165.65
异丁烷	157.53
正戊烷	153.59
异戊烷	147.13
己烷	143.95
庚烷	136.01
辛烷	129.53
壬烷	123.76
癸烷	118.68

3.12.4 多相流热负荷

当过程流中存在多种相态时，过程热负荷可用下列公式计算：

$$q_p = q_g + q_o + q_w \tag{3.27}$$

式中 q_p——总热负荷，Btu/h；

q_g——天然气热负荷，Btu/h；

q_o——油热负荷，Btu/h；

q_w——水热负荷，Btu/h。

3.12.5 恒压下天然气的显热负荷

恒压下天然气的显热负荷计算公式为

$$q_p = 41.7\ (T_2 - T_1)\ C_g Q_g \tag{3.28}$$

式中 T_2——进口温度,℉；

T_1——出口温度,℉；

C_g——气体热容，Btu/($10^3 ft^3$ · ℉)；

Q_g——气体流量，$10^6 ft^3/d$。

气体热容 C_g 是在大气条件下测定的，然后根据对比压力、对比温度的变化进行修正。

3.12.6 天然气热容

天然气热容常用公式为

$$C_g = 2.64\ (29SC_P + \Delta C_P) \tag{3.29}$$

式中 C_g——1 个大气压下的天然气比热容，Btu/(lb · ℉)；

ΔC_P——修正系数（图 3.34）；

S——天然气相对密度。

当 p_r 和 T_r 已知时，校正系数 ΔC_P，可查图 3.34 得到。

$$T_r = \frac{T_a}{T_c} \tag{3.30}$$

$$p_r = \frac{p}{p_c} \tag{3.31}$$

式中 p_r——天然气的对比压力；

p——天然气压力，psia；

p_c——天然气拟临界压力，psia，查图 3.35 可得；

T_r——天然气的对比温度；

T_a——天然气平均温度,°F，$T_a = 1/2\ (T_1 + T_2)$；

T_c——天然气拟临界温度,°F，查图 3.35 可得。

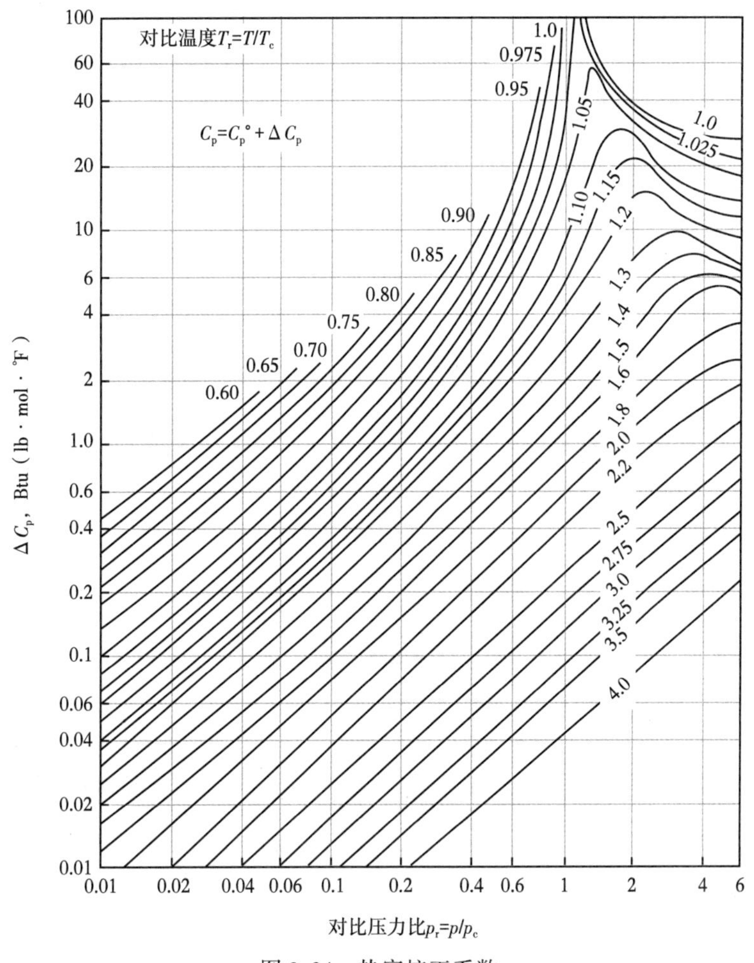

图 3.34　热容校正系数

3.12.7　天然气拟临界压力和温度的计算

天然气拟临界压力和温度可根据图 3.35 估得。它是以摩尔分数为基础计算各组分的临界温度和压力的加权平均值（表 3.14）。

表 3.14　相对密度估计；拟临界温度和拟临界压力

组成	*A*	*B*	*C*	*D*
	占气体组分的摩尔分数	分子量	临界温度,°R	临界压力，p_{sia}
CO_2	4.03	44.010	547.87	1071.0
N_2	1.44	28.013	227.3	493.0
H_2S	0.0019	34.076	672.6	1036.0
C_1	85.55	16.043	343.37	667.8
C_2	5.74	30.070	550.09	707.0
C_3	1.79	44.097	666.01	616.3

续表

组成	A	B	C	D
	占气体组分的摩尔分数	分子量	临界温度,°R	临界压力，p_{sia}
iC_4	0.41	58.124	734.98	529.1
nC_4	0.41	58.124	765.65	550.7
iC_5	0.20	72.151	829.10	490.4
nC_5	0.13	72.151	845.70	488.6
C_6	0.15	86.178	913.70	436.9
C_{7^+}	0.15	147.0	1112.0	304.0
合计	100.00	19.48	374.55	680.33
相对密度计算	$\sum A_i=\frac{19.48}{29}=0.67$	$\sum(A_iB_i)/\sum A_i$	$\sum(A_iC_i)/\sum A_i$	$\sum(A_iD_i)/\sum A_i$

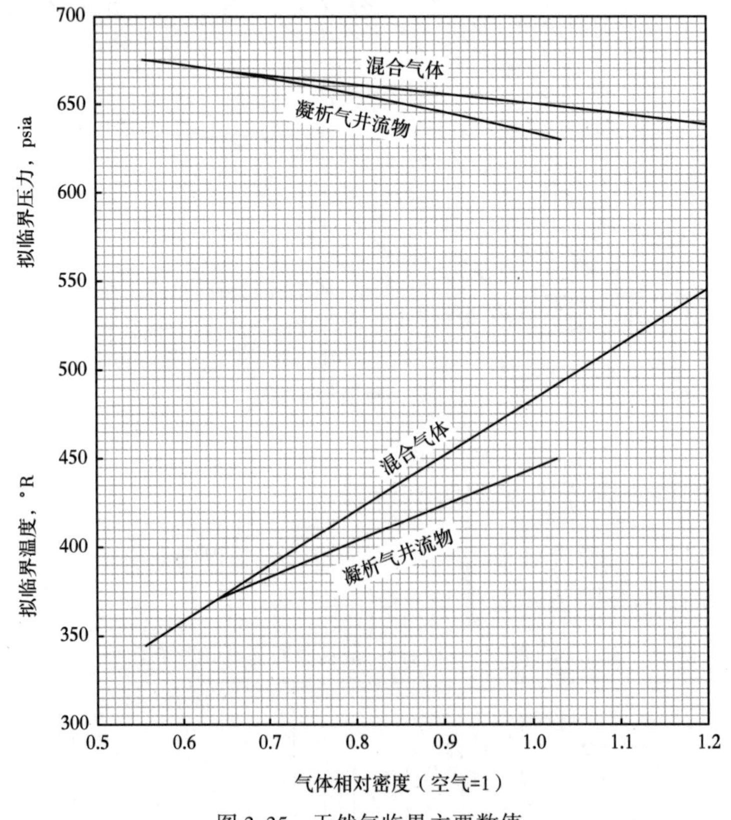

图 3.35 天然气临界主要数值

在样本计算中为了更加精确，H_2S 和 CO_2 的含量应进行修正。

3.12.8 油的显热负荷

油相的显热负荷计算公式为

$$q_o=14.6SG\left(T_2-T_1\right)C_oQ_o \tag{3.32}$$

式中　C_o——油的比热容，Btu/(lb·℉)（查图 3.35 可得）；

　　　Q_o——油的流量，bbl/d；

　　　SG——油的相对密度（水的为 1）。

3.12.9　水的显热负荷

假设水的比热容为 1Btu/(lb·℉)，那么自由水的加热负荷可由下列公式确定：

$$Q_w = 14.6\ (T_2 - T_1)\ Q_w \tag{3.33}$$

式中　Q_w——水的流量，bbl/d。

3.12.10　相变时的热负荷

相变时的热负荷最好通过闪蒸计算来确定，以便通过焓的变化来确定热损失或热增益。对于快速计算总热负荷的近似值，先计算出气相和每种液相的显热值，再加和所有的潜热和显热值。

3.12.11　大气热损失

大气热损失可用下列常用公式计算：

$$q = UA\Delta t_m \tag{3.34}$$

假设内膜系数相对外膜系数来说很大，“U”可通过式（3.18）的修正计算得出。

在该条件下，式（3.18）可归纳为

$$\frac{1}{U} = \frac{1}{h_o} + \frac{\Delta X_1}{K_1} + \frac{\Delta X_2}{K_2} \tag{3.35}$$

其中　V_w<16ft/s 时，$h_o = 1 + 0.22V_w$；当 V_w>16ft/s 时，$h_o = 0.53V_w^{0.8f}$；

　　　V_w——风速，ft/s，=1.47×（mph）；

　　　ΔX_1——壳壁厚度，ft；

　　　K_1——壳导热系数；Btu/(h·ft·℉)，碳钢取 30（查表 3.11）；

　　　ΔX_2——绝缘厚度，ft；

　　　K_2——绝缘导热系数；Btu/(h·ft·℉)，矿棉取 0.03。

而对于初步计算，通常假定：

不保温设备，大气热损失 q 取 5%~10%的裕量；

保温设备，大气热损失 q 取 1%~2%的裕量。

3.12.12　火管的传热

火管包括在管子内燃烧的火焰，而管子又被过程流体所包围。辐射热和对流热从火焰传导到火管内部。对流热通过管子的管壁进行传递，从管子的内壁传导给被加热物质。但是用总传热系数来计算传热是很困难的。相反的，一般通过使用热流量来确定火管的尺寸。热流量表示的是从火管传导到每单位面积火管外表面上的流体的热量。表 3.15 给出了常用的热流量。所需的火管面积可通过式（3.36）得到：

$$火管表面积=\frac{包括损失的热负荷\ (Btu/h)}{设计流量\ [Btu/(h\cdot ft^2)]} \tag{3.36}$$

表 3.15　常用热流量

被加热介质	设计热流量，$Btu/(h\cdot ft^2)$
水	10000
沸水	10000
原油	8000
热煤油	8000
乙二醇	7500
胺	7500

例 3.3：火管总热负荷的确定

已知：

总热负荷（包括显热、潜热和大气热损失）是 1×10^6Btu/h，水以 10000Btu/(h·ft²) 的速率加热。

需要确定：

火管所需的面积。

解决方案：

将数据代入式（3.36）：

$$火管表面积=\frac{1000000Btu/h}{10000Bu\cdot ft^2}=100ft^2$$

3.12.13　自然通风火管

将放热密度限制在 21000Btu/(h·in²) 来确定火管的最小横截面积。

当放热密度高于这个值时，由于空气不足火焰变得不稳定。通过使用这个限制，最小火管直径可用下列公式确定：

$$d^2=\frac{燃烧器放热密度\ (Btu/h)}{16500} \tag{3.37}$$

式中　d——最小火管直径，in。

需要注意的是，由于选用标准的燃烧器型号比所需的稍微大一些，燃烧器放热密度会比热负荷（包括损失的）高一些。表 3.16 包括了标准的燃烧器型号和相对应的最小火管直径。图 3.36 近似给出了乳化处理装置中天然气的近似燃烧效率（1050Btu/ft³）。

表 3.16　标准燃烧器型号和最小管径

Btu/h	最小管径，in
100000	2.5
250000	3.9
500000	5.5
750000	6.7

续表

Btu/h	最小管径，in
1000000	7.8
1500000	9.5
2000000	11.0
2500000	12.3
3000000	13.5
3500000	14.6
4000000	15.6
5000000	17.4

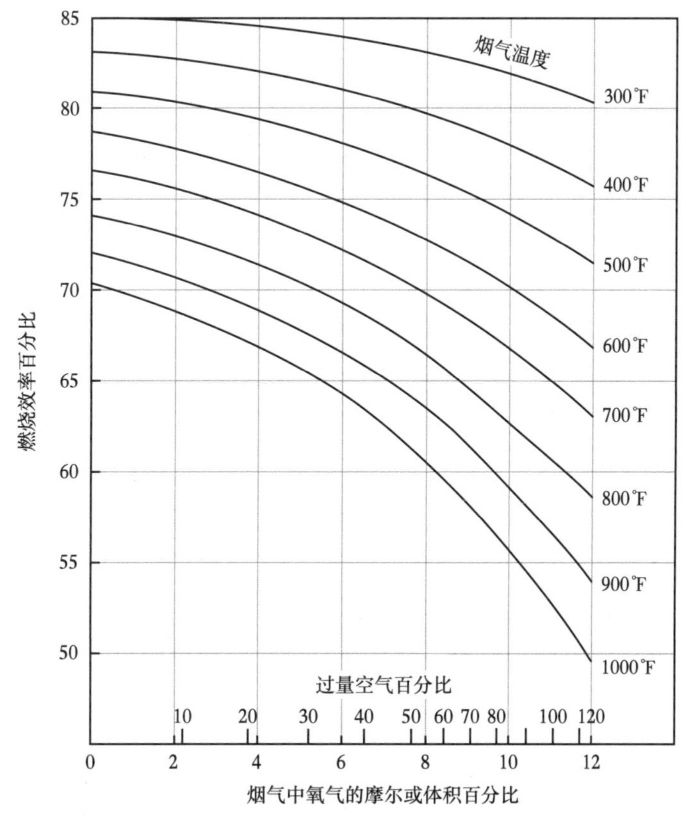

图 3.36 乳化处理装置中天然气的近似燃烧效率（$1050Btu/ft^3$）

3.12.14 管壳式换热器确定管径的过程

管壳式换热器确定管径的过程如下：

（1）计算对数平均温差；

（2）利用传热公式计算 U；

（3）利用工程数据手册中的 GPSA 程序；

（4）利用表、列线图或图形的近似总传热系数；

（5）计算流体传热负荷；

（6）计算所需传热面积。

参考文献

［1］F. L. Eisinger. Unusual acoustic vibration of a shell-and-tube process heat exchanger［J］. J. Press. Vessel Technol. 116（1994）141-149.

［2］F. L. Eisinger，R. E. Sullivan. Experience with unusual acoustic vibration in heat exchanger and steam generator tube banks. J. Fluids Struct. 10（1996）99-107.

4 热交换器配置

4.1 概述

原油和天然气处理厂常见的热交换器形式有液—液换热类型、空气冷却类型和水浴加热类型3种形式。

（1）液—液换热类型。

液—液换热类型包括管壳式、套管式和板框式。

（2）空气冷却类型。

空气冷却类型包括空冷器和冷却塔。

（3）水浴加热类型。

水浴加热类型包括直接式和间接式。

本章将介绍各种不同类型的热交换器内部结构、规格选型等方面的基本知识。

4.2 管壳式换热器

4.2.1 管式换热器制造商协会

管式换热器制造商协会规定了管壳式换热器的不同种类，以及相应设计、制造管理规定，根据使用温度条件的不同可分为：

（1）C级别——适用于陆上以及温度在-20℉以上场合；

（2）R级别——适用于海上及低温工况场合。

4.2.2 常见类型

（1）液—液管壳式换热器；

（2）液—蒸汽管壳式换热器；

（3）蒸汽—蒸汽管壳式换热器。

4.2.3 内部结构

常见管壳式换热器内部结构如图4.1和4.2所示，主要由三部分组成：

（1）带两个接管的壳体；

（2）壳体两端封头；

（3）折流板。

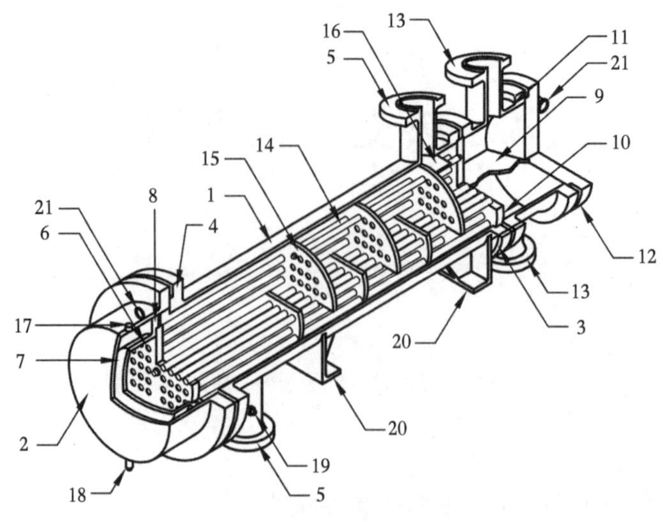

图 4.1　管壳式换热器的组成

1—壳体；2—壳体封头；3—壳程；4—封头终端法兰；5—壳程接管；6—浮动管板；7—浮头；8—浮头法兰；9—分程隔板；10—固定管板；11—管箱；12. 管箱盖；13. 管箱接管；14. 分隔板；15—折流板或支持板；16—防冲板；17—放气口；18—排液口；19—仪表接口；20—支座；21—吊耳

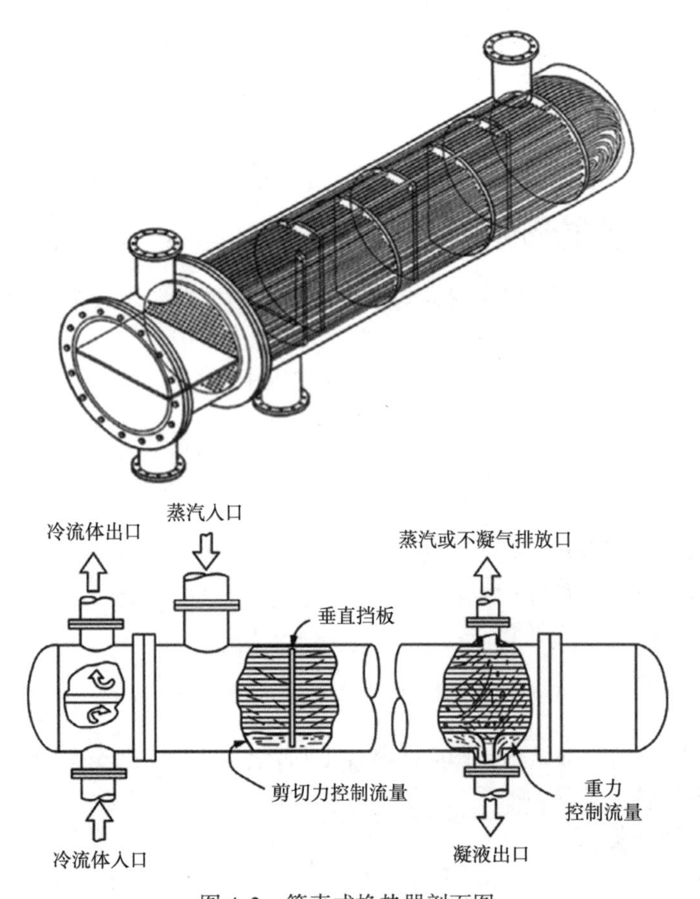

图 4.2　管壳式换热器剖面图

4.2.4 结构因素

管壳式换热器的内部结构主要取决于以下因素：

(1) 流体性质；

(2) 介质的腐蚀性；

(3) 方便清洗，便于维护；

(4) 压降大小；

(5) 换热效率；

(6) 特殊设计、特别用途需要；

(7) 管长通常为 20ft 或 40ft。

4.2.5 挡板

挡板的主要作用是决定管程与壳程流体的流动方向，主要类型有分程挡板、螺旋挡板、防冲挡板和纵向挡板四种。

4.2.5.1 分程隔板

分程挡板通过使流体流经几组平行管来增加换热程数，如图 4.3 所示。

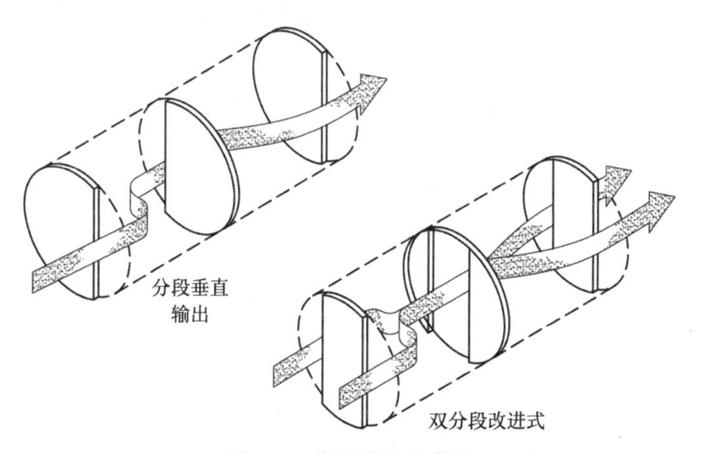

图 4.3 分程挡板示意图

4.2.5.2 螺旋挡板

螺旋挡板使管程流体保持较高的流速沿螺旋路径流动，增加传热效率，如图 4.4 和图 4.5 所示。

4.2.5.3 防冲挡板

防冲板一般放置在壳程入口接管对面，主要作用是将壳程流体分散至管束周围，防止流体对管束的冲击和腐蚀。

4.2.5.4 折流板或支撑板

折流板或支撑板的主要作用是支撑穿过挡板的管束，避免壳程流体的扰动，以便提高换热效果，如图 4.6 至图 4.10 所示。

其中，结构为 50%的半圆可提供有效支撑但产生最小的压差，高度为壳体内径 75%的结构可用于上下流动、左右流动（当壳程为气液混合流体时使用）。

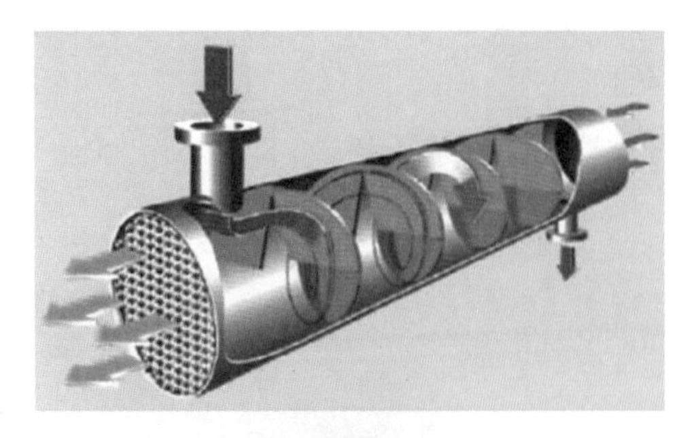

图 4.4　管壳挡板——螺旋挡板

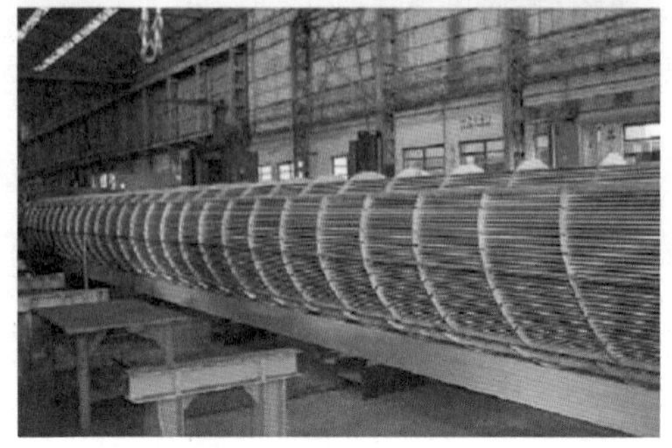

图 4.5　管壳挡板——螺旋挡板

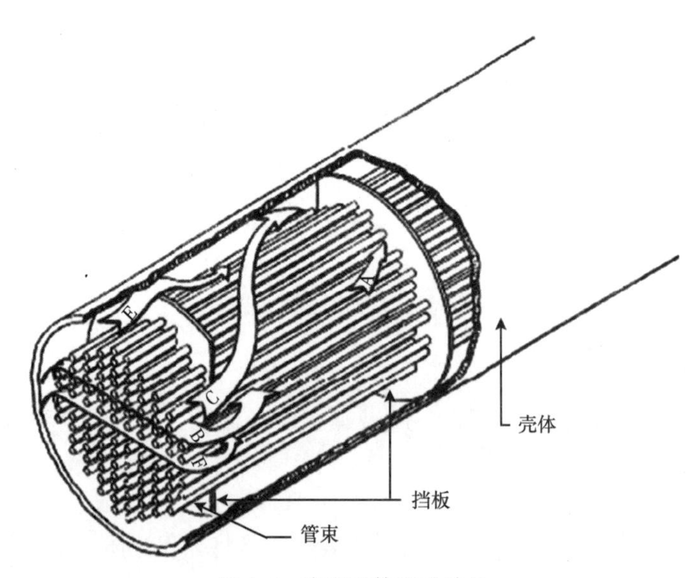

图 4.6　壳程流体流动路径

A—管束与挡板之间的渗漏（在一定程度上有效）；B—在管束之间流动（大部分有效）；C—围绕管束周界流动；D—挡板与壳程之间的渗漏；E—管程分区之间流动

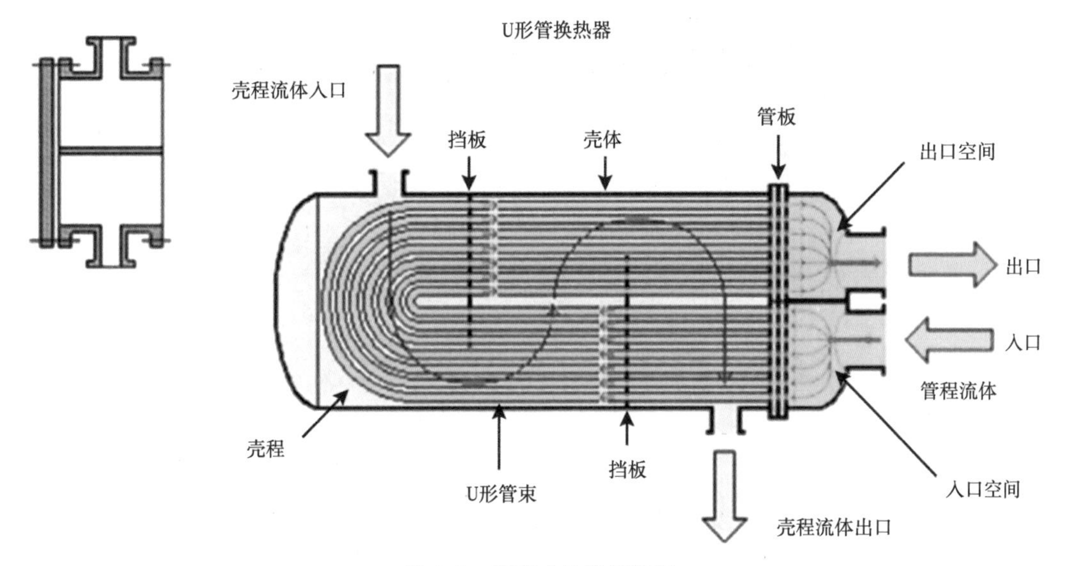

图 4.7 管壳式换热器挡板

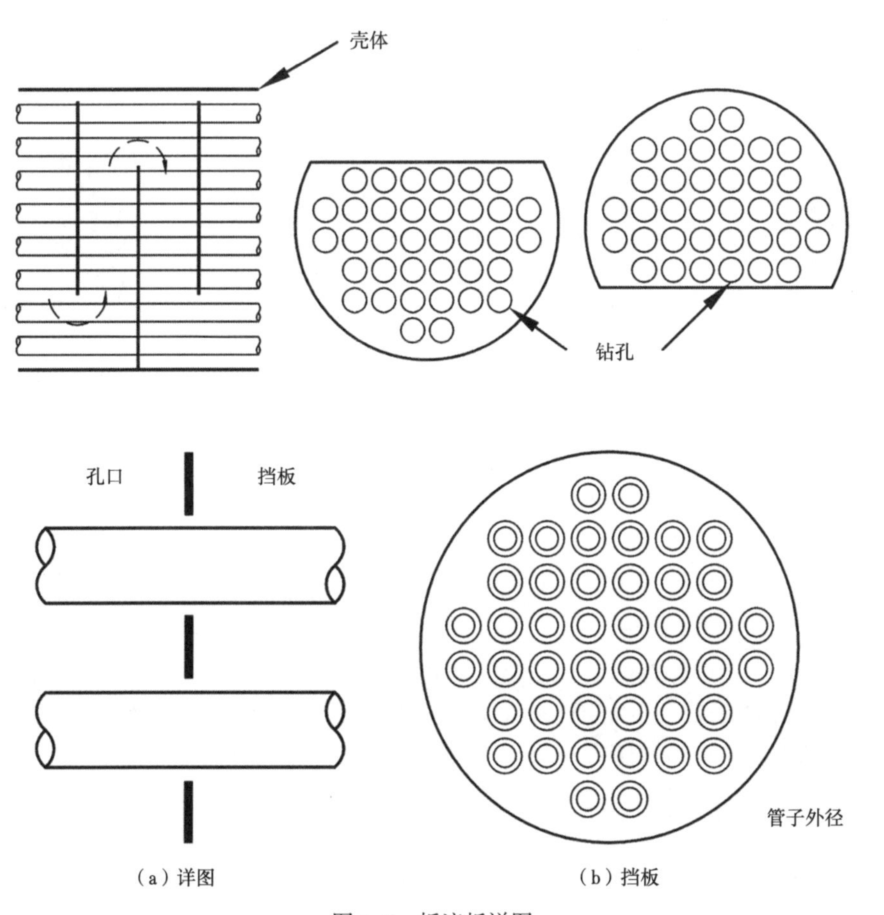

图 4.8 折流板详图

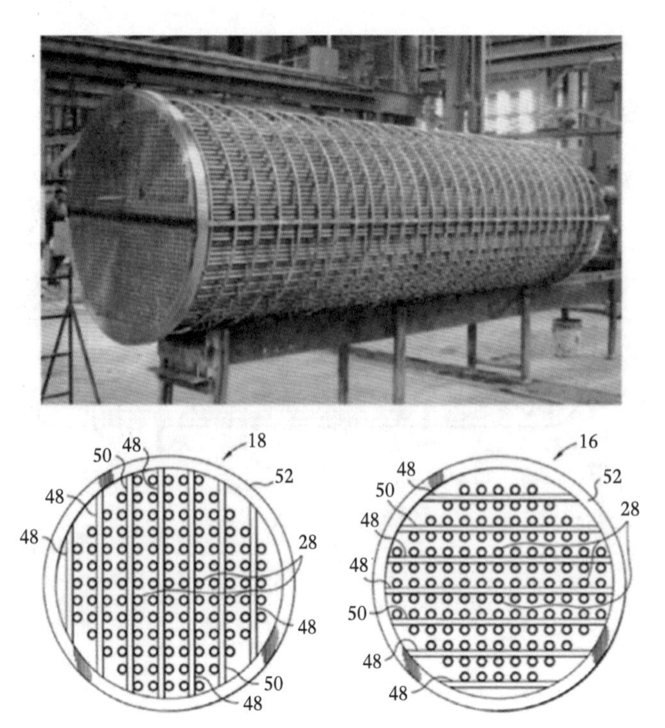

图 4.9　板孔

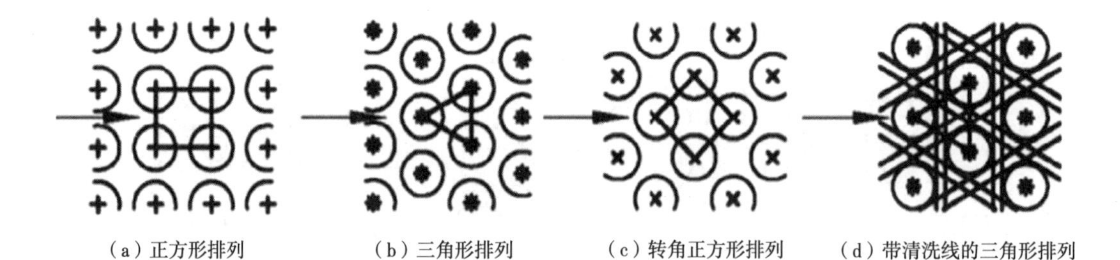

（a）正方形排列　（b）三角形排列　（c）转角正方形排列　（d）带清洗线的三角形排列

图 4.10　管壳挡板—杆状折流板

4.2.5.5　纵向挡板

纵向挡板使壳程流体经过多个路径流经换热器。

4.2.6　挡板的用途

挡板的主要功能如下：

（1）在生产运行中保持管子在原位（防止下沉）；

（2）防止振动效应，振动会随着流体流速和换热器长度的增加而增大；

（3）引导壳程流体沿着管程流动，增加流体流速，提高有效传热系数。

4.2.7　折流板类型

折流板的形式主要取决于以下因素：

（1）尺寸；

（2）费用；

（3）支持管束直接流通的能力。

通常这些因素与允许的压降、尺寸及换热器内流股的数量有关。对于带翅片的管束，也做一些特殊的余量或改变。不同类型的折流板包括：

（1）圆缺折流板（最常用的是弓形折流板）；

（2）杆状折流板（提供壳程的均匀流动）；

（3）螺旋折流板（与圆缺类型相似，但对于相同尺寸的换热器压降较小）；

（4）纵向折流板（用于双程壳体）；

（5）防冲板（用于入口流速较高时保护管束）。

4.2.8 折流板的安装

折流板主要与换热器内支撑管和流体流向有关，在安装的时候正确排列是非常重要的。最小的挡板间距为 50mm 或壳体直径的⅕，最大的挡板间距取决于管束的材料与尺寸。这方面的相关要求已在 TEMA 中明确规定，有些场合采用的“弓形区不排管”设计会影响最小挡板间距。

折流板设计的一个要点是不能形成回流区或盲区，否则将达不到预期的传热效率或效果。

4.2.9 管束

换热器管束与钢管（挤压管）不同，外径（OD）是以英寸（in）为单位的实际外径。常用管束的尺寸包括：

（1）5/8in；

（2）3/4in；

（3）1in。

常用制作管束材质有如下几种：

（1）钢；

（2）铜；

（3）黄铜；

（4）70-30 铜镍合金；

（5）青铜；

（6）铝；

（7）不锈钢。

管束壁厚按照伯明翰线径规（BWG）规定执行。

4.2.10 壳体

壳体外径小于 24in 时：

（1）可用管材制作；

（2）使用公称直径；

（3）壁厚与管子壁厚执行统一规定。

壳体外径大于 24in 时：

（1）可用钢板卷制；

（2）壁厚遵守美国机械工程师协会（ASME）锅炉与压力容器规范；

（3）壳体最小重量执行美国管式换热器制造商标准（TEMA）规定。

4.2.11 布管

管束管孔不能距离太近，否则将使管板变弱。孔距是管子中心与中心之间最短的距离，空隙是相邻管子外侧之间最短的距离。常见管束结构型式如图 4.11 所示。

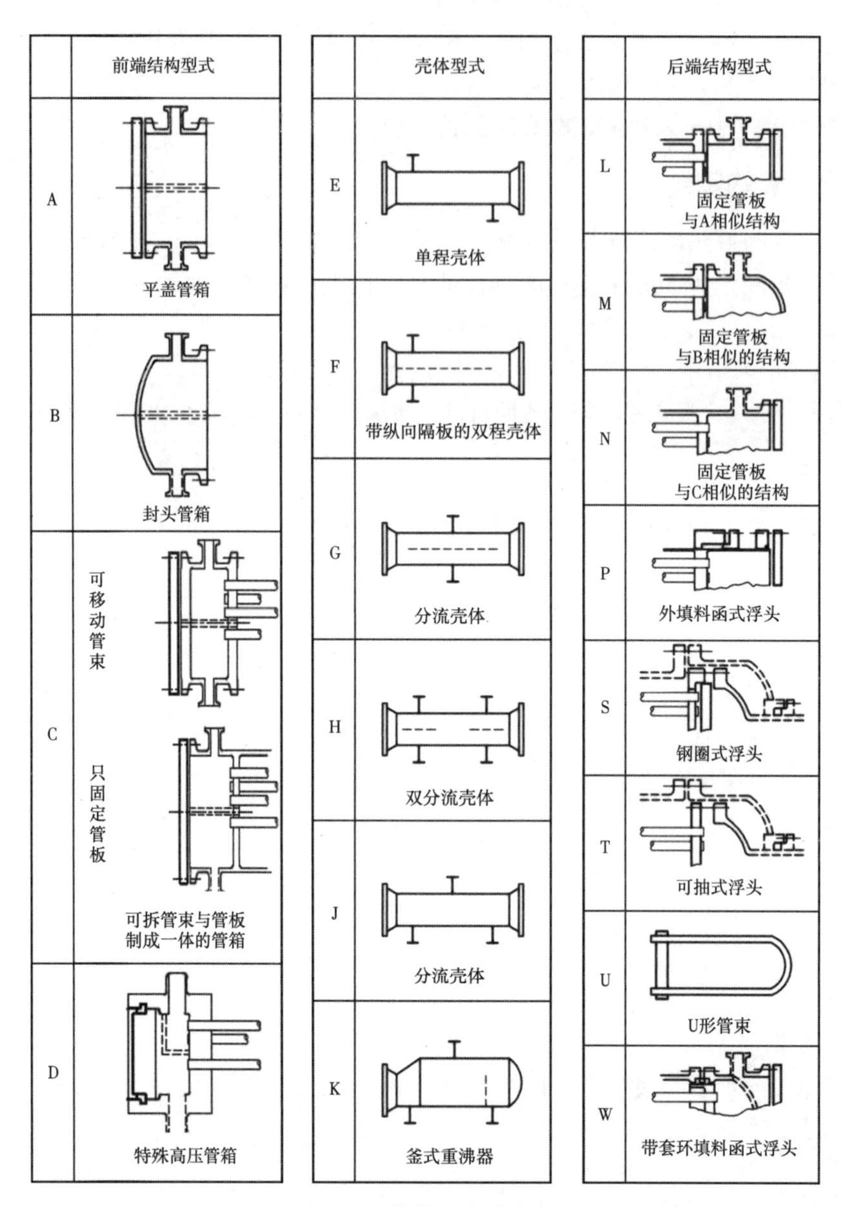

图 4.11 结构型式及代号

4.2.11.1 正方形排列

正方形排列是常见排列形式，易于清洗，当壳程流体与管束轴线垂直流动时压差小，常见规格有 3/4in 外径×1in、1in 外径×1¼in 两种。

4.2.11.2 三角形排列

三角形排列是另外一种常见排列形式，常见规格有 3/4in 外径：15/16in，3/4in 外径：1in，1in 外径：1¼in 三种。

4.2.12 选项

换热器壳体、管束和挡板有许多不同的类型配置。

图 4.12 显示了管壳式换热器的 TEMA 常见术语。结构形式用 3 个拉丁字母表示前端结构、壳体和后端结构。常见的组合型式如图 4.13 至图 4.15 所示。图 4.12 至图 4.15 图注见图 4.15。

三个拉丁字母表示的类型：

(1) 第一个字母代表前端结构型式；

(2) 第二个字母代表壳体型式；

(3) 第三个字母代表后端结构型式。

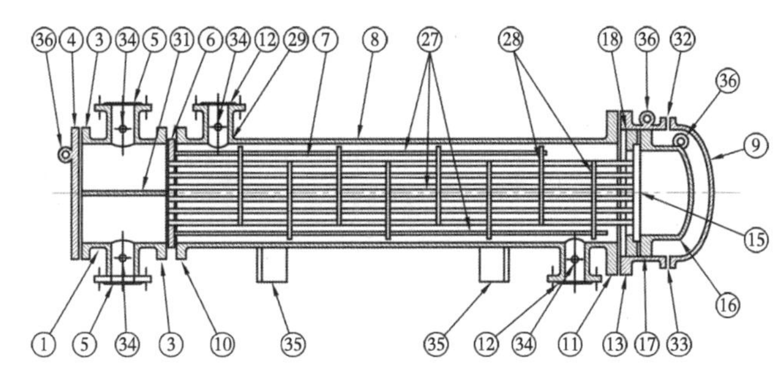

图 4.12　TEMA 管壳式换热器部件名称

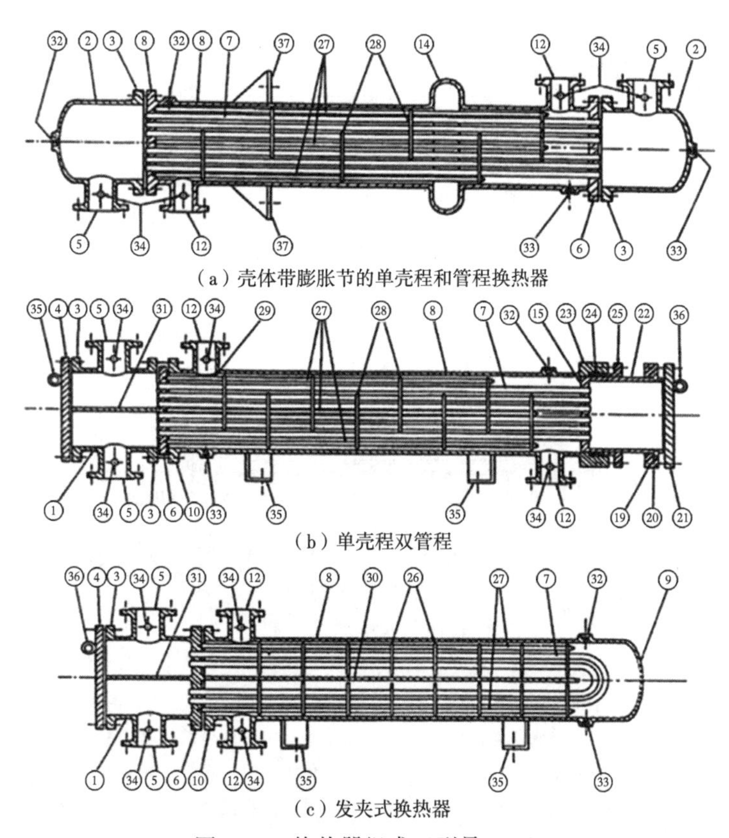

(a) 壳体带膨胀节的单壳程和管程换热器

(b) 单壳程双管程

(c) 发夹式换热器

图 4.13　换热器组成（型号 AES）

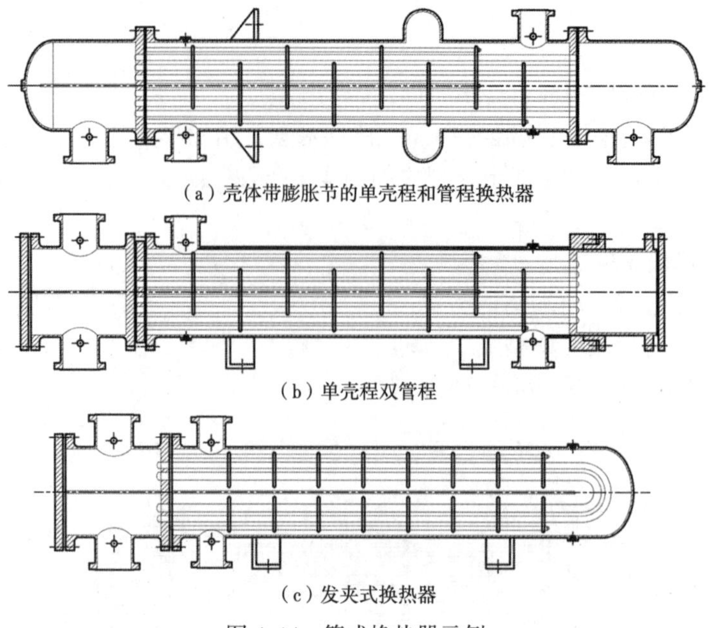

（a）壳体带膨胀节的单壳程和管程换热器

（b）单壳程双管程

（c）发夹式换热器

图 4.14　管式换热器示例

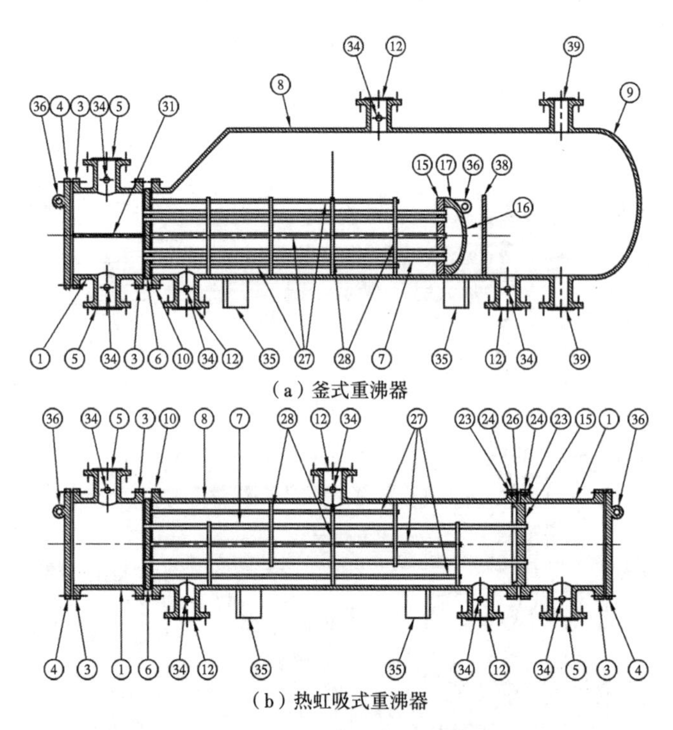

（a）釜式重沸器

（b）热虹吸式重沸器

图 4.15　重沸器常见型式

1—固定封头管箱；2—固定管箱；3—管箱法兰；4—管箱盖；5—管箱接管；6—固定管板；7—管子；8—壳体；9—封头；10—壳体法兰（前端）；11—壳体法兰（后端）；12—壳体接管；13—壳体盖法兰；14—膨胀节；15—浮动管板；16—浮头盖；17—浮头法兰；18—浮头支撑设备；19—剖分剪切环；20—活套法兰；21—外头盖；22—浮动管板裙；23—填料函；24—填料；25—填料压盖；26—套环；27—拉杆；28—折流板或支撑板；29—防冲板；30—纵向隔板；31—分程隔板；32—放气口；33—排液口；34—仪表接口；35—鞍座；36—吊耳；37—支架；38—堰板；39—液位计接口

4.2.13 换热器三要素

（1）第一要素——公称直径；

（2）第二要素——公称长度；

（3）第三要素——类型。

4.2.13.1 公称直径

公称直径是壳体的内径，以 in 表示，圆整至最近的整数。对于釜式重沸器和冷却器（存在一个窄端和一个宽端），公称直径是端口（窄端）后面标注壳体直径，每一个都圆整至最近的整数。

4.2.13.2 公称长度

换热管的长度为公称长度，单位为 in。换热管为直管时，取直管长度；换热管为 U 形管时，取管端至弯曲切线处的直管段长度。

4.2.13.3 类型

用字母组合来表示前端结构、壳体（管束可省略）、后端结构。

4.2.14 分类示例

23-192AEL 型换热器表示固定管板式（L）、平盖管箱（A）、单程壳体（E），内径为 23in，换热器换热管长度为 16ft。

23/37-192 CKT 型换热器表示可抽式浮头（T）、釜式重沸器壳体（K）、管束与管板一体（C），端口直径为 23in，壳体内径为 37in，换热器换热管长度为 16ft。

4.2.15 换热器选型

应根据换热器的优点和缺点来选择换热器类型，常见换热器类型有：

（1）固定管板；

（2）U 形管；

（3）浮头式。

4.2.16 换热器组件选择

选择换热器组件时，必须考虑以下几点：

（1）确保长期高效的传热性能；

（2）便于维护；

（3）防止污染、机械故障 。

4.2.17 换热器组件的选择

4.2.17.1 壳体类型选择

（1）“E 型”——典型的壳体类型，投资较少；如果有压降限制则考虑其他类型；

（2）“F 型”——最优理论类型，但存在纵向隔板泄漏问题；

（3）“J 型”——将流程一分为二，每一流程中的流体流速一分为二；

（4）“X 型”——流程最短，应用在壳体侧沸腾的重沸器及允许压差非常小的工况；

（5）“U 形管”——投资最少，也最容易维护。在 U 形弯切线处安装全支撑板可防止振动。

4.2.17.2 折流板选择

常见折流板有单弓形、双弓形、三弓形和弓形区不排管四种类型，如图 4.16 和图 4.17 所示。

(1) 横向折流板间距。

①典型间距为壳体内径的 20%~50%。这样可产生经济梯度和较好的热传递；

②满足 TEMA 所要求的支撑和结构强度。

(2) 折流板缺口。

①采用带竖直缺口的单弓形折流板（利于维护）；

②最有效的缺口尺寸是壳体直径的 20%~30%。

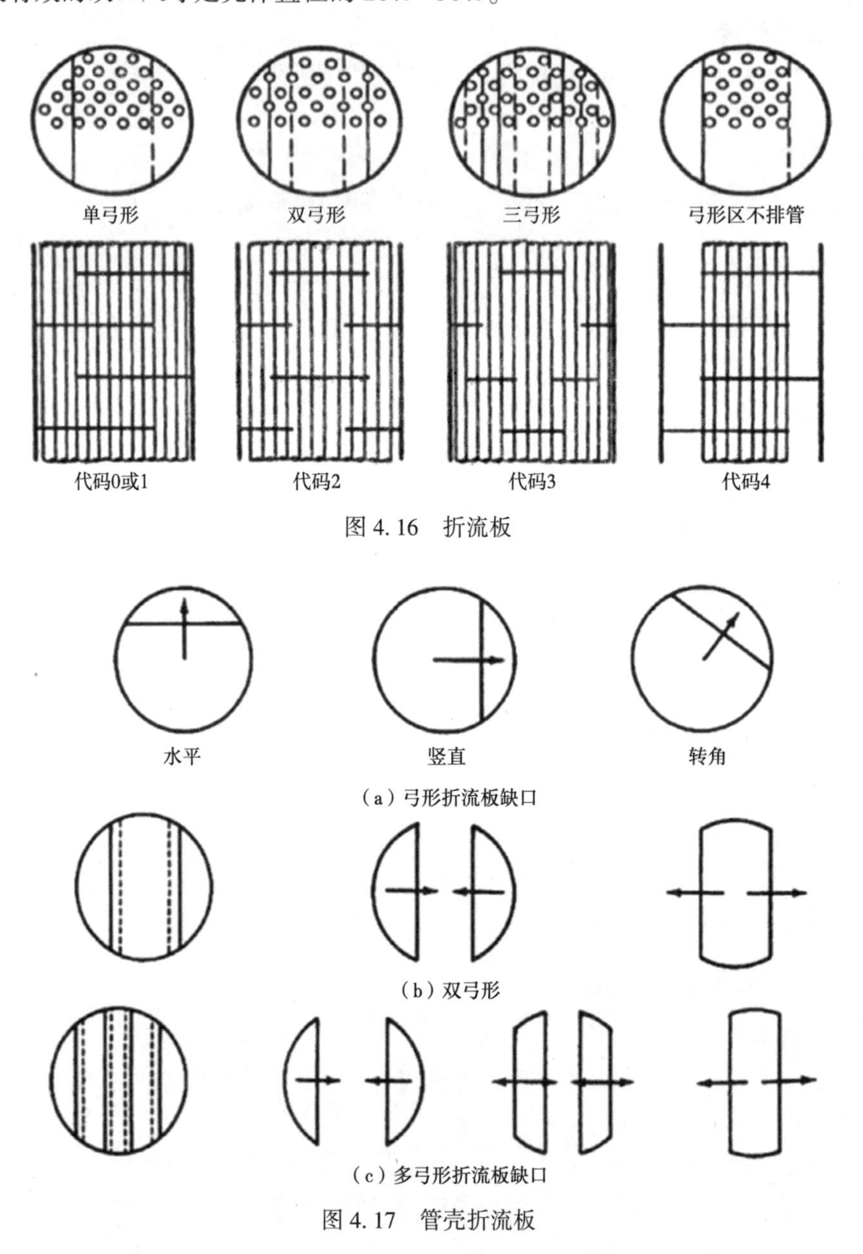

图 4.16 折流板

图 4.17 管壳折流板

4.2.17.3 组件选择

组件选择很重要，例如：

（1）使用密封棒和假管来减少旁路；

（2）使用支撑板来防止管子振动；

（3）应包含布置的防冲杆；

（4）应包含抽取管束的拉孔。

如图 4.18 至图 4.26 所示。

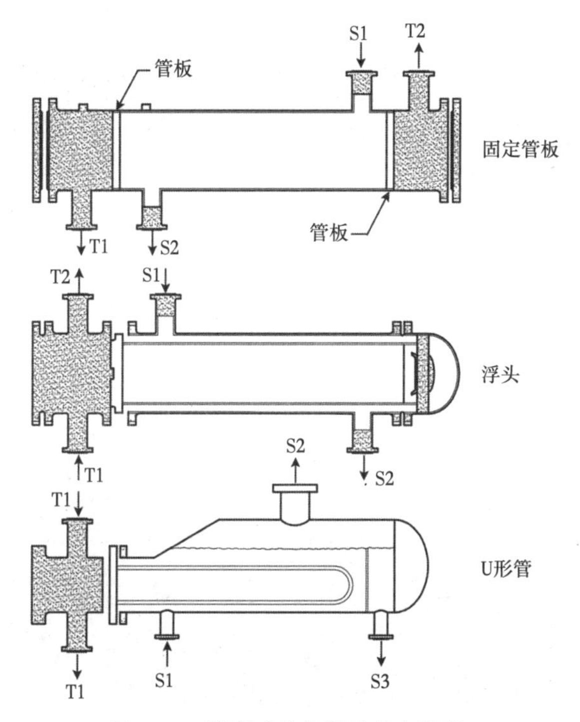

图 4.18 管壳式换热器的基本类型

图 4.19 TEMA 中 AET 类型

图 4.20　TEMA 中 NEN 类型

图 4.21　TEMA 中 BEM 类型

图 4.22　TEMA 中 BES 类型（竖直）

图 4.23　TEMA 中 BKM（双釜式）类型

图 4.24　TEMA 中 CKU 类型

图 4.25　管壳折流板——圆盘圆环

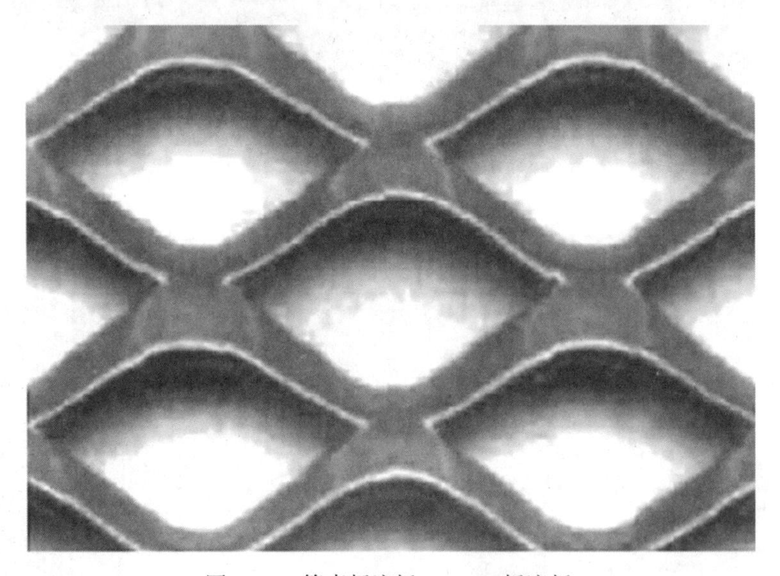

图 4.26　管壳折流板——EM 折流板

4.2.18　固定管板

4.2.18.1　优点

（1）投资少；

（2）无垫片；

（3）可对单管进行更换；

（4）可最大程度上防止壳程泄漏。

4.2.18.2　缺点

（1）不能清洗或检查壳体；

（2）如果没有使用壳体膨胀节，温差极限是 200℉；

（3）不能更换管束。

4.2.18.3 封头

（1）A 型和 L 型是最常见的类型；

（2）B 型和 M 型适用于大口径和高压力场合。

4.2.18.4 应用场合

（1）清洁的壳程流体；

（2）较低温差。

4.2.19 U 形管（发夹式）

4.2.19.1 优点

（1）投资低，比固定式便宜；

（2）可处理热膨胀；

（3）不需要内部密封连接（适用于高压）；

（4）可更换管束。

4.2.19.2 缺点

（1）管束不能机械清洁；

（2）单管不可更换；

（3）给定的壳体直径可安装的管束较少。

4.2.19.3 封头

常用封头有 B 形和 U 形。

4.2.19.4 应用场合

（1）高温；

（2）管程流体清洁（需要尽量减少高压壳程流体对管程流体的污染）。

4.2.20 浮头

4.2.20.1 优点

（1）功能最全；

（2）较高的温度差；

（3）可机械清洁管束和封头；

（4）可对单管进行更换。

4.2.20.2 缺点

（1）投资高；

（2）成本较高（比固定式至少高 25%）；

（3）内部垫片可泄漏；

（4）单管插入操作较困难。

4.2.20.3 封头

（1）T 形和 W 形是最便宜的（壳体存在泄漏风险）；

（2）S 形成本居中；

（3）P 形投资最高。

4.2.20.4 应用场合

主要适用于流体介质不干净、高温差环境场合。

4.2.21 流体配置

当流体具有以下特性时，考虑走管程：

（1）腐蚀控制和高温所需使用特殊合金材质；

（2）高压流体（较少费用）；

（3）流体含有蒸气和不凝气体（传热效果更好）；

（4）流体易结垢（管束可清洗扩径）；

（5）流体有毒或致命（需减少泄漏）。

当流体具有以下特征时，考虑走壳程：

（1）需要较小的压降（壳程压降较小）；

（2）流体黏度较高（可产生较小压降和较好的热传递）；

（3）流体无污染（清洗壳体较困难）；

（4）流体需要冷凝和沸腾的场合（釜式设计最佳）；

（5）流体流速较低且清洁（可采用带翅片的管子）。

4.2.22 平均温差校正系数

对于管程和壳程数量相同的套管式换热器与逆流管壳式换热器，平均温差（MTD）等式中系数“F”是一致的。流体流经换热器的路径将影响MTD，修正系数与下面变量成函数关系。

（1）管程数、壳程数。

当“F”<0.8时，无需要选择配置。图4.27和图4.28提供了估算系数“F”的方法。

4.2.23 MTD校正

平均温差可由下列公式确定：

$$\mathrm{MTD}=F\frac{\Delta T_1-\Delta T_2}{\ln\dfrac{\Delta T_1}{\Delta T_2}} \tag{4.1}$$

式中 T_1——热流体进口温度，℉；

T_2——热流体出口温度，℉；

T_3——冷流体进口温度，℉；

T_4——冷流体出口温度，℉；

ΔT_1——较大温差，℉；

ΔT_2——较小温差，℉；

MTD—平均温差，℉；

F——校正系数（由图4.27和图4.28查得）。

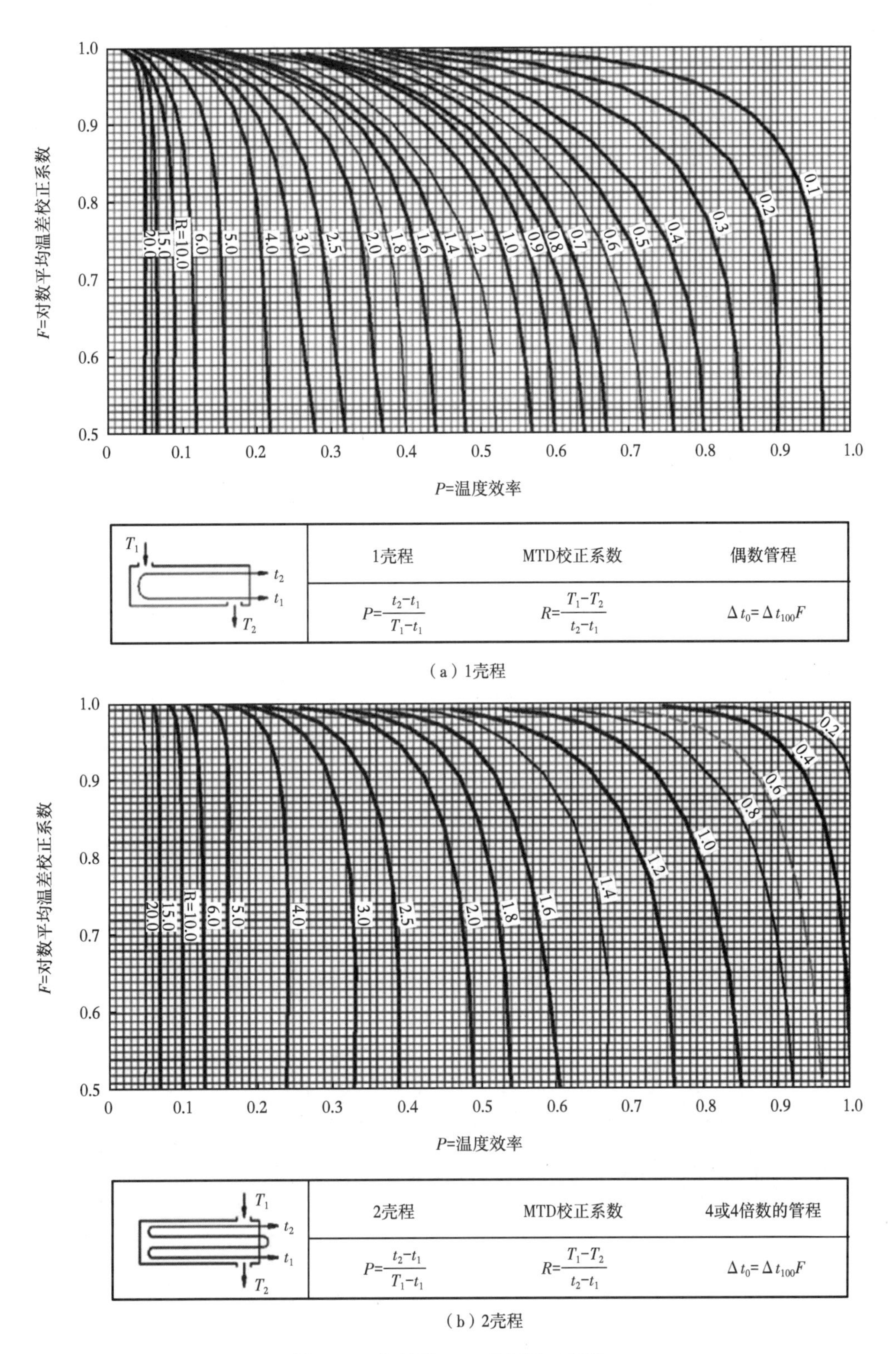

图 4.27　换热器 MTD 几何校正系数

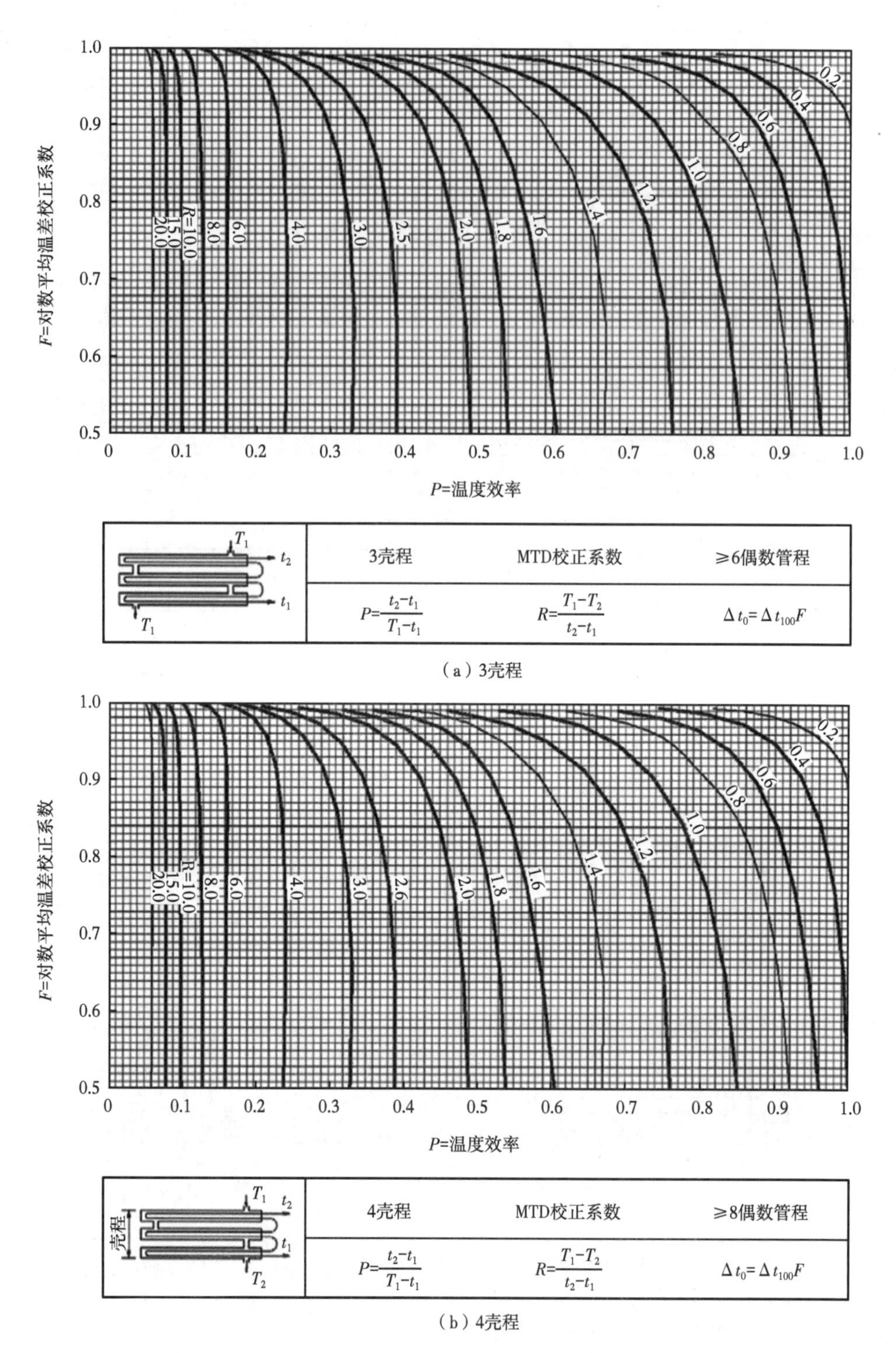

图 4.28　MTD 几何校正系数

4.2.24　换热器数据表

图 4.29 是 TEMA 换热器数据表示例。

1	制造商			项目号			
2	用户			文件号			
3	地址			订购单号			
4	工厂位置			日期		版次	
5	装置			位号			
6	尺寸		类型	（卧式/立式）	连接方式	并联	串联
7	单台有效换热面积/总面积						
8	工艺数据						
9	流体位置			壳程		管程	
10	流体名称						
11	总质量流量		lb/h				
12	气相						
13	液相						
14	蒸汽						
15	水						
16	不凝气						
17	温度（进口/出口）		°F				
18	相对密度						
19	黏度		cP				
20	气体分子量						
21	不凝气分子量						
22	比热容						
23	导热系数						
24	潜热						
25	进口压力		psig				
26	流速		ft/s				
27	阻力降，允许/计算						
28	污垢热阻（最小）						
29	热负荷			有效平均温差(校正后)			°F
30	传热速率			清洁状态		Btu/(h·ft²·°F)	
31	单台换热器结构					外形简图	
32				壳程	管程		
33	设计/试验压力		psig				
34	设计温度		°F				
35	程数						
36	腐蚀裕量						
37	接管公称直径与压力		进口				
38			出口				
39			中间连接口				
40	换热管	数量	外径，mm	壁厚，mm	长度，mm	中心距，mm	排列方式
41	换热管类型				换热管材质		
42	壳体	内径		外径	in	壳体封头	（整体）（可拆除）
43	管箱					管箱封头	
44	固定管板					浮动管板	
45	浮头盖板					防冲保护	
46	折流板		形式	%切口（按直径）		间距	入口 in
47	纵向隔板			密封形式			
48	支撑管			U 形弯处		形式	
49	旁路挡板数量			换热管与管板连接			
50	膨胀节	型式					
51	$\rho\theta^2$	接管入口		管束进口		管束出口	
52	法兰垫片	壳程		管程		浮头盖	
53	设计遵循的主要标准和法规						
54	重量	壳体		充水后		管束	lb
55	备注						
56							

图 4.29　TEMA 管壳式换热器数据表

4.2.25 尺寸计算步骤

（1）计算工艺过程热负荷。

（2）确定哪种流体走管程，哪种流体走壳程。

（3）计算/假定总传热系数。

（4）选择：

①管程数；

②壳程数。

（5）计算校正系数并校正 MTD。

（6）选择换热管直径和长度。

（7）由下列公式计算管子数量：

$$N=\frac{q}{UA_1(\mathrm{MTD})\ L} \tag{4.2}$$

式中 N——所需换热管数量；

q——热负荷，Btu/h；

U——总传热系数，Btu/(h · ft² · ℉)；

MTD——平均温差校正系数，℉；

L——管长，ft；

A_1——每英尺管子外表面积，ft²/ft（表 4.1）。

表 4.1 换热器特征

换热管外径 in	B. W. G. 间距	厚度，in	内表面积 in²	每英尺长外表面积	每英尺长内表面积
¼	22	0.028	0.0295	0.0655	0.0508
¼	24	0.022	0.0333	0.0655	0.0539
¼	26	0.018	0.0360	0.0655	0.0560
¼	27	0.016	0.0373	0.0655	0.0570
⅜	18	0.049	0.0603	0.0982	0.0725
⅜	20	0.035	0.0731	0.0982	0.0798
⅜	22	0.028	0.0799	0.0982	0.0835
⅜	24	0.022	0.0860	0.0982	0.0867
½	16	0.065	0.1075	0.1309	0.0969
½	18	0.049	0.1269	0.1309	0.1052
½	20	0.035	0.1452	0.1309	0.1126
½	22	0.028	0.1548	0.1636	0.1162
⅝	12	0.109	0.1301	0.1636	0.1066
⅝	13	0.095	0.1486	0.1636	0.1139
⅝	14	0.083	0.1655	0.1636	0.1202
⅝	15	0.072	0.1817	0.1636	0.1259

续表

换热管外径 in	B. W. G. 间距	厚度，in	内表面积 in^2	每英尺长 外表面积	每英尺长内 表面积
⅝	16	0. 065	0. 1924	0. 1636	0. 1296
⅝	17	0. 058	0. 2035	0. 1636	0. 1333
⅝	18	0. 049	0. 2181	0. 1636	0. 1380
⅝	19	0. 042	0. 2298	0. 1636	0. 1416
⅝	20	0. 035	0. 2419	0. 1963	0. 1453
¾	10	0. 123	0. 1825	0. 1963	0. 1262
¾	11	0. 120	0. 2043	0. 1963	0. 1335
¾	12	0. 109	0. 2223	0. 1963	0. 1393
¾	13	0. 095	0. 2463	0. 1963	0. 1466
¾	14	0. 083	0. 2679	0. 1963	0. 1529
¾	15	0. 072	0. 2884	0. 1963	0. 1587
¾	16	0. 065	0. 3019	0. 1963	0. 1623
¾	17	0. 058	0. 3157	0. 1963	0. 1660
¾	18	0. 049	0. 3339	0. 1963	0. 1707
¾	20	0. 035	0. 3632	0. 2618	0. 1780
1	8	0. 165	0. 3526	0. 2618	0. 1754
1	10	0. 134	0. 4208	0. 2618	0. 1916
1	11	0. 120	0. 4536	0. 2618	0. 1990
1	12	0. 109	0. 4803	0. 2618	0. 2047
1	13	0. 095	0. 5153	0. 2618	0. 2121
1	14	0. 083	0. 5463	0. 2618	0. 2183
1	15	0. 072	0. 5755	0. 2618	0. 2241
1	16	0. 065	0. 5945	0. 2618	0. 2278
1	18	0. 049	0. 6390	0. 2618	0. 2361
1	20	0. 035	0. 6793	0. 2618	0. 2435
1¼	7	0. 180	0. 6221	0. 3272	0. 2330
1¼	8	0. 165	0. 6648	0. 3272	0. 2409
1¼	10	0. 134	0. 7574	0. 3272	0. 2571
1¼	11	0. 120	0. 8012	0. 3272	0. 2644
1¼	12	0. 109	0. 8365	0. 3272	0. 2702
1¼	13	0. 095	0. 8825	0. 3272	0. 2775
1¼	14	0. 083	0. 9229	0. 3272	0. 2838
1¼	16	0. 065	0. 9852	0. 3272	0. 2932
1¼	18	0. 049	1. 042	0. 3272	0. 3016
1¼	20	0. 035	1. 094	0. 3272	0. 3089
1½	10	0. 134	1. 192	0. 3927	0. 3225

续表

换热管外径 in	B. W. G. 间距	厚度，in	内表面积 in^2	每英尺长 外表面积	每英尺长内 表面积
1½	12	0. 109	1. 291	0. 3927	0. 3356
1½	14	0. 083	1. 398	0. 3927	0. 3492
1½	16	0. 065	1. 474	0. 3927	0. 3587
2	11	0. 120	2. 433	0. 5236	0. 4608
2	12	0. 109	2. 494	0. 5236	0. 4665
2	13	0. 095	2. 573	0. 5236	0. 4739
2	14	0. 083	2. 642	0. 5236	0. 4801

壳体直径应可以容纳所需数量的换热管（图 4. 30 和表 4. 2 至表 4. 6）。图 4. 30 列出了所有换热管的数量，而不是每个流程的换热管数。

由于隔板的设置，多流程换热器总换热管数较少。浮头换热器换热管数量比固定式少，主要是封头和密封限制了使用空间。U 形管束曲率半径紧凑，换热管数量最少。换热管数量一旦确定，应对管程流体的流速进行校验。

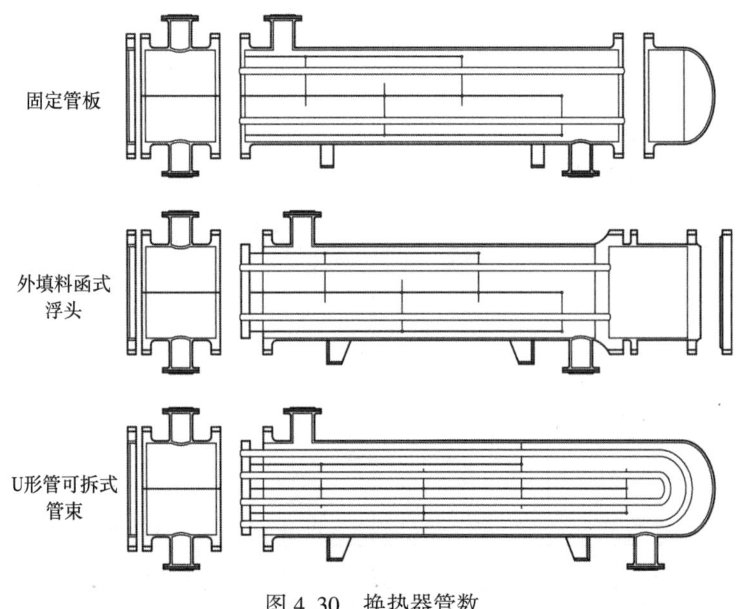

图 4. 30　换热器管数

表 4. 2　换热器换热管数

换热管外径 in	B. W. G. 间距	厚度 In	内表面积 in^2	每英尺 外表面积	每英尺 内表面积
1	14	0. 083	0. 5463	0. 2618	0. 2183
1	15	0. 072	0. 5755	0. 2618	0. 2241
1	16	0. 065	0. 5945	0. 2618	0. 2278
1	18	0. 049	0. 6390	0. 2618	0. 2361

续表

换热管外径 in	B. W. G. 间距	厚度 in	内表面积 in^2	每英尺 外表面积	每英尺 内表面积
1	20	0.035	0.6793	0.2618	0.2435
1¼	7	0.180	0.6221	0.3272	0.2330
1¼	8	0.165	0.6648	0.3272	0.2409
1¼	10	0.134	0.7574	0.3272	0.2571
1¼	11	0.120	0.8012	0.3272	0.2644
1¼	12	0.109	0.8365	0.3272	0.2702
1¼	13	0.095	0.8825	0.3272	0.2775
1¼	14	0.083	0.9229	0.3272	0.2838
1¼	16	0.065	0.9852	0.3272	0.2932
1¼	18	0.049	1.042	0.3272	0.3016
1¼	20	0.035	1.094	0.3272	0.3089
1½	10	0.134	1.192	0.3927	0.3225
1½	12	0.109	1.291	0.3927	0.3356
1½	14	0.083	1.398	0.3927	0.3492
1½	16	0.065	1.474	0.3927	0.3587
2	11	0.120	2.433	0.5236	0.4608
2	12	0.109	2.494	0.5236	0.4665
2	13	0.095	2.573	0.5236	0.4739
2	14	0.083	2.642	0.5236	0.4801

表 4.3 换热器管数

壳体内径 ft	固定管板			外填料函浮头			U 形管	
	流程数			流程数			流程数	
	1	2	4	1	2	4	2	4
¾in 外径，正方形排列孔距 1in								
5.047	12	12	12	12	6	4	3	2
6.065	21	16	16	16	16	12	4	4
7.981	37	34	32	32	28	24	12	10
10.02	61	60	52	52	52	52	22	20
12.00	97	88	88	81	78	76	34	34
13.25	112	112	112	97	94	88	45	44
15.25	156	148	148	140	132	124	64	60
17.25	208	196	188	188	178	172	88	84
19.25	250	249	244	241	224	216	112	108
21.25	316	307	296	296	280	276	138	134
23.25	378	370	370	356	344	332	170	166
25.00	442	432	428	414	406	392	200	194
27.00	518	509	496	482	476	468	236	230
29.00	602	596	580	570	562	548	277	272

续表

壳体内径 ft	固定管板			外填料函浮头			U形管	
	流程数			流程数			流程数	
	1	2	4	1	2	4	2	4
3/4in 外径，正方形排列孔距 1in								
31.00	686	676	676	658	640	640	320	312
33.00	782	768	768	742	732	732	362	360
35.00	896	868	868	846	831	820	418	406
37.00	1004	978	964	952	931	928	470	462
39.00	1102	1096	1076	1062	1045	1026	524	520
42.00	1283	1289	1270	1232	1222	1218	611	602
45.00	1484	1472	1456	1424	1415	1386	710	700
48.00	1701	1691	1670	1636	1634	1602	812	802
51.00	1928	1904	1888	1845	1832	1818	926	910
54.00	2154	2138	2106	2080	2066	2044	1042	1032
60.00	2683	2650	2636	2582	2566	2556	1298	1282
3/4in 外径，转角正方形排列孔距 1in								
5.047	12	10	8	12	10	8	2	2
6.065	21	18	16	16	12	8	5	4
7.981	37	32	28	32	28	24	12	10
10.02	61	54	48	52	46	40	21	18
12.00	97	90	84	81	74	68	33	32
13.25	113	108	104	97	92	84	43	40
15.25	156	146	136	140	134	128	62	58
17.25	208	196	184	188	178	168	87	82
19.25	256	244	236	241	228	216	109	104
21.25	314	299	294	300	286	272	136	130
23.25	379	363	352	359	343	328	267	160
25.00	448	432	416	421	404	392	195	190
27.00	522	504	486	489	472	456	234	226
29.00	603	583	568	575	556	540	275	266
31.00	688	667	654	660	639	624	313	304
33.00	788	770	756	749	728	708	360	350
35.00	897	873	850	846	826	804	409	398
37.00	1009	983	958	952	928	908	464	452
39.00	1118	1092	1066	1068	1041	1016	518	508
42.00	1298	1269	1250	1238	1216	1196	610	596
45.00	1500	1470	1440	1424	1407	1378	706	692
48.00	1714	1681	1650	1644	1611	1580	804	788
51.00	1939	1903	1868	1864	1837	1804	917	902
54.00	2173	2135	2098	2098	2062	2026	1036	1018
60.00	2692	2651	2612	2600	2560	2520	1292	1272

表 4.4　换热器管数

壳体内径 ft	固定管板			外填料函浮头			U 形管	
	流程数			流程数			流程数	
	1	2	4	1	2	4	2	4
1in 外径，三角形排列孔距 1¼in								
5.047	8	6	4	7	4	4	0	0
6.065	14	14	8	10	10	4	2	2
7.981	26	26	16	22	18	16	7	4
10.02	42	40	36	38	36	28	13	12
12.00	64	61	56	56	52	48	22	18
13.25	75	76	72	73	72	60	28	26
15.25	110	106	100	100	98	88	43	38
17.25	147	138	128	130	126	116	57	52
19.25	184	175	168	170	162	148	76	68
21.25	227	220	212	212	201	188	96	88
23.25	280	265	252	258	250	232	116	110
25.00	316	313	294	296	294	276	135	128
27.00	371	370	358	355	346	328	161	152
29.00	434	424	408	416	408	392	189	182
31.00	503	489	468	475	466	446	222	212
33.00	576	558	534	544	529	510	254	246
35.00	643	634	604	619	604	582	289	280
37.00	738	709	468	696	679	660	330	316
39.00	804	787	772	768	753	730	370	356
42.00	946	928	898	908	891	860	436	418
45.00	1087	1069	1042	1041	1017	990	505	490
48.00	1240	1230	1198	1189	1182	1152	578	562
51.00	1397	1389	1354	1348	1337	1300	661	642
54.00	1592	1561	1530	1531	1503	1462	748	726
60.00	1969	1945	1904	1906	1979	1842	933	914
1in 外径，正方形排列孔距 1¼in								
5.047	9	6	4	5	4	4	0	0
6.065	12	12	12	12	6	4	2	2
7.981	22	20	16	21	16	16	6	4
10.02	38	38	32	32	32	32	12	10
12.00	56	56	52	52	52	44	19	18
13.25	69	66	66	61	60	52	25	24
15.25	97	90	88	89	84	80	36	34
17.25	129	124	120	113	112	112	49	48

续表

壳体内径 ft	固定管板			外填料函浮头			U形管	
	流程数			流程数			流程数	
	1	2	4	1	2	4	2	4
1in 外径，正方形排列孔距 1¼in								
19.25	164	158	148	148	144	140	64	62
21.25	202	191	184	178	178	172	83	78
23.25	234	234	222	216	216	208	100	98
25.00	272	267	264	258	256	256	120	116
27.00	328	317	310	302	300	296	142	138
29.00	378	370	370	356	353	338	166	166
31.00	434	428	428	414	406	392	145	192
33.00	496	484	484	476	460	260	221	218
35.00	554	553	532	542	530	518	254	248
37.00	628	612	608	602	596	580	287	280
39.00	708	682	682	676	649	648	322	314
42.00	811	811	804	782	780	768	379	374
45.00	940	931	918	904	894	874	436	434
48.00	1076	1061	1040	1034	1027	1012	501	494
51.00	1218	1202	1192	1178	1155	1150	573	570
54.00	1370	1354	1350	1322	1307	1284	650	644
60.00	1701	1699	1684	1654	1640	1632	810	802

表 4.5 换热器管数

壳体内径 ft	固定管板			外填料函浮头			U形管	
	流程数			流程数			流程数	
	1	2	4	1	2	4	2	4
1in 外径，三角形排列孔距 1¼in								
5.047	8	6	4	5	4	4	00	
6.065	12	10	8	12	10	8	2	2
7.981	24	20	16	21	18	16	5	4
10.02	37	32	28	32	32	28	12	10
12.00	57	53	48	52	46	40	18	16
13.25	70	70	64	61	58	56	25	22
15.25	97	90	84	89	82	76	35	32
17.25	129	120	112	113	112	104	48	44
19.25	162	152	142	148	138	128	62	60
21.25	205	193	184	180	174	168	78	76
23.25	238	228	220	221	210	200	100	94
25.00	275	264	256	261	248	236	116	110

续表

壳体内径 ft	固定管板			外填料函浮头			U 形管	
	流程数			流程数			流程数	
	1	2	4	1	2	4	2	4
1in 外径，三角形排列孔距 $1\frac{1}{4}$in								
27.00	330	315	300	308	296	286	141	134
29.00	379	363	360	359	345	336	165	160
31.00	435	422	410	418	401	388	191	184
33.00	495	478	472	477	460	448	220	212
35.00	556	552	538	540	526	508	249	242
37.00	632	613	598	608	588	568	281	274
39.00	705	685	672	674	654	640	315	310
42.00	822	799	786	788	765	756	372	364
45.00	946	922	912	910	885	866	436	426
48.00	1079	1061	1052	1037	1018	1000	501	490
51.00	1220	1199	1176	1181	1160	1142	569	558
54.00	1389	1359	1330	1337	1307	1292	646	632
60.00	1714	1691	1664	1658	1626	1594	802	788
$1\frac{1}{4}$in 外径，三角形排列孔距 $1\frac{9}{16}$in								
5.047	7	4	4	0	0	0	00	
6.065	8	6	4	7	6	4	00	
7.981	19	14	12	14	14	8	3	2
10.02	29	26	20	22	20	16	7	6
12.00	42	38	34	37	36	28	11	10
13.25	52	48	44	44	44	36	16	14
15.25	69	68	60	64	62	48	24	22
17.25	92	84	78	85	78	72	32	30
19.25	121	110	104	109	102	96	43	40
21.25	147	138	128	130	130	116	57	52
23.25	174	165	156	163	152	144	69	66
25.00	196	196	184	184	184	172	81	76
27.00	237	226	224	221	216	208	98	92
29.00	280	269	256	262	252	242	116	110
31.00	313	313	294	302	302	280	134	128
33.00	357	346	332	345	332	318	155	148
35.00	416	401	386	392	383	364	178	172
37.00	461	453	432	442	429	412	202	194
39.00	511	493	478	493	479	460	226	220
42.00	596	579	570	576	557	544	267	260
45.00	687	673	662	657	640	628	313	306
48.00	790	782	758	756	745	728	360	350
51.00	896	871	860	859	839	832	411	400
54.00	1008	994	968	964	959	940	465	454
60.00	1243	1243	1210	1199	1195	1170	580	570

表 4.6　换热器管数

壳体内径 ft	固定管板			外填料函浮头			U 形管	
	流程数			流程数			流程数	
	1	2	4	1	2	4	2	4
1$\frac{1}{4}$in 外径，正方形排列孔距 1$\frac{9}{16}$in								
5.047	4	4	4	0	0	0	0	0
6.065	6	6	4	6	6	4	0	0
7.981	12	12	12	12	12	12	3	2
10.02	24	22	16	21	16	16	6	4
12.00	37	34	32	32	32	32	10	10
13.25	45	42	42	38	38	32	14	14
15.25	61	60	52	52	52	52	21	18
17.25	80	76	76	70	70	68	28	26
19.25	97	95	88	89	88	88	37	34
21.25	124	124	120	112	112	112	49	48
23.25	145	145	144	138	138	130	62	60
25.00	172	168	164	164	164	156	70	68
27.00	210	202	202	193	184	184	88	88
29.00	241	234	230	224	224	216	100	98
31.00	272	268	268	258	256	256	116	116
33.00	310	306	302	296	296	282	136	134
35.00	356	353	338	336	332	332	156	148
37.00	396	387	384	378	370	370	174	174
39.00	442	438	434	428	426	414	198	196
42.00	518	518	502	492	492	484	236	228
45.00	602	602	588	570	566	556	276	268
48.00	682	681	676	658	648	648	314	310
51.00	770	760	756	742	729	722	356	354
54.00	862	860	856	838	823	810	404	402
60.00	1084	1070	1054	1042	1034	1026	506	496
1$\frac{1}{4}$in 外径，转角正方形排列孔距 1$\frac{9}{16}$in								
5.047	5	4	4	0	0	0	0	0
6.065	6	6	4	5	4	4	0	0
7.981	12	10	8	12	10	8	2	2
10.02	24	20	16	21	18	16	6	6
12.00	37	32	28	32	28	28	10	10
13.25	45	40	40	37	34	32	13	12
15.25	60	56	56	52	52	48	20	18

续表

壳体内径 ft	固定管板			外填料函浮头			U形管	
	流程数			流程数			流程数	
	1	2	4	1	2	4	2	4
17. 25	79	76	76	70	70	64	28	26
19. 25	97	94	94	90	90	84	37	34
21. 25	124	116	112	112	108	104	48	44
23. 25	148	142	136	140	138	128	60	56
25. 00	174	166	160	162	162	156	71	68
27. 00	209	202	192	191	188	184	85	82
29. 00	238	232	232	221	215	208	100	96
31. 00	275	264	264	281	249	244	114	110
33. 00	314	307	300	300	286	280	134	128
35. 00	359	345	334	341	330	320	153	148
37. 00	401	387	380	384	372	360	173	168
39. 00	442	427	424	428	412	404	195	190
42. 00	572	506	500	497	484	472	228	224
45. 00	603	583	572	575	562	552	271	264
48. 00	682	669	660	660	648	640	309	302
51. 00	777	762	756	743	728	716	354	346
54. 00	875	857	850	843	822	812	401	392
60. 00	1088	1080	1058	1049	1029	1016	505	492

例 4.1

已知：

几何结构：483 根 3/4in 管子，每根 20ft 长

$F=1.0$（纯逆流）；$W_{hot}=100\times10^3$lb/h；$W_{cold}=500\times10^3$lb/h；$C_{p.hot}=0.77$Btu/ lb ℉；$T_{hot,in}=240$℉；$T_{hot,out}=120$℉；$T_{cold,in}=90$℉。

求解：

计算过程热负荷、MTD 和 U。

解答：

（1）计算面积：

$$\begin{aligned} A &= n\pi dl \\ &= 483\pi(0.75/12)\times20 \\ &= 1897\text{ft}^2 \end{aligned}$$

（2）计算过程热负荷：

$$\begin{aligned} Q_h &= WC_{p,hot}\Delta T_h \\ &= (100000\times0.77\times(240-120) \\ &= 9240000\text{Btu/h} \end{aligned}$$

(3) 计算冷流出口温度：

$$Q_c = W_c C_{p,cold} \Delta T_c$$

重新排列计算 ΔT_c

$$\Delta T_c = Q_c / (W_c C_{p,cold})$$

$$T_{cold,out} = T_{cold,in} + Q_c / (C_{p,cold})$$

$$= 90 + 9240000/50000 \times 1.0$$

$$= 108.5°F$$

(4) 计算 LMTD：

$$LMTD = [(T_{hot,in} - T_{cold,out}) - (T_{hot,out} - T_{cold,in})] / \ln[(T_{hot,in} - T_{cold,out}) / (T_{hot,out} - T_{cold,in})]$$

$$= [(240-108.5)-(120-90)]/\ln[(240-108.5)/(120-90)]$$

$$= 68.7°F$$

(5) 计算 U

$$Q = UFA(\text{LTMD})$$

重新排列计算 ΔT_c

$$U = Q/(AF)(\text{LTMD})$$

$$= 9240000/(1897 \times 1.0 \times 68.7)$$

$$= 70.9\text{Btu}/(\text{h} \cdot \text{ft}^2 \cdot °\text{F})$$

4.3 双管换热器

4.3.1 概述

双管换热器是由一根管或管中管组成（图 4.31），适用于换热面积较小、不能用

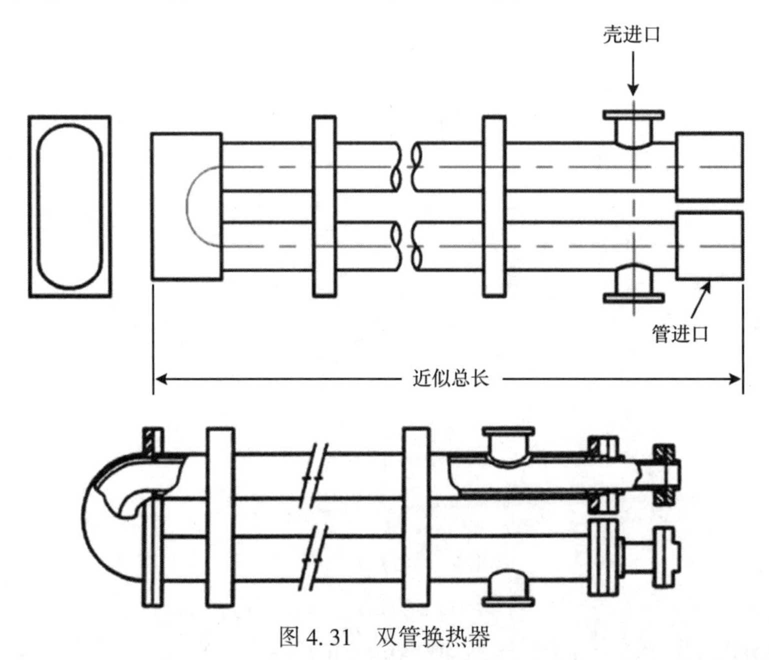

图 4.31 双管换热器

TEMA 方法计算的场合，管子通常带有翅片以增加换热的表面积。

4.3.1.1 优点

（1）投资低；

（2）能有效避免 U 形弯头结构的热膨胀。

4.3.1.2 缺点

（1）仅能用于表面积小于 500ft^2 的光管（最大 1000ft^2）；

（2）不能移动管子；

（3）不能机械清管和壳体。

4.3.1.3 应用

（1）介质较干净的流体；

（2）小换热面积；

（3）高温高压（500psi）。

4.3.2 通过回流阀盖连接一端的两个壳体（图 4.32）

壳体侧的流体在两个壳体中依次流动，使热交换更加充分。

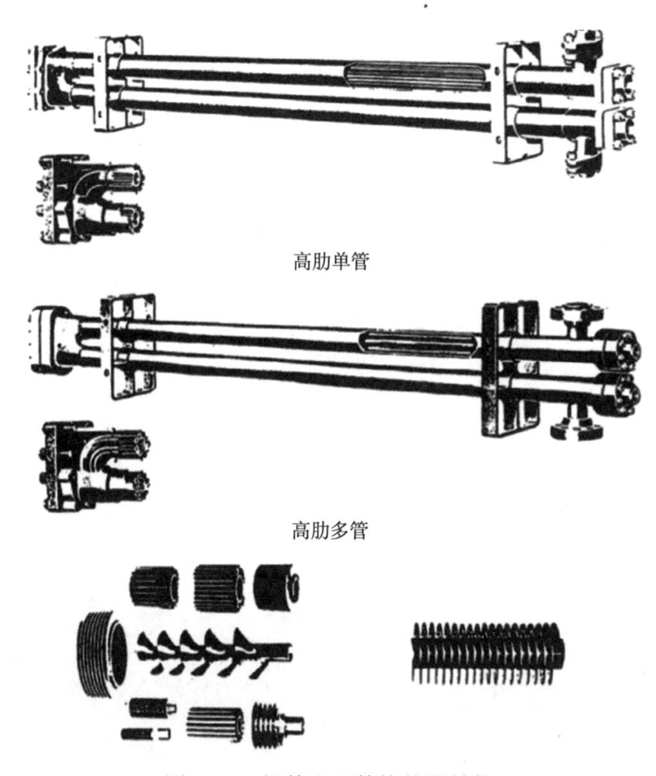

图 4.32 翅管和双管换热器结构

4.3.3 回弯管壳式换热器

4.3.3.1 双管

（1）光管。

（2）纵向高肋。

4.3.3.2 多管

弯曲成 U 形的多个小管，一个单管不能允许更多的表面积。

（1）光管；

（2）纵向高肋或低肋。

4.3.4 肋片单元的设计

肋片单元的设计与其他的换热器类似。最大流速由腐蚀、振动和压降等因素决定，具体结构如图 4.33 至图 4.37 所示。

（a）顶部——光管

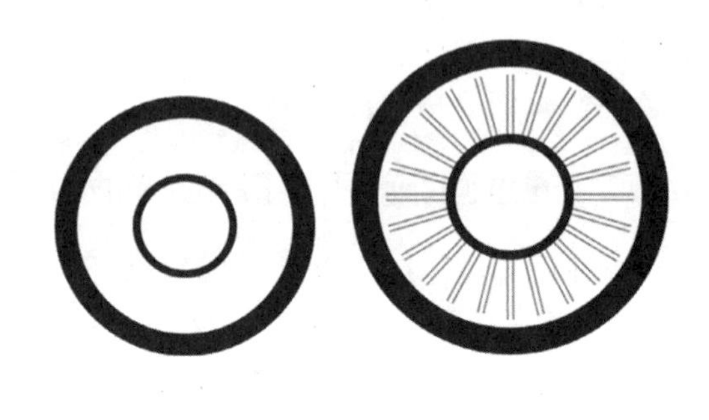

（b）底部——纵向高肋

图 4.33 回弯双管式换热器

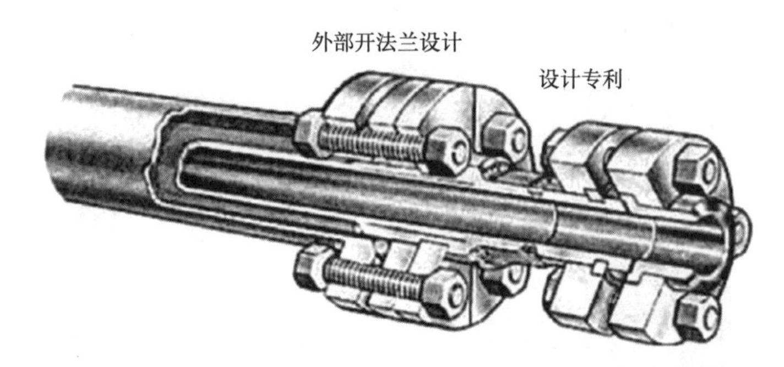

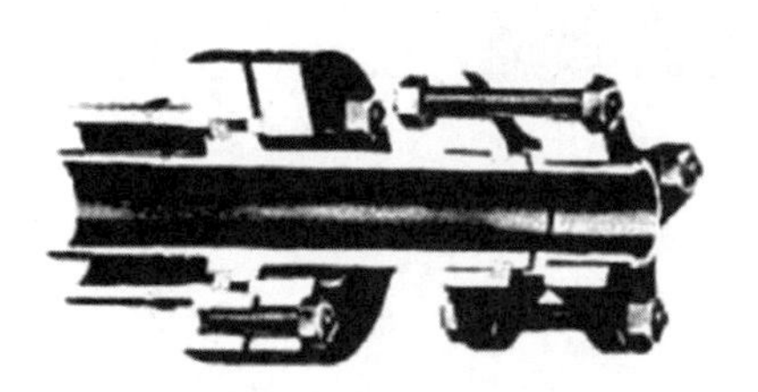

图 4.34 回弯双管式闭合装置

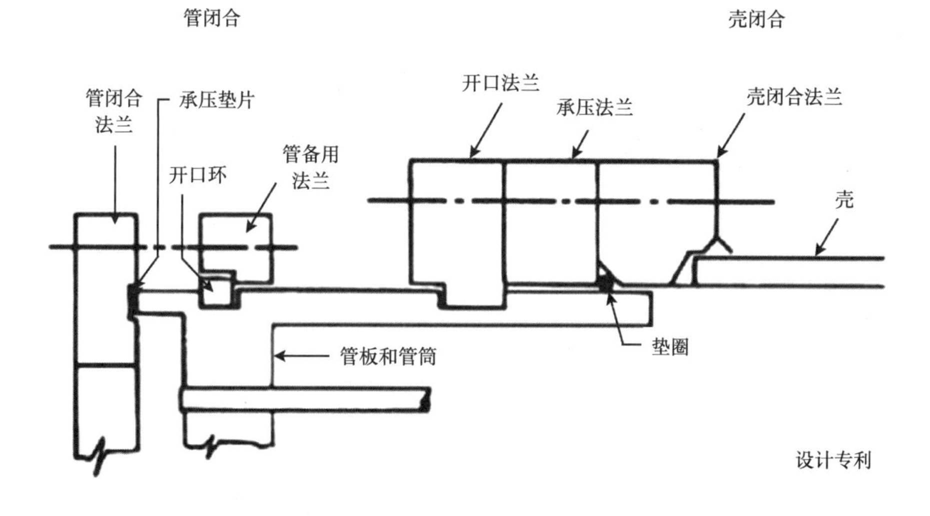

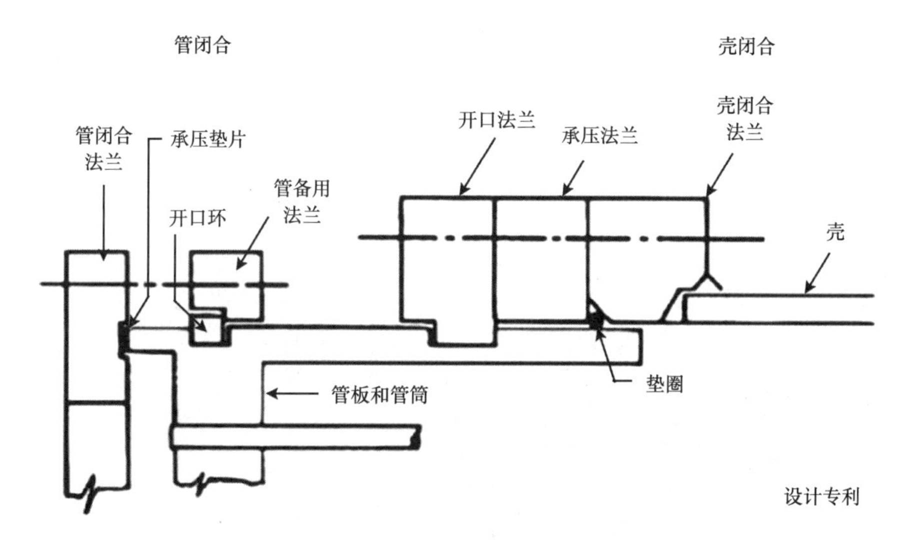

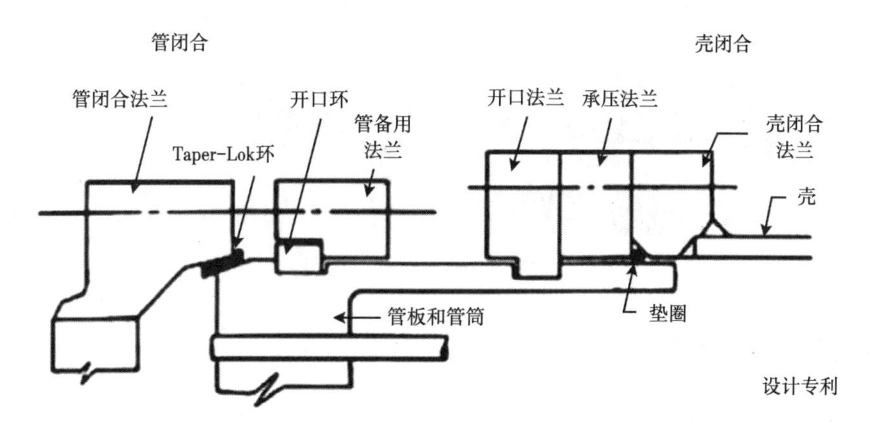

图 4.35　回弯多管闭合装置

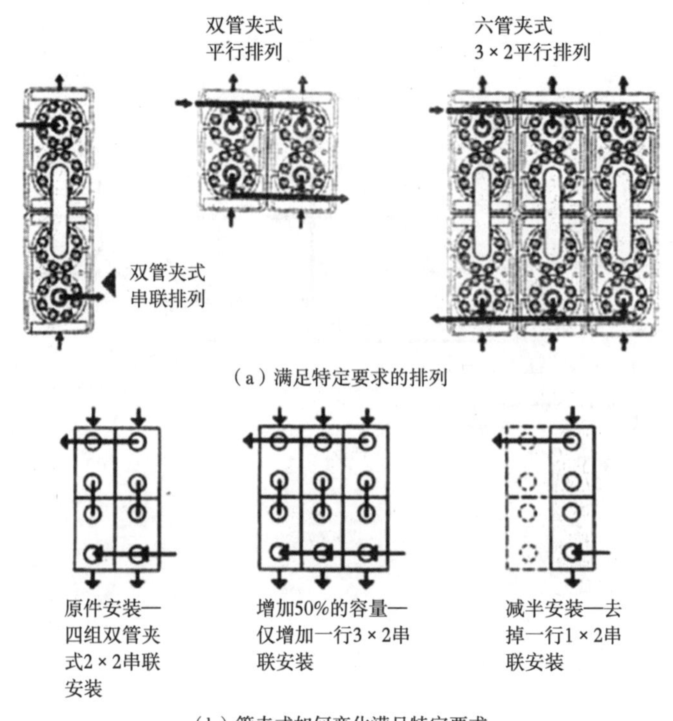

（a）满足特定要求的排列

（b）管夹式如何变化满足特定要求

图 4.36　双管夹式管束

图 4.37　堆叠式双管换热器

4.4　板翅式换热器

4.4.1　概述

板翅式换热器是堆叠的，组件被放进真空钎焊炉，在炉里组件变成了一个整体牢固的结构（图 4.38）。在这个过程中，涂在分型片上的铝—镁—硅合金融化凝固成铝合金肋片、分型片，与栅条一起形成了一个核心块。硬焊合金的融化温度是在铝基合金的融化温度 50℉（28℃）以内。这个过程是一个非常精确和高度保护的过程。

图 4. 38　真空焊接流程

铝板翅片换热器常被用于低温气体处理工程中，可处理多达 10 种流体，也被称为“冷箱”。冷箱是由波纹翅片和被称为分型片的扁平隔板交替层组成的，翅片可分为以下 4 种类型（图 4. 39）：

（a）平板型：与板成直角的有波纹翅肋的金属片

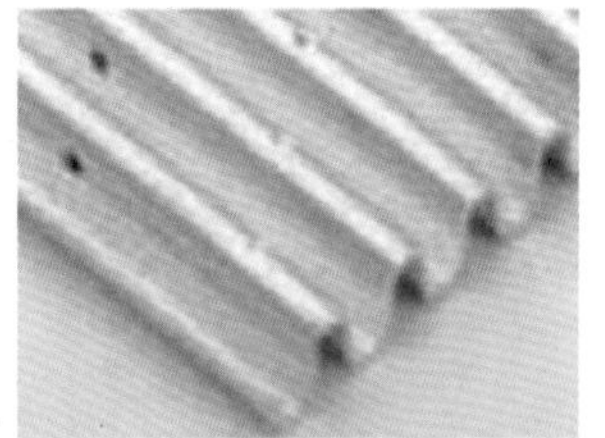

（b）多孔型：由带孔材料制成的板翅片

（c）人字型：每隔一段时间将肋片移向一侧以产生之字形效果

（d）锯齿型：同时折叠和切割肋片的其他部分；这些肋片也被称为高级或多入口模式

图 4. 39　焊接铝板翅片换热器的翅片结构

(1) 平板型;
(2) 多孔型;
(3) 人字型;
(4) 锯齿型。

4.4.2 应用需求

板翅式换热器层数、翅片类型、堆叠排列形式以及流体的循环等参数是根据应用需求的变化而变化的,流体形式包括交叉流、逆流和交叉逆流,具体如图 4.40 至图 4.54 所示。

图 4.40 钎焊铝板翅式换热器

图 4.41 钎焊铝板翅式换热器

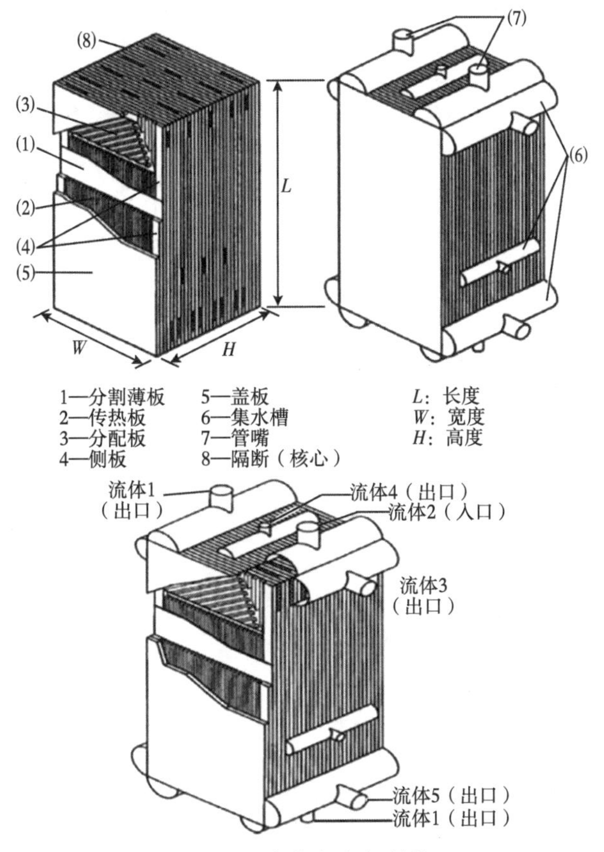

图 4.42　钎焊铝板翅结构

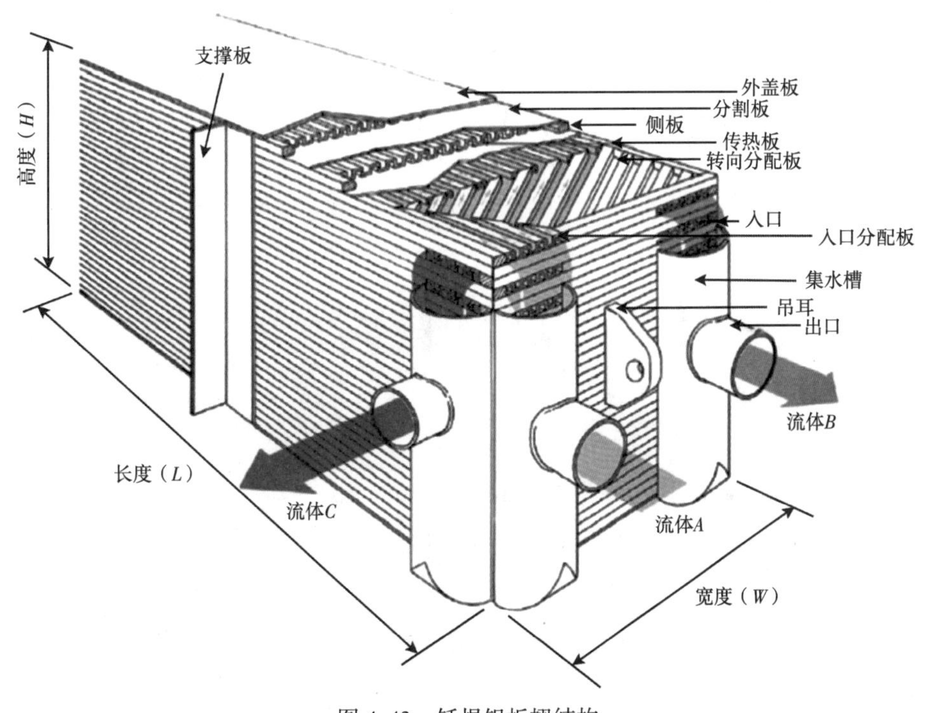

图 4.43　钎焊铝板翅结构

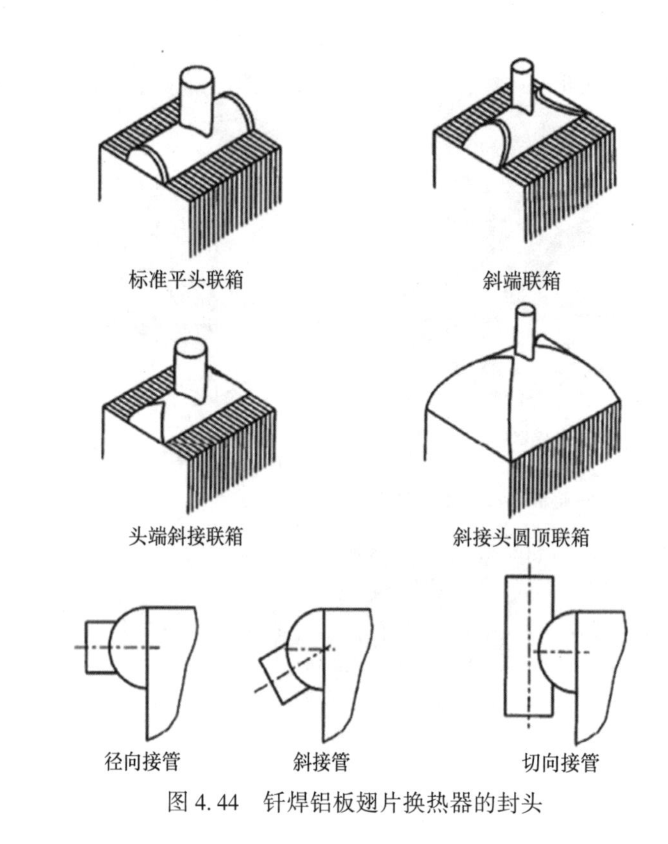

图 4.44　钎焊铝板翅片换热器的封头

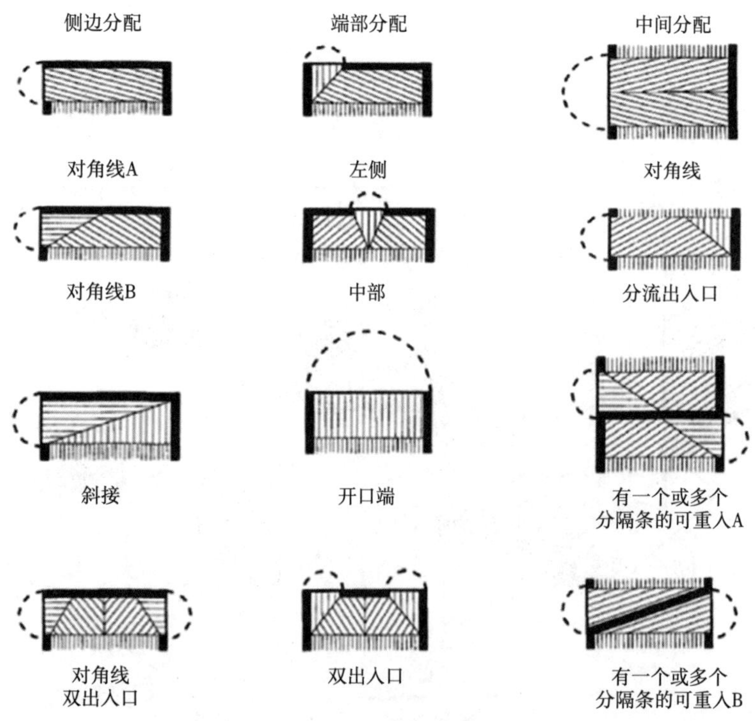

图 4.45　钎焊铝板翅片换热器的分配结构

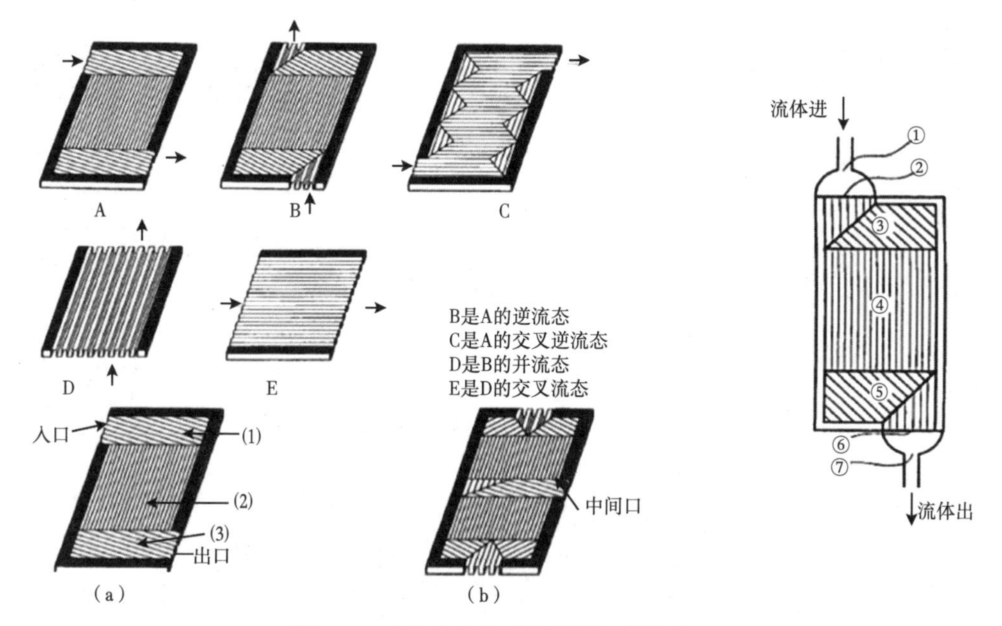

图 4.46　钎焊铝板翅片换热器的结构布局

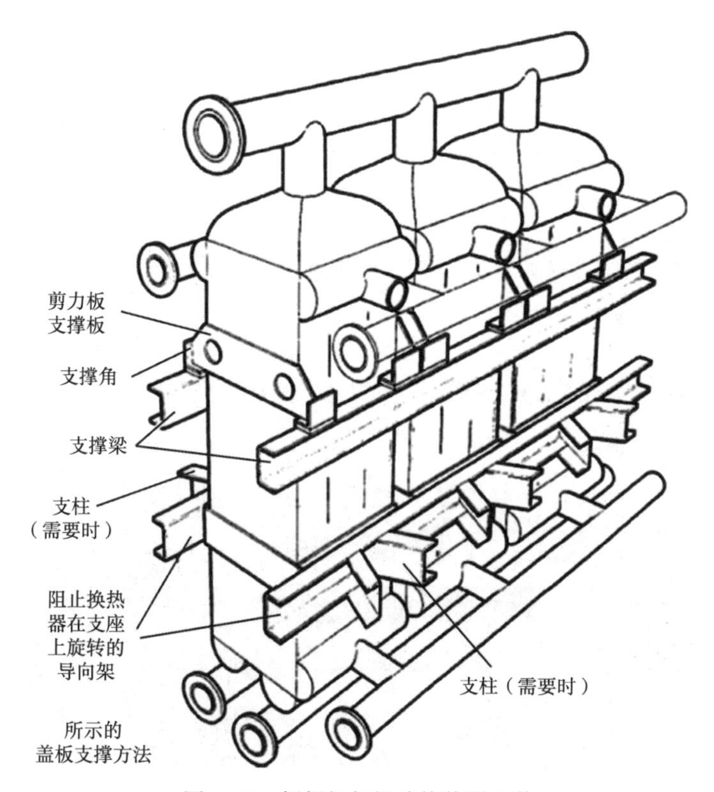

图 4.47　钎焊铝板翅片换热器组装

图 4.48　铝合金制板翅组件

图 4.49　铝合金制板翅式压力容器

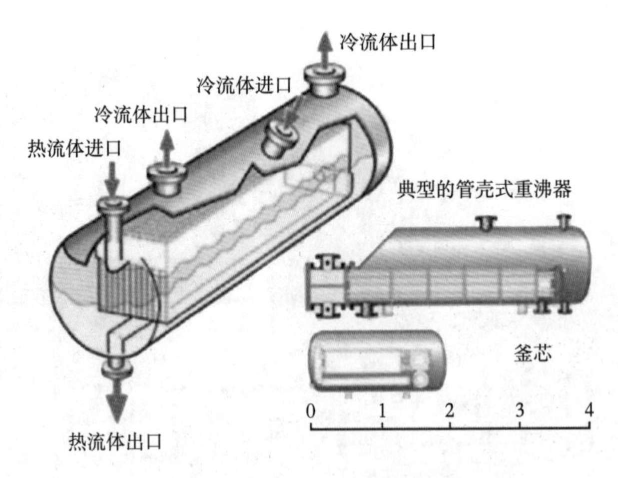

图 4. 50　热交换器的内部流程图

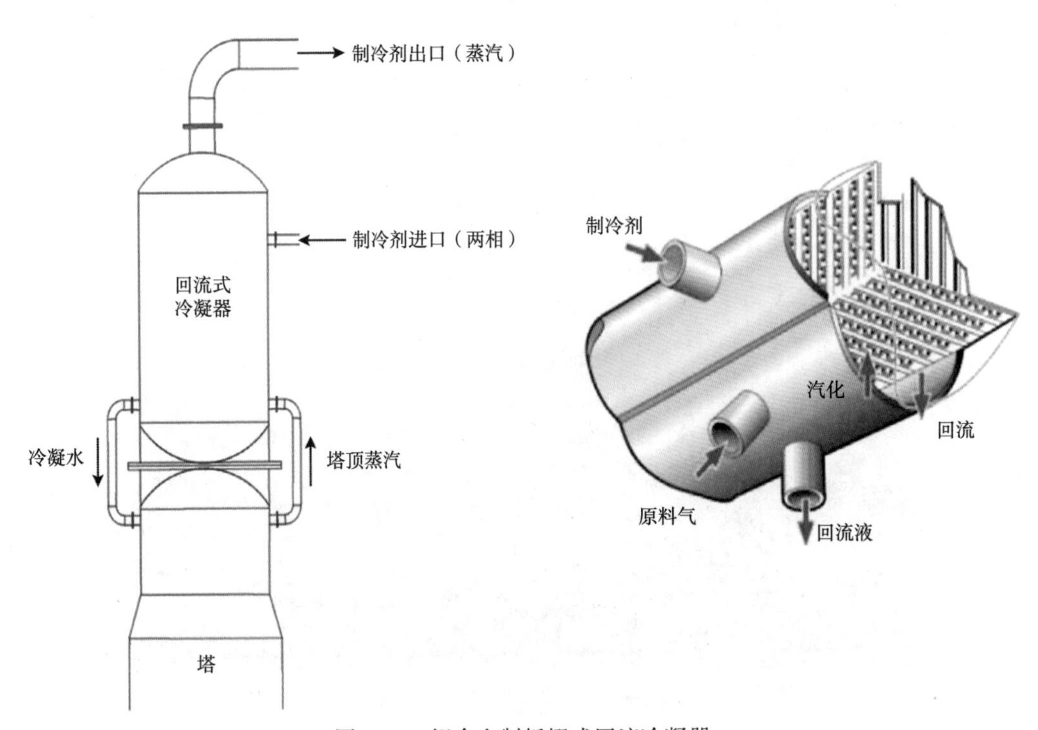

图 4. 51　铝合金制板翅式回流冷凝器

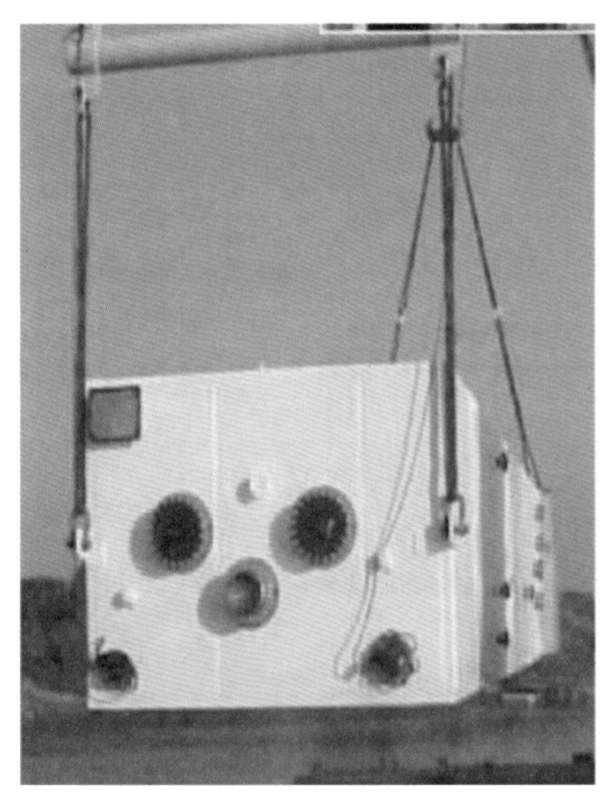

图 4. 52　在冷箱中焊接铝合金板翅

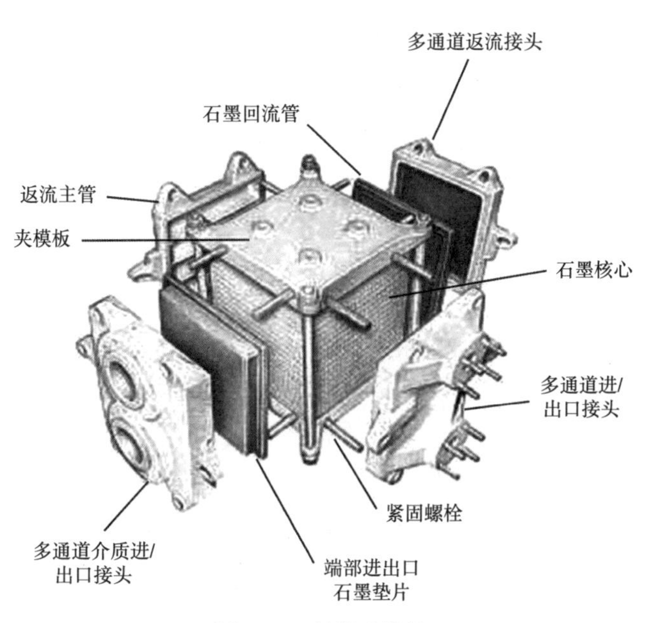

图 4. 53　扩散连接块

图 4.54 板翅管盘管型式

4.5 板式换热器

4.5.1 概述

板式换热器由多层薄肋合金板组成，薄肋合金之间间隔大约 1/4in，由密封垫压缩在一起（图 4.55）。流体在交替的板间流动，与反方向流动的流体换热。冷热流体交替分配到板流通道，通道端口设密封结构。通道的固定是通过顶部和底部的承载杆和每个板中的槽来实现的。在等剪切条件下，板与板之间的积垢趋势与管壳侧结垢趋势一致（单位换热器表面积的压降一致）。钛板通常被用来冷却海上平台的水、海水和闭环水。

4.5.2 优点

（1）体积紧凑，冷热换热流体温度接近；

（2）与相当的管壳式换热器相比，更轻更小；

（3）允许流体完全逆流流动，不需要 MTD 校正；

（4）薄板比翅板更易修理。

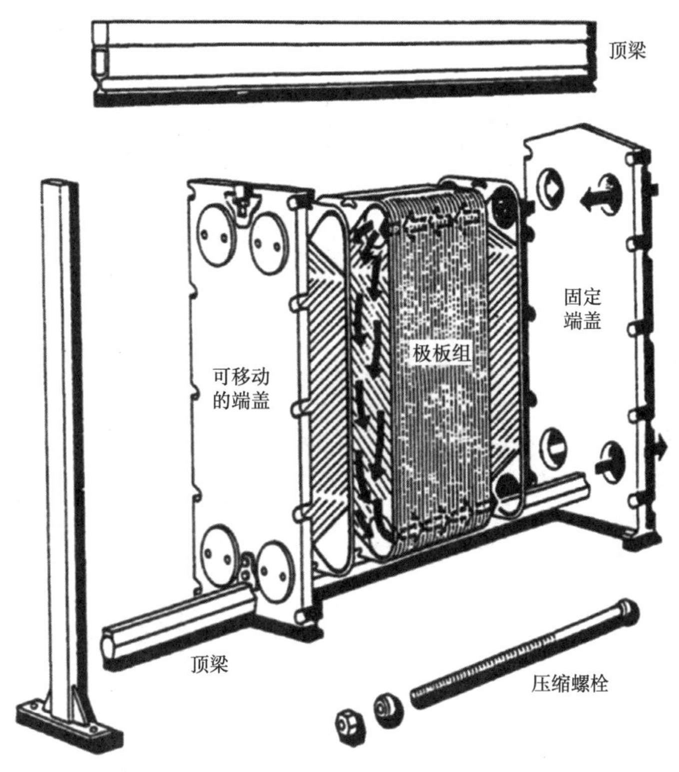

图 4. 55　板式换热器

4. 5. 3　缺点

（1）较低的换热效率，仅用于以下场合。

① 适宜的温度：小于 250℉（121℃）；

② 适宜的压力：小于 200psig（13. 79bar）（由于密封条件）。

（2）只能用于不会有过多污垢的情况；

（3）需要高级冶金材料。

板式换热器的密封垫在烃类换热介质中会变质，防火性能差，价格昂贵。

密封压缩后的金属板均布在承载杆上，通过螺栓连接在两个阀盖之间（图 4. 56），密封垫增加了换热表面积。

密封垫由压缩后的薄金属板制作而成，具有抗腐蚀性。不锈钢（SS）、蒙乃尔铜镍合金、钛、铝和青铜都是抗海水、盐水的理想材料。密封垫材质必须与被密封介质相适应。

4. 5. 4　薄板

薄板可以是高耗值或低耗值的，高耗值薄板通常有更好的传热和更高地压降。在一个独立单元可由多重薄板构成，不同的薄板组合在一起使用可产生不同的结果。如图 4. 57 至图 4. 68 所示。

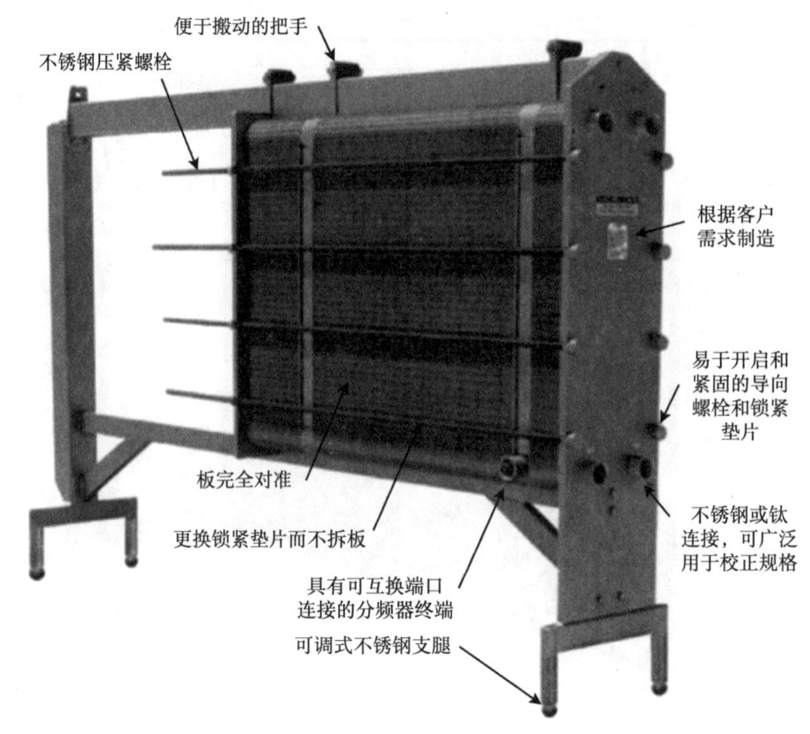

图 4.56　密封板框式换热器

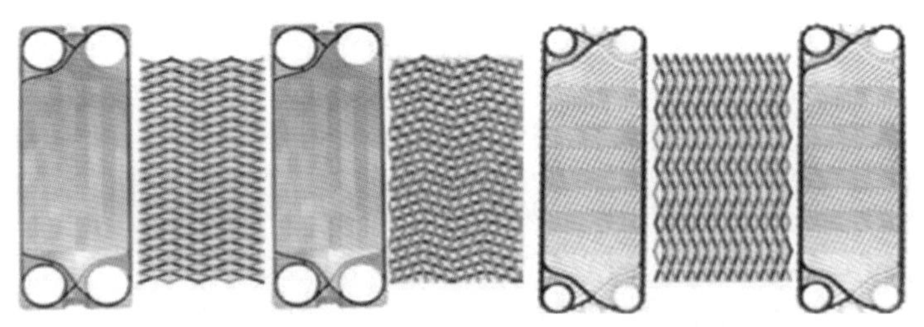

图 4.57　传统的多板式换热器

图 4.58　传统的衬垫板和框架设计

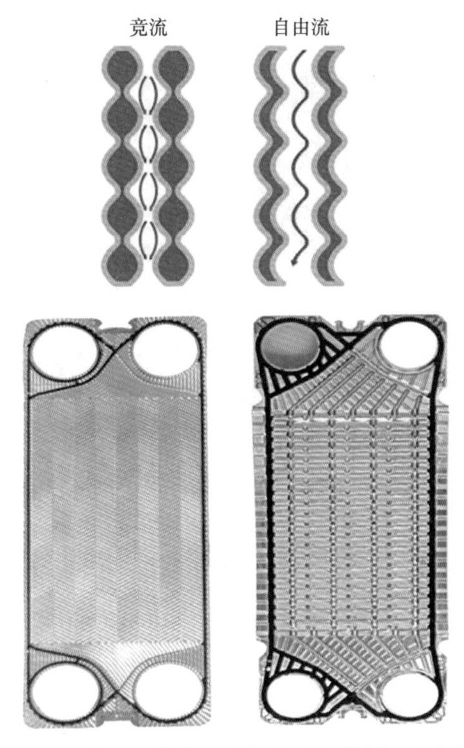

图 4.59　传统的带大间隙板设计的带衬垫的板框

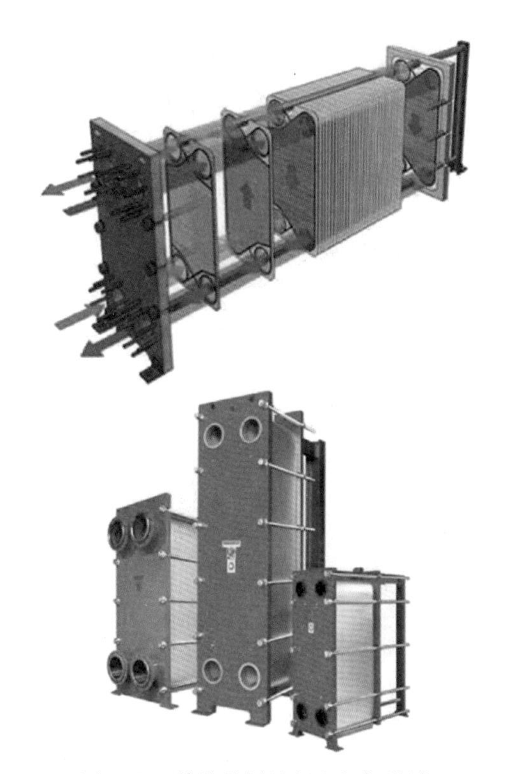

图 4.60　传统的衬垫板和框架设计

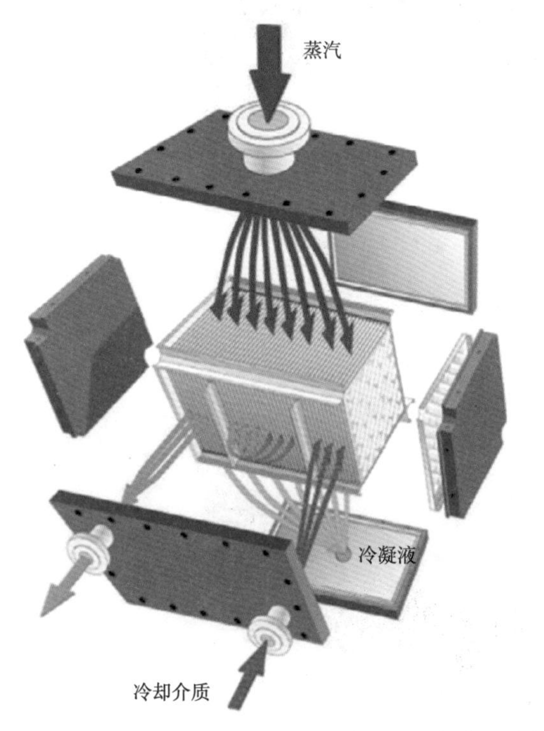

图 4.61　焊接“印刷电路”框架设计

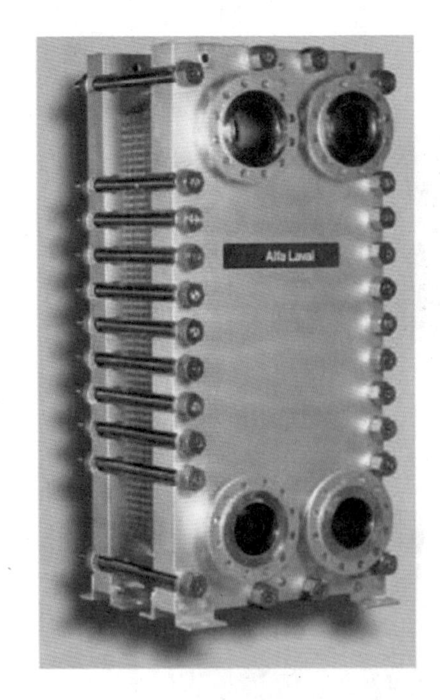

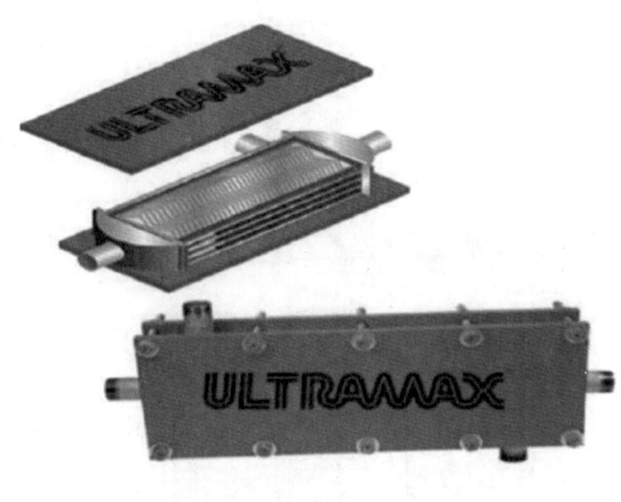

图 4.62　焊接框架

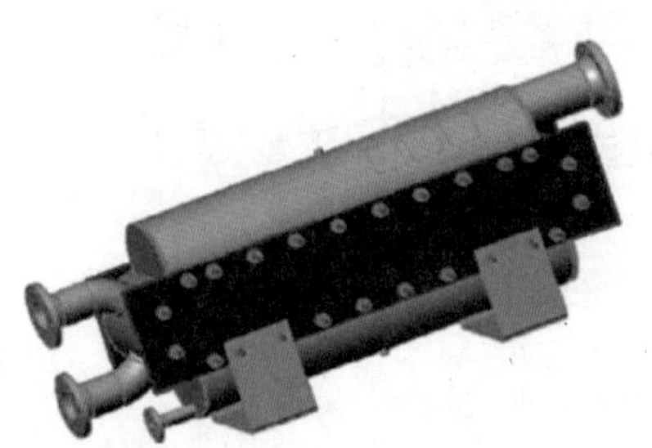

图 4.63　焊接框架混合设计

图 4.64　焊接板式转化器

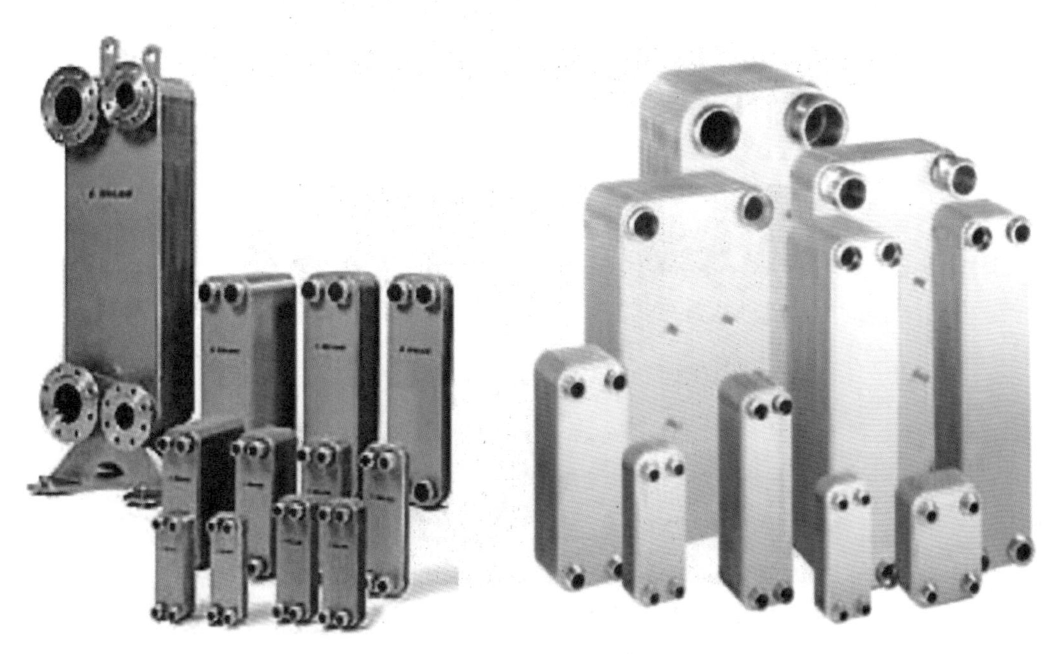

图 4.65　焊接板式换热器

图 4.66 焊接板式换热器

图 4.67 焊接板式换热器（结构紧凑并不一定意味着型号小）

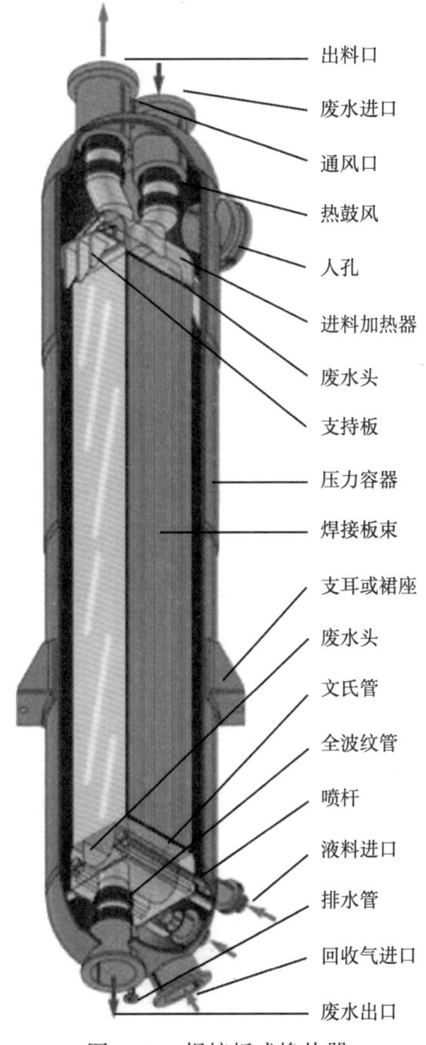

图 4.68　焊接板式换热器

4.6　间接燃烧式加热器

在间接燃烧式加热器中，热燃烧气体和火焰先加热中间液体，被加热的中间液体反过来再加热通过一圈或一组管子内的流体。

4.6.1　优点

（1）可以长时间维持恒温；

（2）安全可靠，使用方便。

4.6.2　缺点

一旦停止工作，再次启动需要几个小时才能达到所需温度。

4.6.3 中间液体

中间加热流体必须在大气压和最高加热温度下保持良好的稳定性，根据所需温度，液体也可选用水作为中间加热流体。间接加热器主要是通过自然对流来进行火管和被加热流体之间的传热，单位面积的热流速率低，一般很少用在出口温度超过 500℉的场合。中间液体主要用来加热生产过程中的油气，热负荷都不大。例如天然气生产中的管线加热炉（图 4.69），或者是胺加工中的重沸器（图 4.70）。

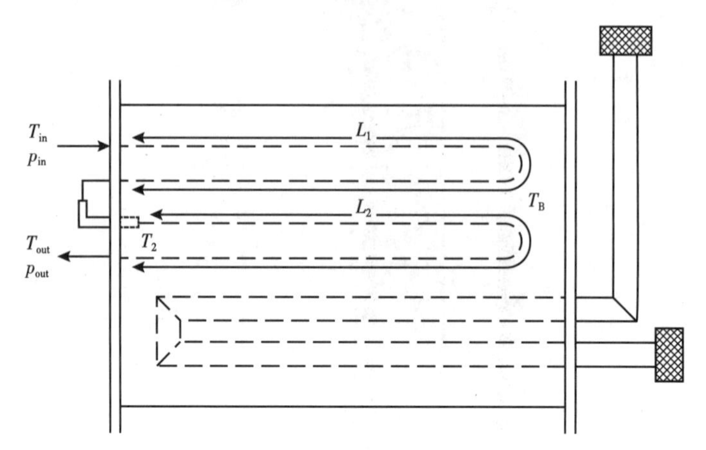

图 4.69　管线加热器示意图

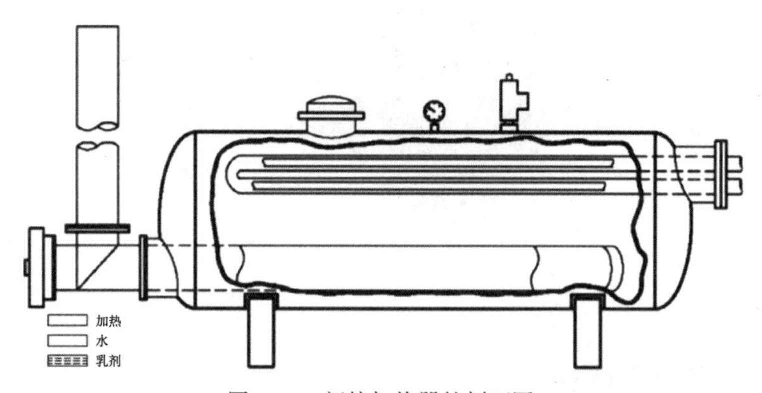

图 4.70　间接加热器的剖面图

在乙二醇和石油稳定单元，没有流体盘管，中间液体直接加热。这些装置单元通常包括（图 4.71）：

（1）火管（通常用气燃烧）；

（2）被加热流体用盘管（图 4.72）；

（3）浸没的传热流体。

间接燃烧式加热器设计需确定以下参数：

（1）热负荷；

（2）火管规格；

（3）盘管管径、长度和壁厚。

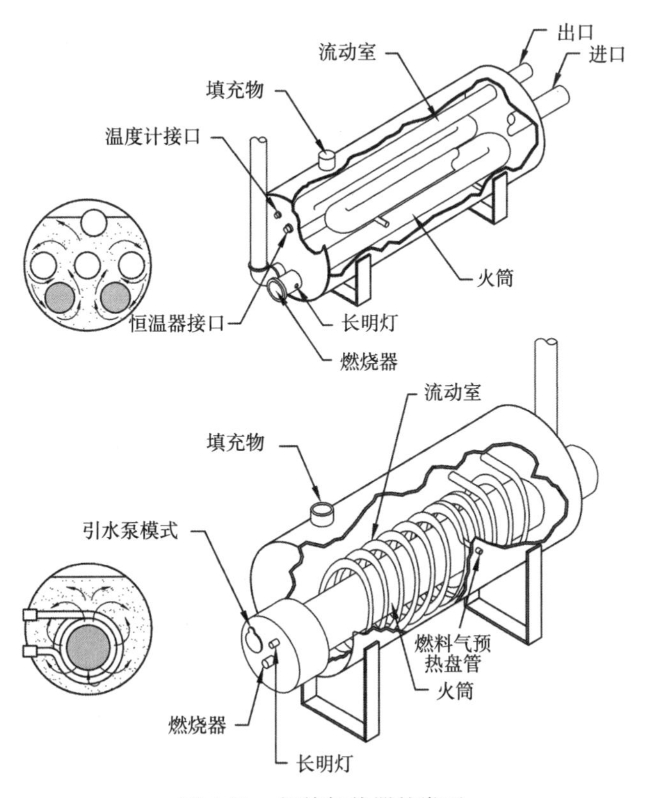

图 4.71　间接加热器的类型

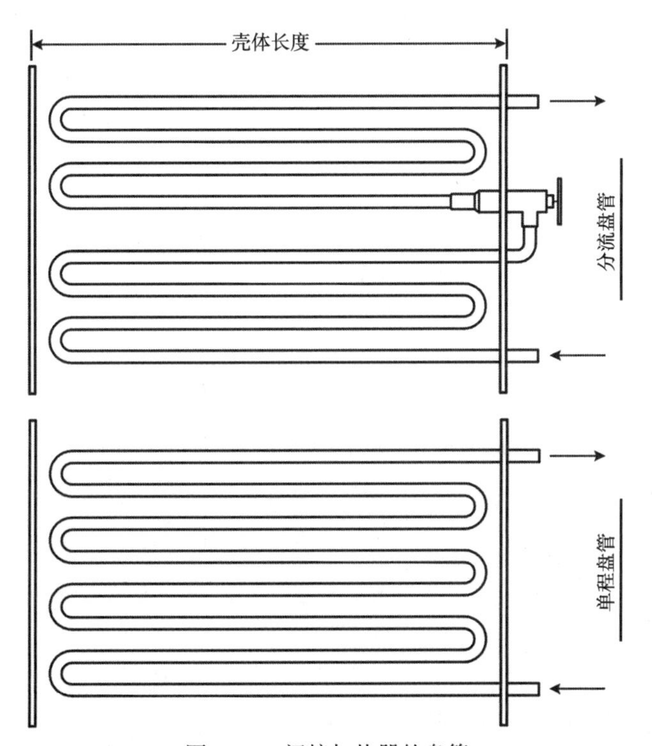

图 4.72　间接加热器的盘管

4.6.4 影响因素

为确定所需热负荷，必须明确以下内容：

（1）加热器中气、水、油/凝液的最大预测量；

（2）加热器进出口温度和压力。

天然气管线加热炉的出口温度主要取决于水合物形成温度所需的热负荷，在制定标准时必须考虑特定的操作条件。例如，关井启动可能需要超过稳态要求的额外加热负荷。

4.6.5 热负荷

应根据进口温度、压力、流量和出口温度、压力等各种组合工况核算所需换热负荷，确定最危险的组合工况，并使用过程模拟程序进行详细计算。过程模拟计算应充分考虑流体通过节流阀（管式加热器）时的相变、热焓变化和温度变化，流体通过节流阀的过程是瞬时的，没有热量被吸收或损失，但是会有温度变化。流体通过盘管的流动是一个恒压过程，其焓变等于吸收的热量，吸收了热量流体温度会上升。

热交换器的负荷由流体的多项热负荷组成：

$$q=q_g+q_0+q_w+q_{lost} \tag{4.3}$$

其中

$$q_g=41.7\ (\Delta t)\ C_g Q_g$$

$$q_0=14.6\mathrm{SG}\Delta t C_g C_g$$

$$q_w=14.6\Delta t Q_w$$

$$q_{lost}=UA\ (190-t_{amb})\ =0.1\ (q_g+q_0+q_w)$$

$$\Delta t=T_{out}-T_{in}+\Delta T\ (\text{由于介质压降引起的温度差})$$

热交换器的负荷也可以由流体的焓变计算：

$$q=h_{出口}-h_{进口}+q_{损失} \tag{4.4}$$

式中 $h_{出口}$——换热介质在出口压力、温度下的焓；

$h_{进口}$——换热介质在进口压力、温度下的焓。

4.6.6 火管

对于最大传热系数为 10000 Btu/h · ft² 的火管，推荐由下式计算所需面积：

$$L=3.8\times10^{-4}\frac{q}{d} \tag{4.5}$$

式中 L——火管长度，ft；

q——总热负荷，Btu/h；

d——火管直径，in。

燃烧器应从现有的标准产品表中选择，制造商通常会提供不同尺寸的火管额定直径和长度（表 4.7）。在确定盘管的长度和直径前，应首先确定节流阀前的温度。

表 4.7 间接加热炉用火管的标准尺寸

250000 Btu/h	2500000 Btu/h	6000000 Btu/h
500000 Btu/h	3000000 Btu/h	7000000 Btu/h
750000 Btu/h	3500000 Btu/h	8000000 Btu/h
1000000 Btu/h	4000000 Btu/h	9000000 Btu/h
1500000 Btu/h	4500000 Btu/h	10000000 Btu/h
2000000 Btu/h	5000000 Btu/h	

4.6.7 盘管尺寸

4.6.7.1 盘管温度的计算

在确定盘管尺寸前，需先确定节流阀前的温度。换热流体温差越大，所需的盘管面积就越小。浴温恒定在 190℉（88℃）时，处于节流阀后端气体的温度最低。

因此，当 L_1 很小时，总盘管长度（L_1+L_2）最短。如果 L_1 太长，可以考虑使用乙二醇/水的混合物作为加热介质来提高浴温。在理想的情况下，应尽量保持 T_2 高于 50℉（10℃）以减少堵塞、高于-20℉（-29℃）以节约钢材。在确定盘管直径时，应考虑可能发生的压降和最大流速。在一般情况下，压降不起作用。

最大流速应取下列各项中的最低值：

（1）噪声为 60dB。使用缓蚀剂的 CO_2 装置的噪声为 50dB。

（2）侵蚀速率。侵蚀速率始终起主导作用，可由下式计算：

$$V_e=\frac{c}{\rho_m^{1/2}} \tag{4.6}$$

壁厚可以从 ASME B31.8、B31.3、ASME 压力容器规范或 API 12K 中确定。在确定壁厚之前，应先确定盘管的额定压力。高压盘管的额定压力由管中关闭压力（SITP）确定，低压盘管的额定压力应由下游设备允许的最大工作压力确定。

4.6.7.2 热负荷（q）的计算

每个盘管的热负荷可由下式计算：

$$\mathrm{MTD}=\frac{\Delta t_1-\Delta t_2}{\ln\left(\frac{\Delta t_1}{\Delta t_2}\right)} \tag{4.7}$$

式中 Δt_1—盘管入口与槽之间的温差；

Δt_2—盘管出口与槽之间的温差。

4.6.7.3 总传热系数（U）计算

使用第 3 章中给出的公式计算 U，或使用适当的图表查得 U［典型范围为 44～53 Btu/(h · ft² · ℉)］。

4.6.7.4 盘管长度计算

因为 U、MTD、q 和管道直径是已知的，故盘管长度的计算公式为

$$L=\frac{12q}{\pi\,(\mathrm{MTD})\,Ud} \tag{4.8}$$

式中 d——盘管直径，in。

公式（4.8）计算的是盘管所需的总长度。

4.6.8 加热器尺寸

根据确定的热负荷和盘管长度，选择壳程的长度和回程数。壳体长度越短，回程数增多，壳体内径越大。上述程序有助于审查现有的设计或供应商建议。一般来说，制造商提供的标准加热器尺寸更经济。参见图 4.73。

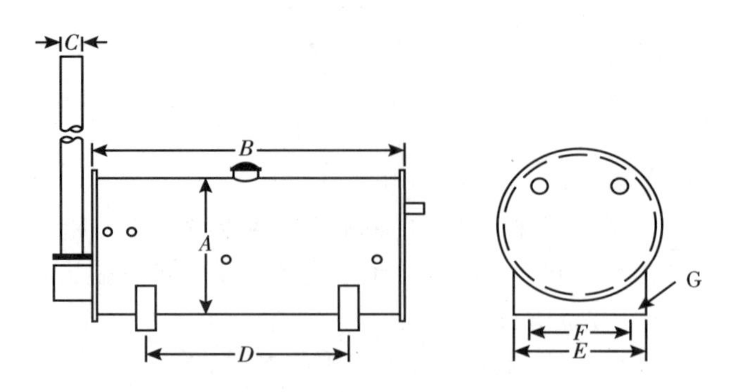

加热器公称尺寸表

换热器	A	B	C	D	E	F	G
Btu/h	ft,in	ft,in	ft,in	ft,in	ft,in	ft,in	in
250000	2(0)	7(6)	0(8)	5(6)	1(0)	1(5)	¾
500000	2(6)	10(0)	0(10)	6(0)	1(9)	1(5)	11/16
750000	3(0)	12(0)	0(12)	6(0)	2(2)	1(10)	11/16
1000000	3(6)	14(4)	1(2)	11(10)	3(0)	2(4)	¾
1500000	4(0)	17(6)	1(4)	12(6)	3(6)	3(0)	¾
200000	5(0)	20(0)	1(8)	12(6)	4(4)	3(0)	⅞

规格尺寸

换热器加热炉输入功率 Btu/h	壳体尺寸 外径×长度	换热管标准型号	盘管工作压力 psi	盘管的公称面积 ft^2	盘管的直线长度 ft	充水容积 bbl	重量 lb
250000	24″×7′6″	8~2in XH	3372	29.5	54	2.9	1400
250000	24″×7′ 6″	8~2in XXH	6747	26.5	54	2.9	1610
500000	30″×10′0″	8~2in XH	3372	42.6	76	6.0	2210
500000	30″×10′0″	8~2in XXH	6747	38.3	76	6.0	2510
750000	36″×12′0″	10~2in XH	3372	64.4	114	10.5	2875
750000	36″×12′0″	10~2in XXH	6747	58.8	114	10.5	3325
750000	36″×12′0″	6~3in XH	3150	59.4	70.9	10.3	3030
750000	36″×12′0″	6~3in XXH	6300	58.8	70.9	10.3	3615
1000000	42″×14′4″	12~2in XH	3372	93.4	166	17.9	4060
1000000	42″×14′4″	12~2in XXH	6747	85.9	166	17.9	4725
1000000	42″×14′4″	8~3in XH	3150	94.8	113.2	17.5	4390
1000000	42″×14′4″	8~3in XXH	6300	85.9	113.2	17.5	5335
1500000	48″×17′6″	14~2in XH	3372	134.0	237	28.7	5650
1500000	48″×17′6″	14~2in XXH	6747	120.5	237	28.7	6600
1500000	48″×17′6″	10~3in XH	3150	145.0	173.1	28.0	6235
1500000	48″×17′6″	10~3in XXH	6300	131.4	173.1	28.0	7675
2000000	60″×20′0″	16~2in XH	3372	175.7	311	51.8	10110
2000000	60″×20′0″	16~2in XXH	6747	158.0	311	51.8	11360
2000000	60″×20′0″	10~3in XH	3150	165.9	198.1	51.2	10580
2000000	60″×20′0″	10~3in XXH	6300	150.4	198.1	51.2	12240

图 4.73 标准的间接加热器和盘管尺寸

4.7 直燃式加热器

4.7.1 概述

当所需热负荷较大时，宜使用直燃式加热器。直燃式加热器分为两类：

（1）用火管直接加热流体型；

（2）利用辐射和对流间接加热流体型。

如图 4.74 所示，直燃式加热器使用火管直接加热流体。被加热油通过入口分配器进入加热器，加热器中的管束直接由火箱加热。这种加热方式快速、高效（75%~90%），初始成本相对较低。如果有足够的燃气，应考虑使用直燃式加热器（特别是规模较大的油加热场合）。

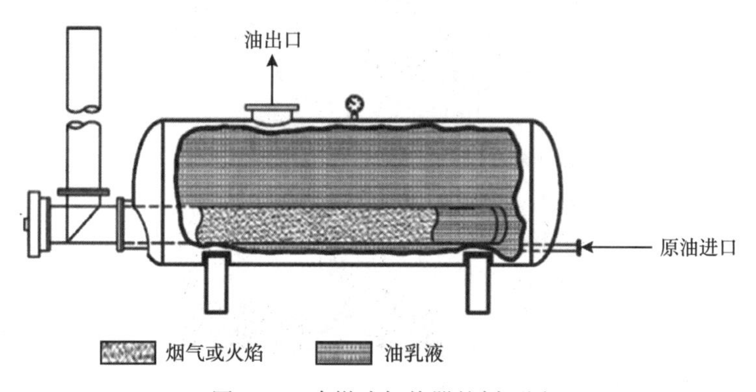

图 4.74　直燃式加热器的剖面图

直燃式加热器危险性高，需要设置特殊的安全设备。在火管的油侧可能会形成水垢，阻止热量从火箱传递到油乳液。热量在管束中间的管壁上聚集，易引起金属软化、弯曲（图 4.75、图 4.76）、最终破裂，导致被加热油流入火箱。如果此时火焰没有熄灭，流入火箱的被加热油将作为可燃物。

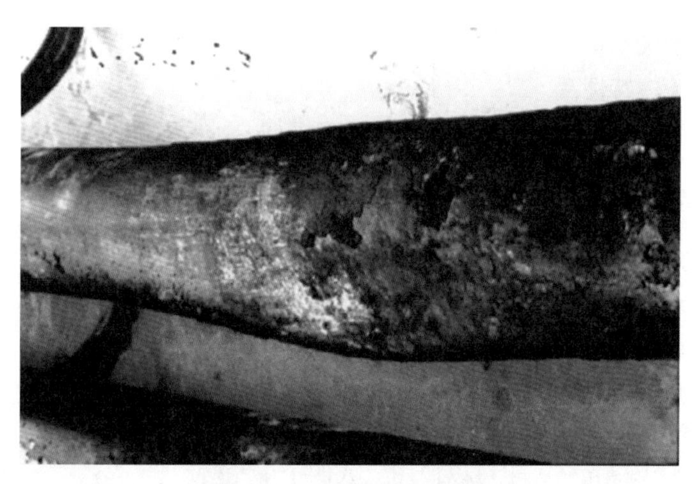

图 4.75　火管结垢阻止传热

图 4.76　火管结垢及潜在热点

也可以利用辐射和对流来加热流体。由于辐射室和对流室的温度都很高，所以通常使用中间热载体。中间热载体的类型有多种，其选择主要基于以下选项：

（1）燃料成本；

（2）热效率；

（3）温度要求；

（4）热负荷的大小；

（5）被加热流体特性。

直燃式加热器的有水平管、垂直管两种基本结构。

4.7.2　水平管布置（图 4.77）

4.7.2.1　一个室

（1）辐射段通常沿筒壁排列，燃烧器在底面上；

（2）经济、高效、最常见；

（3）正常热负荷工作范围：（10~100）$\times 10^6$Btu/h。

4.7.2.2　两个室

（1）只显示两个单元格，也可以使用三或四个单元格；

（2）从底面垂直点火，实现经济、高效的设计；

（3）正常热负荷工作范围：（100~250）$\times10^6$Btu/h。

4.7.2.3 设有火墙的室

（1）提供可以单独燃烧的两段；

（2）可水平或垂直点火；

（3）正常热负荷工作范围：（20~100）$\times10^6$Btu/h。

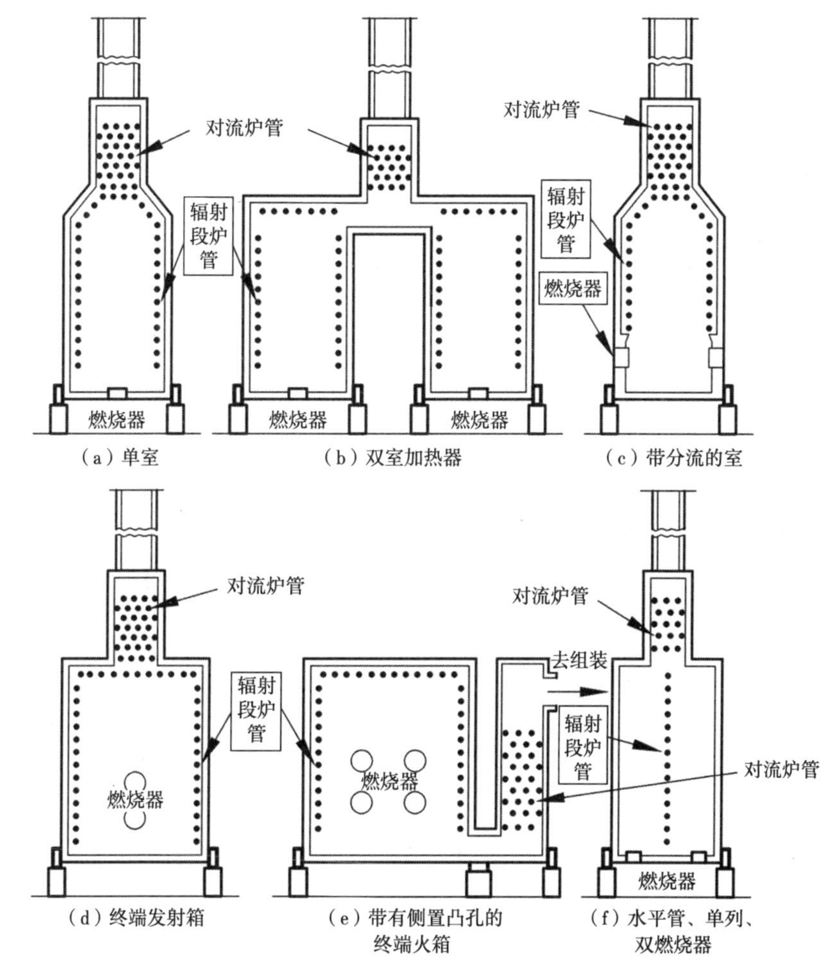

图 4.77　水平管布置的直燃式加热器的基本类型

4.7.3 燃烧器终端

（1）可水平方向点火；

（2）正常热负荷工作范围：（5~50）$\times10^6$Btu/h；

（3）侧面安装对流段的燃烧器；

（4）老式机组，或用于灰尘多、燃料差的新装置；

（5）价格更昂贵。

（6）正常热负荷工作范围：（50~200）$\times10^6$Btu/h。

单排双燃

（1）包含一个或多个外露的单元格；

（2）用于电抗器供电的加热装置；

（3）正常热负荷工作范围：（20~50）$\times10^6$Btu/h。

4.7.4 垂直管布置（图 4.78）

4.7.4.1 辐射传热

（1）低成本、低效率的紧凑设计；

（2）正常热负荷工作范围：（0.5~20）$\times10^6$Btu/h。

4.7.4.2 圆柱形、螺旋形盘管

（1）基本的低成本、低效率的“全辐射”类型的替代品；

（2）流体无法采用平行流动盘管；

（3）正常热负荷工作范围：（0.5~20）$\times10^6$Btu/h。

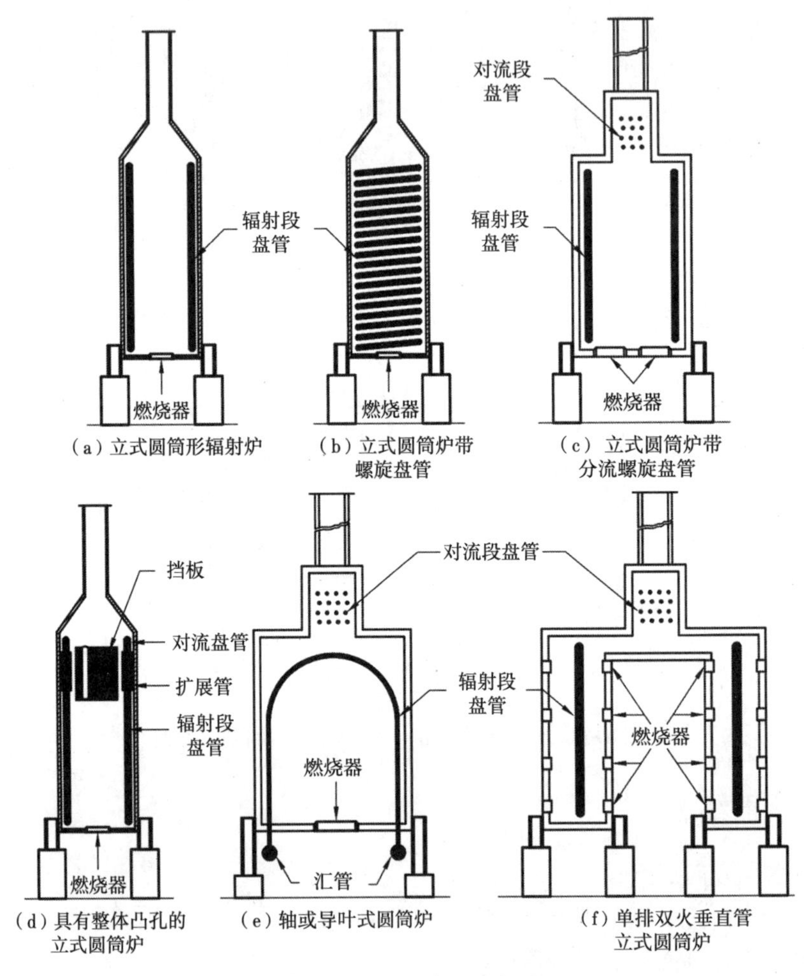

图 4.78 立式管式直燃式加热器

4.7.4.3 含对流、交叉流的圆柱状

（1）普遍的新型垂直流单元；

（2）经济、高效、紧凑；

（3）正常热负荷工作范围：（10~200）$\times10^6$Btu/h。

4.7.4.4 常规圆柱形

（1）在用的一些装置采用的是圆柱形结构；

（2）由于热效率有限，不常用；

（3）正常热负荷工作范围：（0~100）$\times10^6$Btu/h。

4.7.4.5 轴或导叶

（1）用在低压降、加热大量气体的场合，一个加热器单元可以使用多组盘管；

（2）正常热负荷工作范围：（50~100）$\times10^6$Btu/h。

4.7.4.6 双燃烧室

（1）属于高价配置，但能提供高热量；

（2）正常热负荷工作范围：（20~125）$\times10^6$Btu/h。

4.7.5 “热点”发展及炉管失效

通常考虑以下因素：

（1）火焰温度高；

（2）低对流传热系数；

（3）管道材质必须根据初始成本和使用寿命来选择；

（4）必须根据现场实际经验选择合适的材料、焊接方法、结构配置等。

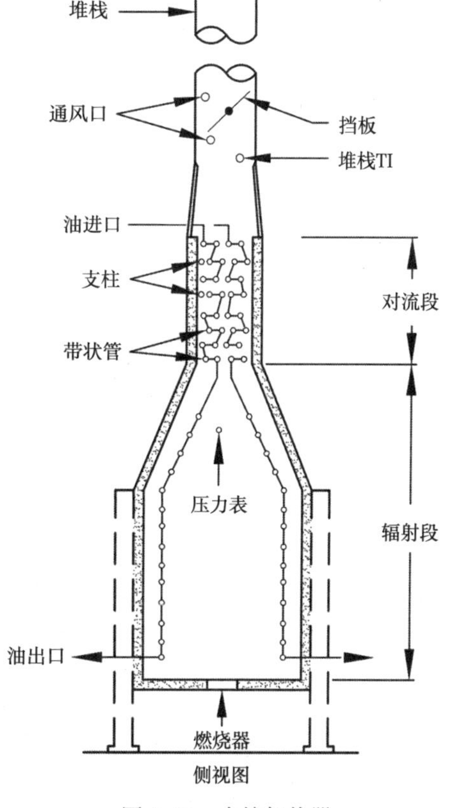

图 4.79 火焰加热器

4.7.6 热效率的平衡

热效率的平衡因素主要控制以下因素：

（1）控制过量空气进入；

（2）余热回收（图 4.79）；

（3）燃气预热；

（4）使用涡轮废气（余热）（图 4.80），多余的空气将周围环境加热到烟囱温度需要燃料，热效率与过剩空气成反比，与烟气成正比；

（5）使用饰钉或翅片式对流管可提高燃料气的热量利用率（图 4.81）；

（6）在低系数一侧使用延伸表面可以减少管道内部的污垢，这个问题需要注意；

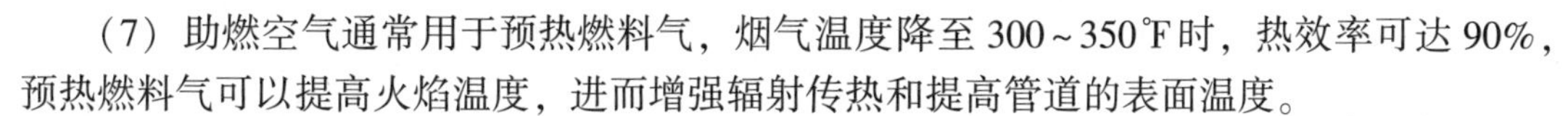

（7）助燃空气通常用于预热燃料气，烟气温度降至 300~350℉时，热效率可达 90%，预热燃料气可以提高火焰温度，进而增强辐射传热和提高管道的表面温度。

燃气轮机废气可以成为空气的超级替代品，原因有：

（1）废气中含有 17%~18%的氧气；

（2）废气已经预热到 800~900℉；

（3）废气可以对燃料气经过对流段时进行加热。

这些热量直接或间接用于产生蒸汽、运行锅炉、再生固体干燥剂、加热气体和液体流等。

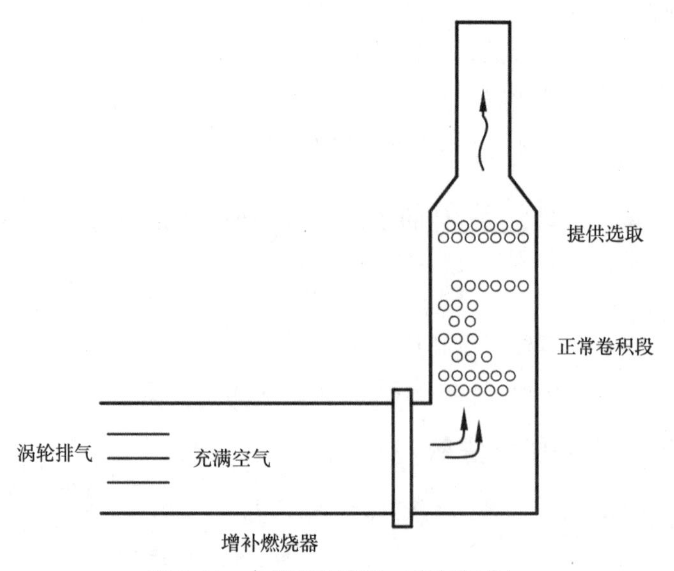

图 4.80　余热回收装置（废气加热）

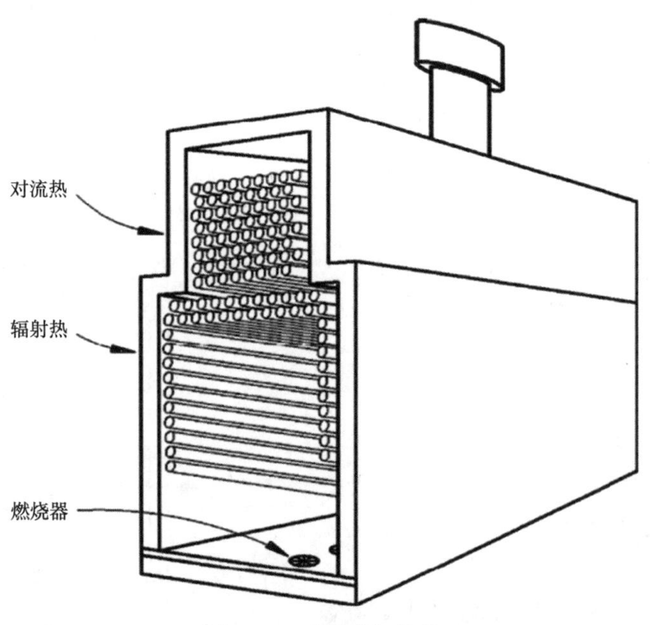

图 4.81　直燃式加热炉

4.7.7　确定所需的热输入

传热方程通常由式（4.9）表示：

$$q = WC_p\Delta T \tag{4.9}$$

式中　q——需要的热量，Btu/h；

W——流速，lb/h；

C_p——比热容，常数，Btu/(lb·℉)，水取 1.0，油取 0.5（平均）；

ΔT——温差，℉。

4.7.7.1 流量测定

由于水的密度为350lb/bbl，因此流量可以使用以下的转换因子计算：

$$W=\frac{350}{24}SG_{L}Q_{L} \tag{4.10}$$

式中 SG_L——液体相对密度；

Q_L——液体流量，bbl/d。

4.7.7.2 所需总热量

所需总热量由下式计算：

$$q=q_{o}+q_{w}+q_{g}+q_{lost} \tag{4.11}$$

式中 q_o——加热油所需要的热量，$q_o=[(350/24)\ SG_o q_o]\ 0.5\Delta T$

q_w—加热水所需要的热量，$q_w=[(350/24)\ (SG)_w q_o]\ \Delta T$

$q_g=0$

转换成如下方程式：

$$q=\frac{350}{24}\left(0.5SG_{0}Q_{o}+SG_{w}q_{w}\right)\ \Delta T+q_{lost} \tag{4.12}$$

假设游离水消失，那么 $q_W=1.0$，$q_{lost}=0.1q$，因此，式（4.12）可转换成

$$q=15\left(0.5SG_{o}q_{p}+SG_{w}q_{w}\right)\ \Delta T+q_{lost} \tag{4.13}$$

4.8 空冷器

4.8.1 概述

空冷器价格昂贵，但也有成本效益，通常由制造商设计。如果环境温度足够低，可以提供有效的冷却效率，最好采用空气冷却的方式。空冷器不适用于近海、北极或潮湿地区。普遍用于有充足冷却水的地方，具有以下优点。

（1）结构简单；

（2）灵活；

（3）能够减少水处理的危害和成本。

在当地温度较高的地方，空冷器也有一定的缺点。

（1）可能无法达到像水一样低的冷却温度；

（2）应考虑冷却效果无法达到的替代方案。

空冷器普遍应用在以下场合：

（1）将热流体冷却到周围环境温度；

（2）作为级间冷却器提供压缩功能。

4.8.2 典型的空冷器配置

（1）四排管交错排列，适用于中等温度范围。

(2) 六排管，适用于温度范围较大的场合。

(3) 管外径为 15.875mm 的高制翅片，间距为 2.5in (63.5mm) 等边三角形布局。

(4) 20:1 翅片与外露表面积之比。

(5) 管道长度 30ft (9144mm) (安装在管道上时)。

(6) 每个扇区至少有两个风扇 (其中一半是自动变距风扇)。

(7) 铝制或塑料风扇叶片。

(8) 通风类型。

(9) 强制通风。

①价格更便宜;

②管束位于风机排气口;

③当排出气过热时使用。

(10) 引风式。

①更有效率;

②管束位于风机进口;

③在需要风扇关闭时使用。

设备应配有“过冷”警示。

防冻处理：热空气与蒸汽再循环。

4.8.3 强制通风设计的优点

(1) 便于拆卸;

(2) 短轴更容易安装电动机或其他驱动器;

(3) 便于润滑、维护等;

(4) 简化的运输和安装，因为加固的直侧面板形成矩形箱的充气层，可以实现完整的预组装和检验;

(5) 适用于热空气再循环的寒冷气候操作;

(6) 空气温度上升大于 50℉时需要更少的动力。

4.8.4 强制通风设计的缺点

(1) 离开顶部的热空气在机组周围流动，会发生再次被吸入的可能性;

(2) 空气分配效率较低;

(3) 被异物覆盖时更难清洁;

(4) 对恶劣天气无法实施保护。

4.8.5 引风式设计的优点

(1) 便于车间组装、运输和安装;

(2) 对恶劣天气可以实施保护;

(3) 被异物覆盖时更容易清洗底面;

(4) 空气分配更有效;

(5) 不易受到热空气再循环的影响;

(6) 当空气温度上升小于 50℉时，需要更少的动力。

4.8.6 引风式设计的缺点

(1) 维护时更难取出管束；

(2) 由于热空气对风机的影响，高温运行受到限制；

(3) 由于管束产生的热量及其位置，风机组件和叶片的调整更加困难；

(4) 管长一般为 6~50ft；

(5) 管径一般为 1⅝in，空气无尘，传热效率低；

(6) 末端一般 1½in 高，7~11/ft；

(7) 深度受限；

(8) 3~8 排翅片管；

(9) 三角形节距，翅片间隔 1/16~1/4in；

(10) 跨宽一般 4~30ft；

(11) 风机直径一般 3~16ft。

具体结构如图 4.82 至图 4.91 所示。

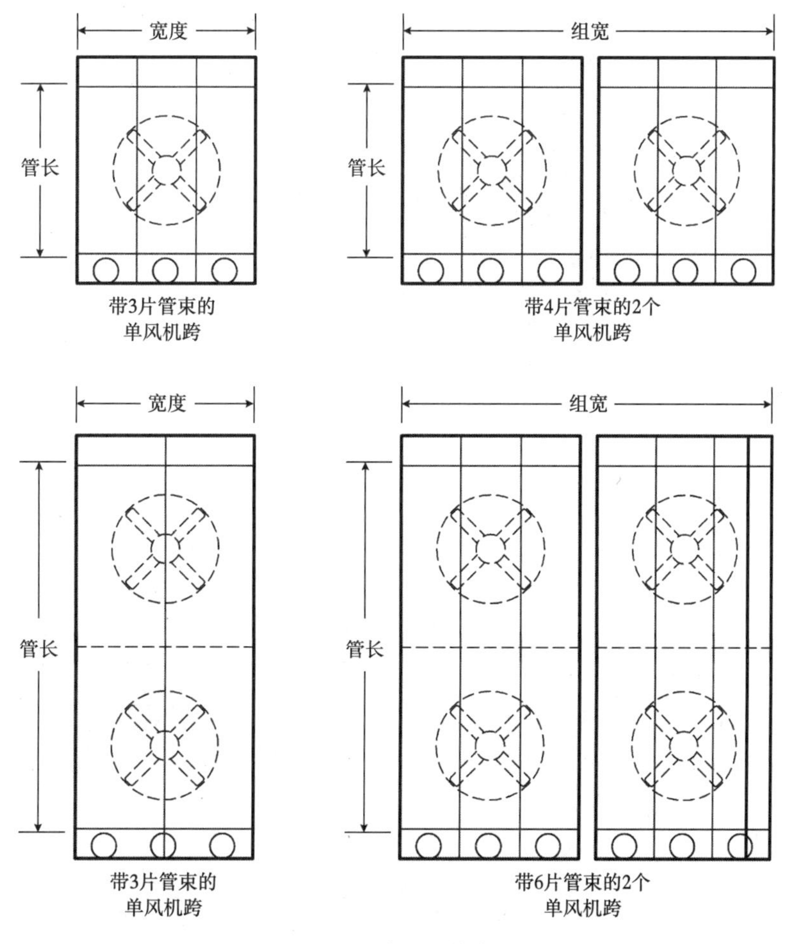

图 4.82　空冷器的管束和跨

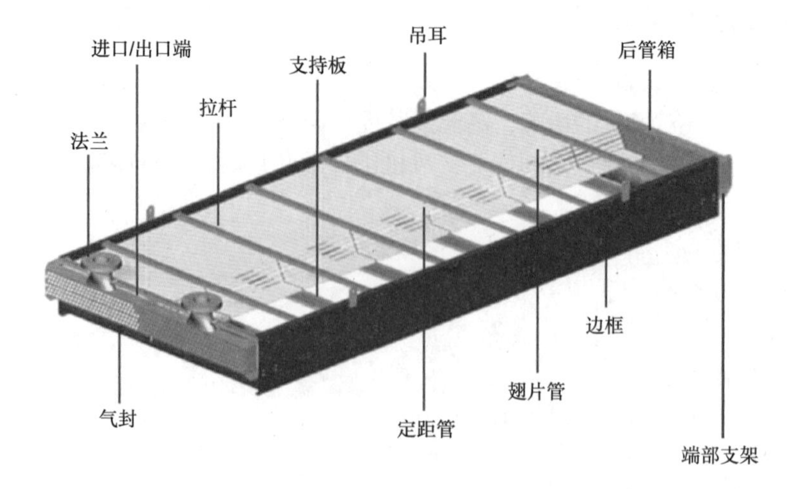

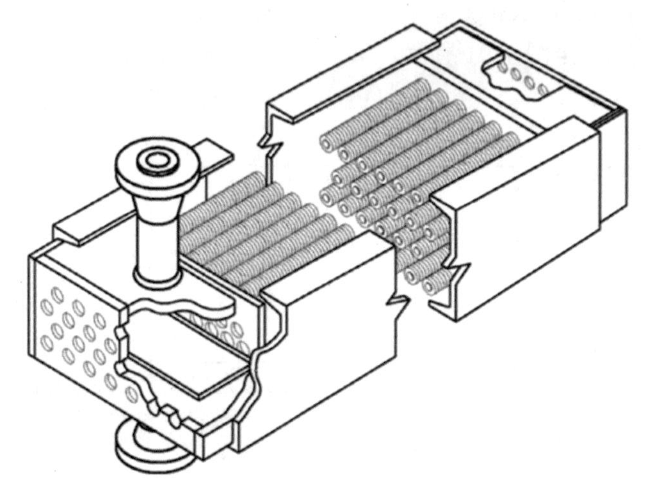

图 4.83　空冷器结构

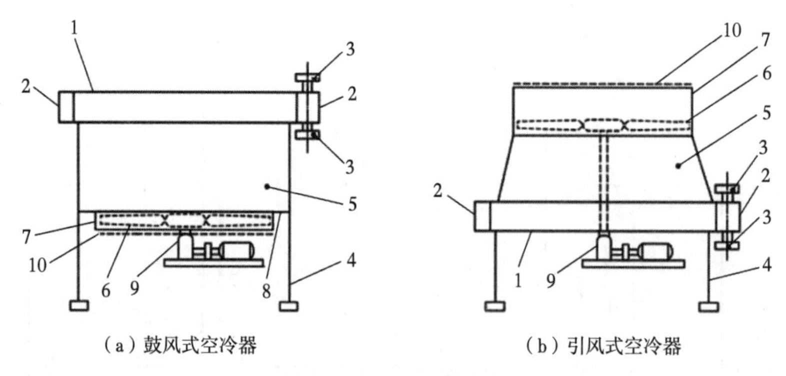

（a）鼓风式空冷器　　（b）引风式空冷器

图 4.84　空冷器结构

1—管束；2—端板；3—排气口；4—构架；5—风箱；6—风机；7—风筒；8—风机平台；9—传动装置；10—风扇罩

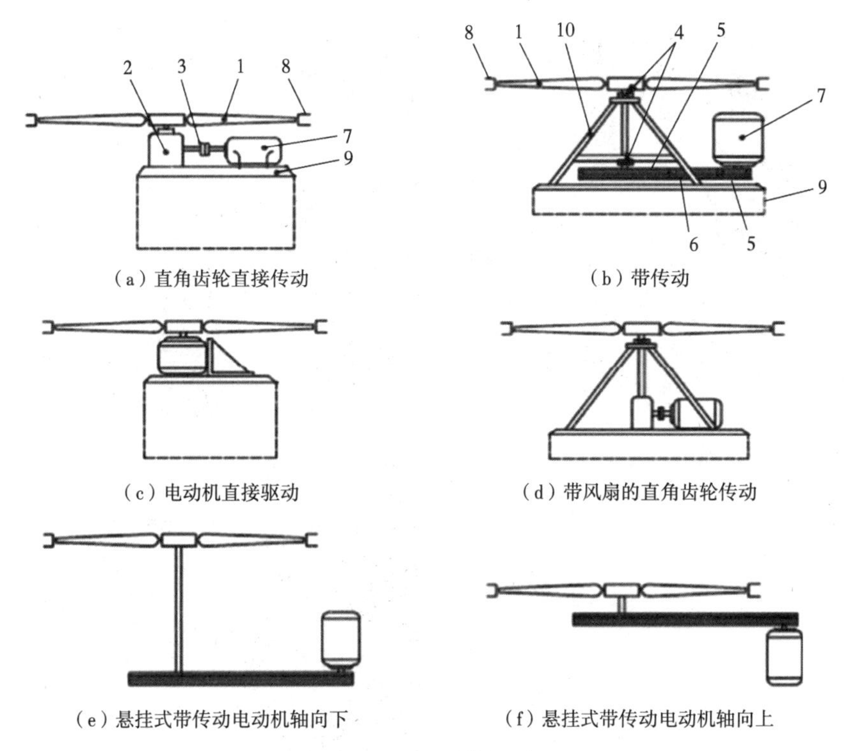

（a）直角齿轮直接传动

（b）带传动

（c）电动机直接驱动

（d）带风扇的直角齿轮传动

（e）悬挂式带传动电动机轴向下

（f）悬挂式带传动电动机轴向上

图 4.85　空冷器驱动

1—叶片；2—变速箱；3—联轴器；4—风机轴；5—带轮；6—传动带；7—电动机；8—风筒；9—底座；10—风机支架

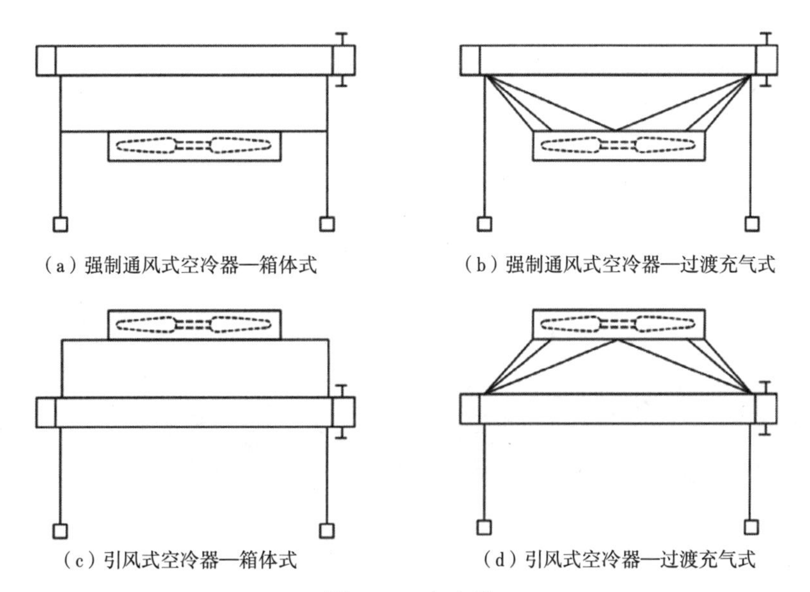
（a）强制通风式空冷器—箱体式

（b）强制通风式空冷器—过渡充气式

（c）引风式空冷器—箱体式

（d）引风式空冷器—过渡充气式

图 4.86　空冷器

图 4.87　空冷器翅片

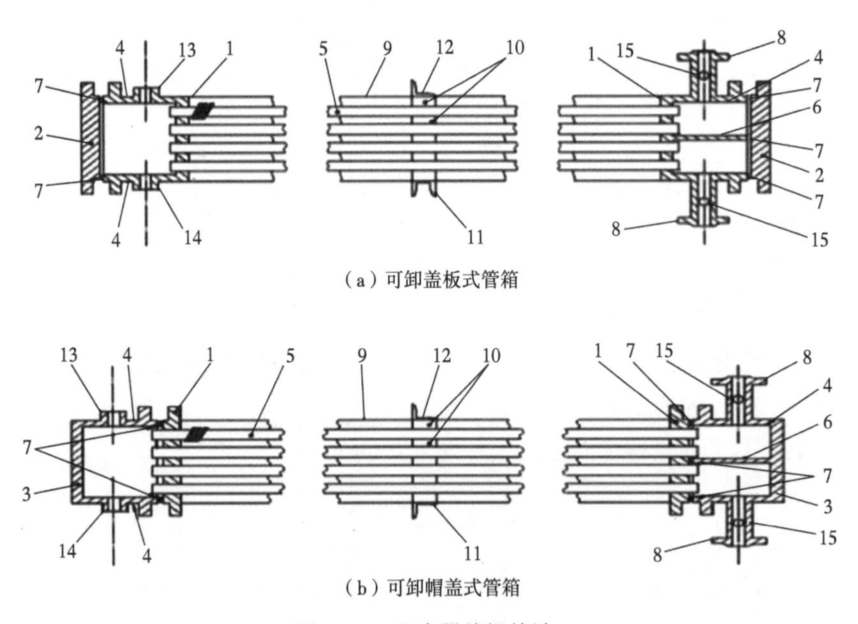

（a）可卸盖板式管箱

（b）可卸帽盖式管箱

图 4.88　空冷器盖板前端

1—管板；2—可卸盖板；3—可卸帽盖；4—顶板、底板；5—换热管；6—管程隔板；7—垫片；8—介质出口；9—挡风板；10—管间距；11—管支撑；12—斜撑；13—排气口；14—排水口；15—仪表接口

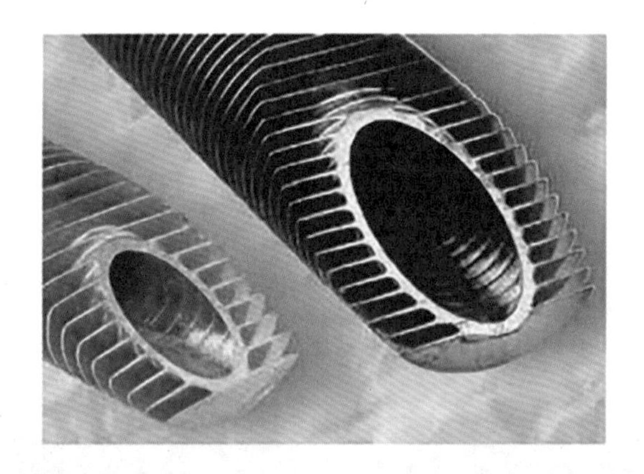

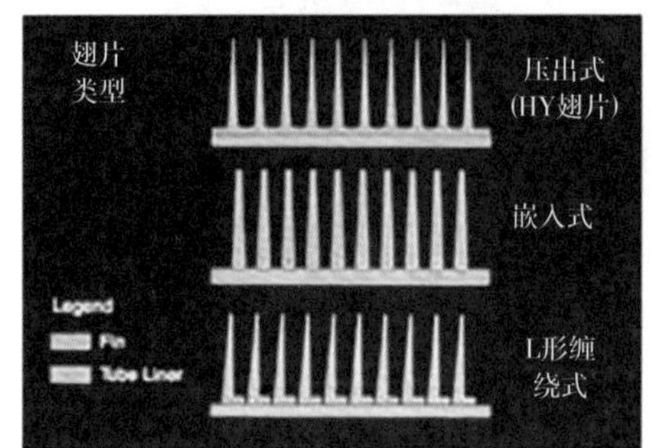

翅片管的剖面视图

图 4.89 翅片管的剖面图

图 4.90 空冷器

图 4.91　空冷器

4.8.7　空气侧控制

为确保流体充分冷却，同时不使过程流体过冷须对空气侧进行控制，通常考虑以下因素。

（1）工艺流量/热负荷变化；

（2）气温变化：季节变化、昼夜变化。

气体温度过低会形成水合物。此外，润滑油温度过低会导致黏度变高，从而导致高压差和润滑不良。工艺出口温度由以下几方面控制。

（1）百叶窗（最常见）：效率低下；

（2）力学（季节或昼夜温度变化）；

（3）自动传感器（感应过程温度）；

（4）变螺距风扇叶片（第二常见）；

（5）变速驱动程序（第三常见）。

4.8.8　空冷器管数计算

空冷器所需冷却面积计算方法同管壳式换热器。图 4.92 列出了近似的“U”值。当扩展的表面积（包括翅片）用于一般传热方程中的面积计算时，使用“U_x”。在一般传热方程中使用基管外表面积（忽略翅片）时，使用“U_b”。

空冷器的选型计算

（1）计算或使用图 4.92 中的“U_x”；

（2）气温上升近似值（出口温度）：

$$\Delta t_a = \left(\frac{U_a+1}{10}\right)\left(\frac{t_1+t_2}{2}-t_1\right) \tag{4.14}$$

（3）使用图 4.93 计算的修正后的对数平均温差；

项目种类 水或水溶液	物性		翅片管			
			每英寸 9 根翅片管（翅片高 1/2in）		每英寸 10 根翅片管（翅片高 5/8in）	
			U_b	U_x	U_b	U_x
发动机水套水（r_f=0.001）			110	7.5	130	6.1
工艺用水（r_f=0.002）			95	6.5	110	5.2
50-50 乙基乙二醇-水（r_f=0.001）			90	6.2	105	4.9
50-50 乙基乙二醇-水（r_f=0.002）			80	5.5	95	4.4
烃类液体冷却器	黏度 cP	0.2	85	5.9	100	4.7
		0.5	75	5.2	90	4.2
		0.2	65	4.5	75	3.5
		0.2	45	3.1	55	2.6
		0.2	30	2.1	35	1.6
		0.2	20	1.4	25	1.2
		0.2	10	0.7	13	0.6
烃类气体冷却器	温度 ℉	50	30	2.1	35	1.6
		100	35	2.4	40	1.9
		300	45	3.1	55	2.6
		500	55	3.8	65	3.0
		750	65	4.5	75	3.5
		1000	75	5.2	90	4.2
空气和烟气冷却器 利用烃类气体冷却器给定值的一半 蒸汽冷凝器（大气压及以上）			U_b	U_x	U_b	U_x
纯蒸汽（r_f=0.005）			125	8.6	145	6.8
不凝蒸汽			60	4.1	70	3.3
HC 冷凝器	压力 psi	0°	85	5.9	100	4.7
		10°	80	5.5	95	4.4
		25°	75	5.2	90	4.2
		65°	65	4.5	75	3.5
		100°	60	4.1	70	3.3
其他冷凝器	氨水		110	7.6	130	6.1
	氟利昂 12		65	4.5	75	3.5

注：U_b 是基于光管面积的整体效率，U_x 是基于扩展表面的整体效率。
出自气源处理器供应商协会的第 9 版技术规范。

图 4.92　典型的空气冷却器传热系数

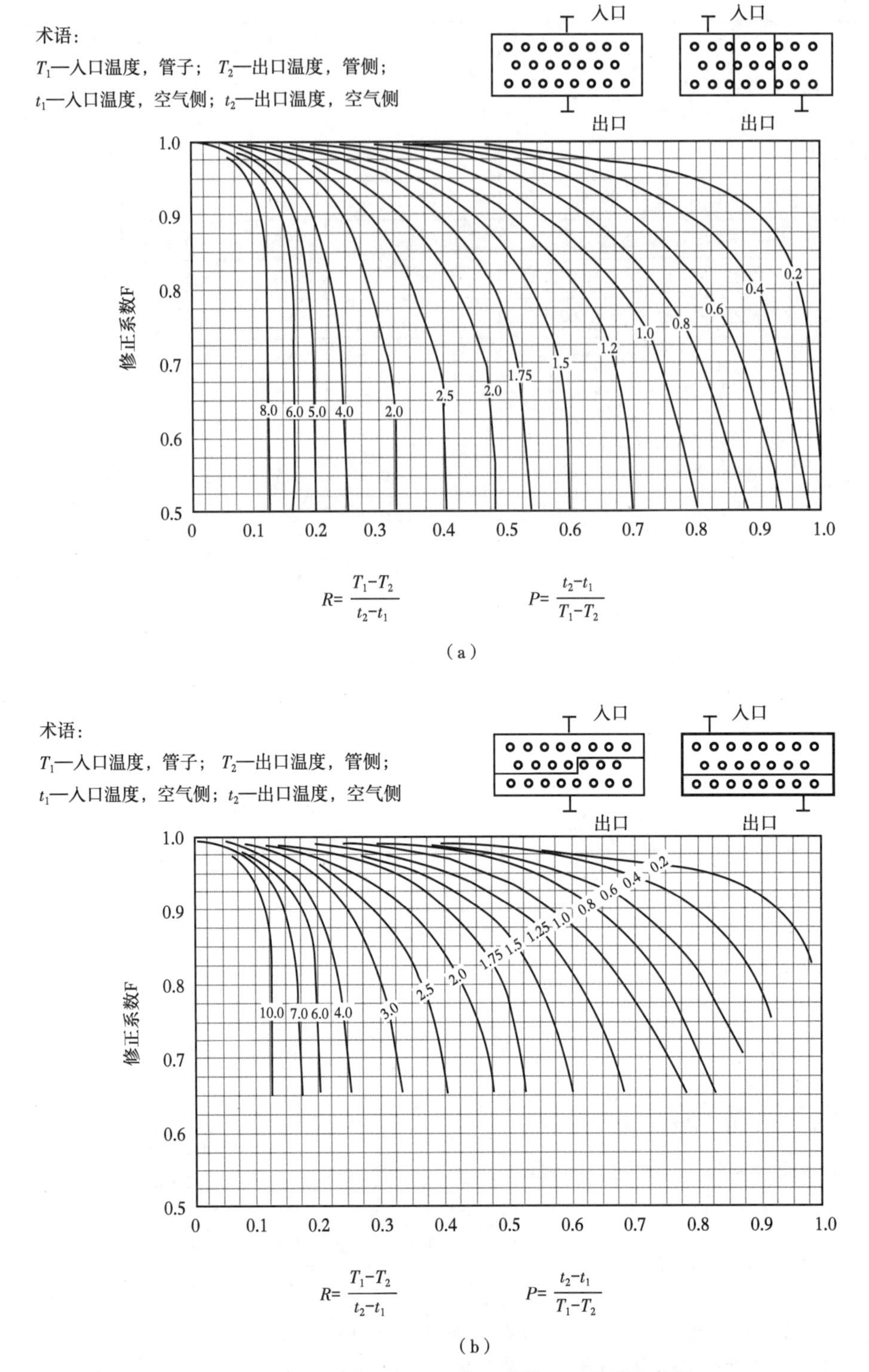

（b）

图 4.93 （a）对数平均温差修正系数；两种混合流体
（b）对数平均温差修正系数，双流程错流；两种混合流体

（4）计算所需的传热面积；

$$A_x = \frac{Q}{U_x \text{LMTD}} \tag{4.15}$$

$$F_a = \frac{A}{\text{APSF}} \tag{4.16}$$

（5）根据表4.8计算管束表面积；
（6）根据假设管长计算宽度：

$$\text{Width} = \frac{F_a}{L} \tag{4.17}$$

（7）计算管数：

$$N_t = \frac{A_x}{(\text{APSF})L} \tag{4.18}$$

*GPSA*技术规范中给出了计算管道内压降所需的表格、图表和程序。需要比较实际的U_x与假设风扇的大小、数量和马力。

与水相比，没有翅片的空冷器换热效率是水的2%，有翅片的空冷器换热效率是水的20%。当翅片在空气侧时（忽略水对换热器的影响），它的换热效率是50%~70%（与水的类型有关）。

表4.8　每平方英尺管束（翅片管外径为1in）的外表面积

规格	每英寸9根翅片管（翅片高½in）		每英寸10根翅片管（翅片高⅝in）	
管间距	2inΔ	2¼inΔ	2¼inΔ	2½inΔ
3行	68.4	60.6	89.1	80.4
4行	91.2	80.8	118.8	107.2
5行	114.0	101.0	148.5	134.0
6行	136.8	121.2	178.2	160.8

4.8.9　确定空冷器尺寸需考虑的因素

（1）散热管设计；
（2）风扇布置；
（3）转运站数量；
（4）环境温度变化对冷却流体温度控制的影响；
（5）常见的机械因素；
（6）翅片的维护。
空冷器的设计是一个反复试验的计算过程，不应由新手来承担（图4.94）。

图 4.94　翅片管被堵塞的空冷器

4.9　冷却塔

冷却塔是一种特殊的热交换器，两种流体（空气和水）直接接触，互相影响热传递。进入的空气通过风扇和水来冷却。冷却塔有以下几种类型：

（1）喷淋填料式；

（2）组合填料式；

（3）无填充。

冷却塔用于水处理昂贵或缺水的场合。本质上，冷却塔是一个空气冷却器，前面有一个蒸发段（图 4.95）。

当空气温度低到一定程度时，水就会被切断。在中等温度下，水速可以降低。冷却塔的初始成本很高，但在某些应用中可以节约总成本。当配置了控制装备来改变风扇的功率时，这种装置以最低的运行成本提供了输出的灵活性。水主要通过蒸发和加湿空气来冷却。图 4.96 是喷雾式冷却塔。在这种情况下，通过喷洒大量流动的水来形成雨淋的模式实现冷却，冷空气的向上流动是由风扇的作用引起的。

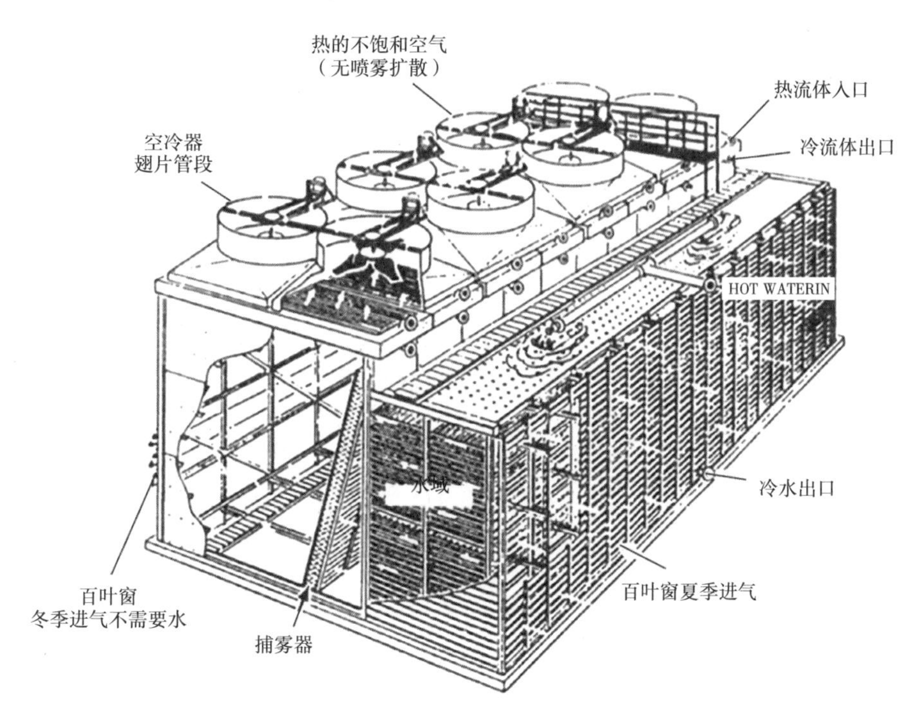

图 4.95　空气—水混合冷却器

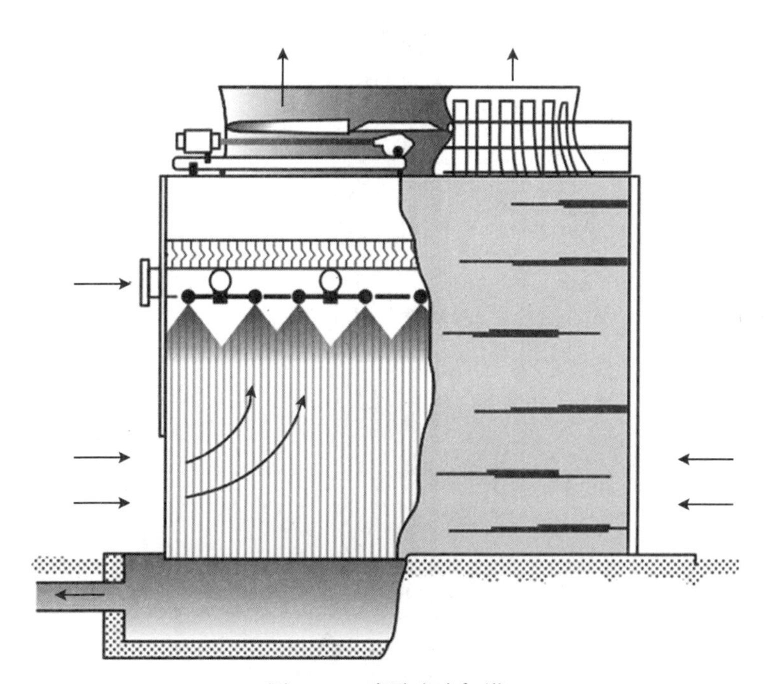

图 4.96　喷雾式冷却塔

4.10 其他类型的热交换器

4.10.1 电加热器

电加热器利用电器元件加热流体。图 4.97 至图 4.99 是加热器的例子。

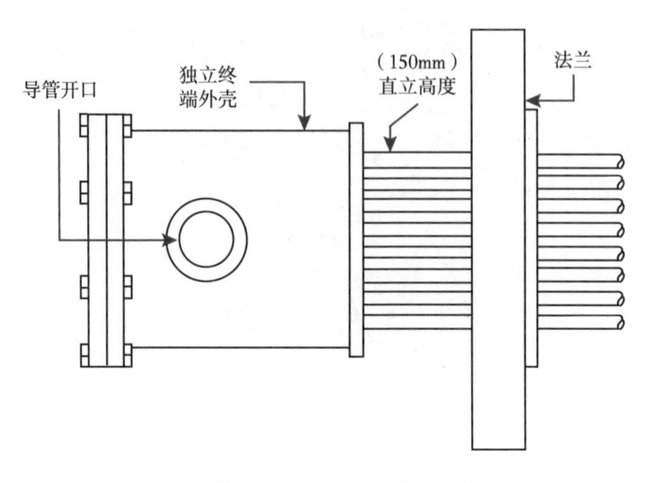

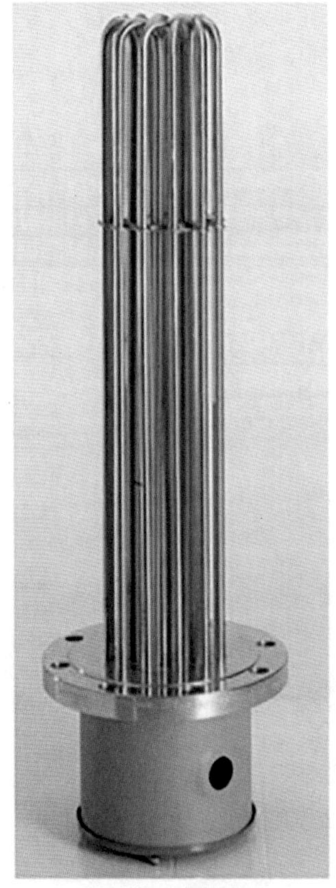

图 4.97 电加热器

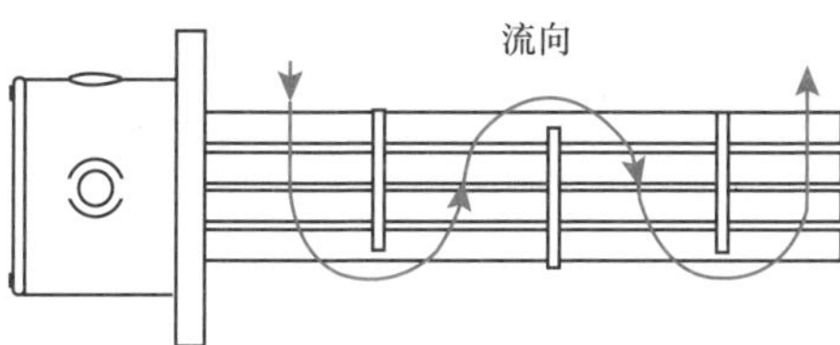

图 4.98　电加热器

图 4.99　电加热器

4.10.2 余热回收蒸汽发生器

一种在管道中使用的热交换器类型，使用循环的蒸汽来加热过程流体。如图 4.100 和图 4.101 所示。螺旋缠绕式换热器如图 4.102 所示。图 4.103 所示的是螺旋缠绕式换热器的一种。

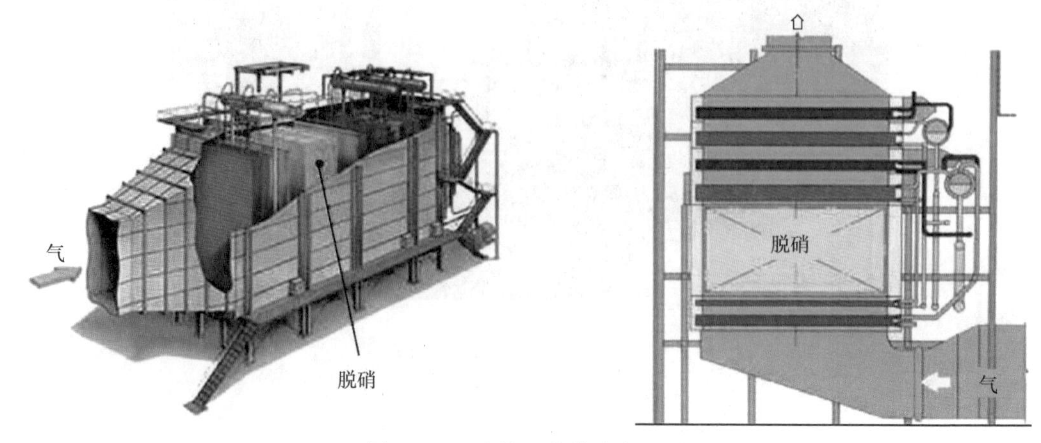

图 4.100 余热回收蒸汽发生器

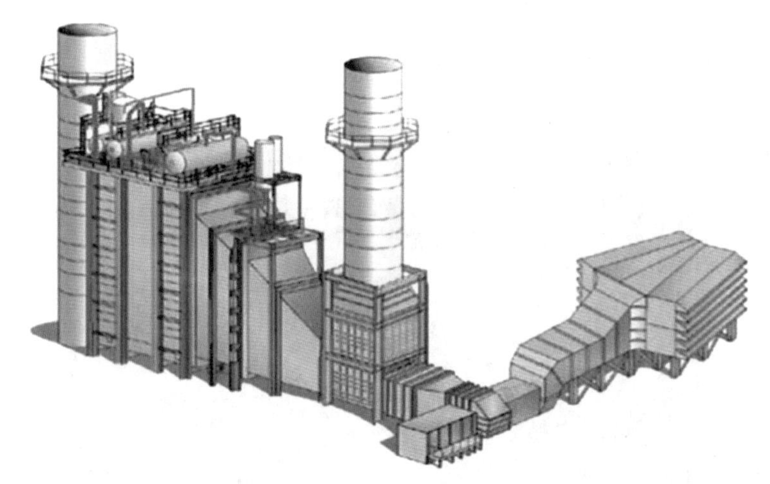

图 4.101 余热回收蒸汽发生器

图 4.102 螺旋缠绕式换热器

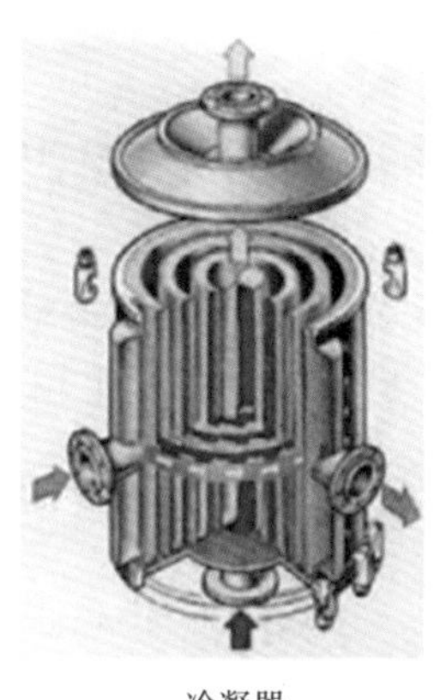

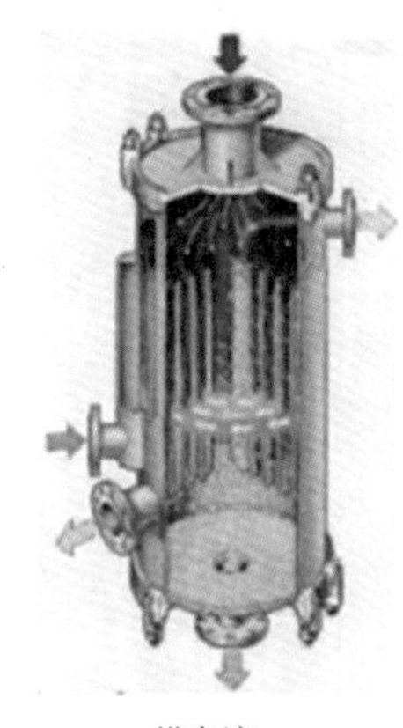

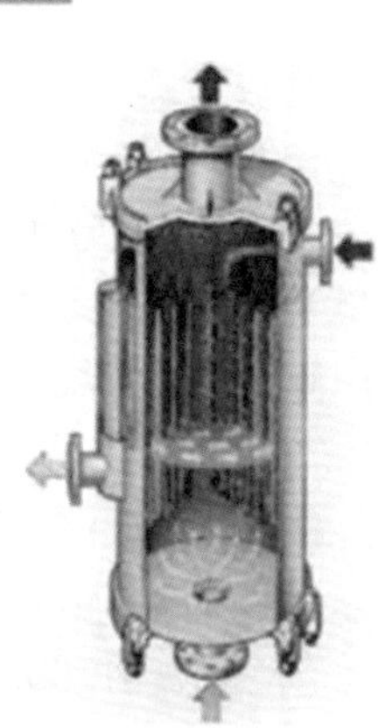

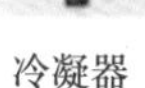

横向流　汽化器

图 4.103　螺旋缠绕式换热器的剖面图

4.11　热交换器的选择

换热器的选取涉及许多因素，选择一种可行的热交换器方案很容易；然而，在确保可靠性的前提下，经济性和成本也是需要综合考虑的因素。

4.11.1　遵循的准则

（1）在不影响整个工艺过程的情况下，不要指定或购买特种类型、特种规格的换热器。

（2）不要将建设投资作为购买换热器的唯一标准。

（3）了解供应商的服务能力和服务水平，根据建设投资和运行成本综合选择。

（4）考虑实际压降对换热器尺寸和成本的影响。

（5）系统和工艺过程所能允许的实际压降对经济效益的影响，不要选择一个可能不适用的标准规格。

（6）尽可能多地了解供应商产品系列和工程应用实例。

例 4.2 管式换热器设计

给出条件：为 10 口井分别设计一个管式换热器，总流量为 $100\times10^6 ft^3/d$，即每口井流量为 $10\times10^6 ft^3/d$。

确定：

（1）绝对压力为 1000psia 时，水合物形成的温度。

（2）节流阀下游单管的热负荷。

（3）盘管长度为 3in、双倍加强（XXS）结构时：

① 计算 LMTD；

② 计算 U 值；

④ 确定盘管长度。

（4）计算所需的火管面积和加热器大小（包括：壳体直径、壳体长度、火管等级、盘管长度、程数等）。

解决方案：

（1）在 1000psia 下测定水合物形成的温度。

① 见表 4.9，利用 GPSA 工程数据手册，或参考类似的资料，在压力 1000psia 和温度为 50℉、70℉时，利用线性插值法，确定水合物的生成温度为 66.9℉。

② 利用 GPSA 工程数据手册，或同等标准，当压力为 1000psia，相对密度为 0.6、0.7 时，查出水合物的形成温度为 60℉、64℉。利用线性插值法，可以确定在相对密度为 0.67 时，水合物的形成温度为 62.8℉。

由表 4.9 可知，当 $S=0.6$，$p=1000$psia 时，水合物温度为 60℉；当 $S=0.7$，$p=1000$psia 时，水合物温度为 64℉。

利用线性插值法，可以确定当 $S=0.67$ 时，水合物温度为 62.8℉。

表 4.9 水合物生成温度的测定

Y		1000psia 下的值	
组分	摩尔分数	50℉	70℉
N_2	0.0144	—	—
CO_2	0.0403	0.60	—
H_2S	0.000019	0.07	0.38
C_1	0.8555	1.04	1.26
C_2	0.0574	0.145	1.25
C_3	0.0179	0.03	0.70
iC_4	0.0041	0.013	0.21
nC_4	0.0041	0.145	1.25
iC_5	0.0020	—	—
nC_5	0.0013	—	—
C_6	0.0015	—	—
C_{7+}	0.0015	—	—
	1.0000	$\Sigma(Y/K_{v-s})=2.226$	$\Sigma(Y/K_{v-s})=0.773$

（2）确定工艺热负荷。

加热器被加热介质的出口温度应高于水合物形成温度的 5～15℉。水合物形成温度为 62.8℉，选择出口温度为 75℉。

① 通过阻塞层的温降。

管内介质流动压力 = 4000psi；热媒入口压力 = 1000psi；流经节流阀处的压力 = 3000psi。

查表 5.7 可知 $\Delta T=79$℉，冷凝物曲线是基于 $20bbl/10^6ft^3$ 建立的。

在 $60bbl/10^6ft^3$ 时，修正 $\Delta T=79$℉-20℉$=59$℉

因此，热媒入口温度为 120℉－59℉＝61℉

②气体热负荷。

流动压力 p，psia	1015
p_c，压降 680psia，$p_R=$［p/p_c	149
热媒入口温度，℉	61
热媒出口温度，℉	75
平均温度，℉（61+75）/2	68
平均温度，°R	528
T_C，°R	375
$T_R=T/T_C$	1.41
$q_g=41.7(\Delta T)\ C_g Q_g$	

表中：

q_q——气相热负荷：

$\Delta t=t_{out}-t_{in}$

$S=0.67$

流体在盘管中的流动是一个恒压过程，因此：$\Delta t=t_{out}-t_{in}=75$℉$-61$℉$=14$℉

Q_g——气体流速，$Q_g=10\times10^6ft^3/d$

C_g——气体的热容，Btu/(10^3ft^3·℉)，$C_g=2.64\times29C+\Delta C_P$，

其中：C——气体的比热容，Btu/(lb·℉)，查图 3.32 可知，在 68℉时，$C=0.50$

查图 3.33 可知，在 $T_R=1.41$ 和 $p_R=1.49$ 时，$\Delta C_P=2.6$

$$C_g=2.64\times29\times0.67\times0.50+2.6=32.51Btu/(10^3ft^3\cdot℉)$$

$$q_g=41.7\times14\times32.51\times10=190\times10^3Btu/h$$

③热媒油的热负荷。

$$q_o=14.6SGT_2-T_1)\ C_oQ_o$$

式中 SG＝0.7；

Q_o——油的流量，bbl/d，$=60bbl/10^6ft^3=10\times10^6ft^3/d$；

$t_2-t_1=75$℉-61℉$=14$℉；

C_o——热媒油指定的热量 Btu/(lb·℉)，查图 3.31 在 68℉(52.3°API)时，$C_o=0.48$；

$$q_o=14.6\times0.77\times14\times0.48\times600/100=46\times10^3Btu/h$$

④ 水的热负荷。

$q_w = 14.6\ (T_2 - T_1)\ Q$

气体在 8000 psi（关闭 BMP）和 224℉（BHT）时与水相溶饱和。

由 McKetta Wehe 图，可查得储集条件下（8000psi 和 224℉）的湿气密度 260 lb/10^6ft^3。

在 1000psi 和 75℉下湿气密度 28lb/10^6ft^3。水的比热容为 232。

$$水量 = Q_w = \left(232\ \frac{\text{lb}}{10^6\text{ft}^3}\right)\left(\frac{10^6\text{ft}^3}{62.4\text{lb/ft}^3}\right)\left(\frac{7.4\text{gal}}{\text{ft}^3}\right)\left(\frac{\text{bbl}}{42\text{gal}}\right) = 6.6\text{bbl/d}$$

$$Q_w = 14.6\times(75-61)\times 6.6 = 1.3\times 10^3\text{Btu/h}$$

⑤ 总的工艺热负荷。

$$q = q_g + q_0 + q_w = 190 + 46 + 1.3 = 237\times 10^3\text{Btu/h}$$

（3）计算盘管长度。

① 计算对数平均温差（LMTD）。

水温 190℉时：

$$\Delta t_1 = 190 - 61 = 129$$

$$\Delta t_2 = 190 - 75 = 115$$

$$\text{LMTD} = \frac{14}{\ln\frac{129}{115}} = 122℉$$

② 计算 U。

$$\frac{1}{u} = \frac{1}{h_0} + R_0 + \frac{L}{K} + R_1 + \frac{A_0}{h_i A_1}$$

$$R_0 + R_1 = 0.003\ (\text{h}\cdot\text{ft}^2\cdot℉)/\text{Btu}$$

$$h_0 + 116\left(\frac{k^3 C^2 \rho\beta\Delta t}{\mu d_0}\right)^{0.25}$$

式中　$K = 0.39$（图 4.26）；

$C_p = 1\text{Btu} = \text{lb}℉$（图 4.24，图 4.31 和图 4.33）；

$\rho = 60.35\text{lb/ft}^3$（表格，1/0.01657）；

$\beta = 0.0024\ 1/℉$（表 4.5）

$\mu = 0.32\text{cP}$

$\Delta t = 122℉$

$d_0 = 3.5\ \text{in}$

$$h_0 = 116\left(\frac{0.39^3\times 1^2\times 60.35\times 0.0024\times 122}{0.32\times 3.5}\right)^{0.25} = 114\text{Btu/(h}\cdot\text{ft}^2\cdot\text{P)}$$

对于 3in 超强管 A 型盘管—106B

$L = 0.60\text{in.} - 0.50\text{ft}$（图表）

$K = 0\text{Btu/(h}\cdot\text{ft}\cdot℉)$（图表）=（适用于 90CU 和 10Nl）

$A_0 = 0.916\text{ft}^2/\text{ft}$（图表）

$A_i = 0.602\ ft^2/ft$（图表）

$$h_i = \frac{0.022K}{D}\left(\frac{DG}{\mu_e^{0.8}}\right)\left(\frac{C_{\mu e}}{K^{0.4}}\right)\left(\frac{\mu_e}{\mu_{ew}}\right)^{0.16}$$

式中：$D = 2.30in = 1.92\ ft$（图表）

$A = \pi D^2/4 = 0.0289ft^2$

$K = 0.017Btu/hft{}^\circ F 1.25$（图表）$= 0.021Btu/(h \cdot ft \cdot {}^\circ F)$

气体流速 $=(10\times10^6 ft^3)\left(\frac{D}{24h}\right)\left(\frac{lb/mol}{379ft^3}\right)\left(\frac{19.4lb}{lb/mol}\right) = 21238\ lb/h$

油流速 $=\left(\frac{608bbl}{D}\right)\left(\frac{D}{24h}\right)\left(\frac{350lb}{bbl}\right)0.77 = 6827lb/h$

水流速 $=\left(\frac{6.6bbl}{D}\right)\left(\frac{D}{24h}\right)\left(\frac{350lb}{bbl}\right) = 96\ lb/h$

流体质量速率 $G = \frac{21328+6827+96}{0.0299} = 977560lb/(h \cdot ft^2)$

$$c = \left(\frac{32.51Btu}{10^3ft^3 \cdot {}^\circ F}\right)\left(\frac{6827lb}{28252\ lb}\right) + \left(\frac{1But}{lb \cdot {}^\circ F}\right)\left(\frac{96\ lb}{28252lb}\right) + \left(\frac{0.48Btu}{lb \cdot {}^\circ F}\right)\left(\frac{6827lb}{28252lb}\right)$$

$$+\left(\frac{1But}{lb{}^\circ F}\right)\left(\frac{96lb}{28252\ lb}\right) = 0.60Btu/(lb \cdot {}^\circ F)$$

$$\mu = 0.0134cP（在 60{}^\circ F 时）\times 2.4 = 0.0322lb/(h \cdot ft)$$

$$\mu_w = 0.0142cP（在 129{}^\circ F 时）\times 2.4 = 0.0341lb/(h \cdot ft)$$

$$oh_i = \frac{0.022\times0.021}{0.192}\times\left(\frac{0.192\times977.560}{0.0322}\right)^{0.8} + \left(\frac{0.6\times0.0322}{0.021}\right)^{0.4}\times\left(\frac{0.0322}{0.034}\right)^{0.16}$$

$$= 595Btu/(h \cdot ft^2 \cdot {}^\circ F)$$

$$\frac{1}{u} = \frac{1}{114} + 0.003 + \frac{0.05}{30} + \frac{0.9162}{595\times0.6021}$$

$U = 62.5\ Btu/(h \cdot ft \cdot {}^\circ F)$

由图 4.92 估算 U，$U = 106\ Btu/(h \cdot ft \cdot {}^\circ F)$

取 $U = 62.5\ Btu/(h \cdot ft \cdot {}^\circ F)$

③ 计算盘管长度。

$$L = \frac{12q}{\pi（LMTD）U_d}$$

式中：$q = 237\times10^3Btu/h$（总的工艺热负荷）；$L = 122{}^\circ F$；$U = 62.5Btu/(h \cdot ft^2 \cdot {}^\circ F)$；$d = 3.5in$

$$L = \frac{12\times237000}{\pi\times122\times62.5\times3.5} = 39.9ft$$

（4）计算所需的火管面积。

使用水作为传热介质，传热系数为 10000 $Btu/(h \cdot ft^2)$，所需火管换热面积计算公式为

$$A = \frac{237000\text{Btu/h}}{10000\text{Btu/(h} \cdot \text{ft}^2)} = 23.7\text{ft}^2$$

估算壳体大小：假设一个 10′-0″的筒体，需要 4 个尺寸为 3inXXH 的管束，管束和火管的壳体外径需要 30in。

(5) 管式加热器尺寸表。

热负荷	250×10^3 Btu/h
管束型号	300XXH
最小盘管长度	33. 9 ft
最小火管面积	23. 7 ft
壳体尺寸 3	0″ OD×10′~0″ F/F

例 4.3　管壳式换热器的设计

入口 $100\times10^6\text{ft}^3$/d 流体在 0. 67*SG*（图表）下：

$$T_1 = 175°\text{F},\ p_1 = 1000\text{psi}，气体中的水蒸气 = 60\ \text{lb}/10^6\text{ft}^3$$

$$出口\ T_2 = 100°\text{F},\ p_2 = 990\text{psi}，气体中的水蒸气 = 28\ \text{lb}/10^6\text{ft}^3$$

$$海水\ T_3 = 75°\text{F}，最大温升为\ 10°\text{F}$$

管外径为 1in，壁厚 10in（BWG），管间距 1¼in。

设计一个海水冷却器，使水流从 175℉冷却到 100℉，以便进一步处理。

应确定：

(1) 计算水蒸气冷凝量；

(2) 计算热负荷；

(3) 确定海水循环速率；

(4) 确定换热器类型和管数；

(5) 检查管道内的水流速度不超过 15ft/s。

过程：

(1) 计算热负荷；

(2) 确定壳程/管程中的流体；

(3) 假设/计算总传热系数。

选择：

(1) 流程数；

(2) 管程数：

① 正确的对数平均温差 LMTD；

② 选择管径和长度；

③ 计算管束的数量；

④ 确定壳体的直径；

⑤ 确定换热器的类型；

⑥ 确定管内流速。

解决方案：

(1) 计算自由水和水蒸气的进口流速。

自由水 = （$100\times10^6ft^3/d$）（$15bbl/10^6ft^3/d$） = 1500bbl/d

$$冷凝水蒸气 = \left(\frac{(60-28)\ lb}{10^6 ft^3}\right)\left(\frac{100\times10^6 ft^3}{d}\right) = 3200lb/d$$

$$Q_w = (3200lb/d)\left(\frac{bbl}{350lb}\right) = 9bbl/d$$

出口流量分别为 9bbl/d、1500bbl/d、1509bbl/d。

（2）计算热负荷。

① 气相负荷。

$T_1 = 635$ °R（入口 175℉），$T_2 = 560$ °R（出口 100℉）时，$T_{AVG} = 597.5$ °R

$P_C = 680psig$　　　　　$p_R = p/p_C = 1.47\times1000\div680$

$T_C = 370$ °R　　　　　$T_R = T_{AVG}/T_C = 1.62\times597.5\div370$

$q_g = 41.7\Delta TC_gQ_g$（油气的显热）

$C_g = 2.64$（$29\ SG+\Delta G_P$），　　$C = 0.528$ Btu/(lb·℉)

$\Delta C_P = 1.6$Btu/lb·mol·℉（p_R&T_R）　　　　$S = 0.67$（图表）

$C_g = 2.64\times(29\times0.67\times0.528+1.6) = 31.3$

$q_g = 41.7\times(100-175)\times31.3\times100 = -978900$Btu/h

② 冷凝液的负荷。

$q_o = 14.6SG\Delta TC_o\cdot Q_o$

$C_o = 0.535$Btu/(lb·℉)

$q_o = 14.6\times0.77\times(100-175)\times0.565\times6000 = -2707000$ Btu/h

③ 自由水的负荷。

$q_w = 14.6\Delta T\cdot Q_w = 14.6\times(100-175)\times1509 = -1652000$ Btu/h

④ 水的潜热。

$$q_{lh} = \frac{3200lb}{D}\times\frac{1}{24} = 133\ lb/h$$

$\lambda = -996.3$ Btu/lb（图表，170℉）

$q_{lh} = 133\times(-996.3) = -13000$ Btu/h

⑤总的热负荷。

$q = q_g+q_0+q_w+q_{lh} = -9789000-2707000-1652000-133000$

$= -14281000$ Btu/h

（3）水的循环率。

$$q_w = 14.6\ (t_2+t_1)\ Q_w$$

重新求解 Q_w

$$Q_w = \frac{q_w}{14.6\ (t_2-t_1)}$$将水的温差限制在 10℉以内，以限制水垢的产生和影响。

$$Q_w = 14.3\times10^6\times10 = 97945\ bbl/d = 2858\ gal/min$$

（4）换热器类型和管数。

选择 TEMA R 型换热器，体积大，不便于海上环境，根据低温变化和 LMTD 校正系数选择 AFL 的换热类型。

A	通道和拆卸盖（通常与固定管板一起使用）
F	带纵向挡板的双流程壳体
L	固定式管板
	最便宜
	更少的垫圈
	个别管可以更换
	用于清洁流体和小温差（<200℉）
	外壳不能清洗和检查
	管束不能更换

如果是微咸水，应选用镍含量高的管材，如 70/30 C_uN_i。因为水有腐蚀性，并且水流经换热管束可能会产生固体沉淀。

U=90Btu/(h·℉)（Table）（含有 1000psi 气体的水）

计算对数平均温差 LMTD：

$t_1=175$，$t_2=100$，$t_3=75$，$t_4=85$，$\Delta t_1=175-85$，$\Delta t_2=100-75=25$℉

$$\text{LMTD}=(90-25)/\ln\frac{90}{25}=50.7\text{℉}$$

计算修正系数（查图表）

$$P=\frac{85-75}{175-75}=0.1,\ R=\frac{175-100}{85-75}=7.5,\ F=0.95,\ \text{MTD}=50.7\times0.95=48.2\text{℉}$$

根据公式计算管数：$N=\dfrac{q}{UA'(\text{LMTD})L}$

假定：L=40ft，N=0.2618ft²/ft（Table）=315 根

由表格可得，外径 1 in，间距 1¼in，固定式管板，双流程，内径为 29in。

假定 L=20ft（代替 40ft），那么 N=629 根，壳体内径 39in。

内径 39in、长度 20ft、壳体外径 682in、10BWG，管距 1¼，两管程。

（5）核算水流速度：

$$V=0.012\frac{Q_w}{d^2}$$

有 4 个流程，因此，每个流程有 682/2 根管。

每根管 $Q_w=\dfrac{4\times97945}{682}=227$ bbl/d

D=0.732 in（查表）

$$V=\frac{0.012\times574}{0.732^2}=6.4\ \text{ft/s}<15\ \text{ft/s}$$

4.12 对示例4.3的论述

一旦选择了热交换器类型和每根管子的流量，可以更精确的确定“U”。需要超过30%的热负荷来冷却水和冷凝水。如果首先分离出去的是液体，则导致：

（1）需要更少的热负荷；

（2）需要更小的热交换器；

（3）降低海水流速。

因此，这种流程中通常使用空冷器，并设置在第一个分离器的下游。如果仅需要压缩和脱水，出口温度100℉就足够了。

如果需要处理气体（H_2S 或 CO_2），醇胺脱硫化氢装置需要把气体加热10~20℉。因为高温下气体脱水是困难的，宜先将气体冷却到较低的温度，使其在乙二醇脱水时一直低于110℉。但通常这样是不可能的，因为无冷却水可用或环境温度在95~100℉的范围内，这种情况需要先设置一个空冷器冷却气体，然后进行气处理和脱水操作。

练习

（1）将下列传热方程与其描述相匹配

① 对流传热________ $q=U\cdot A\cdot \Delta T$

② 对流传热________ $q=h\cdot A\cdot \Delta T$

③ 辐射传热________ $q=\Delta T/\sum R$

④ 总传热方程________ $q=A\cdot \sigma\cdot T^4$

⑤ 热阻________ $q=(kA/L)\Delta T$

（2）污垢因素（r_0 和 r_i）对总传热系数有什么影响？

（3）高速换热器的优点是什么？

（4）在推导或计算LMDT中使用的三个假设是什么？

①____

②____

③____

（5）双管换热器最适合大传热表面应用场合。对或错？

（6）浮头式和固定管板式换热器的主要区别是什么？____________________

（7）管间距和管间隙有什么不同？

（8）管壳式换热器管板的作用是什么？____________________________________

（9）TEMA型热交换器中的“R”型比“C”型的负荷更重。对或错？

（10）空冷式热交换器翅片的用途是什么？

（11）比较只使用辐射段的火焰加热器与使用辐射和对流段的火焰加热器的燃料效率。

（12）说明所描述的传热设备类型：双管、壳管、板翅，板和框架、空气冷却、火焰加热器，或余热

________________________有翅片管换热系统

________________________管道内的管道

________________________辐射段

________________________大多数设置了挡板

______________________壳体内有管束

______________________仅限于清洁流体

______________________仅有对流段

______________________保护管

______________________真实逆流

______________________非常紧凑

______________________效率取决于换热性能

______________________使用加热器或涡轮排气

（13）给出条件

进口状态：$T_1=165$℉，$p_1=600$psig，湿度$=70$ lb$H_2O/10^6$ft^3，$Q_w=20$ bbl/10^6ft^3

出口状态：$T_2=100$℉，$p_2=585$psig（最小值），湿度$=25$ lb$H_2O/10^6$ft^3

海水 $T_3=72$℉

确定：

设计一个管壳式换热器，使175×10^6ft^3/d（$S=0.65$）气体的流动温度由165℉冷却至100℉。假定管外径1 in，在1¼in内有10根管束，工艺过程在有沥青的近海处进行。

（14）什么类型的换热器具有分离、加热和冷却的功能？

（15）平行流式换热器和逆流式换热器之间有区别吗，有什么区别？

（16）换热器不容易出问题，因为它们没有可拆卸的部件。对/错？

（17）管式换热器制造商协会在管壳式换热器最新方面的研究进展有哪些？

（18）对于管壳式换热器，怎么选择典型的壳体形式？为什么？

（19）阐述一下冷却塔这种特殊的热交换器如何进行热量传递。

（20）板式交换器主要用于上游装置。对/错？

（21）40ft长的U形管束、直径6ft的外壳，只有一个壳程和一个可拆卸的封头，这个换热器是什么尺寸？

（22）换热器最重要的特征是什么？

（23）在交换器的设计过程中，每次通过的管数基于什么设置？

（24）为什么很难从U形管内部清除污垢？

（25）紧凑型热交换器因其体积小而得名。对/错？

5 水合物预测和预防

5.1 目标

待售天然气必须除去其中不需要的成分（水、H_2S 和 CO_2）。大多数天然气含有大量的水蒸气，这是由于储层中含水的缘故。在油藏压力和温度下，气体中含饱和水蒸气。脱水是天然气销售要求或低温气体处理所必需的。液态水可以形成水合物，类似冰的固体，可以堵塞管道或降低输量。地面设施的主要任务是降低天然气的含水量和控制水合物生成的条件。

本章主要讨论预测水合物形成的操作温度、压力以及防止水合物生成的方法。

5.2 综述

5.2.1 露点

露点是水蒸气凝结成第一滴液体时的温度和压力。它是衡量天然气含水量的一种手段。当水蒸气从气流中除去时，露点就会降低。将气相流体温度保持在露点以上可以防止水合物的形成，防止腐蚀的发生。

5.2.2 露点降

露点降是指去除一些水蒸气后，原始露点与露点之间的差别。它用于描述需要从天然气中除去的水量，以达到特定的水蒸气含量。

5.2.3 天然气脱水

脱水是指从气体中除去水蒸气，以降低流体的露点。

如果水蒸气留在天然气中会降低管道的效率和容量，造成天然气输送管道和容器的腐蚀穿孔，并在管道、阀门或容器中形成水合物或冰块。脱水是满足天然气指标要求的必要条件（取决于环境温度）。一些例子包括：

（1）美国南部、东南亚、南欧

（2）西非、澳大利亚 7 $lb/10^6ft^3 \cdot d^{-1}$

（3）北美、加拿大、北欧、北亚和中亚 2~4 $lb/10^6ft^3 \cdot d^{-1}$

（4）低温（涡轮膨胀机厂）0.05 $lb/10^6ft^3 \cdot d^{-1}$

固体床吸附装置用于露点要求非常低的场合。

5.3 气体含水量

5.3.1 简介

液态水通过气液分离和液液分离去除。气相含水量是气体组成的函数，受气体的压力和温度的影响，随着气体的增压或冷却而减小。

当气体达到了特定压力和温度下的含水能力极限时，就被认为是饱和的或处于露点条件下，任何在饱和点添加的额外水都不会蒸发，而是会以自由液体的形式分离。当压力升高或温度降低时，含水率会降低，一些水蒸气会凝结而脱除。

确定气体含水量的方法包括：分压和逸度的关系，含水率与 p、T 的经验曲线。

当硫化氢、二氧化碳和氮气等杂质存在时需要对经验曲线进行修正。

5.3.2 分压和逸度

将拉乌尔分压定律应用于水：

$$y_w = p_v x \tag{5.1}$$

式中 y_w——水在气相中的摩尔分数；

p_v——在系统温度下水的蒸气压；

x——水在液态水相中的摩尔分数，=1.0。

由于液相的不混溶性，可以将液相的摩尔分数视为 1。

因此，对于已知的压强和水蒸气压，气相中的水的摩尔分数可由方程（5.1）确定，方程（5.1）的应用仅适用于理想气体定律有效的低压条件下，推荐系统压力最高为 60 psia（4 barg）。

5.3.3 经验图

经验图是以低含硫贫气为基础的。含水量（W）的对数是按 p 和 T 绘制的。在给定的压力下，曲线近似于一条直线。所示的含水量是气体在 p 和 T 处所能容纳的最大值。它是完全饱和的，即相对湿度是 100%。温度是气体给定浓度和压力下的露点温度。

许多关系式可用来确定天然气的含水量。Mcketta-Wehe 关系式在测定含有 70%以上甲烷的非酸性气体含水量时，大多数情况下可提供了令人满意的结果（图 5.1）。误差为 ±5%（可能比应用相关公式更准确）。

随着 H_2S 和 CO_2 含量的增加，准确度降低。需要对这些参数进行修正，虽然在浓度和压力较低的情况下修正的量会很小。

通过比较系统中各点的含水量可以确定脱水所需的负荷，以及管道中有多少水被凝结成液体，这是许多腐蚀—侵蚀问题的根本原因。

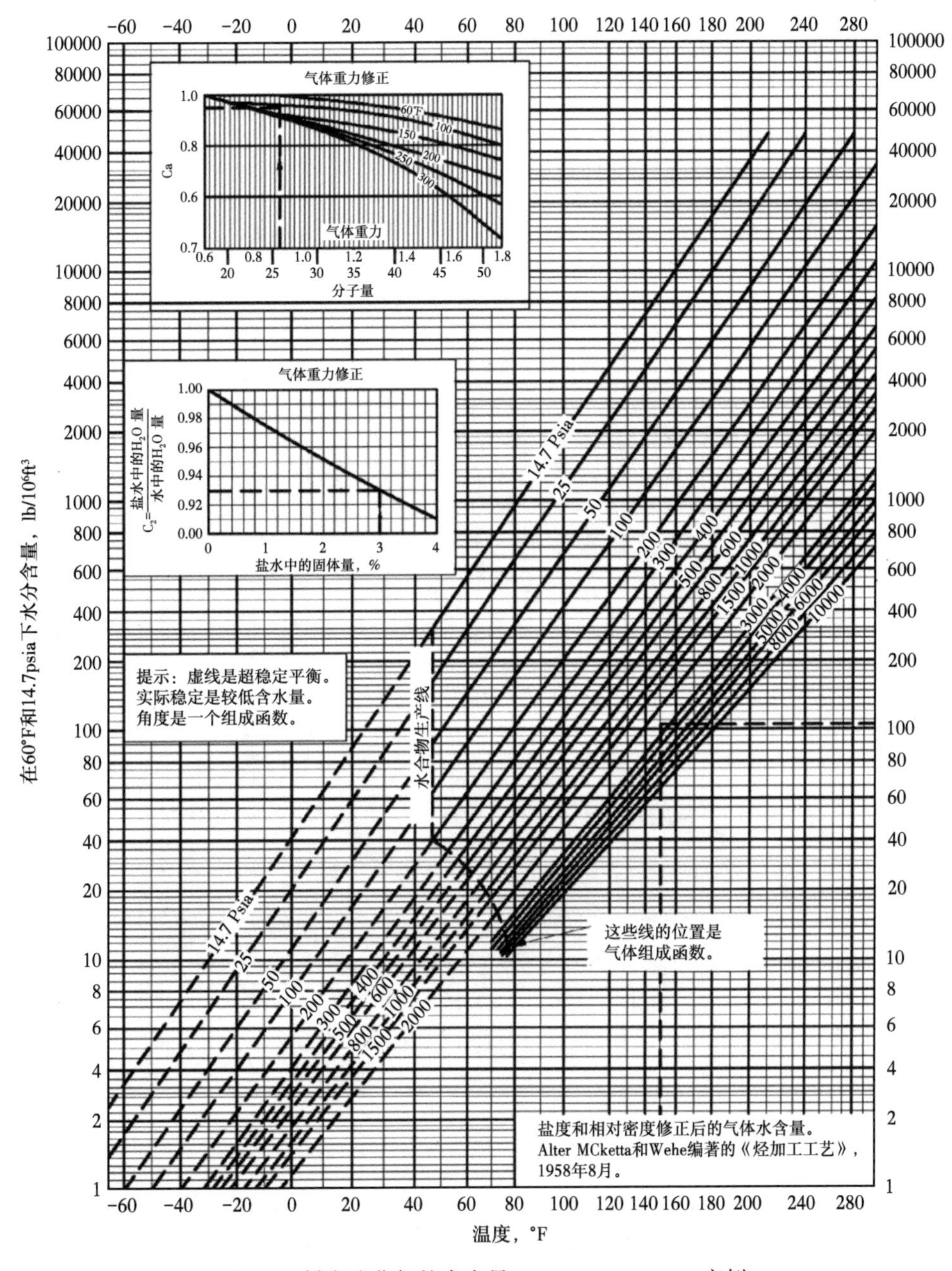

图 5.1　低含硫贫气的水含量——Mcketta-Wehe 实例

5.3.4　酸性气体相互关系

5.3.4.1　加权平均法

采用加权平均值法来确定酸性气体的含水量。在这个关联式中，采用纯酸组分的含水量乘以混合物中的摩尔分数。可以使用以下公式：

$$W=yW_{hc}+y_1W_1+y_2W_2 \tag{5.2}$$

式中　W——气体含水量；

W_{HC}——McKetta-Wehe 图中得到的烃部分的含水量；

W_1——CO_2 的含水量（从经验图中得到）；

W_2——H_2S 的含水量（从经验图中得到）；$y=1-(y_1\ y_2)$；$y_1=CO_2$ 的摩尔分数；$y_2=H_2S$ 的摩尔分数。

图 5.2 和图 5.3 是估算纯酸组分有效含水量的关系图。当气流中的混合浓度超过 H_2S 和 CO_2 的总和时，应使用这些关联式。

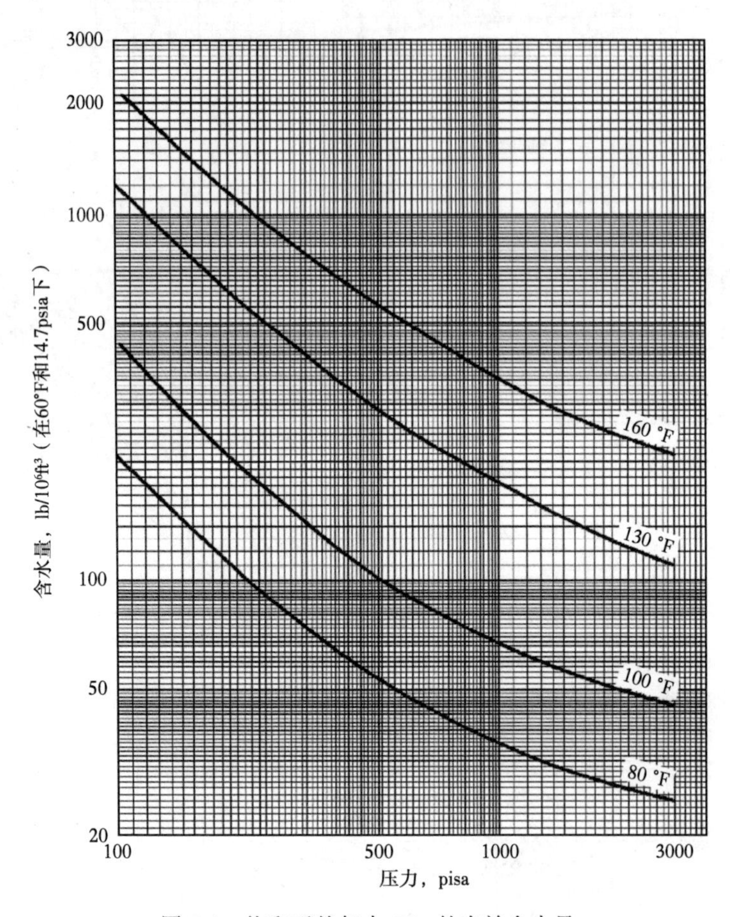

图 5.2　饱和天然气中 CO_2 的有效含水量

5.3.4.2　Sharma 相互关系

Sharma 相互关系是利用方程（5.2），并基于 Sharma 数据得到的。

图 5.4 和 5.5 通过交叉绘制和平滑处理 Sharma 的甲烷、CO_2 和 H_2S 数据得到。

5.3.4.3　SRK 酸气相互关系

图 5.6 中的图表是根据 SRK 状态方程计算的，假设如下：

（1）天然气的烃类部分是甲烷。

（2）在相同条件下，CO_2 含水量是 H_2S 含水量的 75%。将 CO_2 的百分比乘以 0.75，然后将结果加到 H_2S 的百分比中。

API bbl/MMSCF 中的含水量可转换为：

$lbm/10^6ft^3$：350（$bbl/10^6ft^3$）。

这种关联是一种估算含硫气体含量的“快速”方法。

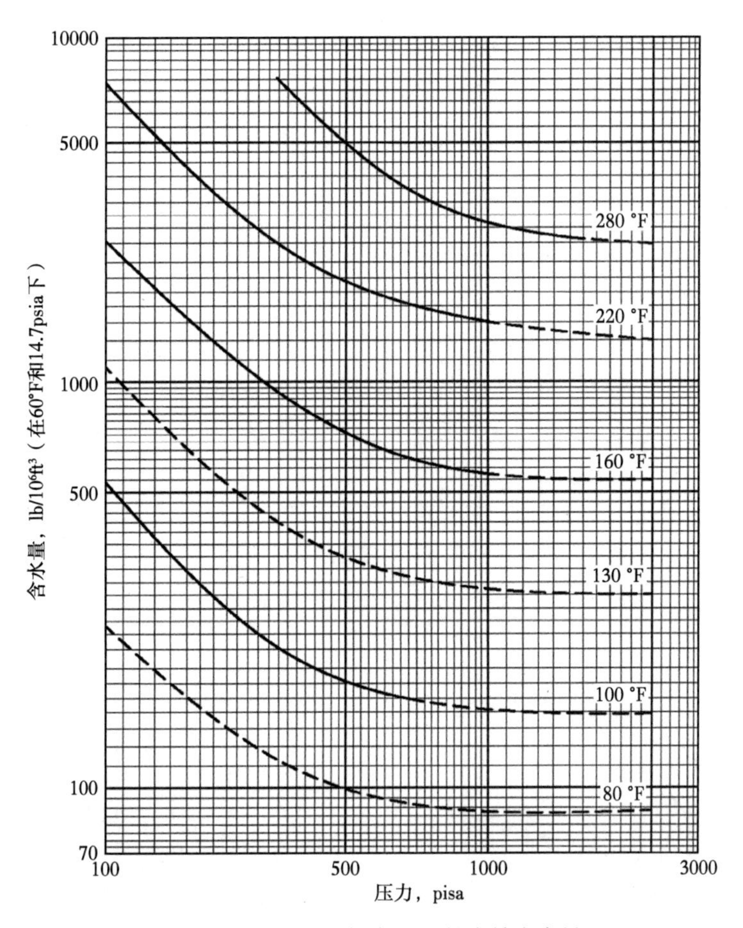

图 5.3　饱和天然气中 H_2S 的有效含水量

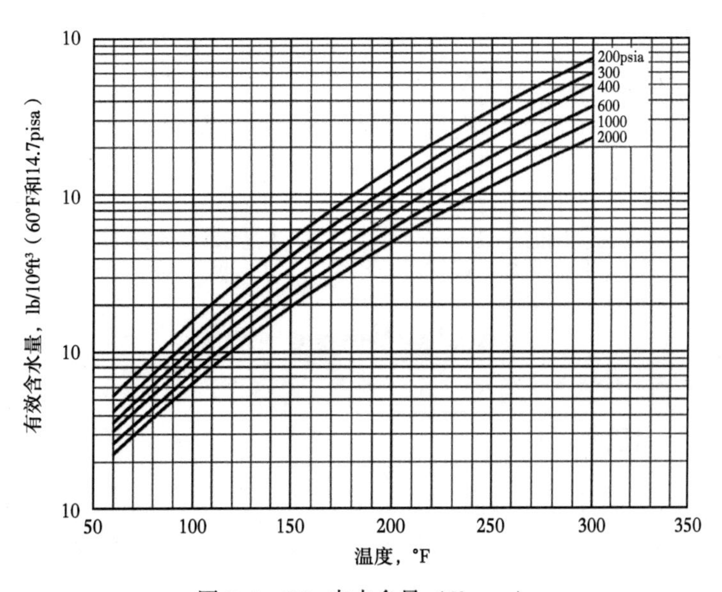

图 5.4　CO_2 中水含量（Sharma）

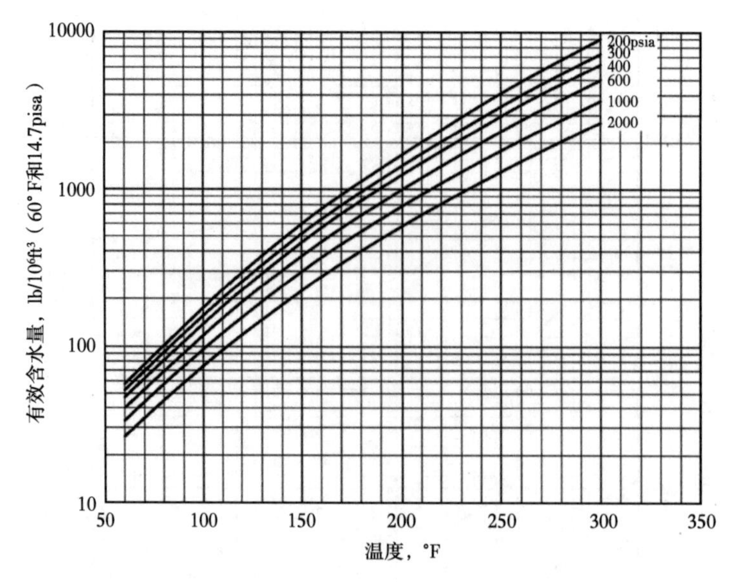

图 5.5　H_2S 中水含量（Sharma）

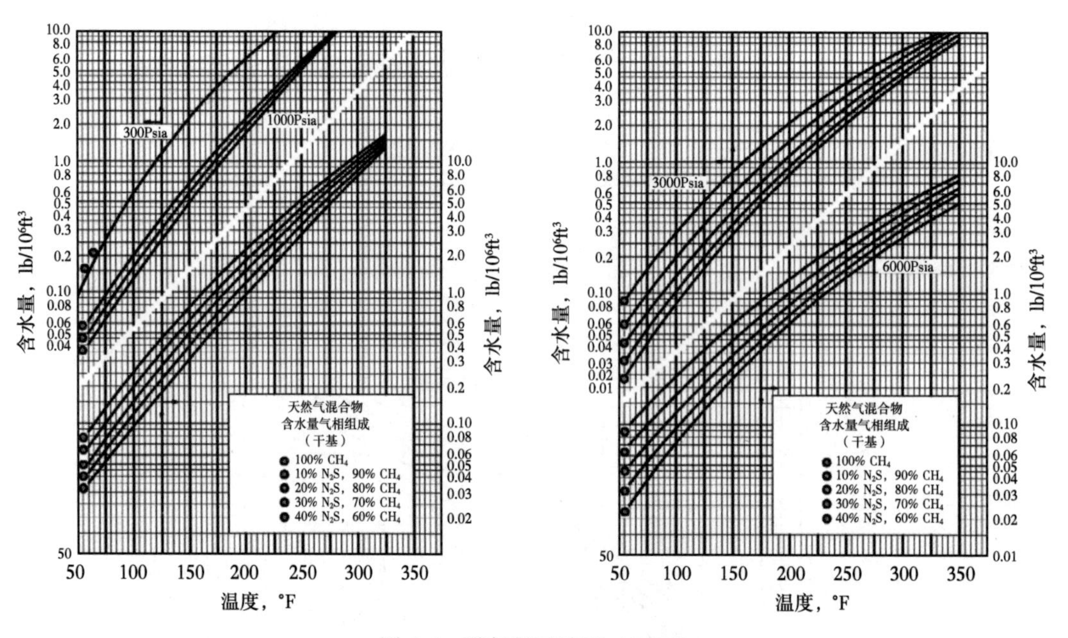

图 5.6　酸气相互关系（SRK）

5.3.5　氮和重组分的影响

氮比甲烷容纳更少的水。压力高达 1000psia（69bar）的氮含水量比甲烷低 5%~10%。偏差随着压力的增加而增加。将氮作为碳氢化合物是可行的，并提供了一定的安全系数。重组分会增加气体的水容量。在正常系统压力下，偏差相对较小。在大多数系统中，氮和重组分的影响往往相互抵消。

例 5.1 酸性气体中含水量的计算。

确定

计算 1100pisa（795bars）和 120℉（49℃）条件下气体的饱和含水量

组分	y_i
N_2	0.0046
CO_2	0.0030
H_2S	0.1438
C_1	0.8414
C_2	0.0059
C_3	0.0008
iC_4	0.0003
nC_4	0.0002
	1.0000

解决方案

（1）从 McKetta-Wehe 图中读取：

$$W=97\ \mathrm{lb}/10^6\mathrm{ft}^3$$

（2）从 CO_2 和 H_2S 的“有效水”含量图中读取：

$$W_1=130,\ W_2=230$$

代入方程（5.2）：

$$W=0.8532\times97+0.003+130+0.1438\times230=116\ \mathrm{lb}/10^6\mathrm{ft}^3$$

（3）从 Sharma 图来看，$W_1=120$，$W_2=150$

代入方程（5.2）：

$$W=0.8532\times97+0.003\times120+0.1438\times150=105\ \mathrm{lb}/10^6\mathrm{ft}^3$$

（4）有效百分比

$$H_2S=\%CO_2\times0.75+\%H_2S=0.3\times0.75+14.38=14.6\%$$

（5）从 SRK 相互关系图，必须将 $\mathrm{bbl}/10^6\mathrm{ft}^3$ 转换为 $\mathrm{lb}/10^6\mathrm{ft}^3$

$$W=350\mathrm{bbl}/10^6\mathrm{ft}^3=350\times0.31=109\ \mathrm{lb}/10^6\mathrm{ft}^3$$

请注意，使用公式（5.2）计算出的含水量比 McKetta-Wehe 图的含水量要大。

计算结果为 116 看起来不太可能，但是有可能发生的。不要把任何一个数字视为绝对权威的。在确定含水量时要看范围。

5.3.6 应用

相互关系应用于：

（1）确定脱水计算的含水量；

（2）确定有多少水，如果有的话，会有多少从气体中凝结出来。这一点要在处理、腐蚀—侵蚀以及水合物抑制中考虑。

5.3.7 冷凝水量

设计人员需要确定估算值在安全范围之内。

通常预测的流动温度低于实际温度。造成这种情况的原因是所使用数据的准确性。大部分数据都是从钻井测试中获得的，而这种测试数据准确度不高。运行几个月后，井流温度通常会稳定下来。

McKetta-Wehe 图是根据对数标尺绘制的，因此温度的微小变化将导致含水量的较大变化。例如，10%的温度变化导致含水量增加 33%。

脱水设备性能差的一个常见原因是对含水量的预测过低。

5.4 天然气水合物

5.4.1 什么是天然气水合物

天然气水合物是由水分子组成的复杂的晶格结构。水合物类似于冰，但有空隙，能够容纳气体分子。在晶格空隙中发现的最常见的化合物是水、甲烷和丙烷或水、甲烷和乙烷。

天然气水合物的物理外观就像潮湿、泥泞的雪，当遇到流动受阻式压力波动时会变成非常坚固的结构，就像把雪压成雪球一样。

5.4.2 为什么要控制水合物

天然气水合物在管道、截流部件、阀门、仪器仪表等受限部位积聚，并积聚到容器的液体收集部分。水合物会堵塞和减少管线容量，造成堵塞和仪表的物理损害，并造成分离问题。

5.4.3 水合物形成的必要条件

合适的压力、温度和“游离水”，气体处于或低于其水露点。如果“游离水”不存在，水合物就无法形成。

5.4.4 如何预防或控制水合物

水合物可以通过以下措施来防止或控制。

（1）对气体进行加热，使温度保持在水合物生成温度之上。

（2）通过化学抑制降低水合物生成温度；对气体进行脱水，使水蒸气不会凝结成“游离水”。

（3）设计使用 LTX 装置溶解水合物的工艺。

5.5 操作温度和压力的预测

5.5.1 井口条件

井口气流的温度和压力是决定气体流动时是否会形成水合物的重要因素。井口温度随流量的增加和压力的减小而升高。

因此，最初会导致下游设备中形成水合物的井，可能会随着储油枯竭和井口压力下降而无法形成水合物。

如果油井的流量保持在最低流量以上，可以防止水合物的形成，实现地层能量的有效利用，否则地层能量就会在节流降压过程中损失。

5.5.2 管道条件

由于周围环境（地面、水或空气）的热损失，导致管道内气体温度降至低于水合物生成温度。需要计算管道的温度和压力，以确定节流降压或安装加热器的最佳位置。

5.5.3 井口温度和压力的计算

许多软件可以计算井口气体的温度和压力，并预测随着储层枯竭而发生的变化。手工计算很繁琐，需要多次迭代。

5.5.4 管线下游温度的计算

传导—对流方程可以用来计算管道的下游温度（T_d）。

$$T_d = T_g + \frac{T_u - T_g}{e^3} \tag{5.3}$$

式中 T_d——管道下游温度，℉。

$$x = 24\,\frac{(\pi DUL)}{(QC_p)}$$

式中 D——管道外径，ft；

U——传热系数，Btu/(h·ft^2·℉)，见表 5.1；

L——管道长度，ft；

Q——流体流量，10^3ft^3/d；

C_p——比热容，Btu/10^3ft^3·℉=26800 常用（表 5.2 中的值，乘以 1000 可以得到更精确的结果）；

e——2.718；

T_u——上游气体温度，℉（如果不节流或使用加热器，它是井口温度 T_{WH}，也可以是加热器的出口温度）；

T_g——地温，℉（表 5.3）。

表 5.1 不同裸管条件下的传热系数（U）

	覆土条件	覆土深度，in	传热系数，Btu/h · ft^2 · °F
覆土类型	干燥	24	0.25~0.40
	潮湿	24	0.50~0.60
	湿透的	24	1.10~1.30
	干燥	8	0.60~0.70
	潮湿到湿	8	1.20~2.40
	干燥	24	0.20~0.40
	潮湿	24	0.40~0.50
	湿	24	0.60~0.90
	—	无土壤覆盖	2~3
	静水	60in 水	10
	河川水流	60in 土壤	2.0~2.5

Karge（1945）。

表 5.2 相对密度为 0.7 的气体的比热容

管中的平均温度，°F	管中压力，pisg										
	300	500	700	800	1000	1200	1500	1800	2100	2500	3000
120	29.1	30.3	31.0	31.6	32.5	33.3	34.8	36.2	37.2	28.8	40.6
100	28.7	29.9	30.8	31.4	32.4	33.4	35.1	36.7	38.0	39.7	41.6
80	28.2	29.5	30.5	31.3	32.4	33.5	35.4	37.2	38.7	40.5	42.5
60	27.5	29.2	30.3	31.1	—	—	—	—	—	—	—

National Tank 公司（1958）。

表 5.3 平均地温（T_g） 单位：°F

覆土深度，in	T_g，°F
36	53~58
18	25~45（北欧，加拿大，阿拉斯加）
	45~48（美国北部，中国，俄罗斯）
	48~53（美国南部，东南亚，西非，南美洲）

5.6 温降计算

5.6.1 概述

一般情况下，气体流量通过节流阀（气体从高压膨胀到低压）来控制。压降越大，气体温度下降越快。如果气体中有水，而气体的最终温度低于水合物的生成温度，就会形成水合物。节流降压是一个等焓过程。对于多组分流，必须进行闪蒸计算，以平衡节流前后的焓值。建议采用计算机软件计算。

5.6.2 温降相互关系

图 5.7 所示的温度降关系式可用于未知气体组分温降的“快速查看”或“初始值”确定，其结果可靠，但受到液烃的影响，需对温降进行修正。准确度为±5%。

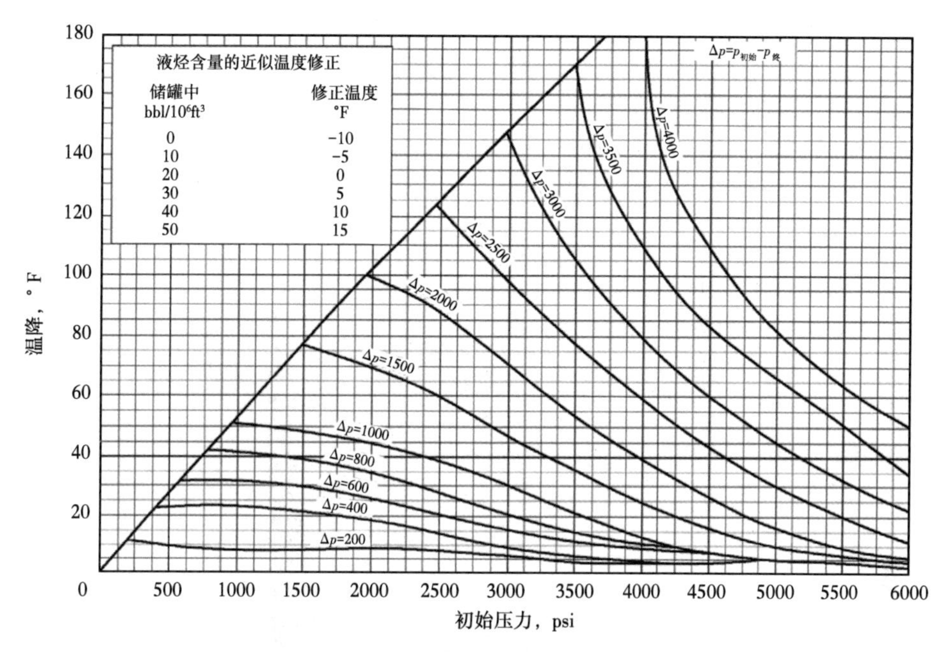

图 5.7 给定压降条件下天然气的温降

例 5.2：确定节流后温降

条件：管道流动压力为 4000psi 和 20 bbl（液烃）/($10^6ft^3 \cdot d^{-1}$)，下游背压为 1000psi。

要求：确定节流后的温降

解法：起点压力 = 4000psi，末点压力 = 1000psi，Δp = 3000psi

通过图 5.7；相交初始压力为 4000psi 和 Δp 为 3000psi，读取 ΔT = 80℉。注：如果液烃数量大于或小于 20bbl 时，则 ΔT 需要进行修正。

5.7 水合物预测关联式

5.7.1 概述

所有关联式都基于系统中含气体和水，在静态测试单元中，通过摇晃达到更好的平衡。数据显示的是水合物的溶融条件，而不是形成点。这些关系式够得到可接受的结果。可用于预测水合物生成温度。

5.7.2 压力—温度曲线

使用压力—温度曲线的结果不如气—固平衡常数准确。压力—温度曲线用于当流体组成未知的情况。用于确定“初始值”或“快速查看”。

5.7.3 状态方程计算

可以通过计算机软件来预测水合物的形成条件。

5.7.4 气—固平衡常数

气—固平衡常数使用范围最高可达 1000 psia，可在已知流体组成时使用。确定水合物生成温度的程序如下。

（1）假定水合物形成温度。

（2）确定每一组分的平衡常数 K：

$$K_i = \frac{Y_i}{X_i} \tag{5.4}$$

式中 Y_i——无游离水气体中各组分的摩尔分数；

X_i——无水固体中各组分的摩尔分数。

（3）计算每个组分的 Y_i/K_i 比值。

（4）Y_i/K_i 值之和。

（5）对温度重复步骤 1~4，直到 $\sum Y_i/K_i = 1$。

图 5.8 至图 5.12 给出了不同压力和温度下的气固平衡常数 K。

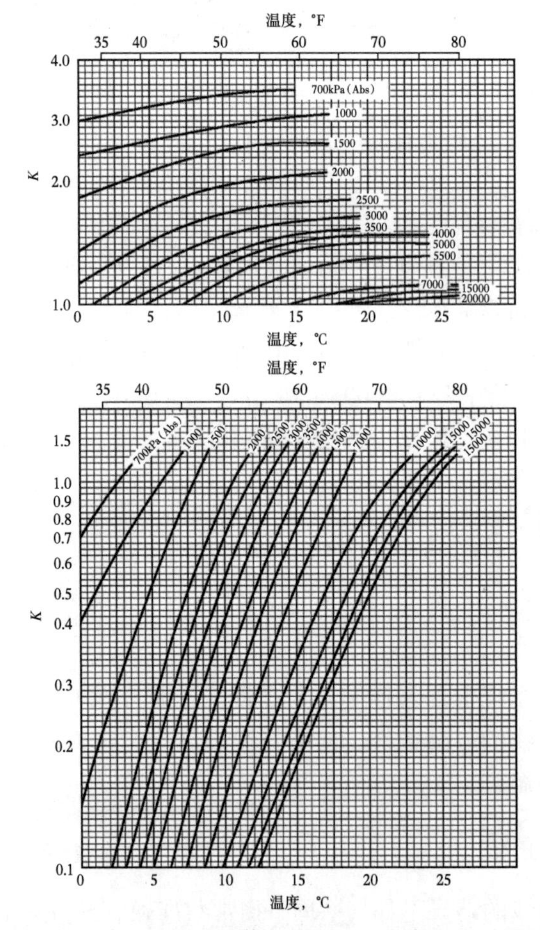

图 5.8 甲烷和乙烷的气—固“K”值（由 GPSA 改编为 SI。原文引自 AIME）

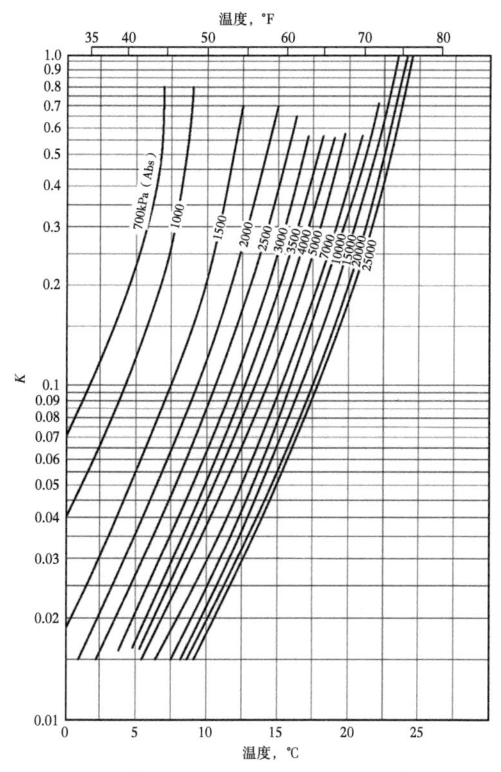

图 5.9　丙烷的气—固“*K*”值（由 GPSA 改编为 SI。原文引自 AIME）

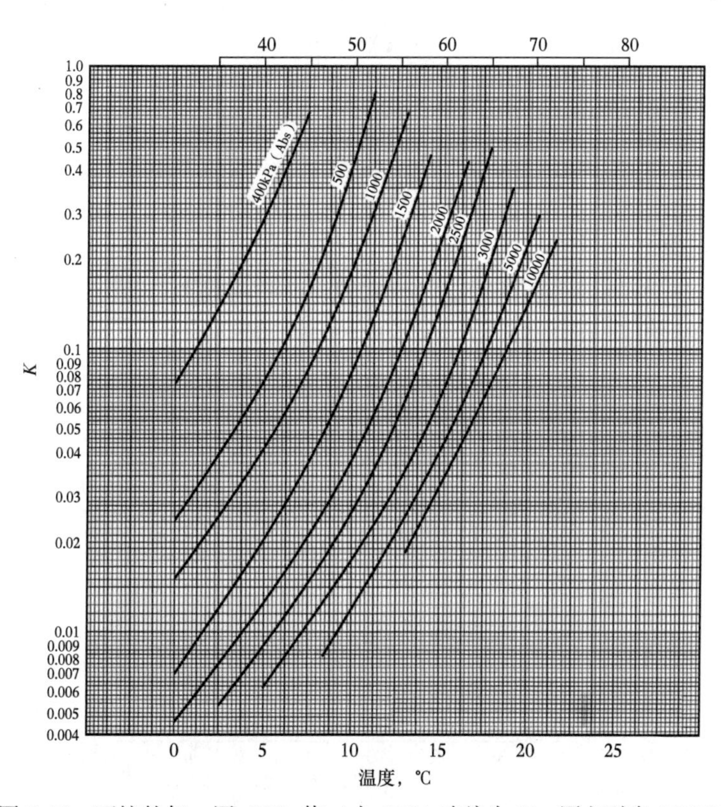

图 5.10　丁烷的气—固“*K*”值（由 GPSA 改编为 SI。原文引自 AIME）

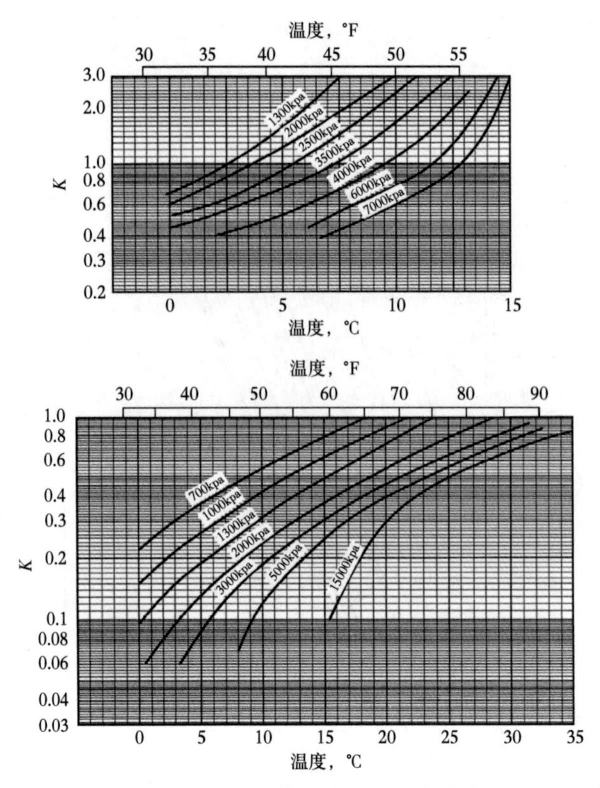

图 5.11　CO_2 和 H_2S 的气—固“K”值（由 GPSA 改编为 SI。原文引自 AIME）

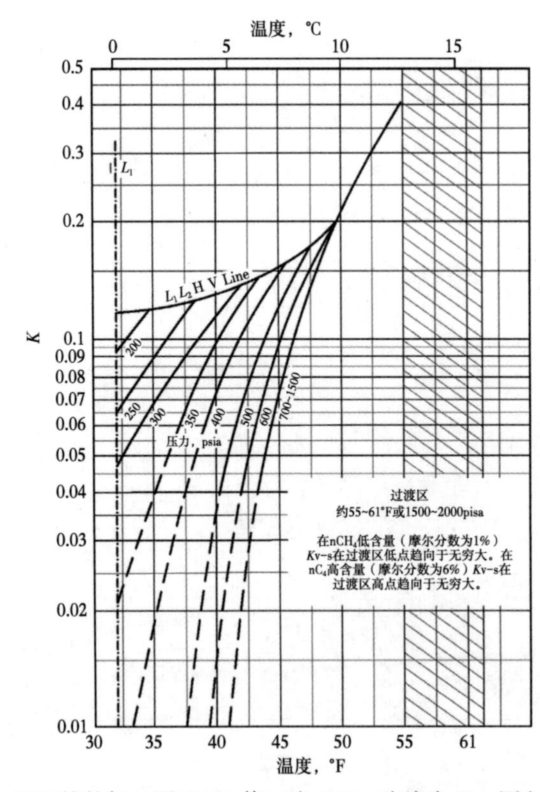

图 5.12　正丁烷的气—固“K”值（由 GPSA 改编为 SI。原文引自 AIME）

含 30%以上 H_2S 的气体其 K_i 值与纯 H_2S 气体一致；比丁烷重的组分 K_i = 无穷大，因为它们的分子太大，不适合晶格结构的空腔。

例 5.3：利用气—固常数测定水合物生成温度

条件：气体压力 400psia，组分如下表所示。

计算：水合物形成温度

组分	气体摩尔分数
氮气	0.0144
二氧化碳	0.0403
硫化氢	0.000019
甲烷	0.8555
乙烷	0.0574
丙烷	0.0179
异丁烷	0.0041
正丁烷	0.0041
戊烷+	0.0063
合计	1.00000

解：

400psia 水合物生成温度的计算

组分	摩尔分数	70℉		80℉	
		K_i	Y_i/K_i	K_i	Y_i/K_i
氮气	0.0144		0.00		0.00
二氧化碳	0.0403		0.00		0.00
硫化氢	0.000019	0.3			
异丁烷	0.0041	0.15	0.03	0.06	0.01
正丁烷	0.0041	0.72	0.00	1.22	0.00
戊烷+	0.0063		0.00		0.00
合计	1.0000		1.08		0.87

注：(1) 线性插值，在 74℉时 $V/K=1.0$，水合物形成温度为 75℉。

5.7.5 压力—温度曲线（图 5.13）

当气体组分未知或估算“初始值”时，使用压力—温度曲线，建立水合物生成温度随气体相对密度和压力变化的曲线。

例 5.4：用压力—温度关系确定水合物形成温度

条件：相对密度为 0.6，压力为 2000psia 的气体

计算：利用压力—温度关系式计算水合物形成温度

解法：根据压力—温度曲线查找 2000psia 和 0.6 的相对密度曲线相交点，读数为 68℉。

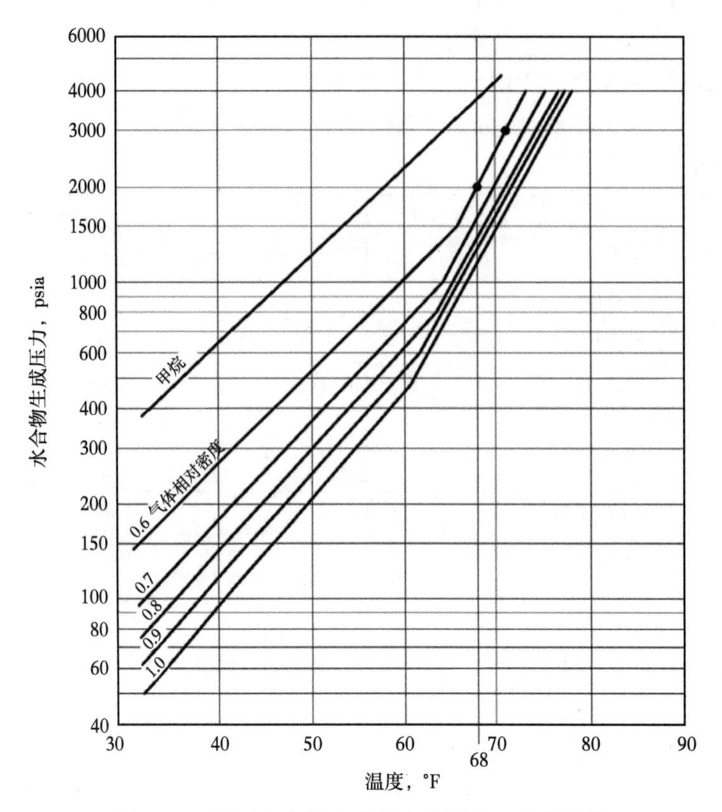

图 5.13　预测水合物生成温度的压力—温度曲线

5.8　水合物防治

5.8.1　概述

水合物防治是用来防止水合物的形成。操作条件必须在水合物形成区之外，水合物点必须保持在系统运行条件以下。防止水合物形成的两种常见方法有温度控制和化学抑制剂。

5.8.2　加热

加热的方法很有效，因为水合物通常不会出现在 70℉（21℃）以上。加热为陆地和近海设施（如果有余热）提供了一个简单和经济的解决方案。气体通过间接加热器或热交换器加热，然后通过节流阀节流后，再加热后流体高于水合物形成温度。

海上设施的一个主要缺点是如果流体在水下超过几百英尺，就几乎不可能保持明显高于水温的流体温度，因此，必须分离"游离"，或选择另一种方法。

5.8.3 温度控制

5.8.3.1 间接加热器

5.8.3.1.1 概述

间接加热器用于加热气体，使其温度高于水合物生成温度。由带有火管（通常采用燃料气体、蒸汽或热油）和盘管［用来承受密闭管道压力（SITP）］的常压容器组成。液体被中间流体（通常是水）加热。火管和盘管浸没在传热介质中，热量被传送至盘管中的流体。

5.8.3.1.2 井口加热器说明（图5.14和图5.15）

图5.14显示了井口典型的加热器安装。

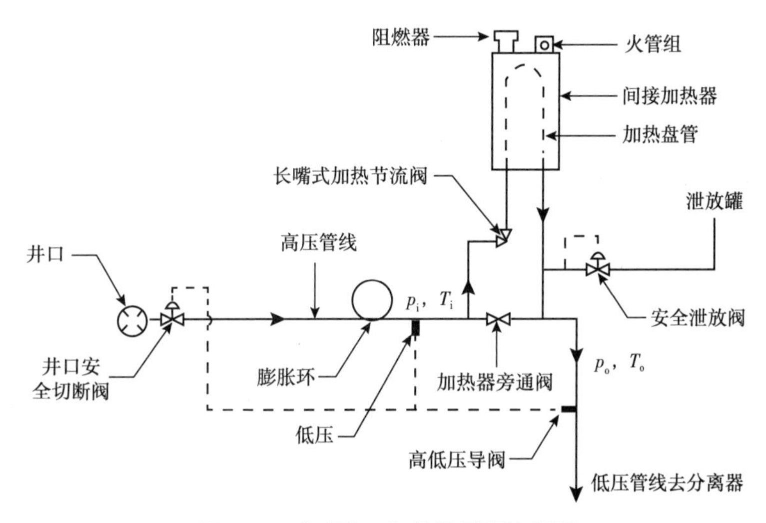

图5.14 典型井口加热炉原理流程图

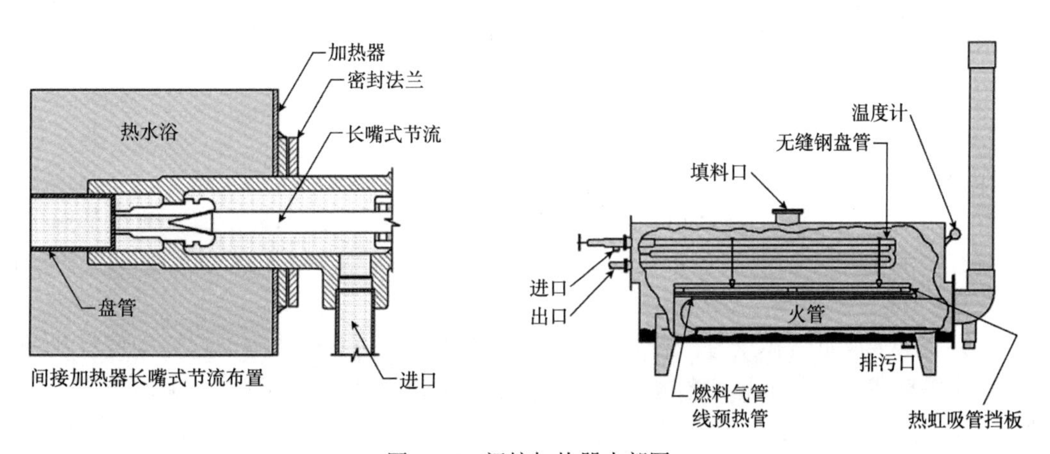

图5.15 间接加热器内部图

从井口开始，通常包括下列设施。

（1）翼安全阀。

与采油树低报警开关联锁的气动阀，当加热炉上游管线压力降到某一设定压力以下时，该阀门就会关闭，单井停输。高低压报警开关，检测加热炉下游的流体压力，在异常高压或低压力时关井。

（2）高压流体管线。

高压流体管线是直线型的，通常至少150ft长，设计压力应能承受井口的关井压力。

（3）膨胀环。

膨胀环的设计是为了吸收由流动和关井条件之间的温度变化引起的管线长度的变化。

（4）长嘴式加热节流阀。

间接加热炉中安装了一个长体节流阀，位于间接加热槽中，也称为长嘴加热炉节流阀。由于节流阀的本体被水浴加热，水合物不会在节流孔内形成。

（5）加热炉旁通阀。

加热炉旁通阀的设计压力为井口关井压力，当井口压力降至接近外输管线压力后，通过旁通阀天然气可以绕过加热炉。使用此阀门可防止加热炉管线不必要的冲蚀和磨损，并使从井口到外输管线的压降降到最低。

（6）加热盘管。

加热盘管设计压力应能承受井口的关井压力。

由于高腐蚀和冲蚀率，弯管是最薄弱的地方。

当腐蚀和冲蚀使壁厚减少一半时，就可能会出现渗漏，此时应该及时更换弯管。

（7）安全阀。

安全阀用来为低压管线提供超压保护。

（8）加热炉阻燃器。

加热炉阻燃器是一种防火保护装置，防止加热炉火焰通过进气口闪回并点燃周围材料。

5.8.3.2 管道加热炉

管道加热炉与井口加热炉的用途不同。井口加热炉的目的是加热井口或附近节流降压的流体。管道加热炉的目的是在需要的情况下提供额外的热量。设计与间接加热器相同，但很少使用节流阀、翼安全阀和安全阀。在任何一种情况下都应安装旁通，以使加热炉可以停用。

5.8.3.3 系统优化

在加热器设计和安装之前，必须对系统运行进行优化。

看起来很大的热量需求通常可以通过修改操作模式而降低到最小值，甚至消除。例如，具有多个生产井的油田可以组合利用较高温度的流体，从而尽量减少对加热炉的需求。

如果有必要降低气体压力，通常在一个站内集中降压更有效，因为这样做可以从分离器或净化塔获得必要的加热炉燃料气。这就要求增加管线壁厚以承受井口关井压力。另一种选择是安装井口关断阀和管道压力高报警。

5.8.3.4 加热炉尺寸

为了计算加热炉尺寸，必须确定换热负荷和盘管尺寸。

确定所需的热量，必须要了解气体、水、油或凝液的量以及加热炉进出口的压力和温度。

加热炉出口温度取决于水合物形成的温度。盘管的尺寸取决于流体通过盘管的体积和所需的传热负荷。应考虑特殊的操作条件，如关井后的启动。

5.8.3.5 井下调节器

井下调节器对于高产气井是可行的。井下调节器使流动压力至外输压力的压降发生在井下，地层温度足够高所以可防止水合物的形成。这样调节器上方的管柱就相当于地下面加热器，第三章和第四章将详细讨论热负荷及尺寸的计算。井下调节器的设计计算相当复杂，取决于井筒结构、井底压力、温度、井深等特点，虽然可简单评估井下调节器的可行性，但仍需要软件公司提供详细的设计信息。

5.8.4 化学抑制剂

5.8.4.1 概述

水合物抑制剂用于降低天然气水合物的生成温度。甲醇和乙二醇是最常用的抑制剂。对于所有连续注酸的工程及一些需大量加注甲醇的装置应设置酸的回收和再生工艺。水合物抑制剂的加注应考虑用于下列用途：

（1）水合物形成持续时间短的管道系统；

（2）运行温度低于水合物形成温度的天然气管道；

（3）压力下降的油田集气系统；

（4）水合物形成局部点的天然气管道。

用于水合物抑制剂，甲醇和低分子量的醇类性能更理想。

表 5.4 列出了甲醇和低分子量醇类的一些物理性质。

表 5.4 化学抑制剂的物理性质

性质	甲醇	乙二醇	二甘醇	三甘醇	四甘醇
分子量	32.04	62.10	106.10	150.20	194.23
沸点，℉（760mmHg）	148.10	387.10	427.60	532.90	597.2
蒸气压，mmHg（77℉）	94	0.12	<0.01	<0.01	<0.01
相对密度（77℉）	0.7868	1.110	1.113	1.119	1.120
相对密度（140℉）	—	1.085	1.088	1.092	1.092
每加仑磅数（77℉）	6.55	9.26	9.29	9.34	9.34
凝固点，℉	-144	8	17	19	22
倾点，℉	—	<-75	-65	-73	-42
绝对黏度，cP（77℉）	0.55	16.5	28.2	37.3	39.9
绝对黏度，cP（140℉）	0.36	5.1	7.6	9.6	10.2
表面张力，dyn/cm（77℉）	22	47	44	45	45
比热容，Btu/(lb·℉)(77℉)	0.27	0.58	0.55	0.53	0.52
闪点，℉	0	240	280	320	365
燃点，℉	0	245	290	330	375
分解点，℉	0	329	328	404	460
汽化热，Btu/lb（14.65psi）	473	364	232	179	—

当气体管道或集输系统采用加注水合物抑制剂时，最经济的做法是在井口安装一个脱水装置。从气体中去除游离水可以减少抑制剂的加注量。

5.8.4.2 甲醇加注

甲醇非常适合用作水合物抑制剂，因为甲醇具有以下特性：

(1) 非腐蚀性；

(2) 与任何成分的气体不发生化学反应；

(3) 溶于水；

(4) 在管道条件下易挥发；

(5) 成本合理；

(6) 蒸气压大于水。

5.8.4.3 甲醇加注系统描述 (图 5.16)

如图 5.16 所示，甲醇通过燃气驱动的加注泵 (3)，注入节流阀或压力控制阀上游的管道 (2)。温度控制器 (5) 测量管线低压侧气体 (7) 的温度，并相应地调节甲醇加注量。甲醇加注量通过控制驱动泵的燃料气上的调节阀 (4) 来实现。

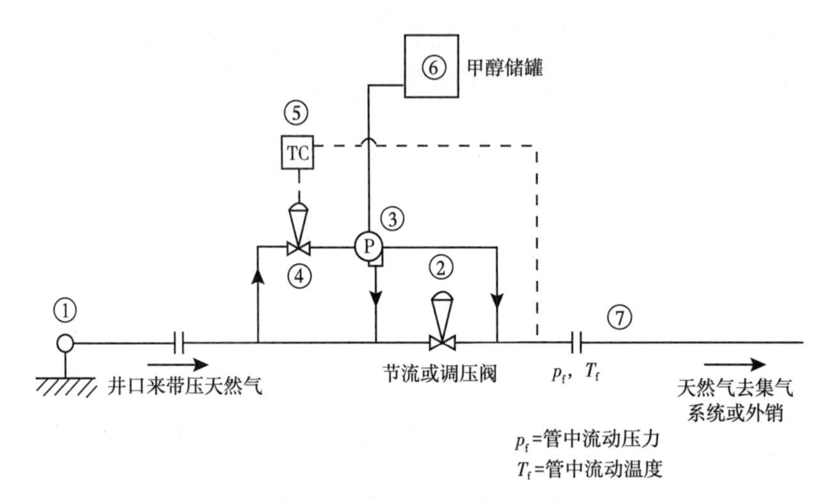

图 5.16 典型的甲醇加注系统

5.8.4.4 乙二醇加注

乙二醇的蒸气压相对较低，不像甲醇那样容易蒸发到气相中。乙二醇在液态烃中的溶解度较低。由于上述原因，乙二醇可以更经济地回收，从而降低操作费用，其操作费用低于甲醇系统。

5.8.4.5 乙二醇注入回收系统描述 (图 5.17)

乙二醇注入回收系统的加注部分 (图 5.17 中的①~⑤项) 类似于甲醇加注系统。乙二醇系统中的额外设备是用来回收和再生乙二醇的。

三相分离器⑥将水和乙二醇从烃相中分离出来。分离器中的水—乙二醇溶液被送至重沸器⑦，而气体被输送到外输管线，烃液被输送到液烃储罐中。在重沸器中多余的水沸腾与乙二醇分离。浓缩在重沸器中的乙二醇可再次注入到气流中。从烃-水两相中分离乙二醇水相需要温度在 70℉ (20℃) 以上，停留时间为 10~15min。

5.8.4.6 喷嘴设计 (图 5.18)

为确保最佳效果，乙二醇需要雾化从而与气体充分混合，因此通常使用喷雾喷嘴 (图 5.18)。在设计采用乙二醇加注液的低温分离设备或工厂时，喷嘴的选择是一个主要考虑

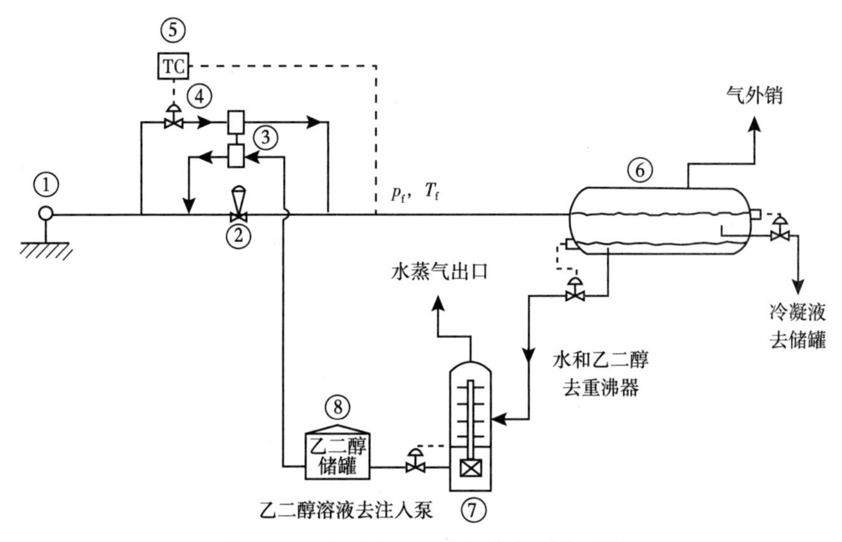

图 5.17　典型的乙二醇加注和回收系统

因素。乙二醇的注入通常在换热器的上游，或冷却器的热流侧。选择合适的喷嘴能使乙二醇喷雾均匀混合到天然气中。喷嘴处压差达到 100～150pai，乙二醇就能雾化。流体流速应至少为 12fps（1fps＝0. 304m/s）。

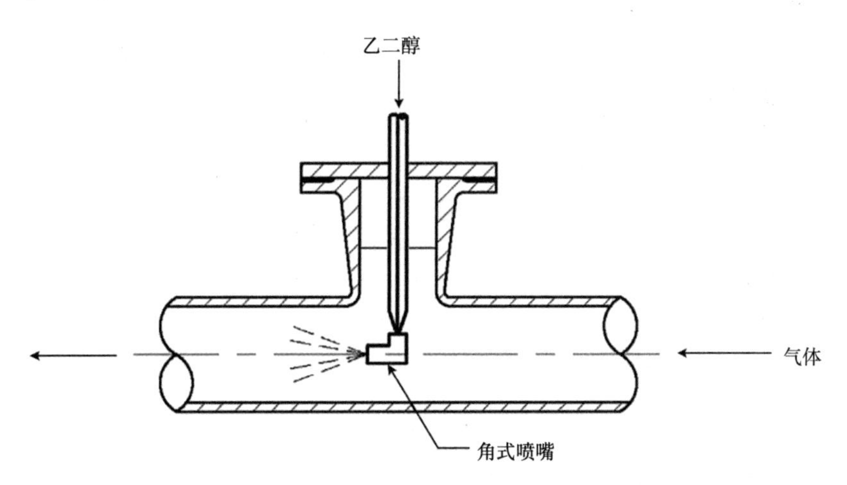

图 5.18　乙二醇加注的喷头原理图

5.8.4.7　甘醇的选择

乙二醇（EG）、二甘醇（DEG）和三甘醇（TEG）是三种常用来防止水合物形成的甘醇。醇的选择取决于烃类流体的组成和醇供应商的建议。

5.8.4.8　乙二醇加注指南

如果将甘醇注入天然气管线抑制水合物形成，而在该管线中乙二醇回收的重要性低于水合物保护，则首选乙二醇。在所有甘醇中，乙二醇具有最大的水合物抑制，最高的蒸气压，且在高分子烃类中的溶解度最低。

如果甘醇气化损失严重，二甘醇或三甘醇都是较好的选择，因为两者的蒸气压都较低。如果存在气体气化和液体溶解度同时丧失，则使用二甘醇。

乙二醇溶液的凝固点必须低于系统的最低温度。在抑制剂的使用中，乙二醇浓度通常保持在 70%~75%，因为在这种浓度下，达不到乙二醇的凝固点。

重沸器温度取决于甘醇的种类和浓度。温度应保持在与所需溶液的沸点相等的水平。三种甘醇类型的沸点如图 5. 19 至图 5. 21 所示。例如，图 5. 19 中的重沸器温度应该设置为 240℉（116℃），在大气压（760mm 汞柱）下生产质量分数为 70%乙二醇溶液。如果超过纯乙二醇的沸点，就会发生热降解，因此应该避免。两相凝析气系统的乙二醇损失通常估计为每生产 100bbl 液烃损失 1~2gal。

甘醇气化进入气体中和溶解到烃类液体中，通常只是造成总损失的一小部分。造成乙二醇损失的最主要原因是泄漏和携带烃液。重沸器中的气化和携带也会造成损失。

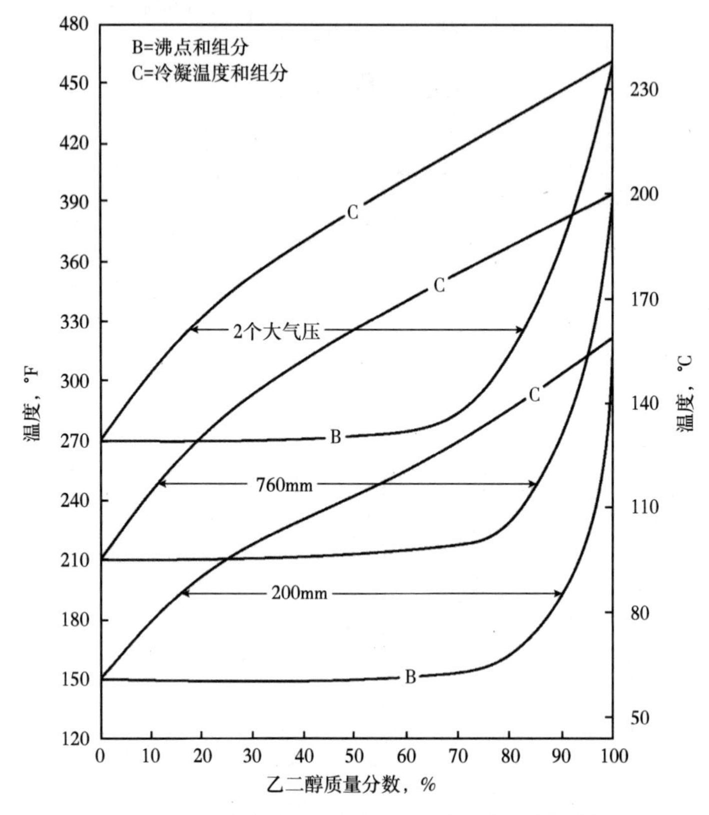

图 5. 19　乙二醇水溶液在不同压力下的沸点和冷凝温度

5. 8. 4. 9　加注需求类别

5. 8. 4. 9. 1　低压—大体积

压力达到 2000 psi，体积以数百至数千桶/日计。

5. 8. 4. 9. 2　高压—小体积

压力可达 15000psi，体积以夸脱或几克/小时计。

5. 8. 4. 9. 3　高压—大体积

高压—大体积的情况是最难处理的，压力超过 5000 psi 和体积以几克/分钟或几桶每分钟计。当遇到问题时采用间断调节，因为“局部”热可以应用在表面以消除可能发生的水合物堵塞。

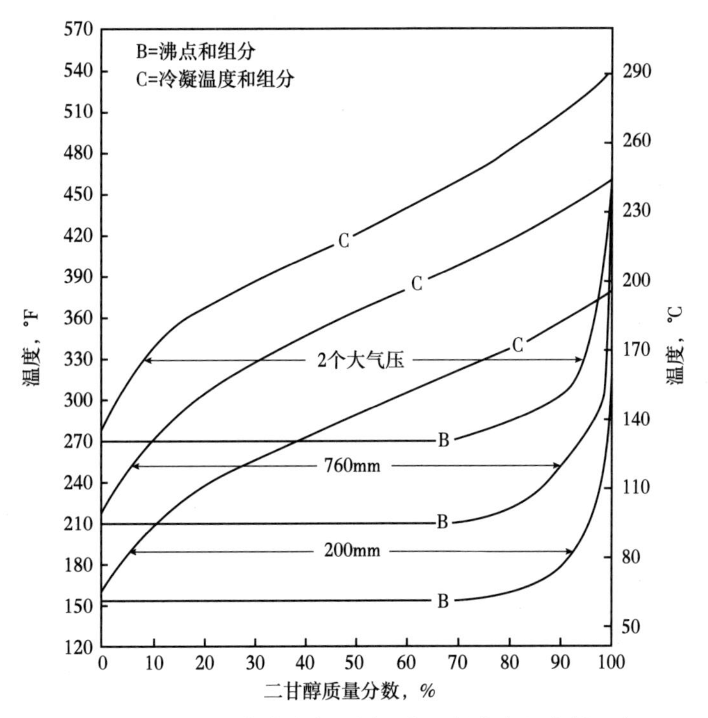

图 5.20 二甘醇水溶液在不同压力下的沸点和冷凝温度

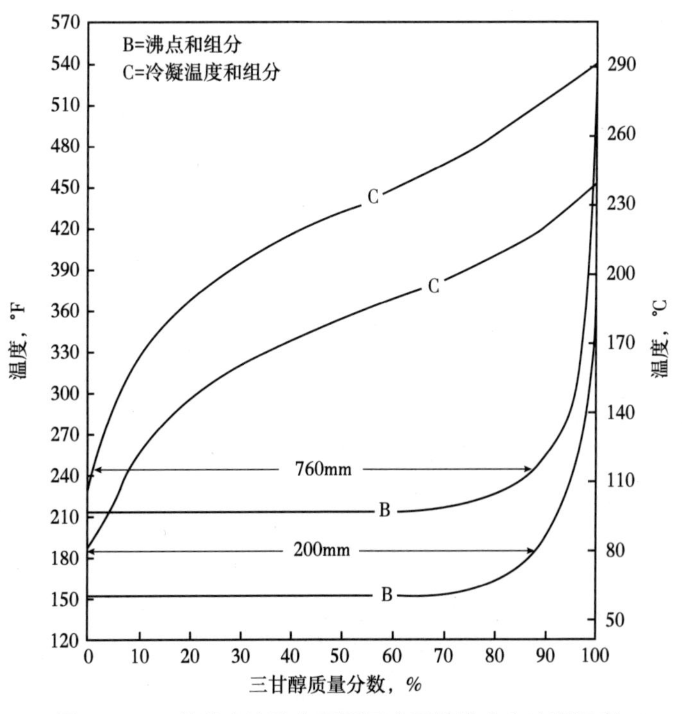

图 5.21 三甘醇水溶液在不同压力下的沸点和冷凝温度

5.8.4.10 一步加注和两步加注的注意事项

5.8.4.10.1 一步加注

所有抑制剂都是通过管线加注，该操作同时适用于井口和管线。

5.8.4.10.2 两步加注

两步注入利用在井口下游的第二个注入点来处理凝析水，当气体冷却到环境温度时，这些水会从气相中凝结出来。

5.8.5 化学药剂加注系统

5.8.5.1 概述

加注系统由泵、仪表和控制系统三个部分组成。

5.8.5.2 单点化学药剂加注

单点化学注入系统在一个加注点有泵、仪表和控制系统。

缺点：

（1）容量有限，运行成本增加；

（2）重量和体积随着注入点的增加而增加。

5.8.5.3 多点化学药剂加注

多点化学药剂加注系统，由共用泵和多个仪表组成，以及为多个注入点服务的控制装置。

优点：

（1）增强流量调节能力；

（2）闭环控制自补偿；

（3）单井投资减少；

（4）方便新增加注点；

（5）多井应用时可降低重量和空间要求。

缺点：

（1）仪表密集；

（2）需要多个控制回路；

（3）固定曲柄泵需要变频调节；

（4）储罐和循环线间存在高压降。

5.8.5.4 计量泵

在选择计量泵时，应考虑以下因素（参见 API 675）：

（1）泵仪表控制功能的特点；

（2）垂直或水平；

（3）可变曲柄；

（4）合理设计；

（5）模块化结构；

（6）泵头互换性；

（7）高精度和重复性。

5.8.5.5 隔膜泵

优点：

(1) 密封好，不污染大气；

(2) 寿命长的隔膜通常可连续工作时间 2 年以上（20000h）；

(3) 液压柱塞密封寿命长，通常可连续工作时间 2 年以上（20000h）；

(4) 内部液压泄放；

(5) 对环境和人员安全的最大保障—自动隔膜失效机构。

缺点：

(1) 购买价格高；

(2) 维护复杂。

5.8.5.6 柱塞泵

优点：

(1) 采购价格较低；

(2) 维护简单。

缺点：

(1) 柱塞的使用寿命通常小于 2000h；

(2) 柱塞与填料间有摩擦。

5.8.6 水合物防治方法的比较

5.8.6.1 概述

间接加热器、甲醇注入法、乙二醇注入法和井下调节法都安全可靠，评价应重点从 CAPEX 和 OPEX（包括化学品和燃料）的发展以及空间需求（特别是在近海作业中）和作业危害 2 个方面考虑。

5.8.6.2 加热炉

加热炉的资金成本和燃料费用相对较高，很难为距离较远的加热炉提供清洁、可靠的燃料供应，直接加热炉需要大量的空间。装有适当阻燃剂的防火箱已将燃烧设备的危害降至最低，但购买时应严格注意细节设计。

5.8.6.3 化学抑制剂

表 5.5 列出了甲醇加注和乙二醇加注的优缺点。

表 5.5 甲醇和乙二醇加注液的比较

抑制剂	优点	缺点
甲醇	(1) 一次投资相对较低； (2) 设备少； (3) 系统简单且耗气量小	(1) 运行成本高； (2) 需输送至必要的部位
乙二醇	(1) 当两种系统都回收醇时，操作成本比甲醇更低； (2) 系统简单且耗气量小	(1) 一次投资费用高； (2) 需输送至必要的部位； (3) 如果管线断裂会造成乙二醇浓度大幅降低

甲醇的使用只需要一个游离水分离器和一个合适的注入和雾化装置，而乙二醇的使用则需要一个游离水分离器加上一个气液分离器和一个在下游回收乙二醇的回收浓缩装置。

5.8.6.4 井下调节器

井下调节器不需要日常维护，但每次必须改变压降和拆除调节器时，必须由专业服务公司操作。有井下调节器的油井在关闭后重新开井时可能需要注入甲醇或乙二醇，直到流量和温度稳定下来。当井的产量下降超过允许的产量时，需将井下调节器拆除，此时需要采取其他形式的水合物预防措施。井下调节器不存在特殊安全隐患，但由于调节器在井中工作，因此存在漏油的风险。

5.8.7　水合物防治方法综述

在小型装置中，甲醇注入系统常用于临时水合物预防。大型装置更适合于间接加热器或乙二醇注入系统。

在大型高压油藏中，井下调节器是最有用的，因为大型高压油藏存在超压，且油藏压力预计不会迅速下降。表 5.6 列有上述方法的简要比较。

表 5.6　水合物防治方法的比较

措施	投资	燃料需求	维护费用	化学药剂	场地面积	风险	停运时间
井下节流	非常低	不需要	不需要	不需要	不需要	高	短
井口加热	非常高	非常高	低	非常少	非常大	高	短
甲醇加注	非常低	不需要	低	非常高	非常小	中等	短
甘醇加注	高	中等	低	高	非常大	高	短

5.9　水合物抑制剂

5.9.1　Hammerschmidt 方程

用 HammerschSchmidt 方程确定水相降低水合物温度所需的抑制剂用量。具体公式为

$$\Delta T=\frac{KW}{100M-MW} \tag{5.5}$$

式中　ΔT——水合物生成温度降低值 ℉；

M——抑制剂的分子量；

K——常数，可查表求得；

W——抑制剂在最终水中的质量百分比。

抑制剂	常数	
	M	K
甲醇	32.04	2335
乙醇	46.07	2335
异丙醇	60.10	2335
乙二醇	62.07	2200
丙二醇	76.10	3540
二甘醇	106.10	4370

5.9.2 所需总抑制剂量的计算

总抑制剂量=所需抑制剂量+抑制剂挥发损失量+溶解在烃液中的量（5.6）从图 5.24 中确定了抑制剂在气相中的损失情况。可溶于液烃的抑制剂约为 0.5%。

5.9.3 确定抑制剂要求的过程

这个过程用一个例子来说明，如图 5.22 所示。

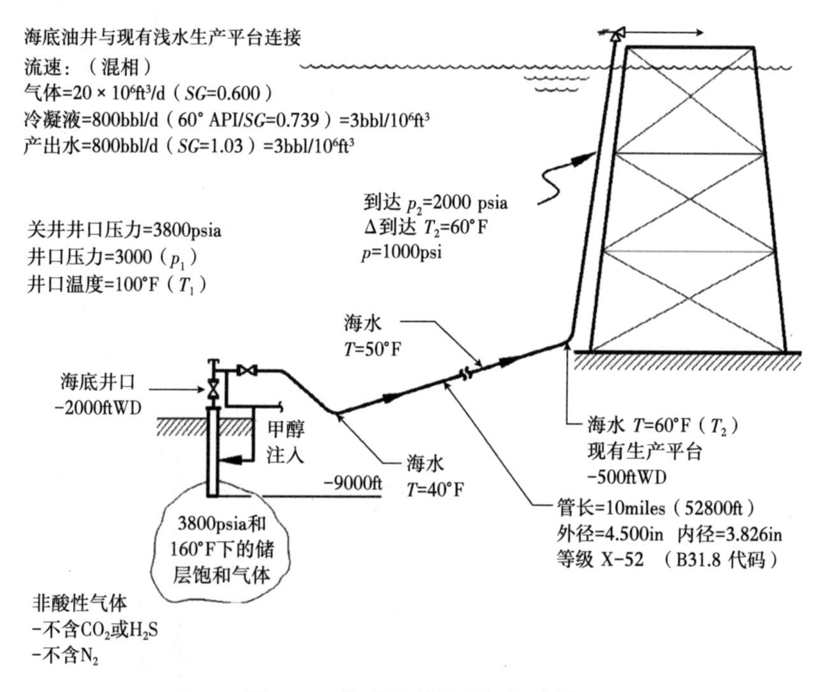

图 5.22 海底油井甲醇加注式例

例 5.5：计算湿气中所需甲醇加注量

条件：井口温度=海底油井 100℉

目标：计算防止水合物形成所需的甲醇总量。保守的方法是假定气体在井口条件下含水饱和。

解法：

（1）凝结的水量由 McKetta-Wehe 确定（图 5.23），假设天然气在储集层和井口条件下是饱和的。

$$含水量=在井口为 32.0\ lb/10^6ft^3\ （3000psia 和 100℉）$$

$$含水量=在平台为 11.5\ lb/10^6ft^3\ （2000psia 和 60℉）$$

$$凝结水量=20.5\ lb/10^6ft^3$$

$$采出水量=1083\ lb/10^6ft^3$$

$$总水量=1103.6\ lb/10^6ft^3$$

（2）从压力—温度曲线来看，水合物生成温度为 68℉（图 5.13）。

要求水露点降为（68-60）℉=8℉

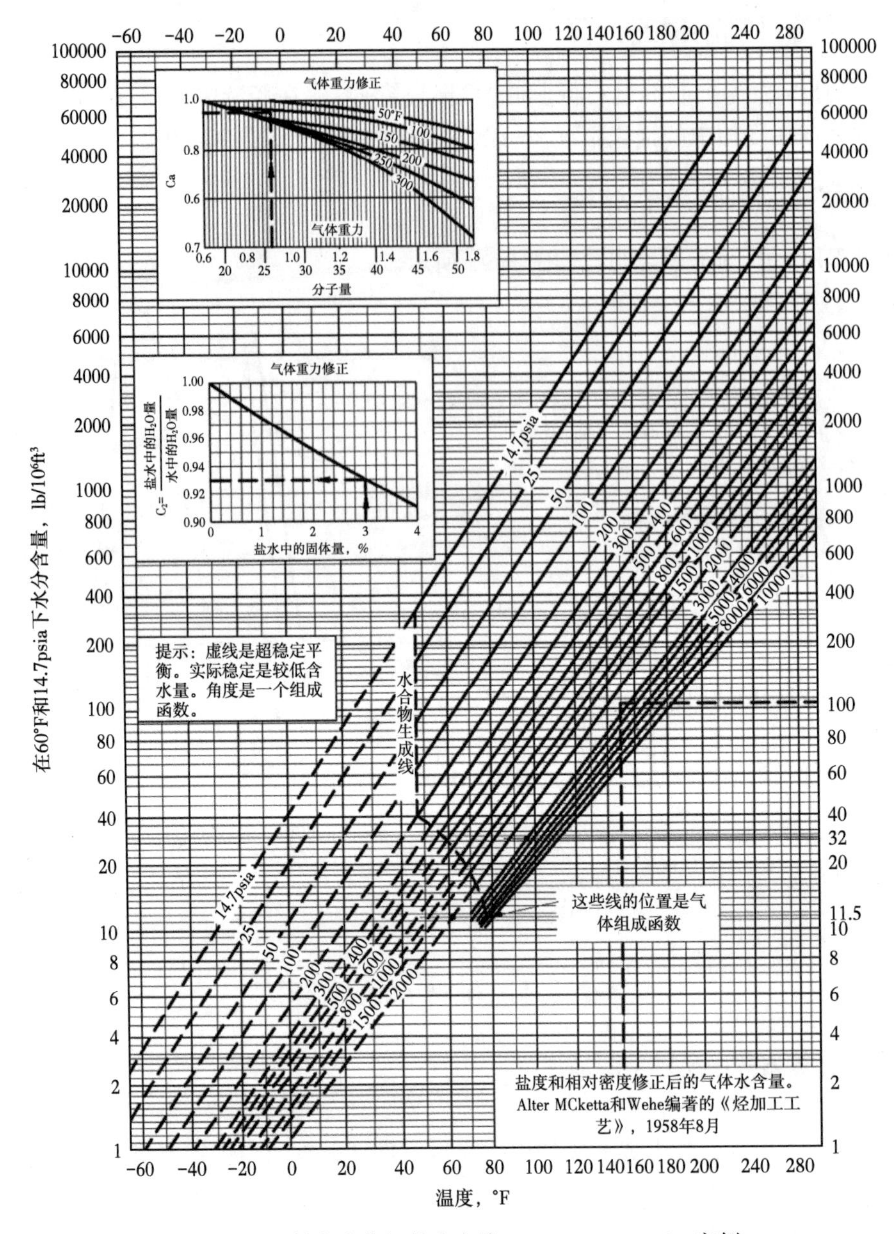

图 5.23 低含硫贫气的水含量——McKetta-Wehe 实例

（3）由方程（5.5）求出的液态水相所需甲醇浓度为

$$8^{\circ}\mathrm{F}=\frac{2335W}{100\times 32.042-32.042W}$$

求解得 $W=9.892\%=0.09892$

（4）因此，估算液态水相所需的甲醇为

$$=\frac{0.09892}{1-0.09892}\left(1103.65\ \frac{\mathrm{lb}}{10^6\mathrm{ft}^3}\right)$$

$$=121.15\ \mathrm{lb}/10^6\mathrm{ft}^3$$

（5）从图 5.24 可知，甲醇在 2000psia 和 60℉下闪蒸成气体的量为

$$=\frac{(x)\ \text{lb. 甲醇}=10^6\text{ft}^3\ (14.7\ \text{psi},\ 60℉)}{\text{甲醇在水中的质量分数}}$$

$$=1.52$$

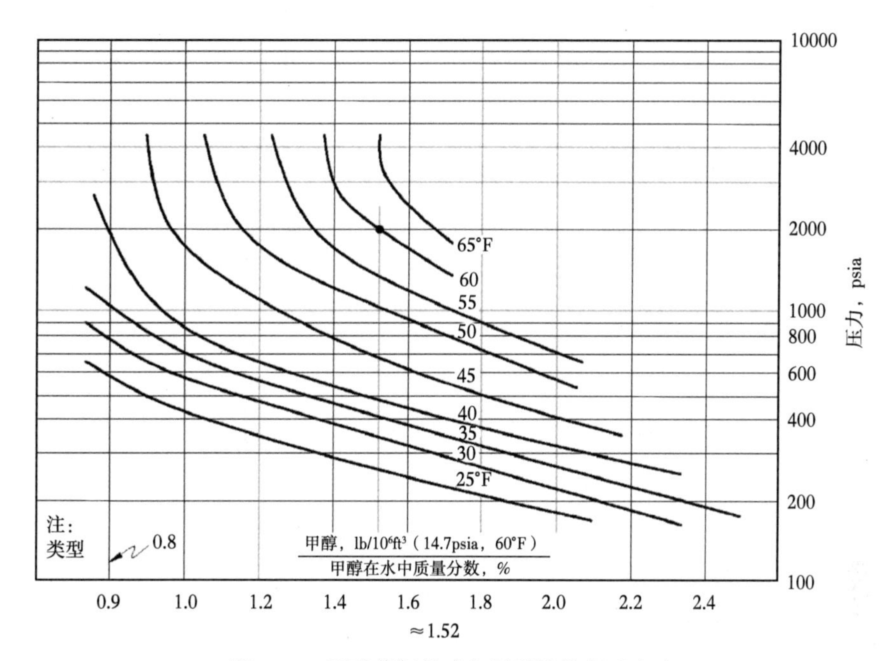

图 5.24　甲醇蒸气组成与甲醇液体组成之比

（6）因此，气相（x）中的甲醇是 1.521×9.892%＝4.94 lb/10^6ft^3

（7）凝结水重量：0.739×5.6146ft^3/bbl×62.41 lb/ft^3＝258.9 lb/bbl

（8）因此，在凝结水或液态烃相（假设按重量计溶解度为 0.5%）中，大约溶解甲醇的量为

$$=\frac{0.005}{1-0.005}\times 258.9\ \text{lb/bbl}\times 40\text{bbl}/10^6\text{ft}^3)$$

$$=52.04\ \text{lb}/10^6\text{ft}^3$$

（9）因此，所需甲醇的总量为

液态水中＝121.15 lb/10^6ft^3

气相中＝14.94 lb/10^6ft^3

溶于凝液中＝52.04 lb/10^6ft^3

总量＝188.13 lb/10^6ft^3

lb/d＝(188.13 lb/10^6ft^3)×(20×10^6ft^3)＝3762.6 lb/d

请注意，对于生产合理或高产凝析油的凝析气井，凝析油中溶解甲醇的量对确定所需甲醇量至关重要。

加入 188 lb 的甲醇，约 121 lb 可溶于水相中。由于甲醇的相对密度为 0.791（68℉），这相当于：

$$\frac{188.13\ \text{lb}/10^6\text{ft}^3}{0.791\times 8.3453\ \text{lb/gal}}=28.5\text{gal}/10^6\text{ft}^3$$

$$\frac{(28.5\text{gal}/10^6\text{ft}^3)}{42\text{gal/bbl}}=0.679\text{bbl}/10^6\text{ft}^3$$

$$0.679\text{bbl}/10^6\text{ft}^3\times 20\times 10^6\text{ft}^3=13.57\text{bbl/d}$$

注意，在下面的示例电子表格（图 5.25）中，由于甲醇的溶解度在 0.5% 到 3.0%（质量分数）之间变化，总甲醇需求的灵敏度是不同的（目前的研究报告和实验室分析表明，其溶解度实际上接近 0.5%）。

水合物抑制-Hammerschmidts 方程-最大程度抑制需求-甲醇的工作Rev.3：GPSA（Flg.20-33，p.20-18）

注意基于冷凝液量和MeOH在冷凝液相中的溶解度的总MeOH体积的灵敏度

输入值　　实例I.D:	井#1	井#1	井#1	井#1	井#1
Q_g=名义气体流速，10^6ft³/d	20	20	20	20	20
Q_l=凝析液流速，bbl/d	800	800	800	800	800
Q_w=游离水流速，bbl/d	60	60	60	60	60
SG_g=气体相对密度	0.600	0.600	0.600	0.600	0.600
SG_c=凝析液相对密度	0.739	0.739	0.739	0.739	0.739
SG_w=游离水相对密度	1.030	1.030	1.030	1.030	1.030
SG_m=甲醇相对密度	0.791	0.791	0.791	0.791	0.791
Wc%=凝析液中甲醇的溶解度，%（质量分数）	3.00	1.50	1.00	0.80	0.53
W_1=油嘴上游的含盐水率，lb/10^6ft³	32.0	32.0	32.0	32.0	32.0
W_2=油嘴下游的含盐水率，lb/10^6ft³	11.5	11.5	11.5	11.5	11.5
p_2=油嘴下游的压力，psi	2000	2000	2000	2000	2000
T_2=油嘴下游的温度，°F	60.0	60.0	60.0	60.0	60.0
dT=高于水合物生成的临界设计温度，°F（例，安全因素）	0	0	0	0	0
中间值					
W_f=游离水，lb/d	21653	21653	21653	21653	21653
W_c=冷凝水，lb/d	410	410	410	410	410
W_o=总水流速，lb/d	22063	22063	22063	22063	22063
R=甲醇蒸汽/液体比率，lb/（10^6ft³·%）	1.508	1.508	1.508	1.508	1.508
d=水露点降低，°F	8.35	8.35	8.35	8.35	8.35
Kh=抑制常数，（lb·°F）/（lb·mol）	2335	2335	2335	2335	2335
MW_i=甲醇摩尔质量（lb/mol）	32.042	32.042	32.042	32.042	32.042
=水中所需抑制剂质量分数，%	10.28	10.28	10.28	10.28	10.28
W_v=甲醇汽化损耗量，lb/d	310	310	310	310	310
W_l=甲醇溶入水的量，lb/d	2527	2527	2527	2527	2527
W_c=甲醇溶入冷凝液的量，lb/d	6406	3154	2092	1670	1111
计算值					
T_h=气体生成水合物的温度，°F	68.3	68.3	68.3	68.3	68.3
W_m=所需甲醇的质量流速，lb/d	9243	5991	4929	4507	3948
lb/h	385	250	205	188	164
lb/10^6ft³	462	300	246	225	197
Q_m=所需甲醇的液体体积流速，gal/d	1401	908	747	683	598
bbl/d	33.3	21.6	17.8	16.3	14.2
gal/min	0.97	0.63	0.52	0.47	0.42
gal/10^6ft³	70.07	45.39	37.35	34.15	29.91
bbl/10^6ft³	1.67	1.08	0.89	0.81	0.71

图 5.25　甲醇溶解度灵敏度的电子表格

练习

（1）在 2000psia 和 100℉时计算天然气的含水量，组分如下：

组分	摩尔分数，%
N_2	8.5
H_2S	5.4
CO_2	0.5
C_1	77.6
C_2	5.9
C_3	1.9
iC_4	0.1
nC_4	0.1
iC_5	100.0

使用下列数据：

①McKetta-Wehe 图；

②加权平均法（方程 5.2）；

③SRK“快速查看”法。

（2）饱和含水的天然气在 122℉和 2900psia 下离开井口。在下游，天然气在 1015psia 和 50℉的条件下进入分离器，可以从分离器中分离出多少液态水？

（3）天然气压力 1000psia，$M=20.37$，组分如下：

组分	摩尔分数，%
N_2	10.1
C_1	77.1
C_2	6.1
C_3	3.5
iC_4	0.7
nC_4	1.1
C_{5+}	0.8
	100.0

通过下列参数确定水合物形成温度：

①气—固平衡常数；

②压力—温度相关曲线。

（4）确定流体压力为 5000 psia 和下游背压为 1000 psia 的节流管的温降。该井流物可产生 60 bbl/(10^6ft^3 · d）的液态烃。

（5）$9.5\times10^6ft^3$/d（$S=0.65$），水合物生成温度为 70℉，在加热管道中冷却到 40℉。假定管道压力为 900 psia。如果气体在 90℉时达到饱和并产生游离水，那么每天必须添加多少甲醇？

6　凝析油稳定

生产分离器分离出的液体可以直接进入储罐，也可以进行“稳定”。正如第 1 卷第 2 章所讨论的，这些液体中含有很大比例的甲烷和乙烷，这些甲烷和乙烷会在储罐中闪蒸成气体。这降低了罐内其他组分的分压，并增加了它们向蒸气中闪蒸的倾向。在液相中增加中间组分（C_3—C_5）和重组分（C_6）含量的过程称为“稳定”。在气田中，这一过程称为凝析油稳定，在油田称为原油稳定。

一般情况下，分子作为液体的价值是高于气体的。原油中通常含有较低的中间组分。因此，通过多级分离来稳定原油通常是不经济的。此外，油的高温处理比稳定更为重要，可能需要将中、重组分闪蒸至气相中。

另一方面，凝析气含有相对较高的中间组分，由于其黏度低，与水的密度差较大，很容易与夹带水分离。因此，每个气井生产设施都应考虑凝析油稳定。

6.1　分压

正如在第 1 卷中指出的，在任何阶段闪蒸到气体中的任一组分的分数是该阶段流体的温度、压力和组成的函数。在给定的温度下，这种闪蒸趋势可以用气相与液相处于平衡状态的组分的分压来表示。分压的定义为

$$\text{分压}_n = (\text{摩尔数}_n / \text{总摩尔数}) \times \text{气体压力}$$

当气相中含有更多的其他组分时，在给定压力和温度下的分压较低。分压越低，组分向气体闪蒸的趋势越大。因此，任何分离器入口流体中轻组分的比例越高，分离器气相中的中间组分分压就越低，闪蒸进气体的中间组分的数量也就越多。

6.2　多级分离

图 6.1 显示了一个多级分离过程。通过第一个分离器分出轻组分，这些组分不会从第二个分离器中的液体闪蒸到气相中，第二个分离器中间组分的分压比不设置第一个分离器时要高。第二分离器具有提高第三分离器中间组分分压的功能。

凝析油稳定的最简单形式是在初始高压分离器下游安装低压分离器。与增加液体产量相比，分离阶段增加的费用在经济上是可行的，除非气井在低压下生产（<500 psi），而且凝析油含量很低（<100 bbl/d）。如果环境法规不要求从储罐中回收闪蒸气，闪蒸分离器将大大减少所需的功率。如果要求闪蒸气回收，闪蒸分离器分出的气体可以回收和再压缩以供销售，这在经济上也是可行的。

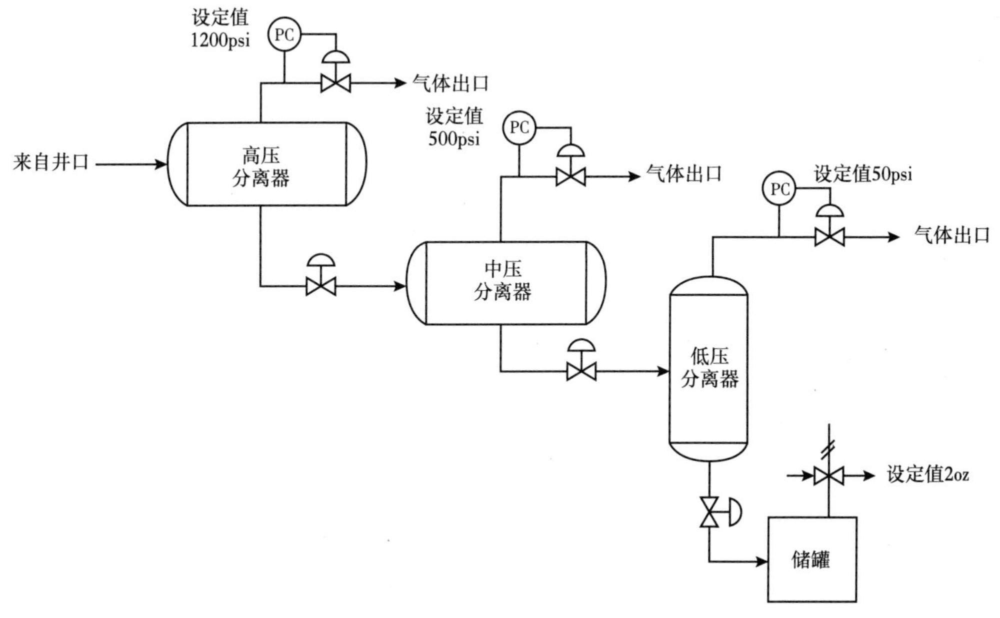

图 6.1　多级分离工艺

6.3　恒压升温多次闪蒸

如图 6.2 所示，通过在不断升高的温度下连续闪蒸凝析油，可以在恒定压力下稳定凝析油。在每一个连续的阶段，中间组分分压高于相同温度下轻组分未被前一阶段移除时的分压。如图 6.2 所示，工艺流程将花费很大的代价，而且从来没有这样做过。相反，在一个顶部温度低、底部温度高的垂直压力容器中也能得到同样的效果。这就是所谓的“凝析油稳定塔”。

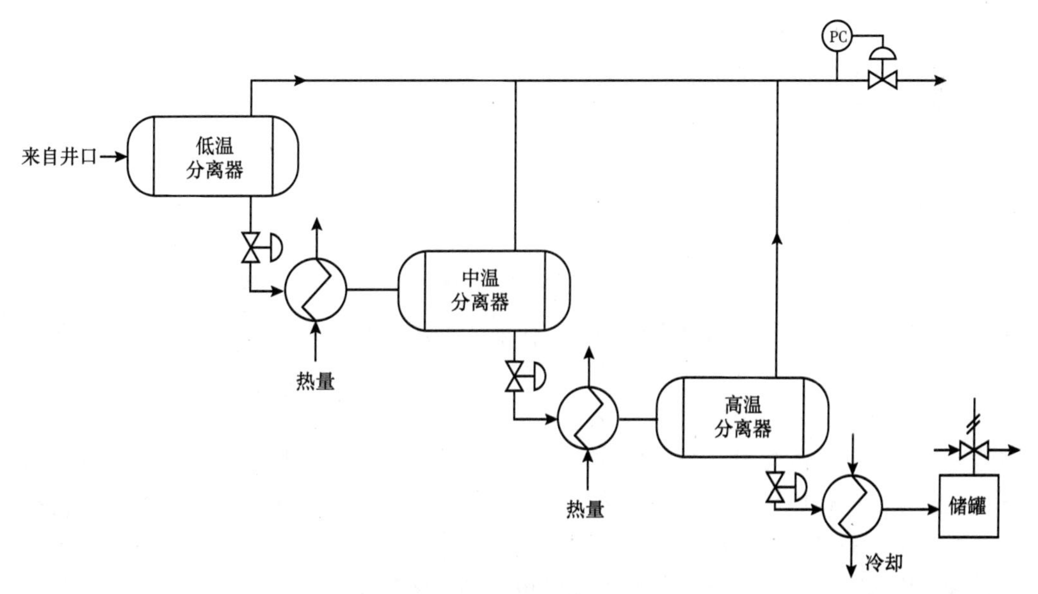

图 6.2　恒压升温多次闪蒸

图 6.3 显示了凝析油稳定系统。井流物通过高压三相分离器，含有大量轻烃的液体被冷却并进入 200psi 的稳定器塔。

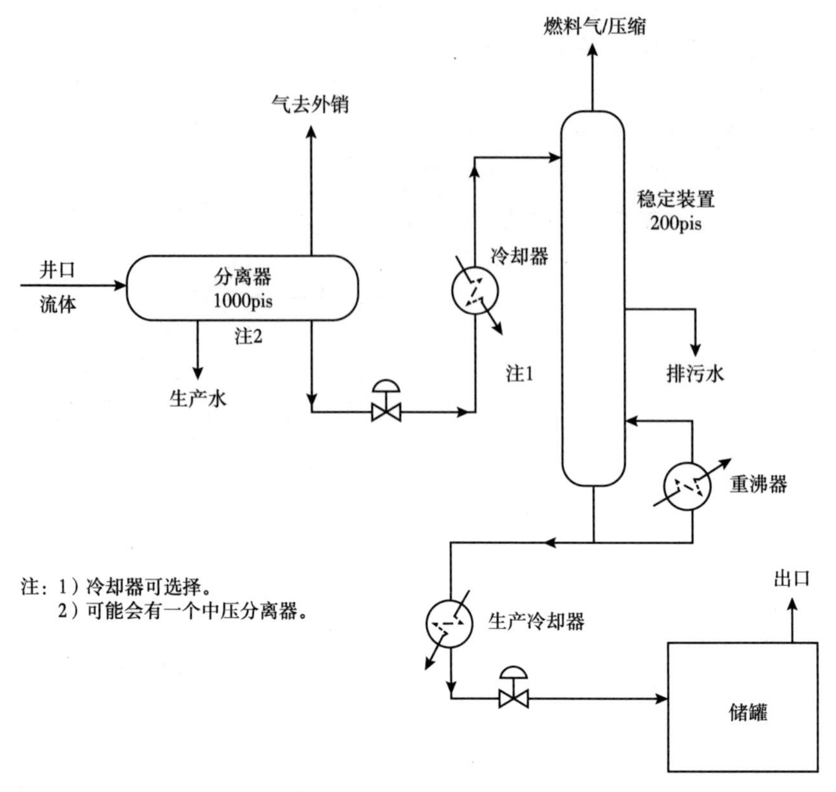

图 6.3　凝析油稳定装置

在塔内，液体在不断下降的过程中由于温度不断升高而发生多次闪蒸。在塔底，一些液体被循环到重沸器加热，用来提供塔底所需要的温度（200~400℉）。重沸器既可以是直接加热式，间接燃烧式，也可以是热媒换热器。

随着温度的升高，离开塔底的液体经过一系列闪蒸，轻组分从塔顶脱除。这些凝析油必须冷却到足够低的温度，以防止蒸气在储罐中被闪蒸到大气中。

6.4　冷进料精馏塔

图 6.4 是图 6.3 中的冷进料精馏塔。原料进入塔顶，从一个塔板到另一个塔板原料会被热气流加热，每个塔板上都会发生闪蒸，使液体在塔压力和塔板温度下与上方气体接近平衡。

当液体下落时，轻组分变得越来越少，重组分变得更富集。在塔底，一些液体通过重沸器循环，以增加塔的热量。当气体从一块塔板上升到另一块塔板时，越来越多的重组分被从每个塔板的气体中剥离出来，气体在轻组分端变得越来越富集，在重组分端变得越来越少（与液体正好相反）。天然气从塔顶离开。

进液温度越低，中间组分闪蒸到顶部塔板上的比例越低，塔底中这些组分的回收率越高。然而，进料越冷，从重沸器中需要更多的热量才能从塔底除去轻组分。如果液体中存

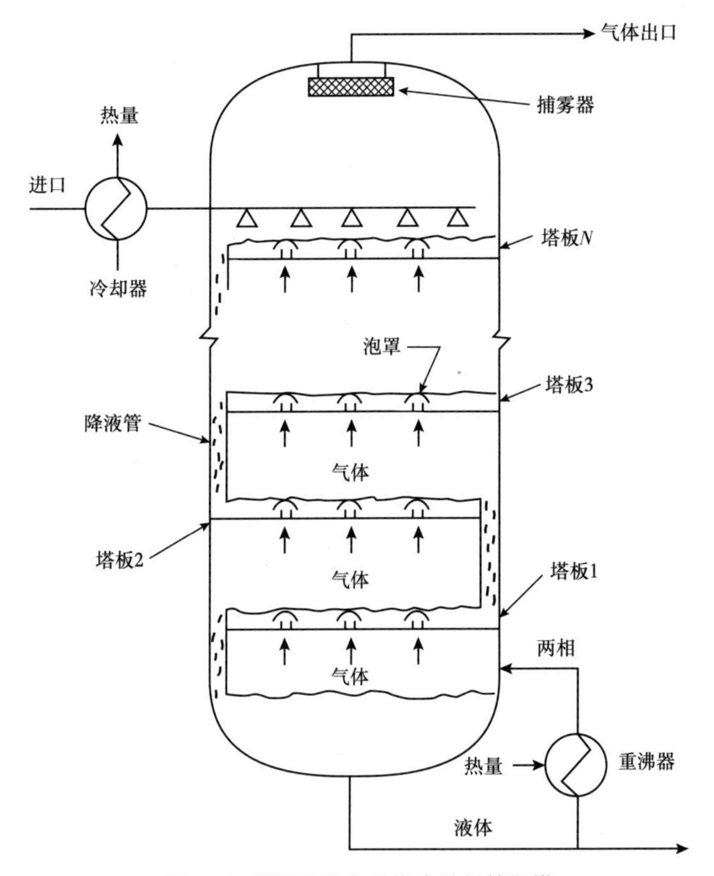

图 6.4 凝析油稳定系统冷进料精馏塔

在过多的轻组分，则可能会超过液体的蒸气压限制。轻组分会促进中间组分在储罐中闪蒸（通过降低它们的分压）。入口冷却量与重沸器加热量之间存在平衡。

通常，塔底部的液体必须满足规定的蒸气压。该塔的设计必须在不超过蒸气压规定值的前提下尽量扩大液体中间组分的量。这是通过使尽可能多的甲烷和乙烷从液体中脱除，同时保留尽可能多的重组分而实现的。

给定入口组分、压力和温度，塔温和达到特定蒸气压液体的塔板数目可按如下进行选择：

(1) 假定一种可满足热气压要求的初始组分分割方式，即假设塔顶（气体）和底部（液体）之间的每一组分。有多种经验法则可以用来估计这种分割，以获得一个需要的蒸气压。分割方式确定后，液体的假定成分和气体的假定成分都是已知的。

(2) 计算塔底稳定这种液体所需的温度。这是塔压力和假定出口成分的泡点的温度。由于组分和压力已知，可以计算出泡点温度。

(3) 计算气体与液体的平衡组分。已知液体的组成、压力和温度，计算与该液体处于平衡状态的气体的组成。

(4) 计算从塔板 1 降下来的进口液体的组成。由于底部液体的组成、与液体平衡的气体组成均为已知，这个塔板的进料的组成也就已知。这就是塔板 1 降下来的液体的组成。

(5) 计算塔板 1 的温度。从焓平衡出发，液体从塔板 1 降下来的温度，也就是塔板 1

上闪蒸的温度，可以计算出来。如果知道组成，就可以计算焓。焓必须保持不变，所以从塔板 1 掉下来已知成分的液体在已知温度下的焓等于液体和气体在已知温度下闪蒸的焓之和。

（6）这一过程可以在塔上部进行到塔板 N，这确定了进料温度和气相出口的组成。

（7）根据进料组分和出口气相组分，可以计算出液体出口组分，并与步骤（1）中假设的组分进行比较。

（8）改变温度或塔板数，直到计算出的出口液体组分等于假设的组分，并且液体的蒸气压等于或小于假定的组成。如果液体的蒸气压太高，则必须提高塔底温度。

6.5 带回流的稳定塔

图 6.5 显示了一个带有回流的稳定塔。原料用塔底液加热后进入塔内，进料位置在塔顶以下，是塔内温度等于进料温度。这减少了闪蒸量。塔的作用与冷进料稳定塔或任何其他精馏塔中的作用相同。随着液体的下降和气相组分的上升，重组分越来越富，轻组分越来越贫。在进入储罐之前，通过进料流体将稳定后的凝析油在换热器中冷却。

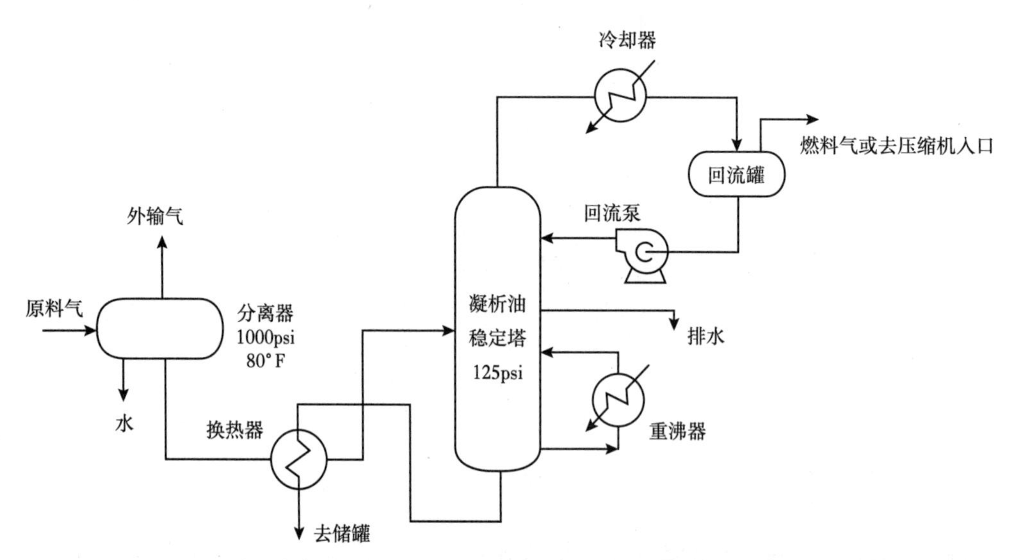

图 6.5　具有原料气/稳定凝析油换热器和塔顶回流的凝析油稳定塔工艺流程

在塔顶，任何与气体一起排出的中间组分都会凝结、分离、通过泵回到塔，从上端塔板分散下降。这种液体被称为“回流”，将其与气体分离的两相分离器称为“回流罐”或“回流鼓”。回流在冷进料稳定塔中起着与冷进料相同的作用，当气体上升时，冷液从气体中分离出中间组分。

重沸器所需的热量取决于冷凝器的冷却量。冷凝器越冷，产品越纯净，中间组分的比例越大，这些中间组分将在分离器中回收，并防止随气体流出。底部越热，从底部液体中蒸出的轻组分的百分比就越大，塔底液体的蒸气压越低。

具有回流的凝析油稳定塔比冷进料稳定塔从气体中回收更多的中间组分。然而，它需要购买、安装和操作更多的设备，这一额外的成本必须以增加液体回收的净效益为依据，减去天然气减少量和消耗热值的成本后，超过了从冷进料稳定塔中获到的效益。

6.6 凝析油稳定塔设计

从前面的描述可以看出，冷进料稳定塔和回流稳定塔的设计都是相当复杂的过程。在已知进料流特性和塔底产物所需蒸气压的情况下，可以利用精馏计算机模拟来优化稳定塔的设计。在选择前，应同时使用冷进料稳定塔和回流稳定塔。由于需要大量的计算，不宜用手工计算来设计精馏过程，手工计算出错的可能性太大。

通常，原油或凝析油销售合同将规定一个最大雷德蒸气压（RVP），这种压力是根据特定的 ASTM 测试程序来测量的。样品被放置在真空容器中，使气体体积与液体体积之比为 4:1。然后将样品浸泡在 100℉的水浴中。测量的绝对压力就是混合物的 RVP。

由于一部分液体被蒸发到气相空间，液体将失去一些较轻的组分。这有效地改变了液体的组成，产生的蒸气压略低于液体在 100℉时的真实蒸气压。图 6.6 可以用来估计任何

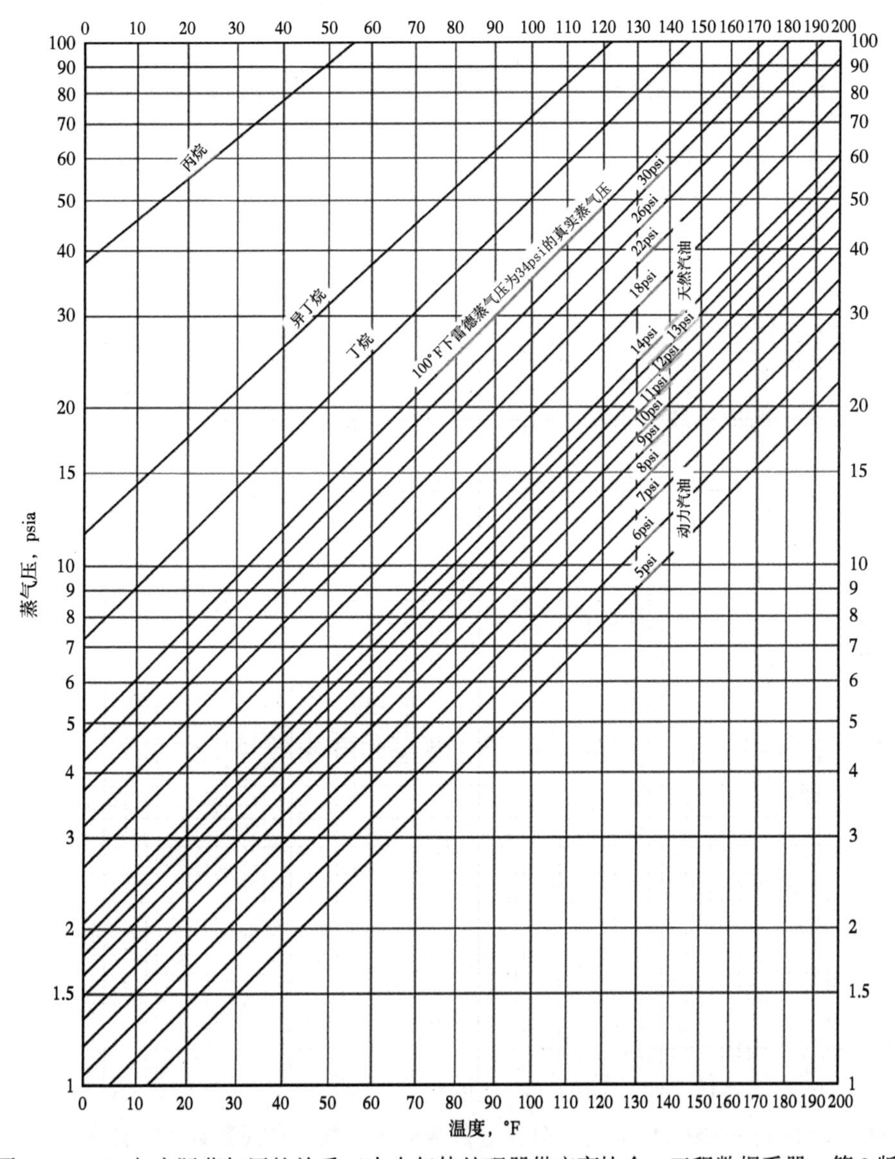

图 6.6 RVP 与实际蒸气压的关系（来自气体处理器供应商协会，工程数据手册，第 9 版）

温度下的真实蒸气压。

根据真实蒸气压和RVP之间的固有误差，在稳定塔设计时，可使塔底液体的真实蒸气压达到要求。不同烃类组分在100℉时的蒸气压见表6.1。

表6.1　不同组分的蒸气压和相对挥发性

组分	100℉下的蒸气压，psia	相对挥发度
C_1	5000	96.9
C_2	800	15.5
C_3	190	3.68
iC_4	72.2	1.40
nC_4	51.6	1.00
iC_5	20.4	0.40
nC_5	15.6	0.30
C_6	5.0	0.10
C_{7+}	≃0.1	0.00
CO_2	—	无限
N_2	—	无限
H_2S	394	7.64

如果知道所需的液体蒸气压，塔底温度可以近似估算。混合物的蒸气压由以下几个因素构成。

$$\mathrm{VP} = \sum \mathrm{VP}_n \times \mathrm{MF}_n \tag{6.1}$$

式中　VP——混合物的蒸气压，psia；

VP_n——组分 n 的蒸气压，psia；

MF_n——液相中组分 n 的摩尔分数。

为了估计所需的塔底部液体组成，不同组分在100℉时的蒸气压可看作是组分波动的衡量。因此，假设 nC_4 的一种分割方式（分离摩尔分数），液体中每一组分的摩尔分数可从以下几个方面估算：

$$L_n = \frac{F_n(nC_4\mathrm{split})}{\mathrm{RV}_n} \tag{6.2}$$

$$\mathrm{MF}_n = \frac{L_n}{\mathrm{SUM}(L_n)} \tag{6.3}$$

式中　F_n——流体中组分 n 的总物质的量；

L_n——塔底部液体中组分 n 的总物质的量；

（nC_4 split）——假设的 nC_4 组分在底部液体中的物质的量除以 nC_4 进料的物质的量；

RV_n——组分 n 的相对挥发性，来自表6.1。

为了确定塔底部液体的组成，假设 nC_4 split，并从式（6.2）和式（6.3）中计算 MF_n。然后，可以根据方程（6.1）计算蒸气压。如果蒸气压高于所需的 RVP，则为 nC_4split 选择一个较低的数值。如果计算的蒸气压低于所需的 RVP，则为 nC_4split 选择一个较高的数值。迭代直到计算出的蒸气压等于所需的 RVP。

然后，在选定的操作压力下，通过计算上一次迭代所描述的液体泡点来确定塔底温度。这是通过选择一个温度，根据第 3 章第 1 卷确定平衡常数和计算来实现的：

$$C = \text{Sum}\ (L_n \times K_n) \tag{6.4}$$

如果 $C>1.0$，则假定温度过高。如果 $C<1.0$，则假设温度太低。通过迭代，可以确定 $C=1.0$ 时的温度。

通常，塔底温度在 200~400℉，这取决于操作压力、塔底组分和蒸气压的要求。温度应保持在最低，以减少热量需求，防止积盐，并防止腐蚀。

当稳定器工作压力保持在 200psi 以下时，重沸器温度通常在 300 ℉以下。然后可以使用醇液加热介质来提供热量。较高的稳定塔工作压力要求使用蒸气或碳氢化合物为基础的加热介质。然而，在较高的压力下工作，会减少进料进入塔时的闪蒸，这就减少了进料冷却所需的量。一般来说，凝析油稳定塔应该设计在 100 到 200psi 之间运行。

6.7 塔盘和填料

实际平衡塔板的数量决定了将要发生闪蒸的次数。板数越多，分离越完整，但塔越高、越贵。大多数凝析油稳定塔包含大约 5 个理论塔板。在回流塔中，进料上方的部分称为精馏段，而进料下面的部分称为提馏段。精馏段通常包含进料上方的两个平衡塔板，而提馏段通常包含 3 个平衡塔板。

塔内的理论板数由实际的分离装置（通常是塔盘或填料）提供。塔体的实际直径和高度可以根据制造商的数据得出。塔的高度是理论板数和实际塔板效率的函数。塔的直径是实际塔板水力能力的函数。

6.7.1 塔盘

对于大多数塔盘，液体流过塔盘的“活动区域”，然后进入下一个塔盘的“降液管”，以此类推。入口和（或）出口堰控制整个塔盘的液体分配。蒸气沿塔向上流动，穿过塔板活动区域，通过（并接触）流过塔板的液体冒泡。蒸气分布由塔板上的筛孔（筛板）、泡罩或浮阀（浮阀塔板）控制。

塔盘工作在液体包络线内。当气化率过高时，液体从一个塔板向上输送到下一个塔板(实质上是将液相在塔中返混)。对于浮阀塔板和筛板，当气相流速过低时，存在一个容量下限，在这种情况下，液体从塔盘降下，而未穿过活动区域进入降液管。由于液体没有流过塔板，它没有与蒸气充分接触，分离效率急剧下降。

塔板一般分为筛板、浮阀塔板、泡罩塔和高容量/高效率塔板四大类。

6.7.1.1 筛板

筛板是最便宜的塔板选择。在筛板中，流经塔的蒸气通过筛板上的小孔与液体接触(图 6.7b)。筛板依靠蒸气速度来排除液体从塔板上的孔中掉下来。如果蒸气速度比设计低得多，液体就会开始流过孔洞，而不是进入降液管。这种情况称为漏液。在漏液严重的地方，平衡效率会很低。由于这个原因，筛板的调节比很小。

6.7.1.2　浮阀塔板

浮阀塔板本质上是改良的筛板。像筛板一样，塔板上有孔。然而，这些孔比筛板上的孔大得多。每个孔都装有浮阀的装置。流经塔顶的气体通过塔板上的浮阀与液体接触（图6.7c）。浮阀可以固定或移动。固定浮阀是永久开放的，相当于塔板孔气相的导向板。对于移动的浮阀，通过塔板的气体提升阀门并与液体接触。移动浮阀有多种设计，取决于制造商和适用性。在低气体流率下，浮阀将关闭，帮助防止液体从塔板上的孔中掉下来。当气相流率足够低时，阀盘就会开始漏液。也就是说，一些液体会从浮阀中漏出，而不是流向塔板降液管。在很低的气相流率下，所有的液体都会从浮阀中掉下来——没有液体会到达降液管。这种严重的漏液被称为“液泛”。此时，塔板的效率几乎为零。

6.7.1.3　泡罩塔

在泡罩塔中，流经塔顶的气体通过气泡帽与液体接触（图6.7a）。每个泡罩组件由一个升气管和一个盖子组成。上升的气体经过塔板上的升气管，然后向下变成气泡，进入泡帽周围的液体中。由于其设计原因，泡罩不会漏液，但泡罩的价格也较高，相比较于浮阀或筛板其处理能力低、压降大。

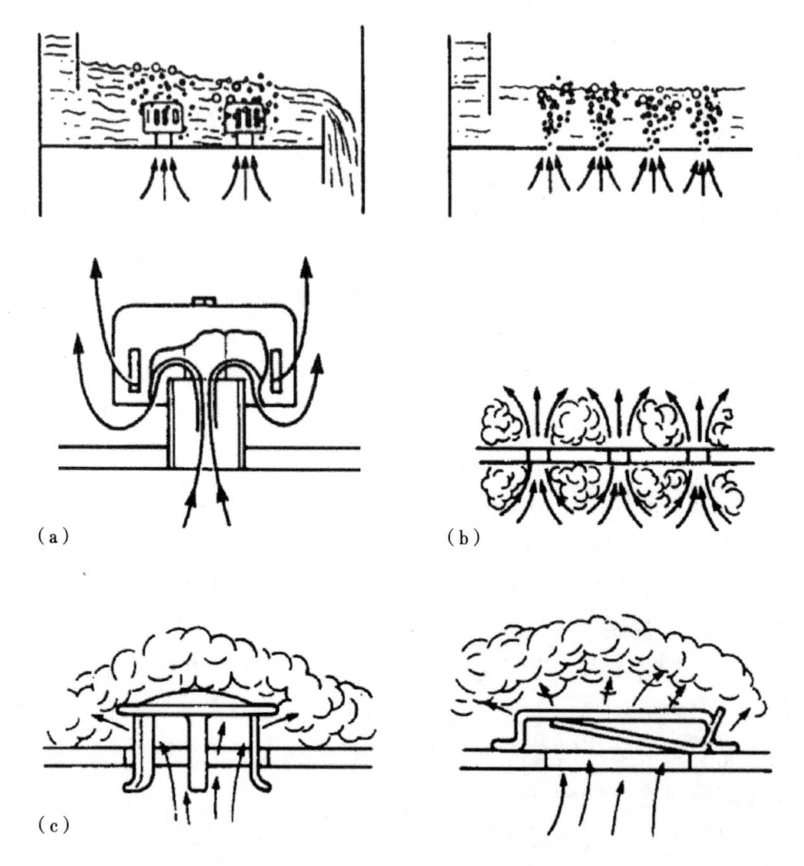

图6.7　气体流经塔盘示意图（气体通过（a）泡罩、（b）筛板、（c）浮阀）

6.7.1.4 高容量/高效率塔

高容量/高效率塔板有浮阀、筛板或两者兼有，它们通过利用降液管下的活动区域来获得更高的效率和容量。每一个高容量/高效率塔板的主要供应商都有自己的塔板形式，而且设计是专有的。

6.7.1.5 泡罩塔和浮阀塔对比

在低气相流率下，浮阀塔会漏液。泡罩塔不会漏液（除非它们被损坏）。由于这个原因，一般认为泡罩塔的低负荷可以无限低。在吸收过程（如甘醇脱水）中，气体与液体充分接触比液体与气体接触更为重要，但在蒸馏过程（如稳定）中，更重要的是液体与气体充分接触。

随着气体流速的降低，塔板的效率也随之降低。最终，一些活动的装置（浮阀或泡罩）会失效，通过这些失效装置的液体很少与气体接触。在非常低的气相流率下，气相流动只会集中在塔板的某些部位（或者，在极限范围内，一个泡罩或一个浮阀）。此时，液体可能会流过整个活动区域，而不会接触到大量的气体。这将导致精馏塔塔板效率非常低。泡罩塔没有其他措施可以弥补这一缺点。

然而，一个浮阀塔板可以设计重型浮阀和轻型浮阀，在高气相流率下，所有浮阀都将打开。随着气相流率的降低，浮阀将开始关闭。在塔板上有轻型和重型浮阀时，重型浮阀将首先关闭，部分或全部轻型浮阀将保持打开状态。如果轻型浮阀适当地分布在有效区域上，即使塔板的效率在低气相流率下降低，那么剩余的效率就会分布在整个塔板上。所有流经塔板的液体都会接触到一些气体，传质将继续进行。当然，即使采用轻型浮阀，如果气相流率降低到足够低，塔板也会漏液，最终无法操作。然而，如果有一个设计得当的浮阀塔板，这一失效点可能会低于类似的泡罩塔失效点。因此，在蒸馏应用中，浮阀塔比泡罩塔具有更好的低负荷比。

6.7.1.6 塔板效率和塔高

对于凝析油稳定塔，通常塔板只有70%的平衡效率。即一个理论塔盘需要1.4个实际塔盘。塔板间距是喷射高度和降液管液柱高度（降液管中清液柱高度）的函数。塔板间距通常在20~30in之间（24in是最常见的），取决于具体设计和内部的气液传质传热。较高的操作压力下（>165psia），塔板间距可以增加，因为压力较高时在有效区域和降液管中分离气体比较困难。

6.7.2 填料

通常填料有两种型式：散堆填料和规整填料。

填料床内液体分布与内部气/液传质传热、所使用的填料类型以及安装在填料床上方的液体分布器的质量呈函数关系。

填料的材质可以是塑料的、金属的或陶瓷的。充填效率可以用HETP（等板高度）来表示。

6.7.2.1 散堆填料

散堆填料床一般包括填料支撑板（一般是一个注气支撑板），填料不规则地排列在上面（填料经常是无秩序地倾倒在支撑板上面）。有时在散堆填料床层上设置填料床层限制器或者填料压板来限制填料移动或夹带向上。散堆填料形状和尺寸各不相同。对于同一形状（设计）的填料，尺寸小的填料具有更高的效率和更低的容量。

图 6.8 显示不同的散堆填料类型。最早设计的是拉西环。拉西环是管状的短节，具有低热容、低效率和高压差的特点。今天的工业标准是开槽金属环（鲍尔环）。

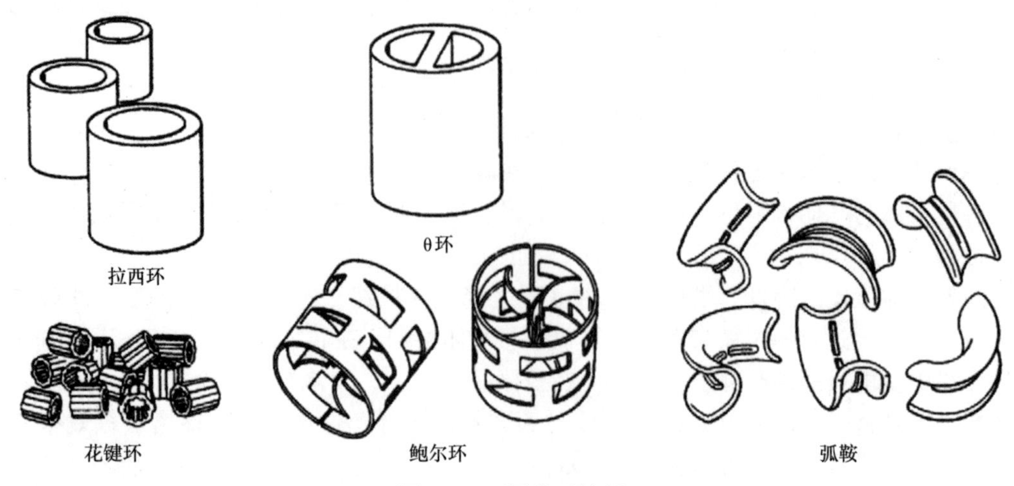

图 6.8　不同类型填料

6.7.2.2　规整填料

规整填料床由放置规整填料元件的支架组成。规整填料床的压降通常低于传质效率相当的散装填料床。规整填料元件由网格（金属或塑料）或编织网（金属或塑料）或垂直卷曲薄板（金属、塑料或陶瓷）平行堆叠而成。图 6.9 所示为规整填料的垂直卷曲片式示例。

图 6.9　规整填料比塔盘的传质效果更好（由科赫工程有限公司提供）

网格型规整填料具有高容量和低效率的特征，通常用于传热或蒸汽洗涤。金属丝网和卷曲片式规整填料通常比网格式填料具有更低的容量和更高的效率。

6.7.3　塔盘或填料

塔盘或填料有多种类型，需根据项目范围（新建或改造）、经济性、操作压力、预期操作灵活性和物理特性等众多因素综合比选决定。

6.7.3.1 蒸馏工艺

对于蒸馏工艺，如凝析油稳定塔选用塔板，许多工程师更倾向于选择塔板设计，而不选填料塔。以前常用的标准泡罩塔板，目前已不用于蒸馏工艺。筛板价格低廉，但与浮阀塔板相比，操作范围非常窄。虽然浮阀塔板比筛板塔板具有更大的操作范围，但它们有活动部件，因此也需要更多的维护。高容量/高效率塔板可能比标准浮阀塔板更贵，但塔的直径更小，因此可以显著节省蒸馏塔的总成本。对已建塔改造，通过更换高容量/高效率塔板可以增加塔的生产能力。

散装填料填装更容易且成本更低，因此小直径（小于 20in）的塔一般选用散装填料。然而，与塔板相比，散装填料床容易发生窜槽，调节特性较差。因此，当塔直径大于 20in 时，首选塔板。近年来，人们对高压对填料性能的影响有了更深入的认识。改进的气液分布器设计和改进的床层高度使填料在大直径高压蒸馏塔中的应用更加普遍。设计合理的填料床系统（填料、液体分布器、蒸气分布器）是现有蒸馏塔消除瓶颈的理想选择。

6.7.3.2 气提工艺

对于气提工艺，在甘醇或胺接触塔（见第 7 章和第 8 章）中，泡罩塔板是最常用的。近年来，对规整填料的研究应用越来越多。改进的蒸气和液体分布器设计与规整填料相结合，可减小气提塔直径和降低塔高。

6.8 天然气处理厂的凝析油稳定塔

第 9 章所述的天然气处理厂，从天然气中回收乙烷、丙烷、丁烷和其他天然气液体（NGL）。凝析油稳定塔也能回收其中的一部分液体。稳定塔中离开塔顶回流冷凝器的气体温度越低，或冷进料凝析油稳定塔的进料温度越低，塔的操作压力越高，这些组分作为液体的回收率越高。事实上，任何稳定过程都是从天然气中去除这些分子。从这个意义上说，稳定塔可被视为天然气处理厂的简单形式。

很难界定凝析油稳定塔变成天然气厂的点。通常，如果液体产品作为凝析油出售，该装置将被视为凝析油稳定塔。如果产品作为混合 NGL 出售或分馏成各种组分，同一工艺将被视为天然气处理厂。挥发性最小的 NGL 的蒸气压（RVP）在 10~14，并且有足够的轻组分使 25%体积分数的 NGL 在 140℉下蒸发。

6.9 低温萃取装置（LTX）作为凝析油稳定塔

从第 5 章对 LTX 装置的描述中可知，LTX 装置中的低压分离器是冷进料凝析油稳定塔的简单形式。在低温下，分离器上部的一些中间烃组分会被冷凝下来，在高温下，一些较轻的烃组分会被闪蒸出来。

因为没有塔板或填料使两相在容器中的各种温度下接近平衡，LTX 装置并不是一种非常有效的稳定塔。另外，这个过程很难控制。比如，对于 100~200psi 的工作压力，需要 300~400℉的底部温度来完全稳定冷凝液。LTX 分离器中的加热盘管温度在 125-~175℉的范围内，因此即使闪蒸能够达到平衡，也不会完全稳定。

与直接两级闪蒸分离工艺相比，LTX 装置可能会有一些额外的回收，但这种增量通常很小，可能无法平衡 LTX 装置增加的成本和操作复杂性。

7 脱　　水

7.1 概述

天然气脱水的主要原因有以下四个方面。

（1）天然气在较高的压力、较低的温度条件下，能和游离水结合形成固体水合物，阻塞阀门、设备、仪器和管道。如果预防水合物形成的方法选择不当，天然气输送过程中就有可能形成水合物，在这种条件下，天然气必须进行脱水处理。

（2）天然气中的液态水蒸发为水蒸气时将增加天然气的体积，从而减少天然气的热值。

（3）天然气长距离管道输送时，沿程温度的降低将天然气中的水蒸气冷凝，冷凝下来的液态水在管道中会形成段塞流，更具腐蚀性。

（4）商品用天然气合同中，对进厂原料气组分和管输天然气组分中的水含量都有明确的限制，比如说商用天然气 7lb $H_2O/10^6ft^3$。

天然气脱水是一个将水从天然气中脱除的过程，它主要通过一些加工处理来实现，最常用的两种方法是固体干燥吸附法和液体甘醇吸收法，这些方法都是利用水分子的质量传递，使天然气中的水分子溶解到甘醇溶剂中或吸附到固体干燥剂的晶体结构中。第三种方法是冷却法，采用冷却法使天然气中的水分子冷凝到液相中，同时注入抑制剂防止水合物生成。冷却技术将在十章中进行详细论述，最不常见的天然气非再生脱水方式是氯化钙法。

7.2 吸附法

7.2.1 工艺概述

吸附是一个物理过程，发生于气体分子与固体吸附剂表面接触过程，气体分子中凝结的水会留在固体吸附剂表面。天然气干燥脱水（或液烃）是水分子被干燥剂有选择性地吸收并从气相组分中脱除的过程。吸附过程主要依靠固体干燥剂表面与天然气中水蒸气两者之间的附着力。天然气中的水通过吸附力形成细小的液滴停留在固体干燥剂的表面，这个过程不是化学反应。干燥剂是一种颗粒状的固体脱水介质，单位质量具有较大的有效表面积。

典型固体干燥剂每英镑的表面积可达 $4\times10^6in^2$，常用干燥剂包括氧化铝、硅胶和分子筛等。

目前固体干燥剂有许多不同等级、不同质量的替代品。图 7.1 是一个典型的分子筛颗粒放大模型示意图。

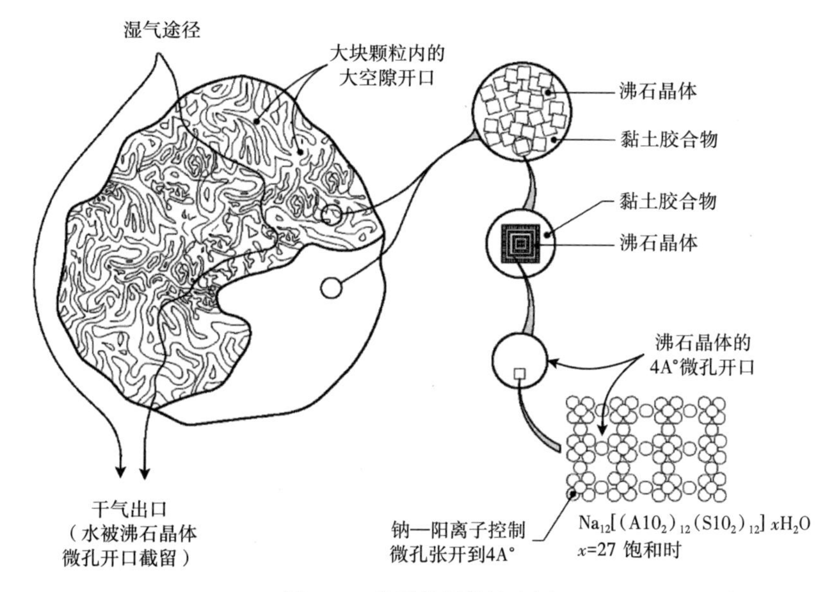

图 7.1　分子筛颗粒放大图

7.2.2　吸附原理

固体细小表面吸附平衡过程如下所示：吸附开始时，水通过固体表面的一些分子先凝结下来形成一个个微小的液滴，经过有限的时间后，水分子得到足够的能量脱离并被另一个分子所代替；经过足够的时间，离开固体表面的分子数和到达固体表面的分子数将达到平衡状态。

固体表面吸附水分子的数量是吸附剂的固有属性，吸附剂的选择主要考虑被吸附分子的性质、系统的温度、被吸附物质的浓度。

7.2.3　再生原理

吸附过程按照相反的方式进行就是再生过程。吸附过程在低温度、高压力条件下进行，再生过程在高温度、低压力条件下进行。

7.2.4　传质区

在吸附床的入口一定位置处，吸附剂使被吸附的组分在液体中的含量达到饱和平衡状态，例如天然气中的水。在吸附床的出口处，吸附剂不饱和，天然气中的水与不饱和活性的吸附剂达到平衡状态。

传质区（MTZ）的两相区域内，天然气中水的浓度下降，如图 7.2 所示。许多物质和系统的传质区域可通过实验数据得到，并按照用途用图表表示。传质区与吸附剂、吸附剂粒径大小、流体流速、流体性质、入口流体中吸附质的浓度、吸附质在吸附剂中的浓度等因素有关。

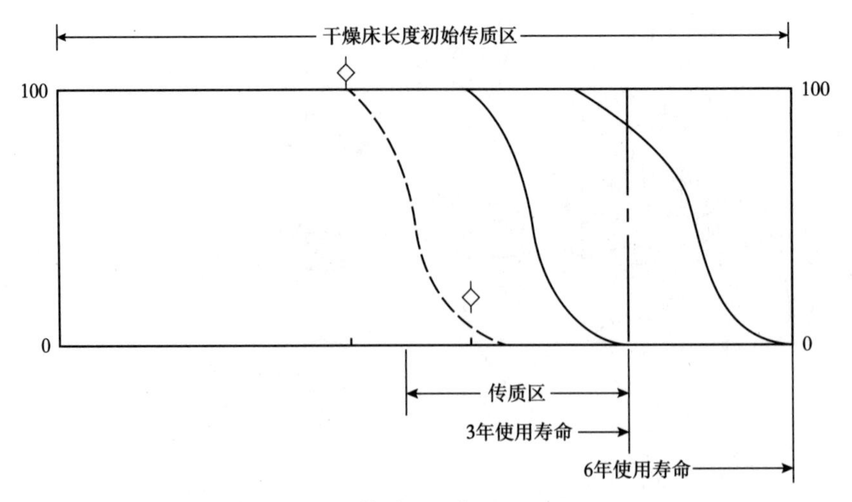

图 7.2 传质区示意图（MTZ）

7.2.5 操作原则

7.2.5.1 简介

吸附过程通常分组进行，用多个干燥床连续循环操作，干燥床的数量从两个塔到更多，装置处理量较大时，需要多塔交替吸附，如图 7.3 所示。吸附、加热、冷却等三个过程可以在每个塔中独立进行。

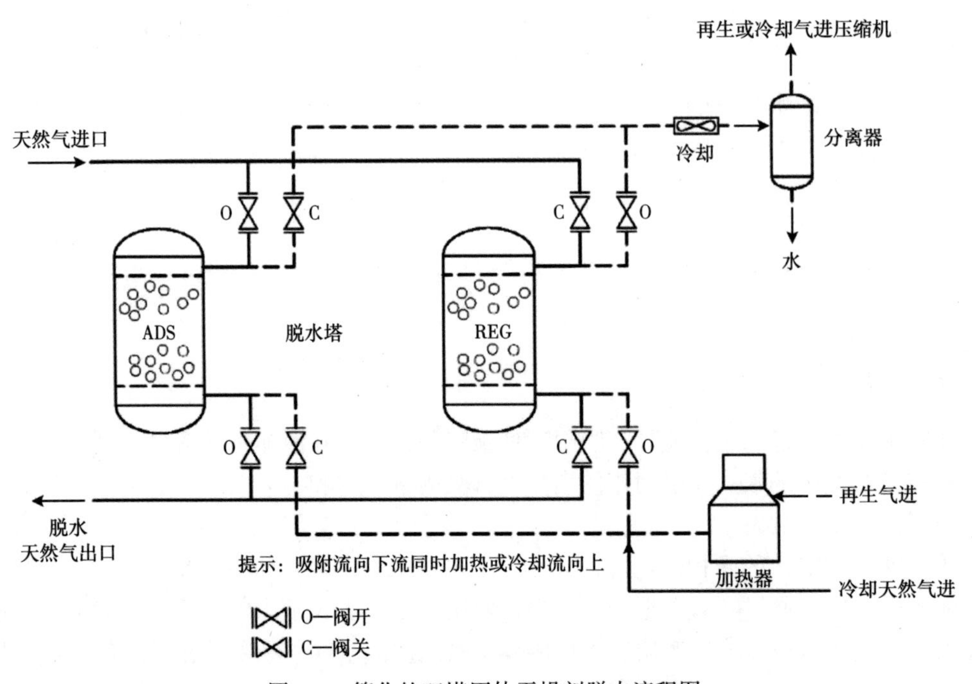

图 7.3 简化的双塔固体干燥剂脱水流程图

（1）吸附或干气循环；

（2）加热或再生循环；

（3）冷却分离循环。

图 7.4 是一个典型的双塔脱水单元示意图。

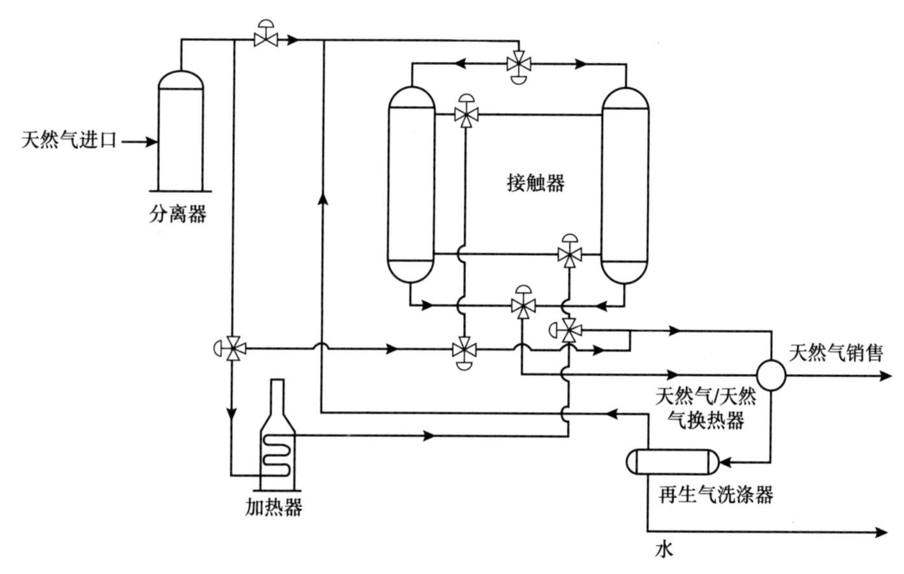

图 7.4　固体干燥剂脱水装置流程图

7.2.5.2　系统组成

固体干燥脱水系统基本组成有：

（1）入口气微纤维过滤分离器；

（2）两个或两个以上充满固体干燥剂的吸附塔；

（3）再生气经高温加热后去再生塔再生固体吸附剂；

（4）再生气冷却器使高温再生气中的水冷却；

（5）再生气分离器脱除再生气中冷凝下来的水；

（6）根据过程需要配套的管件、切换阀、流向控制和流量控制系统。

7.2.5.3　干燥/再生循环

图 7.5 是一种典型的双塔单元、一塔干燥的工艺流程简图。湿气首先通过高效微纤维进口过滤器除去游离液体、微小液滴和固体杂质，因为游离液体可能破坏干燥床，固体杂质可能堵塞干燥床。

如果脱水单元处于胺法单元、乙二醇单元、压缩单元的下游流程中，高效微纤维进口过滤器必须设置在吸附塔的上游流程中。在设定的时间周期内，其中的一个塔对气体进行吸收、干燥，另外一个塔处于加热或冷却的再生过程，吸收、再生周期的控制主要是通过自动切换阀和控制器来自动实现。

再生塔加热时间一般为 5~6h，冷却时间一般为 2~3h。

在吸附循环中，湿气自上而下穿过吸附塔，其中选择性吸收的组分以不同的速率被吸附。水蒸气在干燥床的上层被立即吸附，一些轻烃类气体和重烃类在自上而下穿过干燥床的时候也会被吸附，在吸附循环过程中，干燥床中重的烃类将取代轻的烃类。当干燥剂较上层变成饱和含水时，湿气中的水将优先取代较下层被吸附的烃类。干燥床自上而下对进口气体中的每种组分都有一段吸附深度，该段中固体干燥剂处于吸附饱和状态，该段下部

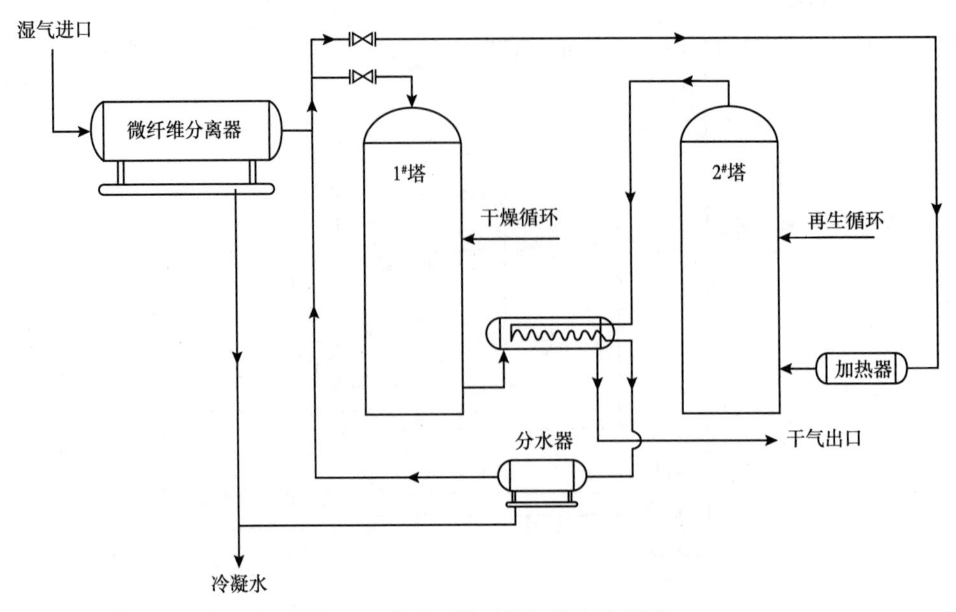

图 7.5　典型双塔天然气脱水流程图

的固体干燥剂处于未饱和吸附状态。

从初始吸附到处于吸附饱和状态时干燥床的深度就是质量传递区域，质量传递区是干燥床层一段简单的区域或范围，在这段床层中，某些被吸附的组分质量从气体中转移到固体干燥剂表面。气体在干燥床层中持续通过时，质量传递区域自上而下穿过干燥床层，气体中的水持续被优先吸附，直到床层处于水蒸气饱和状态。当干燥床层处于水蒸气饱和状态时，出口气体与入口湿气的组分一样。

在干燥床层完全饱和之前，多塔流程要从吸附循环切换到再生加热冷却循环，一般用进口湿气总量的5%~15%作为再生气源，再生气通过减压阀自下而上通过再生系统。在大多数场合，应用的都是再生气流量调节控制工艺，再生气经加热器加热到400~600℉后管输到再生塔，用来加热再生塔内的固体干燥剂。

当再生气温度达到240~250℉时，再生干燥床层被缓慢加热，固体干燥剂中的水开始气化变成水蒸气被带走。此外，固体干燥剂中的水被除去后，仍需要维持加热以去除固体干燥剂中更重的烃类和在较低温度不会气化的组分。当再生气出口温度达到峰值350~550℉时，固体干燥剂床完成再生。经过加热再生循环后，固体干燥剂床通过未加热的再生气进行冷却。

经过加热后的再生气将经过热交换器（通常为空冷器）冷却，以去除从固体干燥剂床中吸附的水分。冷凝下来的水在再生气分离器中被分离，冷凝下来的再生气混合到进口湿气中，再生、冷却、分离的过程都是连续、自动完成的。

7.2.6　影响因素

固体干燥剂用于天然气脱水，主要有以下优点：

（1）可以得到很低的水露点（<1.5mg/m^3）；

（2）较高的接触温度也是可能的；

（3）对大流量和负荷变化适应性强。

同时，固体干燥剂用于天然气脱水，有以下缺点：

（1）建设投资高；

（2）需要设置双塔或多塔流程；

（3）天然气通过固体干燥剂床层时压降损耗大；

（4）固体干燥剂对天然气中的液体或其他杂质较为敏感，易变质。

许多过程变量因素对固体干燥剂脱水床的尺寸和操作效率有重要影响，这些变量包括：

（1）进口气体压力温度条件；

（2）循环时间；

（3）气体流速；

（4）再生气来源；

（5）干燥剂的选择性；

（6）出口气质量对再生气的影响；

（7）压降因素。

7.2.6.1 进口气的质量

固体干燥剂床脱水效果受进口气的水含量和组分影响，进口气的相对饱和度决定了固体干燥剂床的尺寸和吸收效率。

对于大多数固体干燥剂（除分子筛）而言，当干燥气达到饱和状态（100%相对湿度）时比干燥气部分达到饱和状态时需要更高的容量。在大多数应用场合，进口气处于含水饱和状态，因此不需要考虑进口气的质量。

进口气中的其他一些复杂组分对固体干燥剂床脱水效果有不利的影响，例如二氧化碳、重烃、含硫等，复杂组分分子量越大，它被吸收的可能性越大。

7.2.6.2 温度

7.2.6.2.1 常见影响

固体干燥剂床脱水操作对进口气的温度非常敏感，温度越高，效率越低，分子筛和大部分其他固体干燥剂在低温下有较显著的高吸收容量。

图7.6展示了硅胶和一种典型的5A分子筛具有同样这种特性。当水分压较高、80℉时，硅胶的水容量是分子筛的两倍。再生气与进口湿气在掺混之前的脱水温度非常重要，必须维持在10~15℉，另外液相水和烃类随着高温气流的冷却而冷凝，冷凝液体进入床层将缩短固体干燥剂的寿命。

虽然过高的再生气温度会影响干燥床的效率和固体干燥剂的寿命，但必须维持较高的再生气温度以确保去除固体干燥剂床层中的水和污染物。

7.2.6.2.2 最高温度

最高温度取决于污染物的类型和加热能量，与干燥剂的类型与污染物有关，通常使用的温度范围是450~600℉。在冷却循环过程中，固体干燥剂床可以达到的温度非常重要。

如果湿气被用作冷却气，当固体干燥剂床达到125℉时，冷却循环必须终止，否则可能导致冷却气中的水被吸附结成下一个吸附循环开始前床层提前饱和。

如果干气被用作冷却气，当进口气的温度达到10~20℉时，冷却循环必须终止，这个温度是固体干燥剂床吸附容量的最大值。

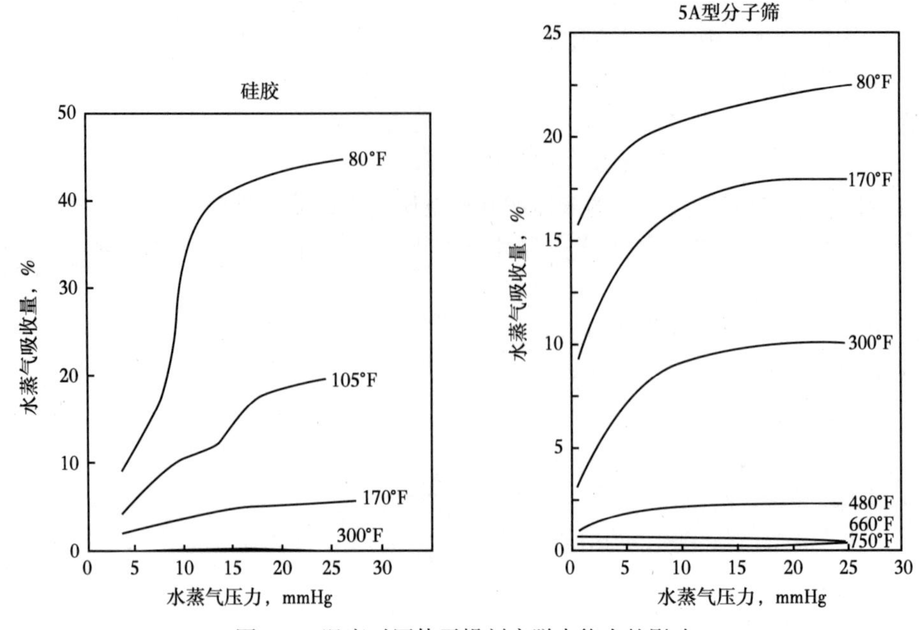

图 7.6　温度对固体干燥剂床脱水能力的影响

再生气通过再生洗涤器的温度必须足够低，以确保在冷却和去除水和烃类的同时，不引起水合物的问题。

7.2.6.3　压力

压力下降时，固体干燥剂床的吸附容量降低。固体干燥剂床低于设计压力操作时，为了确保出口天然气的水露点达标，固体干燥剂床脱水负荷增加。

进口气体积相同时，在较低的压力下，气体的流速将增加，这将影响湿气中的含水量和破坏固体干燥剂，压力在 1300~1400psi 以上时，烃类共吸效应非常显著。

7.2.6.4　循环周期

大部分吸附操作都有固定的循环周期，这是为保障苛刻工况条件所设置的。吸附容量不是固定值并且随使用时间的增加而减少。吸附操作刚开始进行的前几个月内，新的固体干燥剂通常有很高的吸附容量，如果用一种湿度分析仪对处理气体进行检测，循环周期可以更长一些。

随着固体干燥剂的使用时间增长，循环周期会缩短，以节省再生能量消耗和延长固体干燥剂的寿命。循环周期通常是：

（1）8h 吸附；

（2）5~6h 加热；

（3）2~3h 冷却。

7.2.6.5　气体流速

在吸附循环过程中气体流速降低，固体干燥剂脱除天然气中水的能力增加，因为流速降低可以降低湿气含量的影响并增加干燥循环周期。图 7.7 展示了气体流速对吸附循环周期的常见影响。

从图 7.7 可看出，气体以最小流速通过固体干燥剂床时是一种理想状态，此时固体干燥剂利用最为充分。然而，在给定的天然气处理量下，为了确保湿气脱水效果，天然气以

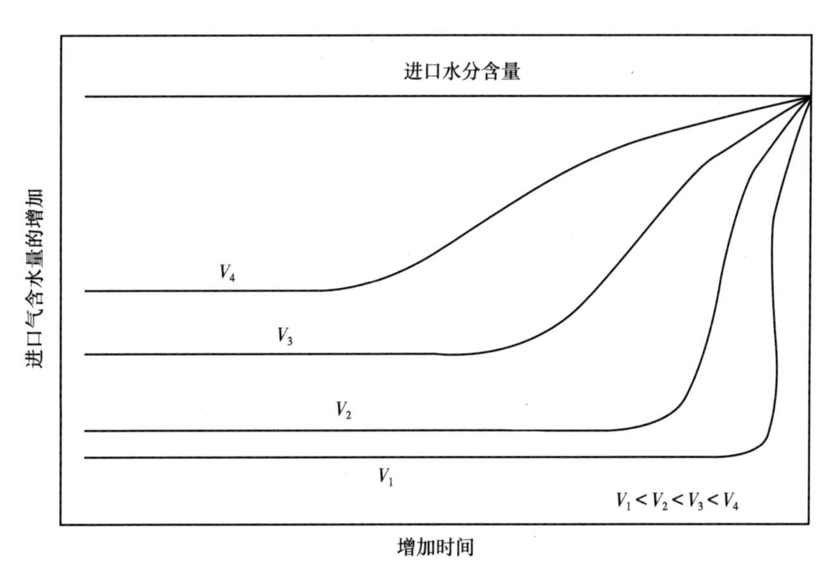

图 7.7　流速对单一固体干燥剂的吸附容量影响曲线

较低的线速度进入吸附塔时，需要吸附塔有更大的横截面积和尺寸。

吸附塔的直径和固体干燥剂的最大使用效率两者之间必须取中间值，如图 7.8 所示。最大允许速度见表 7.1。

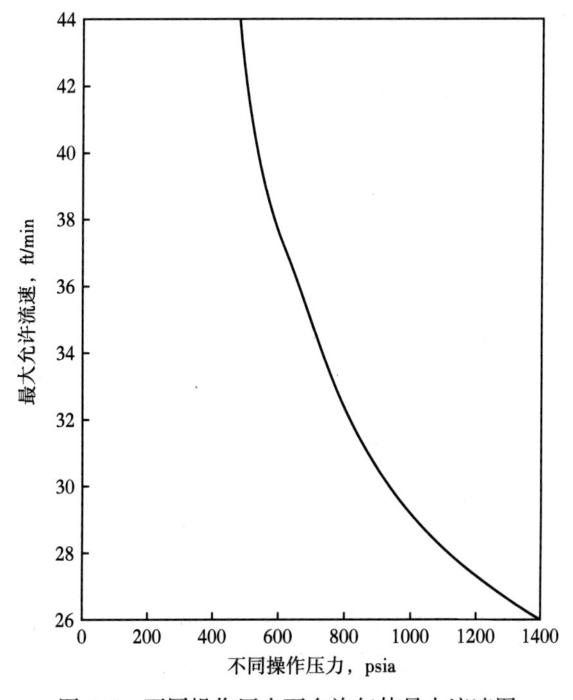

图 7.8　不同操作压力下允许气体最大流速图

天然气以较高的线速度进入吸附塔时会降低吸附塔的吸收效率，并且可能损坏固体干燥剂，吸附塔的最小直径可通过下式计算：

$$d^2 = 3600 \frac{Q_g TZ}{Vp} \tag{7.1}$$

式中 d——吸附塔内直径，in；

Q_g——气体流率，$10^6 ft^3/d$；

T——气体温度，℉；

Z——压缩因子；

V——气体最大流速，ft/min（表 7.1 所示）；

p——吸附塔操作压力，psia。

表 7.1 不同操作压力下允许最大流速表

操作压力，psig	最大允许流速，ft/min
14.7	110
400	60
600	55
1000	40

再生气流速也非常重要，特别是要求脱水后的天然气水含量低于 1.5mg/m³ 时。当再生气流速小于 10ft/s 时，再生热气通过固体干燥剂床层将形成通道，再生解吸的水会留在固体干燥剂床层中，这将导致吸附循环湿气脱水效果变差。

7.2.6.6 再生气来源

再生气来源取决于再生需要和可得到的合适气源。再生气必须是经过干燥脱水并且具有较低的含水量，一般要求控制在 0.15mg/m³ 以内，通常采用脱水后的干气作为再生气，如果对脱水后的天然气水露点要求不高，也可选择湿气作为再生气源。

图 7.9 展示了一种典型 4a 分子筛线性水负荷平衡图。从图中可以看出，吸附温度 100℉、水露点为-80℉的天然气达到平衡状态时的含水质量分数为 4%。根据给定的平衡曲线可估算为使出口气达标所需要的再生气条件。例如，再生气源水露点为 40℉，当它被加热到 450℉时，再生后水分子的质量分数为 3%；如果再生气温度为 100℉、水分子质量分数为 3%，此时可得到的露点温度为-95℉，如果-95℉露点无法满足，再生气需要加热到 450℉以上或者选择更高露点（如干气）的再生气源。

7.2.6.7 气体流向

气体流向影响脱水后气体的纯度、再生气的要求和干燥剂的寿命。在吸附循环过程中，流体是自上而下通过固体干燥剂床，这个流向允许气体不用举升就有较高的流速而且不会液化破坏固体干燥剂床。

在加热再生循环中，流体流向与吸附过程的流体流向相反，这一方面可使下部床层获得最好的再生从而使之在吸附阶段更有利于达到脱水深度；另一方面也可赶出上部床层吸收的其他组分，使之不至经过整个床层。

再生冷却循环过程中流体的流向取决于再生气源，当使用干气再生时，冷却循环过程中流体流向与吸附过程的流向是相反的，只需配置简单的管道和阀门。当使用湿气再生时，冷却循环过程中流体流向与吸附过程的流向是一致的，以使冷却循环过程中凝结下来的水伴随着固体干燥剂的冷却被吸附，这些水将在固体干燥剂床的末端优先再生。

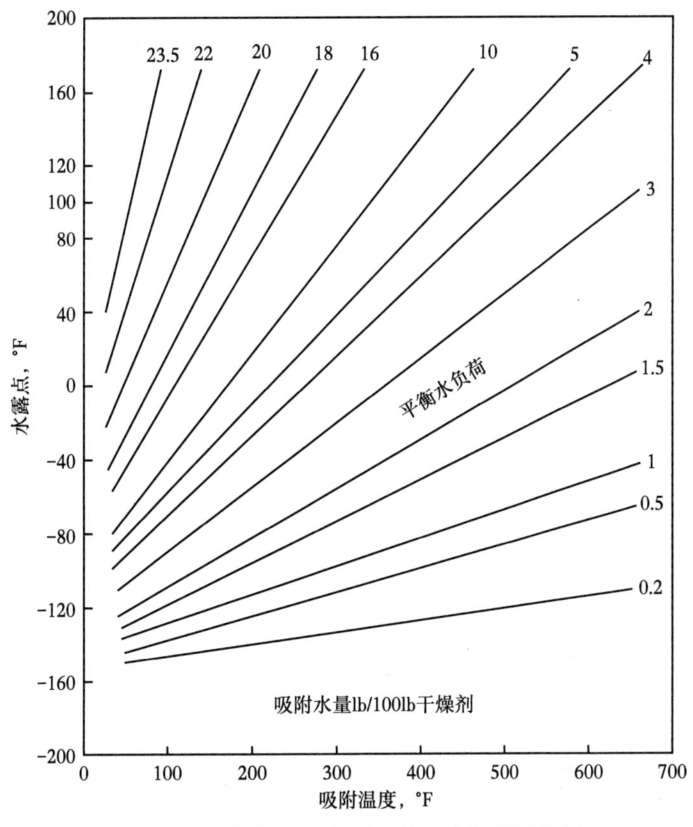

图 7.9　一种典型 4a 分子筛线性水负荷平衡图

如果采用逆流流向，水会被聚集在固体干燥剂床末端出口处，当下一个吸附循环开始时，湿气快速地被干燥，当干气继续向下移动穿过固体干燥剂床层时，它将替换掉部分在冷却循环中凝结下来的水，并使冷凝流体的湿度显著增加。如果使用湿气再生，在计算固体干燥剂用量时必须考虑冷循环过程凝结下来的水等额外水负荷的影响。

7.2.6.8　干燥剂的选择性

没有一种固体干燥剂可以应用于所有的场合，固体干燥剂的选择主要基于经济条件和工艺条件。固体干燥剂通常也是可替代的，特定脱水装置中的固体干燥剂可以用其他固体干燥剂替换，并且操作可以有效率地进行，所有的固体干燥剂对大量携液的流体脱水效果较差。

所有的固体干燥剂都无法适应天然气中携带的不纯净重质杂质，这些重质杂质包括原油、凝析油、乙二醇和胺液、缓蚀剂和处理后的液体等，它们进入固体干燥剂床层中时，会使固体干燥剂床层被破坏。所有的固体干燥剂随脱水吸附温度的升高而吸收容量下降。分子筛的影响因素较少，但氧化铝除外，因为氧化铝和分子筛在催化剂的作用下，会和硫化氢形成 COS，COS 在再生过程中会在固体干燥剂床层表面沉积形成硫黄。铝胶、有活性的氧化铝和分子筛都会因矿物强酸化学侵袭而导致吸附容量下降，目前也有抗酸性的分子筛干燥剂。

表 7.2 提供了比较常用的固体干燥剂的物理性质。

表 7.2 固体干燥剂的性质

干燥剂	体积密度 lb/ft³	比热容 Btu/(lb·°F)	常用规格	设计吸收能力 %
活性氧化铝	51	0.24	¼in 8 网眼	7
美孚琼珠	49	0.25	4~8 网眼	6
萤石	50	0.24	4~8 网眼	4~5
氧化铝凝胶（H-151）	52	0.24	1/8~1/4in	7
硅胶	45	0.22	4~8 网眼	7
分子筛（4A）	45	0.25	1/8in	14

7.2.6.8.1 分子筛

在所有的固体干燥剂中，分子筛在原料气温度较高或具有较低的相对饱和度时都可以提供最高的吸附容量。它可以将脱水后干燥气中的含水量控制在小于 1.5mg/m³（水露点降到小于 150℉），其他类型的固体干燥剂要达到这个指标，通常需要低温条件。

7.2.6.8.2 硅胶和铝胶

可以吸附比分子筛大两倍的水量并且初始投资较低。

硅胶再生和分子筛再生相比，硅胶可以使再生后的干燥剂含水量更低，而且再生可以更低的温度进行再生（硅胶 400℉，分子筛 500~600℉）。游离水或轻烃类液体的存在会使硅胶粉碎，解决这个问题最简单的方法就是用一个 4~6in 的莫来石缓冲床来保护硅胶避免直接接触。

7.2.6.8.3 固体干燥剂的优点

（1）高的吸附容量（lb/lb），这样可以减小接触器的尺寸；

（2）再生气操作简单、经济；

（3）高的吸附流量，这样允许气体有更高的流速，减少干燥器的尺寸；

（4）气流通过干燥床层时具有较小的压损；

（5）再生前维持高吸附容量，允许干燥剂在更换前有更小的初始载荷和更长的服役时间；

（6）具有高机械强度，可以抵抗冲刷和粉尘；

（7）化学性质不活泼，避免和阻止吸附和再生过程中的化学反应；

（8）再生湿气体积维持不变，不需要为气体膨胀而增大再生塔容积；

（9）不易腐蚀和无毒性，操作安全；

（10）运行费用低，初始更换费用少。

7.2.6.9 出口气的品质对再生气的影响

再生气在干燥剂床处于再生过程时，会有顺序地吸附分子筛床层中的物质，甲烷和乙烷是最先被吸附的，其次是丙烷和重烃类，再次是二氧化碳，接下来就是硫化氢，最后是水。当再生气量是进口气量的 10%~15%时，出口气中杂质的协同作用会对再生气流引起较大影响。

在再生循环中，大量的水和一些重烃被冷凝下来并从系统中除去，这些组分可能导致商品气在一段时间内不合格，乙烷或二氧化碳含量高时会引起商品气超过其热值要求。3~4mg/m³的硫化氢在再生过程中会浓缩达到 20 倍浓度以上，因此不合格的混合组分要从流体中去除。

图 7.3 展示了冷却再生气流与进口气混合处理的工艺流程，这个循环过程基本消除了让商品气不合格的问题，然而，它会增加处理费用，因为干燥器处理容量必须适当增加。如果商品气没有指标限制，或者没有其他下游处理流程，可以取消再生气循环处理过程。

7.2.6.10 压降因素

为确保脱水效果并延长固体干燥剂的寿命，一般要求气体通过固体干燥剂塔的压降不能超过 8psi。估算通过固体干燥剂塔的压降既可以通过制造商提供的压降曲线获得（图 7.10），也可通过压降方程式得到。

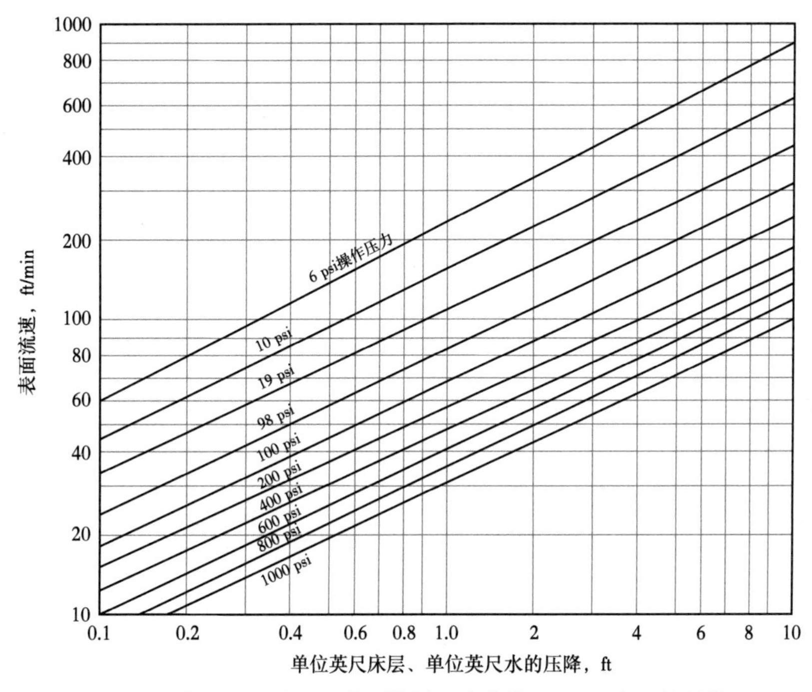

图 7.10　典型的硅胶型固体干燥剂压降曲线（0.1in 直径的颗粒）

气体通过固体干燥剂塔的压降可由下列方程式计算：

表 7.3　压降公式用的常数

颗粒类型	*B*	*C*
1/8in 珠子	0.0560	0.0000889
1/8in 挤压型	0.0722	0.0001240
1/16in 珠子	0.1520	0.0001360
1/16in 挤压型	0.2380	0.0002100

$$\frac{\Delta p}{L}=B\mu V+C\rho V^2 \tag{7.2}$$

式中　Δp——通过干燥塔的压降，psi（大小通常取 5psi）；

μ——气体黏度，cP；

ρ——气体密度，lb/ft^3；

V——气体极限流速，ft/min；

C——表 7.3 中提供的常数。

例 7.1：气体通过固体干燥剂脱水塔压降计算

给定条件如下：

气体极限流速 = 40ft/min

塔操作压力 = 1000psi

气体分子量 = 18

干燥床高度（L）= 30ft

干燥剂类型 = 硅胶

干燥剂直径 = 0.15in

干燥剂压降曲线（图 7.10）

（1）曲线是基于空气流体的，对于其他气体，压降可通过下式获得

$$\left(\frac{M_{gas}}{M_{air}}\right)^{0.9} \tag{7.3}$$

（2）压降曲线是基于洁净干燥床得到的。干燥床使用 2 年后，床层将变得污浊，压降是曲线中读取值的 1.6 倍。

解决方案

（1）进入图 7.10，从极限流速 40ft/min 处画一条水平线，交叉点处的操作压力是 1000psi。

（2）从交叉点画一条向下的竖直线，读取到每英寸床层水的压降 1.9ft。

（3）服役 2 年后通过床层的总压降可通过下式计算。

$$\text{总 } \Delta p = 1.9\,\frac{\text{ft}_{\text{水}}}{\text{ft}_{\text{床}}} \times 0.433\,\frac{\text{psi}}{\text{ft}_{\text{水}}} \times \left(\frac{18}{29}\right)^{0.9} \times 1.6 \times 30\text{ft}$$

$$= 25\text{psi}$$

7.2.7 设备

选择合适的设备是便于操作的基本条件。

7.2.7.1 进口气洗涤设备

所有的烃类液体、游离水、乙二醇、胺液或携带的润滑油等必须从进口气中去除，以确保固体干燥剂脱水操作处于最优。在所有的应用实际中，固体干燥脱水单元进口都有一个洗涤器或一个过滤分离器。

如果进口气中可能携带乙二醇、胺液或压缩机润滑油，则必须在进口洗涤设备的上游流程再安装一个微纤维过滤器，或者具有同等功能的设备。

在固体干燥脱水过程中，需要经常检查洗涤设备的液位控制水平和排液管路的畅通性，以确保脱水操作安全高效运行。

7.2.7.2 吸附塔

7.2.7.2.1 概述

吸附塔是一个充满固体干燥剂的圆筒形的塔，塔的高度从几英尺到 30ft 或更高不等，

塔的直径从 10~15ft 或更大不等。吸附床高径比（L/D）理想值 f 范围为（2.5~4.0）∶1，有时也采用较低的高径比 1∶1。1∶1 的长高比会在湿气和干燥剂之间引起不均匀流动，导致吸附接触时间不充分、脱水后的干燥气变贫。

导致脱水操作不当的三大主要原因是气流分配不充分、隔离不充分、固体干燥床层支撑不合适。

图 7.11 说明了固体干燥剂吸附塔的推荐尺寸。

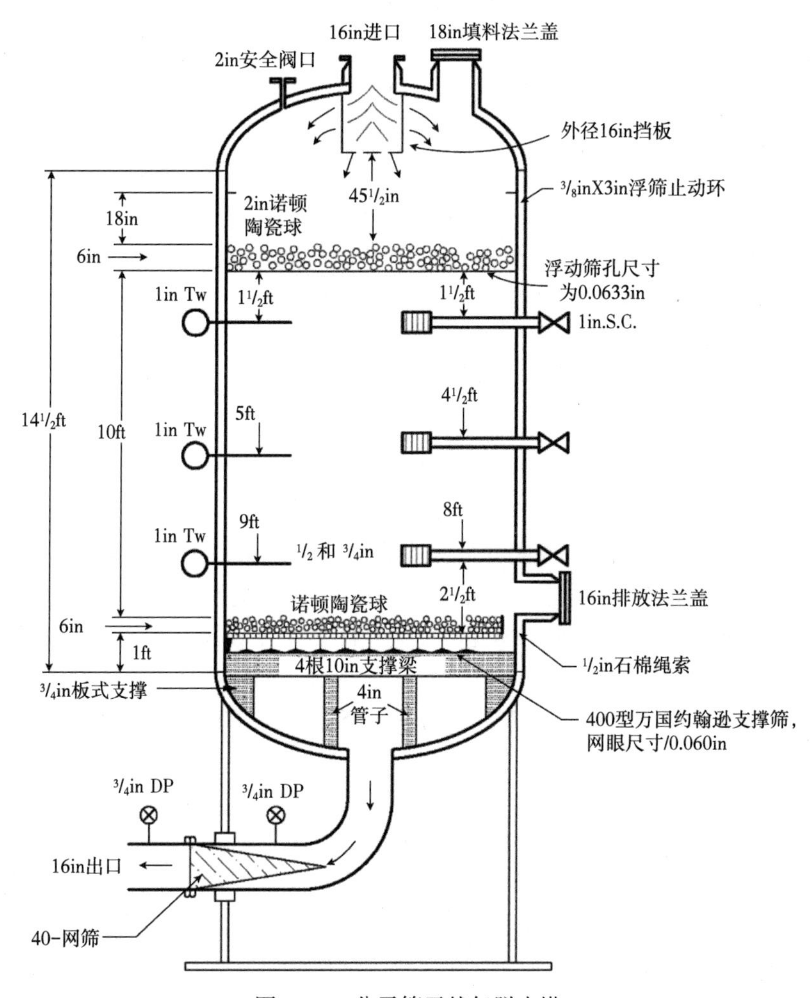

图 7.11　分子筛天然气脱水塔

7.2.7.2.2　气流分配不充分

固体干燥剂床进口气流和出口气流分配不均将导致固体干燥剂被破坏，进口气在进入固体干燥剂床前必须经过充分的折流分配，推荐的折流板空隙空间是 18~24in，以避免被干燥的气体和再生气直接冲击破坏固体干燥剂床。

沟流、高局部流速和旋流等会在有规则固体干燥剂颗粒之间引起固体干燥剂损坏并产生较大的压降。推荐在吸附塔入口管道采用丝状筛网结构，使进口气体降低流速进入吸附塔。在吸附塔干燥剂床层的上部 4~6in 处，可放置直径为 2in 支撑球层。采用这一改进气流分配的方式可以使固体干燥剂免于旋流破坏，旋流冲击、挤压会使固体干燥剂被破坏，产生较高的温降和较差的再生效果。

7.2.7.2.3 隔离不充分

吸附塔需要内部隔离和外部隔离。内部隔离可以减少再生气需求量，并且减少吸附塔的冷热量需求。这些必要的隔离措施是为了防止容器膨胀或收缩而产生裂纹。吸附塔容器通常是耐火浇注衬里制造的，线状裂纹允许部分湿气通过固体干燥剂床，只有少量通过的湿气会在低温设备中结冰。沿着吸附塔容器壁每隔几英尺安装壁架可以帮助消除线状裂纹。

7.2.7.2.4 床层支撑不合适

两种常用的床层支撑包括I型水平筛网梁支撑和紧致环支撑，吸附塔容器底端由分级支撑球填充。筛网材质通常是不锈钢或铜镍合金，并且至少有10目，这比最小的干燥剂粒径都要小，0.033in的孔洞将在底部支撑标准的干燥剂颗粒。

筛网可以防止粉碎的干燥剂颗粒进入下游，引起下游流程设备故障，因此筛网安装必须安全牢固。

当吸附塔处于加热膨胀和冷却收缩过程时，吸附塔容器壁和固体干燥剂床层边缘的环形支撑筛网必须密封好，以阻止固体干燥剂漏失，这种空间密封通常用石棉绳索填料。筛网边缘的支撑环对密封、支撑是有利的，如果筛网是分段安装的，必须用不锈钢连接绳安全牢固的固定。

筛网上的支撑球非常有用，筛网上2~3in范围内有1/2in的支撑球轻轻地布置在上面，或者2~3in范围内底部光滑分布着1/4in、顶部是1/2in的支撑球。这些支撑层可以预防固体干燥剂粉化和阻塞筛网孔洞形成较高的压降。当计算再生气系统需求时，需要考虑支撑球所需的加热量。

如果吸附塔容器的底部封头填充着分级支撑球，当使用自下而上的流体加热或冷却方式时，需要在支撑球和固体干燥剂床下部之间使用气流分配器，这对于大直径吸附塔容器来说非常重要，它可以预防沟流和干燥变贫反应。许多固体吸收剂在低于床层底部支撑以下都设置有一个无效区，以收集去除的杂质、粉末和细屑，利用排污喷嘴来泄放这些物质。

应在吸附塔固体干燥剂床的低温出口几英尺至中心范围内安装天然气湿度检测探针，这个探针主要是用于检测出口气的湿度，它一方面为研究和解决脱水问题提供了参考依据，特别是在用于确定气体是否沿容器壁输送，另一方面它还为测试可允许的干燥循环周期提供了条件。

测试可以在合理安全的条件下进行，因为浅层水的运移可以在其穿过固体干燥剂床前被检测到。这个探针有一段长的热电偶套管，在探针末端边缘钻了1/32in的孔洞。

7.2.7.2.5 增压

为了维持干燥剂的最佳质量和性能，吸附塔的增压速率不应超过50psi/min，降压速度不应超过10psi/min。流体自上而下通过吸收塔的压降不应超过1psi/ft，流体自下而上通过吸收塔的压降不应低于1/4psi/ft，以防止流体流化。

即使设计非常好，一些固体干燥剂颗粒也会被介质气体带出固体干燥剂床层，这在许多气田脱水系统中是可以承受的。但在下游有大量换热器的透平式膨胀机设计中是不允许的。再生气加热器可提供热量足以将水汽化，并提供热量加热吸附塔壳体。温度范围在500~550℉之间，在许多情况下，过滤分离器（精度：1μm）可以解决这个问题，前后压差仅15psi。

7.2.7.2.6 再生气换热器、加热器、冷却器

通常在设计气气换热器时，假设所有的水会在250℉条件下1h内从吸附塔固体干燥

剂床上解析出来，再生气冷却到与商品气要求的温度相差 10 ℉以内，硅胶的解吸热为 1100Btu/lb 水，分子筛的解吸热比硅胶高 50%。

固体干燥剂再生所需热量可以用式（7.4）计算：

$$Q = W\ C_p\ \Delta t \tag{7.4}$$

式中 Q——固体干燥剂再生所需热量，Btu；

W——固体干燥剂重量，lb；

C_p——固体干燥剂比热容，Btu/(lb · ℉)；

Δt——吸附塔所需再生温度与操作温度之差，℉。

换热器壳体所需的热量可以用式（7.4）等同计算，用 0.12Btu/(lb · ℉）的比热容、估算的钢材重量等条件来计算 C_p。在安装有内部隔离的操作单元，传递到壳体上的热损失可忽略不计。通常的做法是在计算总热量的基础上增加 10%～20%的热量来平衡热损失，增加安全操作边界。

7.2.7.2.7 再生气分离器

大多数固体干燥剂对碳氢化合物也有吸附性，因此常用撇油器将有价值的碳氢化合物从排液中分离出来。通过对排液进行反复的 pH 值测试，便于准确地发现吸收过程中的腐蚀问题。

再生气分离器常遇到的问题是排液管线被粉化的固体干燥剂粉尘和重油堵塞，再生气携液会破坏固体干燥剂，或污染成品气及下游设施。为了防止这种损坏，再生气分离器需要定期检修和清洗。

7.2.7.2.8 控制阀

使用优质阀门可以预防高成本的操作问题。一般来说，双通阀比三通阀的问题要少，最难的工况是阀门的一侧是 600 ℉热的再生气体，阀门的另一侧是 100 ℉的吸附气体。严谨的配管设计可以减少这种大的温差变化。阀门的时序对于预防逆流引起的压差非常关键，时序不当会使固体干燥剂床层流体化并损坏固体干燥剂。

固体干燥剂脱水床配置电动阀，用于切换操作，这些阀门需要经常检修，避免泄漏。

7.2.8 膨胀机在分子筛中的应用

涡轮膨胀机可在零下 150 ℉的温度下工作。

涡轮膨胀机操作要点主要有以下方面：

（1）透平膨胀机的运行远低于麦凯塔—韦赫图表中所示的平衡含水量数据；

（2）透平膨胀机可将含水量降低至 1.5mg/m^3，见表 7.2，只有分子筛和活性氧化铝具有这样的同等性能；

（3）固体干燥剂脱水装置 95%使用的都是分子筛（4A 分子筛的吸附能力是活性氧化铝的两倍）。

图 7.12 比较了几种固体干燥剂在气体相对湿度较低时的吸附能力。

在 30%相对湿度、同样 100 lb 固体干燥剂下，分子筛可以吸附 21.5 lb 的水，而硅胶只能吸附 15 lb 水。

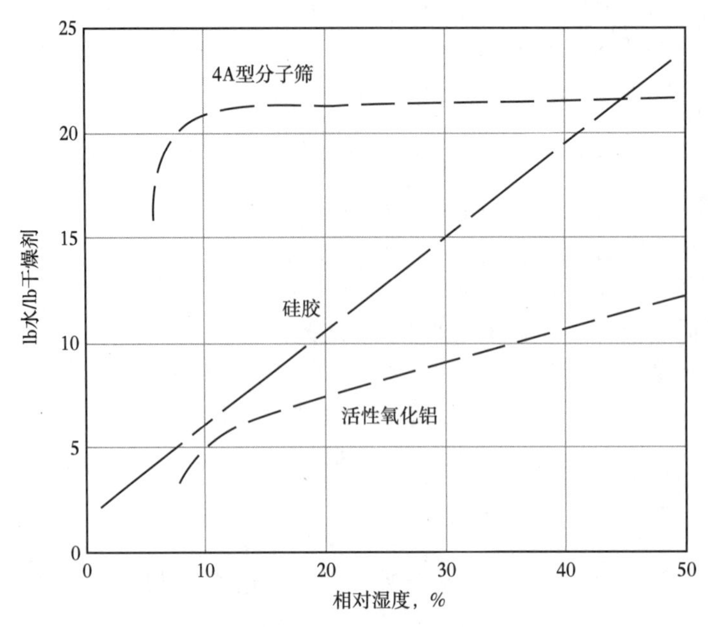

图 7.12　60 ℉时水蒸气的吸附情况

7.2.9　干燥剂性能

7.2.9.1　一般条件

在不同的操作条件下，固体干燥剂的吸附能力以不同的速率下降。固体干燥剂的老化是多种因素共同作用的结果，包括循环次数以及在正常再生过程中未完全去除的入口气流中存在的有害杂质。

导致固体干燥剂吸附速率下降最重要的影响因素是进口湿气或液体的化学成分。原料气进口通常含有杂质。由于循环加热、冷却和过滤分离，新固体干燥剂的吸附性能在使用的前几个月会缓慢下降，固体干燥剂的吸附容量通常稳定在初始容量的55%～70%左右。

7.2.9.2　湿度分析仪

湿度分析仪用于优化干燥循环时间。随着固体干燥剂的老化，干燥循环时间也应缩短。应对进口气和出口气均使用湿度分析仪探针进行检测。探针建议安装在固体干燥剂床出口气末端至 2ft 的地方，因为在这个位置进行脱水能力测试不会产生水击的风险。

7.2.9.3　物料中含有污染物的影响

压缩机油、缓蚀剂、乙二醇、胺和其他高沸点污染物会导致固体干燥剂吸附能力下降，因为正常的再生温度不会使这些物质蒸发。固体干燥剂表面的残留污染物会慢慢积聚，减少有效吸附面积。许多缓蚀剂会腐蚀某些类型的固体干燥剂，永久性地破坏它们的吸附效能。

7.2.9.4　再生气中含有重烃的影响

当再生温度达到 550～600 ℉，再生气中含有的重烃会加剧结焦问题。再生气使用干燥后的贫气是一种更好的选择。

7.2.9.5　进口原料气中含有甲醇的影响

分子筛结焦的主要原因是入口原料气中含有甲醇，当分子筛在 550 ℉以上的温度下进行再生时，甲醇的聚合会产生二甲醚和其他中间产物，导致分子筛干燥剂床层结焦。将甲醇从气相系统中去除，或改用注入乙二醇替代甲醇进行水合物控制，可延长分子筛的寿命，并至少增加10%的吸附容量。

7.2.9.6 使用寿命

固体干燥剂的正常使用寿命为1~4年。如果原料气保持干净，寿命可能更长。再生效果对延缓固体干燥剂吸附能力的下降和延长固体干燥剂的使用寿命起着重要作用。如果每次再生过程中没有将固体干燥剂中的水全部除去，固体干燥剂的吸附能力将急剧下降。

7.2.9.7 吸收剂再生不完全的影响

如果再生气的温度或速度过低，可能会发生再生不完全。固体干燥剂制造商通常会推荐产品的最佳再生温度和速度。速度应足够高，以快速去除水和其他污染物，从而最大限度地减少水量或残余水，以保护固体干燥剂。

7.2.9.8 再生温度过高的影响

在固体干燥剂上结焦之前，较高的再生温度可去除挥发性污染物。再生温度越高，固体干燥剂容量越大、含水量越小。吸附塔应维持在最终排出再生热气体温度1~2h，以实现固体干燥剂的高效再生。

7.2.10 工程应用实践注意事项

吸附式脱水装置的设计可以通过以下几方面进行优化：考虑影响吸附床层负荷的主要工艺变量、进气的适当调节和再生气系统的优化设计。准确计算吸附床的尺寸对于实际评估固体干燥剂供应商的竞争性产品是必要的，还应评价吸附塔内部结构的设计，包括内部隔离，以及开关阀的优化和控制系统。

例7.2：干燥剂（固体）吸附床设计初算

注释

吸附性脱水装置的详细设计应交由专业人士负责。本文提出的一般“经验法则”可用于初步设计。

案例

流量 = $50\times10^6 ft^3/d$

气体分子量 = 17.4

操作温度 = 110 ℉

操作压力 = 600pisa

入口露点 = 100 ℉（相当于90 $lb/10^6ft^3 H_2O$）

所需露点 = $1mg/m^3 H_2O$

气体密度 = $1.70lb/ft^3$

气体组分

组分	摩尔分数，%
N_2	4.0
C_1	92.0
C_2	2.4
C_3	0.3
iC_{4+}	1.0
	100.0

主体思路

设计一个吸附性脱水装置。

解决方案

(1) 吸附水量的计算。

例如，吸附脱水装置 8h 循环吸收，6h 的再生和冷却。在此基础上，每个循环需要吸收的水量为

$$=8/24\times50\times10^6\text{ft}^3\times90\text{ lb}/10^6\text{ft}^3)$$

$$=1500\text{ lb}_{H_2O}/\text{循环}$$

(2) 吸附剂用量计算。

由于工作温度相对较高，采用美孚公司的 SOR 颗粒作为固体干燥剂，设计湿容量为 6%。SOR 颗粒重约 lbs/ft^3（堆积密度）（表 7.2）。

每套吸附床所需干燥剂重量为

$$=1500\text{ lb}_{H_2O}/(0.06\text{ lb}_{H_2O}/\text{lb 干燥剂})$$

$$=25000\text{lb 干燥剂/套床}$$

每套吸附床所需固体干燥剂体积为

$$=(25000\text{lb 干燥剂/套床})/(49\text{ lb}_{\text{干燥剂}}/\text{ft}^3)$$

$$=510\text{ft}^3/\text{套床}$$

(3) 吸附塔容器尺寸。

在 600psia 下建议最大流速不超过 55ft/min。

最小吸附塔容器内径（根据公式 7.1）

$$d^2=3600\left(\frac{Q_gTZ}{VP}\right)$$

$$d^2=3600\,\frac{50\times570\times1.0)}{55\times600}$$

$$d=55.7\text{in 或者 }4.65\text{ft}$$

吸附床的高度为

$$L=\frac{50\text{ft}^2}{\dfrac{\pi\ (4.65)^2}{4\text{ft}^2}}=30\text{ft}$$

吸附床上的压降为

假设 0.125in 的颗粒，$\mu=0.01$cp，根据公式（7.2）：

$$\Delta p=|B\mu V=C_pV^2|L$$

$$\Delta p=(0.056\times0.01\times55)+(0.00009\times1.70\times55)^2 30$$

$$=14.8\text{psi}$$

计算压降高于建议的最大压降 8psi，因此容器内径应增加到下一个标准尺寸系列。

吸附塔的直径应选择 5ft6in，代入上述方程，并确定 V、L 和 Δp。

$V=39.2$ft/min；$L=21.5$ft；$\Delta p=5.5$psi。

直径为 6ft 的吸附塔，考虑去除、填充干燥剂需求，吸附塔的长度为 28ft。这样计算可以得到长径比（L/D）为 28/5.5=5.0，满足要求。

（4）再生热量的计算。

假设吸附床（或吸附塔）加热到350 ℉，平均温度是（350+110）℉/2=230 ℉。

吸附塔重量约为（5ft. 6in. 内径×28ft×700psig）53000 lb，包括外壳、干燥剂、喷嘴，并满足加热和冷却需求，可由公式（7.4）确定。

$$Q = WC_p\Delta t$$

式中 Q——再生干燥剂所需热量，Btu；

W——固体干燥剂重量，lb；

C_p——固体干燥剂比热容，Btu/(lb · ℉)；

Δt——吸附床内所需再生温度与操作温度之差，℉。

（5）加热需求/周期。

干燥剂：25000 lb

（350−100）℉×0. 25④=1500000 Btu

吸附塔：（53000lb）

（350−100）℉×0. 12①=1520000 Btu

吸附水量：（1500lb）

1100Btu/lb②=1650000 Btu

1500lb×（230−110）℉×1. 0③=200000 Btu

总热量=4870000 Btu

10%的热损失=490000 Btu

总热量需求/循环=5360000 Btu/cycle

注：

①指定钢材比热容。

②数值“1100Btu/lb”为水吸附的热量，该数值通常由固体干燥剂制造商提供。

③大部分的水在平均温度下会被吸附。这个热量表示将水的温度提高到吸附温度所需的显热。

④指定SOR吸附剂中“R”比热容（见表7. 2）。

（6）冷却需求/周期。

干燥剂：（25000 lb）

（350−100）℉×0. 25③=1500000 Btu

塔：53000 lb

（350−100）℉×0. 12①=1520000 Btu

总冷却=3020000 Btu

非均匀冷却 10%=300000 Btu

总冷却需求/循环=3320000 Btu/循环

假定吸附塔表面为隔离部分。如果塔内部隔离，那么热负荷就会减少。内部隔离的应用可以使再生过程中因温度变化引起的热应力影响降低至最小化，但因此引起气体围绕固体干燥剂床的引流、绕流问题。

（7）再生气加热器。

假设再生气进口温度为400 ℉，吸附床初始出口温度为110 ℉，加热循环结束时，出口温度设计值为 350 ℉。因此，平均出口温度为（350+110）/2 或 230 ℉。

加热再生气的体积为

$$V_{加热}=\frac{5360000\ \frac{Btu}{循环}}{(400-230)℉\times0.64Btu/(lb\cdot℉)}$$

$$=49400\ lb=循环$$

再生气体加热器负荷 Q_H 为

$$Q_H=49400\ (400-11)\ \times0.62Btu/(lb\cdot℉)$$

$$=8900000\ Btu/cycle$$

根据设计，考虑 25%的热损失和不均匀流动的影响，若加热周期为 3h，则再生气体加热器的尺寸应为

$$Q_H=890000\times\frac{1.25}{3}$$

$$=3710\ Btu/h$$

（8）再生气冷却器。

再生气：49400

(230−110)(0.61)/3=1205000 Btu/h

水：1500×(1157−78)[①]/0.5=3237000 Btu/h

总负载=4442000 Btu/h

10%的热损失=44000 Btu/h

总计=4886000 Btu/h

（9）冷却循环。

同样对于冷却循环，初始出口温度为 350 ℉，冷却循环结束时为 110 ℉，平均出口温度为（350+110）/2=230 ℉。

$$V_{cooling}=\frac{3320000\ Btu/循环}{(230-100)℉\times0.59Btu/℉}$$

$$=46900lbs=循环$$

注：①来自蒸汽表。

7.3 吸收

7.3.1 过程概述

在吸收过程中，常使用吸收剂接触湿气并除去水分。

吸收式脱水装置最常用的液体是三甘醇（TEG）。

7.3.2 吸收原理

7.3.2.1 吸收和气提

通过吸收，气流中的水溶解在相对纯净的液体溶剂中。相反的过程，即溶剂中的水进

入气相，称为气提。术语“再生”“再浓缩”和“回收”也用于描述气提（或净化），因为溶剂在吸收步骤中被回收再利用。吸收和气提常用于气体处理、气体脱硫和甘醇脱水。

7.3.2.2 拉乌尔定律和道尔顿定律

吸收可以用拉乌尔定律和道尔顿定律定性地模拟。对于气液平衡系统，拉乌尔定律指出，气相中与液体平衡的组分的分压与液相中组分的摩尔分数成正比。道尔顿定律指出，一个组分的蒸气分压等于总压乘以它在气体混合物中的摩尔分数。

拉乌尔定律的方程形式为

$$p_i = P_i X_i \tag{7.5}$$

道尔顿定律的方程形式为

$$p_i = P Y_i \tag{7.6}$$

式中 p_i——组分 i 的蒸气分压；

P_i——纯组分 i 的蒸气压；

X_i——液体中 i 组分的摩尔分数；

P——气体混合物总压；

Y_i—组分 i 在蒸汽中的摩尔分数。

结合这些定律

$$PY_i = P_i X_i$$

或

$$P_i / P = Y_i / X_i \tag{7.7}$$

纯组分蒸气压和总压不受组分方程（7.7）的影响。由上式可看出，对于任何组分，蒸汽摩尔分数与液体摩尔分数的比值，都与该组分和其他组分的浓度无关。Y_i/X_i 的比值通常被称为 K 值。

由于纯组分的蒸气压随温度升高而增大，K 值随温度升高而增大，随压力增大而减小。在物理意义上，这意味着在较低的温度和较高的压力下进行时，气相中的水向液相中转移更有利，吸收越好；在较高的温度和较低的压力下进行时，气相中的水气提更有利。

7.3.3 甘醇—水平衡

吸收过程是动态的、连续的。气体流动不能停止，以使气液接触达到平衡状态。因此，系统设计应尽可能在持续流动时接近平衡状态，这是通过使用板式塔或是填料式塔器来实现的，其中气体和液体处于逆流状态。

板式塔的塔盘或填料塔的塔盘越接近 100%的平衡时，板式塔或填料塔的吸收效率就越高。例如，板式塔的效率是 25%，这意味着在平衡条件下有 25%的水分子中被转移了。在甘醇离开塔之前，湿气从塔底进入并和甘醇富液（高含水量）进行接触。吸收过程中，湿气自下而上通过吸收塔，逆流接触甘醇贫液，在湿气处于吸收塔顶部时，接触的甘醇溶液浓度最贫（最低含水）。吸收基于道尔顿定律和拉乌尔定律达到平衡状态，物质平衡分布如下：

$$Y_i = X_i \left(P_i / P \right) \tag{7.8}$$

在一定的温度条件下，由于 P_i/P 是恒定的常数，所以达到吸收平衡状态时，气体中的水浓度必须与液体中的浓度成正比。然而，当气体中的水被吸收到液体中时，液体浓度会不断变化。塔内的逆流使气体中的水大量转移到甘醇溶液中，并最终和最贫的甘醇溶液达到平衡状态。

7.4 甘醇脱水

7.4.1 工作原理

简介

通过分离将气体中的液体（游离水）去除后，每百万标准立方英尺的天然气中仍会存在 25~120 lb 的水，具体水量的多少主要取决于天然气的温度和压力。进口天然气的温度越高、压力越低，天然气中的含水量会越多（图 7.13）。通常，在天然气处理到满足所需水露点之前，每百万标准立方英尺的天然气中会有 25~115 lb 的水需要去除。

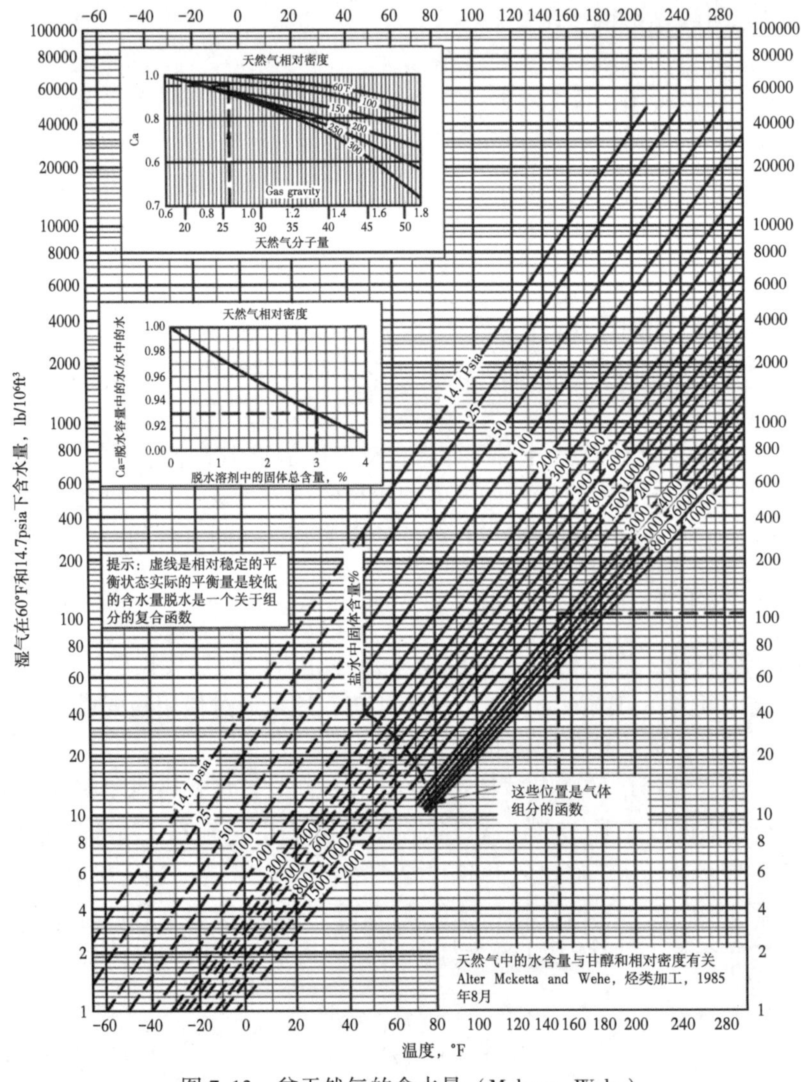

图 7.13 贫天然气的含水量（Mcketta-Wehe）

图 7.14 和图 7.15 显示了典型甘醇脱水系统流程，甘醇脱水过程可分为两部分。

（1）天然气系统（图 7.14）。

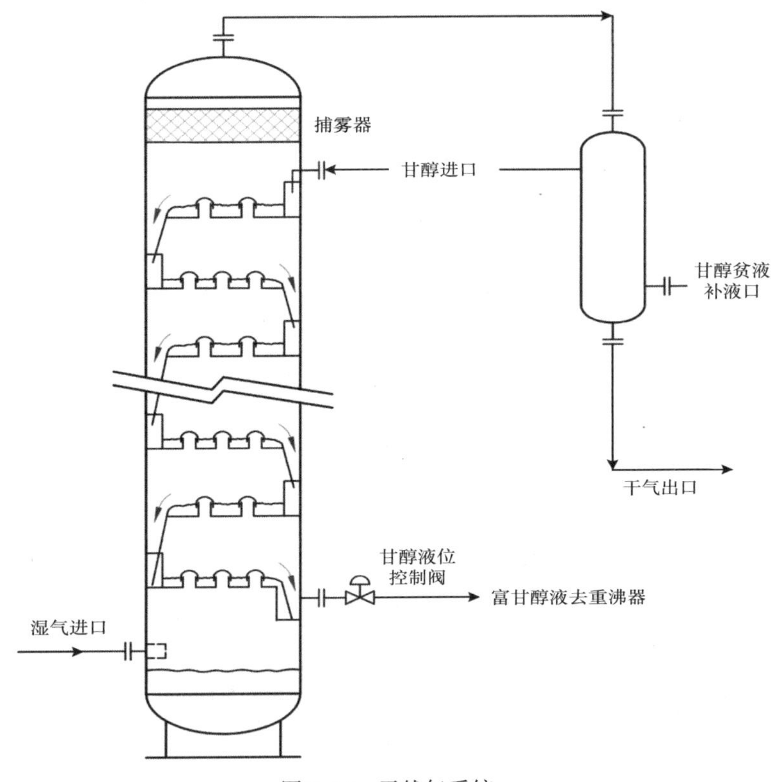

图 7.14　天然气系统

（2）甘醇系统（图 7.15）。

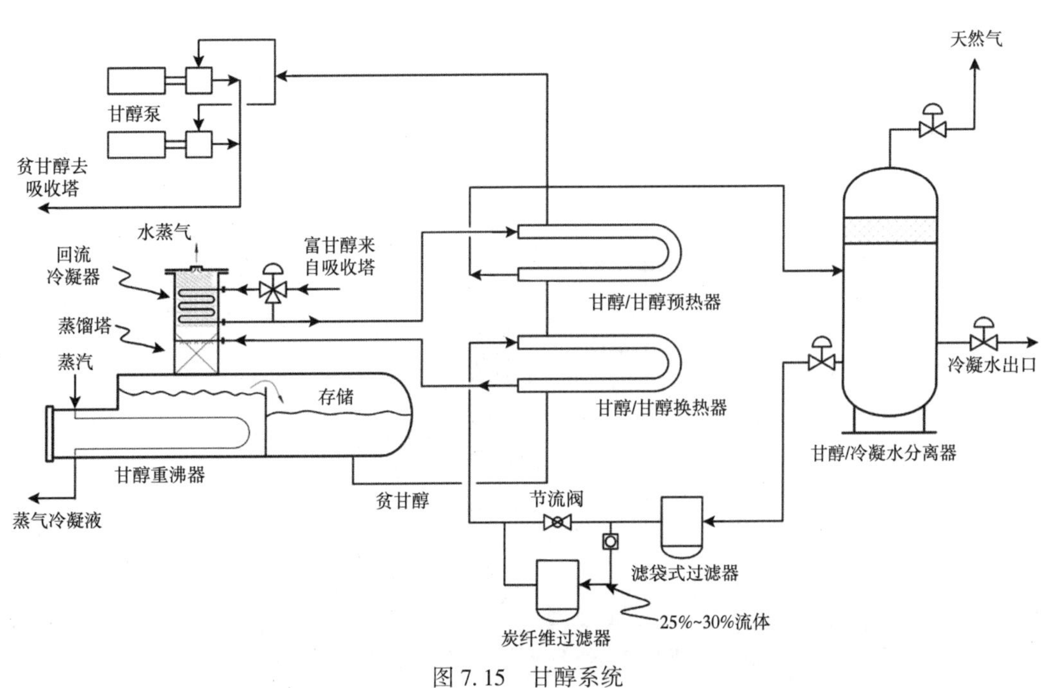

图 7.15　甘醇系统

7.4.2 天然气系统

7.4.2.1 进口洗涤器/微纤维过滤分离器

湿天然气进入脱水单元之前先经过进口洗涤器/微纤维过滤分离器，分离器通常为立式除去天然气中的液体和固体杂质。

7.4.2.2 甘醇天然气吸收塔

天然气通过微纤维过滤分离器后，从底部进入甘醇天然气吸收塔。吸收塔内部设置了几组带堰板的塔盘以保持甘醇液位处于特定值，这样天然气在向上流动时必须通过甘醇进行鼓泡接触反应（图 7.16）。在湿气自下向上逐层通过这些塔盘时，湿气中的水蒸气转移到甘醇中，而湿气中水含量越来越少。在离开吸收塔前，天然气要经过脱湿器以去除天然气中混合的甘醇。干气到达吸收塔的顶部再进入一个外部甘醇—天然气换热器，通过干气对进入吸收塔内的贫甘醇进行冷却以增加贫甘醇的吸收能力（图 7.17）。

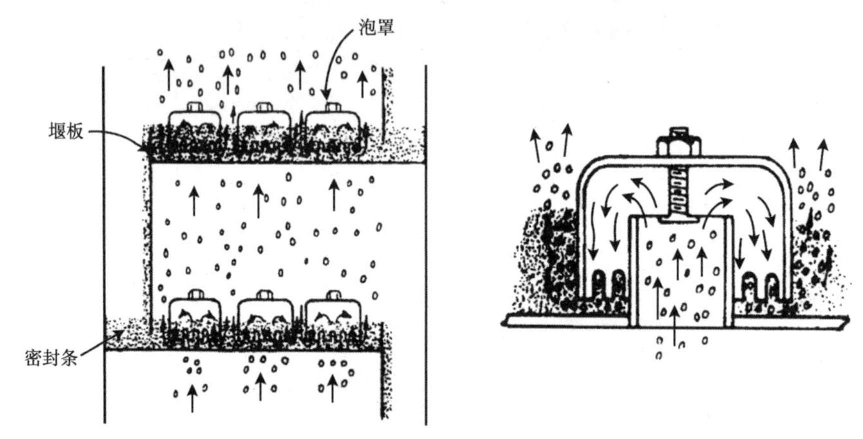

图 7.16 泡罩塔板

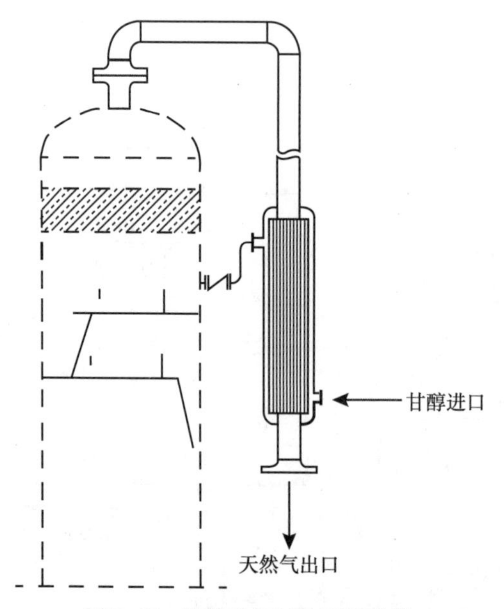

图 7.17 外部天然气甘醇换热器

有些装置内部还安装了气液分离罐（离心分离器），它可以回收从捕雾器中随天然气逸出的甘醇（图7.18）。脱水处理完成后，干气离开脱水单元。

图7.18　用来回收随天然气逸出的甘醇的离心分离器

7.4.3　甘醇系统

7.4.3.1　甘醇天然气换热器

贫甘醇通过甘醇泵增压至吸收塔压力，经过甘醇天然气换热器后进入吸收塔。在贫甘醇进入吸收塔前，甘醇天然气换热器将甘醇的温度冷却至天然气的温度，使贫甘醇与天然气的温度接近，这样对预防天然气温度超过设备允许温度和防止甘醇发泡十分重要。

7.4.3.2　甘醇天然气吸收塔

来自甘醇天然气换热器的贫甘醇从吸收塔顶部塔盘进入，这是甘醇和天然气第一次逆流接触。甘醇通过吸收塔内的降液管向下流动，经过每层塔盘时吸收更多的水。降液管将甘醇通道密封，可防止下层塔盘中天然气绕过泡罩进入上一层塔盘。

当甘醇自上向下经过每层塔盘时，它从气体中吸收水而变得越来越富，并聚集在吸收塔的底部形成了饱和含水的甘醇。

当天然气自下向上经过每层塔盘时，它变得越来越干燥。聚集在吸收塔底部的富液经过一个过滤器，以去除粗粒杂质。然后进入甘醇泵的动力端，提供动力将贫甘醇注入吸收塔内。

能量来自富甘醇液中的被吸收天然气所引起的压头。

7.4.3.3　回流冷凝器

来自甘醇天然气吸收塔的低温甘醇富液通过重沸器蒸馏塔顶部的盘管（回流冷凝器）。盘管使离开再生塔内的水蒸气和甘醇蒸气冷凝为液体。甘醇小液滴由于重力作用落回再生塔内进一步再生。水仍以蒸气的形式从再生塔顶部持续排出。这个冷却盘管通常被称为回流冷凝器。

7.4.3.4 贫甘醇/富甘醇预热器

离开回流冷凝器的微热富甘醇进入贫甘醇/富甘醇预热器。来自甘醇再生器的热贫甘醇进一步加热富甘醇，相应的，贫甘醇在进入甘醇泵之前进一步冷却。

7.4.3.5 闪蒸分离器

加热后的富甘醇离开贫甘醇/富甘醇预热器后，进入一个低压的闪蒸分离器，甘醇经过吸收塔时所携带的大部分天然气和液烃在这里被去除。贫甘醇/富甘醇预热器提供的热量有助于液烃与富甘醇的分离。烃液通过醇烃液三相分离器与甘醇分离（图 7.19）。

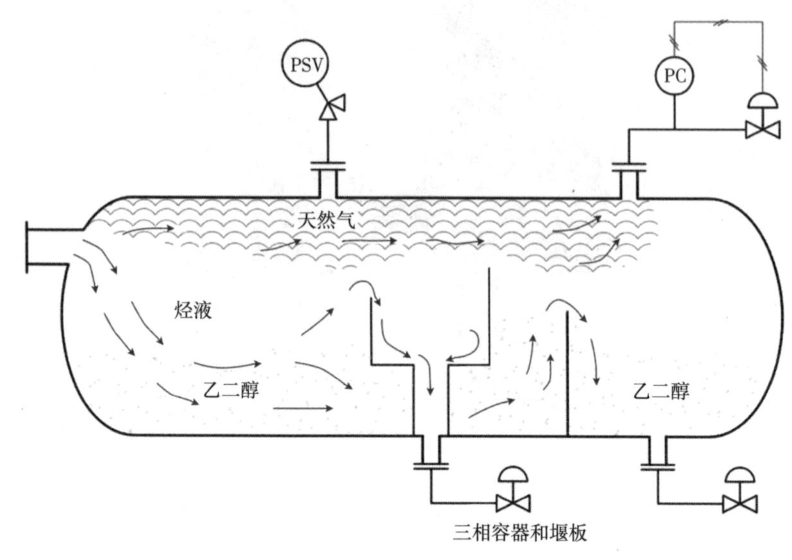

图 7.19 醇烃液分离器

7.4.3.6 微纤维过滤器

天然气和冷凝液在闪蒸分离器分离后，富甘醇进入微纤维过滤器（图 7.20）。

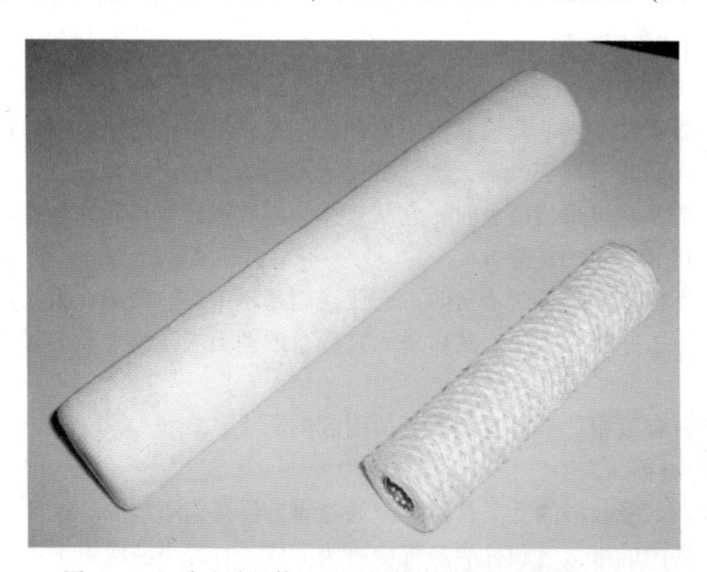

图 7.20 用来去除固体、重烃及其他杂质的微纤维过滤器

7.4.3.7 活性炭过滤器

来自微纤维过滤器的富甘醇进入活性炭过滤器。过滤器里的活性炭颗粒吸收液态烃、井作业化合物、压缩机油以及其他能引起甘醇溶液发泡的杂质。

7.4.3.8 贫甘醇/富甘醇换热器

来自活性炭过滤器的富甘醇进入富甘醇与贫甘醇换热器。换热器尽可能地在富甘醇进入甘醇重沸器前给其预热，以此降低甘醇重沸器的热负荷。

7.4.3.9 再生塔

来自贫甘醇/富甘醇换热器的富甘醇进入垂直设置有甘醇重沸器的再生塔（图 7.21）。再生塔内部充满了陶瓷鞍填料或者不锈钢鲍尔环填料，它们被用来增加逆流接触的表面积并将热量传递给进入的甘醇。进入的富甘醇自上而下均匀地通过填料段。来自甘醇重沸器自下而上的蒸气对填料段进行加热。当富甘醇自上向下经过被加热的填料段时，富甘醇中的水变成水蒸气被除去。

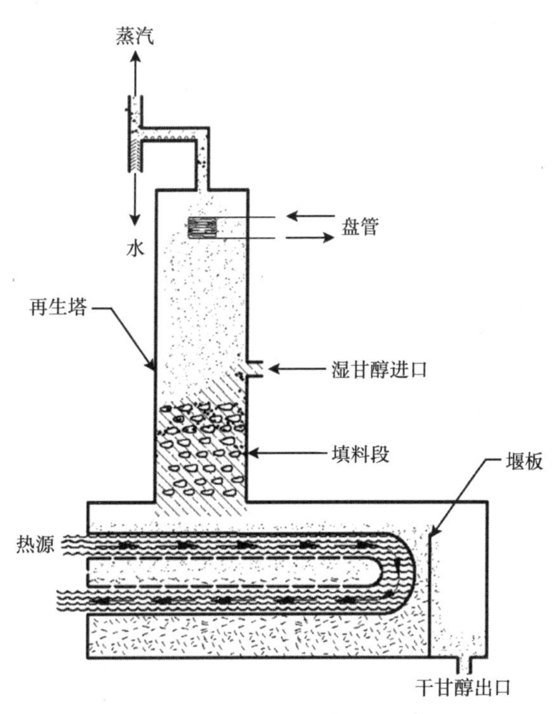

图 7.21 在甘醇再生器顶部的蒸馏塔

应用高效换热器的装置在富甘醇到达冷凝器之前可以去除再生塔中多达 75%~80%的水。水蒸气自下而上穿过再生塔并从其顶部逸出时，会携带其中包裹的甘醇蒸气。为了降低甘醇的蒸发损耗，再生塔使用了回流冷凝器，冷凝器设置在再生塔的顶部。从再生塔内逸散出来的甘醇蒸气被聚集到表面覆盖着盘管的区域，在这里甘醇蒸气被冷凝成液体。分离的甘醇液滴在重力的作用下返回到再生塔的重沸器中进一步处理，这样可以有效预防甘醇由于蒸发造成的过多损耗。

在某些装置中，甘醇从再生塔内填料段的下部进入塔内。甘醇蒸发发生在重沸器内。回流冷凝器在两种再生塔中的运行原理相同。填料段不再被用来给蒸发提供热量。冷凝液从回流冷凝器落回到填料段，并为填料段上部提供液态密封。随蒸气从重沸器出来的甘醇蒸气必须通过这些填料段。覆盖在填料段的水膜能捕获甘醇蒸气，并将其冷凝成液滴又流回重沸器。因此，这种装置比之前设计的再生塔能回收更多的甘醇蒸气。因为蒸发主要发生在重沸器内，在这种再生塔内的操作温度比其他的再生塔更低，操作温度更高的再生塔往往需要更大的回流量和更多的热负荷。

7.4.3.10 重沸器

来自再生塔的富甘醇落回到重沸器，富甘醇被加热到绝大部分水和少量的甘醇被蒸发的温度。热源将甘醇加热到350~400℉，在这个温度可以确保去除富甘醇中大量的水并不引起三甘醇的分解。重沸器内甘醇的温度控制非常关键。

热源包括直接加热（自然通风/强制通风），余热（涡轮、发动机和/或发电机排出的废气），蒸气以及电加热器。被加热的蒸气（甘醇和水）自下而上通过再生塔。当混合蒸气通过回流冷凝器盘管时，甘醇蒸气被冷凝并滴落下来，水蒸气仍以蒸气状态离开再生塔。蒸气中的一部分水也会被冷凝，所以需要提供一个分水器来将冷凝水去除。

堰板用来维持被加热甘醇保持一定的液位，这样可以预防管程过热或失效。净化后的甘醇漫过堰板进入单独的储存腔室。当下一个循环开始，甘醇泵将贫甘醇增压送入吸收塔时，从重沸器出来的贫甘醇流入甘醇缓冲罐内。

7.4.3.11 气提气

在大气压下，三甘醇系统可以获得98%或更高纯度。如果需要非常高的甘醇浓度（高达99.9%的三甘醇），标准的重沸器系统不能满足，这就可能要用到气提气。气提气通常取自燃料气系统中的少量的干天然气，将它们注入重沸器内，因为热天然气对水有很好的亲和力，气提气鼓泡通过热甘醇并将热甘醇中残留的水带出。气提气可以直接被注入重沸器或甘醇缓冲罐内，这样气提气可以渗透穿过两个容器之间的填料塔（斯特尔塔）。斯特尔塔也起到堰板的作用，贫甘醇依靠重力作用漫过堰板覆盖的填料段，同时天然气自下向上移动以去除更多的水。这种方式可以预防空气随着缓冲罐内的贫甘醇而进入吸收塔内，防止甘醇溶液被氧化。

进入甘醇系统的氧气会分解甘醇并引起系统内腐蚀。气提气能降低重沸器的操作温度，并且在保证天然气脱水充分的条件下减少甘醇的最低循环速率。

7.4.4 操作变量影响

7.4.4.1 通用考虑

一些操作和设计变量对甘醇脱水系统成功操作有重要影响。

7.4.4.2 甘醇选择

甘醇是吸收过程中最常用的液体干燥剂，具有以下特点：

（1）高吸水性能（吸收容易和持续保水）；

（2）在一定温度和压力条件下，只有热稳定和化学稳定性；

（3）具有较低的蒸发压力，使甘醇在剩余天然气和重沸器中的平衡损失最小化；

（4）再生、再利用（脱水）容易；

（5）在正常条件下甘醇具有抗腐蚀性和无泡性（气流中含杂质会改变这种特性，但是即使这样，抑制剂仍能使这些问题最小化）；

（6）容易得到，价格适中。

甘醇的吸水性能受其浓度影响，即甘醇和水的比例，具体来说，甘醇浓度增加时其吸水性能增加。甘醇浓度增加时，天然气的水露点可以达到更低。

7.4.4.2.1　乙二醇

在吸收塔中，乙二醇（EG）有高的蒸发损耗到气相中去，因此常被用作水合物抑制剂，在温度50℉以下时它可以从天然气中分离回收。

7.4.4.2.2　二甘醇

二甘醇（DEG）的再生温度在315~325℉，收率纯度可达97%，它的分解温度在328℉，对于大多数应用场合来说，需要的浓度达不到要求。

7.4.4.2.3　三甘醇

TEG（三甘醇）是甘醇脱水中最常用的，它的再生温度在350~400℉，收率纯度可达98.8%，它的分解温度是404℉，当温度超过120℉时有高的蒸发损耗到气相中去。应用三甘醇脱水后的天然气，露点降可达150℉。

7.4.4.2.4　四甘醇

四甘醇（TTEG）成本很高，它的再生温度在400~430℉，它在天然气进入吸收塔的温度高时具有较低的蒸发损耗，它的分解温度是460℉。

7.4.5　进口气温度

在一定压力下，进口气中的含水量随温度的增加而增加，比如说，在1000psia，80℉时，天然气中的含水量是34lb/10^6ft^3，120℉时天然气中含水量是104lb/10^6ft^3。

如果天然气在较高的温度条件下处于饱和状态，甘醇需要去除三倍的水量以满足露点降要求。温度在115℉以上时将导致甘醇损耗增加，在这种情况下需要使用四甘醇。温度不能低于水合物形成温度范围以下（65~70℉），并且必须在50℉以上。温度低于50℉时会增加甘醇的黏度，导致问题发生。温度低于60~70℉时，天然气中的液态烃类会形成稳定的乳状液，导致吸收塔中甘醇溶液发泡。天然气的温度增加，其体积也会增加，这样会相应地增加甘醇吸收塔的直径。

7.4.6　贫甘醇温度

贫甘醇进入吸收塔顶部塔盘的温度（接近温度）应稍高于进口天然气的温度（10~15℉）。甘醇和水蒸气在天然气中的平衡条件受温度影响。进入吸收塔顶部塔盘的甘醇会增加它周围天然气的温度并且阻止天然气中的水蒸气逸散出来。进口甘醇温度在进口气温度以上并且大于15℉时将导致甘醇较高的蒸发损耗，甘醇蒸气进入天然气中。巨大的温差效应和化学杂质对甘醇溶液的乳化有相同的影响趋势，都可能导致甘醇损耗。

7.4.7　甘醇再生温度

通过重沸器温度来控制甘醇中水的浓度。在一定压力下，甘醇浓度随重沸器温度的升高而增加。重沸器温度必须控制在350~400℉，因为这个温度可以使TEG分解最小化，TEG开始分解的温度是404℉，此时甘醇的浓度可以维持在98.5%~98.9%。

图7.22展示了不同重沸器温度下可得到的甘醇浓度。当需要的贫甘醇浓度越高时，重沸器中必须引入气提气和/或重沸器和再生塔必须在真空条件下操作。

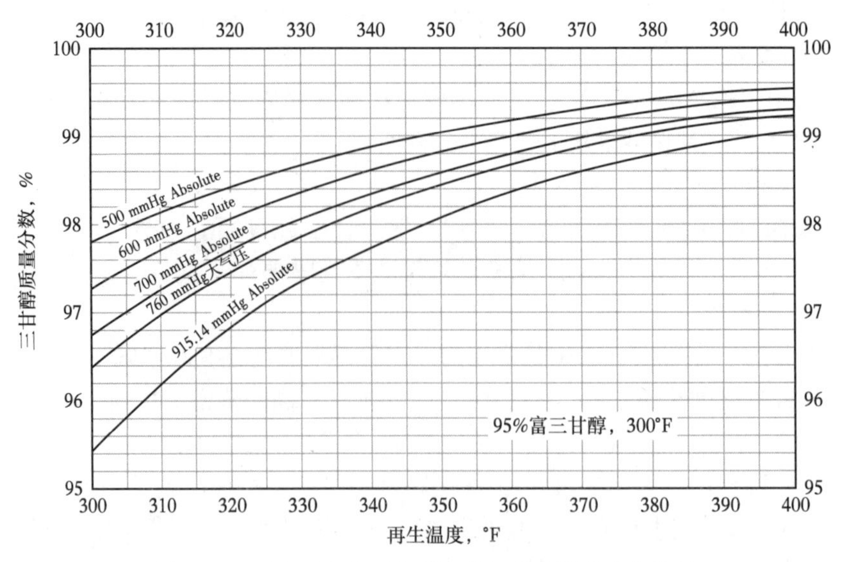

图 7.22　不同真空度下甘醇浓度与重沸器温度的关系

7.4.8　再生塔顶部温度

再生塔塔顶部温度较高时会导致甘醇大量蒸发、增加损耗，重沸器的温度在 350～400℉时可以保证再生塔填料有充足的热量传递。再生塔在气相出口温度在 215～225℉时操作最优（允许蒸气逸散）。当温度达到 250℉及以上时，甘醇蒸发损耗将增加。塔顶部的温度可通过增加甘醇在冷凝盘管的回流量来降低。

如果再生塔顶部的温度降到更低（低于 220℉），更多的水会被冷凝并流回重沸器，这样会增加重沸器的热负荷。在冷凝盘管回流的冷甘醇循环量越大，再生塔顶部的温度可以降到 220℉以下或更低，这将导致大量的水冷凝。因此，大部分冷凝盘管回流都有一个旁路调节阀，它允许人工或自动调节气提再生塔的温度。

7.4.9　吸收塔压力

在温度一定时，压力增加时进口气的含水量会越少。压力越低，吸收塔需要的直径越大。只要压力长时间恒定维持在低于 3000psig 的条件下，就可以取得好的脱水效果。最适宜的脱水压力通常是在 550～1200psig。尺寸计算必须基于天然气可达到的最小操作压力。

在吸收塔中，压力的快速改变会转变成流速的快速转变，这样会破坏降液管与塔盘之间的液体密封，导致天然气同时穿过降液管和泡罩上升，同样造成甘醇被天然气携带走。

7.4.10　重沸器的压力

温度保持一定、降低重沸器的压力可以得到浓度更高的甘醇。大部分重沸器操作压力维持在 4～12 盎司。标准大气压下的重沸器，压力增加 1psi 将导致再生塔内甘醇的损耗，贫甘醇浓度的降低和脱水效率的降低。

压力超过 1psi 通常会引起甘醇中的水量增加，并且会引起塔出口水蒸气流速增加，增加到足够大时会把甘醇带走。再生塔填料的污染将导致重沸器应力的升高。再生塔必须保证充分的排气和周期性的填料更换以便于防止重沸器内压力倒吸。

压力低于大气压将增加得到贫甘醇的浓度，因为富甘醇/水溶液的沸腾温度下降。重沸器很少在真空条件下操作，主要是因为真空增加了复杂程度，并且空气泄漏会导致甘醇分解。

7.4.11　吸收压力

如果需要贫甘醇的浓度在 99.5%的范围内，需要考虑将重沸器的操作压力维持在 500mmHg（10psia）或使用气提气。

图 7.22 可以用来估算在真空压力操作下对可得到甘醇浓度的影响。

7.4.12　甘醇浓度

脱水后干气中水的含量主要取决于使用的贫甘醇浓度，进入吸收塔的甘醇越贫，在处理量和塔板数量一定的情况下，天然气的露点降更大。

甘醇的浓度增加到 99%以上会对出口气露点产生巨大的影响（图 7.23）。比如说，进口气温度 100℉（顶部塔盘温度 110℉），出口水露点 10℉，此时使用三甘醇的浓度是 99.0%，-30℉的露点需要三甘醇浓度是 99.8%，-40℉的水露点需要三甘醇浓度是 99.9%。

更高的三甘醇浓度可通过增加甘醇再生温度获得，或者将气提气注入重沸器中，或降低重沸器的操作压力。

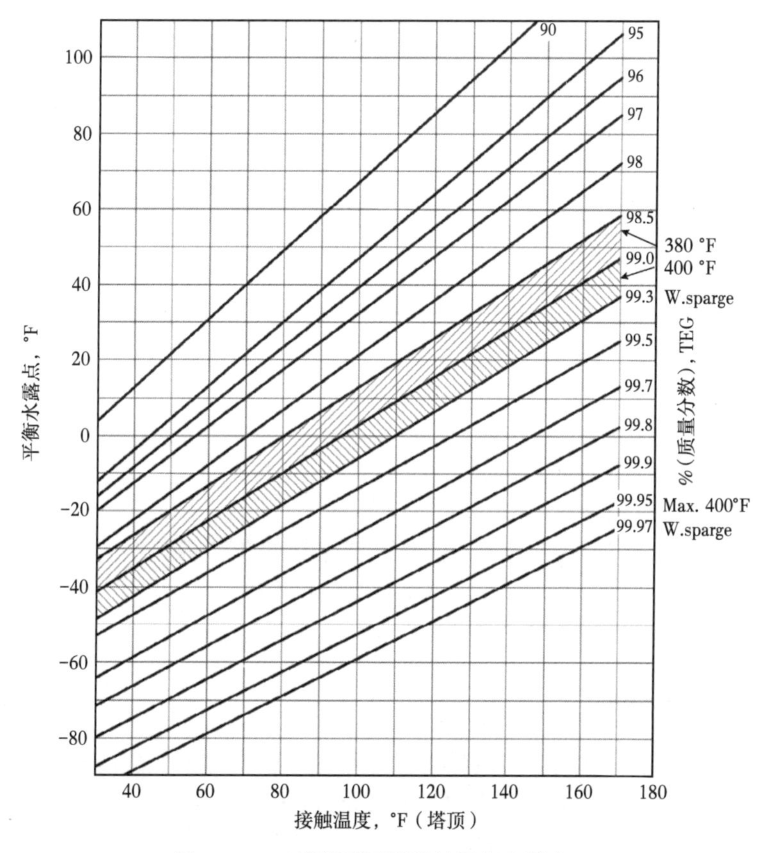

图 7.23　三甘醇不同浓度的平衡水露点

三甘醇的再生温度通常设定在380~400℉，这个温度下甘醇的浓度能达到98%~99%。图7.24和图7.25阐述了气提气的效果。如果天然气直接进入重沸器（通过布气管），当天然气速率从0增加到4ft³/gal时，三甘醇浓度很明显地从99.1%增加到接近99.6%。

当使用斯特尔塔时（重沸器后逆流气提），在400℉再生温度下能得到浓度高达99.95%的三甘醇。

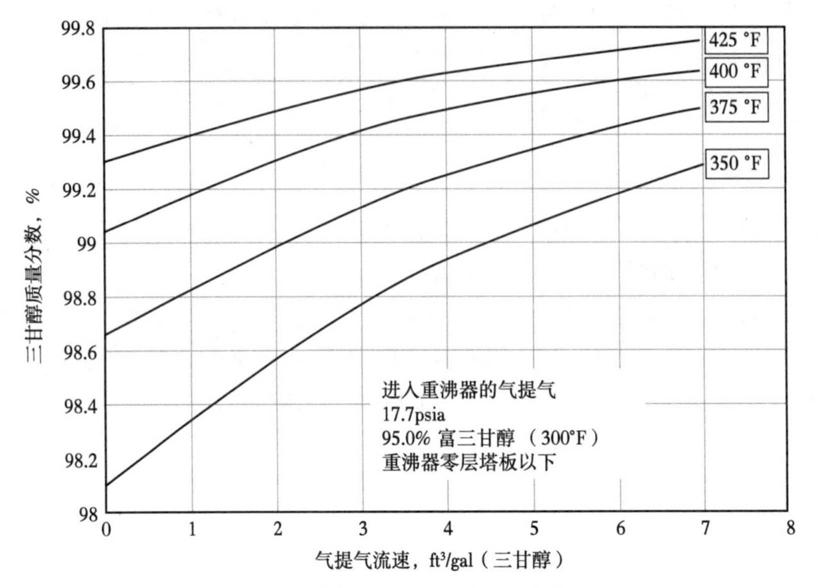

图7.24 气提气对三甘醇再生的影响

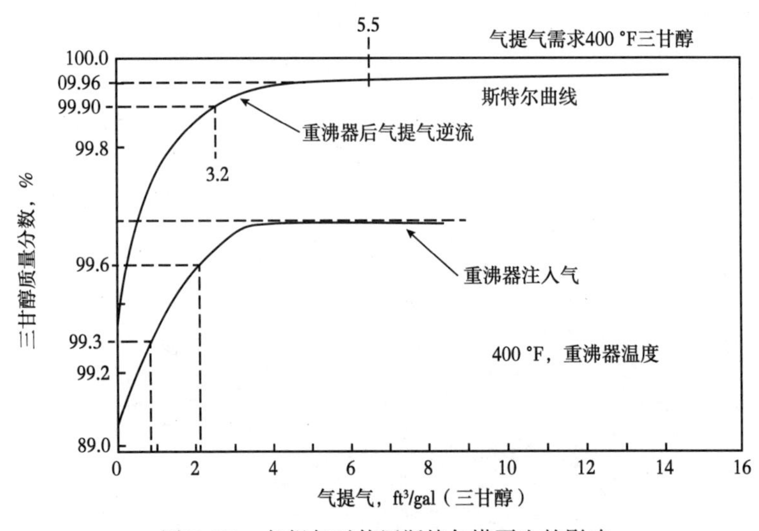

图7.25 气提气对使用斯特尔塔再生的影响

7.4.13 甘醇循环速率

当吸收塔塔板的数量和贫甘醇的浓度保持不变时，饱和天然气的露点降随着甘醇的循环速率的增加而增加。进入吸收塔内与天然气接触的贫甘醇越多，天然气中的水蒸气被去除得越多。

然而甘醇的浓度主要影响脱水后天然气的水露点，甘醇速率控制着去除水的总量。标准脱水器的正常工作水平是去除 1lb 水需要 3gal 甘醇（范围是 2-7）。

图 7.26 展示了通过增加甘醇的再生速率可以较容易地得到较大的露点降。循环速率超过上限，会导致：

（1）重沸器超负荷运行；

（2）影响甘醇再生；

（3）阻碍了吸收塔内甘醇与天然气的充分接触；

（4）增加泵的维修问题；

（5）增加甘醇损耗。

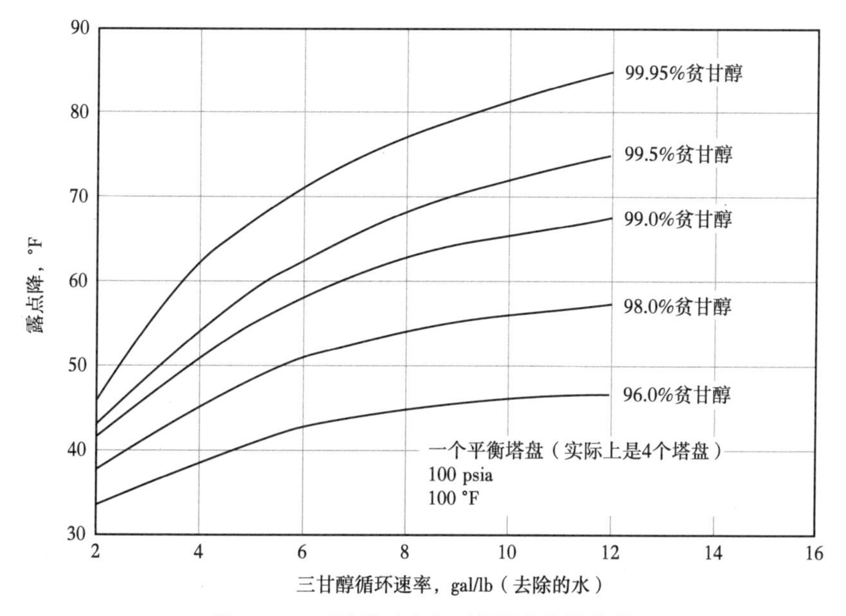

图 7.26　不同循环速率下的露点降计算值

重沸器所需的热量与循环速率成正比，循环速率的增加可能会降低重沸器的温度，降低贫甘醇的浓度，或者减少甘醇从天然气中吸收的总水量。只要重沸器的温度保持不变，循环速率的增加会使天然气的露点降更低。

7.4.14　吸收塔塔板数量

当甘醇循环速率和贫甘醇浓度保持不变时，饱和天然气的露点降随着塔板数量的增加而增加。实际上塔板并不能达到平衡，研究的方法是把塔盘作为理想状态来计算理论塔板数，设计中通常认为塔板效率只有 25%。实际的塔板数是基于 25%的塔板效率和理论塔板数计算出来的。实际设计中塔板的数量范围在 4~12 之间。每英尺填充段浮阀塔板的实际数量估算值可从图 7.27 中查到。

对于高效处理装置，由于甘醇循环速率的降低、重沸器温度的降低、气提气量的降低，多于 4 个塔盘规格的新设计在相同的露点降下可以节省更多的燃料。

图 7.28 说明在吸收塔内额外增加一些塔盘数量比增加甘醇循环速率更有效，这样吸收塔尺寸变大了，投资会增加，需要通过对比增加的投资和节省的燃料来决定是否采取增加塔盘的数量。

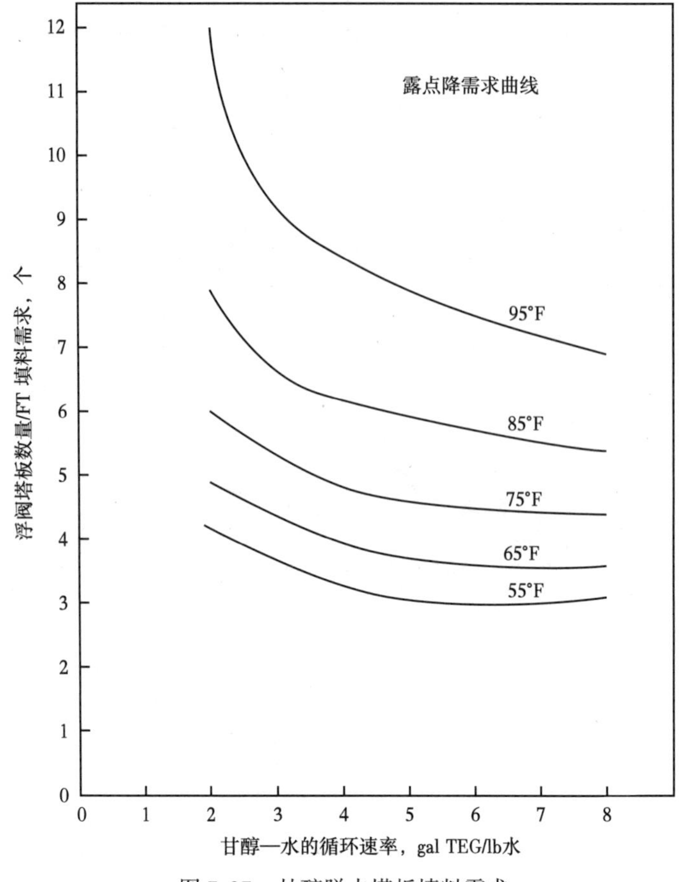

图 7.27　甘醇脱水塔板填料需求

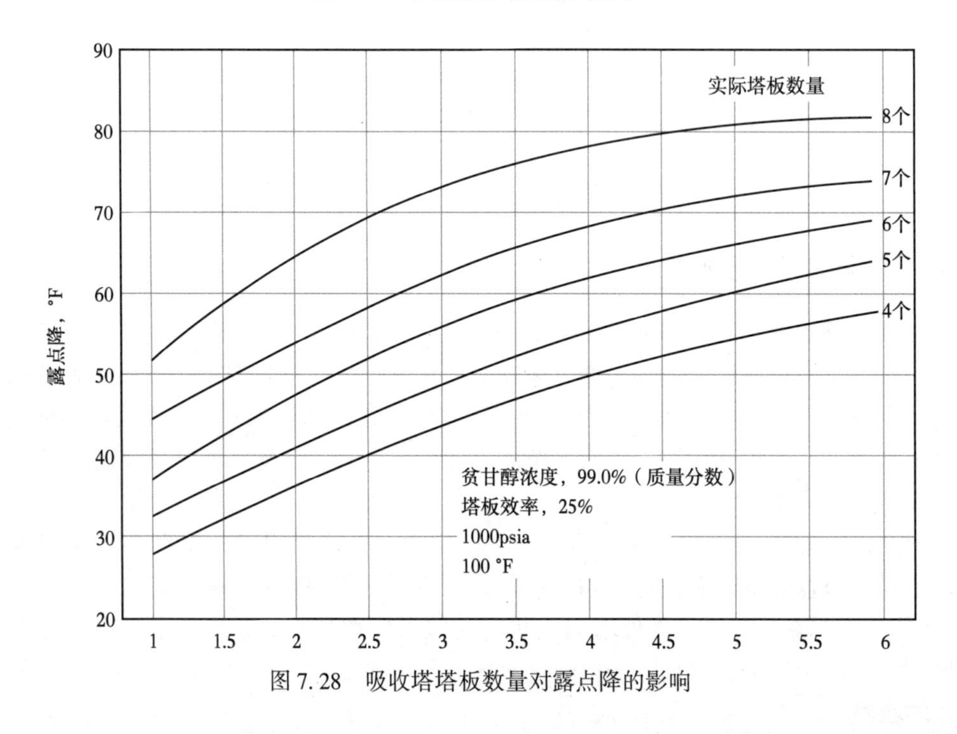

图 7.28　吸收塔塔板数量对露点降的影响

7.5 系统设计

7.5.1 尺寸设计

尺寸设计通常考虑以下内容：

（1）甘醇天然气吸收塔直径；

（2）吸收塔塔板数量（决定塔的总高度）；

（3）甘醇循环速率；

（4）贫甘醇浓度；

（5）重沸器的热负荷。

吸收塔塔板的数量，甘醇循环速率以及贫甘醇浓度三者都是相互关联的。

7.5.2 进口气微纤维过滤分离器

确保进口气的洁净是减少吸收操作问题的关键因素。进气洗涤器（微纤维过滤分离器）能减少进口天然气的含水量，防止甘醇溶液被稀释或吸收效率变低、甘醇循环速率的降低、再生塔气液负荷降低、防止再生塔淹塔、重沸器热负荷和燃料气消耗的增加。洗涤器（微纤维过滤分离器）也能防止盐类或其他固体进入甘醇系统，它们进入后会在重沸器的加热表面堆积，过热时会成为着火表面。洗涤器的尺寸应该根据第1册第4章所述的气液分离尺寸确定。

分离器净化进入其中的天然气，当石蜡和其他杂质以精细蒸汽形式存在时这非常有用，湿气分离器可用来除去99%超过1μm大小的杂质，通常用它来净化进口天然气。

当进口气体是经过压缩的或者吸收塔内部设有填充段时，强烈推荐使用微纤维过滤分离器。压缩润滑油和重组分等物质会覆盖在吸收塔或再生塔的填充段，这会降低设备的效率。

7.5.3 甘醇天然气吸收塔

甘醇天然气吸收塔常用的有两种类型，分别是板式塔和填料塔。

三甘醇是有黏性的（会导致塔板效率变低），并且它存在发泡倾向（限制塔的性能）。在液相负荷较低的情况下，占用吸收塔一小部分的降液管可提供更长的停留时间。

一些吸收塔设有内部洗涤器，这些洗涤器占了容器不到1/3的区域，它们通常用在进口气流量小于$50\times10^6ft^3/d$的装置单元。

洗涤器和吸收塔的结合处安装了一个“烟囱”（图7.29），大烟囱的上面布置有进口洗涤器，它使天然气自下而上穿过洗涤器部分进入吸收部分，并且防止甘醇从洗涤器部分损耗。

一些吸收塔内部设有三相分离器。这些吸收塔的不同之处在于它的较低部分设有2套液位控制和2个应急排放阀。不推荐采用这些结构，因为它们出现问题时进行故障排除是很困难的。直接在吸收塔的上游设置两相微纤维过滤分离器是最高效可靠的结构。

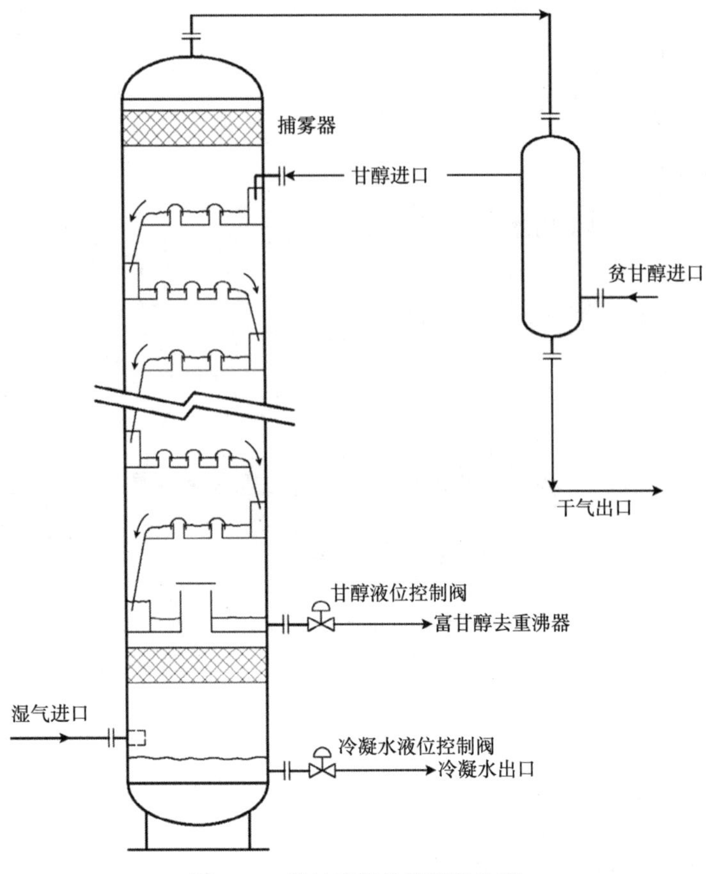

图 7.29　带过滤器的甘醇吸收塔

7.5.4　吸收塔直径

板式塔和常见的填充塔最小直径可由以下公式确定：

$$d^2 = 5040\frac{T_o Z Q_g}{p}\left|\left(\frac{\rho_s}{\rho_L - \rho_g}\right)\left(\frac{C_d}{d_m}\right)\right|^{1/2} \tag{7.9}$$

式中　d——吸收塔内径，in；

d_m——液滴尺寸，120~150μm；

T_o——吸收塔操作温度，°R；

Q_g——设计气体流速，$10^6 ft^3/d$；

p——吸收塔操作压力，psia；

C_d——阻力系数；

ρ_g——气体密度，$lb/ft^3 = 2.7\ (SP/TZ)$；

ρ_L——甘醇密度，$70lb/ft^3$；

Z——压缩因子；

S——天然气相对密度（空气为 1）。

规整填料塔在吸收塔直径相同的条件下可以处理更高流量的天然气。图 7.30 至图 7.33 是由容器制造商提供的关联因素，提供了甘醇天然气吸收塔内径的图解法。

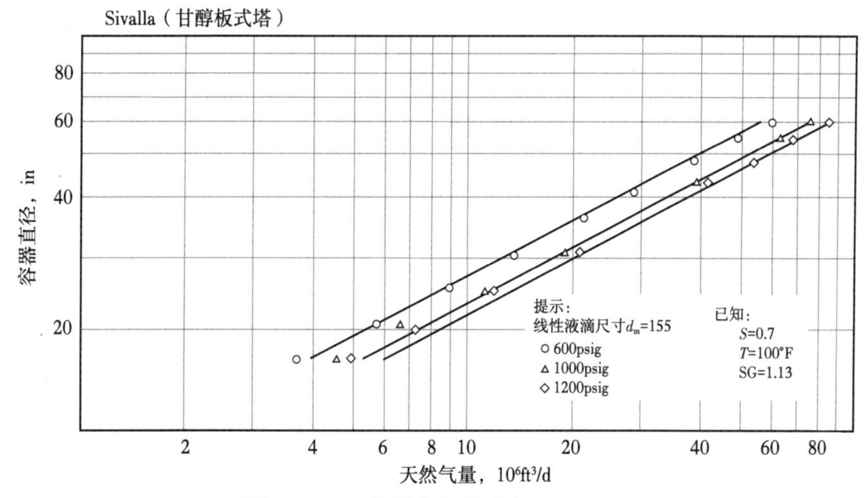

图 7.30　吸收塔直径的确定（Sivills）

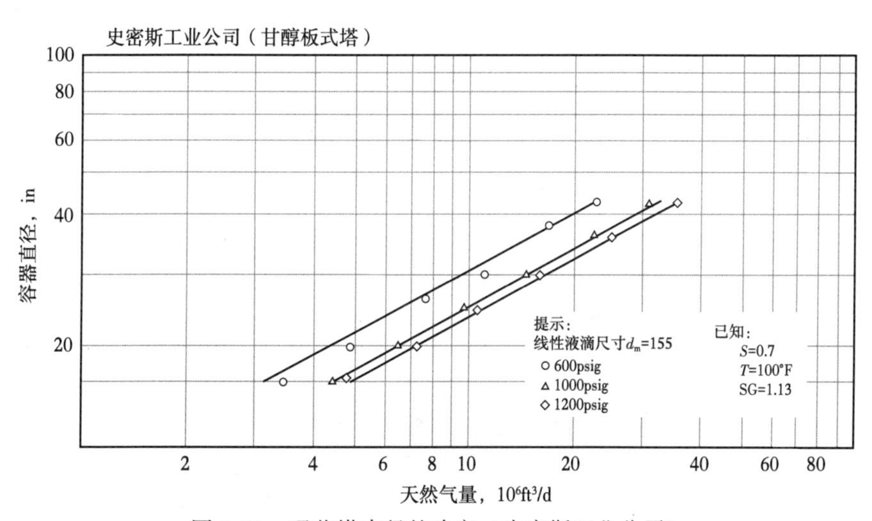

图 7.31　吸收塔直径的确定（史密斯工业公司）

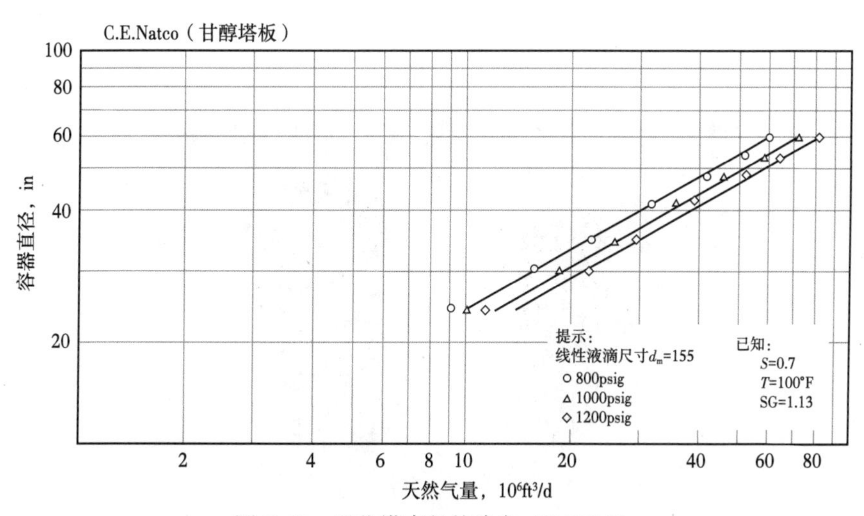

图 7.32　吸收塔直径的确定（NATCO）

7.5.5 塔板设计

7.5.5.1 泡帽塔板

泡帽塔板（图 7.34 至图 7.38）是甘醇吸收塔最为常用的塔板配置，它比传统的填料塔好（图 7.39）。

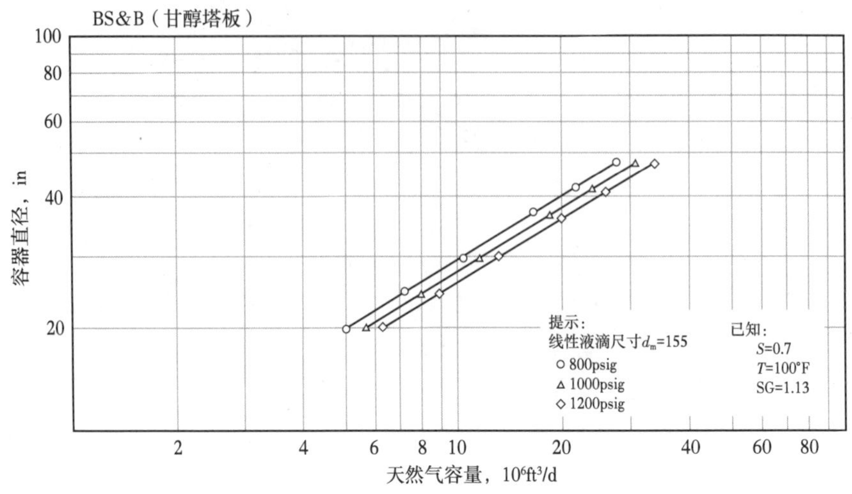

图 7.33 吸收塔直径的确定（BS&B）

图 7.34 泡罩结构

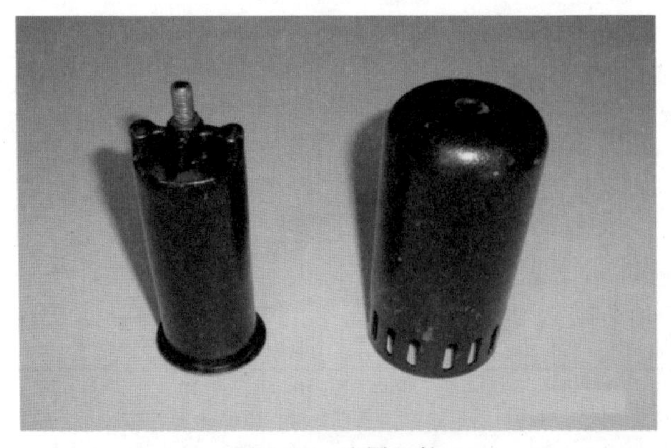

图 7.35 泡罩组件

图 7.36　吸收塔外部的泡罩塔板

图 7.37　吸收塔内部的泡罩塔板

图 7.38　泡罩塔板底部

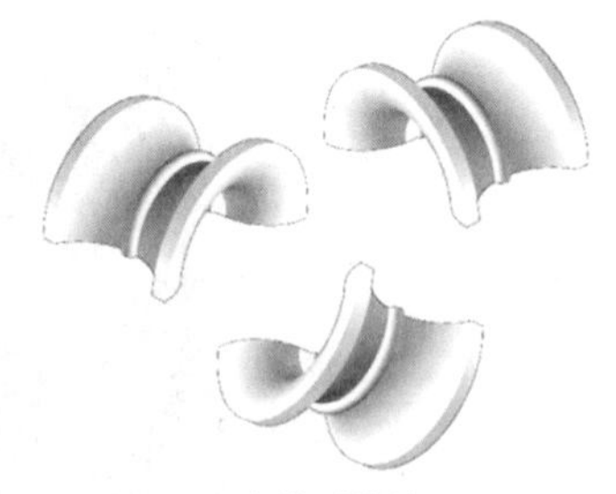
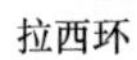

拉西环　　鲍尔环　　贝尔鞍型填料

图 7.39　填料塔常用填料类型

7.5.5.2　浮阀或挡板塔板

在使用浮阀、挡板塔板（图 7.40 至图 7.42）时，天然气通过塔板底部的开孔向上运动。在开孔的上方设有一个可以上下摆动、使天然气鼓泡，形成泡沫层。

图 7.40　挡板塔板顶部

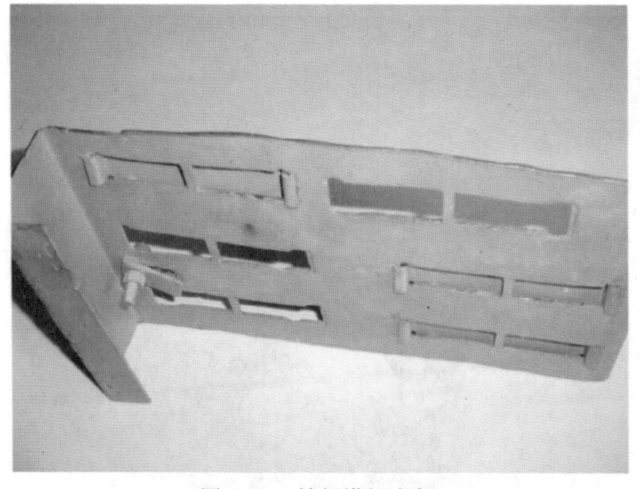

图 7.41　挡板塔板底部

图 7.42　浮阀塔板的顶部和底部

7.5.5.3　排孔（筛孔）塔板

排孔（筛孔）塔板（图 7.43）由数百个小孔组成。天然气气流通过这些孔洞打散成气泡形成泡沫层。它们的制造成本低廉，但有效脱水的天然气量范围有限。

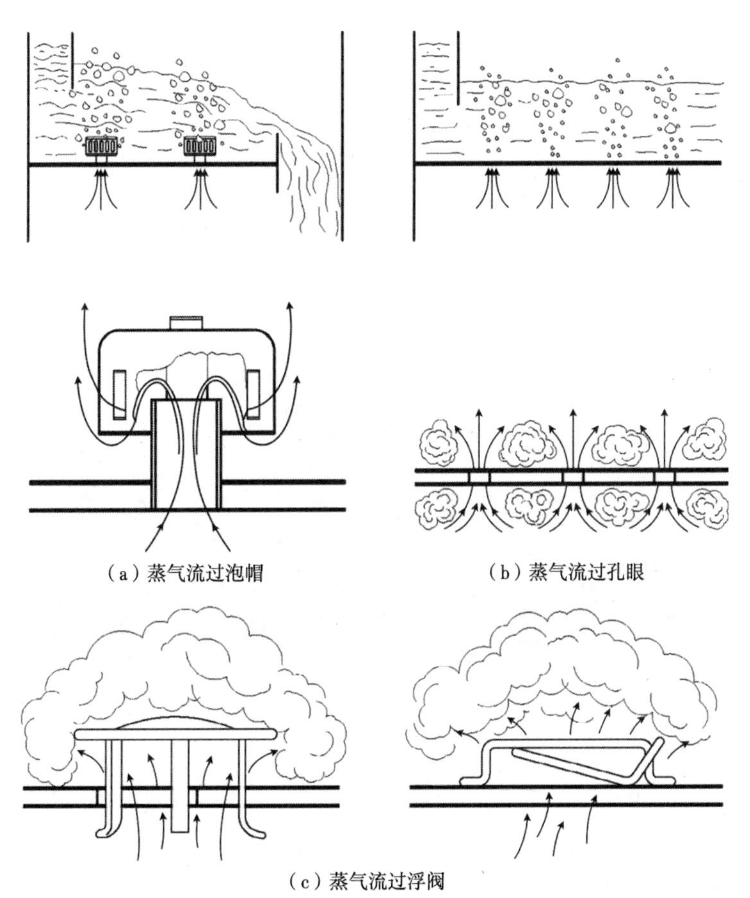

（a）蒸气流过泡帽　　（b）蒸气流过孔眼

（c）蒸气流过浮阀

图 7.43　浮阀塔板类型

7.5.5.4 结构化（矩形）填料

结构化（矩形）填料（图7.44和图7.45）类似于将金属波纹板以相反的角度并排布置在一起，天然气通过波纹板上的小孔自下向上移动，在反向设置波纹板的作用下形成多条气流通道。甘醇通过小孔和通道自上向下移动与天然气接触。结构化（矩形）填料是填料中最高的结构形式。

图7.44　结构化填料左视图

图7.45　结构化填料俯视图

7.5.5.5 塔板间距

塔板间距范围为20~30in不等，首选间距是24in。但是预期会产生泡沫时，则选择30in的塔板间距。

7.5.5.6 塔板数量

为了满足正常的露点降，通常选用6到8层塔板数量。对于露点降比较大的场合，通常采用12层塔板数量。

7.5.5.7 降液管

降液管的尺寸是根据最大流速0.25ft/s来确定的。

7.5.6 甘醇循环速率

对于给定的露点降，循环速率取决于贫甘醇的浓度和塔板数量。当贫甘醇浓度和塔板数保持不变时，所需的甘醇循环速率可由下列方程确定：

$$L=\frac{\left(\frac{\Delta W}{W_i}\right)W_i Q_g}{24} \tag{7.10}$$

式中 L——甘醇循环速率，gal/h；

$\Delta W/W_i$——循环比例，galTEG/lbH_2O（查图7.46至图7.48）；

W_i——进气含水量，lb $H_2O/10^6ft^3$；

W_o——理想出口含水量，lb $H_2O/10^6ft^3$；

$\Delta W=W_1-W_o$；

Q_g——气体流量，$10^6ft^3/d$。

图7.46至图7.48显示了不同甘醇纯度下脱水率与TEG循环速率之比。

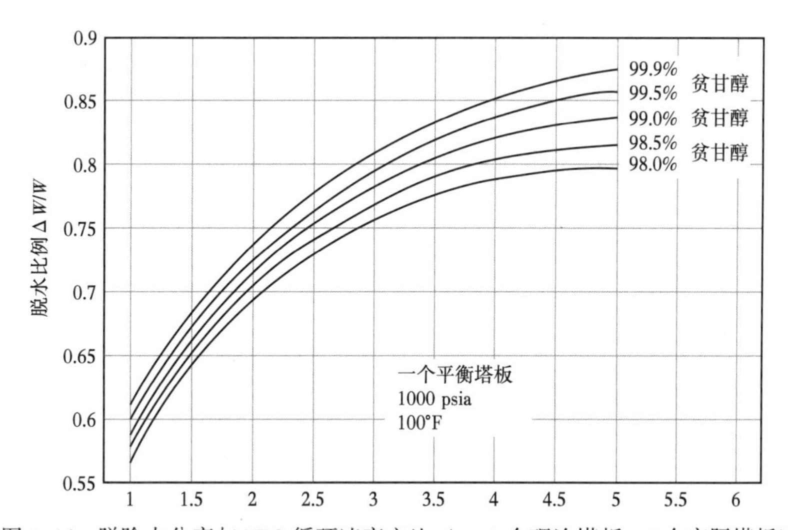

图7.46 脱除水分率与TEG循环速率之比（$n=1$个理论塔板，4个实际塔板）

7.5.7 贫甘醇浓度

不同三甘醇（TEG）浓度下的平衡水露点如图7.23所示。甘醇浓度（贫甘醇浓度）是重沸器温度的函数（图7.22）。

气提气的增加，可以增加甘醇的纯度，降低重沸器压力，降低甘醇循环速率。

7.5.8 甘醇—甘醇预热器

吸收塔冷却的富甘醇以100℉的温度进入预热器（热交换器），当温度被加热到175~

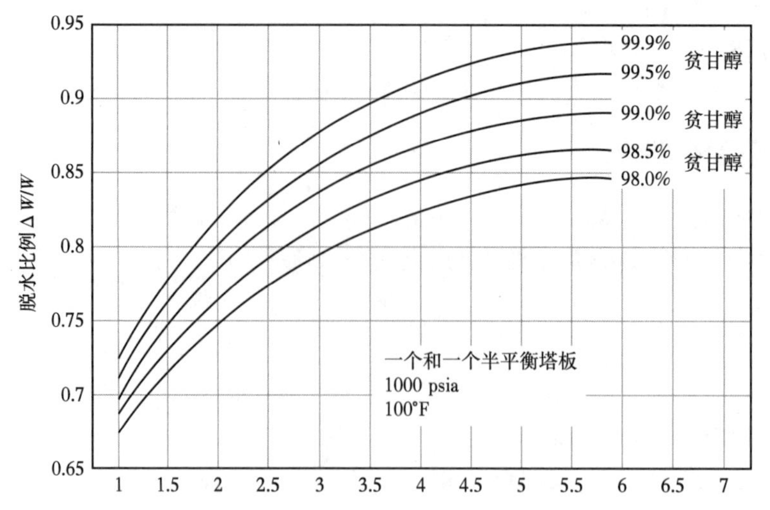

图 7.47 脱除水分率与 TEG 循环速率之比（$n=1\frac{1}{2}$理论塔板，6 个实际塔板）

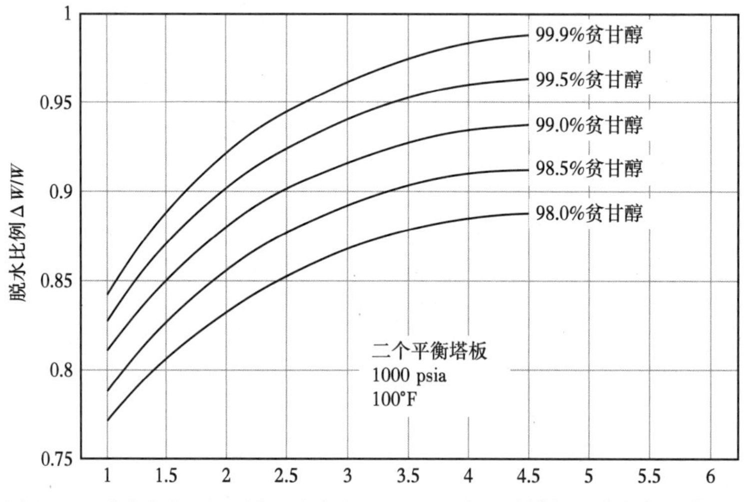

图 7.48 脱水率与 TEG 循环速率之比（$n=2$ 个理论塔板，8 个实际塔板）

200 ℉后离开预热器进入闪蒸分离器。来自贫富甘醇换热器的贫甘醇以 250 ℉的温度进入预热器，以 150 ℉的温度离开甘醇预热器，换热后的贫甘醇通过甘醇泵增压后进入吸收塔。甘醇动力泵（如 Kimray）限定温度 200 ℉，同时电动柱塞泵的限定温度在 250 ℉。总传热系数 $U=10\sim12$。

7.5.9 甘醇—天然气冷却器

三甘醇（TEG）进入气体吸收塔的温度限制在高于入口天然气温度 10~15 ℉。如果三甘醇进入吸收塔的温度更高，一些三甘醇（TEG）会随着气体蒸发。如果三甘醇进入吸收塔的温度略低，天然气中的烃类气体可能会冷凝导致泡沫和甘醇损失。总传热系数为 $U=45$。

7.5.10 贫富甘醇换热器

来自重沸器的热贫甘醇以 390 ℉的温度进入甘醇—甘醇预热器，并以 250 ℉的温度离开甘醇—甘醇预热器。来自炭纤维过滤器的热富甘醇以 200 ℉的温度进入换热器并被加热到 350 ℉离开换热器去再生塔。

7.5.11 天然气—甘醇—冷凝分离器

分离器尺寸应使用第 1 卷第 4 章中关于气液分离尺寸的标准。根据凝结液的 API 比重指数，推荐液体停留时间在 20~30min，推荐操作压力为 35~50psig。

7.5.12 重沸器

重沸器设计三甘醇（TEG）的操作温度应该在 350~400 ℉、二甘醇（DEG）的操作温度应该在 305 ℉。设计温度应充分低于甘醇的分解温度，以使重沸器中火管上的热源在给甘醇贫液加热时不会引起甘醇的分解。

在其他操作正常进行的条件下，提高重沸器的温度，可以降低处理后天然气中的含水量，反之亦然。特定类型重沸器的操作温度是通过反复试验确定的，通常温度是 400 ℉，此时 TEG 的浓度为 99.5%，375 ℉时三甘醇（TEG）的浓度为 98.3%。

7.5.13 热负荷

热负荷可用下列公式估算：

$$q_t = LQ_L \tag{7.11}$$

式中 q_t——重沸器总热负荷，Btu/h；

L——甘醇循环速率，gal/h；

Q_L——重沸器热负荷，Btu/gal TEG。

通常在方程式（7.11）估算的热负荷基础上，再增加 10%~25%就得到启动、运行和增加循环的热负荷，表 7.4 列出了重沸器热负荷。

表 7.4 重沸器热负荷

设计值，gal TEG/lb H_2O	重沸器热负荷，Btu/gal 循环 TEG
2.0	1066
2.5	943
3.0	862
3.5	805
4.0	762
4.5	729
5.0	701
5.5	680
6.0	659

7.5.14 火管尺寸确定

直接燃烧加热器所需的火管实际表面积可根据以下公式计算：

$$A=\frac{q_t}{6000} \tag{7.12}$$

式中 A——火管总的表面积，ft^2；

q_t——重沸器总热负荷，Btu/h。

通过确定U形火管的直径和总长度，可以估计出重沸器的规格尺寸。通常使用6000~8000Btu/(h·ft^2)的热流通量，建议选用6000Btu/(h·ft^2)的热通流量来确保甘醇不分解。

7.5.15 回流冷凝器

来自天然气吸收塔的富甘醇以115 ℉的温度进入回流冷凝器，以125 ℉的温度离开回流冷凝器，这样可以控制三甘醇（TEG）损失。回流量应为去除水流量的50%。冷凝盘管要能允许全回流，提供最低的三甘醇（TEG）损耗并确保重沸器的操作最经济。

7.5.16 气提再生塔

温度对气提再生塔的运行至关重要。热量是由重沸器提供的。重沸器温度在350~400 ℉时可确保热量在气提再生塔陶瓷填料中的充分传递。

进入气提再生塔中上部填料段的富甘醇在蒸气出口温度225~250 ℉时（图7.49）操作最优，此时甘醇在陶瓷填料中自上而下可以有效地吸收热量。背压应保持在最小限度（1psig为最大）。

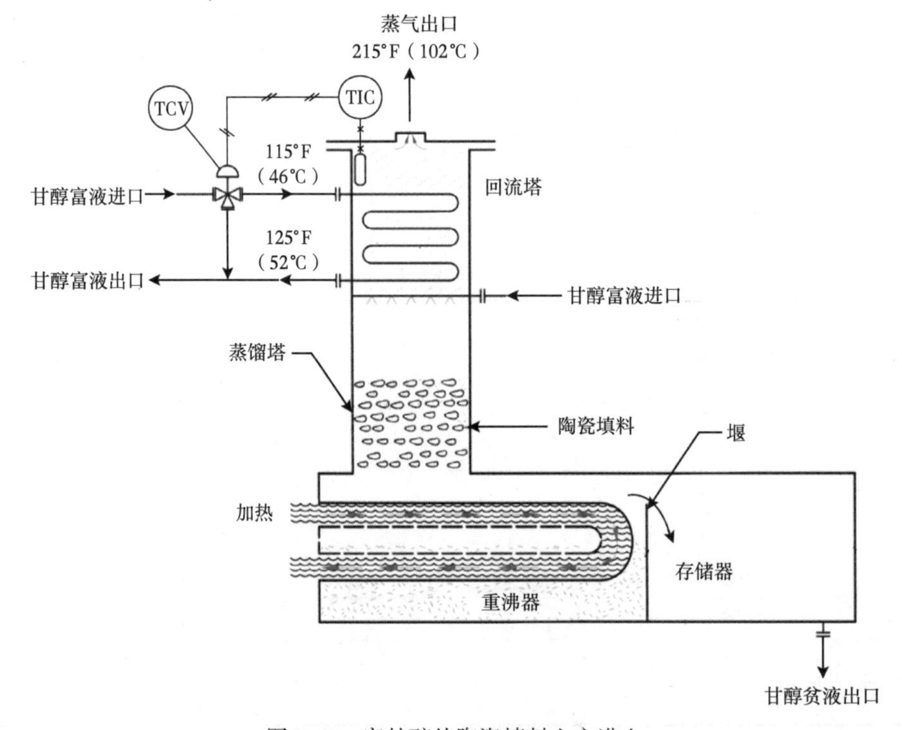

图7.49 富甘醇从陶瓷填料上方进入

对于从填料段下部进料的再生塔（图 7.50），鲍尔环填料参与回流过程。最好的操作条件是蒸气出口温度 185～195 ℉，这个温度范围允许回流盘管产生更大体积的冷凝，同时允许大部分水蒸气逸出。

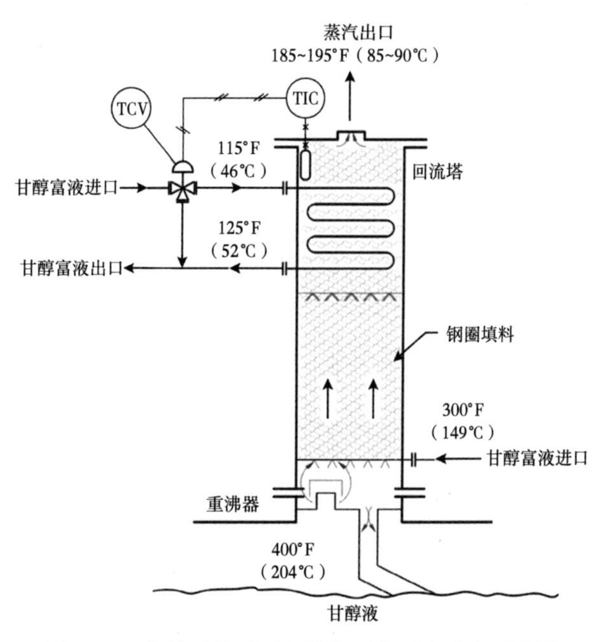

图 7.50　富甘醇从不锈钢鲍尔环的下方进入再生塔

7.5.17　直径尺寸

直径尺寸主要是基于所需塔的直径，由某一操位点的气相和液相负荷条件计算。气相负荷由水蒸气和流过再生塔的气提气两部分组成。液相负荷由富甘醇流和自上而下流经再生塔的回流组成。再生塔所需的直径是基于甘醇循环速率计算得到的（图 7.51）。

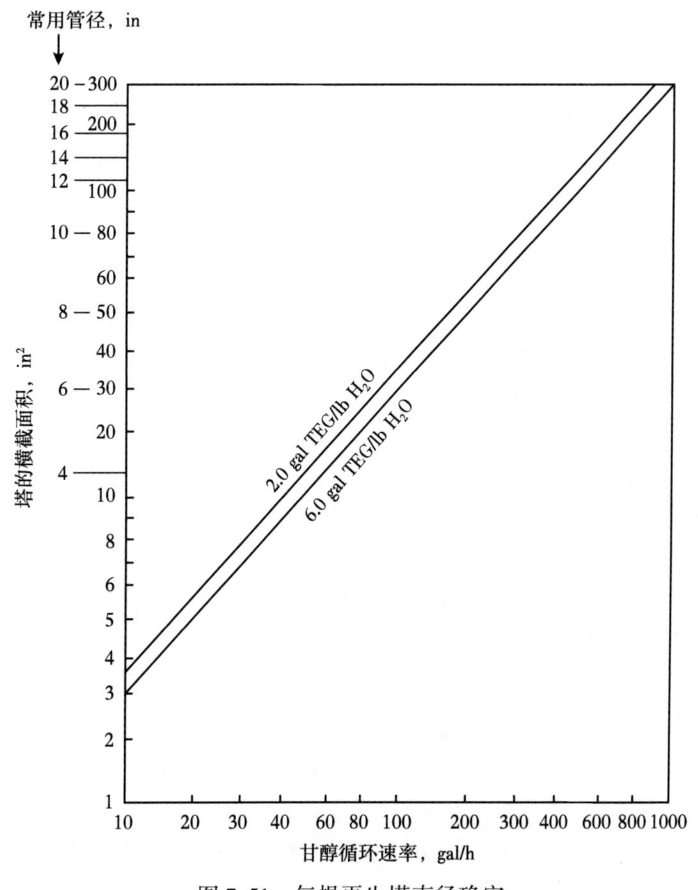

图 7.51　气提再生塔直径确定

7.5.18 填料

1 到 3 个理论塔盘（4~12ft）对大部分 TEG 气提设备是够用的，常用的材质是 304SS。

7.5.19 气提气量

将甘醇浓度再生到高纯度所需的气提气量的范围是 2~10ft³/gal 循环 TEG（图 7.52）。

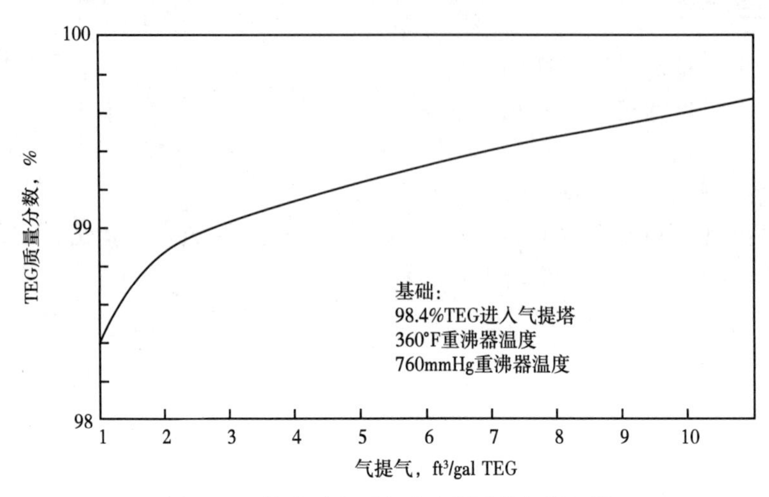

图 7.52 甘醇再生到高纯度所需的气提气量

7.5.20 过滤器

7.5.20.1 微纤维过滤器

微纤维过滤器用来去除固体颗粒，它们通常能去除 5μm 及以上的固体颗粒。

7.5.20.2 活性炭

活性炭用来去除化学杂质，它的大小考虑 10gal/min 的全流量，在某些和大型装置中还考虑 10%~25%的侧流量。

7.5.21 甘醇泵

采用两种形式的泵：甘醇—天然气动力泵和电驱动大排量活塞/柱塞泵。

7.5.21.1 甘醇—天然气动力泵

甘醇—天然气动力泵（图 7.53）的动力来自吸收塔出口富甘醇中携带的天然气，这种泵不需要吸收塔甘醇液位控制阀、泵阀或者额外的能量（电能）。天然气消耗量相对很低，当与甘醇烃类分离器或闪蒸罐一起使用时，天然气的损失非常少。它们几乎没有运动部件，这意味着更少的磨损和更简单的维修。与甘醇所携带的烃类馏分接触，会引起泵内的 O 形密封件损坏，结成泵过早失效。甘醇—天然气动力泵通常用于小型孤立系统。它们很便宜，虽然会经常破损，但很容易修理。

表 7.5 和表 7.6 显示了 Kimray 甘醇—天然气泵的循环速率和天然气的消耗情况。温度超过 200 ℉会损坏 O 形密封件。

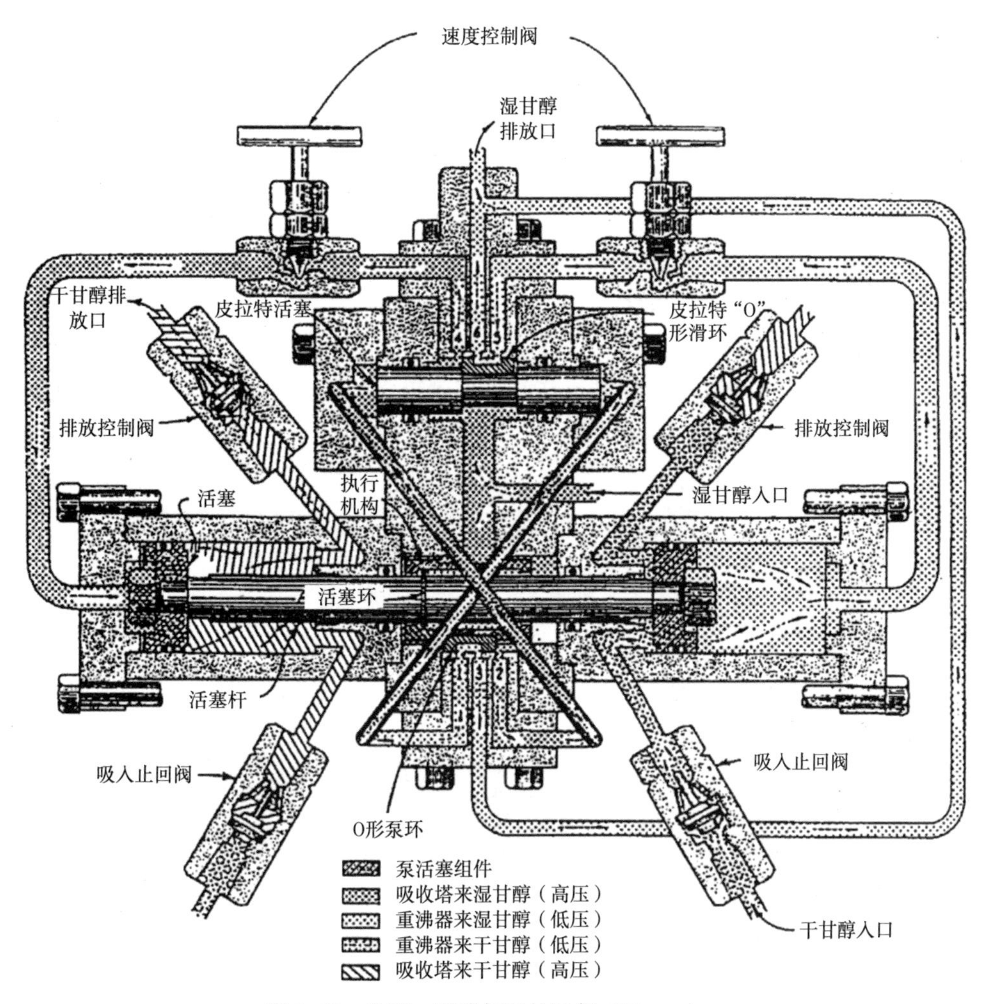

图 7.53　甘醇—天然气泵的运行（Kimray）.

表 7.5　甘醇—天然气循环速率（gal/h）

型号	泵转速（r/min）（泵的每次流量计算为一个冲程）																
	8	10	12	14	16	18	20	22	24	26	28	30	32	34	36	38	40
1715V		10	12	14	16	18	20	22	24	26	28	30	32	34	36	38	40
4015V			12	14	16	18	20	22	24	26	28	30	32	34	36	38	40
9015V	8		27	31. 5	36	40. 5	45	49. 5	54	58. 5	63	67. 5	72	76. 5	81	85. 5	90
21015V		66	79	92	105	118	331	144	157	171	184	19	210				
45015V		166	200	233	266	300	333	366	400	433	197						

注：不要试图以低于或高于上述转速运行泵。

表 7.6　天然气耗量

天然气操作压力 psig	300	400	500	600	700	800	900	1000	1100	1200	1300	1400	1500
耗量，ft^3/gal	1. 7	2. 3	2. 8	3，4	3. 9	4. 5	5. 0	5. 6	6. 1	6. 7	7. 2	7. 9	8. 3

7.5.21.2 电驱动大排量活塞/柱塞泵

电驱动大排量活塞/柱塞泵通常用于大型系统。它们会在活塞杆填料润滑处有少量的甘醇泄漏，它们对碳氢化合物馏分、砂砾和碎屑具有抵抗能力，但这些物质会损坏甘醇—天然气泵。

7.5.22 再生塔排放

再生塔中出来的气体可能包含甘醇、气提气和芳香烃中闪蒸出来的一些烃类气体。甘醇优先吸收进口天然气中的芳香烃和比石蜡重的萘组分。

芳香烃包括汽油、乙烯、甲苯和二甲苯（俗称 BETX）。芳香烃与水蒸气冷凝，可以导致油“溶解”在排放的水中。处理包括对再生塔出口的水蒸气和 BETX 冷凝，然后压缩不凝的烃类气体（图 7.54）。

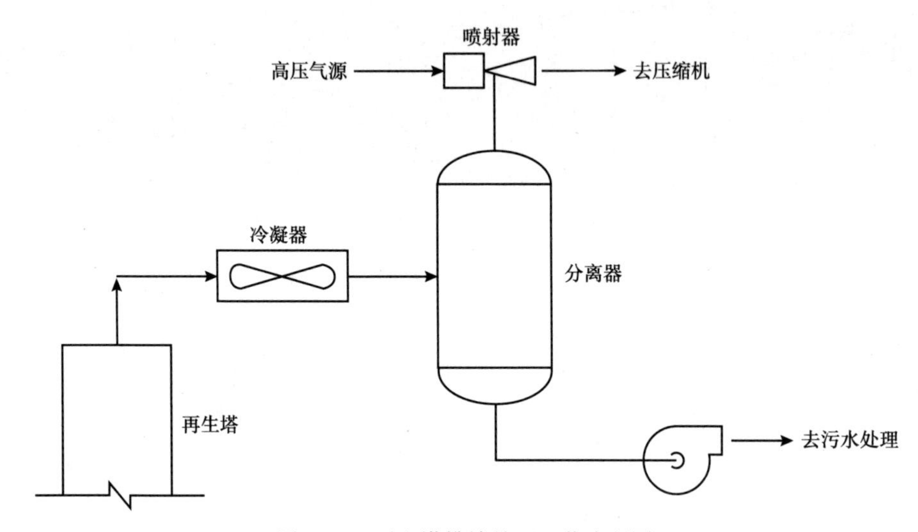

图 7.54 再生塔排放处理工艺流程图

7.6 汞处理

7.6.1 汞

汞可以单质的形态存在，或者通过其他工艺处理过程被引入天然气中。汞对分子量较大的组分具有亲和力。大多数汞停留在液体中，而不是在天然气中。汞在氢（H_2）存在下与氧化铁发生反应，并在碳钢管壁上沉积形成硫化汞。在冷凝水存在的情况下，汞与铝结合形成弱汞合金。汞具有累积效应，因此即使是微量的汞也可能是有害的。

$$Al+Hg \rightarrow AlHg$$

以及

$$2AlHg+6H_2O \rightarrow 2Al(OH)_3+3H_2+2Hg$$

7.6.2 处理工艺

汞用硫容至少大于 10%的含硫活性炭进行处理。系统设计考虑如下：

床层吸收=15%~20% Hg（质量分数）

压力范围=300~1100psi

温度=最高至175 ℉

气体接触时间=20s

最大速度=35ft/min

再生=无商业应用

罗恩—普洛林可提供再生氧化铝床的专门处理工艺。

7.7 特殊甘醇脱水系统

7.7.1 总则

当需要大的露点降时，使用特定高浓度甘醇脱水系统是必要的。如果空间有限，可以使用特殊系统来达到所需露点降的目的。纯度为98.5%常规三甘醇脱水系统可达到70 ℉以上的露点降。气提气的应用可获得较高的露点降。真空操作条件下的甘醇装置可获得高达99.9%的甘醇纯度，但由于操作成本高以及实现真空带来的问题，所以很少被使用。

获得低露点的其他方法还有Drizo法和Cold-Finger冷凝法。

7.7.2 Drizo处理法

采用Drizo处理法可获得纯度高达99.99%的甘醇，可以获得的露点温度在-40~-80 ℉范围内。该处理工艺采用一种分子量为80~100的溶剂（通常为150辛烷）在重沸器中与水形成共沸混合物，从而大幅降低混合物的沸点。因此，利用这种工艺，在给定重沸器温度的条件下，可获得纯度较高的甘醇。BETX被收集为“过量”溶剂。与气提工艺相比，Drizo处理工艺可能更受青睐，可对现有装置进行改造，以提高脱水能力。每一种应用情况都必须进行具体分析、评估，因为Drizo处理法是一个道氏专利工艺，需要缴付许可费用才能使用。

7.7.2.1 工艺描述

如图7.55所示，在富甘醇进入重沸器以前，Drizo工艺与传统的三甘醇（TEG）脱水系统都是一样的。

富甘醇用常规蒸馏工艺再生到纯度达到98.5%，然后在400 ℉时半贫甘醇与碳氢溶剂（异辛烷）蒸气进行接触反应。烃类和水被带到上部，冷凝，然后进行分离。水分离出去后，溶剂被回收到系统中。

7.7.2.2 应用

Drizo处理工艺与使用常规TEG装置组合气提工艺相比具有竞争力。它在-40~-80 ℉范围内最具竞争力，但不能被应用于控制烃露点场合。

7.7.3 Cold-Finger冷凝工艺

Cold-Finger冷凝工艺是基于TEG水溶液的汽液平衡原理，如图7.56所示。此图表明，对于任何液体浓度，其相应的平衡蒸气浓度比其在水中的浓度要高。这个过程包含了

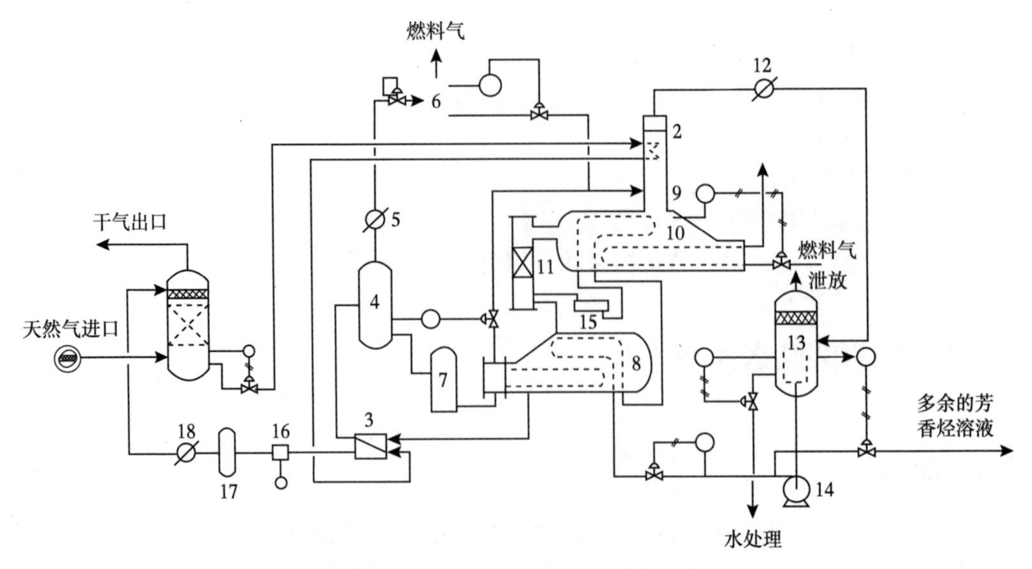

图 7.55　Dow Drizo 天然气脱水工艺

1—甘醇吸收塔；2—回流冷凝器；3—甘醇-甘醇板式换热器；4—闪蒸罐；5—溶剂回收冷凝器；6—溶剂回收筒；7—甘醇过滤器；8—缓冲罐/换热器；9—富液分离器；10—甘醇重沸器；11—贫液分离器；12—溶液-水冷凝器；13—溶剂-水分离器；14—溶剂泵；15—溶剂过热器；16—甘醇泵；17—消声器；18—甘醇冷凝器

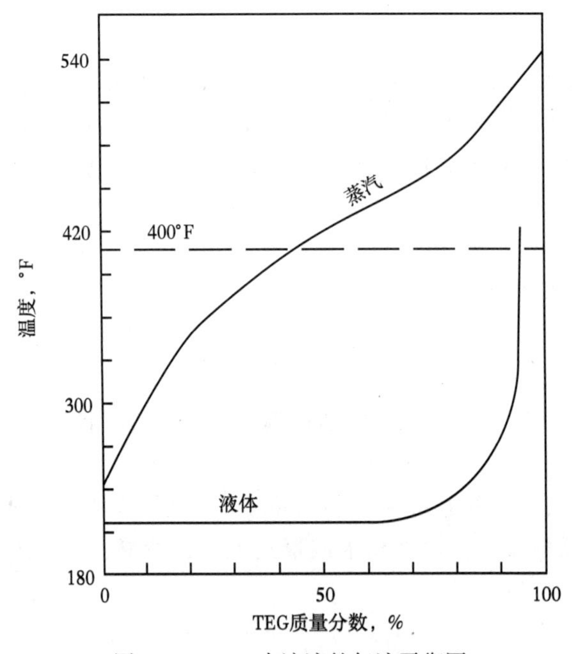

图 7.56　TEG 水溶液的气液平衡图

一个封闭的容器，容器内的溶液已经达到气液两相平衡，在容器的气相空间设有一个冷凝管束（图 7.57）。冷凝会导致水凝结，凝结的水从容器中转移到冷凝管束的下方。随着凝结水的去除，系统的平衡被破坏，液相将向气相中释放更多的水，以重新建立气液两相平衡。因此，液相的含水量比原来的要低。

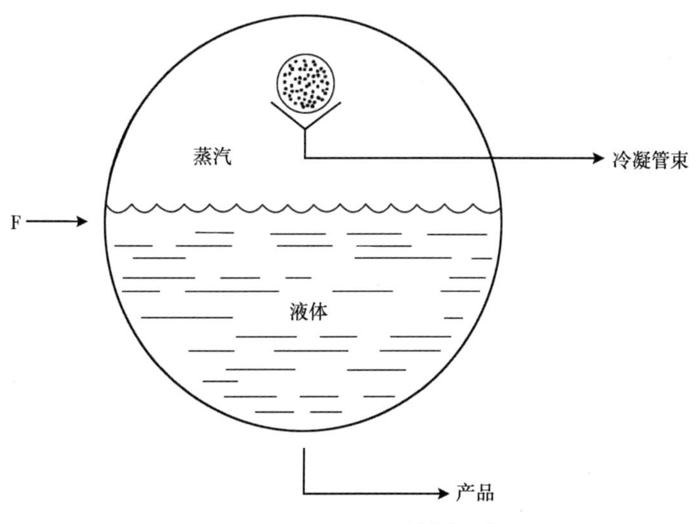

图 7.57　Cold-Finger 冷凝工艺

7.7.3.1　工艺描述

基于这种原理的工艺有多种类型。其中一种设计如图 7.58 所示。天然气与甘醇的接触与传统 TEG 脱水系统是一样的。富甘醇离开吸收塔流入 Cold-Finger 的冷凝管束，在冷凝器管束中充当冷却剂，在甘醇再生塔中充当冷却剂、然后烃类气相液相和甘醇/水混相进入在三相分离器中。甘醇/水的混相与 Cold-Finger 冷凝液混合，经 Cold-Finger 液相产品加热后再送至再生塔。热的半贫甘醇（接近沸点）溶液从再生塔底部进入 Cold-Finger 冷凝器。液体产品被冷却，泵增压，二次冷却后送至吸收塔。

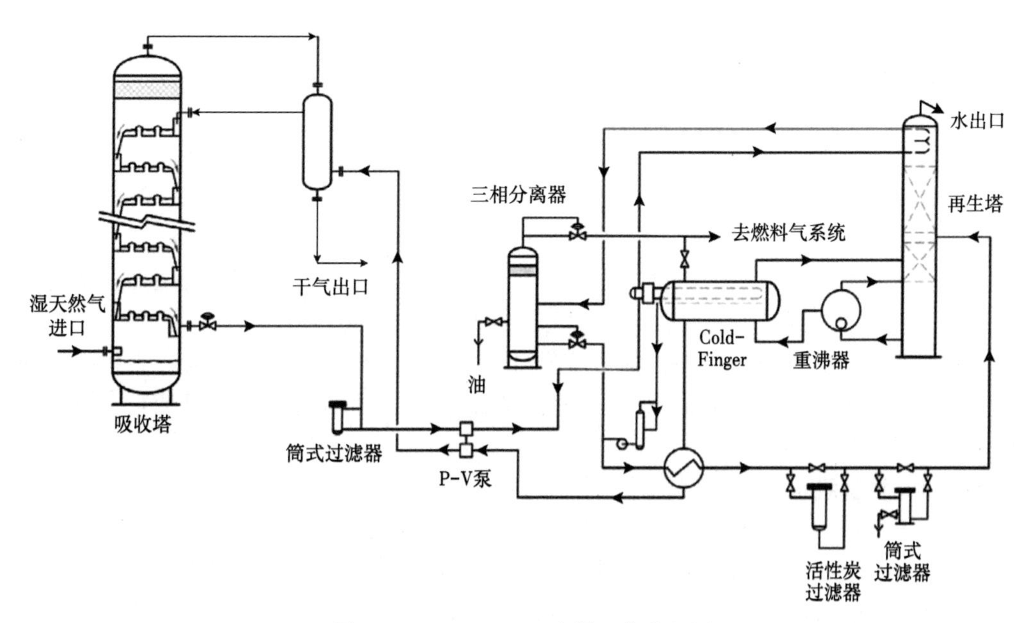

图 7.58　Cold-Finger 冷凝工艺流程图

7.7.3.2　应用

该系统的主要优点是比传统的 TEG 系统具有更高的燃料效率。然而，它也更复杂，也不像传统工艺系统被成功应用过。

7.8 使用甘醇—天然气驱动泵的系统

冷却后的富甘醇离开吸收塔的底部，再流经过滤器，为泵提供动力。富甘醇通过泵时会产生压降，然后通过再生塔的回流冷凝器盘管（图7.59）。

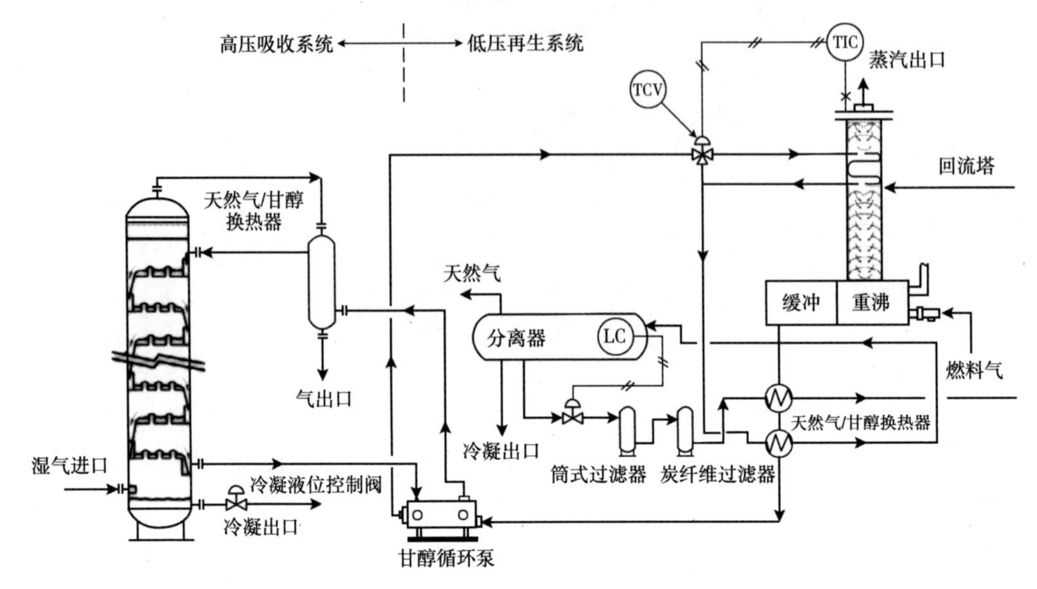

图7.59　使用甘醇—天然气驱动泵的系统

7.9 利用电动泵的系统

冷却后的富甘醇从底部离开吸收塔，通过一个节流液位自动控制阀，产生一定的压降。然后甘醇通过再生塔的回流盘管。从回流盘管，富甘醇通过第一个贫富甘醇换热器，然后进入闪蒸分离器，去除不溶性烃类。来自闪蒸分离器的富甘醇通过过滤器除去残留的烃类。然后，富甘醇通过第二个贫富甘醇换热器并进入再生塔。在再生塔顶部，冷的富甘醇流过回流冷凝器盘管，防止甘醇以蒸气形式逸出（图7.60）。

富甘醇进入盘管下方的塔中，穿过填料自上向下流入重沸器。热量通过管程循环使甘醇中的水沸腾。管程上方的堰板用来控制甘醇的液位。再生后的甘醇翻过堰板，并经底部的出口离开。

例7.3　甘醇脱水

已知

天然气 $Q_g=98\times10^6\text{ft}^3/\text{d}$，饱和含水0.67SG，1000psig和100 ℉

脱水至 $=7\ \text{lb}/10^6\text{ft}^3$

使用TEG

无气提气

TEG浓度为98.5%

C_D（吸收塔）=0.852

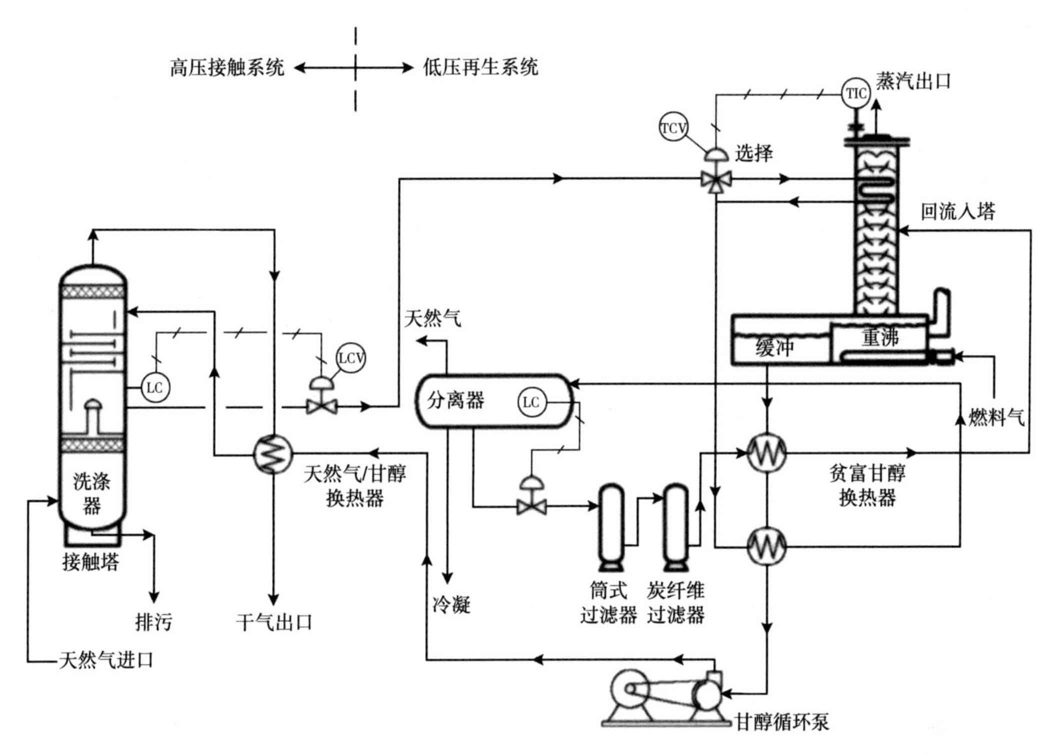

图 7.60　使用电驱动泵的系统

$T_C=$ 367°R

$p_C=$ 669psia

确定：

(1) 计算吸收塔直径。

(2) 确定甘醇循环速率并估算重沸器负荷。

(3) 确定再生塔的尺寸。

(4) 计算换热负荷：天然气/甘醇换热、甘醇贫富换热器。

计算：

(1) 计算吸收塔直径。

$$d^2=5040\left[\frac{TZQ_g}{p}\left(\frac{\rho_g}{\rho_L-\rho_r}\right)\frac{C_D}{d_M}\right]^{1/2}$$

$d_M=125\mu m$（范围 120~150μm）；$T=570°R$；$p=1015psia$；$Q_g=98\times10^6 ft^3/d$；$T_r=570/376=1.49$；$p_r=1015/669=1.52$；$Z=0.865$

$$\rho_g=\frac{0.67\times1015}{560\times0.865}$$

$$=3.791lb/ft^3$$

$\rho_L=70lb/ft^3$；$C_D=0.852$（给定）

$$d^2=5040\frac{560\times0.685\times98}{1015}\left[\left(\frac{3.72}{70-3.79}\right)\frac{0.852}{125}\right]^{1/2}$$

$$=68.2in$$

使用内径 72in 的吸收塔（标准现成的）。

（2）确定甘醇循环速率和重沸器负荷。

$W_i = 63\ lb/10^6ft^3$（来自 McKetta-Wehe）（饱和含水量）；

$W_o = 7\ lb/10^6ft^3$（指定）；$\Delta W = W_i - W_o = 63-7 = 56\ lb/10^6ft^3$；$\Delta W/W_i = 56/63 = 0.889$。

使用 $n=2$（即 8 个实际塔板），甘醇浓度 98.5%，查图 7.48 得知，甘醇循环速率为 2.8 gal TEG/lb 水。设计选用 3 gal/lb。

$$L = \left(\frac{2.0gal}{lb}\right)\left(\frac{56lb}{10^6ft^3}\right)\left(\frac{98\times10^6ft^3}{D}\right)\left(\frac{D}{24h}\right)\left(\frac{h}{60min}\right)$$

$$= 11.4gal/minTEG$$

$$= 862Btu/gal\ (table)$$

$$= \left(\frac{862Btu}{gal}\right)\left(\frac{11.4gal}{min}\right)\left(\frac{60min}{h}\right)$$

$$= 590\times10^3 Btu/h$$

考虑到启动热负荷，增加了 10%的热负荷，然后选择一个标准的现成的火管。因此，选择 $750\times10^6 Btu/h$。

（3）再生塔设计。

选用一个 12ft 的再生塔（标准填充）。

$d_M = 125\mu m$；$T = 360\ ^\circ F = 760^\circ R$；$p = 1psig$

$$Q_g = \left(\frac{10ft^3}{gal}\right)\left(\frac{11gal}{min}\right)\left(\frac{60min}{h}\right)\left(\frac{24h}{d}\right)$$

$$= 0.16\times10^6 ft^3/d$$

$Z = 1.0$

$$\rho_g = 2.7\ \frac{0.62\times16}{760\times1.0}$$

$$= 0.035lb/ft^3$$

$\rho_L = 62.4lb/ft^3$；$C_D = 14.2$（指定）

$$d^2 = 5040\ \frac{(760\times1.0\times0.16)}{16}\left[\left(\frac{0.035}{(62.4-0.035)}\right)\frac{14.2}{125}\right]^{1/2}$$

$$= 17.5in$$

选用外径 18in、长 12ft 的再生塔。

（4）计算热交换器的负荷。

来自吸收塔的富 TEG：$T = 100\ ^\circ F$（指定）

富 TEG 去分离器：$T = 200\ ^\circ F$（假设设计良好）

回流富 TEG：$T = 110\ ^\circ F$（假定回流盘管增加 10 ℉）

富 TEG 进塔：$T = 300\ ^\circ F$（假设设计良好）

贫 TEG 自重沸器来：$T = 385\ ^\circ F$（图 7.59）

贫 TEG 去泵（最大）：$T = 210\ ^\circ F$（来自制造商）

贫 TEG 去吸收塔：$T = 110\ ^\circ F$（比吸收塔温度高 10 ℉）

（5）甘醇/甘醇预热器（富液侧，负荷）。

富 TEG：$T_1 = 110$ ℉（假定回流盘管增加 10 ℉）

$T_2 = 200$ ℉

贫甘醇组分：

$$W_{TEG} = (0.985)\left(\frac{70\ lb}{ft^3}\right)\left(\frac{ft^3}{7.48gal}\right)W_{TEG}$$

$$= 9.22\ lbTEG/gal\ 贫甘醇$$

$$W_{H_2O} = (0.015)\left(\frac{70\ lb}{ft^3}\right)\left(\frac{ft^3}{7.48gal}\right)$$

$$= 0.140\ lbH_2O/gal\ 贫甘醇$$

富甘醇组分：

$W_{TEG} = 9.22$ lb TEG/gal 贫甘醇

$$W_{H_2O} = \left(\frac{0.140\ lbH_2O}{gal\ 贫甘醇}\right) + \left(\frac{1\ lb\ H_2O}{3.0\ 贫甘醇}\right)$$

$$= 0.473\ lb\ H_2O/贫甘醇$$

$$TEG（质量分数）= \frac{9.22}{9.22+0.473}$$

$$= 95.1\%$$

富甘醇速率（W_{rich}）

$$W_{rich} = (9.22+0.473)\ \frac{lb}{gal}\left(\frac{11.4gal}{min}\right)\left(\frac{60min}{h}\right)$$

$$= 6630\ lb/h$$

富甘醇热负荷（q_{rich}）

110℉时，C_p(95.1%TEG)= 0.56Btu/(h·℉) 200 ℉时，C_p(95.1%TEG)= 0.60Btu/(h·℉)
$C_{p,AVG}$ = 0.60Btu/(h·℉)。

$$q_{rich} = \left(\frac{6630\ lb}{h}\right)\left(\frac{0.6btu}{h}\right)(200-110)℉$$

$$= 358\times10^3 Btu/h$$

（6）贫富甘醇换热器。

富甘醇 $T_1 = 200$

$T_2 = 300$

贫甘醇 $T_3 = 390$

$T_4 = ?$

富甘醇热负荷：

200℉时，C_p (95.1%TEG)= 0.63Btu/(h·℉) 300℉时，C_p(95.1%TEG)= 0.70Btu/(h·℉)
$C_{p,AVG}$ = 0.67Btu/(h·℉)。

$$q_{rich} = \left(\frac{66.30\ lb}{h}\right)\left(\frac{0.6btu}{h}\right)(300-200)℉$$

$$= 444\times10^3 Btu/h$$

$$W_{lean}=\left(\frac{11.4gal}{min}\right)\left(\frac{70\ lb}{ft^3}\right)\left(\frac{ft^3}{7.84gal}\right)\left(\frac{60min}{h}\right)$$

$$=6401\ lb/h$$

计算 T_4

假设 $T=250$ ℉

$T_{AVG}=$（353+250）/2=302 ℉

$C_{p,AVG}=$（98.5%TEG）=0.67Btu/(lb·℉)（TEG 的物理性质）

$Q_{lean}=W_{lean}=C_p$（T_4-T_3）

$Q_{lean}=-q_{rich}$

$$T_4=T_3-\left(\frac{q_{rich}}{W_{lean}C_p}\right)$$

$$=353-\frac{444000}{(6401\times0.67)}$$

$$=249℉$$

温度：

贫液：$T_4=249$ ℉

$T_5=?$

假设 $T_5=175$ ℉

$T_{AVG}=$（249+175）/2=212

$C_{p,AVG}=$（98.5%TEG）=0.67Btu/(lb·℉)（TEG 的物理性质）

$q_{lean}=W_{lean}=C_p$（T_4-T_5）

$q_{lean}=-q_{lean}$

$$T_5=T_4-\left(\frac{q_{rich}}{W_{lean}C_p}\right)$$

$$=249-\frac{358000}{(6401\times0.61)}$$

=157 ℉（这个值比泵所允许的最高温度低）

贫液：$T_1=157$ ℉

$T_2=110$ ℉

157℉时，C_p（98.5%TEG）=0.57Btu/(lb·℉)（TEG 的物理性质）；110 ℉时，C_p，AVG（98.5%TEG）=0.53Btu/(lb·℉)；

$C_{p,AVG}=0.55$Btu/(lb·℉)

$q_{lean}=6401\times0.55\times(110-157)=-165\times10^3$Btu/h

贫富甘醇换热器：

富甘醇 $T_1=200$ ℉，$T_0=300$ ℉

贫甘醇 $T_2=353$ ℉，$T_0=249$ ℉

负荷 $q=444\times10^3$Btu/h

7.10 无再生脱水

7.10.1 概述

本文还特别介绍了另一个常用的类型：氯化钙脱水器。

7.10.2 氯化钙单元

氯化钙（$CaCl_2$）脱水器是最常用的（图 7.61）。典型装置由 3 部分组成：

（1）进气洗涤器；

（2）盐水塔板；

（3）固体盐水颗粒。

唯一的运动部件控制烃类液体和盐水混合物的液位。

7.10.3 操作原理

固体干燥剂被放置在装置的顶部。

含有固体 $CaCl_2$ 的湿天然气释放出部分水，形成液体盐水，自上而下滴满塔板。进口天然气自下而上穿过特别设计的喷嘴塔板，与盐水充分接触。

含水量最高的天然气接触到最稀的盐水（相对密度约 1.2）。

约 2.5 $lbH_2O/lb\ CaCl_2$ 在塔板中被去除。

顶部塔板上的盐水相对密度约为 1.4。

另 1 $lbH_2O/lb\ CaCl_2$ 在固体床部分被去除。

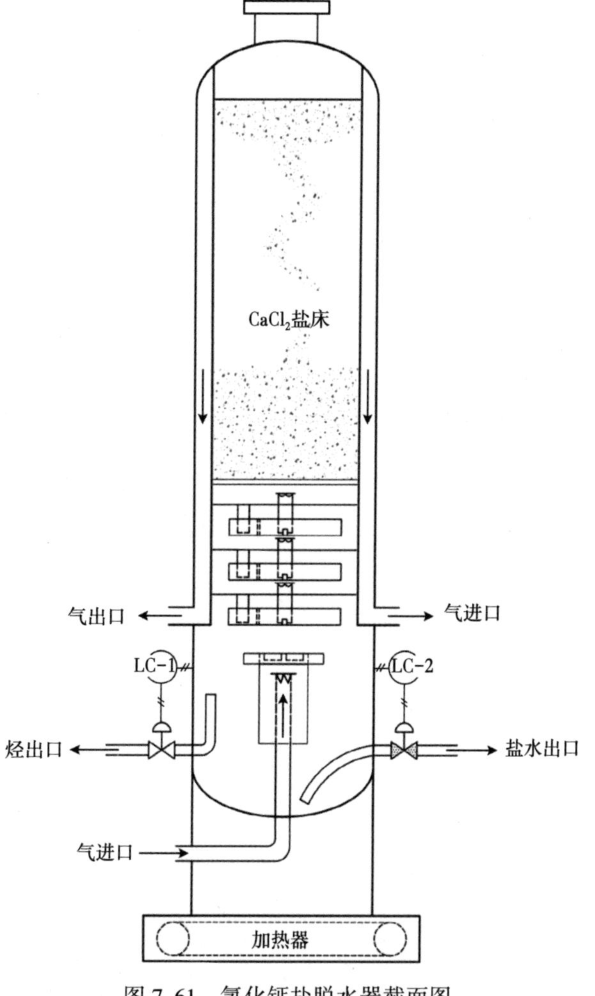

图 7.61 氯化钙盐脱水器截面图

最大露点降 60~70 ℉发生在这段。

通常用于偏远的、没有热量或燃料的小型气田。

优点：

（1）简单；

（2）无运动部件；

（3）不需要热量；

（4）不与 H_2S 或 CO_2 反应；

（5）可以干燥烃类液体。

缺点：

（1）分批处理工艺；

（2）与石油形成乳化；

（3）不稳定；

（4）露点降有限；

（5）盐水处理存在问题；

（6）对流量变化敏感。

7.10.4 操作问题

衔接和疏导是一个问题。

盐水在 85 ℉时会结晶；因此，在低流量时期，它可能会堵塞容器出口或塔板。

盐水携带会引起严重的腐蚀问题。

7.10.5 设计注意事项

图 7.62 显示固体氯化钙床单元干燥天然气的含水量。

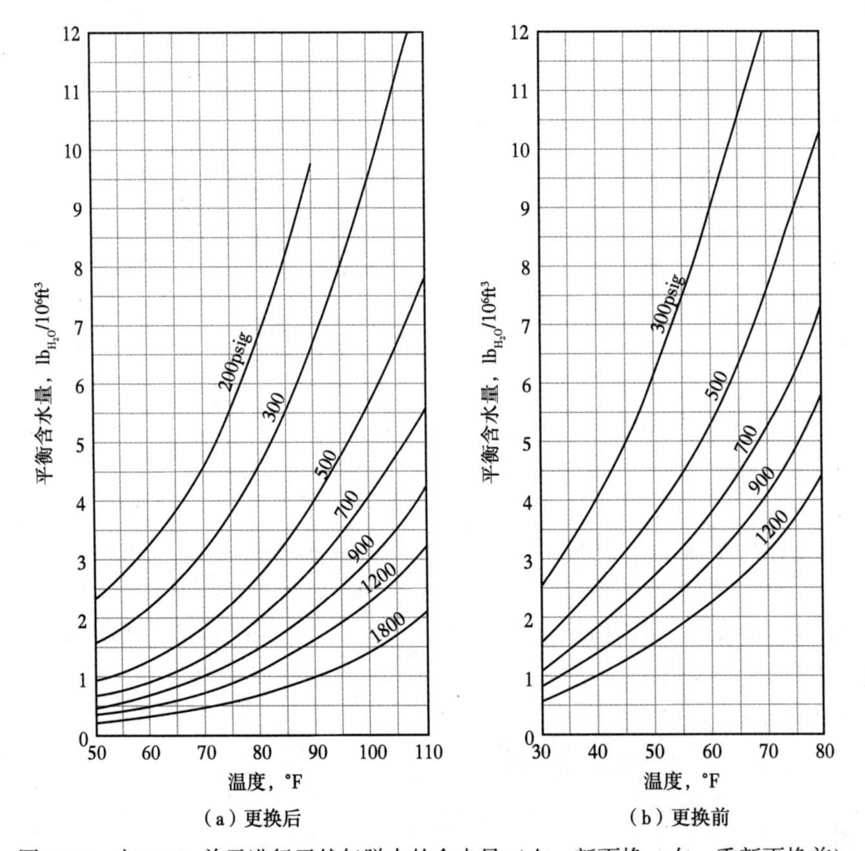

图 7.62 由 $CaCl_2$ 单元进行天然气脱水的含水量（左：新更换，右：重新更换前）。

7.11 常见甘醇的物性

图 7.63 至图 7.73 包含乙二醇（EG）、二甘醇（DEG）、三甘醇（TEG）和四甘醇（TTEG）等溶液的比热容、相对密度和黏度。

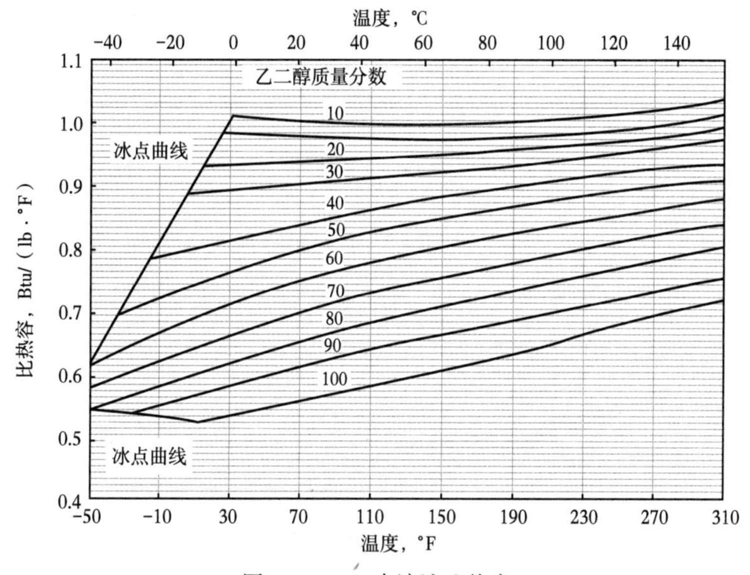

图 7.63　EG 水溶液比热容

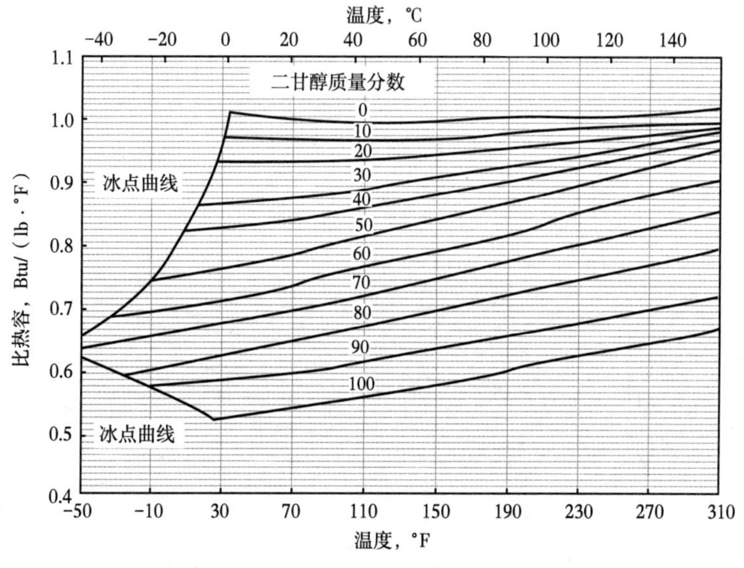

图 7.64　DEG 水溶液比热容

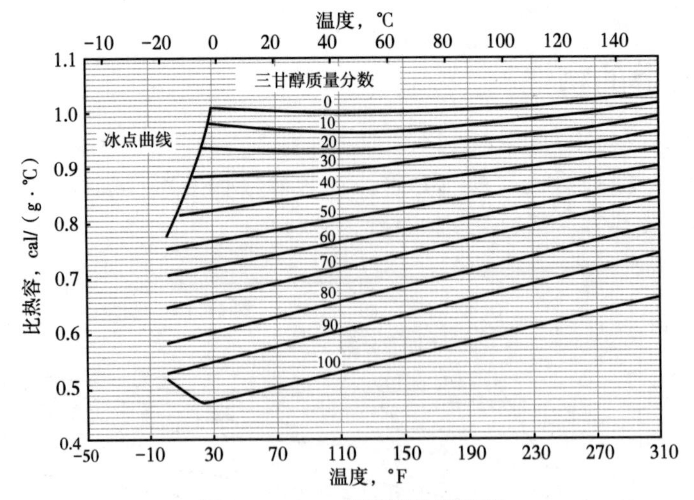

图 7.65　TEG 水溶液的比热容

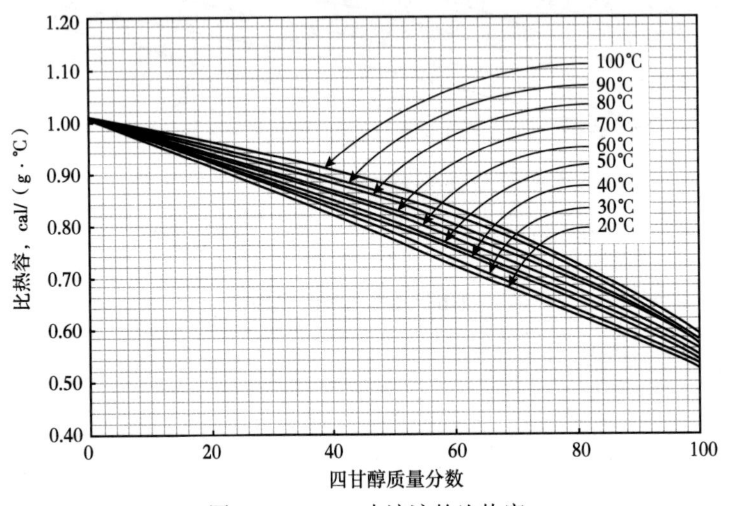

图 7.66　TTEG 水溶液的比热容

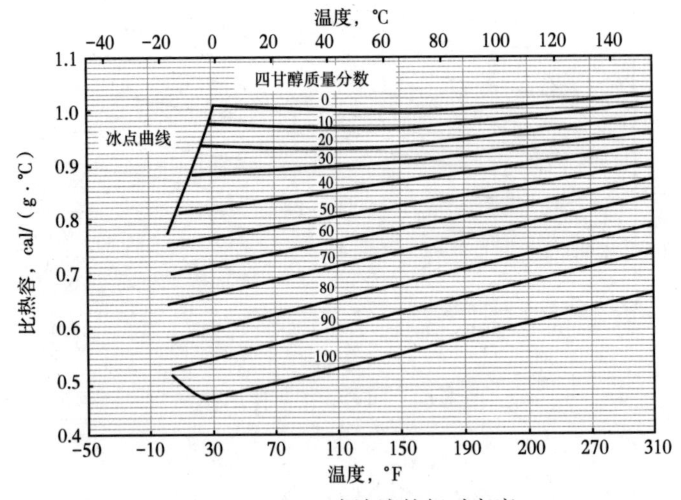

图 7.67　TTEG 水溶液的相对密度

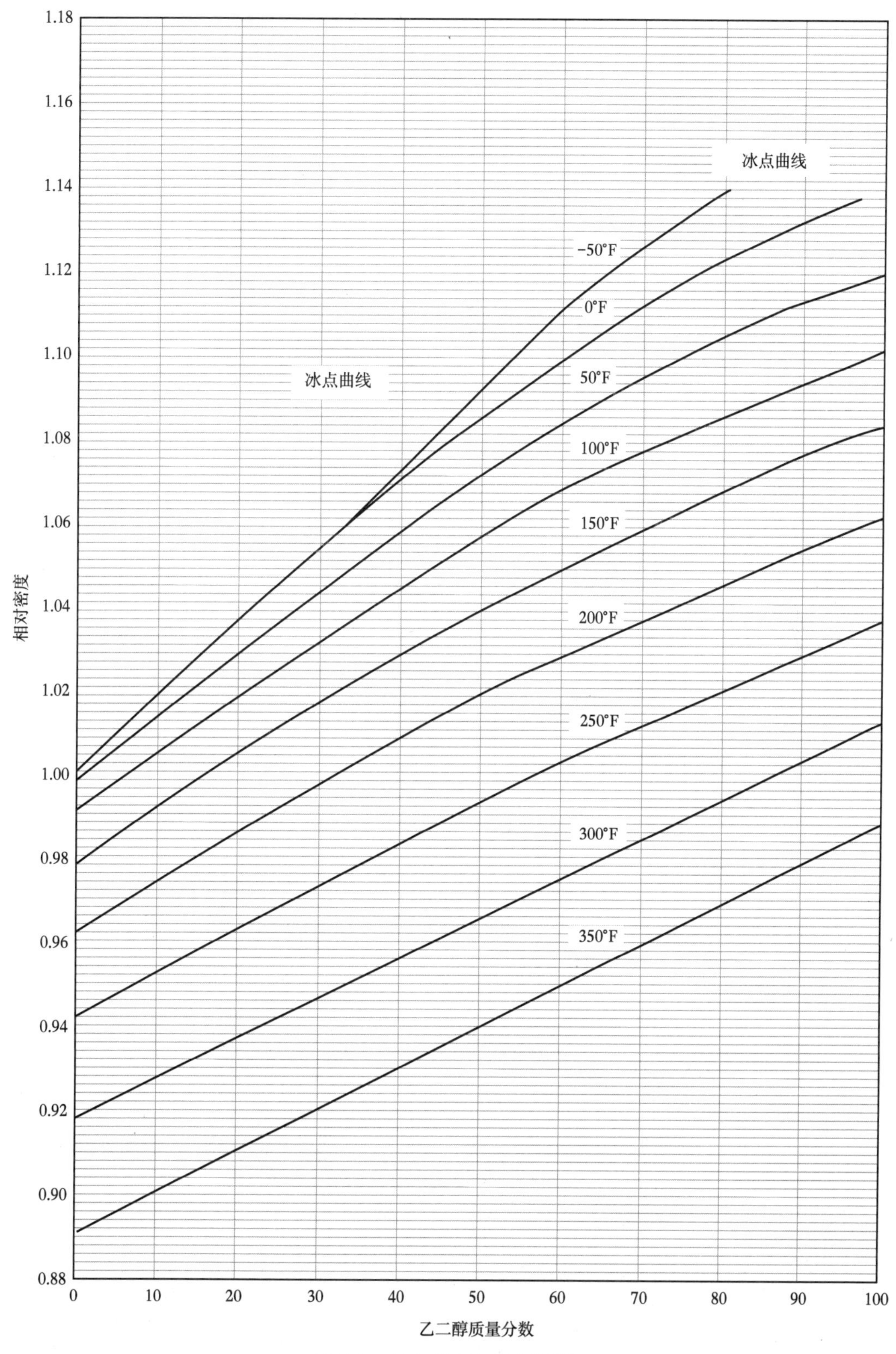

图 7.68　EG 水溶液的相对密度

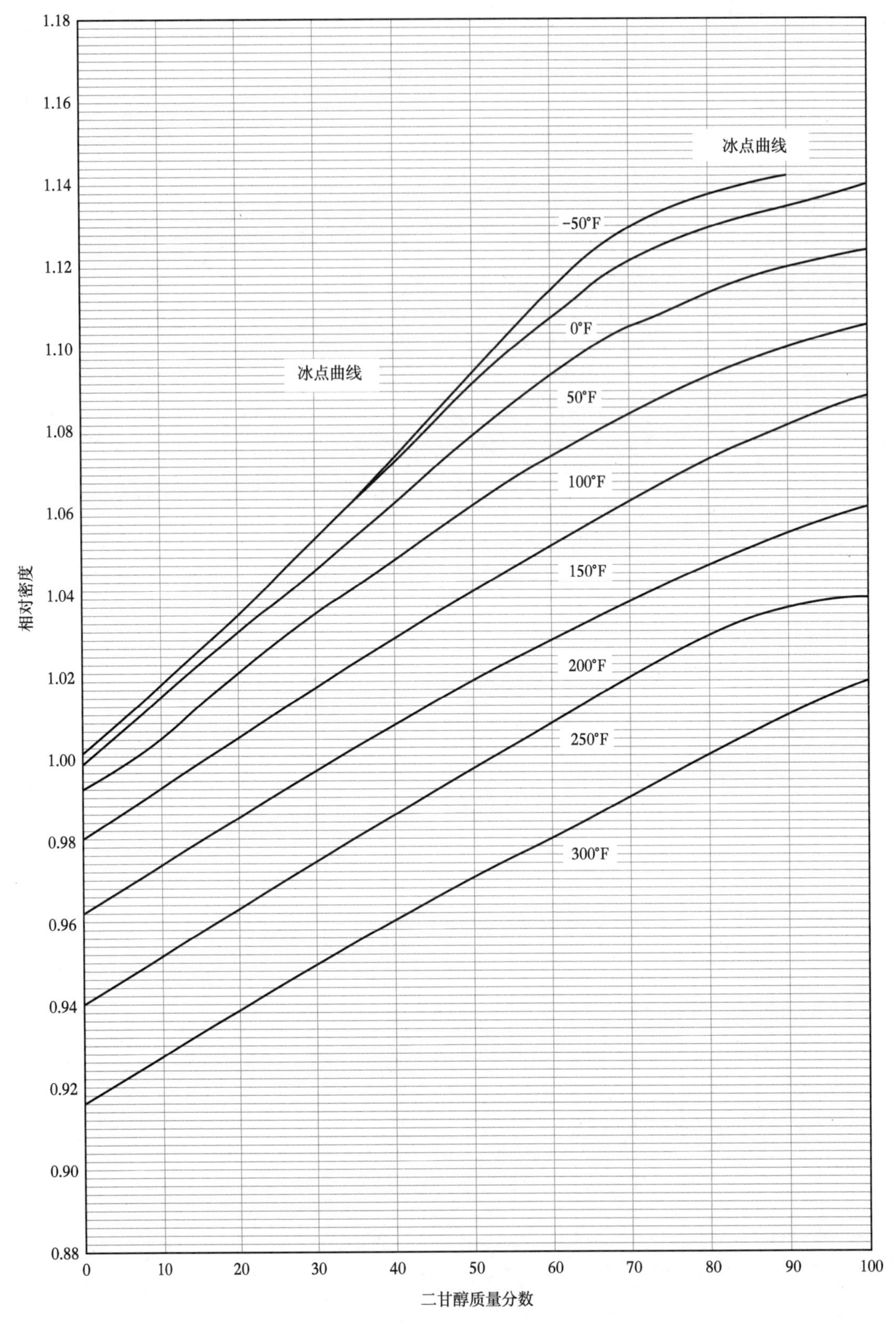

图 7.69　DEG 水溶液的相对密度

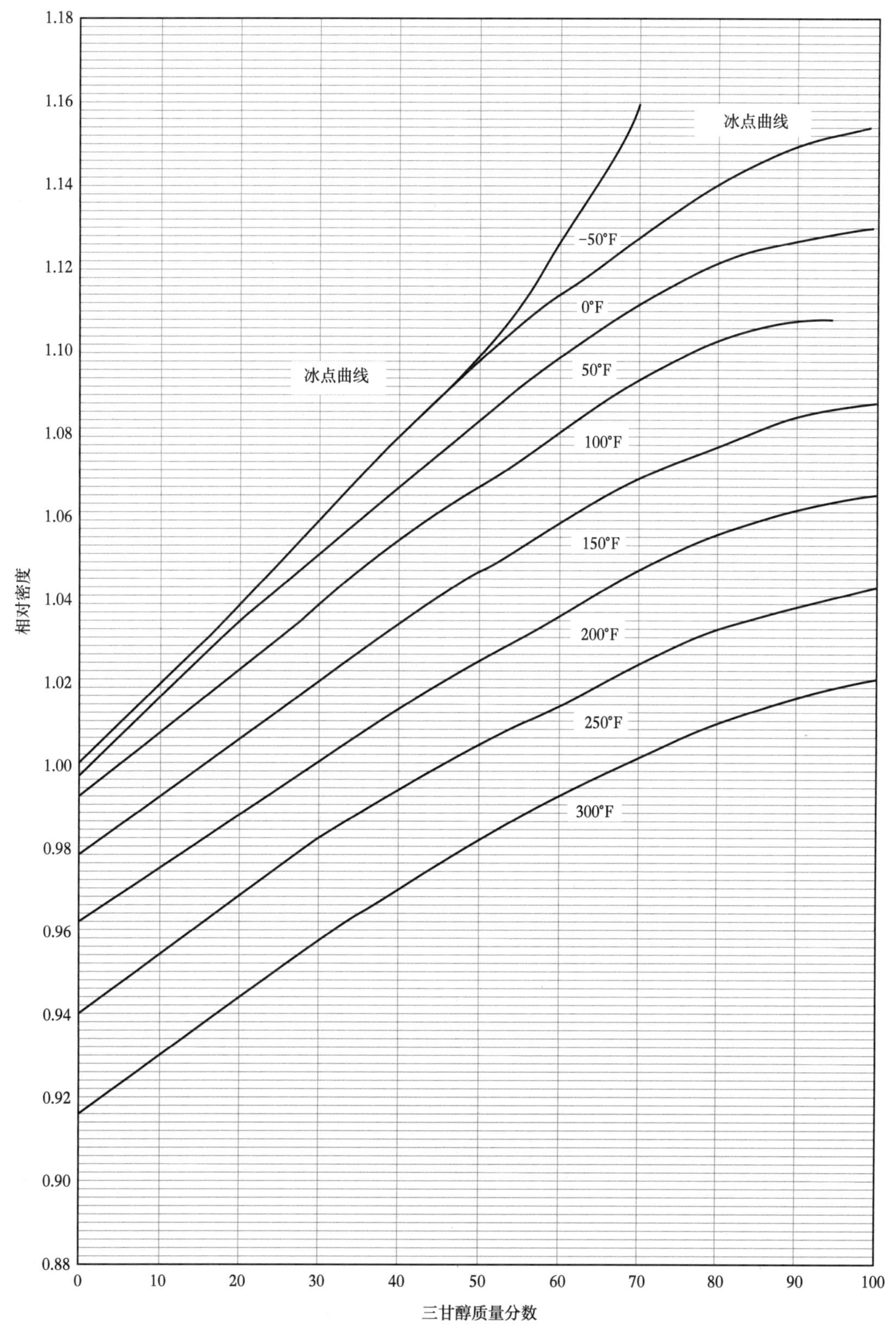

图 7.70　TEG 水溶液的相对密度

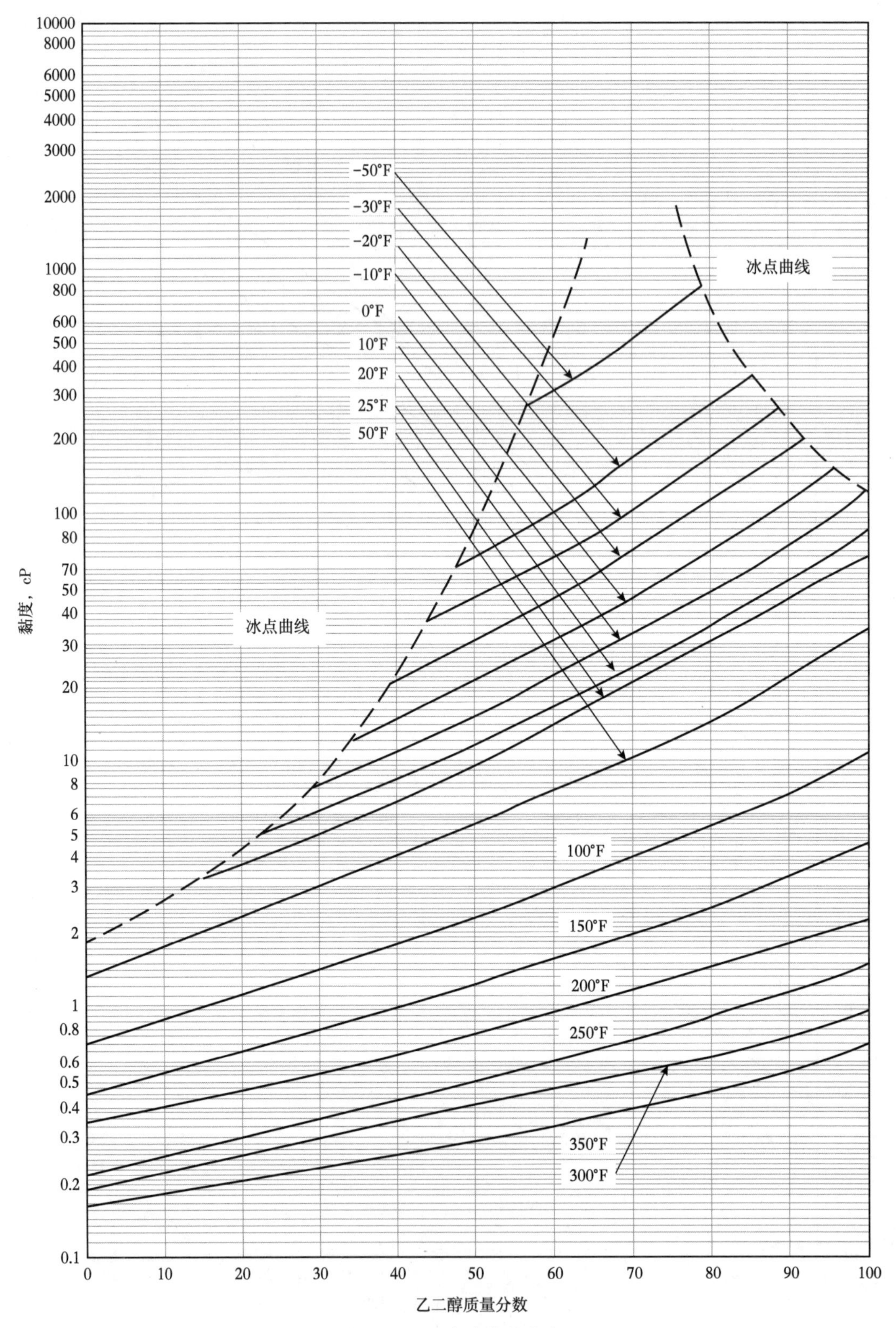

图 7.71　EG 水溶液的黏度

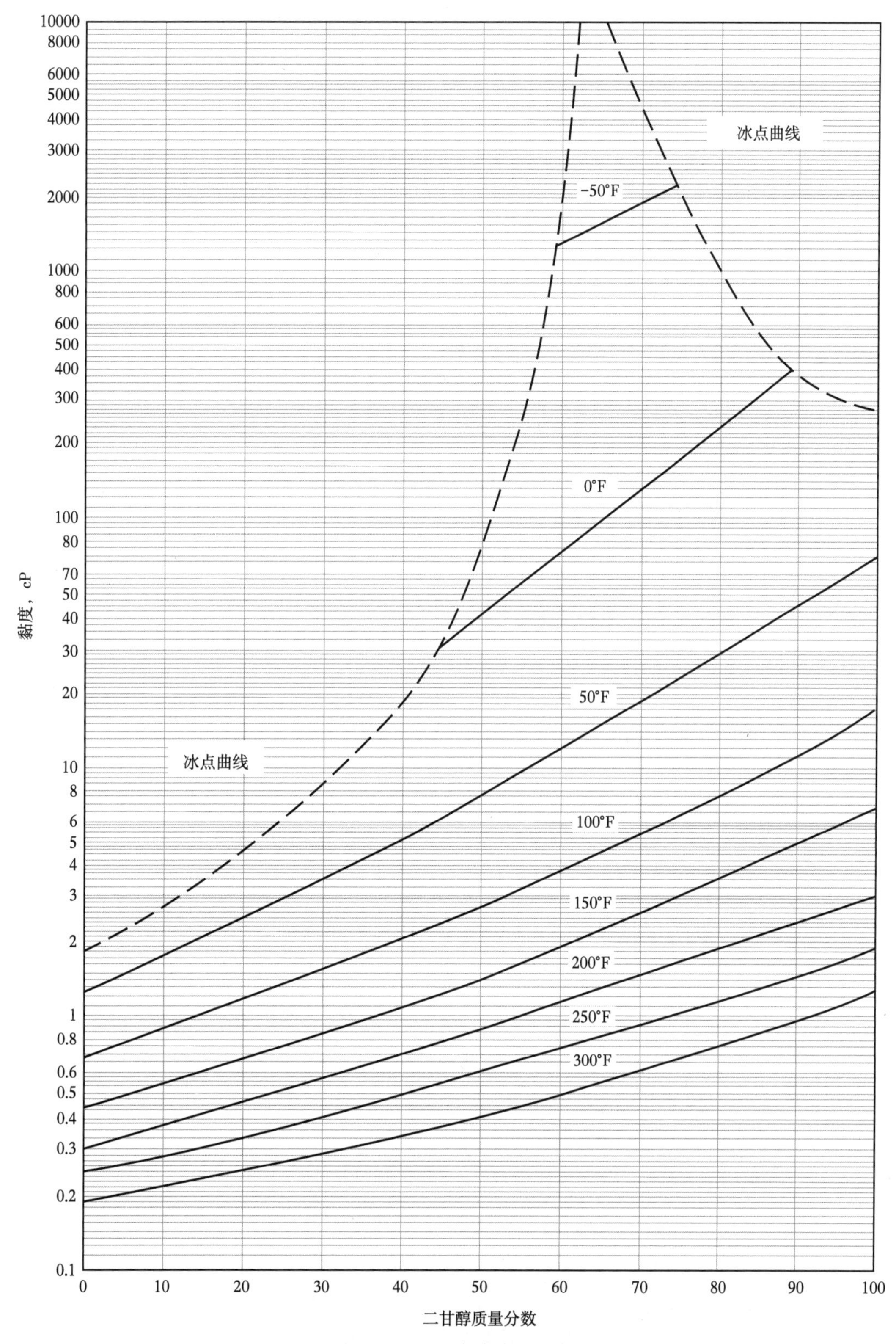

图 7.72　DEG 水溶液的黏度

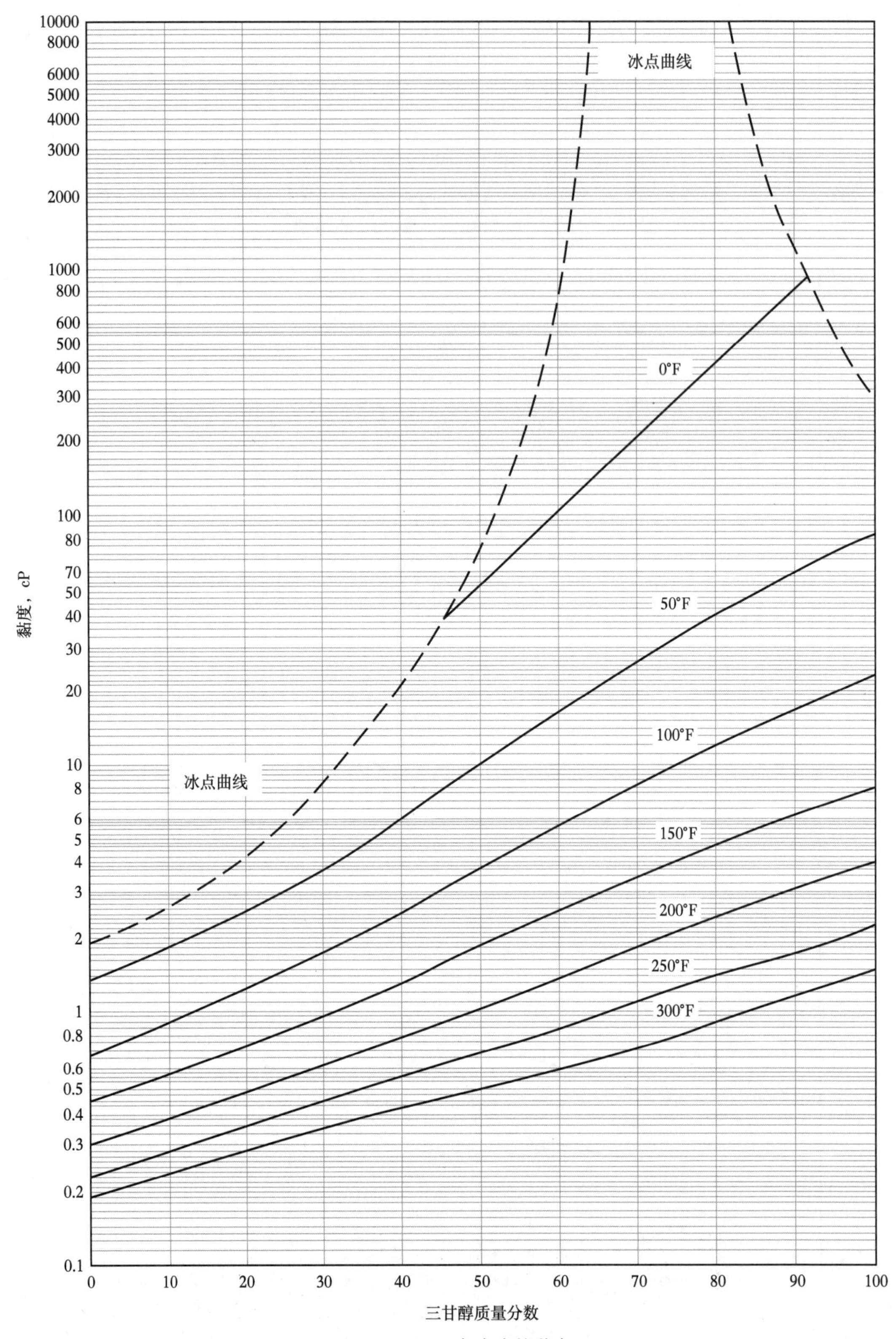

图 7.73　TEG 水溶液的黏度

8 甘醇脱水装置的维护、保养和故障分析

8.1 预防性维护

8.1.1 预防性维护计划

定期的预防性维护可以减少如：发泡、设备堵塞等情况造成的甘醇损失；可以减少如腐蚀、泵故障等情况造成的设备故障；也可以极大限度缩短装置停车时间和提高装置运转效率。

8.1.2 一次成功的预防性维护的五个关键步骤

（1）数据记录。

准确记录可以确定系统效率和通过效率确定操作问题。记录以前和当前的露点，甘醇装置使用和维修等数据，对建立装置开工档案非常有帮助。根据装置开工档案容易识别出可能的装置异常特征，并发现某些潜在问题。

（2）设备维护。

为了确保装置正常运行，需要每天对装置进行物理检查。遇到的任何异常都应该立即处理，从而防止问题升级。

（3）装置保养。

对甘醇装置定期开展化学分析（每1~2个月），可以提供有关装置内部操作的详细信息。在装置发生机械故障之前，许多过程中的相关问题可以被很快诊断出来。通过化学分析可以诊断出组分出现的化学异常，并在高成本维护和设备损害之前采取措施。

（4）腐蚀控制。

腐蚀是甘醇脱水装置中常见的问题（图8.1至图8.4）。如果不加以控制，腐蚀造成

图8.1　泡罩塔的氧化腐蚀

图 8.2　CO_2 腐蚀的浮阀塔板

图 8.3　泡罩的酸腐蚀

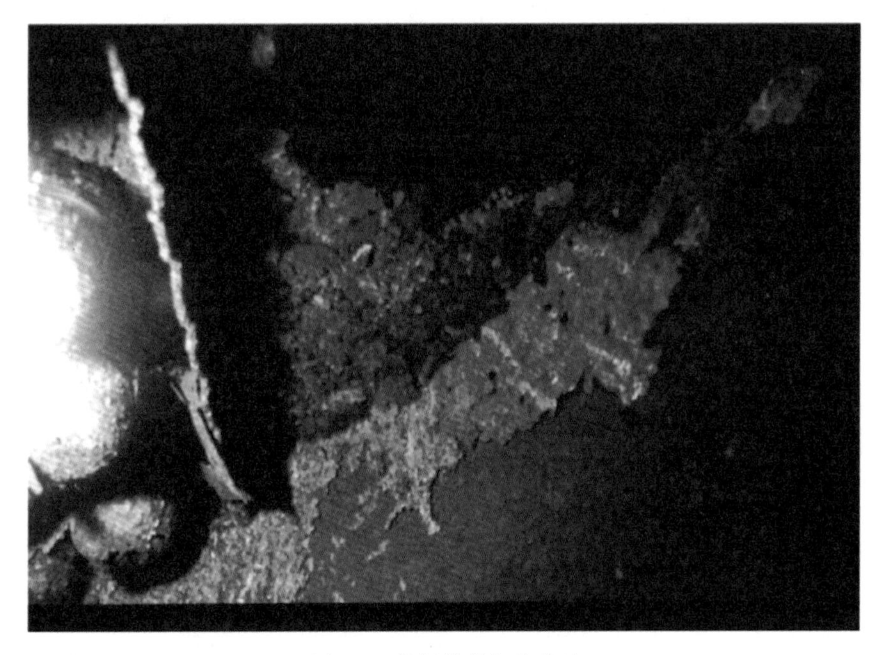

图 8.4 接触塔的氧化腐蚀

的损坏可能很大。所有设备单元都应有腐蚀控制的相关规定。

（5）沟通联系。

现场人员和办公室人员之间的良好沟通有助于装置的平稳运行。办公室人员（生产主管、设备工程师、采购主管）必须随时了解日常操作和可能出现的任何问题。现场人员必须了解技术信息来调整现场操作。通过对现场操作员的培训，可以使操作员能够更好地维护设备。

8.1.2.1 数据记录

建立装置配置文件所需的记录包括设计信息，内容有容器规格、设备图纸和 PID 图纸。

滤芯或介质的更换——类型和频率

甘醇用量——gal/mon

化学添加剂——种类和数量

气体产品和流量图——峰值、平均值和低周期

出口气体露点/含水量（$lb/10^6ft^3$）

设备检验：

（1）类型；

（2）量级；

（3）建议；

（4）结果。

建立装置配置文件所需的记录包括：甘醇分析—格式，频率，建议，结果；腐蚀试样结果—工厂每年（MPY），频率与装置维修相关的材料和劳动力—运营成本。

图 8.5 至图 8.7 是常见报告格式的示例。

甘醇月报												
公司						年月						
平台						甘醇泵类型/型号						
日期	重沸器温度	再生塔温度	泵速冲程 min	甘醇添加量	日用气率 $10^6 ft^3$	甘醇入口温度		吸收塔气体参数		压差	操作员	备注
						贫液	富液	温度	压力			

图 8.5　每月甘醇脱水报告

过滤器更换计划					
公司		纤维类型/数量			
平台		碳类型/数量			
纤维过滤		碳过滤		操作员	备注
更换日期	库存	更换日期	库存		

图 8.6　过滤器更换时间表

每月化学品用量							
公司				年/月			
平台				甘醇容量			
甘醇			缓蚀剂		消泡抑制剂		备注
日期	添加量，gal	库存	添加量，gal	库存	添加量，gal	库存	

图 8.7　每月化学品使用量

利用上述信息可以绘制出特定油气装置的设备资料，形成一套完整的系统配置文件。

更新这些记录将显示设备装置所有数据的运行趋势，并提醒可能潜在或正在发生的问题。

8.1.2.2 设备维护

为了保持设备正常运行并防止出现操作问题应采取以下措施。

（1）确保仪器和控制设备处于良好的工作状态（温度计和压力表等）。在蒸发器上使用测试温度计，以确保蒸发器处在适当的温度。

（2）确保甘醇过滤器按平均时间进行更换。

超细纤维过滤器应每月更换一次。活性炭过滤器应每月更换一次（小型滤芯）至每6个月更换一次（大型散装单元）。甘醇分析有助于确定过滤器更换频率。操作条件的不正常或突然变化会导致过滤器比预期更快遭受污染。因此要确保过滤器压差低于15psi。

（3）发现甘醇脱水装置的甘醇泄漏。

大多数泄漏可以通过拧紧接头、阀杆填料或泵杆填料来阻止。及时清理泄漏造成的受污染区域，可以方便发现其他点的泄漏。

（4）每天至少检查两次甘醇含量，根据需要加入甘醇。

保存甘醇添加量的记录报告可以检测到甘醇的过量损失并更快地采取措施。

（5）每天进行露点测量，确保设备性能。

（6）每月清洁甘醇过滤器，防止杂质堵塞导致甘醇泵失效。

（7）每天检查甘醇循环量。

有时候气体流速发生变化，或者气体压力、温度发生剧烈变化，就应重新计算甘醇循环量，并相应地调整泵的相关参数。

在安装有备用的泵中，每周需要切换使用泵，确保备用泵在必要时运行。

（8）每周在直热式火管上观察火管上的水泡或热点。

通过观察可以及时发现严重的结垢和有可能发生的火管失效。

（9）手动调试主燃烧器，确保燃气阀正常工作，点火器保持良好。

检查燃气分液罐液位是否较高，如果较高可能会妨碍燃烧器的运行。

8.1.2.3 甘醇保养

8.1.2.3.1 一般考虑因素

当循环的甘醇变脏时会发生操作和腐蚀问题。甘醇被污染很容易发现，可快速采取措施。应每天从缓冲罐或甘醇贫液汇管到泵的管线上取少许甘醇样品，仔细检查取样中是否有细小的黑色颗粒沉淀，可能是腐蚀副产物，表明可能存在有内部腐蚀（图8.8、图8.9）。

8.1.2.3.2 甘醇样本的气味

如果样品闻起来又甜又香（类似腐烂香蕉的味道），它可能被热分解。如果样品是黑色黏稠状，它可能是碳氢化合物或经过装置反应后的化学品污染物。如果碳氢化合物污染物的量足够多，样品将会分层。每隔1~2个月应将甘醇富液和甘醇贫液的样品送到实验室分析，分析结果可以验证装置性能和甘醇状况。

8.1.2.4 腐蚀控制

8.1.2.4.1 概述

8.1.2.4.1.1 一般考虑因素

腐蚀是设备失效的主要原因，整个装置的内部和外部都可能发生腐蚀。两个最常见的

图 8.8　未受污染的甘醇样品

图 8.9　液态烃污染的甘醇的三个样品

严重腐蚀区域是：再生塔回流管线、缓冲罐上的排气/补气接管。

这是由于蒸馏塔顶部的高浓度水蒸气和通气孔/补气接管容易接触空气中氧气而发生腐蚀。

以下三种类型的腐蚀在甘醇装置中总是存在一种或几种：

（1）氧化（图 8.1）；

（2）CO_2 腐蚀（图 8.2）；

（3）H_2S 腐蚀（图 8.3）。

8.1.2.4.1.2 氧化

金属氧化是金属和氧分子之间的电子交换，以形成正离子和负离子。由此会产生一些金属的损失，整个过程形成的鳞片状产物称为氧化物或锈。氧化的特征就是粗糙，不规则，金属上布满浅浅的点蚀。

8.1.2.4.1.3 H_2S 腐蚀

天然气中经常会存在酸性气体（H_2S 和 CO_2）。甘醇与硫化合物如 H_2S 反应非常活泼，并且会与金属分子交换电子，从而引发腐蚀。所得到的物质趋向于聚合（形成较大的分子），从而形成“黏性物质”，具有很强的腐蚀性。H_2S 腐蚀的特征是深的、锯齿状的点蚀。

8.1.2.4.1.4 CO_2 腐蚀

水以气态、游离冷凝水或夹带的形式存在在甘醇中。当二氧化碳（CO_2）溶解在水中时，它形成碳酸。由于大多数天然气含有一些 CO_2，因此甘醇装置中碳酸的存在非常普遍。由碳酸引起的腐蚀被称为 CO_2 腐蚀。CO_2 腐蚀的特点是深而圆的光滑点蚀。有时点蚀将覆盖广阔的区域，掩盖坑的深度。

8.1.2.4.2 预防和控制程序

8.1.2.4.2.1 一般考虑因素

预防和控制过程应包括以下装置监测：腐蚀挂片、甘醇分析（pH 值和铁）。

在甘醇装置中防止腐蚀的三个步骤是：

（1）在液相和气相中使用有效的缓蚀剂；

（2）在设备材质上选用耐腐蚀合金；

（3）保持设备清洁，防止因污染而形成酸。

已尝试阴极保护，但一直未获成功。试图彻底消除腐蚀是不切实际的。但是可以减慢腐蚀速率到几乎可以忽略的程度。最大可接受的腐蚀速率为 6MPY（毫英寸每年）。

缓蚀剂以多种方式起作用。最适用于甘醇装置的两个是：pH 缓蚀剂和镀膜抑制剂。

8.1.2.4.2.2 pH 缓蚀剂

pH 缓蚀液包括：烷醇胺、MEA（乙醇胺）、TEA（三乙醇胺）。

它们通过将 pH 稳定在中性附近来抵抗腐蚀，从而减少腐蚀性环境。胺不是真正的抑制剂，因为实际上它并没有对金属表面提供保护。醇胺和甘醇一样是可再生的，因此可以在装置中长期保留。但是它们在正常蒸发器操作温度下会发生热降解，如果经常使用可能会在装置内留下有害残留物。

8.1.2.4.2.3 镀膜抑制剂

牛脂二胺，不像无机胺，如链烷醇胺是一种有机胺。它与电镀抑制剂结合在一起，但是它实际上并没有在容器壁上镀出。它在高温下从甘醇中闪出。当它蒸发时，它接触蒸发器的蒸汽空间，并在暴露的金属上形成一层坚韧的薄膜。这层膜最终会磨损消耗，必须进行偶尔补充以继续保护。牛脂二胺比链烷醇胺的保护性差，牛脂二胺也会影响 pH。真正的镀膜抑制剂包括：硼砂、NaCap（巯基苯并噻唑钠）和磷酸氢二钾。

这些抑制剂都是严格意义上的液相保护。它们会吸附在容器的壁面上，在腐蚀性环境和金属之间形成一道保护屏障。这层保护膜也阻止了电子的交换，这大大减缓了腐蚀。由于镀膜缓蚀剂都是碱性的，影响了一定程度的溶液酸碱值。但是对溶液酸碱值影响的作用不如胺的作用大。

8.1.2.5 沟通联系

沟通是有效维护计划中最简单的部分，但却是最容易被忽视的部分。

沟通可以是管理人员和劳动人员、工程师和操作领班、轮班操作员之间、办公室人员和现场人员，缺乏沟通是导致甘醇装置失效的最主要因素。甘醇过滤器什么时候换的？甘醇的损失有多大？甘醇分析的结果是什么？这个问题的直接原因是什么？沟通的失败会引起混乱并演变成重大问题。

8.2 一般情况

当循环的甘醇受到污染时，通常会发生操作和腐蚀上的问题。

为了使甘醇获得一个长期无故障的生命周期，我们有必要认识到这些问题并知道如何预防它们。

主要问题：氧化、热分解、pH 控制、盐污染、烃类、污泥和发泡。

8.2.1 氧化

氧气通过以下方式进入装置：敞口储罐和油槽、泵填料压盖。

有时甘醇会在氧气存在下氧化并形成腐蚀性酸。

预防氧化方式：大容量储罐应气体密封；使用氧化抑制剂；通常是将 50/50 的单乙醇胺和 331/3%肼的混合物注入吸收塔和再生塔之间的甘醇中。最好使用计量泵进行连续、均匀的注入。

8.2.2 热分解

以下几个原因造成过高的温度导致甘醇分解并形成腐蚀物：

（1）再生塔的温度高于甘醇的分解温度；

（2）高热流率，有时设计工程师会通过高热流率来保持加热炉的低成本；

（3）局部过热，这是由于盐类或焦油产品沉积在重沸器火管上，或者是炉管上火焰方向不佳造成局部温度过高。

8.2.3 pH 控制

pH 是一种体现流体酸度或碱度的表示方法，pH 值是以 0~14 为测量范围。pH 值从 0 到 7 表示流体是酸性的，从 7 到 14 表示流体是碱性的。为了获得真正的读数，在进行 pH 测试之前，甘醇样品应该用蒸馏水稀释 50/50。

pH 试剂应进行校准，以保持其准确性。还应检查蒸馏水的 pH 值，以确保其中性值为 7。

新甘醇的 pH 值应该为 7 表示中性。在使用过程中，除非使用 pH 中和剂或缓冲液，否则 pH 值会降低，甘醇会变成酸性并具有腐蚀性。

设备腐蚀速率随甘醇 pH 值的降低而迅速增加。

由甘醇氧化生成的酸、热分解产物或从气流中提取的酸性气体是最麻烦的腐蚀性污染物。低 pH 值会加速甘醇的分解，理想情况下，甘醇的 pH 值应保持在 7.0~7.5 之间。大于 8.5 的 pH 值会使甘醇泡沫和乳化；低于 6.0 的 pH 值会使装置污染、腐蚀或氧化。

硼砂、乙醇胺（通常为三乙醇胺）或其他碱性中和剂可以用于控制 pH 值。为了取得最好的效果，这些中和剂应缓慢而连续地添加。过量的中和剂通常会在甘醇中沉淀出黑色污泥，使甘醇变为悬浮液。污泥可以沉淀并堵塞循环装置任何部分的甘醇流动。在添加pH中和剂时应经常更换滤芯。要添加的中和剂的量和频率应该随添加位置而变化。

正常情况下，每100gal甘醇中含1/4lb三乙醇胺（TEA）就足以将pH值提高到安全范围。当甘醇pH值极低时，可通过滴定法确定所需中和剂的用量。

为了取得最好的效果，应该对贫甘醇而不是富甘醇进行处理。中和剂需要一段时间才能与装置中的所有甘醇完全混合。在将pH提高到安全水平之前，需要几天时间。每次添加中和剂时，应多次测量甘醇的pH值。

8.2.4 盐污染

8.2.4.1 结盐

结盐加速了设备的腐蚀。它也阻碍了火管的传热。当用密度计测量甘醇水浓度时，它会改变相对密度读数。

正常再生过程是无法去除装置里的盐。应使用安装在甘醇装置上游的吸收塔，以去除游离水中携带的盐。

在生产大量卤水的地区，会发生一些盐污染。因此从甘醇溶液中去除盐是必要的。所采用的方法如下：刮板式表面换热器与离心机配合使用、减压蒸馏、离子交换、离子滞留。

8.2.5 烃类

液烃是由于来料气体携带或在吸收塔中凝结而导致的，通过以下出现的状况而增加甘醇的消耗：发泡、降解、损失。

可以通过以下方式脱除液烃：甘醇冷凝分离器、烃类液体分离器和活性炭。

8.2.6 污泥

固体颗粒和焦油状碳氢化合物（污泥）悬浮在循环的甘醇中，随着时间的推移会沉淀下来（图8.10）。这一作用导致形成黑色、黏性、粗糙的胶质，这可能造成泵、阀门和其他设备出现一系列问题，通常出现这些状况时甘醇pH值较低。

图8.10 甘醇超细纤维过滤器上捕获的污泥

8.2.7 发泡

8.2.7.1 一般考虑因素

过快的流速和较高的气液接触速度通常会导致甘醇出现发泡（这种情况可能是由机械或化学问题引起的）。

防止发泡的最佳方法是妥善处理甘醇，例如：在进入甘醇装置前对来气进行有效的清洁处理；对循环溶液进行有效的过滤。

8.2.7.2 消泡剂

消泡剂只能起到临时控制作用，作为在装置产生的泡沫被发现后的临时处理措施来消除泡沫。消泡剂能否有效地消除泡沫取决于何时添加以及如何添加。

如果在泡沫产生后添加消泡剂，那它们会是良好的泡沫抑制剂，但如果在发泡前期加入它们，则会加重问题，因为它们有助于稳定泡沫。

大多数消泡剂在高温和高压下在几小时内就失活，因此它们的有效性随着甘醇溶液的加热而消散。消泡剂应连续添加，一次一滴，以获得最佳效果。

在化学进料泵处：准确地计量消泡剂；改善消泡剂在甘醇中的分散效果；根据吸收塔的压差自动进料。

8.2.8 甘醇的分析与控制

8.2.8.1 一般考虑因素

甘醇的分析对装置的平稳运行至关重要。它有助于发现较高的甘醇损失、发泡、腐蚀和其他操作问题。通过分析，运行人员能够评估处理装置的性能，并且可以通过调试操作以获得最大的脱水效率。

8.2.8.2 目视化检查

首先应对甘醇样品进行目视检查，以识别某些污染物（图8.11）。细小的黑色沉淀物表明可能有铁腐蚀产物的存在。黑色黏稠溶液可能表示含有重质焦油状碳氢化合物。分解后的甘醇会有一种芳香味，因此通常用这种特征气味表示甘醇的热降解。液体样品出现分层变为两相通常表明甘醇被液烃严重污染。除了这些直观的结论，还需要化学分析数据的支撑。

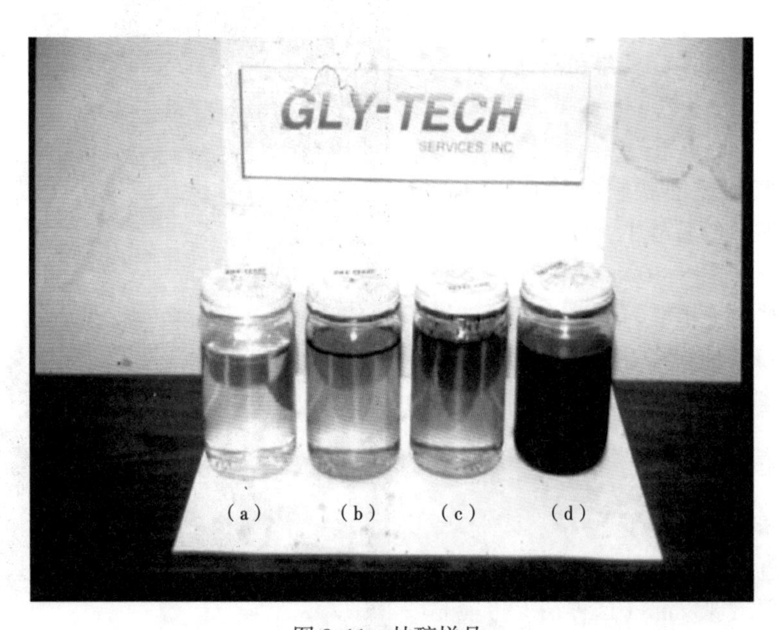

图8.11 甘醇样品

（a）正常甘醇；（b）携带液烃；（c）铁腐蚀颗粒沉降到样品容器底部；（d）大量携带液烃变为两相液体（甘利科技公司）

8.2.9 化学分析

通过对甘醇的贫液和富液样品进行分析可以提供脱水装置及其过程的详细情况。

甘醇分析应包括以下各项试验（表8.1）：pH酸碱值（50/50）、烃含量（%）、含水量（%）、总悬浮固体（%）、残留物（%）、氯化物（mg/L）、铁含量（mg/L）、泡沫特性、体积（mL）、稳定性、相对密度。

甘醇组分：EG、DEG、TEG、TTEG。

表8.1 化学分析

公司			日期	
位置				
试验项目	甘醇贫液	甘醇富液	允许范围	最佳值
pH酸碱值（50~50）			6~8	
液烃，%			0.1%	
含水量，%			2%贫液 6%富液	
总悬浮固体，%			0.01%	
残留物，%			4%	2%
氯化物，mg/L			1500	1000
铁含量，mg/L			50	35
泡沫特性				
体积，mL			20~30ml	
稳定性，s			15~5s	
相对密度			1.118~1.126	
甘醇组分				
EG				
DEG				
TEG				
TTEG				

8.2.10 化学分析解释

8.2.10.1 pH酸碱性

当pH值低于6时，通常与装置污染、腐蚀或氧化有关。当pH值低于5.5时，甘醇就会发生自氧化。

甘醇的化学分解发生在其内部。甘醇在不受外界影响的情况下会有继续下降的趋势。造成低pH值的原因：

（1）气体中的酸性气体；

（2）由于氧化或热降解而产生的酸性气体；

（3）甘醇中过量的氯化物（盐）；

（4）处理过的化学物质夹带在气流中；

（5）气流和甘醇中夹带的液态烃发生热分解；

（6）由于储存不当导致甘醇氧化；

造成高 pH 值的原因：

①受到气流中夹带的处理过的化学品的污染；

②低 pH 值的装置中添加过量中和剂。

对于稳定的甘醇烃乳液，高 pH 值会具有发泡倾向。高 pH 值和低 pH 值都会导致污泥和残渣的积累。

8.2.10.1.1　污泥

污泥的存在可能会磨损泵和阀门，并导致泵和阀门过早失效，还可能会沉积在塔盘和降液管，蒸馏塔填料和换热器中，从而导致装置堵塞。

8.2.10.1.2　烃类

由于入口分离器携带或由于温度变化引起的冷凝，使得烃类进入甘醇液相中。压缩机润滑油和其他外来有机化学品，如管道缓蚀剂，在通过吸收塔时经常会被从天然气中分离出来。油和有机残留物会导致甘醇和水成为乳化液和悬浮液，导致发泡：

（1）导致吸收塔中甘醇携带量过高；

（2）污染物可能会导致吸收塔，蒸馏塔和换热器堵塞。

轻质烃：通常使用足够大小的甘醇/烃分离器与甘醇分离。

重质烃：称为可溶性烃类，因为它们可以和甘醇结合，通常用活性炭过滤掉。

轻质烃（不溶性）允许含量高达 1%（体积）。但是可溶性烃类的体积仅可接受 0.1%。烃类主要会造成发泡、污泥和残渣的堆积、pH 值降低、吸湿性丧失和甘醇分解。

8.2.10.1.3　含水量

含水量被定义为甘醇中的水的含量。贫液和富液之间的差异反应了吸收塔负荷的大小，同时也表明了再生效率。甘醇的纯度在贫液区应至少为 98%，在富液区应至少为 94%。若装置运行正常，这两个浓度可实现所需要的露点要求。对于较低的露点，必须增加甘醇的纯度（或含水量降低）。贫液样品如果含水量高，通常表明重沸器热量较低。甘醇贫液样品中的含水量高也可能表明：

（1）甘醇循环过多；

（2）设备负荷过小；

（3）甘醇在分离器中被携带走；

（4）从重沸器到缓冲罐的蒸气连通；

（5）贫富液甘醇换热器泄漏；

（6）再生塔过度回流；

（7）天然气进气温度过高。

甘醇富液样品中含水量高通常表明了甘醇循环速率低或者：

（1）水在分离器中被携带走；

（2）蒸发器效果差；

（3）换热器换热效果差；

（4）设备负荷过小；

（5）天然气进气温度过高。

除此以外，可以通过分析样品中烃类、氯化物、铁和泡沫的含量来查明问题。

8.2.10.1.4　固体悬浮物

悬浮固体是指在悬浮在甘醇溶液中小于 0.45μm 大小的固体和焦油烃。主要是由甘醇进口分离效果差、甘醇腐蚀和热降解造成的。大于 0.01%表明超细纤维过滤效果差。大多数过滤器的过滤尺寸可以去除 5μm 的颗粒。过大的固体颗粒可能有助于稳定甘醇中的泡沫。当甘醇处于允许范围内最大悬浮固体浓度时，粉砂残渣很可能沿着容器壁形成。固体悬浮物可能会堵塞吸收塔塔盘、换热器、再生塔和甘醇蒸发器（常见于低甘醇 pH 值）。

8.2.10.1.5　残留物

残留值是装置污染的函数。取甘醇样品进行蒸馏，除去所有的轻烃、水和甘醇。残留物代表剩余的污染，包括：总固体（悬浮和残留）、盐、重烃。

甘醇中的残余物的含量最好保持在 2%以下，但是有些装置在残留物含量为 2%到 4%的范围内运行得很好。当甘醇中的残余物>4%时，就会成为装置失效的主要原因，应立即清洗。

8.2.10.1.6　氯化物

氯值表示在甘醇样品中发现的无机氯化物（盐）的量。随着甘醇中氯化物（如 NaCl 或 $CaCl_2$）浓度的增加，其溶解度降低。当甘醇溶液升高温度时，溶解度也会降低。当溶解度降低时，盐开始形成晶体：

从甘醇溶液中脱离；

积聚在换热管束上会导致换热管束快速失效；

也可能被甘醇携带进入装置的其他区域。

过量氯化物的潜在问题包括装置堵塞、低 pH、甘醇泵损坏、起泡和由于甘醇快速分解导致的吸湿性降低。高浓度氯化物的去除需要对甘醇进行减压蒸馏。当氯化物浓度>1000mg/L 将稳定发泡倾向，可能会导致过量的甘醇损失，可能会影响甘醇的 pH 值。当氯化物浓度达到 1500~12200mg/L，甘醇中就会出现沉积盐，但是所形成的晶体非常小，却会造成很大的麻烦。当氯化物浓度超过 2200mg/L 以上，盐的沉积就很容易发生，从而造成装置故障。过滤可以除去较大颗粒的盐晶体，但是在形成足够大的晶体之前，与盐相关的对装置的破坏就已经开始产生。

8.2.10.1.7　铁

甘醇样品中的铁可以表明：装置中可能存在腐蚀或者是由采出水所携带的。

超过 50mg/L 的铁含量通常表示腐蚀。但是具体发生腐蚀的位置是甘醇装置，上游的生产设备，还是井下的井筒，这都很难确定。通过比较各处取样的 pH 值，氯化物以及甘醇单元的目视化检查，可能有助于确定可疑腐蚀的位置。腐蚀的副产物将由溶解状态的铁离子和细颗粒组成，这些颗粒存在于有氧气的装置中。在无氧的环境中，腐蚀的副产物除铁离子外还包括硫化物。

8.2.10.1.8　发泡

（1）一般注意事项。

甘醇通过发泡而造成的甘醇损失要比其他任何原因造成的损失多。没有化学分析就很难检测出甘醇的发泡，体积逐渐降低的甘醇损失往往最容易被忽视。发泡几乎是所有污染的最后结果。导致发泡的主要污染物是：烃类（来自分离器残留物）和固体；氯化物，压缩机润滑油，处理过的化学品和铁。

含水量可影响发泡趋势。通过减少污染物，特别是烃的乳化。活性炭过滤是控制泡沫的最有效手段。也可以使用硅氧烷乳液型泡沫抑制剂，但它们只能抑制发泡的状态，而不是从根本上解决发泡的问题，只能作为暂时的解决方案。解决造成泡沫的污染源是唯一长期解决问题的方案。

（2）泡沫试验。

泡沫试验是在一个有200mm甘醇样品的刻度圆筒容器中，以6L/min的速度吹入干空气，直到泡沫在最大高度处稳定下来。稳定下来的最大值被记录为液体和泡沫的总体积值记录在体积报告中。将体积值减去初始液体的200mL，剩余的值被记录为最大泡沫高度，代表溶液起泡的容易程度。

一旦记录最大泡沫高度，就停止对样品吹入干燥空气，并且记录泡沫从其最大体积降低到甘醇样品出现透明表面所花费的时间。这个时间代表了泡沫的趋势，并且被称为稳定性。对于可接受的泡沫高度和稳定性，没有给出具体的值。小的高度和中等稳定性的泡沫可降低甘醇损失至最少，中等高度和极低稳定性的泡沫也是如此。因此，泡沫测试结果的可接受范围是：

高度：20~30mL；

稳定性：15~5s；

（3）可接受范围。

泡沫高度和稳定性的增加和减少值表示泡沫的可接受范围。例如，高度为25mL，稳定性为10s的样品是可接受的，而高度为30mL，稳定性为15s的样品会具有高发泡倾向并可能导致甘醇损失。

8.2.10.1.9　相对密度

甘醇的纯度用相对密度法来测定。

TEG在60℉的相对密度1.126~1.128代表其纯度99%（技术等级）。相对密度为1.124~1.126代表其纯度97%（工业等级）。从在用脱水装置中提取甘醇样品，贫液样品的相对密度应为1.1189~1.121。这一相对密度的差值表示装置可接受的污染量。低相对密度值表示：

（1）三甘醇含有过量的甘醇或二甘醇（用质量差的甘醇替代甘醇）；

（2）样品中水分过多；

（3）样品中碳氢化合物过量；

（4）高相对密度表明装置受到过量固体或任何密度大于甘醇的添加剂的污染；

（5）甘醇的热降解；

（6）甘醇的氧化或化学降解。

8.2.10.1.10　甘醇组成

甘醇的组成表明了它的质量。

应给定甘醇样品溶液中所含的甘醇组分（EG，DEG，TEG，TTEG）的值。

要获得最佳甘醇装置效果，需要工业级（97%）或浓度更高的三甘醇（TEG）。

除了97%的三甘醇外，甘醇溶液可含有各种浓度的高达1%的乙二醇（EG）和3%的二甘醇（DEG），但总含量不得超过3%。

甘醇降解通常会通过甘醇组成的变化和pH值的降低来反映。

热降解是最常见的，其特征在于偶尔存在过量的乙二醇（EG），二甘醇（DEG）。甘醇的pH值将会低。甘醇样品会变黑并且具有芳香气味（成熟的香蕉）。

化学降解是由氧化和酸性污染物引起的，其特征是：

乙二醇（EG）和二甘醇（DEG）会出现过量，但没有四甘醇（TTEG），将出现低 pH 值。甘醇可能看起来不太脏。

自氧化是持续化学降解的一种形式。

8.2.11 故障排除

8.2.11.1 一般考虑因素

即使是最好的预防性维修方案也不能保证脱水装置无故障运行。装置故障的最明显的标志是出口气相的高含水（露点高）。

高含水是由以下因素引起的：

甘醇循环不足；

甘醇的再生效果差。

这些问题可能是由多种因素引起的，例如：机械原因、设备不符合现有的操作条件。可以通过改变现有条件和机械操作而得到稍微地缓解。

8.2.11.2 高露点

8.2.11.2.1 甘醇循环不足

如果甘醇循环不充分，应该检查换热器和甘醇管道是否有管束设计过小或堵塞。

8.2.11.2.1.1 电动活塞泵

检查流量计（如果有的话）以确保适当的甘醇循环。如果没有流量计，通过关闭吸收塔上的乙二醇排放阀并记录液体量柱充满的时间来核实循环速率。检查高压甘醇贫液旁路阀，必要时关闭它。

通过关闭泵、关闭排放阀、打开旁路阀和重新启动泵来检查灌泵情况。允许泵在无负载情况下通过旁路线短暂运行，以清除泵中的任何残留气体。

8.2.11.2.1.2 甘醇气体动力泵

关闭排放阀。如果泵继续运转，打开排气阀，让它运行几个冲程。一旦所有的气体被清除，关闭排气阀。如果泵继续运转，停止使用并送去修理。

如果泵无法启动，而是继续通过排气运行，则排气阀门：

（1）检查泵吸滤器是否堵塞；

（2）检查缓冲罐中的甘醇水平。

8.2.11.2.2 甘醇再生不足

用试验温度计（350~400℉）验证蒸发温度，必要时提高温度。

检查贫富液甘醇换热器是否有富甘醇液泄漏到贫甘醇液中。检查气提气体是否适用。确保气提气的量。检查重沸器气相空间和缓冲罐气相空间是否存在串通。气相串通可能意味着污染的甘醇贫液进入泵。

8.2.11.2.3 与设计不同的运行条件

检查上游分离器的运行情况，确保装置不会出现过载情况。增加吸收塔压力，这可能需要安装背压阀。如果可以的话，可以降低气体温度；提高流通率；提高重沸器的温度。

8.2.11.2.4 低流速

可以将一部分泡罩关闭，降低装置压力，额外再为贫甘醇液添加冷却并增加循环速率，将吸收塔更换为专为较低流速设计的小型装置。

8.2.11.2.5　吸收塔盘损坏

打开检查端口和/或人孔并验证塔盘的完整性。必要时修理或更换塔盘。

8.2.11.2.6　甘醇的分解或污染

对甘醇贫液、富液样品进行分析，注意各种热分解或者化学分解引起的严重污染，清洁装置或者在必要时更换新的甘醇液。

8.2.11.3　吸收塔造成的甘醇损失

8.2.11.3.1　发泡

发泡的主要原因是污染，因此必须消除污染源。必要时应清洁吸收塔等装置并更换甘醇，增大过滤器的容量或者添加活性炭过滤器，加入消泡剂（硅乳液型），调节高 pH 值以防止乳化（使用醋酸）。

8.2.11.3.2　塔盘堵塞或变脏

（1）清洁塔盘；

（2）手动进入塔并清洁；

（3）打开检查口并用水喷射或手动清洁；

（4）化学清洁。

8.2.11.3.3　流速过高

（1）降低气速；

（2）增加吸收塔压力。

8.2.11.3.4　塔板上中断的液体密封（气浪涌）

如果吸收塔有旁通阀，则通过打开旁通阀和关闭进气阀来隔离塔。允许甘醇泵运行5min。当甘醇循环时，打开气体入口阀，慢慢关闭气体旁路阀。如果吸收塔没有旁通阀，则停止或减少通过塔的气流（关闭井，放空，切换装置等操作）。让甘醇循环 5min，然后慢慢将气体转回塔中。如果无法停止或减少气流，则将甘醇循环速率提高到可能的最大值持续 2~5min（使用液体压头重新密封塔盘以尝试重新建立密封）。

8.2.11.3.5　冷甘醇（冷气）

通过提高管道加热器的温度来提高气体温度，或在必要时增加管道加热器。

8.2.11.3.6　泄漏

对外部天然气/甘醇换热器进行压力试验，以防止甘醇泄漏到干气中。检查所有液位计的排污管。

8.2.11.3.7　洗涤器中的聚集

（1）检查升气塔盘和洗涤部分之间的连接。

（2）检查底部塔盘是否有泄漏，升气管可能损坏。

（3）检查甘醇液位控制和排料阀操作（在带有电动甘醇泵的装置上）。

8.2.12　重沸器造成的甘醇损失

8.2.12.1　泄漏

（1）确保所有排水阀都关闭。

（2）确保仪表密封件维修良好。

（3）检查换热管的完整性（甘醇损失到换热管或余热管中会产生浓烟）。

（4）检查再生塔外壳的完整性（注意保温层，泄漏的甘醇湿润保温层或残存污渍）。

(5) 热源法兰泄漏（垫圈不良）。

8.2.12.2　失效的甘醇减压阀

更换甘醇减压阀。

8.2.12.3　清理再生塔

对于堵塞或结垢的再生塔填料，清洁或更换再生塔填料。

对于饱和甘醇：检查重沸器的热源，并确保热量在350~400℉之间；检查是否有游离液体或雾气液体携带到吸收塔中；如有必要，修复或更换分离器元件；清理吸收塔减少堵塞，减少通过回流冷凝器的甘醇流量，提高回流温度。

8.2.12.4　气化

检查重沸器温度（低于404℉）。

检查回流温度，增加通过回流冷凝器的甘醇流量，以降低回流温度。检查气提气流速。检查重沸器（降液管或换热器）中的甘醇出口堵塞或结垢。

8.2.13　甘醇损失——醇烃分离器

8.2.13.1　控制操作不当

修理或更换液位控制阀。清洁、修理或更换排污阀。

8.2.13.2　泄漏

检查排水阀，必要时拧紧、修理或更换。检查液位计计量柱和液位控制阀。添加消泡剂以防止通过气体出口损失。

8.2.13.3　储罐积聚（翻斗和堰）

打开容器并清洁储罐下方的甘醇通道（水平容器）。调整或移除堰。

8.2.14　甘醇损失——其他

8.2.14.1　泄漏

检查所有法兰、接头和相关管道。检查电动泵杆填料。检查所有排水阀（过滤器，换热器等）。检查泵排放阀（和电动泵旁路）。

检查天然气/甘醇热交换器。

8.2.14.2　质量差或污染替代甘醇

仅使用纯度为97%或更高的纯三甘醇。检查甘醇含量是否含过量水。

8.2.15　故障排除的三步法

8.2.15.1　时间范围

确定问题明显的大致日期/时间。

8.2.15.2　列表更改

罗列出任何变化（发生的事情与平时不同），并寻找不同的变化。

(1) 生产变化；

(2) 运营变化；

(3) 保养；

(4) 维修；

(5) 天气。

8.2.15.3 调查

通过排除法，减少列表项以确定导致问题的因素。

8.2.16 甘醇装置的清洗

8.2.16.1 一般考虑因素

甘醇装置经常需要化学品来清洁。

如果正确进行化学清洗，则对整个装置的运行非常有利。

如果化学清洗效果不佳，可能会造成成本很高并且会产生持久的问题。

最有效的清洁剂是一种很耐用的碱性溶液。为了给装置提供最佳的清洗，溶液的浓度、温度和流量必须小心控制，并选择经验丰富、信誉良好的供应商。采用级联技术可以节省清洗化学品的成本。

8.2.16.2 避免使用的清洁技术

蒸汽清洁是一种无效的清洁方式，可能具有破坏性和危险性。蒸汽往往会使装置中的沉积物硬化，使它们难以去除。

使用冷水或热水，无论有没有高强度洗涤剂都对装置的清洁没有好处。高强度洗涤剂会造成严重的问题，残留下微量的洗涤剂。在装置中留下的洗涤剂痕迹可以在很长一段时间内产生甘醇泡沫。酸洗有利于去除无机沉积物，但是由于甘醇装置中的大部分沉积物是有机的，所以酸洗效果不太好。清洗工作结束后，酸性清洗很容易在甘醇装置中产生其他的问题。

8.3 消除操作问题

8.3.1 一般考虑

大多数操作问题是由机械故障引起的。最重要的是保持设备的良好工作状态。以下操作和维护建议有助于提供无故障操作。

8.3.2 进口洗涤器/微纤维过滤器分离器

进入吸收塔的气体越清洁，操作问题就越少。当没有进口洗涤器或过滤器分离时，潜在的问题是：

（1）携带液态水；

（2）甘醇被稀释；

（3）吸收效率降低；

（4）需要更高的甘醇循环速率；

（5）再生塔上的气液负荷增加；

（6）再生塔水淹；

（7）大大增加了重沸器的热负荷和燃气需求。

如果水中含有盐和固体，它们就会沉积在重沸器中，污染受热面，并可能导致它们燃烧（图 8.12 至图 8.14）。

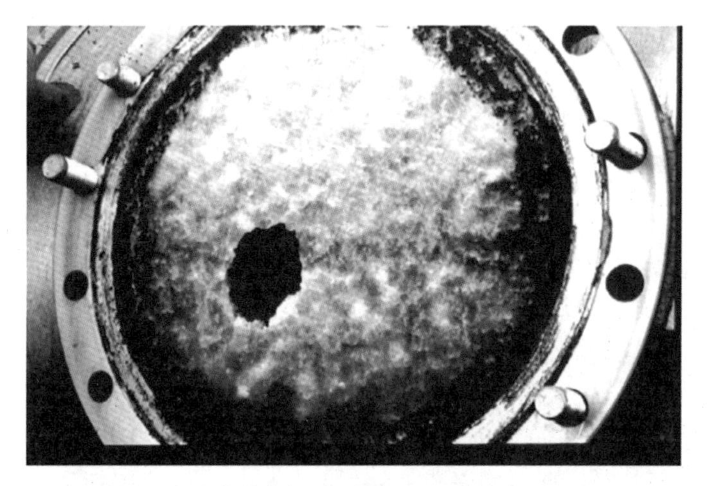

图 8.12　在重沸器内部沉积的盐（Courtsey of Gly-Tech）

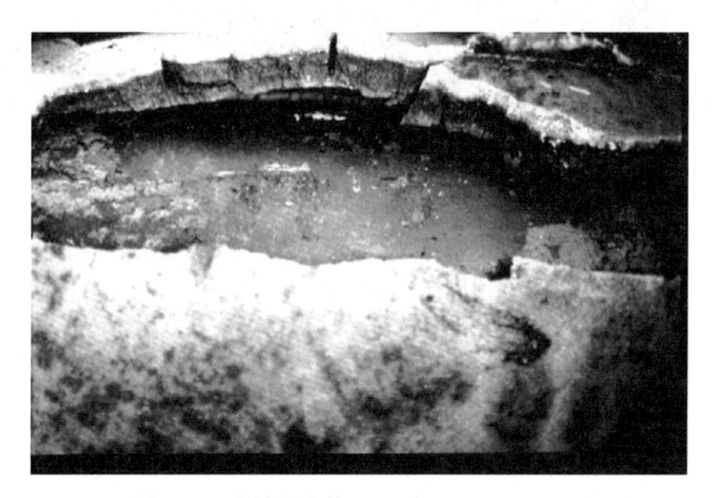

图 8.13　盐渍烟火管（Courtsey of Gly-Tech）

图 8.14　盐覆盖火管周边（Courtsey of Gly-Tech）

如果存在液态碳氢化合物，它们将通过再生塔和重沸器，较轻的馏分将作为蒸气从顶部通过，并可能造成火灾危险。

重馏分将聚集在储罐中的甘醇表面，并可能溢出装置（图 8.15）。

图 8.15　重沸器底部收集的焦油烃的重馏分

液烃闪蒸出来的蒸气会充满再生塔并大大增加重沸器的热负荷，导致甘醇损失。

应设计好腐蚀控制方案可兼顾预防甘醇受到污染：

如果进口洗涤器/过滤器超载，将会有过量的流体进入装置；

生产井的气体应缓慢通过井口的储罐或分离装置，直到能够将缓蚀剂和液烃分离。

不要一次打开所有生产井，防止形成段塞阻塞集输管线。

洗涤器或过滤器可以是吸收塔的组成部分，或者最好是单独的容器。容器体积应足够大，以清除所有固体和游离液体，防止杂质进入甘醇装置。

应定期检查容器，以防出现任何故障。在寒冷天气下，应防止液体排放管冻堵：

（1）在进气洗涤器或分离器中使用加热盘管；

（2）甘醇泵前加入加热线圈使得泵打出的甘醇温度升高；

（3）通过截断阀和旁路阀引导液相进入加热盘管；

（4）在液位控制器和玻璃液位计上提供一个加热室；

（5）在重沸器内装有加热盘管来加热吹扫气体，吹扫气体可以对分离器液相排放管线进行吹扫，以保持液体流动，从而不会冻结。

分离器应靠近吸收塔，这样气体在进入吸收塔器之前不会凝结更多的液体。如果甘醇装置前面的分离器配有压力安全阀，则应在吸收塔入口安装流量安全阀，以保护内部构件。当石蜡和其他杂质以细小的蒸汽形式存在时，在入口分离器和甘醇装置之间需要一个除雾器，可以有效地清洁进入的气体并清除所有超过 1mm 的污染物。

当气体在脱水前被压缩时：

聚结式洗涤器（微纤维过滤分离器）放在吸收塔前面，可除去以气相形式存在的压缩机油，压缩机油和馏分油会覆盖在吸收塔或再生塔填料上，从而降低塔的效率。

8.3.3 吸收塔

吸收塔是一个容器，包含浮阀或泡罩塔盘或填料，以提供良好的气液接触。塔的清洁度对于防止由起泡或气液接触不良导致的成品天然气高露点非常重要。塔盘或填料堵塞也会增加甘醇损失。

塔单元投运注意事项如下：

吸收塔上的压力应缓慢上升到工作范围，然后甘醇应通过循环在所有塔盘上建立一定的液位。接下来，进入吸收塔的气体流量应缓慢增加，直到达到工作水平。如果气体在塔盘液封之前进入吸收塔，则气体将直接通过降液管和泡罩。

当这种情况发生并且甘醇被泵送入吸收塔时，液体难以密封降液管。液体将与气流一起被携带走，而不是流到吸收塔的底部。

当甘醇从低流速变为高流速时，应该缓慢增加气体流速。

通过吸收塔的气体快速激增可能导致：压降大导致气体通过塔盘破坏液体密封，甘醇从塔盘上涌起并淹没捕雾器导致甘醇的损失增加。

塔单元停运注意事项如下：

首先，应关闭重沸器的热源。然后循环泵应该运行直到重沸器温度降低到 200℉（94℃）。此预防措施可防止甘醇因过热而分解。然后可以通过缓慢减少气流来关闭装置，以防止吸收塔和管道受到任何不必要的冲击。

该装置应缓慢减压以防止甘醇损失。脱水装置应始终从下游侧（气体出口处）减压。

安装在压缩机出口的脱水装置应在进气管线上安装一个止回阀，该止回阀应尽可能靠近吸收塔。经验表明，当压缩机回火或停机时，一些甘醇会被吸回到该段管线。压缩机故障时，吸收塔内部塔盘和丝网也可能发生损坏（图 8.16）。止回阀的安装通常可以解决这个问题。

图 8.16 压缩机故障导致的塔盘损坏

从脱水装置取气或将气体注入至脱水装置的压缩机都应具有脉动阻尼器。没有这种安全装置可能会导致仪器、塔盘、盘管、丝网和脱水器其他部件的疲劳失效。

应设置甘醇出口阀和液位控制器，以便给重沸器以均匀的甘醇流量。这样可以防止堵塞，堵塞可能会使气提塔淹塔并导致甘醇过量损失。

吸收塔必须是竖直的，确保容器中甘醇的正常流动以及甘醇和气体的充分接触。有时塔盘和泡罩在安装后密封不好，如果存在非常高的甘醇损失，应检查塔盘和泡罩。

在检查或清洁容器时，塔盘上的检查口非常有用。

如果甘醇装置的干燥气体用于气举：

由于气举气存在不稳定性，在设备尺寸的确定和操作中都须谨慎。在有气举运行的系统中，吸收塔的排气口应安装背压阀。如果不这样做，则可以通过拧紧吸收塔下游的阀门，来防止吸收塔突然超载，并有助于控制通过该单元的气体流量。吸收塔突然超载会破坏板式塔盘降液管密封，造成甘醇的过量损失。

当轻质烃类过度凝结在容器壁上时，吸收塔需要增加保温层。尤其是在寒冷的气候中，对富气温热的气体进行脱水时，这些轻质烃类物质会在吸收塔中造成液泛，还会造成再生塔过多的甘醇损失。

应该重点关注捕雾器，因为甘醇夹带无有效控制方法（图 8.17 至图 8.20）。

图 8.17　部分堵塞的捕雾器

图 8.18　完全堵塞的捕雾器

图 8.19 更换捕雾器（Courtsey of Gly-Tech）

图 8.20 更换捕雾器的安装

应仔细研究丝网的类型和厚度，以尽量减少甘醇损失。安装后也应注意，以免损坏丝网。通过吸收塔时，避免损坏丝网的最大压降为 15psi。

8.3.4 甘醇/天然气换热器

大多数装置都配有甘醇/天然气换热器，使用离开吸收塔的天然气冷却进入吸收塔的贫甘醇。该换热器可以是吸收塔顶部的伴热管或外部的伴热管。当必须避免加热气体时，可以使用水冷式换热器。

此换热器可能会积聚沉积物，例如：盐、固体、焦炭、胶质。

这些沉积物会造成：换热器表面变脏、降低传热率、提高甘醇液温度。

所有这些作用都会增加甘醇的损失，使脱水变得困难。因此应定期检查容器，必要时进行清洁。

8.3.4.1 甘醇贫液储罐

通常，这种容器包含一个甘醇换热管，它主要做以下工作：

（1）冷却来自重沸器的甘醇贫液；

（2）预热甘醇富液进入气提塔。

甘醇贫液也被来自储罐外壳的散热冷却。储罐通常应保温。通常水冷却也可以用来帮助控制甘醇贫液的温度。

在没有气提气的传统再生器上：

（1）存储罐必须排气以防止聚集气体；

（2）储罐中的蒸气可能导致泵发生气蚀；

（3）储罐顶部通常设有连接装置，用于排气；

（4）应将排气管与工艺设备分隔开，但不应与气提塔通风口连接，因为这可能导致蒸汽稀释甘醇贫液。

有些装置可以在储罐中提供干燥密封气（无氧空气或燃料气）。通常不需要在这些储罐上安装单独的排气口。密封气通过管线输送至储罐顶部的常规排气接头，从燃气管线上来的密封气可以再利用。当使用气体时，需检查气阀、管道和流量控制孔是否打开。只需要很小的气体流量，以防止在重沸器中产生的蒸汽污染再生甘醇。应定期检查容器，以确定污泥沉积物和重烃未在容器底部聚集。换热器盘管应保持清洁，以便进行适当的传热。保持盘管清洁也可以防止腐蚀。如果换热器发生泄漏，甘醇富液会稀释甘醇贫液。应检查储罐中的甘醇液位，并始终保持玻璃液位计中的液位。玻璃液位计应保持清洁，以确保有效。当液位下降时，应补充甘醇。应保存甘醇的补充记录。还应该确保储液罐没有过满，否则也会出现问题。

8.3.4.2 气提塔或再生塔

气提塔或再生塔通常是位于重沸器顶部的填料塔，用于分馏分离水和甘醇。填料通常为陶瓷鞍座，但304不锈钢鲍尔环可用于防止破损（图8.21至图8.24）。一个标准的气提塔通常在顶部有一个翅片式的空气冷凝器来冷却蒸气和回收所含的甘醇。

图8.21 陶瓷鞍座填料

空气冷凝器依靠空气循环来冷却热蒸气。高温天气可能会导致甘醇损失增加，因为冷凝器中的冷却温度不足导致冷凝不良。低温多风的天气也会发生甘醇损失，因为过多的冷凝液（水和甘醇）会使重沸器过载。多余的液体从气提塔排气口渗出。如果需要使用气提气体，通常会提供一个内部回流盘热管来冷却蒸气。

图 8.22　不锈钢鲍尔环填料

图 8.23　规整填料

图 8.24　粘有烃类焦油的陶瓷鞍座

当气提气被用来防止过多的甘醇损失时，气提塔的回流是更关键的。这是由于更多的蒸气将携带甘醇离开气提塔。甘醇从吸收塔通过冷凝器盘管进吸收塔富甘醇流过气提塔冷凝器可实现充分回流冷却。如果调整得当，它可以全年提供均匀的凝结。

管道上的手动/自动阀用于旁路回流盘管。在正常情况下，该阀关闭，总流量通过回流盘管。在寒冷的天气条件下，在极低的环境温度下，这可能会产生过多回流，重沸器可能过载。重沸器可能无法维持所需的温度。在这样的条件下，环境空气可提供所需的部分或全部冷量。因此，部分或全部甘醇富液应绕过回流盘管。通过打开手动/自动阀门来完成的，直到重沸器能够保持温度。这降低了盘管产生的回流量，减少了重沸器的负荷。有时，在气提塔顶部的冷却甘醇回流管线中会出现泄漏。当发生这种情况时，过量的甘醇可能：

（1）淹没再生塔内的填料；

（2）打乱精馏操作；

（3）增加甘醇损失；

（4）回流盘管应妥善维护；

（5）破碎、粉状填料可导致气提塔内溶液发泡，增加甘醇损失。

填料通常因床层过度移动而损坏，这是由于烃类在重沸器中闪蒸造成的。安装填料时操作不当也可能导致填料粉化。当填料颗粒分解时，会导致气提塔的压降增加。这会阻碍蒸气和液体的流动，并导致甘醇从气提塔顶部渗出。由于盐或焦油碳氢化合物的污泥沉积造成的脏填料也会导致气提塔中的溶液起泡，并增加甘醇损失。当发生堵塞或粉化时，应清洗或更换填料。更换时应使用相同尺寸的塔填料。陶瓷鞍座或不锈钢鲍尔环的标准尺寸为 1in。当需要使用气提气，并在重沸器和储罐之间的下降管中放置塔填料时，应确保在不切断下降管的情况下更换塔填料。在低循环率期间：

甘醇富液通过填料时产生沟流，导致液体和热蒸气接触不良。为了防止“沟流”，可以在甘醇富液进料管线下方放置一个分配器板，以均匀地分散液体。

大量携带液烃进入甘醇装置可能非常麻烦和危险。烃类将在重沸器中闪蒸出来，淹没气提塔，并增加甘醇损失。重烃蒸气或液体也可能溢出重沸器，造成严重的火灾危险。因此，为了安全起见，离开气提塔排气口的蒸气应通过管道远离工艺设备。从气提塔到排放口，排放管应适当倾斜，以防止冷凝液堵塞管道。如果排放管很长，并且在地面上方敷设，则应在距离气提塔不超过 20ft 的位置安装顶部排放口，以便在长管线冻结的情况下排出蒸气。管道应与容器连接口相同大小或更大。在可能出现寒冷、冰冻天气的区域，排气管应与气提塔和排放点一起增加保温，以防结冰。这将防止蒸气凝结、冻结和堵塞管道。如果发生冻结，重沸器中闪蒸出的水蒸气可能会排放到储罐中并稀释甘醇贫液。这些闪蒸出的蒸气所造成的压力也可能迫使再生器破裂。

8.3.4.3 重沸器

重沸器通过简单的蒸馏为甘醇和水提供热量。大型工厂可能在重沸器中使用导热油或蒸汽。偏远地方通常配备直接燃烧加热器（图 8.25），具有以下特点：

（1）直接使用一部分天然气作为燃料；

（2）加热元件通常具有 U 形管形状并包含一个或多个燃烧器。

（3）应保守的设计；

（4）确保长管寿命；

图 8.25　直燃式重沸器

（5）防止因过热引起的甘醇分解（图 8.26 和图 8.27）。

图 8.26　重沸器火管上分解的甘醇

重沸器应配备高温安全温控器，以便在主温度控制器出现故障时关闭燃气供应。
燃烧室热通量［以 Btu/(h · ft^2) 表示的传热速率的测量］问题包括：
它应该足够高，以提供足够的加热能力，但足够低，以防止甘醇分解；
过大的热通量，由于小面积的过多热量，将导致甘醇热分解（图 8.28）。
燃烧火焰应保持在低位，尤其是在小型重沸器中，原因如下：
（1）防止甘醇分解；

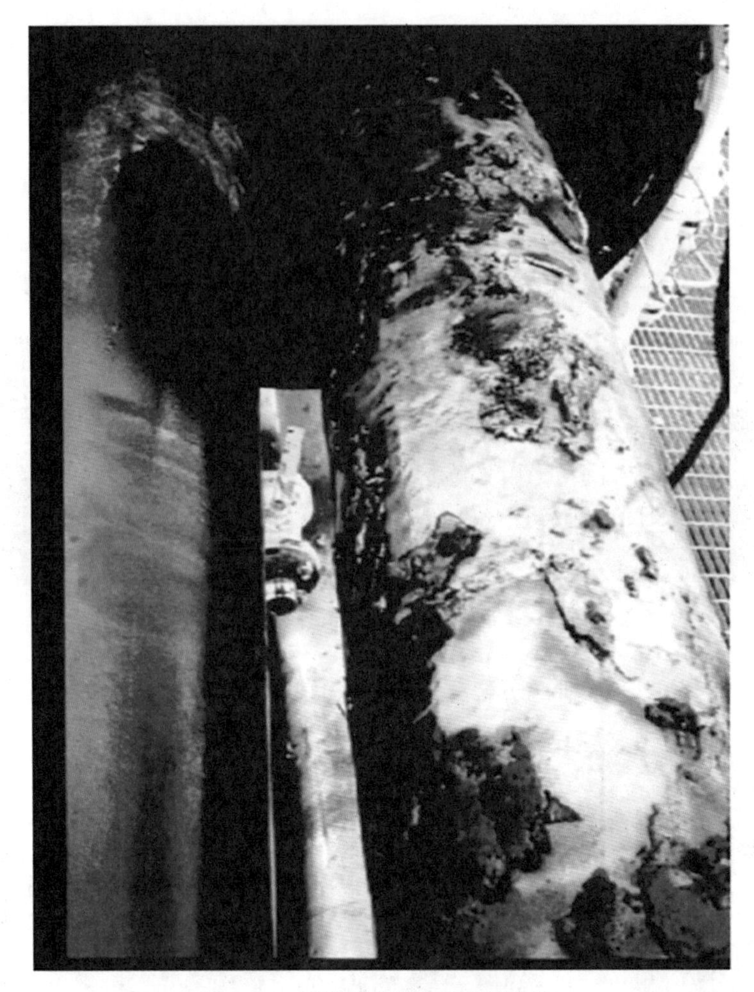

图 8.27　重沸器炉管上的甘醇分解

图 8.28　重沸器容器壳程甘醇分解

（2）防止管程被烧坏（图 8.29）。

图 8.29 分解的甘醇与燃烧损坏的火管

低燃烧火焰对较小的装置尤为重要，因为在较小的装置中，燃烧火焰可以提供总热量需求的很大一部分。应正确调整燃烧火焰，使火焰呈长的、滚动的、略微呈黄色。喷嘴可使火焰沿管道分布更均匀：

（1）减少喷嘴附近区域的热流，而不降低总热量的传递；

（2）避免火焰直接撞击火管；

（3）火焰故障联锁停泵，中断甘醇富液循环。

（4）熄灭时，可使用连续火花点火系统或者火花点火器重新点燃引燃火焰；

（5）应定期清洁空气—燃气混合器和导阀上的孔，以防止燃烧器故障。

为防止燃烧器故障，重沸器不应超过以下温度：

甘醇类型	热分解温度
乙二醇	329℉（165℃）
二甘醇	328℉（164℃）
三甘醇	404℉（207℃）

当重沸器本体温度超过上述所列温度约 10℉时，将导致过度变色和非常缓慢的降解。如果焦炭、焦油产品或盐沉积在火管上，则会降低传热速率，并可能导致管道故障。局部过热，特别是在盐积聚的情况下，会分解甘醇。甘醇的分析决定了这些污染物的数量和类型。

晚上关闭重沸器上的燃烧器，向下看火箱，也可以探测到盐的沉积。在盐沉积物聚集的管道上，可以看到明亮的红光。这些沉积物会导致的火管快速损坏，特别是当装置的入口分离器失效，并且有大量的盐水进入吸收塔时。有效的过滤可以循环去除甘醇中的焦炭和焦油产品。但是需要更精细的设备来除去盐。已经沉积在火管和其他设备上的污染物，只能通过使用化学物质来清除。

加热过程是恒温控制和全自动的。应偶尔用温度计验证重沸器温度，以确保记录真实读数。如果在低于设计容量时温度波动过大，则应降低燃气压力。均匀的温度可以使重沸器更好地运行。如果不能按要求提高重沸器温度，则可能需要将燃气压力提高到 30psig 左右。如果水或烃类从吸收塔进入重沸器，则无法提高温度，直到消除进入重沸器的水或烃类。

重沸器燃烧器配置的标准孔尺寸为 1000～1100Btu/ft^3。如果燃气的额定值小于此值，则可能需要安装一个较大的孔或钻取现有的孔到下一个较大的尺寸。火灾是由火箱附近燃气管道的泄漏引起的。最好的预防措施是将阀门和调节器放置在距火箱最远的燃气管道中。另一个有效的措施是在火箱周围增加阻火器。如果避雷器设计得当，即使是燃烧室附近严重的气体泄漏也不会点燃。

在装置启动期间，在将气体进入吸收塔之前，必须使重沸器温度达到所需的操作水平。重沸器安装时必须保持水平。非水平位置会导致火管燃尽损坏。重沸器的位置也应足够靠近吸收塔，以防止在寒冷天气中甘醇贫液温度降低过快。这将防止烃类冷凝和吸收塔中的高甘醇损失。

8.3.4.4 气提气

气提气是一种可选择的项目，用来获得浓度较高的甘醇，这是正常再生无法获得的。这将最大限度地降低露点，提高脱水能力。在再生设备中再浓缩甘醇后，用气提气去除残余水。再通过蒸馏除去大部分水之后，它还用于在热气体和贫甘醇之间提供充分接触。甘醇贫液浓度范围为 99.5%～99.9%，露点为 140℉及以上。

有几种将气提气引入装置的方法。一种方法是在重沸器和储罐之间的下降管中使用垂直塔板或填料段，其中干气将再生甘醇中的额外水剥离出来。重沸器中的甘醇流经这一段，与气提气接触，除去多余的水，进入储罐。另一种方法是在炉管下方的重沸器中使用甘醇气提气分离器。当甘醇流过重沸器时，气体被注入该容器并被甘醇加热。气提气与重沸器中的甘醇接触，并除去一些额外的水。然后气体从气提塔中排出。甘醇贫液从重沸器流入储罐。

气提气通常引自重沸器燃料气管道，与燃料气分离器压力相同。燃料罐压力下从重沸器燃料气管道中抽取（如果有脱水气体）。不应使用空气或氧气。气提气体通常由带有压力表的手动阀控制，以指示流经孔板的流量。气提气量具有以下特点：

（1）它将根据所需的贫液浓度和甘醇——气体接触的方法而变化；

（2）甘醇循环通常在 2～10ft^3/gal 之间；

（3）不应该使气提塔充满并将甘醇吹出。

当使用气提气时，必须在气提塔中提供更多的回流以防止过量的甘醇损失。这通常通过在气提塔中使用甘醇冷凝器盘管降温来提供。

8.3.4.5 循环泵

循环泵作用是使甘醇在该装置循环。根据运行条件和设备位置，泵可由电、气、蒸汽或气体和甘醇提供动力。气体—甘醇泵是一种通用的设备，通常使用的原因如下。

（1）这些控制设备是可用的、可靠的，如果调整得当，应该可以提供长时间无故障的操作。

（2）它利用吸收塔中的甘醇富液的压力提供部分所需的驱动能量。

（3）当泵不足以将甘醇输送循环，则需要补充额外驱动来提供动力。

（4）气体在吸收塔的压力下，与甘醇富液一起供给这个额外的动力。

（5）在吸收塔上工作压力为 1000psi 时，所需的气体体积为每加仑循环 5.5ft^3 甘醇贫液。

正确地启动一台新泵可以避免很多的问题和停机时间。通常使用的泵填料压盖由甘醇本身润滑。新泵的填料是干燥的。当它吸收甘醇时，填料会膨胀。如果拧得太紧，填料对柱塞进行刻痕，或者填料会被损坏。

泵通常处理的是浑浊和具有腐蚀性的液体。保养不善会导致汽缸腐蚀、密封腐蚀、叶轮损坏、泵杯或环磨损，以及粘合或堵塞阀门。这些部件必须检查并保持在适当的状态，以保持泵的最大效率。

泵转速应与正在处理的气量相称。低气量时应降低速度，高气量时应增加速度。通过比例调整可以增加吸收塔中的气体—甘醇接触时间。

当泵止回阀磨损或堵塞时，泵依然会正常工作，但即没有液体进入吸收塔。甚至压力计也会显示泵的循环。这种类型故障的唯一现象是很少或没有出现露点降低的情况。检查流量的一个可靠方法是关闭吸收塔出口上的阀门，并通过测量玻璃液位计（如果有）的上升与正常泵送量来计算流量。

最常见的甘醇损失发生在泵填料压盖上。如果泵每天泄漏超过一两夸脱甘醇，则需要更换填料。通过调整是无法恢复密封。填料应通过阀门用手拧紧，然后退一整圈。如果填料过紧，活塞可能会划伤，需要更换。

2~3gal/lb 的甘醇循环速度足以提供足够的脱水。过高的速度会使重沸器过载，降低脱水效率。应定期检查泵的转速，以确保泵以正确的速度运行。

适当的泵维护可以降低运行成本。当泵不工作时，必须关闭整个装置，因为如果吸收塔中没有充足的甘醇连续流动，气体就无法有效干燥。因此，应备好小型替换件，以防止长时间停机。如果甘醇循环不足：

检查泵吸入滤网是否堵塞或打开放气阀以消除气蚀；

甘醇过滤器应定期清洗，以避免泵磨损和其他问题。

泵应定期润滑。润滑后的泵在维修和更换组件时省时省力，可以节约时间和减小麻烦。

泵的最高工作温度受到移动的 O 形密封圈和尼龙 D 滑片的限制。建议最高温度为 200℉（94℃）。如果温度保持在最高 150℉（66℃），填料寿命将大大延长。因此，必须进行充分的热交换，以使甘醇贫液通过泵时低于这个温度。

在甘醇工艺装置中，泵通常是频繁工作和过度使用的设备。甘醇装置通常包含第二个备用泵，以避免主泵出现故障时停机。操作员经常使用第二台备用泵向吸收塔输送更多甘醇，以避免出现湿成品气的问题。此步骤会增加操作问题。在使用第二个泵之前，应首先检查所有其他过程变量。

泵的出口设有压力表。还在压力表和管道之间设置了阀门，以便能够隔离压力表。当泵活塞冲程时，压力表可以通过观察压力计的活动来观察泵是否工作。压力表中的传感元件是波登管。这个管子的弯曲或运动表示压力。如果泵排放时产生持续波动的压力，波登管会疲劳或失效。因此仪表需与波动压力隔离，除非在测试装置或确定仪表故障 处是否有甘醇损失时。

8.3.4.6 闪蒸罐或甘醇气体分离器

闪蒸罐或甘醇气体分离器是一种可选择的设备，用于回收甘醇动力泵的废气和甘醇富液中的气态烃。回收的气体可用作重沸器或气提气的燃料。多余的气体可通过一个背压阀排出。闪蒸罐可防止挥发性烃类进入重沸器。此低压分离器可处于以下两个位置：

在泵和储罐中的预热盘管之间；

预热盘管和气提塔之间。

分离器通常在 130~170℉（55~77℃）的温度范围内工作。可使用至少 5min 停留时间的两相分离器去除气体。

如果甘醇富液中含有液烃，在进入气提塔和重沸器之前，应使用三相分离器去除这些液体。分离器应提供 20~45min 的液体停留时间，这取决于烃类的类型、API 重力和泡沫量。容器应位于储罐中预热管线的前面或后面，具体取决于烃的类型。

8.3.4.7 气封

气封可防止空气接触重沸器和储罐中的甘醇。将少量的低压气体排放到储罐中。气体通过管道从储罐输送到气提塔底部，然后与水蒸气一起向塔顶流动。消除空气有助于防止甘醇缓慢氧化分解。气封平衡重沸器和储罐之间的压力。同时可防止这两个容器之间的液封失效。

8.3.4.8 回收装置

回收装置通过真空蒸馏净化甘醇以供进一步使用。清洁的甘醇被排出，所有的脏污泥都留在容器中，然后被清洗到排污系统。它通常只用于非常大的甘醇装置。

8.4 改进甘醇过滤

过滤器具有以下功能：

（1）延长泵的寿命；

（2）防止固体在吸收塔中积聚（图 8.30 至图 8.34）；

（3）防止固体在再生设备中积聚。

沉淀在金属表面的固体通常会引起电化学腐蚀。过滤器去除固体物，以消除污垢、泡沫和堵塞。过滤器应设计成能去除所有 5mm 及以上的固体颗粒。能够在不失去密封或流动通道的条件下，在 20~25psi 的压差下工作。一个大约 25lb/in^2 的内部安全阀和压差表的设置对过滤器是非常有帮助的。应在安全阀打开之前安装新元件。

对于配备截止阀和旁路阀的过滤器，在关闭截止阀之前，应先打开旁路阀，以防止装置压力过大。对于未配备截止阀和旁路阀的过滤器：在尝试更换元件之前，关闭吸收器甘醇排放管上的截止阀。

为了达到最佳效果，通常不会将过滤器放置在甘醇富液管线中，但可以过滤甘醇贫液以帮助保持甘醇清洁。

在设备启动或加入中和剂以控制甘醇 pH 时，可能需要频繁更换过滤器。新滤芯应放置在干燥、清洁的地方，以防灰尘和油脂进入。

有关安装和操作说明，请咨询过滤器制造商。了解何时以及如何更换滤芯以保持甘醇防止空气进入系统是很重要的。应偶尔检查阀门和仪表是否腐蚀和结垢。为了确保滤芯的有效使用，将芯上切割部分并进行检查。

图 8.30　更换微型纤维过滤器元件的顶部视图

图 8.31　受液烃携带污染的微型纤维过滤器

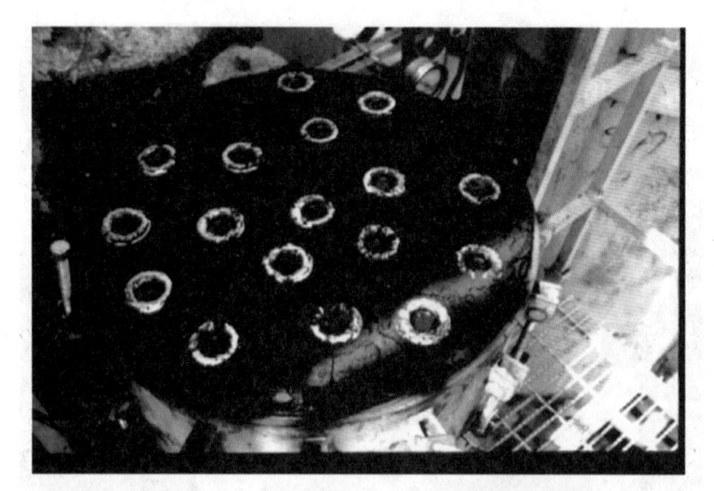

图 8.32　微纤维过滤器中捕获的分解甘醇

图 8.33　在微纤维过滤器中捕获的甘醇分解

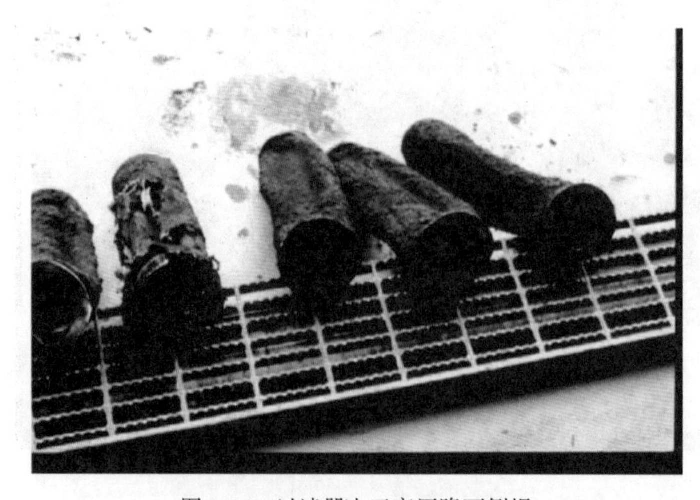

图 8.34　过滤器由于高压降而倒塌

如果整个过滤器都很脏，则说明过滤器的使用是正确的。如果元件内部清洁，则可能需要不同微米尺寸的元件。偶尔从过滤的污物中刮取一些污泥并进行分析也是一种好的做法。这将有助于确定存在的污染物类型。记录过滤下来的污染物元素的数量来确定污染物的总量。

8.5 碳净化的使用

活性炭可以有效地去除甘醇中的烃类、处理过的化学品、压缩机油和其他麻烦的杂质，从而消除大多数泡沫问题。

实现甘醇净化将两种途径。一种是采用管道串联安装两个活性炭过滤器，这样就可以备用。在大型装置中，大约2%的甘醇液通过活性炭。在小型装置中，甘醇总流量的100%应通过活性炭。每层碳床横截面面积的大小每分钟应能处理2gal甘醇。在某些情况下，过滤器的长径比应为3:1~5:1甚至10:1。

过滤器的设计应允许在装填碳后用水进行反冲洗以除去灰尘。为此，应在液体入口分配器和出口排水喷嘴之间的碳床上方安装一个筛孔尺寸小于碳的固定筛，以将碳固定在容器上。

为了避免甘醇窜过碳，需要液体分布器。应仔细选择塔底的筛网尺寸和支架，以避免碳堵塞并保持塔内的碳。反冲洗进水喷嘴应置于容器底滤网下方。通过观察甘醇的外观确定何时需要再生或更换碳。也可以通过碳床的压力降。碳床的压力降通常只有1或2lb。当压力降达到10~15lb时，碳通常被杂质完全堵塞。蒸汽清洗有时可以用来通过去除杂质来再生碳。但是这种操作也是危险的并且不容易清洗成功。

活性炭过滤器应该放置在固体过滤器的下游，这样放置可以提高碳的吸附效率和寿命。

9　气体脱硫

9.1　天然气处理

9.1.1　简介

用户使用的天然气与井口产出的天然气明显不同。

虽然在许多方面，天然气处理工艺不及原油处理工艺复杂，但对于最终用户来说，这也同等重要。

消费者使用的天然气基本上全部由甲烷组成。

尽管井口天然气主要由甲烷组成，但还包含许多需要除去的杂质。

天然气主要来源于三种类型的井：

（1）油井；

（2）气井；

（3）凝析气井。

油井产出的天然气称为“伴生气”。这类气体在形式上既可以“游离气”状态从原油分离，也可以为“溶解气”状态溶解于原油中。气井或者凝析气井的天然气基本不含原油，被称为“非伴生气”。气井产出未处理天然气。凝析气井产出天然气，通常伴有液相烃液。

无论未处理天然气来源是什么，它都是与其他烃类以混合物形式存在，包括甲烷、乙烷、丙烷、正丁烷、异丁烷和戊烷加（天然汽油）。除了相关的烃外，未处理天然气还包含杂质，如水蒸气、H_2S、CO_2、氦气、氮气和其他化合物。

9.1.2　处理工艺

天然气处理是将各种各样的烃和杂质从原料气中分离出来，从而产生符合管道外输标准的干气的过程。管道公司对允许进入管道的天然气组分进行了限制，要求通过脱除杂质和伴生烃如乙烷、丙烷、丁烷、异丁烷和戊烷以上的烃（天然汽油）的方法对原料气进行净化。

伴生烃被称作天然气凝液（NGL），是天然气处理过程中很有价值的副产品，可以单独出售，也可以作为其他用途，如提高油井的石油采收率，为炼油厂和/或石化厂提供原材料和用作能源。

一些所需的处理可以在井口或其附近完成（矿场加工）。天然气的完整处理过程在处理厂中进行，通常位于天然气产区。开采的天然气通过集气管网输送到处理厂。一套复杂的集气系统可能包括数千英里的管道，将加工处理厂与100多口气井相连接。除了在井口处理和处理厂集中处理外，还需要在提炼厂进行一些最后的处理。这些工厂位于主要的管道系统上，清除少量的可能仍然存在于符合管道外输标准的天然气中的凝液。

天然气处理要达到管道外输标准，主要通过以下四个步骤来去除各种杂质：

（1）脱油脱烃；

（2）脱水；

（3）天然气凝析液回收；

（4）脱硫脱碳。

除了上述四个过程之外，加热炉和过滤分离器通常安装在井口或其附近。过滤分离器去除沙子和其他大颗粒杂质。加热炉确保输送温度不会低于水合物的形成温度。

当气体温度下降时，会有水合物生成的趋势。水合物是固态或半固态化合物，类似冰状晶体。如果这些水合物积聚，它们会阻碍天然气通过阀门和集气系统，堵塞过程仪表，降低处理容器的容量。通常可以通过以下方法来避免水合物的生成：

（1）热煤炉加热；

（2）加入水合物抑制剂；

（3）脱水；

（4）低温分离。

9.1.3 油气分离

为了处理和输送伴生气，必须将气体从溶解的油中分离出来。这通常是通过安装在井口或其附近的设备完成。用于油气分离的设备有很多种，来自不同地区的原料气可能有不同的组分和分离要求。

在某些情况下，天然气溶解于地下的石油中主要是由于地层压力。天然气和石油被采出时，它们可能会因为压力的降低而自动分离（类似于打开一瓶苏打水去释放溶解的CO_2）。油气分离比较容易，两种烃类化合物分离后进一步处理。重质液体（油和水）和较轻流体（天然气）的分离通常采用重力分离。

在某些情况下，石油和天然分离需要一些特殊的工艺设备，如低温分离器（LTX），低温分离器用于生产伴有轻质原油或凝析油的高压井。此类分离器利用压差来使天然气降温，并分离油和凝析油。湿气进入分离器，通过换热器稍微冷却后，气体通过高压液体分离器将所有液体脱除。然后气体通过一个节流装置流入低温分离器，使进入分离器的气体膨胀，气体的迅速膨胀使分离器内的温度降低。液体去除后，干燥气体通过换热器返回并被来料湿气加热。通过改变分离器的运行压力可以改变温度，从而使油和一些水从湿气气流中冷凝出来。这种基本的压力—温度关系也可以反向作用从油流中分离气体。

9.1.4 脱水

除了把油和一些凝液从湿气中分离出来外，还需要脱除大部分的水。井口采出气中携带的大部分液体和游离水在井口或其附近通过简单的分离方法脱除。去除天然气中存在的水蒸气需要更复杂的处理工艺，通常涉及以下两个方法之一：

（1）吸附法；

（2）吸收法。

水蒸气凝聚在固体干燥剂表面时，叫吸附法。被脱水剂，例如甘醇所吸收时，叫吸收法。

9.1.5 甘醇脱水

甘醇脱水是溶剂吸收法之一，脱水吸收剂可以从气流中吸收水蒸气。吸收剂的主要成分是甘醇，它具有水的化学亲和力。当甘醇与含水的天然气流接触时，甘醇会从气流中吸收水蒸气。

甘醇脱水需要使用甘醇溶液，常用的是二甘醇（DEG）或三甘醇（TEG），常用设备为吸收塔。甘醇从湿气中吸收水分后，甘醇颗粒变重，沉到吸收塔的底部后被分离出去，天然气脱除大部分的水分后外输。

从天然气中吸收水分后，甘醇富液通过专门设计的锅炉，使水从溶液中蒸发出来。水的沸点为212℉（100℃），甘醇沸点不到400℉（204℃）。沸点差使得从甘醇溶液中除去水相对容易，使它能在脱水过程中循环使用。

该过程中的一个创新之处是增加了闪蒸罐。除了从湿气流中吸收水，甘醇溶液偶尔还会携带少量的甲烷和部分其他化合物。在过去，甲烷只是从重沸器里排放出去，除了失去部分被提取的天然气，这种排放还会导致空气污染和温室效应。为了减少甲烷和其他化合物的损失，闪蒸罐可在甘醇溶液到达重沸器之前脱除这些化合物。

闪蒸罐由一种能降低甘醇溶液压力的装置组成，允许甲烷和其他烃类蒸发或“闪蒸”。然后，甘醇溶液就会进入重沸器，重沸器可以装上空冷或水冷器，用来捕捉可能残留在甘醇溶液中的任何有机化合物。在实际操作中，这些系统可以回收90%~99%的甲烷，否则这些甲烷会在大气中烧掉。

9.1.6 固体吸附法脱水

固体吸附法脱水是一种利用吸附作用的天然气脱水方法，通常由两个或两个以上充满固体干燥剂的吸附塔组成。典型的干燥剂有活性氧化铝、硅胶、分子筛。

湿天然气从上到下通过吸附塔，当湿气通过干燥剂颗粒时，这些干燥剂的表面就会保留水分，通过整个干燥剂床后几乎所有的水都被吸附在干燥剂上，处理后的干气从塔底离开。

固体吸附法脱水一般比甘醇脱水法更有效，通常应用在需要深度脱水的场合，例如低温膨胀机、液化石油气和液化天然气厂的上游。这种脱水工艺适用于高压下的大量气体，因此通常应用于压缩机站下游的管道上。每套装置需要两个或更多的塔，因为在使用一段时间后（通常是8h），吸收塔中的干燥剂就会被水饱和。为了使干燥剂“再生”，需要一台高温加热器来加热气体，使其达到很高的温度，将这种加热过的气体通过饱和的干燥剂床，蒸发掉在干燥剂塔中的水，使其干燥并能再次进行天然气脱水。

9.1.7 天然气凝液分离

井口天然气含有许多需要除去的天然气凝液。

在大多数情况下，天然气凝析液作为单独的产品具有更高的价值，因此，将它们从天然气中回收是很经济的。

通常在一个相对集中的处理厂中回收天然气凝液，采用的技术与天然气脱水工艺类似。有两个基本步骤：首先，凝液需要从天然气中分离出来；其次，这些天然气凝液被进一步分离，达到它们的基本组分要求。

9.1.8 天然气凝液提取

天然气凝液提取的两种主要工艺是吸收法和冷凝分离法。这两种方法占了 NGL 总产量的近 90%。

9.1.8.1 吸收法

吸收法提取天然气凝液和吸收法脱水非常相似。主要的区别在于，在 NGL 吸收中使用吸收油而不是甘醇。吸收油与水的亲合力非常相似，就像甘醇对水的亲和力一样。当天然气通过吸收塔时，与吸收油产生接触，吸收油会快速吸收大量的天然气凝液。

含有天然气凝析液的“富”吸收油从吸收塔底部排出，是吸收油、丙烷、丁烷、戊烷和更重烃类的混合物。富油被送入贫油蒸馏器中加热到高于油的温度。

这个过程大约可以回收：

（1）75%的丁烷；

（2）85%~90%的戊烷和来自天然气的更重烃类。

这个基本的吸收过程可以通过改进，来提高它的有效性或者用于提取特定的天然气凝液。在冷冻油吸收法中，贫油通过制冷进行冷却。丙烷的回收率可达 90%，并可从天然气流中提取 40%的乙烷，其他较重的天然气凝液的收率可以接近 100%。

9.1.8.2 冷凝分离法

低温过程也用于从天然气中提取天然气凝液。吸收法可以提取出几乎所有重烃。较轻的烃，如乙烷，通常较难从天然气中回收。在某些情况下，从经济上来说，把更轻的天然气凝液留在天然气中是明智的。如果提取乙烷和其他较轻的烃类是经济的，那么要获得较高回收率就需要低温过程。

低温过程要将气体的温度降至-120℉（-84℃）。有许多不同的方法可以使气体冷却到这一温度。最有效的方法之一是透平膨胀机制冷，透平膨胀机可使冷却气体快速膨胀，从而令温度显著下降。温度的迅速下降使乙烷和气流中的其他烃类凝结，并使甲烷保持气态形式。

这一过程大约可回收 90%~95%的乙烷。当天然气流膨胀成再压缩的甲烷气体时会回收一部分能量，从而节省了提取乙烷的能量成本。从天然气中提取天然气凝液，既能净化天然气，也能回收天然气凝液产品。

9.1.9 天然气凝液分馏

天然气凝液从天然气中分离后，为进一步使用需将凝液进一步分离成它们的基本组成部分，不同天然气凝液的混合流必须被分离开来。这个分离过程被称为分馏。分馏是利用天然气凝液中不同烃的沸点不同，将烃类一个接一个地分离出来。一个特定分馏塔的名字表明了它的作用，因为分馏塔通常以分馏出来的烃命名。

整个分馏过程被分解成几个步骤，从液流中分馏出较轻的天然气凝液开始。这些特殊的分馏塔是按照以下顺序使用的：

（1）脱乙烷塔——这一步从天然气凝析液中分离出乙烷；

（2）脱丙烷塔——这步分离丙烷；

（3）脱丁烷塔——这一步可以分馏出丁烷，使戊烷和更重的烃留在凝液里；

(4) 丁烷分离塔或脱异丁烷塔—这一步分离了异丁烷和正丁烷。

通过从最轻的烃到最重的烃依次分馏，可以很容易地将不同的天然气凝液分离出来。

9.1.10 脱硫和 CO_2

除了脱水、油和天然气凝液之外，天然气处理中最重要的过程之一是脱硫和 CO_2。井口采出天然气可能含有大量的 H_2S 和 CO_2。含有 H_2S 和其他硫产品的天然气被称为酸气。酸性气体是不受欢迎的，因为硫化物是有害的，吸入人体时甚至是有毒的，对集输管道和设备也极具腐蚀性。天然气流中的硫可以自行提取和销售，美国 15%的硫生产是通过天然气加工厂获得的。

9.1.11 脱硫厂

硫以 H_2S 的形式存在于天然气中，如果每立方米天然气的 H_2S 含量超过了 5.7mg，那么该天然气通常被认为是酸性的。从天然气中去除 H_2S 和 CO_2 的过程被称为天然气“脱硫”。

天然气脱硫的主要工艺过程类似于甘醇脱水和天然气凝液吸收过程。胺溶液用于除去 H_2S 和 CO_2。这一过程即“胺工艺”，在大多数陆上天然气脱硫工艺中使用。含有 H_2S 和（或）CO_2 的气体通过一个含有胺溶液的塔。胺溶液对 CO_2 和 H_2S 有亲和力，像甘醇吸收水一样吸收这些污染物。

乙醇胺（MEA）和二乙醇胺（DEA）是两种常用的胺溶液。这些化合物都以液态形式存在，在天然气通过时吸收其中的 CO_2 和 H_2S。处理后的天然气几乎不含 CO_2 和 H_2S 化合物。就像天然气凝液回收和甘醇脱水的过程一样，使用的胺溶液可以再生（即除去吸收的硫），使它循环使用以处理更多的气体。虽然许多气体脱硫装置使用的是胺吸收流程，但也有可能使用固体吸收剂，如铁海绵和气体渗透。如果将硫还原为单质状态就可以出售所提取的硫黄。硫黄是一种明亮的黄色粉末，可以在处理厂看到成堆的。为了从天然气处理厂中回收单质硫，必须对气体脱硫过程中的含硫气体进行进一步处理。

硫黄回收工艺主要有“克劳斯法”，涉及利用热和催化反应从 H_2S 溶液中提取单质硫。克劳斯法通常能够回收从天然气中除去的 97%的硫。天然气被加工完后，需要从气田输送到需要使用天然气的地区。本章的其余部分详细介绍了含有 CO_2 和 H_2S 的天然气脱硫过程。

9.2 酸性气体讨论

CO_2、H_2S 和其他硫化合物，如硫醇，都被称为酸性气体，可能需要完全或部分的脱除以满足合同的要求。

9.2.1 酸性气体

H_2S 与水相结合形成氢硫酸。CO_2 与水相结合形成碳酸。

这两种产品都不受欢迎，因为它们会导致腐蚀，降低热值和销售价值。H_2S 有毒甚至是致命的。表 9.1 显示了 H_2S 在空气中的理化性质。

表 9.1 空气中 H_2S 浓度的影响

在空气中的浓度				生理效应
体积分数	百万分体积比	每 100 标准立方英尺颗粒数①	$mg/m^3$①	
0.00013	0.13	0.008	0.18	通常体积分数达 0.13mg/m^3 时可察觉明显令人不适的气味，并且达 4.6mg/m^3 时很明显。随着浓度增加产生嗅觉疲劳，不能据气味探测到气体
0.002	10	1.26	28.83	联邦 OSHA 标准允许的可接受的上限浓度
0.005	50	3.15	72.07	如果没有其他可测量的泄露发生，超过联邦 OSHA 标准允许的可接受上限浓度最高峰值允许一次 10min 的每 8 小时轮班
0.01	100	6.3	144.14	咳嗽，眼睛过敏，3~15min 后丧失嗅觉。15~30min 后，呼吸改变，眼睛疼痛，嗜睡，一小时后喉咙发炎。长时间的暴露会导致这些症状的严重性逐渐增加
0.02	200	12.59	288.06	迅速破坏嗅觉，灼伤眼睛和喉咙
0.05	500	31.49	720.49	头晕，丧失理智和平衡。几分钟后呼吸困难。受害者需要及时的人工复苏
0.07	700	44.08	1008.55	无意识。如果得不到及时的治疗，呼吸就会停止而最后死亡。心肺复苏是必要的
0.10+	1000+	62.98	1440.98+	无意识。没有及时的医疗护理和心脏复苏可能导致永久性的脑损伤或死亡

注：①基于 1%H_2S=629.77g/100ft^3 在 14.696psia 和 59F，或 101.325kPa 和 15℃。

9.2.2 酸气

酸气为含有 H_2S 和其他硫化合物的天然气。

9.3 脱硫气体

脱硫气体是不含 H_2S 和其他硫化合物的天然气。

9.3.1 天然气销售合同限制酸化合物的浓度

9.3.1.1 CO_2 的限定

（1）管道为 2%~4%；

（2）降低热值（英国热量单位 Btu）；

（3）CO_2 具有腐蚀性；

（4）液化天然气厂为 30mg/m^3。

9.3.1.2 H_2S 的限定

（1）1/4 粒硫/100ft^3（6mg/m^3）；

（2）0.0004%H_2S；

（3）液化天然气厂为 3mg/m^3；

（4）H_2S 有毒；

（5）H_2S 有腐蚀性（参考 NACE MR-01-75）。

9.3.2 分压

是否需要处理，局部压力可以作为指标。分压被定义为：

分压=系统总压×气体组分的摩尔分数。

当 CO_2 与水一起存在时，分压大于 30psia（207kPa）将可能会发生 CO_2 腐蚀。在 15psia（103kPa）下，CO_2 腐蚀通常可以忽略，尽管可能也需要抑制。

影响 CO_2 腐蚀的是与溶解度直接相关的因素，即温度、压力和水的组成。增大压力可增加溶解度，升高温度可降低溶解度。

H_2S 可能导致某些金属因氢脆引起的硫化物应力开裂。H_2S 分压大于 0.05psia（0.34kPa）时需要进行处理。

9.3.3 NACE RP 0186

如图 9.1 所示，国家防腐蚀工程师协会（NACE）推荐的做法（RP）0186 推荐特殊

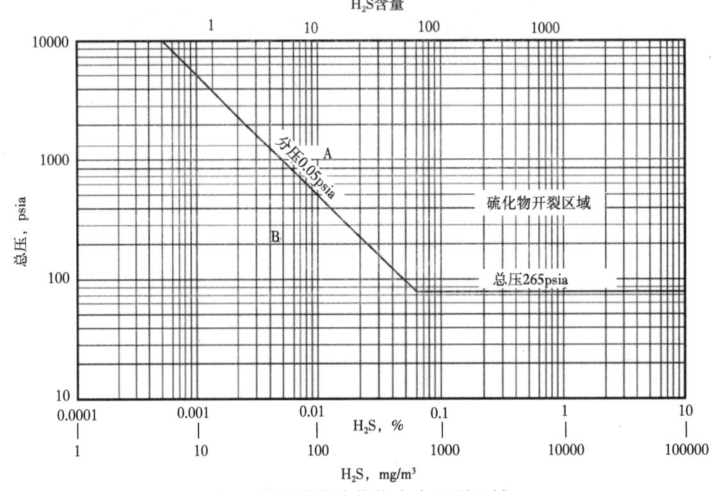

（a）酸气系统硫化物应力开裂区域

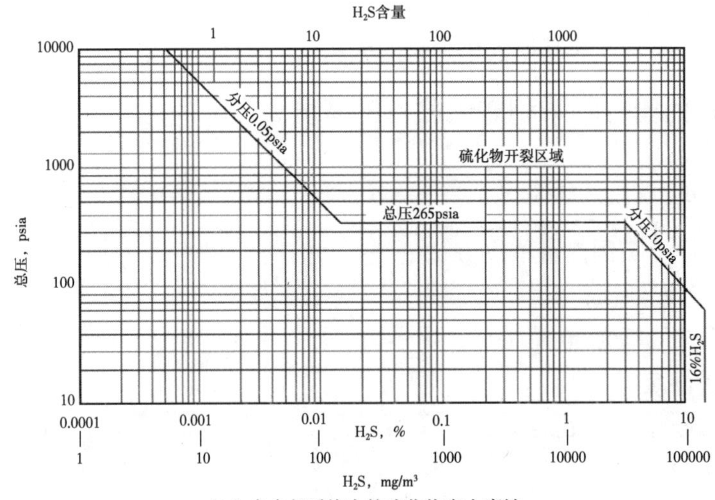

（b）在多相系统中的硫化物应力腐蚀

图 9.1 Nace PR 0186 推荐除硫

冶金材料抗 H_2S 腐蚀。

9.4 脱硫工艺

基于各种物理和化学原理，许多处理工艺已被开发用于酸性气体脱除和气体脱硫。表 9.2 列出了从天然气中分离酸性气体的方法。表中所列出的虽然不够完整，却也列出了大多数常用方法（表 9.3、表 9.4）。

警告：在大型工厂选择脱硫方案之前，设计者应先咨询供应商和酸性气体处理专家。

表 9.2 脱除酸性气体的方法

化学溶剂	物理溶剂	直接转换
乙醇胺	聚乙二醇二甲醚	海绵铁法
二乙醇胺	低温甲醇洗	蒽醌法
三乙醇胺	甲基吡咯烷酮	Unisulf 法
甲基二乙醇胺	Spasolv	Takahax 法
二异丙胺	碳酸丙烯酯	LO-CAT 法
二甘醇胺	Estasolven	Lacy-Kelle
专用胺	有机碱法	Townsend 法
Benfield（热碳酸盐）		络合铁脱硫法
Catacarb（热碳酸盐）		
Giammarco-Vetrocoke（热碳酸盐）		
醋氮酰胺		
Dravo		
特殊溶剂	蒸馏	气体渗透
环丁砜法	Ryan Holmes	薄膜法
常温甲醇	Cryofrac	分子筛
Flexsorb PS 工艺		
Selefining 法		
Ucarsol LE 711		
Optisol		
氧化锌		
Sulfa-Check		
氧化铁浆液法		
锌盐浆法		
液化气抽提—液相氧化法		

表 9.3 经各种工艺可除去的气体

过程	气体脱除				
	CO_2	H_2S	RHS	COS	CS_2
固体颗粒床层法					
海绵铁法		X			
Sulfa-Treat 法		X			
氧化锌法		X			
分子筛法	X	X	X	X	X
化学溶剂法					
乙醇胺法	X	X		X	X
二乙醇胺	X	X		X	X
甲基二乙醇胺		X			
二甘醇胺	X	X		X	X
二异丙胺	X	X		X	
热钾碱法	X	X		X	X
物理溶剂法					
氟溶剂法	X	X	X	X	X
环丁砜法	X	X	X	X	X
Selexol 法	X	X	X	X	X
甲醇洗法		X			
H_2S 直接转化成硫					
克劳斯法		X			
LO-CAT 湿法脱硫技术		X			
络合铁脱硫法		X			
蒽醌法		X			
Sulfa-Check 法		X			
NASH 法		X			
气体渗透法	X	X			

注：乙醇胺与 COS 的反应不可逆，因此不能用它来处理含有大量 COS 的气体。

表 9.4 气体处理的工艺能力

处理方法	通常能满足 1/4 颗粒[①] H_2S	除去硫醇、COS 和硫	选择性脱除 H_2S	溶液的降解
乙醇胺	是	部分	否	是（COS，CO_2，CS_2）
二乙醇胺	是	部分	否	一些（COS，CO_2，CS_2）
二甘醇胺	是	部分	否	是（COS，CO_2，CS_2）
甲基二乙醇胺	是	轻微	是[②]	否
砜胺法	是	是	是[②]	一些（CO_2，CS_2）
聚乙二醇二甲醚法	是	轻微	是[②]	否
热钾碱法	是[③]	否[④]	否	否

续表

处理方法	通常能满足 1/4 颗粒[1] H_2S	除去硫醇、COS 和硫	选择性脱除 H_2S	溶液的降解
氟溶剂	否[5]	否	否	否
海绵铁	是	部分	是	
分子筛	是	是	是[2]	
蒽醌法	是	否	是	高浓度下的 CO_2
LO-CAT 湿法脱硫技术	是	否	是	高浓度下的 CO_2
锌盐浆法	是	部分 COS	是	否

①1/4 粒子 H_2S/100 scf~ppmv H_2S。

②在这些过程中一些选择性表现。

③Hi-pure 版本。

④水解 COS。

⑤可以满足特殊的设计特点。

来源：GPSA 工程数据手册，第十版，1987 年。

9.5 固体床工艺

9.5.1 主体工艺描述

固体床固体颗粒可通过化学反应或通过离子键的作用来去除酸性气体。

这个过程中流动的气流通过固体床，去除酸性气体的同时使酸性气体留在反应床上。

固体床在使用过程中，容器必须有一定的空间进行床再生或更换。因此，通常提供一些备用容量。

这一过程常用的四个方法是：

（1）海绵铁法；

（2）磺胺法；

（3）分子筛法；

（4）氧化锌法。

9.5.2 海绵铁法

9.5.2.1 应用

海绵铁法在含有少量的 H_2S 气体（<450mg/m^3）且处于低到中等压力范围 50~500psig（344.7~3447kPa）的情况下使用较为经济。这个过程不会去除 CO_2。

氧化铁和 H_2S 的反应生成硫化铁和水，如下所示：

$$Fe_2O_3+3H_2S \rightarrow Fe_2S_3+3H_2O$$
$$FeO+H_2S \rightarrow FeS+H_2O$$

本反应需要微碱性水的存在（pH：8~10）且温度控制在 47℃以下。如果温度超过 47℃，pH 值必须严格控制。如果气体中没有足够的水蒸气，则需要将水注入进气流中。

pH 值可以通过注入烧碱、纯碱、石灰或氨水来维持。pH 值在任何情况下都应该予以控制。

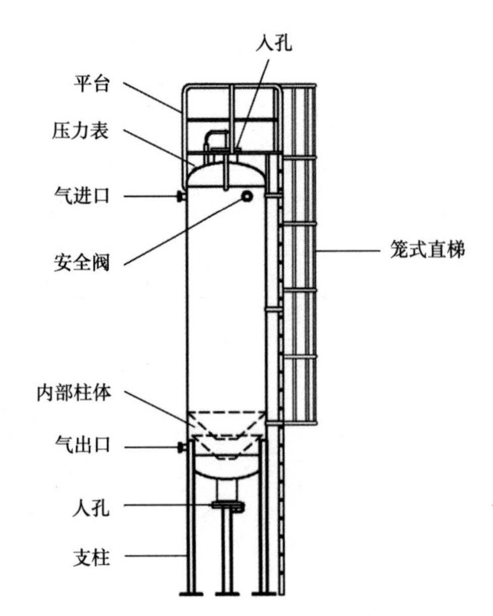

图 9.2　氧化铁酸气处理装置

虽然游离碱的存在提高了 H_2S 的去除率，这也造成了安全隐患，促进了一些盐类的形成，增加了投资成本。

氧化铁浸渍在木屑上，在固体颗粒床层表面形成一个大氧化铁表面层。根据氧化铁的含量，可以加工几种等级的木片。氧化铁木片在 6.5lb，9.0lb，15.0lb，20lb 的铁氧化物/蒲式耳的情况下可用。芯片都包含在一个容器中，酸性气体向下流动与床层上铁的氧化物反应。

图 9.2 显示了海绵铁工艺中使用的立式容器。

9.5.2.2　再生

硫化铁可以用空气氧化产生硫并再生氧化铁。再生必须小心地进行，因为这个氧化反应是放热反应。

空气必须慢慢地引入，这样才能使反应产生的热量消散。如果空气迅速被引入，反应的热量可能会点燃床层。因此，当离开容器时，使用的木屑应保持湿润。否则，空气中的氧气反应可能会点燃床层，产生烟燃。

该反应的反应方程式如下：

$$2Fe_2S_3+3O_2+2H_2O \rightarrow 2Fe_2O_3(H_2O)+6S+\text{热量}$$

$$4FeS+3O_2+2xH_2O \rightarrow 2Fe_2O_3(H_2O)x+4S+\text{热量}$$

$$S_2+2O_2 \rightarrow 2SO_2$$

再生过程中产生的一些单质硫存在于床层上。经过几次循环后，硫会在氧化铁上聚集结块从而降低床层的反应能力，导致气体压力降低。通常在 10 次循环后，床层必须从容器中取出并更换一个新的床层。

在酸气中引入少量空气可以使海绵铁再生。空气中的氧使硫化物再生产生单质硫。虽然持续的再生减少了工作量，但它并不是有效的批量再生，它可能产生具有爆炸性的空气与天然气的混合物。考虑到与空压机相关的额外费用，当气体量较少时，持续的再生通常是不经济的。

9.5.2.3　水合物

在冬天，天然气冷却时产生的低温会使海绵层形成水合物。水合物可导致高压降、床层压实和液体流窜。当有生成水合物的可能时，可以注入甲醇抑制水合物的形成。如果没有足够的水吸收甲醇，它可能会覆盖床层，形成盐类。气体中的烃类液体倾向于在海绵铁介质中积累，从而抑制反应。

使气体温度稍低于海绵铁温度或在上游使用气体洗涤器可以防止液体的大量冷凝和污染床层。

利用海绵铁对含硫轻烃脱硫的方法正在发展之中。酸液流通过床层与海绵铁接触，然后进行上述的反应过程。

9.5.3 磺胺法

磺胺法类似于海绵铁法，利用氧化铁与 H_2S 的化学反应使气体脱硫。

磺胺法应用于含有少量 H_2S 的气体处理时较为经济，在这个过程中，CO_2 不能被除去。这个过程采用了副产品氧化铁与惰性粉末形成多孔床层。酸气流经床层在表面形成硫化铁。粉体的密度为 70lb/ft^3，范围从 4 到 30 目。

反应效果更好的饱和气体是温度达 130℉（54.4℃），没有最低水分和 pH 值的要求。随着速度的增加和床层高度的减少，床的体积增加。该系统在 40℉（4.4℃）条件下不能运行。床不能再生使用完后必须进行更换。

9.5.4 分子筛法

分子筛工艺在床层中填装人工合成结晶固体除去气体杂质。固体的晶体结构提供了一种具有均匀孔径的多孔材料。孔隙内的结晶结构产生了大量具有极性的部分，称为活性部位。极性气体分子，如 H_2S 和水蒸气，进入孔隙后在活性部位形成弱离子键。而非极性分子，如烷烃，则不会与活性部位相结合。

分子筛的选择应与孔径相关联，应允许 H_2S 和水分子进入，防止重烃和芳香族化合物进入。CO_2 分子和 H_2S 分子大小相同，但具有不同的极性。CO_2 会进入孔隙，但不会与活性部位相结合。因为 H_2S 和 H_2O 分子粘结堵塞孔隙，少量的 CO_2 会被困在孔隙中。CO_2 会阻碍 H_2S 和 H_2O 的透过率，从而降低分子筛的整体效果。为了除去所有的 H_2S，床层孔隙的大小必须除去所有的 H_2O 分子，并防止其他分子的干扰。

吸附过程通常发生在中等压力下。离子键在近 450psig（3100kPa）下可以达到最佳性能。此吸附过程可在很宽的压力范围内进行操作。

9.5.4.1 再生

再生过程是利用在床层流动的热气提气完成。气体破坏离子键去除 H_2S 和 H_2O。典型的再生温度范围在 300~400℉（150~200℃）。

9.5.4.2 机械降解

注意尽量减少固体晶体的机械损伤，否则会使床的有效性变差。机械退化的主要原因是压力或温度的突然变化或者吸附再生循环的变化。合适的仪器可以显著延长床层的使用寿命。

9.5.4.3 应用

分子筛可以在有限的小的气体流量和适度的压力下工作。它通常用在其他工艺后面的精脱。

9.5.5 氧化锌法

9.5.5.1 工艺

氧化锌法使用的设备类似于海绵铁工艺。它使用固体颗粒氧化锌与 H_2S 反应形成硫化锌和水，如下所示：

$$ZnO+H_2S \rightarrow ZnS+H_2O$$

反应速率受扩散过程控制，硫化物离子首先扩散到氧化锌表面反应。当温度高于250℉（120℃）时会增加扩散速度，从而促进反应速率。对扩散的过度依赖降低了其他变量的影响程度，如压力和气体速度，对反应几乎没有影响。

9.5.5.2 床处理的注意事项

氧化锌被放在长而薄的床上，以减少窜道的机会。通过床层的压力降很低。床的寿命是气体 H_2S 含量的函数，可以从 6 个月到 10 年不等。床通常采用串联，以增加更换催化剂前的饱和度。当床层到达使用寿命之后，可由重力通过容器底部排出。

9.5.5.3 应用

由于床层消耗的问题，氧化锌法很少使用，它被归类为重金属盐。

9.6 化学溶剂法

9.6.1 主要工艺

化学溶剂法利用弱碱的水溶液与天然气中的酸性气体进行化学反应和吸收。吸收是由于气体和液相之间的压差引起的。

9.6.1.1 再生

反应是通过改变系统的温度、压力或是同时改变两者。水溶液可以在循环中再生。

9.6.1.2 常见的化学溶剂

最常见的化学溶剂是：

（1）胺；

（2）碳酸盐。

9.6.2 胺处理过程

9.6.2.1 胺处理注意事项

几种胺处理工艺得到不断发展，根据胺分子中氢原子被取代的数目，可将胺分成伯胺、仲胺、叔胺。伯胺的基础结构比仲胺强，仲胺的基础结构比叔胺强。具有较强的基础结构的胺与 CO_2 和 H_2S 气体反应会形成较强的化学键。这意味着，随着胺反应性的增加，酸性气体压力会降低，并且可以达到较高的平衡负荷。

9.6.2.2 过程描述

典型胺法脱硫工艺如图 9.3 所示。酸性气体通过入口过滤分离器进入系统，以除去夹带的水或液态烃。气体进入吸收塔的底部，与胺溶液逆流。吸收塔由塔盘［直径为 20in（500mm）］，常规填料（直径<20in），或规整填料（直径>20in）组成。脱硫后的气体离开塔顶。塔顶可设置一台洗涤器用于脱除塔顶气夹带的胺。由于离开塔顶的天然气被水饱和，在进入外输管道之前，气体需要脱水。

含有 CO_2 和 H_2S 的富氨液离开吸收塔底部并流入闪蒸罐，其中大部分溶解的烃气体或夹带的烃聚合物被去除。少量的酸性气体闪蒸为气相。富胺从闪蒸罐进入富胺/贫胺热交换器，在那里回收来自贫胺流的一些热量，这减少了胺重沸器和溶剂冷却器的热负荷。然后，预热富胺进入胺气提塔，来自重沸器的热量打破了胺和酸性气体之间的键。塔顶馏出物带出酸性气体，贫胺进入气提塔底部。

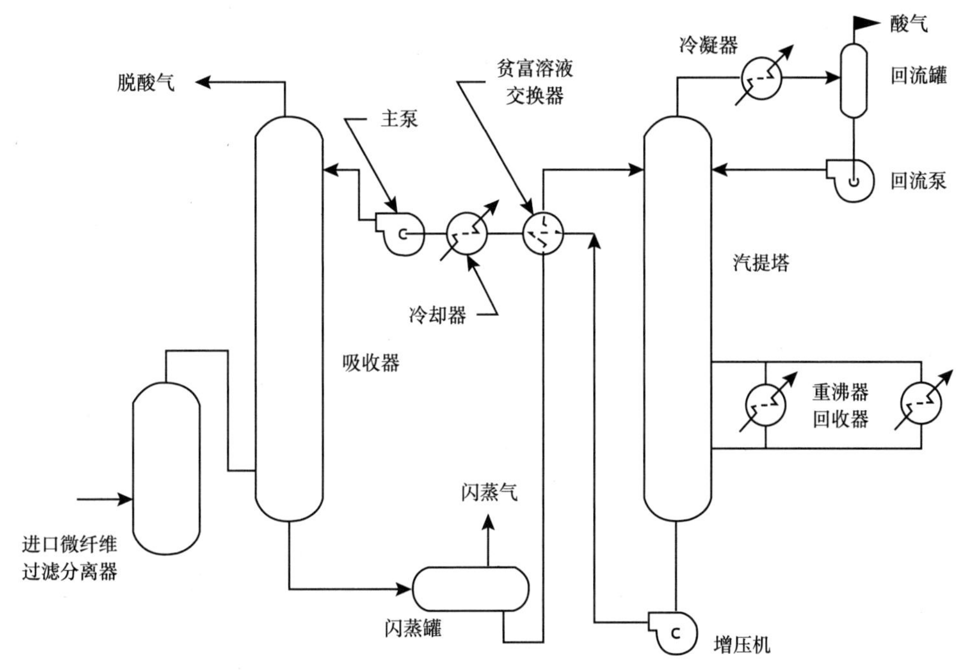

图 9.3　气体脱硫工艺流程示意图（胺脱硫）

热贫胺流向富胺/贫胺热交换器，然后流过附加的冷却器，通常是空冷器，以降低其温度到 10℉，高于入口气体温度。这减少了胺与酸气接触时在胺溶液中冷凝的烃的量。

在富/贫胺热交换器之后约 3%的侧流胺液，流过活性炭过滤器以去除溶液中的污染物。然后将冷却的贫胺泵送至吸收塔并进入吸收塔的顶部。胺溶液向下流过吸收塔，吸收酸性气体。然后富胺溶液从塔的底部流出，重复以上循环。

常用的胺种类是：

（1）单乙醇胺；

（2）二乙醇胺。

这两种方法都能将 CO_2 和 H_2S 清除至满足管输条件要求。

9.6.2.3　甲基二乙醇胺

甲基二乙醇胺（MDEA）是可以选择的较新方法，它可以在 CO_2 存在的情况下除去 H_2S。在不需要去除 CO_2 时，它显著降低了处理成本。

9.6.2.4　一乙醇胺体系

9.6.2.4.1　一般性讨论

MEA 是一种已广泛用作气体脱硫剂的胺。该流程已被证明可以满足管输条件。MEA 是一种稳定的化合物，在没有其他化学物质的情况下，不会降解或在高于其正常沸点的温度下分解。

9.6.2.4.2　再生

通过改变系统温度，MEA 的反应是可逆的。将气提塔中的富胺溶液在 10psig 的条件下加热到 245℉，其中的 CO_2 和 H_2S 将被析出。酸性气体溶解在蒸汽中，从上部移除，MEA 得到再生。

9.6.2.4.3 缺点

MEA 与羰基硫化物（COS）和二硫化碳（CS_2）反应形成热稳定盐，在正常的气提塔温度下不能再生。

在温度高于 245℉时，因为 CO_2 的存在发生副反应，产生了一种热稳定的盐——恶唑酮-2，这种盐会消耗 MEA。正常的再生温度无法再生热稳定盐或恶唑酮-2。通常需要使用一个回收装置来去除这些污染物。

9.6.2.4.4 回收装置

MEA 循环中从气提塔底部分出 1%到 3%的侧向流把水和顶部的 MEA 加热，而热稳定盐类和恶唑酮-2 则是保留在回收装置。操作人员定期关闭装置和收集清理污染物。当污染物被清除时，与之结合的 MEA 也被清除了。

9.6.2.4.5 溶液浓度和负荷

溶液浓度和负荷都被限制以避免过度腐蚀。MEA 通常在 15%～20%的浓度下循环，该浓度指的是在水中的质量分数。操作经验表明每摩尔的 MEA 中酸性气体的装载负荷不应大于 0.3～0.4mol，这主要由 H_2S 与 CO_2 的比率决定。比率越大（即 H_2S 相对于 CO_2 浓度越高），允许的负荷和胺浓度越高，这是由于 H_2S 和铁的反应（Fe）形成硫化铁（Fe_2S_3 和 FeS），在钢铁表面形成保护膜。这层保护膜可以被高速流体剥离，而且可能会导致暴露在钢材上的腐蚀增加。

9.6.2.4.6 腐蚀因素

富胺中的酸性气体具有腐蚀性，但是上述浓度的限制会让腐蚀保持在一个可接受的范围。

腐蚀通常出现在有压力的碳钢区域，如焊接的热影响区附近，高酸性气体浓度区域，或热气体与液体界面。因此，在制造后，对所有设备都有必要进行应力清除处理来减少腐蚀，通常在特定的场合使用特殊的冶金工艺。

9.6.2.4.7 泡沫系统注意事项

MEA 系统发泡容易导致过量的胺残留在吸收器里。发泡可能是由一些异物造成的。比如冷凝烃，降解产物，固体如碳或硫化铁，过量的腐蚀抑制剂和阀门润滑脂等。

9.6.2.4.8 超细纤维过滤分离器

微型过滤器分离器应安装在 MEA 的进气口处。它是一种有效的泡沫控制方法，可以去除许多污染物。通常是烃类液体在闪蒸罐中分离。降解产品在回收装置中移除，如上所述。

9.6.2.4.9 气封系统

MEA 储罐和喘振容器上安装了气体隔离系统。这个系统可以防止 MEA 的氧化。通常使用无硫气或氮气。

9.6.2.4.10 MEA 损失

MEA 具有最低沸点和最高蒸气压。这导致入口气体 MEA 损失为 1～3lb/10^6ft^3（16～48kg/10^6m^3）。

9.6.2.4.11 总结

MEA 系统可以有效地处理酸性气体达到管输要求。MEA 系统的设计和材料选择需要考虑最大限度抑制设备的腐蚀。

9.6.2.5 DEA 系统

9.6.2.5.1 一般性讨论

DEA 是仲胺，也用于处理天然气。作为仲胺，DEA 比 MEA 的碱性低。DEA 系统也面临相同的腐蚀问题，但不如前者那样严重。适宜的 DEA 浓度通常是 25% 至 35%。当 COS 或 CS_2 存在时，DEA 比 MEA 更具优势。因为 DEA 与 COS 和 CS_2 反应形成的化合物可以在气提塔中再生。因此，COS 和 CS_2 被去除时 DEA 不会被浪费。

9.6.2.5.2　回收装置

过高的 CO_2 含量会导致 DEA 降解变为恶唑烷酮类。通常 DEA 系统包括碳过滤器，但不包括为了处理少量降解产物引入的回收装置。

9.6.2.5.3　溶液浓度和负荷

DEA 和 MEA 与 CO 和 H_2S 的化学反应相同。DEA 的分子量为 105，MEA 的分子量为 61。根据分子量和反应化学计量可知，1.7lb（0.77kg）的 DEA 必须循环反应相同量的 1.0lb（0.45kg）酸性气体 MEA。DEA 的溶液浓度范围可达到 35%，而 MEA 为 20%。DEA 系统的浓度范围为每摩尔 DEA 含有 0.35~0.65mol 的酸性气体，而不会过度腐蚀。这导致了 DEA 溶液的循环速率略低于 MEA 系统。

9.6.2.5.4　胺损失

DEA 的蒸气压为 MEA 蒸气压的 1/30。因此，DEA 系统的胺损失远低于 MEA 系统。

9.6.2.6　二乙醇胺体系

9.6.2.6.1　一般性讨论

DGA 是一种用于氟伊锰胺工艺的伯胺，可以用于天然气脱硫。DGA 与酸性气体的反应与 MEA 的相同。但与 MEA 不同的是，与 COS 和 CS_2 反应后可以再生。

9.6.2.6.2　溶液浓度和负荷

DGA 系统通常的循环浓度为 50%~70%。在上述溶液强度和每摩尔 DGA 高达 0.3mol 酸气条件下，DGA 系统中的腐蚀略小于 MEA 系统中的腐蚀。

9.6.2.6.3　优点

较低的蒸汽可以降低胺损失。较高的溶液强度允许较低的循环率。

9.6.2.7　二异丙醇胺体系

9.6.2.7.1　一般性讨论

二异丙醇胺（DIPA）是壳牌“ADIP”中使用的仲胺，用于加工天然气。它类似于 DEA 系统，但具有以下优点：可以除去羰基硫（COS）和 DIPA，溶液可以较容易再生，并且系统通常是非腐蚀性的，且能耗较低。

9.6.2.7.2　优点

在低压下，DIPA 将优先除去 H_2S。压力增加，过程的选择性降低，DIPA 分离出更多的 CO_2。因此，该系统可以选择性地使用除去 H_2S 或去除 CO_2 和 H_2S。

9.6.2.8　MDEA 系统

9.6.2.8.1　一般性讨论

MDEA 是一种叔胺，与其他种类的胺一样，用于天然气脱硫。相比于其他胺法工艺，MDEA 的主要优点是可用于在 CO_2 存在的情况下选择性除去 H_2S。如果气体是在 800~1000psig（5500~6900kPa）的压力下接触，H_2S 水平可以降低到管道所需的浓度。与此同时，40%~60%未经处理的 CO_2 流经吸收塔。

9.6.2.8.2　CO_2/H_2S 比例

在存在高 CO_2/H_2S 比的情况下，可以使用 MDEA 提高酸性气体流向克劳斯回收厂的质量，但是经过处理的尾气中 CO_2 含量较高。

9.6.2.8.3 溶液浓度和负荷

MDEA 的溶液浓度范围通常在 40%至 50%。每摩尔 MDEA 能负载 0.2～0.4mol 或更高的酸气，取决于供应商。MDEA 分子量为 119。MDEA 溶液的组成取决于供应商。溶液可以根据入口气体的特定组成调整优化。

9.6.2.8.4 优点

可以通过增加 MDEA 的浓度和酸性气体负载来减小循环量。可以大幅节省资金，并减少泵和再生的要求。MDEA 流程所需热量较低，因为它的再生热量低。在某些应用中，从 DEA 变为 MDEA 气体处理的能耗可以降低高达 75%。

9.6.2.9 抑制胺系统

抑制胺方法，即使用与特殊抑制剂组合的标准胺来最大程度降低腐蚀。它们允许更高溶液浓度和较高的酸性气体负载，因此减少了所需的循环量和能量需求。也使用热钾碱以除去 CO_2 和 H_2S。这种方法适用于酸性气体的分压为 20psia 时（138kPa）或更大时。低压吸收或高压吸收低浓度酸性气体时不推荐该方法。

9.6.3 热钾碱系统

9.6.3.1 一般性讨论

在无 CO_2 条件下，碳酸氢钾（$KHCO_3$）溶液不容易再生。

因此，CO_2 存在时，这些工艺仅用于 H_2S 的脱出。碳酸钾还可以与 COS 和 CS_2 逆向反应。

9.6.3.2 过程描述

图 9.4 展示了气体处理工艺中典型的热碳酸钾系统。原料气进入吸收器的底部并与碳酸钾逆流。然后低硫气离开吸收塔的顶部。吸收器通常在 230℉下工作。有时会有气/气换热器来冷却低硫气，回收大部分热量，降低系统的热量要求。

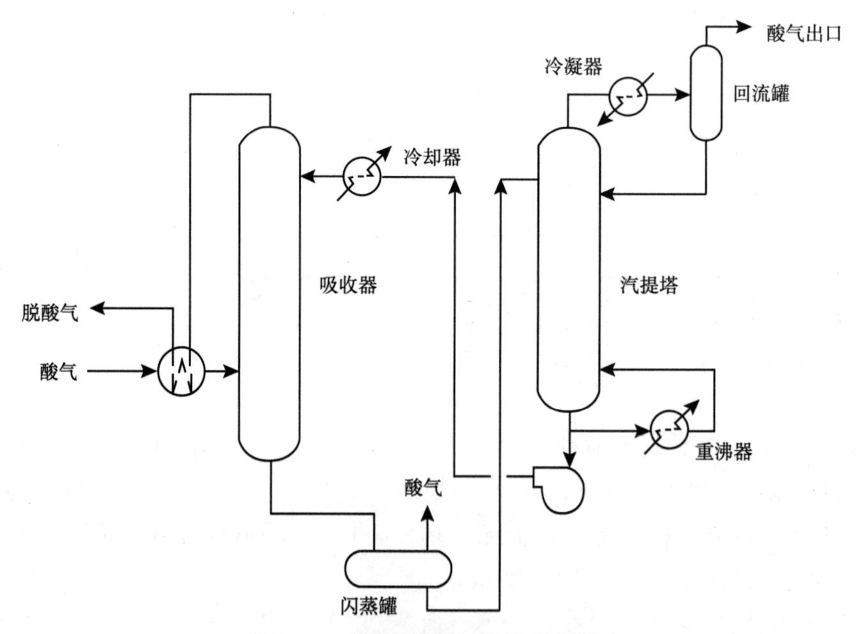

图 9.4 热碳酸盐脱硫工艺流程图

来自吸收塔底部的富碳酸钾溶液流到闪蒸罐，大部分酸性气体闪蒸出去。随后溶液进入245℉（118℃）的气提塔，塔压力接近大气压力。在低压小热量下，脱去剩余的酸性气体。来自气提塔的贫钾碳酸盐，被泵送回吸收塔。精馏溶液在进入吸收塔之前可能会被略微冷却或不冷却。在吸收塔中酸性气体的吸收反应会导致轻微的温度升高。溶液浓度受限于贫流中碳酸钾溶解度和碳酸氢钾在富流中的溶解度。每摩尔碳酸钾与 CO_2 反应产生2mol碳酸氢钾。因此，在富流中通常将贫碳酸钾浓度限制在20%~35%。

9.6.3.3 性能

当气体中 CO_2 分压为30~90psi（207~620kPa）时碳酸钾的工作效果最好。当不存在 CO_2 时，将解除 H_2S 限制，因为碳酸钾的再生需要过量的 $KHCO_3$。气体中 CO_2 的存在为富流中提供过剩的 KCO_3。管输天然气通常需要使用胺或类似系统进行二次蒸馏，将 H_2S 降低至6mg/m^3。

9.6.3.4 死区注意事项

由于该系统在高温下运行来增加碳酸盐的溶解度，因此设计人员必须小心避免系统中的死区，在那里溶液可以冷却并沉淀固体。如果产生固体沉淀，可能造成堵塞、侵蚀或发泡。

9.6.3.5 腐蚀注意事项

热碳酸钾溶液是腐蚀性的。所有的碳钢设备都应关注腐蚀问题，可采用缓蚀剂来降低腐蚀速率，如脂肪胺或重铬酸钾。

9.6.4 专有碳酸盐系统

几种专有流程需加入催化剂或活化剂。催化剂能提高热碳酸钾体系的性能，同时可以提高吸收塔和气提塔中的反应速率。一般来说，这些措施也减少了系统的腐蚀。常见热碳酸钾的专用流程包括：

本菲尔德：多种活化剂；

杰德尔：烷醇胺活化剂；

麦卡因：烷醇胺和/或硼酸盐活化剂；

改良砷碱法：砷和其他催化剂。

9.6.5 特种化学溶剂

9.6.5.1 一般性讨论

现已开发了几种化学方法用于各种领域。流程包括以下几种：

（1）氧化锌浆料；

（2）碱洗；

（3）磺胺检测；

（4）钻井液脱硫；

（5）化学脱硫。

原料气进入容器与溶剂接触。酸组分被转化为不可再生的可溶性盐，限制了溶液的使用寿命。一旦达到饱和水平，必须更换溶液。对于其中一些过程，用过的溶液是不危险的，但是对于其他的过程，用过的溶液已被标记为危险的，如果使用了，必须作为Ⅳ类材料处理。

9.6.5.2 表现

这些工艺中的组分均具有广泛的浓度范围，酸性气体浓度范围从 15mg/m^3 到高达 20%。工作压力范围从接近大气压至大于 1000psig（7000kPa）。一些处理装置设计规模从每天数千立方英尺到超过 15×10^5ft^3/d（每天数百立方米到超过 42×10^4m^3/d）。

9.6.5.3 Sulfa-Check

Sulfa-Check 是将 H_2S 转化为硫的一个单步过程，塔中充满了专有的氧化和缓冲剂溶液。氧化剂是螯合亚硝酸根离子的专有配方。

9.6.5.4 注意事项

反应速率与氧化剂的浓度无关。对 H_2S 的浓度没有限制。对于含有 1.5mg/m^3 至 1% H_2S 的酸性气体，工艺是最经济的。pH 值必须保持高于 7.5 以控制选择性并优化 H_2S 去除。在环境温度<100℉时，1gal（4L）氧化溶液在系统中可以除去高达 2lb（1kg）的 H_2S。

如果气体温度超过 100℉，硫在氧化剂中的溶解度降低。

9.6.5.5 气泡流

对于适当的单位，需要至少 20psig（138kPa）的工作压力来保持气泡流过色谱柱。对于气液的紧密混合，气泡流是必要的。

9.6.5.6 氧化溶液的处理

氧化溶液将最终变得饱和并需要更换。作为反应，这种浆料的处理不会产生环境问题。

9.7 物理溶剂法

9.7.1 一般过程说明

物理溶剂法类似于化学溶剂法，但是原理基于气体溶解于溶剂而不是化学反应。酸性气体的溶解度取决于其分压和系统温度。

酸性气体分压越高，溶解度越大。低温会增加酸性气体的溶解度，但一般来说，温度的影响没有压力大。

各种有机溶剂根据分压来吸收酸性气体。溶剂的再生通过闪蒸到低压，或利用溶液闪蒸气或惰性气体来实现。一些溶剂仅能通过闪蒸再生，不需要热量。其他溶剂需要气提和一些热量，但通常对热量的要求较化学溶剂小。

物理溶剂方法对重质烃具有高亲和力。如果天然气中富含 C_{3+} 碳氢化合物，那么使用物理溶剂的过程可能导致重烃的显著损失。这些碳氢化合物会由于释放而损失掉，因此溶剂与酸性气体不能经济回收。

气体脱硫在以下情况应考虑物理溶剂工艺：

（1）进料中酸性气体的分压力为 50psi（345kPa）或更高；

（2）原料中重质烃的浓度很低；

（3）需要大量去除酸性气体；

（4）需要选择性去除 H_2S。

图 9.5 显示了物理溶剂工艺流程。

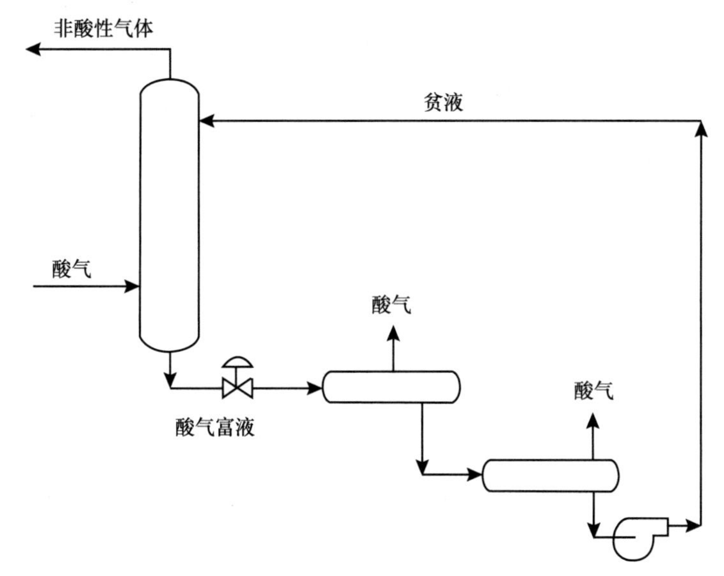

图 9.5 物理溶剂法的典型流程图

图 9.5 中的流程，酸性气体与在吸收器中与溶剂逆流接触。从吸收器底部出来的富液被闪蒸到接近大气压力。这会导致酸性气体分压降低，酸性气体扩散到气相中并被去除。再生溶剂然后被泵输回吸收塔。

图 9.5 是一个溶剂闪蒸后再生的例子。有些溶剂在进循环泵之前需要一座气提塔。

有些系统要求低于环境温度，因此使用动力涡轮制冷代替减压阀。这些涡轮机从高压富液中回收部分电力，从而降低了制冷和循环的电力需求。大多数的物理溶剂过程都是专有的，并且获得开发它们的公司的许可。

下面讨论四个典型过程。

9.7.2 氟溶剂过程

氟溶剂工艺采用碳酸丙烯酯作为物理溶剂脱除 CO_2 和 H_2S，碳酸丙烯酯也可以去除天然气流中的 C_{3+}烃，COS，SO_2，CS_2 和 H_2O。因此，在这一个步骤中，天然气可以脱硫和脱水，达到管输要求。此过程用于批量去除 CO_2，而不用于处理 $CO_2<3\%$的工况。

该系统需要特殊的设计，如较大的吸收塔和较高的循环率以获得进入管道的质量，通常在经济上不适用于出口要求。

碳酸丙烯酯具有以下适合作酸性气体处理溶剂的特点：

对 CO_2 和其他气体的高溶解性；

对 CO_2 的低热溶解性；

在工作温度下低蒸气压；

轻烃低溶解度（C_1、C_2）；

对所有天然气的成分无化学反应；

低黏度；

对常见的金属抗腐蚀性。

上述特性相结合就产生了一个具有低热量、对泵相对无腐蚀性要求，而且只有很少的溶剂损失（<1lbs/10^6ft^3）的系统。

溶剂温度常常低于室温以增加溶剂气体容量，从而降低循环速率。通过动力涡轮膨胀使富液和闪蒸气体可以提供所需的制冷能量。另外，还可以包括辅助制冷以进一步降低循环速率。

9.7.3 环丁砜法

环丁砜法由壳牌公司开发和授权。它采用化学和物理的溶剂去除 H_2S、CO_2、硫醇和 COS。环丁砜溶液是一种物理溶剂（四氢噻吩二氧化物）和 DIPA（异丙醇、仲胺和水）的混合物。前面所讨论的 DIPA 是化学溶剂。溶液浓度为 25%~40%环丁砜，40%~55%的 DIPA，20%~30%的水，这取决于工况条件和处理的气质条件。

9.7.3.1 酸气负荷

存在环丁砜的物理溶剂与只基于胺的酸气负荷的系统相比，允许较高的酸气负荷。典型的负荷是每摩尔环丁砜溶液对应 1.5mol 酸气。较高的酸性气体负荷，再加上较低的能量再生，与每单位酸气体去除乙醇胺过程相比可以降低建设投资和能源成本。

9.7.3.2 特征

砜胺法的特征包括基本完全去除硫醇，高效去除 COS，低起泡性，较低的腐蚀速率，同时使 CO_2 含量降低 50%。

9.7.3.3 设计

设计是类似于乙醇胺。DIPA 对口恶唑烷酮（DIPA-OX）的降解通常需要设回收装置。

9.7.3.4 发泡考虑

与乙醇胺过程一样，芳烃和重烃原料气应在与环丁砜溶液接触之前被移除，以便于尽量减少泡沫。

9.7.3.5 选择处理工艺前的考虑因素

环丁砜法相对乙醇胺法有很多优点，但也有其他因素，必须经过综合考虑来选取合适的气体工艺。例如，环丁砜法要求许可费用，而对乙醇胺法此过程不是必须的。环丁砜法的溶剂成本普遍比 DEA 较高。运营商更熟悉 DEA 和与此过程相关的典型问题。在低酸气分压情况下，环丁砜法较 DEA 法循环率更低。

9.7.4 天然气脱硫

天然气脱硫过程中使用聚乙二醇二甲醚为溶剂。这已经被 UOP 公司注册。该工艺对脱除含硫化合物有选择性。CO_2 的含量可以降低 85%。当高酸性气体和分压存在时，该过程是经济的，并且在气体中没有重组分。

这个过程通常不会去除足够的 CO_2 来满足管道输送气体的要求。DIPA 可加入溶液中用于除去 CO_2 达到管道输送条件。该过程同时也去除了水，以便使水的含量小于 7lb/ft^3（0.11g/m^3）。系统的功能很像前面讨论的环丁砜法，随着 DIPA 添加量的增加气提塔热负荷降低。

9.7.5 低温甲醇洗工艺

低温甲醇洗工艺是由德国鲁奇公司和林德 A. G 共同开发。它采用甲醇来给天然气脱硫。由于甲醇蒸气压高，因此这个过程通常在-30~-100℉（-34~-74℃）的温度下运行。它已用于液化天然气厂和煤气化厂的气体净化，但不常用于处理天然气。

9.8 直接转化工艺

9.8.1 基本处理过程介绍

使用化学和物理溶剂法脱除天然气中的酸性气体，当溶剂再生时，会释放出 H_2S 和 CO_2 气体。H_2S 对大气排放受到环保法规限制。酸性气体被送至焚化炉/火炬，从而将 H_2S 转化为二氧化硫。环境法规限制二氧化硫的排放量或燃烧量。

直接转化法利用化学反应氧化 H_2S 用于生产单质硫。这些过程通常基于 H_2S 和 O_2 或 H_2S 和 SO_2 的反应。两种反应都产生水和单质硫。这些过程是许可的，涉及专门的催化剂和/或溶剂。

9.8.2 改良 ADA 法（亦称蒽醌二磺酸钠法）

9.8.2.1 一般讨论

改良 ADA 法使用 O_2 氧化 H_2S。它最初由英国瓦斯公司授权，不再使用。

9.8.2.2 过程描述

图 9.6 显示了改良 ADA 法的主体流程。气流被含有碳酸钠、钒酸钠、蒽醌二磺酸的水溶液洗涤。一个氧化的溶液经泵输送到吸收塔顶部，与气体逆流接触。

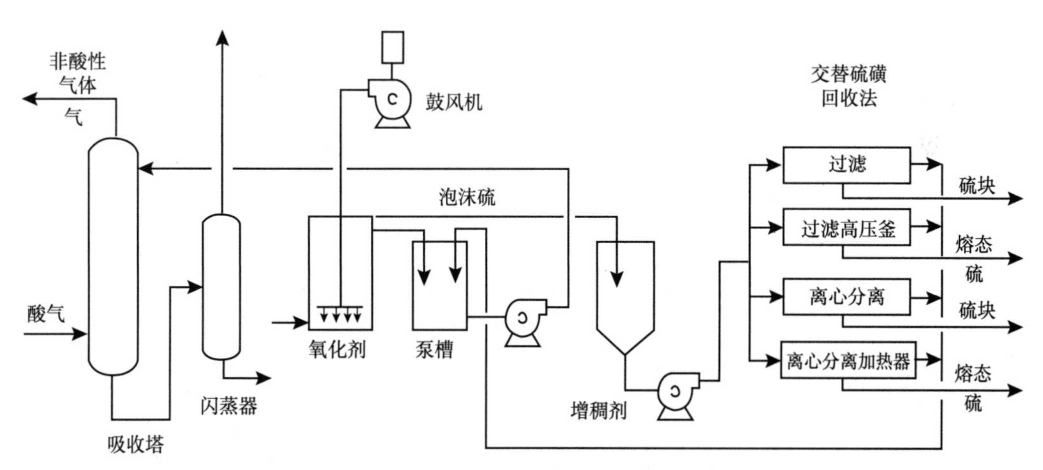

图 9.6　简化的改良 ADA 法流程图

吸收塔的底部由一个反应罐组成，还原溶液流入位于氧化剂上方溶液闪蒸塔。还原溶液从这里进入氧化剂容器的底部。在一定压力下溶解在溶液中的烃类气体从闪蒸罐顶部释放出来。

空气被吹进氧化剂中，通过已被氧化的溶液进入泵池。硫单质通过溶液的通气作用产生的泡沫被输送到氧化剂的顶部并进入增稠器。

增稠剂的作用是增加被泵送到过滤回收如过滤和高压釜、离心或离心加热中的硫的质量分数。

化学反应包括：

$$H_2S+Na_2CO_3 \rightarrow NaHS+NaHCO_3$$

碳酸钠为 H_2S 的初始吸附和硫氢化物（HS）的形成提供了碱性溶液。在钒酸钠和沉淀硫反应中硫氢化物的含量逐渐减少：

$$HS+V^{+5} \rightarrow S+V^{+4}$$

蒽醌二磺酸（ADA）与 4 价钒反应，把它转化为 5 价钒：

$$V^{+4}+ADA \rightarrow V^{+5}+ADA\text{（还原）}$$

空气中的氧气将被还原的 ADA 转化为氧化态：

$$\text{还原 } ADA+O_2 \rightarrow ADA+H_2O$$

总的反应是：

$$2H_2S+O_2 \rightarrow 2H_2O+2S$$

9.8.3 IFP 工艺

9.8.3.1 一般讨论

IFP 工艺由法国石油研究所开发。该工艺将 H_2S 与 SO_2 反应生成水和硫。总的反应是：

$$H_2S+SO_2 \rightarrow H_2O+2S$$

9.8.3.2 工艺描述

图 9.7 是 IFP 过程主要流程图。这个过程包括将 H_2S 和二氧化硫气体混合，然后在填料塔中与液体催化剂接触。单质硫在塔底被回收。必须将其中的一部分烧掉，以产生除去 H_2S 所需的二氧化硫。

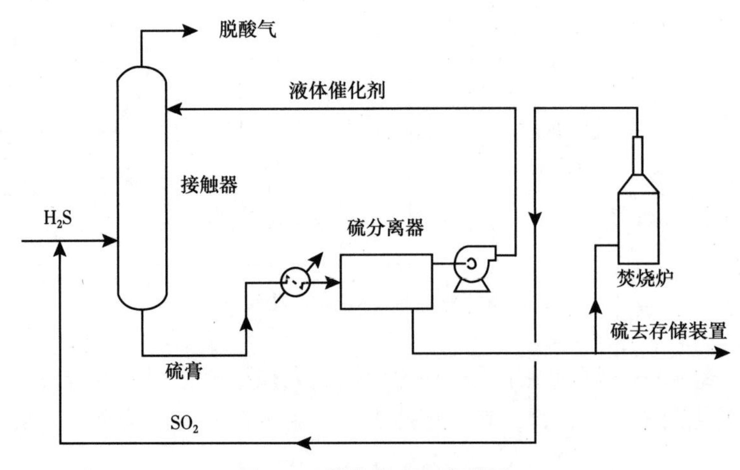

图 9.7 简化的 IFP 流程图

9.8.3.3 H_2S 与 SO_2 比值

最重要的变量是填料中 H_2S 与 SO_2 的比值。该比值由分析设备控制，以维持系统性能。

9.8.4 LO-CAT 湿法脱硫技术

9.8.4.1 一般讨论

LO-CAT 工艺由 ARI Technologies 和 Shell 公司共同开发。上述公司联合 MERICHEM 公司将此技术在市场上销售。

在低压和高压气流中，采用高价铁还原氧化技术选择性脱除 H_2S（对 CO_2 无反应）至低于 6mg/m^3。

9.8.4.2 工艺描述

酸性气流与溶液接触，在溶液中 H_2S 反应并还原螯合铁生成单质硫。然后通过溶液中的气泡将铁再生。再生不需要热量。

所涉及的反应是放热的（释放热量）。

吸附/还原：
$$2Fe^{3+}+H_2S \rightarrow 2Fe^{2+}+S+2H$$

再生/氧化：
$$2Fe^{2+}+\frac{1}{2}O_2+2H \rightarrow 2Fe^{3+}+H_2O$$

总反应：
$$H_2S+\frac{1}{2}O_2 \rightarrow S+H_2O$$

图 9.8 和图 9.9 显示的 LO-CAT 工艺流程示意图。

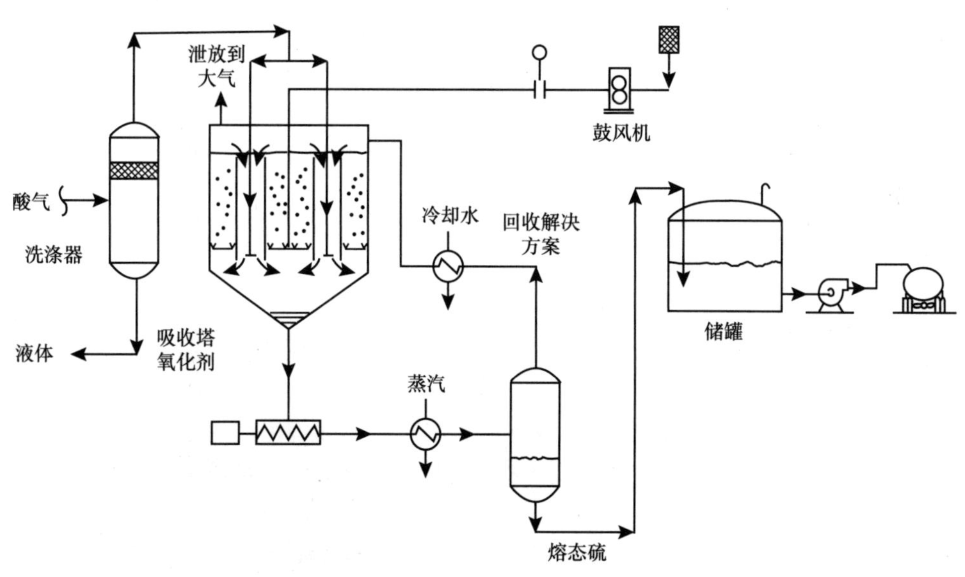

图 9.8 简化的 LO-CAT 流程图

9.8.4.3 操作注意事项

负荷为 100%。溶液无毒，因此，没有特别处理问题存在。没有硫黄产品被分散到大气中。这个过程需要离心机和浆液处理设备。

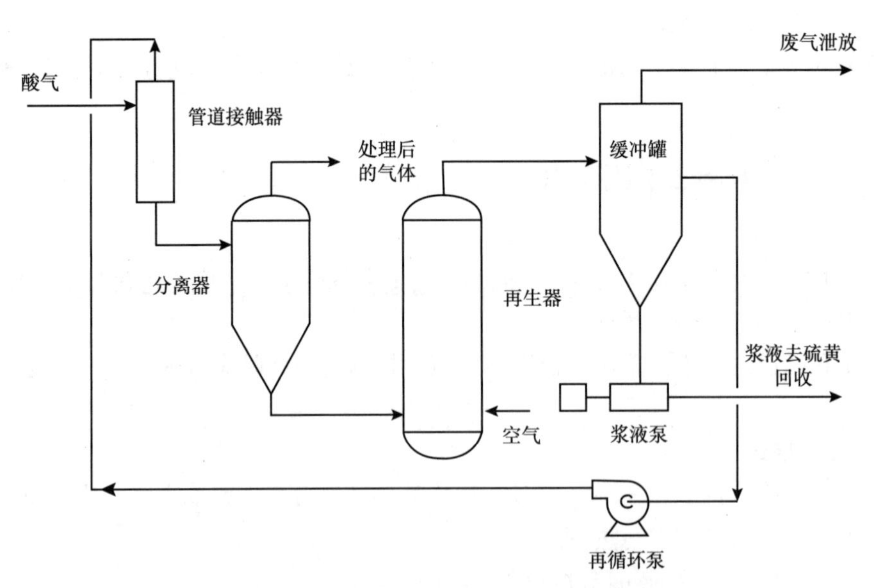

图 9.9　简化的络合铁脱硫工艺流程示意图

9.8.4.4　络合铁脱硫工艺

络合铁系统采用顺流专利管道接触器解决硫堵。

9.8.5　Claus 硫回收工艺

9.8.5.1　一般讨论

克劳斯过程用于处理含高 H_2S（浓度 50%以上）的气体。该单元的化学反应包括 H_2S 部分氧化为二氧化硫，以及 H_2S 和 SO_2 催化反应生成单质硫。

反应分阶段进行，如下所述：

$$H_2S+3/2O_2 \rightarrow SO_2+H_2O \text{ 热状态}$$

$$SO_2+2H_2S \rightarrow 3S+2H_2O \text{ 热催化阶段}$$

9.8.5.2　工艺描述

图 9.10 显示了一个采用两级克劳斯工艺的简化流程图。该过程的第一阶段是通过在反应炉中用空气燃烧酸性气流将 H_2S 转化为二氧化硫和硫。这为反应的下一个阶段提供了 SO_2。

离开反应炉的气体被冷却以分离出在高温反应阶段形成的单质硫。再加热、催化反应和冷凝来除去更多的硫。提供多个反应器使 H_2S 更彻底的转化。冷凝器在每一个反应器之后提供冷凝硫蒸气并将其与主流相分离。

两级催化可使转换效率达到 94%~95%，三级催化的转化率可以高达 97%。效率取决于环境问题；排出的气体（SO_2）要么是排放、焚烧，或送到“尾气处理装置”。

9.8.6　尾气处理

尾气处理采用多种不同工艺。流程可分为两类。在这些工艺中，领先的是萨弗林和冷床吸附过程。这些过程是相似的。第一个循环使用两个平行的克劳斯反应器，其中一个反

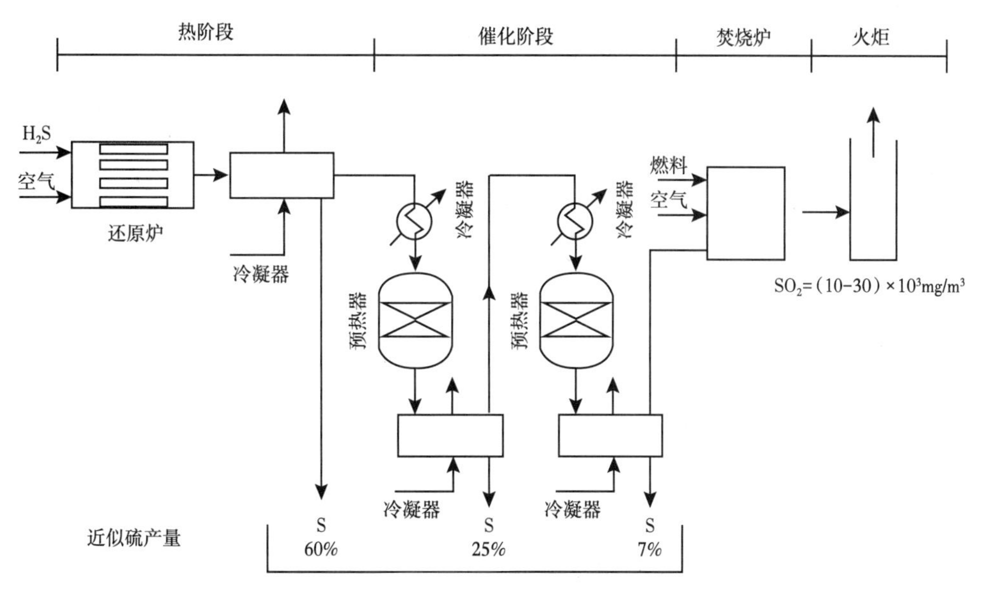

图 9.10　简化的两阶段克劳斯工艺流程示意图

应器在硫露点以下工作，来吸收硫，而第二个反应器用热再生以回收被吸收的硫黄。回收率可高达 99.9%。

第二类涉及硫化合物转化为 H_2S，然后从气流中吸收氢。在这种工艺中，SCOT 流程似乎是主要的选择。它使用胺除去 H_2S，然后被回收到克劳斯工厂。

其他类型的工艺将硫化合物氧化为二氧化硫，然后将二氧化硫转化为副产品，如硫代硫酸铵，一种肥料。这些装置可以除去 99.5%以上的硫，可以不需要焚烧。尾气净化的成本很高，通常是克劳斯装置成本的两倍。

9.8.7　磺胺检测

Sulfa-Check 将 H_2S 在含有氧化剂和缓冲剂的泡罩塔中转化为硫。它用于低 H_2S 浓度的场合，不需要再生。pH 值必须保持在 7.5 以上，要求温度低于 110℉（42℃），保持压力高于 20psig（1.35barg）和在温度小于 110℉（42℃）时每加仑溶液中含 2lbH_2S。

9.9　精馏工艺

9.9.1　Ryan-Holmes 精馏工艺

9.9.1.1　一般讨论

利用低温蒸馏从气流中除去酸性气体。该工艺适用于液化石油气的分离或在高压下产生 CO_2 以供油藏注入或其他用途。

9.9.1.2　工艺描述

该工艺由两个、三个或四个分馏塔组成。气流首先脱水，然后通过制冷和（或）减压冷却。

9.9.1.2.1 三塔流程

三塔系统用于 CO_2 含量低于 50%的气流。第一塔操作压力在 450～650psig（3100～4500kPa），在塔顶分离出高质量的甲烷产品。塔顶的温度为 0～－140℉（－18～－95℃）。第二个塔在稍低的压力下运行，在顶部产生 CO_2 气流，其中含有少量的 H_2S 和甲烷。底部产品含有 H_2S 和 C_{2+}成分。第三个塔产出天然气凝液并循环至前两个反应塔。这种循环使得工艺得以成功。天然气凝液避免 CO_2 固体在第一个塔中形成，并且有助于打破乙烷/CO_2 共沸物，从而提高乙烷回收率。

9.9.1.2.2 四塔流程

四塔流程用于 CO_2 进料浓度超过 50%的情况。该方案是第一个塔为脱乙烷塔。塔顶 CO_2 和甲烷混合物被送到脱除 CO_2 和脱除甲烷的联合塔中。CO_2 作为一种被生产出的液体，被泵加压到回注或者销售压力。

9.9.1.2.3 两塔流程

当不需要甲烷产品并与 CO_2 一起生产时，使用两塔系统。可以获得非常高的丙烷回收率，然而，乙烷回收率很少。这些过程要求以压缩和脱水的方式预处理原料气，这增加了它们的成本。这些系统在提高采收率（EOR）项目中有着广泛的应用。

这些流程需要首先增压和脱水，这样会增加费用。这些方法在提高采收率的课题中正在推广应用。

9.10 气体渗透工艺

9.10.1 膜

9.10.1.1 定义

膜是具有选择性地从其他物质中分离化合物的薄且具有半透性的障碍物。

9.10.1.2 应用

膜用作从天然气流中初级分离大量的 CO_2。气体经过处理脱出 CO_2 和水来满足管输标准。

9.10.1.2.1 降低 H_2S 含量

膜处理工艺应用于海上和陆上，井口，或者集输站。

9.10.1.2.2 提高采收率操作

膜用来回收为提高采收率而注入油藏的 CO_2，实现循环利用，从而将 CO_2 从伴生天然气中被脱出并回注到井下，来提高采收率。

9.10.1.2.3 脱出 CO_2 所使用的材料

主要方法包括：

（1）聚合物基（改良特性来增强性能）；

（2）醋酸纤维素（最坚固）；

（3）聚酰亚胺，聚酰胺，聚砜；

（4）聚碳酸酯，聚醚酰亚胺。

9.10.1.3 膜渗透性

过滤器的原理是通过当较小颗粒透过中等的孔来实现与较大颗粒的分离，膜的原理不同于过滤器。膜渗透遵循溶液扩散定律，从无孔的膜中通过。高溶解性的化合物通过膜溶解和扩散。

相对渗透速率：

（1）大部分可溶（最快气体）：

$$H_2O, H_2, H_2S, CO_2, O_2$$

（2）不溶气体（最慢气体）：

$$N_2, CH_4, C_{2+}$$

CO_2 最快溶解到膜中然后通过它扩散。利用气体对薄膜渗透能力的差异可实现气体的物理分离。

9.10.1.3.1 无孔膜

膜并不按照分子的大小进行分离，是按照不同化合物在膜中溶解和扩散系数的不同为依据而分离。

菲克定律（基本通量定律）用来近似计算溶液扩散过程。它的表达式为

$$J=(k\times D\times\Delta p)/I \tag{9.1}$$

式中 J——CO_2 的膜通量（速率/单位面积）；

k——CO_2 在膜中的溶解度；

D——CO_2 通过膜的扩散系数；

Δp——膜进料侧（高压）与渗透侧（低压）CO_2 的分压差；

I——膜的厚度。

溶解度 k 和扩散系数 D 经常组合成一个新的变量渗透性 P。

菲克定律被分成以下两个部分：

（1）膜的相关部分：(P/I)

（2）过程相关部分：(Δp)

高通量要求：

（1）正确的膜材料；

（2）正确的过程条件。

P/I 并不是常量而是与下面的量有关：

（1）压力；

（2）温度。

菲克定律也可以同样的写成甲烷或者气流中其他成分的形式。这也引出定义的第二种重要的变量：选择性（σ）。

9.10.1.3.2 选择性（σ）

选择性是气流中 CO_2 的渗透性与其他组分的比值。仅衡量 CO_2 的膜渗透性与其他成分的优劣。例如：CO_2 对甲烷的选择性是 30，说明 CO_2 在膜中渗透比甲烷快 30 倍。

9.10.1.3.3 膜选择的主要参数

（1）渗透性 P。

高渗透性使一定面积的膜分离效率提高，从而降低系统成本。

（2）选择性（σ）。

高选择性使 CO_2 被去除时烃的损失更少，从而获得更多量的可销售产品。

但是，高 CO_2 渗透性不等于高选择性。必须要在高渗透性和高选择性之间做出选择。通常是选择一种选择性高的材料并使它尽量变薄来增加它的渗透性。减少膜的厚度会使它脆弱而无法使用。在过去，由于技术所限，提供机械强度所需的膜厚度过高，无法获得足够高的渗透性，所以膜分离可行性不高。

9.10.1.4 不对称膜结构

不对称膜结构的特征在于，一种单一的聚合物，它由非常薄的无孔层安装在更厚的相同材料的多孔层上构成。这个结构和均质结构相反，均质结构内部的孔隙度基本上比较均匀。

图 9.11 是一个不对称膜的例子。

无孔层：符合理想膜的需求，即高选择性而且薄。

多孔层：提供机械支撑，并允许透过无孔层的化合物自由流动。

9.10.1.5 复合膜结构

不对称膜结构的缺点是它们由单一聚合物组成，而制造高密度聚合物费用很高，并且产量很小。通过制作复合膜可以克服这些缺陷。复合膜包括一层薄的选择层，选择层由一种安装在不对称膜上的聚合物组成，这个不对称膜由另一种聚合物组成。

复合膜结构使得制造商可以使用现成的材料来制作膜的不对称部分和特殊开发的聚合物，这些聚合物对所需的分离和选择层进行了高度优化。图 9.12 是一个复合膜结构的例子。

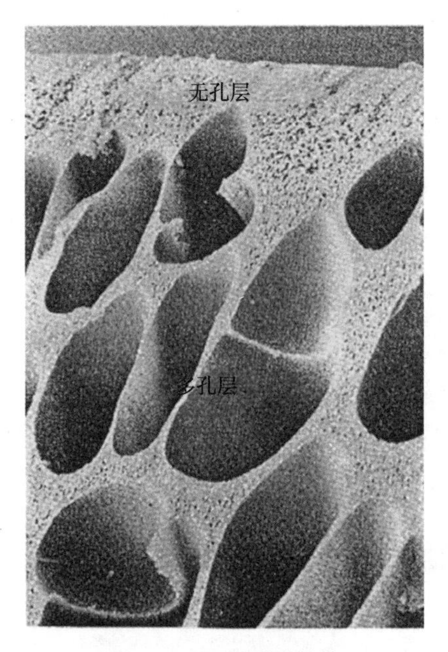

图 9.11 不对称膜结构

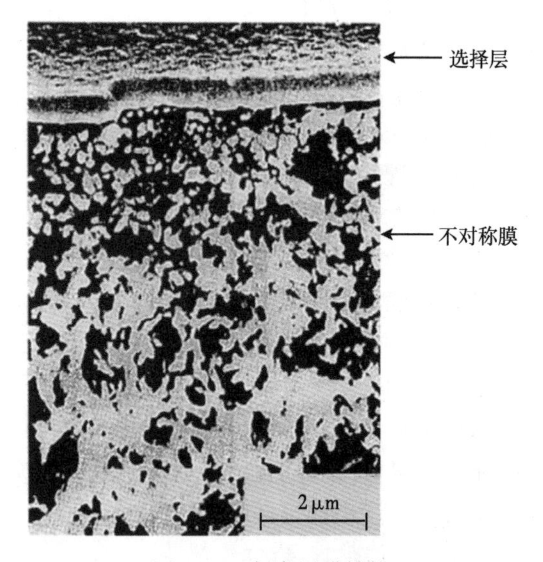

图 9.12 复合层膜结构

复合膜结构常用于新型 CO_2 去除膜，因为选择层的特性容易调整，而不会显著增加膜成本。

9.10.1.6 膜元件

膜元件制造方法主要有：

（1）平片；

（2）中空纤维。

9.10.1.6.1 平片

图 9.13 为平片组合成的螺旋缠绕膜元件。由具有渗透物间隔的两片平片膜沿着三面胶合，形成一个一端开放的膜（或薄片），膜由进料间隔物分隔并缠绕在渗透物管上，其开口端面向渗透管。原料进入膜的一侧，并通过进料分隔物分离膜。当气体在膜之间穿过时，CO_2，H_2S 等高渗透性的化合物渗透到膜中。渗透的组分只有一个出口：它们必须在膜内到达渗透管。其动力是低渗透和高输送压力。

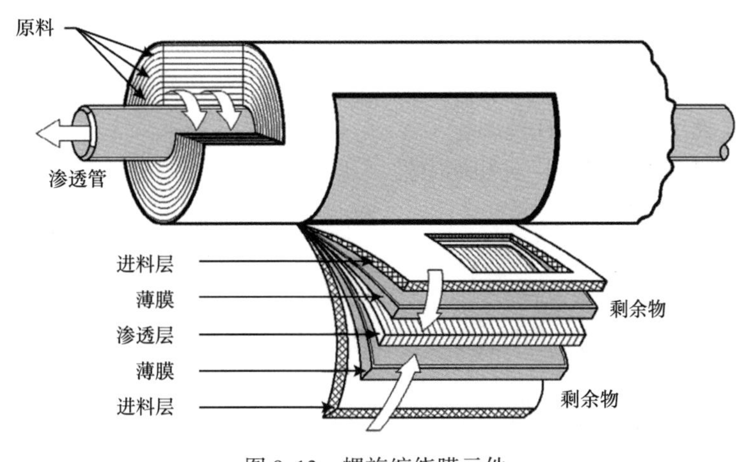

图 9.13 螺旋缠绕膜元件

9.10.1.6.2 渗透气体

渗透气体通过管中的孔进入渗透管。渗透的气体沿着管进入其他管中的渗透物。进料侧的任何气体都没有机会渗透，通过元件与进入位置相对的一侧离开。

9.10.1.6.3 优化因素

优化参数涉及膜数量和元件直径。

（1）膜数量。

渗透气必须经过每个膜的长度。许多较短的膜比少量较长的膜更有意义，因为在前一种情况下压降大大降低。

（2）元件直径。

较大的束直径可以有更好的堆密度，但也增加了元件管尺寸并使成本降低。较大的直径也增加元件质量，增加了安装和更换的难度。

9.10.1.6.4 中空纤维

如图 9.14 所示，非常细的中空纤维以高度密集的模式缠绕在中央管上。这种包装形式中，两个开口端的纤维最终会在元件一侧的渗透罐上。进料气在纤维之间流动，并且会有一些组分渗入。

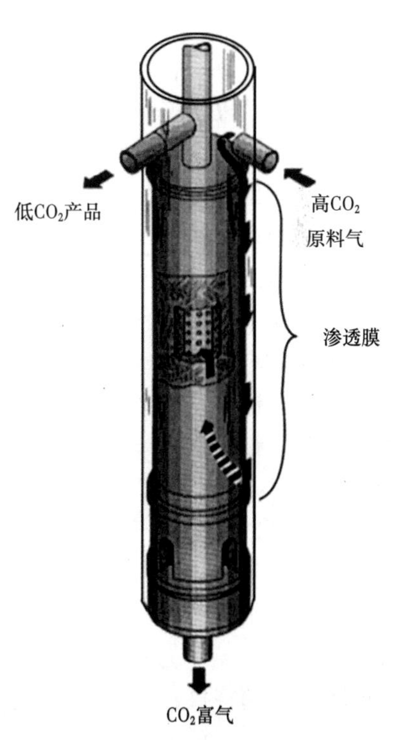

图 9.14 中空纤维膜元件

（1）渗透气体。

渗透气体在纤维内行进，直至达到渗透罐，

气体会与从其他纤维渗透的组分混合。总的渗透物质通过渗透管离开元件。不渗透的气体最终会到达元件的中心管，中心管以类似于螺旋缠绕渗透管的方式被穿孔。这样的中央管用于残留收集，而不是渗透采集。

（2）优化因素。

①套筒设计。

套筒设计使进料与渗透物逆流，而不是常见和低效的并流流动模式。

②调整纤维直径。

较细的纤维具有更高的填充密度，而较粗的纤维使渗透压力下降，所以它们能更有效率地利用压力驱动。

9.10.1.6.5 螺旋缠绕与空心纤维

每种类型的膜都有自己的优点和局限性。

9.10.1.6.6 螺旋缠绕

螺旋缠绕膜的特点：

（1）安装在水平容器；

（2）允许工作压力更高，1085psig（75barg），因此具有可用于渗透的较高驱动力；

（3）更耐污垢；

（4）在天然气脱硫方面有着悠久的应用历史；

（5）在较低的入口温度下表现最佳；

（6）与立式容器上的中空纤维装置相同，不能处理质量变化的来料；

（7）当进料液烃含量较高时，需要较大的预处理设备。

9.10.1.6.7 中空纤维

中空纤维膜的特点：

（1）安装在垂直容器上；

（2）更高的堆密度；

（3）在较低的入口流压力［580psig（40barg）］下运行；

（4）与螺旋缠绕膜相比，可处理烃类含量更高的来料；

（5）需要入口进料气体冷却；

（6）中空纤维设备比螺旋缠绕设备要小；

（7）处理不同入口进料质量优于安装在水平容器的螺旋缠绕装置。

9.10.1.6.8 膜模块

如果膜被制造成元件，将被连接在一起并插入管中（图9.15）。

9.10.1.6.9 主要厂商

螺旋缠绕：

（1）万国油品公司；

（2）梅达尔公司；

（3）克瓦纳公司；

中空纤维：

锡那拉（纳特科）。

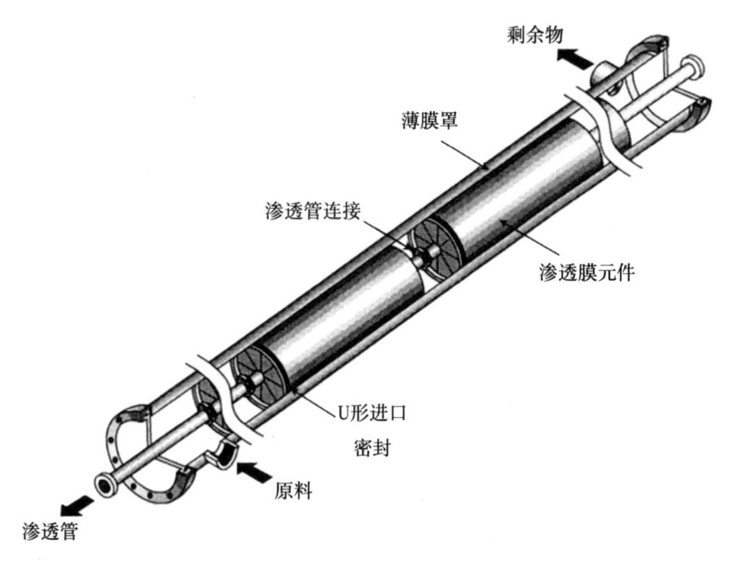

图 9.15　中空纤维膜元件

9.10.1.7　膜滑道

多个管子以水平或垂直方向安装在滑道上，这由设备厂家决定。图 9.16 为具有水平管滑道的例子。

图 9.16　水平膜滑道

9.10.2　设计注意事项

9.10.2.1　影响设计的过程变量

9.10.2.1.1　流量

所需的膜元件面积与流速成正比，因为膜系统是模块化的。烃损失是成正比的。烃类损失的百分比（碳氢化合物损失/进料碳氢化合物）保持不变。

9.10.2.1.2　*操作温度*

温度的升高会增加膜的渗透性同时降低选择性。膜面积要求降低，但烃的损耗和用于多级系统的循环压缩机功率要增加（图 9.17）。

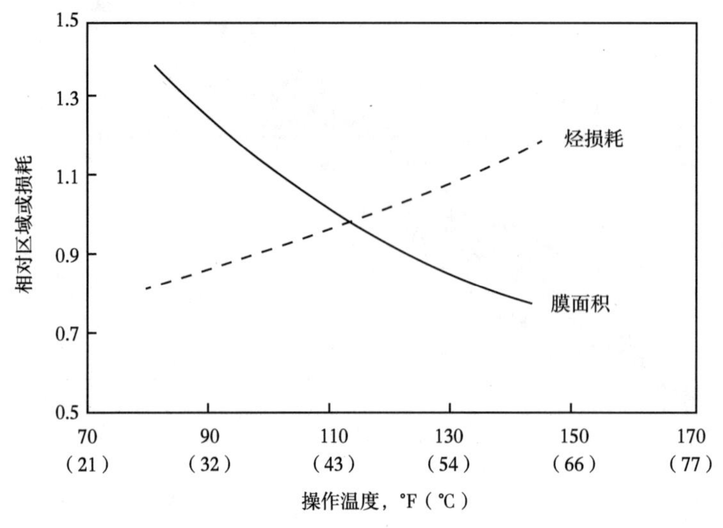

图 9.17　操作温度的影响

9.10.2.1.3　*进料压力*

进料压力的增加降低了膜渗透性和选择性，并且产生了更大的穿过膜的驱动力，从而导致通过膜的渗透的净增加和膜面积减少（图 9.18）。增加最大操作压力会使系统更便宜、更小。

限制因素是膜元件的最大压力极限以及设备在较高压力等级下的成本和质量。

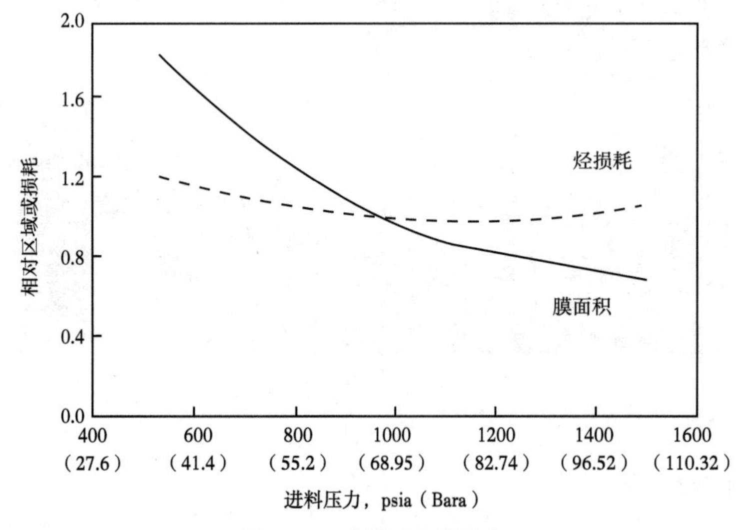

图 9.18　进料压力的影响

9.10.2.1.4　*渗透压力*

表现出与进料压力的相反作用；

降低渗透压力；

将增加驱动力；

降低膜面积要求；

不同于进料压力，渗透压力对烃损失具有很大的影响（图 9.19）。

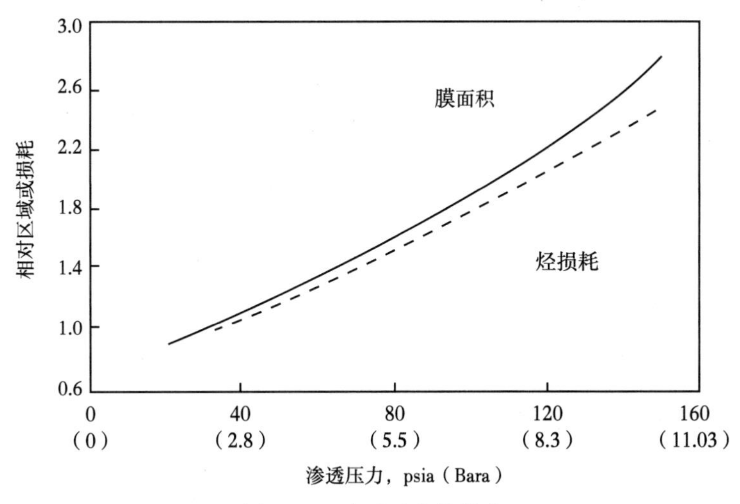

图 9.19 渗透压力的影响

膜上的压差不是唯一的考虑因素。

进料压力与渗透压力的比值影响很大。

例如，进料压力为 90bar，渗透压为 3bar，产生的压力比为 30。

将渗透压降至 1bar 将压力比提高到 90，这样对系统性能有显著的影响。

尽可能降低渗透压，在决定如何进一步处理渗透流时要认真考虑。比如，如果渗透流必须放空，则为了降低压降，须优化火炬设计。

如果渗透流必须被压缩以流入第二层膜或注入井中，则在较低的渗透压力下，压缩机功率和尺寸的增加必须与减小的膜面积要求相平衡。

9.10.2.1.5 脱 CO_2

对于恒定的商品气中 CO_2 指标，进料中 CO_2 的增加，将导致膜面积增加，烃损失也增加（更多的 CO_2 必须渗透，因此有更多的烃渗透），如图 9.20 所示。

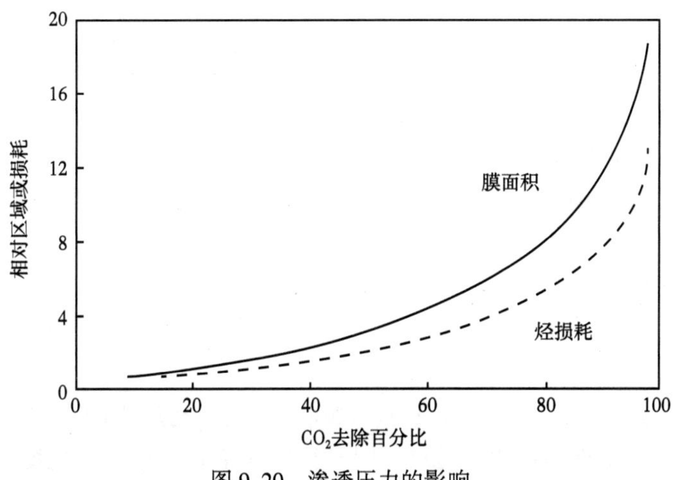

图 9.20 渗透压力的影响

膜面积由脱 CO_2 的百分比决定，而不是流入或销售气体中对 CO_2 要求标准本身。

比如，如果都需要脱50%的 CO_2。将进料 CO_2 含量从10%降低到5%的系统规模与将进料 CO_2 含量从50%降低到25%，或者从1%降低至0.5%的规模类似。

对于膜系统来说，CO_2 除去率（97% vs. 70%）之间的巨大差异，意味着0.1%外输气体的系统是1%系统大小的三倍。传统的 CO_2 溶剂或吸收剂技术有相反的限制。

它们的大小由脱 CO_2 的量决定。例如，用于将 CO_2 从50%降到25%的系统实质上大于将 CO_2 从1%降到0.5%的系统。因此，使用膜清除大量 CO_2，并采用传统技术来满足低含量 CO_2 标准，这是很有意义的。根据需要，可以使用一种或两种技术。

现有设备流入 CO_2 含量的变化可以通过多种方法解决。现有的系统可用于生产具有较高 CO_2 含量的商品气。可以安装额外的膜面积来满足商品气中 CO_2 的含量。

尽管烃含量增加，但现有设备流入 CO_2 含量的变化可以通过多种方法解决，例如，如果使用加热器，膜可以在更高的温度下工作使 CO_2 的处理能力增加。

如果必须消除一个现有的非膜系统瓶颈，那么在它上游安装一个大规模清除 CO_2 的系统就很有意义了。

9.10.2.1.6　其他设计注意事项

9.10.2.1.7　工艺条件

除了考虑影响膜系统设计的变量之外，还必须考虑各种地点、国家和公司特有的因素。

9.10.2.1.8　环境法规

环境法规规定了可以用渗透气体来做什么，特别是它是否可以通过（冷或热的排气口）进入大气，或直接燃烧或催化。95%~99%的 CO_2 产生低的 Btu/ft^3 含量（燃烧需要至少 $250Btu/ft^3$）。

9.10.2.1.9　厂址

厂址往往决定了许多其他问题，比如空间和重量限制、自动化程度、可用的备件级别，以及单一和多阶段操作。

燃料可以在膜系统的上游、预处理系统的下游、膜的下游以及多级系统的循环回路中得到。

不同公司设计标准、规范和推荐做法各不相同。需要解决的典型问题包括：双相不锈钢与碳钢线，最大管速和涂装规格。

所有物品必须在投标阶段预先确定，以防止以后进行高投资的变更。

9.10.2.2　工艺流程方案

9.10.2.2.1　单级膜工艺

单级膜工艺是最简单的膜工艺（图9.21）。原料气被分离成富含 CO_2 渗透流和富含烃的剩余流。甲烷损失为10%。

9.10.2.2.2　多级膜工艺

高含 CO_2 天然气处理过程中，大量的烃通过膜渗透损失。多级膜系统可部分回收这些烃。

在两级膜工艺分离过程中（图9.22），仅在一级膜分离过程中有部分烃损失。原料气通过一级膜时，绝大部分 CO_2 渗透通过，同时有部分烃渗透通过。未渗透通过的气体增压后返回到一级膜的入口与原料气混合。

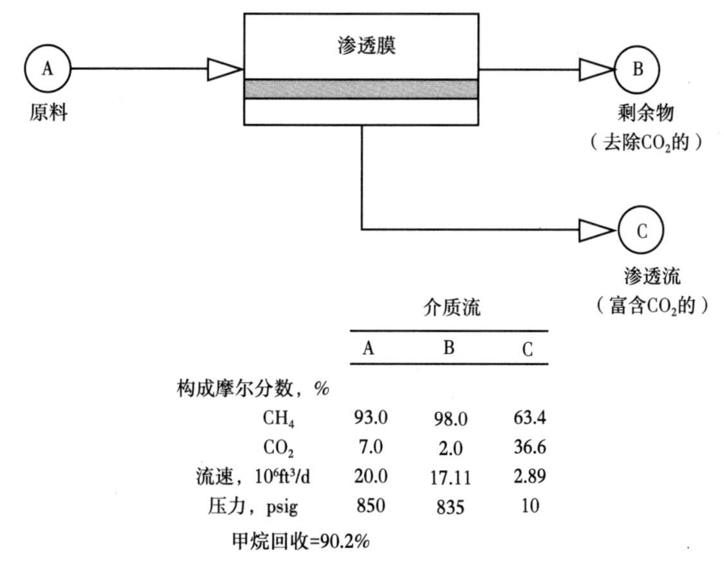

	介质流		
	A	B	C
构成摩尔分数，%			
CH_4	93.0	98.0	63.4
CO_2	7.0	2.0	36.6
流速，$10^6ft^3/d$	20.0	17.11	2.89
压力，psig	850	835	10

甲烷回收=90.2%

图 9.21　单级膜处理

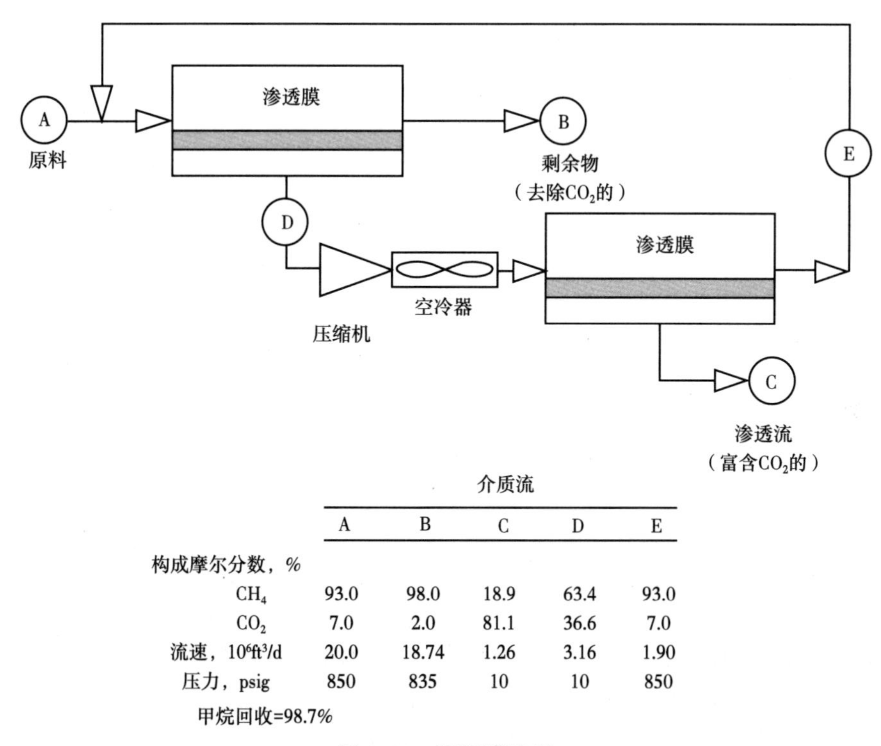

	介质流				
	A	B	C	D	E
构成摩尔分数，%					
CH_4	93.0	98.0	18.9	63.4	93.0
CO_2	7.0	2.0	81.1	36.6	7.0
流速，$10^6ft^3/d$	20.0	18.74	1.26	3.16	1.90
压力，psig	850	835	10	10	850

甲烷回收=98.7%

图 9.22　两级膜处理

渗透通过一级膜的气体增压后进入二级膜分离系统，通常二级膜渗透通过气体中 CO_2 浓度是一级膜渗透的 2 倍。未渗透的气体可选择回收或者返回一级膜原料气入口。两级膜工艺比单级膜工艺烃回收率更高，但需要增压的气量更大，压缩机功率也更大。

组合分离工艺，例如单级膜+两级膜工艺，很少应用。原料气先进入单级膜脱除大量的 CO_2 后，再进入两级膜系统，脱除剩余的 CO_2。该工艺由于前面的单级膜分离的烃损失较高，因此相对于标准两级膜系统需要的循环气压缩机更小。

选用单级膜还是多级膜分离工艺，需进行经济分析，综合考虑，确保循环气压缩机的费用和运行成本不超过烃回收节约的成本。

图 9.23 中曲线表示在某些工艺条件下，单级膜、两级膜系统的 CO_2 去除率与碳氢化合物回收率的关系。烃回收百分比定义为从销售的烃中回收的烃类与流入烃类的比值。两级膜系统的烃类回收明显高于单级膜系统。选用单级膜还是多级膜工艺，需要考虑循环压缩机的因素，其他的考虑因素是用作燃料的其他烃类增加了整体的能耗，并极大增加了压缩机运行维护成本。对于中等规模脱 CO_2 装置（<50%），单级膜系统通常比多级膜系统更经济。

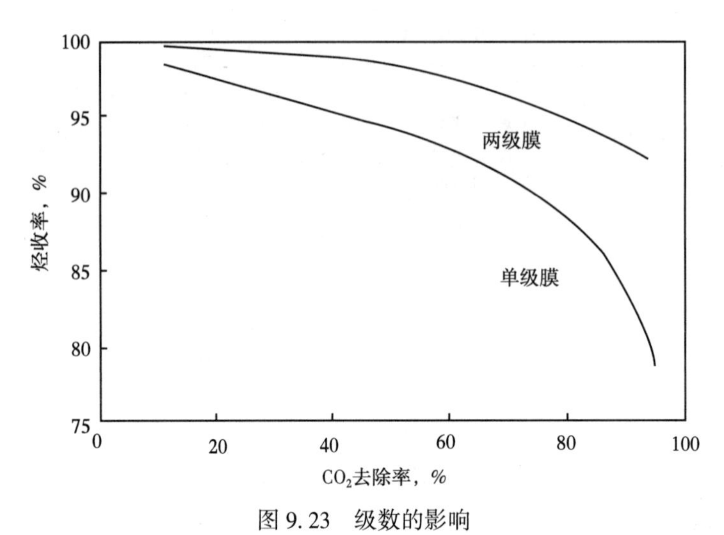

图 9.23　级数的影响

9.10.3　膜预处理

9.10.3.1　总则

适当设置预处理工艺对所有膜系统的性能至关重要。不当的预处理通常会导致性能下降而不是完全失效。

影响脱 CO_2 效果的物质包括：(1) 液体（主要是水），因为它们会引起膜完整性的膨胀和破坏；(2) BETEX 和重烃（$C_{6\sim35+}$），因为它们在膜表面形成膜，大大降低了渗透率；(3) 腐蚀抑制剂和良好的添加剂，因为有些是破坏性的，而其他的是安全的（应该咨询制造商寻求指导）；(4) 颗粒材料，因为颗粒可以阻挡膜流动区域。螺旋缠绕的阻塞比中空纤维元件（低流动面积）低。颗粒长期流入可造成所有膜被阻塞。

9.10.3.2　预处理系统注意事项

预处理前必须除去上述杂质，还需要确保液体不会在膜自身内形成。以上两点可能造成膜内凝结。首先，当气体通过膜时由于焦耳—汤姆森效应而冷却下来。第二，CO_2 和较轻的烃类化合物比重烃渗透得更快。因此通过膜后气体变重、露点升高。在通过膜之前，使气体达到预定的露点，然后加热气体以提供足够的过热余量，以此来防止冷凝。重烃含量可能与初始预先估计值不同也可能在工厂运行期间各月份存在差异。即使在同一区块的不同井之间也能有很大差异。预处理系统必须考虑到包括足够安全余量在内的各种变化，以此保护膜不受大范围污染物的影响。

9.10.3.3 传统的预处理

如图 9.24 所示，传统预处理系统中使用的主要设备包括：用于液体和雾气消除的聚结过滤器；用于痕量污染物去除的不可再生吸附剂防护床；用于在吸附床后除尘的颗粒过滤器；以及用于向气体提供足够热量的加热器。

图 9.24 也是适用于轻质稳定组成气体的流程图，但也具有以下限制。吸附剂床是除去重质烃的唯一设备。重烃含量突然增加或比原来估计得更重，进料气体可在数天内使吸附剂床饱和、失效。由于吸附剂床是不可再生的，所以只能更换。加热器的问题要求整个膜系统离线，因为加热器是提供热量的唯一设备。

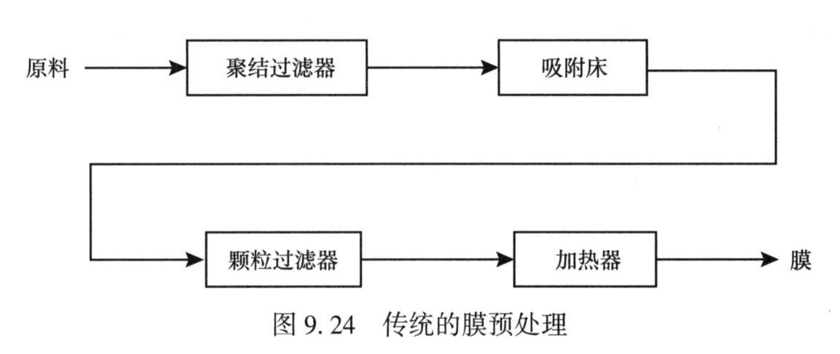

图 9.24 传统的膜预处理

9.10.3.4 传统预处理扩展

为了提高系统性能，可以添加以下附属设备。

9.10.3.4.1 冷水机组

冷却器可能具有降低气体的露点和重烃含量的功能。因为冷却并不能完全清除重烃，所以还需要一个吸附剂保护床。如果需要深冷，则需要采取措施来防止水合物形成，要么通过使气体逆流脱水，要么添加水合物抑制剂。如果添加了抑制剂，可能需要将它们在冷却器下游移除，因为一些抑制剂可能会损坏膜。

9.10.3.4.2 透平膨胀机

透平膨胀机的作用与冷却器相同，但它的优点是干燥系统。它比制冷系统更小更轻。缺点是其净压损失需要由出口压缩机承担。

9.10.3.4.3 甘醇装置

在冷却器的上游添加甘醇单元，以防止形成水合物或冰冻。吸附剂保护床仍然需要去除重烃，而且要比正常情况下更大，因为它还负责清除吸附容器上的甘醇。

9.10.3.5 强化预处理

9.10.3.5.1 需要强化的预处理

基于扩展气体分析的初始设计通常与膜系统启动后的实际分析不同。例如，原料气体可能比设计指标更重。图 9.25 为设计和实际气体分析的相位包络线。

预处理系统可能没有足够的灵活性来处理设计的偏差。吸附剂床可能在短时间内变得完全饱和，导致性能下降。预热器可能不足以达到设计温度。处理比预期重的气体的标准方法是在更高的温度下操作膜。温度升高会增加气体露点与工作温度之间的余量，从而防止膜中发生冷凝。

图 9.26 为一种强化的预处理方案，它更适合于以下一个或多个可能的情况：原料气含量较大波动；重烃或其他污染物含量增加；原料气可能比已投产井或其他区块分析出的更重。

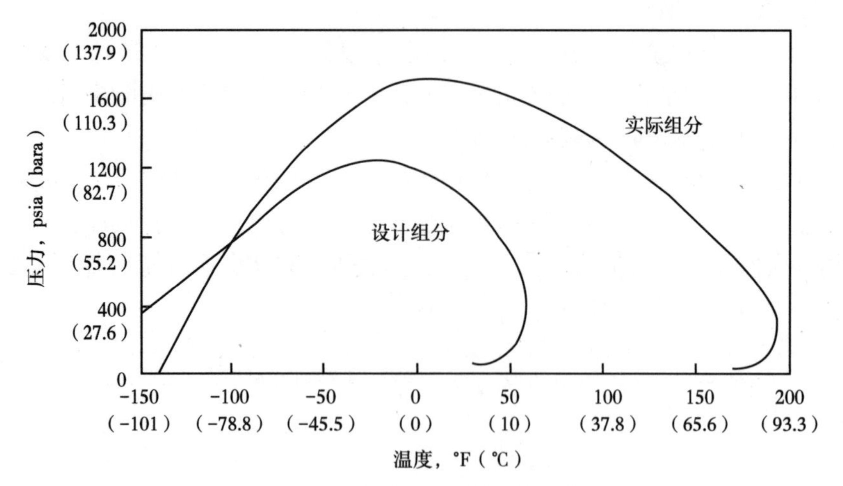

图 9.25　预期和实际的相包络线

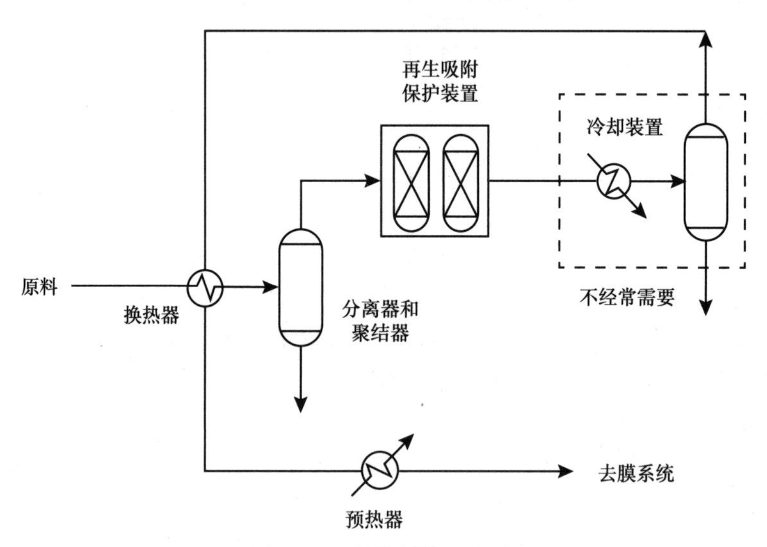

图 9.26　强化预处理流程

原料气体首先在热回收换热器中冷却，形成的冷凝物在分离器和聚结器中分离除去。气体进入可再生的吸附剂保护床系统，其中重烃和其他有害成分被完全除去。水与重烃一起被去除，因此上游不需要脱水。净化气通过颗粒过滤器离开吸附剂保护床系统。有时产品气在冷却器中冷却，其主要目的是降低原料气的烃露点。在冷却器中形成的冷凝物在分离器中被除去，分离器出口气体进入换热器。通过此过程，使原料气降温，回收部分热量。由预热器控制膜进料温度并提供热量。

9.10.3.5.2　完全脱除重烃

与其他预处理方案不同，重质烃的完全清除是可能的。

9.10.3.5.3　再生系统

由于吸附剂保护床是可再生的，因此能够更好地适应原料气体中重质烃含量的波动，而不是像传统保护床，需要频繁更换吸附材料。

9.10.3.5.4 能够处理不同的进料组成

通过调整循环时间，来有效处理不同进料组成和重烃含量。

9.10.3.5.5 可靠性

即使一个容器失效，系统也可以设计得令人满意。预处理系统中的关键环节通常是备用的，因此可以在不关停系统的情况下维修或维护。

9.10.3.5.6 效率

一个系统可以具有多种功能，比如脱除水、重烃、汞，通常这些都是由独立的装置实现的。热量回收在系统自身预处理环节完成。

9.10.4 膜处理工艺的优势

与传统的脱 CO_2 的方法相比，膜处理工艺具有很多优势。

9.10.4.1 建设成本低

除了较大的预处理容器，膜处理装置可以橇装。占地面积、费用和准备场地时间要求较低。与其他方法的工艺装置相比，安装费用是非常低的，尤其是在偏远地区和国外。

膜处理装置不需要附属设施，如其他工艺需要的容积储罐、水处理设备。

9.10.4.2 操作费用低

单级膜处理系统的主要操作成本是膜的更换，该成本明显低于传统技术的溶剂更换和能量消耗。改进后的膜和预处理设计延长了膜的使用寿命，进一步降低了更换膜的费用。多级系统的大循环压缩机的能量成本与传统技术相差不多。

9.10.4.3 扩建成本

随着气井的不断投产天然气产量会不断增加，传统技术需要在最初设计时考虑后期产量的增加，因此大多数的设备在建设时就要安装。模块化的膜系统可以只安装需要的部分，其他的可以在需要的时候增加到现有的管线上或新橇块上。在海上平台所有的空间要求都必须考虑在内，但预留扩展平台可以在需要的时候安装。

9.10.4.4 低下限处理量

膜系统的橇装化可以降低处理量下限，可达到设计处理量的10%，甚至更低。在设计阶段处理量上限和下限可以无限制设置。

9.10.4.5 操作简单，可靠性高

9.10.4.5.1 单级膜系统

单级膜系统没有动设备，几乎没有非计划停机，操作简单，假如没有外部故障，例如关井，可实现长时间无人值守。预处理系统中可能引起停机的设备，例如聚结式过滤器等，通常设置备用以便在设备维修期间保证正常生产运行。虽然循环压缩机的设置增加了复杂性，但还是要远小于以溶解或吸收为基础的技术。

9.10.4.5.2 多级膜系统

多级膜系统能在循环压缩机停机状态下像单级膜系统一样满负荷运行，但是烃类损失会增加。复杂多级膜系统的启动、正常操作和关停均可实现自动化，在控制室内设最少的人员便可实现重要功能。

9.10.4.6 良好的质量和空间利用率

橇装结构可根据可用空间进行优化，大量元件可嵌入管道内以增加集成密度。空间利用率对于海上环境来说是非常重要的，平台空间会增加额外费用。图9.27证明了膜系统

的空间效率，图中左下角的膜处理单元取代了所有胺和乙二醇工厂设备。

图 9.27 膜系统和胺系统的尺寸比较

9.10.4.7 适应性广

由于膜面积是由 CO_2 的去除百分比而不是 CO_2 的去除绝对值决定的，原料气中 CO_2 含量的小幅度变化不会改变商品气中 CO_2 含量，例如，设计参数为将 CO_2 含量从 10%降到 3%的系统，也可以将 CO_2 含量 12%的原料气降至 3.5%，亦可将 CO_2 含量 15%的原料气降至 5%。通过调整工艺参数，例如操作温度，设计人员可以进一步降低商品气中 CO_2 含量。

9.10.4.8 环保

膜系统不涉及周期性的废溶剂或吸收剂的去除和处理。渗透气体可以燃烧放空、重新注入井中或作为燃料。不能处理的，例如废膜片可以焚烧处理。

9.10.4.9 设计效率

膜和预处理系统集成了多种工艺操作，包括脱水、脱碳、脱硫、脱烃和脱汞。而传统的脱碳技术需要单独设置各种工艺设备，同时可能要求额外的脱水工艺，因为一些工艺操作使天然气中增加了水。

9.10.4.10 能量利用

膜系统的渗透气可作为发电机、循环压缩机或其他设备的燃料气，这种几乎免费的燃料气在膜—胺混合系统中是非常有用的，膜系统可以提供胺系统所需要的能量。

9.10.4.11 适用于现有工厂扩展

由于以溶剂或吸收剂为基础的脱碳工厂在不增加新列装置的情况下难以实现扩展。理想的解决办法是使用膜清除大部分的酸性气体，使用已建的装置清除剩余的酸性气体。另一个优点是膜系统的渗透气可以作为现有装置的燃料气，从而避免了大量的烃类损失。

9.10.4.12 适用于偏远地区

上述诸多优点使得膜系统成为难以获得备件和熟练工人的偏远地区非常适用的工艺技术，因为膜系统不需要溶剂储运、供水、供电以及更多的基础设施。

9.10.5 工艺选择

9.10.5.1 原料气分析

准确的分析是必需的，工艺选择和经济成本取决于原料气组分。COS、CS_2 和硫醇等杂质（即使浓度很小）对天然气净化工艺设计和下游处理设施设置有很大的影响。

需要回收硫黄时，要考虑进入硫黄装置的酸性气体的组成。如果 CO_2 浓度大于 80%，应选择合适的处理工艺提高进入硫黄回收装置的 H_2S 浓度，可能会用到多级处理。在硫黄回收装置中含水和含烃量大会造成设计和操作的问题。在选择天然气净化工艺时应考虑这些组成的影响。

工艺选择要基于天然气组分和操作条件。酸性气体分压较高，大于等于 345kPa 时，可能会用到物理溶解方法。当进料中的重烃量较大时不能使用物理溶解方法。酸性气体分压较低和产品气要求高时需要用到适当的胺处理。

9.10.5.2 总体要求

在实际应用中，每一种处理工艺都有各自的优点，在最终选择时应该考虑以下因素。

（1）天然气中的酸性杂质类型。

（2）每种杂质的浓度和去除深度。

（3）天然气处理量和可利用的温度、压力。

（4）硫黄回收的可行性。

（5）选择性去除一种或多种杂质而不去除其他杂质的可行性。

9.10.5.3 满足管道气质要求（6.08mg/m^3）脱硫

天然气中重烃和芳香烃的存在及其数量会影响工厂选址所需的环境条件，满足管道气质要求的脱硫可以减少工厂里这些杂质的影响。

9.10.5.3.1 小酸气负荷

进料中酸性气体负荷小时可考虑间歇工艺，最常用的工艺有氧化铁法、sulfa-treat 法和 sulfa-check 法。

9.10.5.3.2 中高酸气负荷

对于中高酸性气体负荷的进料，处理与去除成本较高，需要选择可再生的工艺，通常使用胺法，胺法中 DEA 是最常用的。从胺再生塔出来的酸性气体小负荷时可以放空焚烧，负荷大时也可以转化为单质硫。

9.10.5.3.3 胺系统下游处理工艺

胺系统下游的处理工艺主要是将酸性气体转化成硫黄。常用的工艺包括 LOCAT 和克劳斯。某天然气可以直接采用 LOCAT 法，不需要使用胺处理单元将酸性气体从天然气中分离出来的胺处理单元。当采用克劳斯工艺时，如果酸性气体负荷大可能需要在克劳斯单元下游增加尾气净化工艺。胺系统通常需要这一过程，因为胺再生塔会放空酸性气体（假设天然气中 H_2S 含量降至很低）。对于偏远地区的小气量处理，渗透法比较有优势，甲烷损失可以忽略，二级循环系统与胺法相比差不多。

9.10.5.3.4 总体要求

通常 H_2S 和 CO_2 都需要去除。从本质上来说，H_2S 必须全部去除，CO_2 可以部分去除。

9.10.5.3.5 低 CO_2 浓度

对于 CO_2 浓度低的进料，通常采用非选择性溶剂，比如 MEA 或 DEA 较为经济。这些工艺设备适合全部去除 CO_2，同时 H_2S 浓度也可以接受。

9.10.5.3.6 高 CO_2 浓度

对于 CO_2 浓度高的进料，通常采用选择性溶剂，比如 MDEA、环丁砜、Selexol 较为经济，它们能够去除 H_2S 的比例高于 CO_2。另一种方法是在非选择性胺单元的上游设置渗透或碳酸化工艺先去除大量的 CO_2。

采用同时去除 H_2S 和 CO_2 的选择性或非选择性工艺，将 CO_2 脱到可接受的水平是比较经济的，再采用脱硫工艺（氧化铁法、sulfa-treat 法、sulfa-check 法和 LOCAT 法）处理气体中的 H_2S。

9.10.5.4 图表选择

通过查图 9.28 至图 9.31 可以从众多方法中选择最佳工艺，能够确定该工艺是在特定条件下最经济的，但并不意味着能够取代其他工艺判断方法和覆盖所有可能的意外情况。

新工艺在不断地向前发展，现有专利工艺的修改将会改变各种方法的范围、适用性和相关成本。

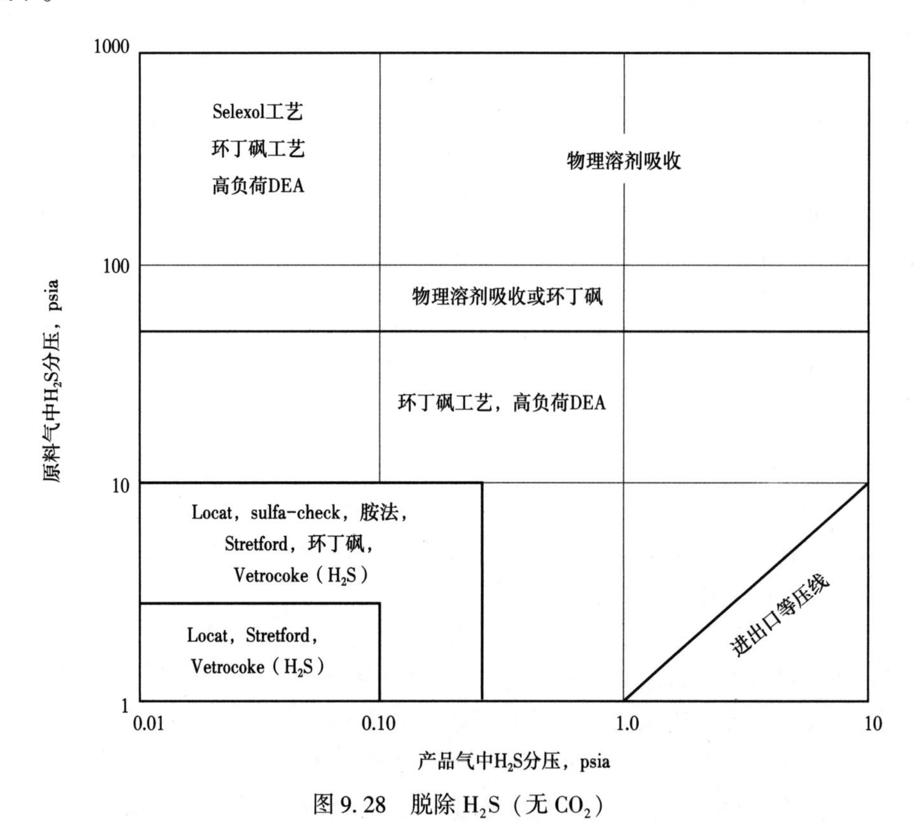

图 9.28 脱除 H_2S（无 CO_2）

选择过程如下：

（1）确定流量、温度、压力，进口物流的酸性气体浓度、出口的允许浓度。

（2）用下列公式计算酸性气体组分的分压。

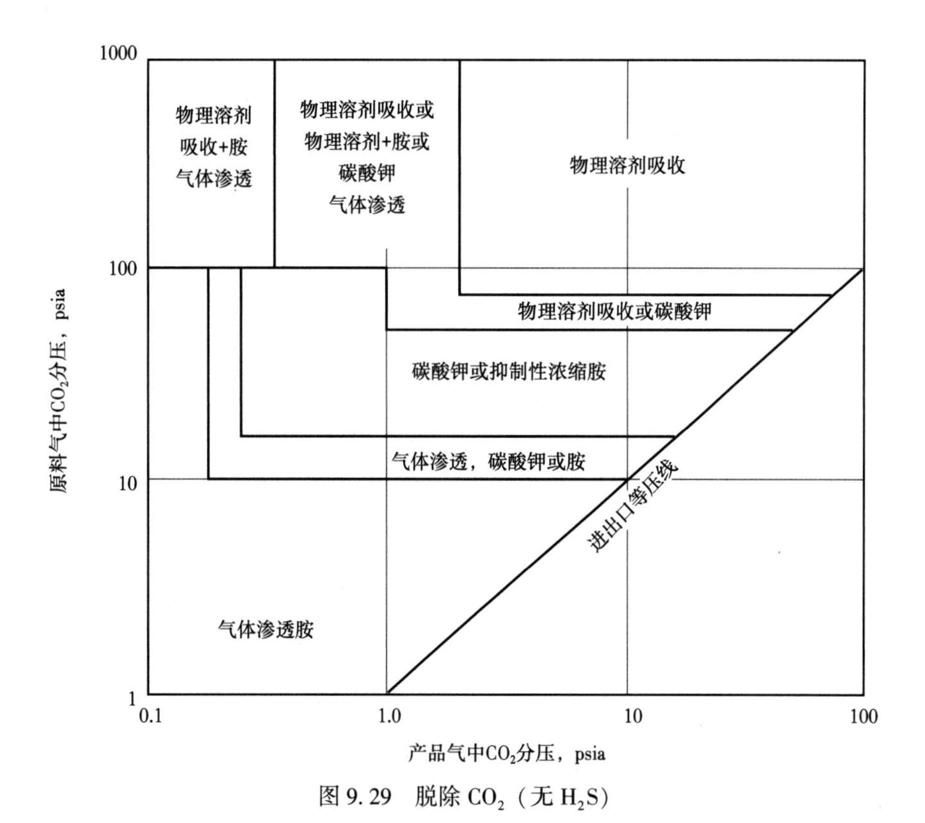

图 9.29　脱除 CO_2（无 H_2S）

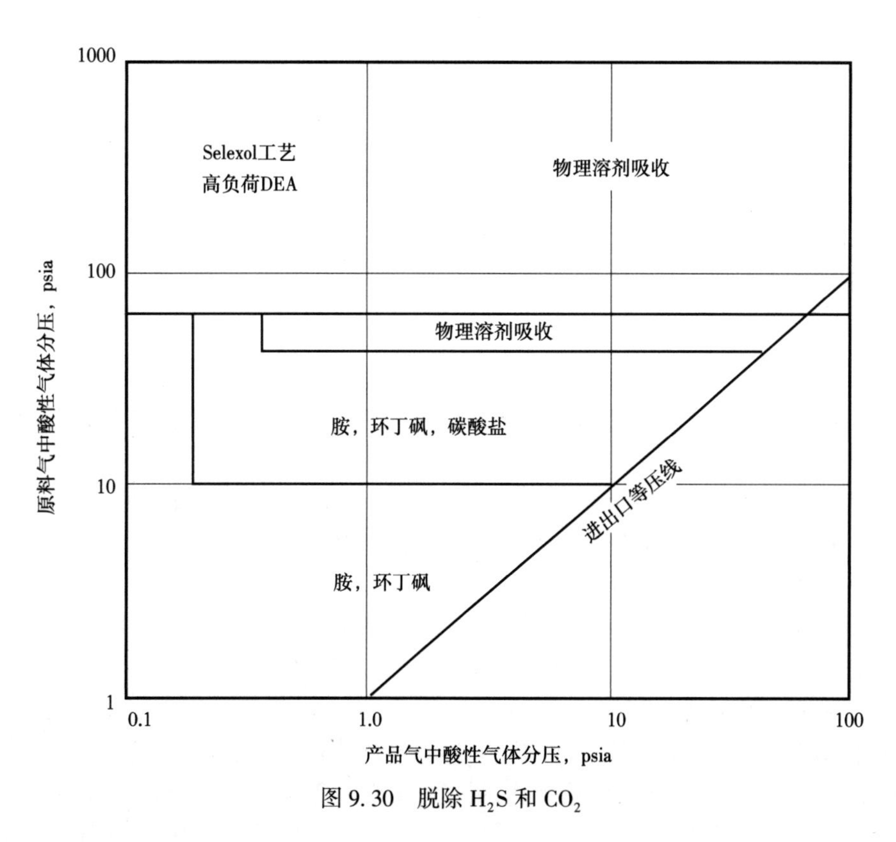

图 9.30　脱除 H_2S 和 CO_2

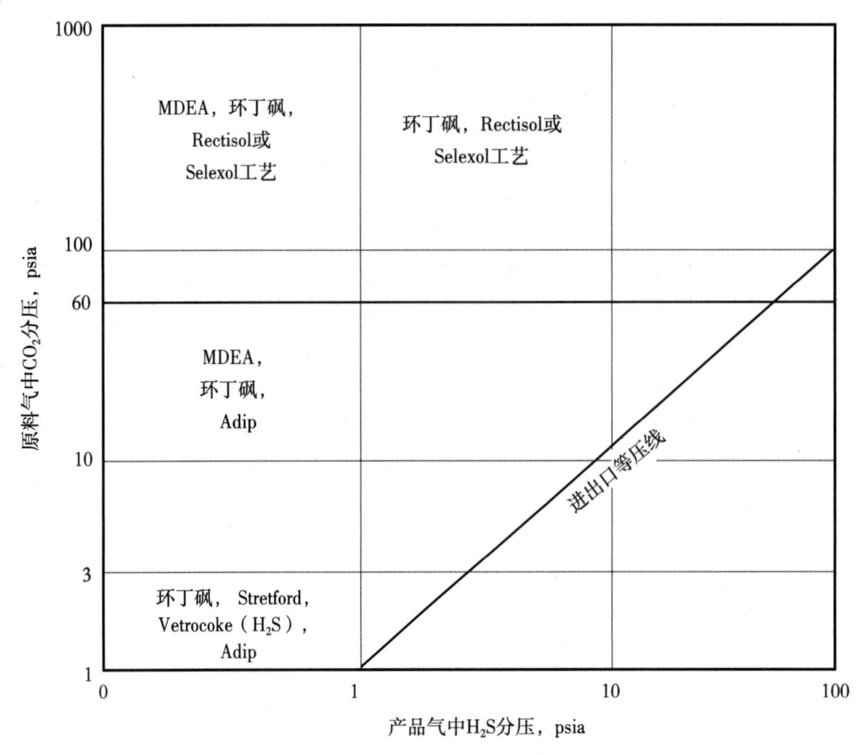

图 9.31　含 CO_2 中选择性脱除 H_2S

$$pp_i = X_i p \tag{9.2}$$

式中　pp_i——组分 i 的分压，psia（kPa）；

p——系统压力，psia（kPa）；

X_i——组分 i 的摩尔分数；

使用适当的图 9.28 至图 9.31 作为指导。

9.10.6　设计方法

9.10.6.1　海绵铁法

9.10.6.1.1　一般考虑

海绵铁脱硫工艺是将一个容器填满含水的氧化铁填料，入口管线上设硫化物取样口、温度计口、压力表口和甲醇、水或抑制剂的注入口。

天然气通过在脱硫剂床层上约 12in（0.3m）的管嘴进入容器的上部，天然气均匀地流过床层，最大限度地降低沟流的可能性。氧化铁片由一个带孔的金属盘和一个粗糙的填充材料支撑，这些材料由带保护的短管和 2~3in（50~75mm）的小直径短节组成，它们支撑了床层，同时提供一些保护免受压力波动的不利影响。天然气从容器底部的侧口排除，这种布置使粉末夹带最小化，出口管线应设一个压力表口和一个取样口。

在容器顶部、底部或大直径［直径大于 36in（0.92m）ID］容器内部，设置许多通道，对于小直径容器，在法兰的顶部和底部提供可行的解决方案。

这种容器通常使用经过热处理的碳钢制造，由于有硫化物应力开裂的可能，因此需要控制硬度。容器涂覆内涂层、内衬或衬不锈钢，内涂层一般用于 300psig（2070kPa）以下的容器，内衬层可用于较高操作压力。在带内涂层的设备中装填填料时必须小心，以免破坏涂层。

9.10.6.1.2 设计考虑因素

氧化铁容器直径的设计取决于以下几个因素。

（1）合理的床层寿命。

（2）通过床层速度。

（3）通过的压降。

（4）接触时间。

（5）沟流的可能。

下列公式包含了容器尺寸的限制条件。通过床层的表征气体流速（如气体流速除以容器截面积）通常不大于 10ft/s（3m/s），在实际的流动状态下有利于充分接触，同时防止床层压降过大。

下式给出了依据气体流速计算最小容器直径的方法。

油田单位

$$d_{min}=60\left(\frac{Q_g TZ}{pV_{gmax}}\right)^{1/2} \tag{9.3a}$$

国际单位

$$d_{min}=8.58\left(\frac{Q_g TZ}{pV_{gmax}}\right)^{1/2} \tag{9.3b}$$

式中 d_{min}——最小容器内径，cm（in）；

Q_g——气体流量，m^3/h（$10^6 ft^3/d$）；

T——操作温度，K（℉）；

Z——气体压缩因子；

p——操作压力，kPa（psia）；

V_{gmax}——最大气体流速，m/s（ft/s）。

在允许的反应热损失下，床层的 H_2S 最大吸附速率可达 $15gr/(min \cdot ft^2)(628gr/(h \cdot m^2))$。以下式来计算吸附所要求的最小容器直径。

油田单位

$$d_{min}=8945\left(\frac{Q_g \times H_2S}{\phi}\right)^{1/2} \tag{9.4a}$$

国际单位

$$d_{min}=4255\left(\frac{Q_g \times H_2S}{\phi}\right)^{1/2} \tag{9.4b}$$

式中 ϕ——吸附速率，$gr/h \cdot m^2$（$gr/minft^3$）；

H_2S——H_2S 摩尔分数。

通过式（9.3a）或式（9.4a）可以计算出容器最小直径。气体表面流速非常低时［低于 2ft/s(0.61m/s)］时，气体穿过床层会产生沟流。

容器直径的上限可利用最小流速 2ft/s 通过下式计算决定。

油田单位

$$d_{max}=60\left(\frac{Q_g TZ}{pV_{gmin}}\right)^{1/2} \tag{9.5a}$$

国际单位

$$d_{max}=8.58\left(\frac{Q_g TZ}{pV_{gmin}}\right)^{1/2} \tag{9.5b}$$

式中 d_{max}——最大容器内径，cm 或 in；

V_{gmin}——最小气体流速，m/s 或 ft/s。

选择床层体积时，最小接触时间取 60s，可以设置较大的体积，这样可以延长床层的寿命和更换周期。假设最小接触时间为 1min，容器直径和床层高度的组合应符合下列条件。

油田单位

$$d^2H \geqslant 3600\frac{Q_g TZ}{P} \tag{9.6a}$$

国际单位

$$d^2H \geqslant 73.63\frac{Q_g TZ}{P} \tag{9.6b}$$

式中 d——容器内径，cm（in）；

H——床层高度，m（ft）。

选择合适的组合时，床层高度在脱除 H_2S 时至少要 10ft（3m），脱除硫醇时至少 20ft（6m）。该组合应产生满足的压降，以确保在容器截面上适当的流量分布。容器直径应在 d_{min} 和 d_{max} 之间。在美国氧化铁填料以蒲式耳为单位出售。

一旦确定床层的直径和高度，蒲式耳体积可由下式确定

油田单位

$$\mathrm{Bu}=7.85\times10^{-5}d^2H \tag{9.7a}$$

国际单位

$$\mathrm{Bu}=0.0022d^2H \tag{9.7b}$$

式中 Bu——氧化铁体积，bu；

H——床层高度，m（ft）。

浸渍在碎屑上的氧化铁含量的单位通常用每蒲式耳碎屑上的氧化铁的磅数表示。常用等级为 6.5、9、15 或 20lbs Fe_2O_3/bu。

氧化铁的理论床层寿命由下式确定。

油田单位

$$t_c=3.14\times10^{-8}\frac{\mathrm{Fe}d^2He}{Q_g\times \mathrm{H_2S}} \tag{9.8a}$$

国际单位

$$t_c=1.48\times10^{-6}\frac{\mathrm{Fe}d^2He}{Q_g\times \mathrm{H_2S}} \tag{9.8b}$$

式中 t_c——床层寿命，d；

Fe——氧化铁容量，kg Fe_2O_3/m^3（lb Fe_2O_3/bu）；

e——系数（0.65~0.8）。

9.10.6.2　胺系统

9.10.6.2.1　一般要求

MEA 和 DEA 系统的设备设计方法是相似的。对于其他胺系统，业主应详细考虑设计信息。

9.10.6.2.2　胺吸收剂

胺吸收剂通过板式塔或填料塔与原料气逆向流动，保证胺液和酸性气体充分接触。小直径塔通常使用不锈钢填料，大直径塔通常使用不锈钢塔盘。使用常用溶液浓度和负荷的塔一般有 20 个塔盘。溶液浓度和负荷变化后需要进一步的研究，确定塔盘的数量。

胺吸收塔直径超过本节涉及范围时，应交给供货商设计。小气体流量的胺吸收塔通常在塔底设置一个整体的气体洗涤段。

洗涤器的直径与吸收塔界面直径相同。气体离开洗涤器后通过除雾器进入一个筒式塔盘。洗涤器的作用是除去气体中的夹带水和液烃，从而保护胺溶液。

用于较大气量的胺吸收塔通常有一个分离洗涤容器或超细纤维过滤分离器，这样可以降低塔的高度。这种容器应按照两相分离器设计指南设计。

对于大气量和大胺量的胺系统，出口净化气应设置洗涤器，将携带的胺液除去以减少气泡。离开胺吸收塔的净化气为饱和含水，需要进行脱水。

9.10.6.2.3　胺循环量

胺系统的循环量可根据酸性气体的流量选择溶液浓度和酸性气体的负荷来确定。

可采用下列公式。

油田单位

$$L_{MEA}=\frac{112Q_gX_A}{c\rho A_L} \tag{9.9a}$$

国际单位

$$L_{MEA}=\frac{2.55Q_gX_A}{c\rho A_L} \tag{9.9b}$$

油田单位

$$L_{DEA}=\frac{192Q_gX_A}{c\rho A_L} \tag{9.10a}$$

国际单位

$$L_{DEA}=\frac{4.39Q_gX_A}{c\rho A_L}\rho \tag{9.10b}$$

式中 L_{MEA}——MEA 溶液循环量，m^3/h 或 gal/min；

L_{DEA}——DEA 溶液循环量，m^3/h 或 gal/min；

Q_g——气体流量，标况 m^3/h 或 10^6ft^3/d；

X_A——所有酸性物质的物质的量，包括 CO_2、H_2S、硫醇，因为 MEA 和 DEA 没有选择性；

c——胺液质量分数，kg 醇胺/kg 溶液或 lb 胺/ lb 溶液；

ρ——溶液密度，kg/m^3 或 lb/gal；

A_L——酸气负荷，酸气物质的量/醇胺物质的量。

胺溶液在不同胺浓度和温度下的相对密度如图 9.32 和图 9.33 所示。

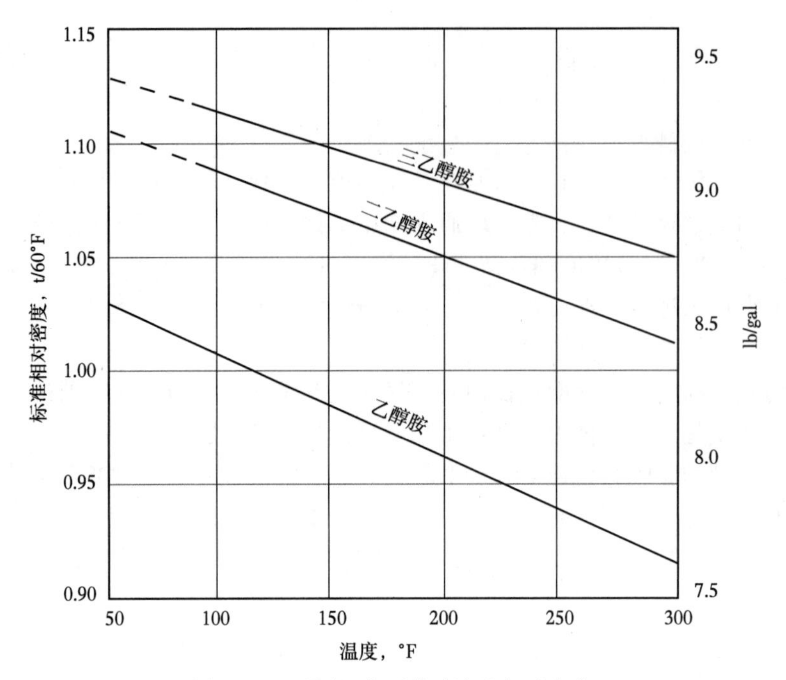

图 9.32 不同温度下的胺溶液相对密度

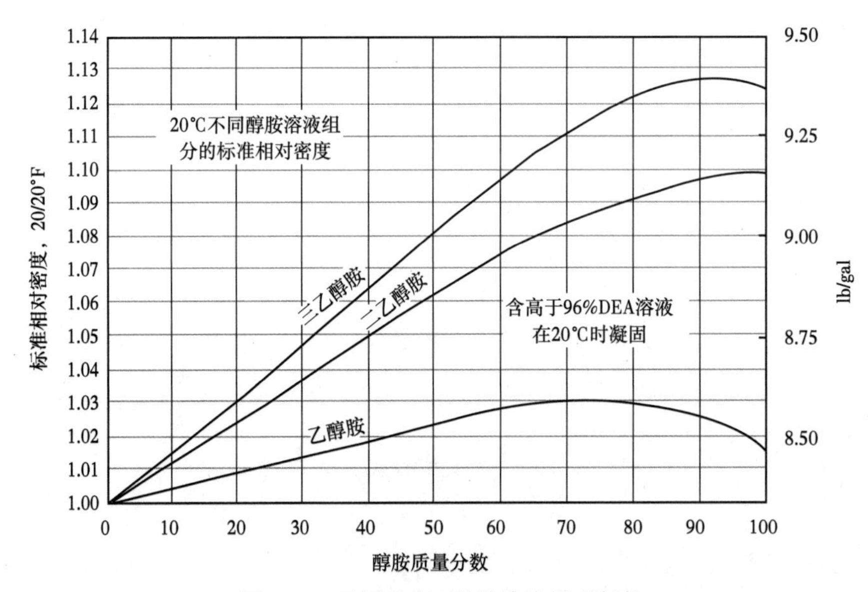

图 9.33 不同组分下的胺溶液相对密度

出于设计目的，除腐蚀速率过快的情况以外，根据下列溶液的浓度和负荷选择合适的溶液。

MEA 溶液质量分数——20%MEA

DEA 溶液质量分数——35%DEA

MEA 酸性气体负荷——0. 33mol 酸性气体/molMEA

DEA 酸性气体负荷——0. 5mol 酸性气体/molDEA

MEA 密度——8. 41lb/gal

DEA 密度——8. 71lb/gal

采用 20℃下推荐的浓度和密度（图 9. 33）。

$$
\begin{aligned}
20\%\text{MEA} = 1.008\text{SG} &= 1.008 \times 8.34\ \text{lb/gal} \\
&= 8.41\ \text{lb/gal} = 8.41 \times 0.2 \\
&= 1.68\ \text{lbMEA/gal} \\
&= 1.68/61.08 = 0.028\text{molMEA/gal} \\
35\%\text{DEA} = 1.044\text{SG} &= 1.044 \times 8.34\ \text{lb/gal} \\
&= 8.71\ \text{lb/gal} = 8.71 \times 0.35 \\
&= 3.05\ \text{lbDEA/gal} \\
&= 3.05/105.14 = 0.029\text{molDEA/gal}
\end{aligned}
$$

采用这些设计条件，由式（9. 11）和式（9. 12）可以确定所需的循环率。

油田单位

$$L_{\text{MEA}} = 202 Q_{\text{g}} X_{\text{A}} \tag{9.11a}$$

国际单位

$$L_{\text{MEA}} = 0:038 Q_{\text{g}} X_{\text{A}} \tag{9.11b}$$

油田单位

$$L_{\text{DEA}} = 126 Q_{\text{g}} X_{\text{A}} \tag{9.12a}$$

国际单位

$$L_{\text{DEA}} = 0:024 Q_{\text{g}} X_{\text{A}} \tag{9.12b}$$

根据上述公式确定的胺液循环率应增加 10%～15%的余量，这个循环率决定了所有设备和管道的尺寸和类型。

9. 10. 6. 2. 4　*反应热*

MEA 和（MDEA）是基础溶液。这些溶液与硫化氢和二氧化碳反应形成盐，吸收酸性气体的过程产生热量，反应热往往随酸性气体负荷和溶液浓度而变化。

当 MEA 溶液质量分数为 15%～25%时，H_2S 吸收热变换范围为 550～670Btu/lb（1280000～1558000J/kg），CO_2 吸收热变换范围为 620～700Btu/lb（1442000～1628000J/kg）。

当 DEA 溶液质量分数为 25%～35%时，H_2S 吸收热变换范围为 500～600Btu/lb（1163000～1396000J/kg），CO_2 吸收热变换范围为 580～650Btu/lb（1349000～1512000J/kg）。

表 9. 5 和表 9. 6 给出了随 DEA 溶液浓度变化的 CO_2 和 H_2S 反应热。当胺与酸性气体首次接触并发生反应时，反应热释放出来，因此，大部分的热量产生在接触器的底部靠近入口管嘴的地方。气体沿塔上升过程中与胺交换热，离开塔时的温度比入口胺温度稍高。入口胺通常高于入口气 5. 5℃（10℉）。

胺入口温度可以通过塔的热平衡估算，进入塔的热量总和包括进入原料气热量、进入胺液热量和反应热，离开塔的热量包括出口气、富胺液和塔散失到大气的热量。

表 9.5 DEA 溶液中的 CO_2 反应热

35%(质量分数)DEA		
摩尔比 CO_2/DEA	J/kg	Btu/lb CO_2
0.2	1730000	744
0.4	1479000	636
0.5	1310000	563
0.6	1140000	490
0.8	907000	390
25%(质量分数)DEA		
摩尔比 CO_2/DEA	J/kg	Btu/lb CO_2
0.2	1593000	685
0.4	1384000	595
0.6	1103000	474
0.8	889000	382

表 9.6 DEA 溶液中的 H_2S 反应热

摩尔比 H_2S/DEA	J/kg	Btu/lb H_2S
0.2	1405000	604
0.3	1342000	577
0.4	1279000	550
0.6	1177000	506
0.8	937000	403
1.0	484000	208
1.2	368000	158
1.4	323000	139

9.10.6.2.5 闪蒸器

来自吸收塔的富胺液通过闪蒸去除一些溶解的烃类，当压力下降的时候，少量的酸性气体也会被闪蒸出来，溶解的烃闪蒸到气相被除去。少量的液烃聚集在分离器，因此，需要除去这些液烃。或者，吸收塔入口原料气中重烃的含量高，三相闪蒸分离器可从富胺液中分离出液烃。闪蒸器通常在操作工况下，按胺液一半液位考虑，应保证 2~3min 的停留时间，闪蒸气流量和组成需要通过模拟计算确定。

9.10.6.2.6 胺液重沸器

胺液重沸器为进入气提塔的胺液提供热量，在气提塔中进行逆向反应，释放酸性气体。重沸器热负荷应综合考虑后确定，重沸器的负荷越高，冷凝器的负荷越高，可通过提高回流比来减少塔盘数量，进而降低塔高。重沸器的负荷越小，回流比越小，则需要的塔数量越多。

通常，对于一座 20 块塔盘的气提塔来说，重沸器的负荷如下：

MEA 系统——1000~1200Btu/lb［$(280\sim330)\times10^3 J/m^3$］贫液；

DEA 系统——900~1000Btu/lbs［$(250\sim280)\times10^3 J/m^3$］贫液。

因此，重沸器负荷由公式（9.13）和公式（9.14）来估算。

油田单位

$$q_{reb}=72000L_{MEA} \tag{9.13a}$$

国际单位

$$q_{reb}=92905L_{MEA} \tag{9.13b}$$

油田单位

$$q_{reb}=60000L_{DEA} \tag{9.14a}$$

国际单位

$$q_{reb}=77421L_{DEA} \tag{9.14b}$$

式中 q_{reb}——重沸器负荷，W 或 Btu/h；

L_{MEA}——MEA 循环量，m^3/h 或 gal/min；

L_{DEA}——DEA 循环量，m^3/h 或 gal/min。

重沸器应能提供上述负荷。这也可以确定冷凝器负荷以及匹配有 20 块塔盘的气提塔的回流比。重沸器的操作温度由操作压力和贫液浓度决定。通常重沸器的温度在以下范围：

MEA 重沸器——225~260℉（107~127℃）

DEA 重沸器——230~250℉（110~121℃）

出于设计目的，当气提塔操作压力为 10psig（69kPa）时，重沸器温度可假定为 20% MEA 下 245℉（118℃），35%DEA 下 250℉（121℃）。不同压力下沸点与溶液浓度的曲线如图 9.34 和图 9.35 所示。

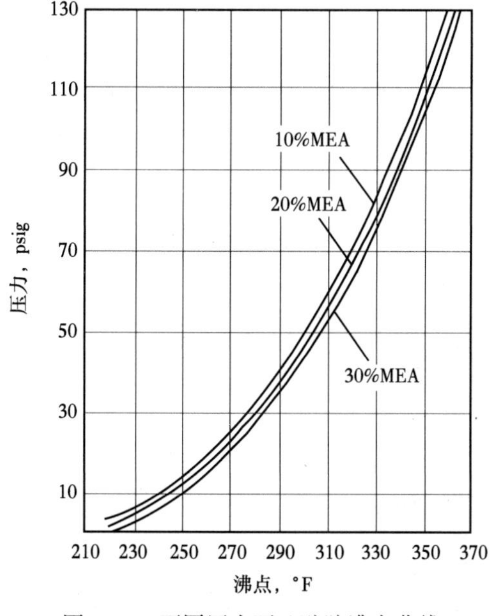

图 9.34 不同压力下乙醇胺沸点曲线

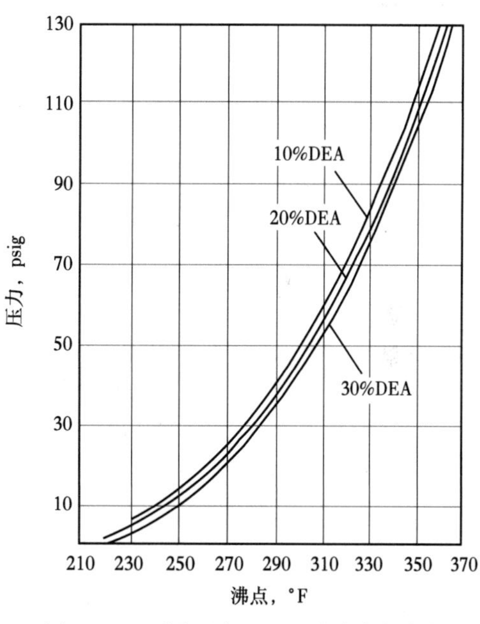

图 9.35 不同压力下二乙醇胺沸点曲线

9.10.6.2.7 胺液气提塔

利用重沸器的热量使化学反应向逆反应方向进行，产生 CO_2 和 H_2S，并产生蒸气，这股蒸气作为气提气从溶液中带走 CO_2 和 H_2S 到达塔顶。为了使溶液和气流充分接触，气提塔设置塔盘或填料，填料通常应用于小直径塔，板式塔通常应用于大直径塔。典型气提塔操作压力 10~15psig（63~103kPa），塔盘 20 块，设重沸器和塔顶冷凝器。

富胺液进料从第3或第4层塔盘进入气提塔，贫胺液从塔底离开，酸气从塔顶离开。气提塔的最大流量可以计算获得，塔的尺寸也可以通过计算确定，液相最大流量在塔底部塔盘位置是最大的，塔盘内的液体包括从塔内流出的贫胺液加上用来提供重沸器产生足够蒸汽的水。

贫胺液循环量已知，由重沸器的负荷、压力、温度可以估算出产生的蒸气量。因此，水的量可以通过假设产生蒸气的热量来近似计算。

油田单位

$$W_{H_2O}=\frac{q_{reb}}{\lambda} \tag{9.15a}$$

国际单位

$$W_{H_2O}=3600\frac{q_{reb}}{\lambda} \tag{9.15b}$$

式中 W_{H_2O}——水流量，m^3/h 或 gal/min；

q_{reb}——重沸器负荷，W 或 Btu/h；

λ——气提塔压力下水的气化潜热，J/kg 或 Btu/lb。

水流量（gal/min 或 m^3/h）可以近似为

油田单位

$$L_{H_2O}=0.002\frac{q_{reb}}{\lambda} \tag{9.16a}$$

国际单位

$$L_{H_2O}=3.6\frac{q_{reb}}{\lambda} \tag{9.16b}$$

式中 L_{H_2O}——水流量，m^3/h 或 gal/min。

塔内气相流量应在塔的两端分别计算，塔径计算取较大值。在塔底，气相流量等于重沸器产生的蒸气流量［公式（9.15）］，在塔顶，气相流量等于塔顶蒸气流量加上酸性气体的流量。

塔顶的蒸气流量近似等于重沸器产生蒸气流量［公式（9.15）］减去下降胺液从入口温度到重沸器温度变化冷凝蒸气量和酸性气体蒸发冷凝蒸气量。

油田单位

$$W_{stream}=\frac{q_{reb}-(q_{la}-q_{ra}+q_{ag})}{\lambda} \tag{9.17a}$$

国际单位

$$W_{stream}=3600\frac{q_{reb}-(q_{la}-q_{ra}+q_{ag})}{\lambda} \tag{9.17b}$$

式中 W_{stream}——顶部蒸气流量，kg/h 或 lb/h；

q_{reb}——重沸器负荷，W 或 Btu/h；

q_{la}——贫胺液热负荷，W 或 Btu/h；

q_{ra}——富胺液热负荷，W 或 Btu/h；

q_{ag}——酸性气体热负荷，W 或 Btu/h；

λ——气提塔压力下水的气化潜热，J/kg 或 Btu/lb。

富胺液和贫胺液的比热容［Btu/(lb°F)］如图 9.36 所示。

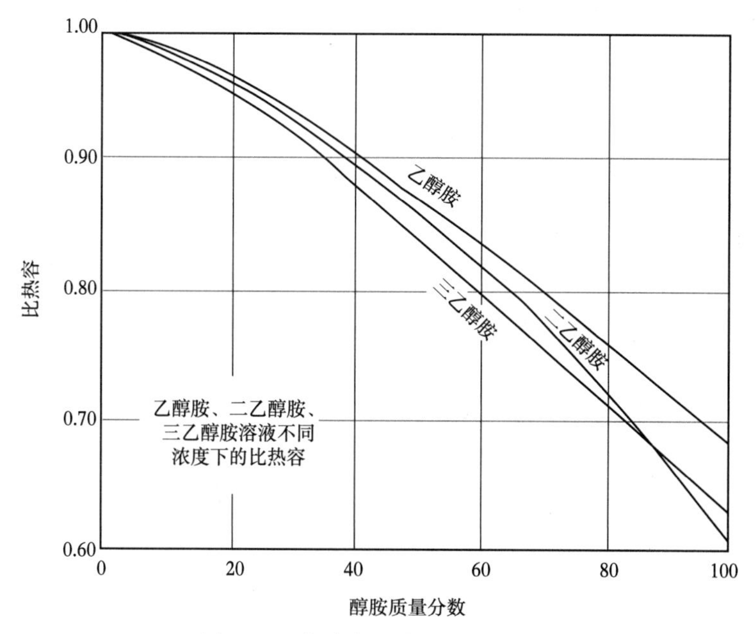

图 9.36　富胺液和贫胺液的比热容

9.10.6.2.8　塔顶冷凝器和回流罐

胺气提塔塔顶冷凝器是典型的风冷翅片换热器，一旦重沸器的负荷确定，塔顶空冷器的负荷可通过气提塔的热平衡计算确定，可以进行详细的计算机模拟来确定热平衡和冷凝器的负荷。

利用一种简单算法，可得稍微大的冷凝器（<5%），就是认为冷凝器的负荷等于再生器负荷减去贫胺液从进塔入口温度到进再生器温度所需热量和酸性气体的反应热。这种方法忽略了离开冷凝器的水蒸气和酸性气体中的热量，塔顶冷凝器将来自气提塔塔顶的蒸气冷却和冷却一些蒸气浓缩后回流。冷凝器出口温度通常为 130~145°F（54~63℃），这取决于环境温度，通常高于环境最高温度 20~30°F（11~16℃）。设置冷凝器出口温度/回流罐压力小于冷凝器操作压力（0~5psig），离开冷凝器的蒸气量可由下式计算。

油田单位

$$V_r=\frac{(p_R+14.7)A_G}{(p_R+14.7)-pp_{H_2O}}\times\frac{1}{24} \tag{9.18a}$$

国际单位

$$V_r=\frac{(p_R+101.35)A_G}{(p_R+101.35)-pp_{H_2O}}\times\frac{1}{24} \tag{9.18b}$$

式中　V_r——离开冷凝器的蒸气摩尔速率，kg·mol/h 或 lb·mol/h；

p_R——回流罐的压力，kPa（psig）；

A_G——酸性气体处理量，kg·mol/d 或 lb·mol/d；

pp_{H_2O}——冷凝器出口温度下水的分压，kPa 或 psia。

回流量由冷凝器冷凝的蒸气量确定。以首块塔盘 210℉（100℃）作为假设，计算离开冷凝器的蒸气从 210℉（100℃）冷却到冷凝器出口温度的热负荷，剩余的塔顶冷凝器负荷是蒸气的冷凝负荷。使用蒸气表，回流量可由下式计算。

油田单位

$$W_r = 3600\frac{q_{cond} - q_{vr}}{h_s - h_L} \tag{9.19a}$$

国际单位

$$W_r = 3600\frac{q_{cond} - q_{vr}}{h_s - h_L} \tag{9.19b}$$

式中 q_{cond}——冷凝器负荷，W 或 Btu/h；

q_{vr}——塔顶蒸气冷却到冷凝器出口温度的热负荷，W 或 Btu/h；

h_s——塔顶温度下蒸气焓值，W 或 Btu/lb；

h_L——冷凝器出口温度下水焓值，W 或 Btu/lb；

W_r——回流量，kg/h 或 lb/h。

进入冷凝器的蒸气量是离开回流罐的蒸气量和回流的凝结水量的总和。由此可以估算蒸气分压，再从蒸气表中得到分压下相应的温度，这是离开塔的蒸气的温度，若这个温度与假设不一致，应重新计算直到假设温度和计算温度一致。

回流罐是一个分离器，用于从酸性气体和凝结水中分离蒸气。根据塔顶蒸气的流量和回流量可以计算回流罐的尺寸。液相停留时间为 3min。

9.10.6.2.9 贫富胺液换热器

贫富胺液换热器通常是管壳式换热器，具有腐蚀性的富液走管程。换热器的作用是通过从贫液中吸收热量从而减小再生器负荷。流量和入口温度一般是已知的，因此，出口温度和负荷可通过假定一个出口的近似温度确定。

选择的近似温度越小，换热器负荷和交换热量越大，换热器尺寸会更大，投资会更高。温度在 30℉（16℃）时是最经济的，平衡了贫富热换热器的费用和再生器费用。换热器负荷可由下式估算。

油田单位

$$q_{MEA} = 500 L_{MEA} SG_{MEA} C_{PMEA} \Delta T \tag{9.20a}$$

国际单位

$$q_{MEA} = 0.277 L_{MEA} SG_{MEA} C_{PMEA} \Delta T \tag{9.20b}$$

油田单位

$$q_{DEA} = 500 L_{DEA} SG_{DEA} C_{PDEA} \Delta T \tag{9.21a}$$

国际单位

$$q_{DEA} = 0.277 L_{DEA} SG_{DEA} C_{PDEA} \Delta T \tag{9.21b}$$

式中 q_{MEA}——MEA 换热器负荷，W 或 Btu/h；

q_{DEA}——DEA 换热器负荷，W 或 Btu/h；

L_{MEA}——MEA 循环量，m^3/h 或 gal/min；

L_{DEA}——DEA 循环量，m^3/h 或 gal/min；

C_{PMEA}——MEA 比热容，kJ/(kg · K)或 Btu/(lb · ℉)；

C_{PDEA}——DEA 比热容，kJ/(kg·K)或 Btu/(lb·°F)；

ΔT——胺液温差，°F或℃；

SG_{MEA}——MEA 相对密度；

SG_{DEA}——DEA 相对密度。

9.10.6.2.10 胺液空冷器

为了使脱酸性气体装置适应不同的工况，有必要严格控制进入吸收塔贫胺液的温度，通常利用空冷器降低贫胺液进入吸收塔的温度。贫液进入吸收塔的温度应比进入酸性气体的温度高 10°F（5℃）。胺液温度较低时，在吸收塔内气体冷却使烃类凝结，会导致发泡；胺液温度较高会提高胺液的蒸气压，导致胺液损失上升，胺液温度较高也会增加出口气的温度，增加气中水的含量，增加下游脱烃装置的负荷。

空冷器负荷根据贫胺液的流量、离开贫富液换热器的贫胺液温度和酸性气体入口温度计算。

油田单位

$$q_{cooler}=500L_{LA}SGC_{PLA}(T_{out}-T_{in}) \tag{9.22a}$$

国际单位

$$q_{cooler}=\frac{L_{LA}SGC_{PLA}(T_{out}-T_{in})}{3600} \tag{9.22b}$$

式中 q_{cooler}——贫胺液空冷器负荷，W 或 Btu/h；

SG——贫胺液相对密度（水=1.0）；

L_{LA}——贫胺液循环量，m^3/h 或 gal/min；

C_{PLA}——贫胺液比热容，kJ/(kg·K)或 Btu/(lb·°F)；

T_{out}——贫胺液空冷器出口温度，=原料气温度+2.2℃或°F；

T_{in}——贫胺液空冷器入口温度，=贫胺液换热器出口温度℃或°F。

9.10.6.2.11 胺液净化

由于副反应或分解反应，多种杂质会在胺系统中累积。去除这些杂质的方法取决于胺参与的反应。在 MEA 工艺中，原料气中含有 COS 和 CS_2 时，副反应会产生热稳定盐，这些盐应该被去除。基于这个原因，MEA 系统通常包含一个除杂装置，这个装置是一种釜式的重沸器，安装在贫液的旁路上。除杂装置将水和 MEA 蒸发至容器顶部再回到吸收塔，把热稳定盐留在除杂装置中。装置装满后，废液将排至污水回收装置。这样杂质就可以从系统中去除，但是与杂质结合的 MEA 也损失掉了。

对于 DEA 系统，不需要除杂装置，因为在吸收塔中和 COS 和 CS_2 的反应是相反的。从 CO_2 中分离出的少量降解产物，利用在贫液旁路上的活性炭过滤器除去。

9.10.6.2.12 胺液泵

胺装置的大部分能耗来自胺液泵。通常，胺工艺包含增压泵和循环泵，增压泵位于胺气提塔的下游，提供足够的压头，通常为 25~40psi（72~275kPa），使贫胺液通过过滤设备、贫富液换热器、胺液空冷器，最终进入贫胺液储罐。增压泵通常采用离心式，并有 100%流量备用。增压泵的功率可由下式估算。

油田单位

$$\text{BHP}=\frac{\Delta pL_{LA}}{1714e} \tag{9.23a}$$

国际单位

$$BHP=\frac{\Delta pL_{LA}}{3598e} \tag{9.23b}$$

式中 BHP——泵功率，kW 或 hp；

Δp——压差，kPa 或 psi；

L_{LA}——贫胺液循环量，m^3/h 或 gal/min；

e——泵效率，离心泵＝0.7，往复泵＝0.9。

胺液循环泵把贫胺液储罐中的贫胺液增压到吸收塔的操作压力。离心泵和容积泵都是常用的，泵类型的选择取决于吸收塔的操作压力。典型配置是设置 3 台 50%流量的泵提供备用量。循环泵功率可以用增压泵计算功率的公式计算，但是要考虑从储罐压力提高至吸收塔压力过程中的阻力压降。

9.10.6.2.13 胺系统计算程序

（1）确定闪蒸罐尺寸。

（2）确定贫富液换热器负荷。

（3）设置气提塔塔顶冷凝器出口温度，比最高环境温度高 20～30℉（℃），计算酸性气体和蒸气流量。

（4）通过气提塔的能量核算确定冷凝器负荷和回流量。

（5）计算回流罐尺寸。

（6）确定贫胺液空冷器负荷和贫胺液离开正如前面确定的贫富液换热器的温度。

（7）通过公式（9.23）确定增压泵和循环泵的功率。

案例设计（油田单位）

例题 1：氧化铁法

已知

$Q_g=2\times10^6ft^3/d$；

$SG=0.6$；

$H_2S=19mg/m^3$；

$p=1200psig$；

$T=100℉$。

不含硫醇

解析

第 1 步 根据气体流速计算最小容器直径［公式（9.3a）］。

油田单位

$$d_{min}=60\left(\frac{Q_gTZ}{pV_{gmax}}\right)^{1/2}$$

式中 d_{min}——最小容器内径，in；

Q_g——气体流量，$10^6ft^3/d$；

T——操作温度，℉；

Z——气体压缩因子；

p——操作压力，psia；

V_{gmax}——最大气体流速，ft/s。

$$z=0.85$$

$$V_{gmax}=10\mathrm{ft/s}$$

$$d_{min}=60\left[\frac{2\times(100+460)\times 0.85}{(1200+14.7)\times 10}\right]^{1/2}$$

$$d_{min}=16.8\mathrm{in}$$

第 2 步　根据吸附要求计算最小容器直径［公式（9.4a）］。

油田单位

$$d_{min}=8945\left(\frac{Q_g X_{H_2S}}{\phi}\right)^{1/2}$$

式中　ϕ——吸附速率，gr/(min·ft²)；

X_{H_2S}——H_2S 摩尔分数。

若取　吸附速率=15gr/(min·ft²)

$$d_{min}=8945\left(\frac{2\times 0.000019}{15}\right)^{1/2}$$

$$d_{min}=14.2\mathrm{in}$$

第 3 步　计算最大直径［公式（9.5a）］。

油田单位

$$d_{max}=60\left(\frac{Q_g TZ}{pV_{gmin}}\right)^{1/2}$$

式中　d_{max}——最大容器内径，in；

V_{gmin}——最小气体流速，ft/s=2 ft/s。

$$d_{max}=60\left[\frac{2\times(100+460)\times 0.85}{(1200+14.7)\times 2}\right]^{1/2}$$

$$d_{max}=37.6\mathrm{in}$$

因此，直径范围为 16.8~37.6in。

第 4 步　选择循环时间，1 个月或更长［公式（9.8a）］。

油田单位

$$t_c=3.14\times 10^{-8}\frac{\mathrm{Fe}d^2He}{Q_g X_{H_2S}}$$

式中　t_c——循环时间，d。

Fe——氧化铁体积，lb/bu；

e——效率，(0.65~0.8)。

$$d^2H=\left(\frac{t_c Q_g X_{H_2S}}{3.14\times 10^{-8}\mathrm{Fe}e}\right)$$

$$d^2H=\frac{30\times2\times0.000019}{(3.14\times10^{-8})\times9\times0.65}$$

$$d^2H=6206$$

d，in	H，ft
18	19.15
20	15.52
22	12.82
24	10.77
30	6.90
36	4.79

容器直径可选择 30in，虽然 t_c 和 e 是任意的，但是 10ft 高的床层是可以接受的。

第 5 步　计算购买氧化铁量［公式（9.7a）］。

油田单位

$$Bu=0.0044d^2H$$

式中　Bu——氧化铁体积，bu。

$Bu=0.0044\times30^2\times10$；

$Bu=39.6$bu

例题 2：胺吸收工艺（DEA）

已知

原料气体积 = 100×10^6ft^3/d；

原料气相对密度 = 0.67SG（空气 = 1.0）；

压力 = 1000psig；

原料气温度 = 100℉；

入口 CO_2 含量 = 4.03%；

出口 CO_2 含量 = 2%；

入口 H_2S 含量 = 19mg/m^3 = 0.0019%；

出口 H_2S 含量 = 4mg/m^3；

最高环境温度 = 100℉。

解析

第 1 步　工艺选择［公式（9.3a）］。

入口酸性气体总量 = 4.03% + 0.0019% = 4.032%

入口酸性气体分压 = 1015×（4.032/100）= 40.9psia

出口酸性气体总量 = 2%

出口酸性气体分压 = 1015×（2/100）= 20.3psia

根据图 9.29［脱除 CO_2（无 H_2S）］脱除 CO_2 和 H_2S，可以选择：胺液、环丁砜和碳酸盐溶液。

第2步　DEA 循环量。

利用公式（9.10a）确定循环量。

油田单位

$$L_{DEA}=\frac{192Q_gX_A}{c\rho A_L}$$

式中　L_{DEA}——DEA 溶液循环量，m^3/h 或 gal/min；

Q_g——气体流量，标况 m^3/h 或 $10^6ft^3/d$；

X_A——要求除去的总酸性气体分数，酸性气体去除物质的量/入口气体总物质的量，注：当 MEA 和 DEA 没有选择性时，X_A 代表所有酸性物质的物质的量，包括 CO_2、H_2S、硫醇；

c——胺液质量分数，kg 醇胺/kg 溶液或 lb 胺/lb 溶液；

ρ——溶液密度，kg/m^3 或 lb/gal；

A_L——酸气负荷，mol/mol。

$\rho=8.71lb/gal$，$c=0.35lb/lb$；

$A_L=0.50mol/mol$；$Q_g=100\times10^6ft^3/d$；

$X_A=4.032\%=0.04032$

注：当 DEA 对 H_2S 无选择性时，为了满足出口 H_2S 要求，几乎所有的 CO_2 将脱除。

$$L_{DEA}=\frac{192\times100\times0.04032}{0.35\times8.71\times0.50}=508gal/min$$

增加余量10%之后等于 560gal/min。

第3步　重沸器负荷。

利用公式（9.14a）确定重沸器负荷。

油田单位

$$q_{reb}=60000L_{DEA}$$

式中　q_{reb}——重沸器负荷，Btu/h；

L_{DEA}——DEA 溶液循环量，gal/min；

$$q_{reb}=60000\times560$$

$$q_{reb}=33.6\times10^6Btu/h$$

第4步　吸收热平衡。

在吸收塔进行如下热平衡：

设定胺液入口温度高于原料气入口温度10℉，或为110℉。

假定原料气离开吸收塔的温度接近胺液入口温度5℉，或出口温度115℉。确定 CO_2 吸收反应热负荷和考虑安全因素的循环。

$$吸收\ CO_2\ 物质的量=\frac{100\times10^6ft^3/d\times0.04032}{3795.5ft^3/mol}$$

$$=10620mol/d$$

$$DEA\ 循环物质的量=560gal/min\times8.71lb/gal\times0.35lb/lb\times mol/105.14lb\times1440min/d=23400mol/d$$

吸收负荷 CO_2 物质的量/DEA 物质的量 = 10620/23400 = 0.45，根据表 9.5（DEA 溶液中的 CO_2 反应热），35%DEA 对 CO_2 反应热是 592Btu/lb。

$$对\ CO_2\ 总反应热 = 592\ Btu/lb \times 10620mol/d \times 1/24 \times 44lb/mol = 11.5 \times 10^6 Btu/h$$

$$吸收\ H_2S\ 物质的量 = \frac{100 \times 10^6 ft^3/d \times (0.000019 - 0.000004)}{379.5ft^3/mol} = 3.95mol/d$$

$$600\ Btu/lb\ H_2S \times 3.95 \times 1/24 \times 34lb/mol = 3360Btu/h$$

数值较小，可以忽略。

计算吸收塔 DEA 出口温度。

空气摩尔分子量 = 28.96

$$气体流量 = \frac{100 \times 10^6 ft^3/d \times 0.67 \times 28.96}{24 \times 379.5} = 213000lb/h$$

气流获得热量

$$Q = 213000lb/h \times (115-100)°F \times 0.65Btu/(lb \cdot °F) = 2.08 \times 10^6 Btu/h$$

散失到大气中的热量取决于大气温度、表面积、风速等。

假定非绝热吸收器有 5%的反应热损失到大气中。

出口胺液获得的总热量 = 反应热 - 气流获得热量 - 散失到大气的热损失

$$出口胺液获得热量 = 11.5 \times 10^6 Btu/h - 2.08 - (11.5 \times 0.05) = 8.9 \times 10^6 Btu/h$$

$$富胺液出口温度 = \frac{8.9 \times 10^6 Btu/h}{560gal/min \times 8.71lb/gal \times 60min/h \times 915Btu/(lb \cdot °F)} + 110°F = 143°F$$

第 5 步　闪蒸罐。

确定闪蒸罐尺寸。

操作压力 = 150psig

操作温度 = 143°F

胺液循环量 = 560gal/min

$$闪蒸\ CO_2(Max) = \frac{10620mol/d}{1440min/d} \times \frac{44lb}{mol} = 325lb/min$$

吸收 H_2S（Max）可忽略。

操作液位按一半计算，停留时间为 3min。

第 6 步　贫富液换热器。

确定贫富液换热器的负荷：

$$贫液流量 = 560gal/min \times 8.71 \times 60 = 293000lb/h$$

$$富液流量 = 293000 + \frac{10620mol_{CO_2}/d \times 44lb/mol}{24h/d} + \frac{4mol_{H_2S}/d}{24h/d}$$

$$\times 34\text{lb/mol} = 312000\text{lb/h}$$

假定 DEA 重沸器温度为 250℉，富胺液温度低于重沸器 30℉。

富胺液入口温度 = 143℉（从吸收塔来）

富胺液出口温度 = 250℉ − 30℉ = 220℉。

计算贫胺液出口温度，假定富胺液的比热容和贫胺液的比热容相同为 0.915Btu/(lb·℉)。

$$T_{\text{out}} = 250 - \left[(220-143) \times \frac{312000}{293000} \right] = 168℉$$

$$\text{换热器负荷} = 312000\ \text{lb/h} \times 0.915 \times (220-143)$$
$$= 22\times10^{6}\text{Btu/h}$$

第 7 步　气提塔塔顶。

设置冷凝器出口温度，计算酸性气体和蒸气流量。计算冷凝器尺寸和回流量。酸性气体和蒸气将被排掉、闪蒸或到下游除去 H_2S。

取冷凝器温度高于最大环境温度 30℉，取 130℉。

根据蒸气表查得 130℉下水的分压 2.22psia。

气提塔和回流罐操作压力 10psig（24.7psia）

计算离开回流冷凝器的蒸气量

油田单位

$$V_{\text{r}} = \frac{(p_{\text{R}}+14.7)\ A_{\text{G}}}{(p_{\text{R}}+14.7)\ - pp_{\text{H}_2\text{O}}} \times \frac{1}{24}$$

式中　V_{r}——离开回流冷凝器的蒸气量，lb·mol/h；

p_{R}——回流罐压力，psig；

A_{G}——酸性气体处理量；lb·mol/d；

$pp_{\text{H}_2\text{O}}$——冷凝器出口温度下的水的分压，psia。

$$V_{\text{r}} = \frac{24.7\times(\text{CO}_2\ \text{物质的量} + \text{H}_2\text{S}\ \text{物质的量})}{24.7 - pp_{\text{H}_2\text{O}}}$$

$$V_{\text{r}} = \frac{24.7\times(10620+4)}{24.7-2.22} = 11700\text{mol/d}$$

$V_{\text{steam}} = 11700 - 10624 = 1100\text{mol/d}$

$W_{\text{H}_2\text{O}} = 1100\text{mol/d} \times 18\ \text{lb/mol} = 19800\ \text{lb/d}$

$= 800\ \text{lb/h}$ 冷凝器损失量

第 8 步　冷凝器负荷和循环量。

通过气提塔的能量平衡计算冷凝器负荷和循环量。

$$q_{\text{reb}} = q_{\text{steam}} + q_{\text{H}_2\text{O}} + q_{\text{CO}_2} + q_{\text{amine}} + q_{\text{cond}}$$

气化酸性气体需要热量（逆向反应）：

$$q_{\text{CO}_2} = 11.5\times10^{6}\text{Btu/h}\ \text{和}\ q_{\text{H}_2\text{S}} = 3\times10^{3}\text{Btu/h}$$

计算 DEA 进出口的热量差。

$$q_{la}=293000\ \text{lb/h}\times0.915\ (250-220)\ =8\times10^{6}\text{Btu/h}$$

$$q_{cond}=33.6-8-11.5\text{Btu/h}$$

$$q_{cond}=14\times10^{6}\text{Btu/h}$$

循环冷凝器必须将酸性气体和蒸气从第一块塔盘温度冷却至 130℉ 和冷却要求的回流量。

假设第一块塔盘的温度为 210℉。

冷却酸性气体的估算热量：

$$q_{ag}=\frac{10624\text{mol/d}}{24\text{h/d}}\times44\times0.65\text{Btu/(lb}\cdot\text{℉)}\times(210-130)$$
$$=1.01\times10^{6}\text{Btu/h}$$

$$W_{reflux}=\frac{(14-1.01)\ \times10^{6}\text{Btu/h}}{(1149.7-180)\ \text{Btu/lb}}=13324\text{lb/h}$$

计算离开第一块塔盘的气相流量：

$$V_{top}=10624\text{mol/d}A_{G}+\frac{(13368+788)}{18\text{lb/mol}}\times24$$
$$=29440\text{mol/d}\ \text{蒸汽量和酸性气体量}$$

$$\text{mol/d}\ \text{水}=29440-10624=18816$$

$$\text{塔顶气相中的}\ pp_{H_2O}=\frac{(18816)\ \times24.7\text{psia}}{29440\text{mol/d}}=15.8\text{psia}$$

根据表 9.7，pp_{H_2O}为 15.8psia 对应温度 214℉。

假设第一块塔盘的温度为 214℉再进行计算。

$$q_{ag}=\frac{10624}{24}\times44\times0.65\text{Btu/}\ (\text{lb}\cdot\text{℉})\ \times(214-130)$$
$$=1.060\times10^{6}\text{Btu/h}$$

$$W_{reflux}=\frac{(14-1.06)\ \times10^{6}\text{Btu/h}}{(1151.2-180)\ \text{Btu/lb}}=12290\text{lb/h}$$

$$V_{top}=10624\text{mol/d}A_{G}+\frac{(12244+788)}{18}\times24$$
$$=28100\text{mol/d}$$

$$V_{\text{水}}=28100-10624=17480\text{mol/d}$$

$$\text{塔顶气相中的}\ pp_{H_2O}=\frac{(17480)\ \times24.7\text{psia}}{28100\text{mole/day}}=15.4\text{psia}$$

根据表 9.7，pp_{H_2O}为 15.4 psia 对应温度 214.3℉。

表 9.7 标准干蒸汽特性表

温度 t ℉	绝压 psia p	标准体积，ft³/lb			焓值，Btu/lb			熵值，Bbu/lb		
		标准液相 V_f	蒸发 V_{fg}	标准气相 V_g	标准液相 h_f	蒸发 h_{fg}	标准气相 h_g	标准液相 S_t	蒸发 S_{fg}	标准气相 S_g
32	0.08854	0.01602	3306	3306	0.00	1075.8	1075.8	0.0000	2.1877	2.1877
35	0.09995	0.01602	2947	2947	3.02	1074.1	1077.1	0.0061	2.1709	2.1770
40	0.12170	0.01602	2444	2444	8.05	1071.3	1079.3	0.0162	2.1436	2.1597
45	0.14752	0.01602	2036.4	2036.4	13.06	1068.4	1081.5	0.0262	2.1167	2.1429
50	0.17811	0.01603	1703.2	1703.2	18.07	1065.6	1083.7	0.0361	2.0903	2.1264
60	0.2563	0.01604	1206.6	1206.7	28.06	1059.9	1088.0	0.0555	2.0393	2.0948
70	0.3631	0.01606	867.8	867.9	38.04	1054.3	1092.3	0.0745	1.9902	2.0647
80	0.5069	0.01608	633.1	633.1	48.02	1048.6	1096.6	0.0932	1.9428	2.0360
90	0.6982	0.01610	468.0	468.0	57.99	1042.9	1100.9	0.1115	1.8972	2.0087
100	0.9492	0.01613	350.3	350.4	67.97	1037.2	1105.2	0.1295	1.8531	1.9826
110	1.2748	0.01617	265.3	265.4	77.94	1031.6	1109.5	0.1471	1.8106	1.9577
120	1.6924	0.01620	203.25	203.27	87.92	1025.8	1113.7	0.1645	1.7694	1.9339
130	2.2225	0.01625	157.32	157.34	97.90	1020.0	1117.9	0.1816	1.7296	1.9112
140	2.3886	0.01629	122.99	123.01	107.89	1014.1	1122.0	0.1984	1.6910	1.8894
150	3.718	0.01634	97.06	97.07	117.89	1008.2	1126.1	0.2149	1.6537	1.8685
160	4.741	0.01639	77.27	77.29	127.89	1002.3	1130.2	0.2311	1.6174	1.8485
170	5.992	0.01645	62.04	62.06	137.90	996.3	1134.2	0.2472	1.5822	1.8293
180	7.510	0.01651	50.21	50.23	147.92	990.2	1138.1	0.2630	1.5480	1.8109
190	9.339	0.01657	40.94	40.96	157.95	984.1	1142.0	0.2785	1.5147	1.7932
200	11.526	0.01663	33.62	33.64	167.99	977.9	1145.9	0.2938	1.4824	1.7762
210	14.123	0.01670	27.80	27.82	178.05	971.6	1149.7	0.3090	1.4508	1.7598
212	14.696	0.01672	26.78	26.80	180.07	970.3	1150.4	0.3120	1.4446	1.7566
220	17.186	0.01677	23.13	23.15	188.13	965.2	1153.4	0.3239	1.4201	1.7440
230	20.780	0.01684	19.365	19.382	198.23	958.8	1157.0	0.3387	1.3901	1.7288
240	24.969	0.01692	16.306	16.323	208.34	952.2	1160.5	0.3531	1.3609	1.7140
250	29.825	0.01700	13.804	13.821	216.48	945.5	1164.0	0.3675	1.3323	1.6998
260	35.429	0.01709	11.746	11.763	228.64	938.7	1167.3	0.3817	1.3043	1.6860
270	41.858	0.01717	10.044	10.061	238.84	931.8	1170.6	0.3958	1.2769	1.6727
280	49.203	0.01726	8.628	8.645	249.06	924.7	1173.8	0.4096	1.2501	1.6597
290	57.556	0.01735	7.444	7.461	259.31	917.5	1176.8	0.4234	1.2238	1.6472
300	67.013	0.01745	6.449	6.466	269.59	910.1	1179.7	0.4369	1.1980	1.6350
310	77.68	0.01755	5.609	5.625	279.92	902.6	1182.5	0.4504	1.1727	1.6231
320	89.66	0.01765	4.896	4.914	290.28	894.9	1185.2	0.4637	1.1478	1.6115
330	103.06	0.01776	4.269	4.307	300.68	887.0	1187.7	0.4769	1.1233	1.6002
340	118.01	0.01787	3.770	3.788	311.13	879.0	1190.1	0.4900	1.0992	1.5891

续表

温度 t ℉	绝压 psia p	标准体积，ft^3/lb			焓值，Btu/lb			熵值，Bbu/lb		
		标准液相 V_f	蒸发 V_{fg}	标准气相 V_g	标准液相 h_f	蒸发 h_{fg}	标准气相 h_g	标准液相 S_t	蒸发 S_{fg}	标准气相 S_g
350	134.63	0.01799	3.324	3.342	321.63	870.7	1192.3	0.5029	1.0754	1.5783
360	153.04	0.01811	2.939	2.957	332.18	862.2	1194.4	0.5158	1.0519	1.5677
370	173.37	0.01823	2.606	2.625	342.79	853.5	1196.3	0.5286	1.0287	1.5573
380	195.77	0.01836	2.317	2.335	353.45	844.6	1198.1	0.5413	1.0059	1.5471
390	220.37	0.01850	2.0651	2.0836	364.17	835.4	1199.6	0.5539	0.9832	1.5371
400	247.31	0.01864	1.8447	1.8633	374.97	826.0	1201.0	0.5664	0.9608	1.5272
410	276.75	0.01878	1.6512	1.6700	385.83	816.3	1202.1	0.5788	0.9386	1.5174
420	308.83	0.01894	1.4811	1.5000	396.77	806.3	1203.1	0.5912	0.9166	1.5078
430	343.72	0.01910	1.3308	1.3499	407.79	796.0	1203.8	0.6035	0.8947	1.4982
440	381.59	0.01926	1.1979	1.2171	418.90	785.4	1204.3	0.6158	0.8730	1.4887
450	422.6	0.0194	1.0799	1.0993	430.1	774.5	1204.6	0.6280	0.8513	1.4793
460	466.9	0.0196	0.9748	0.9944	441.4	763.2	1204.6	0.6402	0.8298	1.4700
470	514.7	0.0198	0.9811	0.9009	452.8	751.5	1204.3	0.6523	0.8083	1.4606
480	566.1	0.0200	0.7972	0.8172	464.4	739.4	1203.7	0.6645	0.7868	1.4513
490	621.4	0.0202	0.7221	0.7423	476.0	726.8	1202.8	0.6766	0.7653	1.4419
500	680.8	0.0204	0.6545	0.6749	487.8	713.9	1201.7	0.6887	0.7438	1.4325
520	812.4	0.0209	0.5385	0.5594	511.9	686.4	1198.2	0.7130	0.7006	1.4136
540	962.5	0.0215	0.4434	0.4649	536.6	656.6	1193.2	0.7374	0.6568	1.3942
560	1133.1	0.0221	0.3647	0.3868	562.2	624.2	1186.4	0.7621	0.6121	1.3742
580	1325.8	0.0228	0.2989	0.3217	588.9	588.4	1177.3	0.7872	0.5659	1.3532
600	1542.9	0.0236	0.2432	0.2668	617.0	548.5	1165.3	0.8131	0.5176	1.3307
620	1736.6	0.0247	0.1955	0.2201	646.7	503.6	1150.3	0.8398	0.4664	1.3062
640	2059.7	0.0260	0.1638	0.1798	678.6	452.0	1130.5	0.8679	0.4110	1.2789
660	2365.4	0.0278	0.1165	0.1442	714.2	390.2	1104.4	0.8987	0.3485	1.2472
680	2708.1	0.0305	0.0810	0.1115	757.3	309.9	1067.2	0.9351	0.2719	1.2071
700	3093.7	0.0369	0.0392	0.0761	823.3	172.1	995.4	0.9905	0.1484	1.1389
705.4	3206.2	0.0503	0.0	0.0503	902.7	0	902.7	1.0580	0	1.0580

第 9 步　回流闪蒸罐。

回流闪蒸罐的尺寸计算采用两相分离的原则。

液相体积（水）= 12290lb/h

气相体积 = 11700mol/d 或者 $4.5\times10^6ft^3/d$

操作压力 = 10psig

操作温度 = 130℉

第 10 步　贫胺液空冷器。

确定贫胺液空冷器负荷是将胺液从贫富液换热器出口温度 168℉ 冷却至吸收塔入口温

度 110℉。

$$q=293000\mathrm{lb/h}\times0.915\times(168-110)=15.50\times10^{6}\mathrm{Btu/h}$$

第 11 步　增压泵和循环泵。

确定贫液泵和循环泵功率。

$$\mathrm{BHP}=\frac{\Delta pL_{\mathrm{LA}}}{1714e}$$

假定贫富液换热器压降为 10psi，贫胺液空冷器压降为 10psi，过滤器压降为 5psi，辅助管路为 15psi。

$$\Delta p=2\times10+5+15=40\mathrm{psi}$$

假定 $e=0.65$

$$\mathrm{BHP}=(40\times560)/(1714\times0.65)=20.1\mathrm{hp}$$

循环泵 $\Delta p=1000\mathrm{psi}$

$$\mathrm{BHP}=(1000\times560)/(1714\times0.65)=503\mathrm{hp}$$

案例设计（国际单位）

例题 3：氧化铁法

已知

$Q_g=2400\mathrm{m^3/h}$；

$SG=0.6$；

$H_2S=19\mathrm{mg/m^3}$；

$p=8400\mathrm{kPa}$（A）；

$T=38$℉。

不含硫醇

解析

第 1 步　根据气体流速计算最小容器直径［公式（9.3b）］。

国际单位

$$d_{\min}=8.58\left(\frac{Q_gTZ}{pV_{\mathrm{gmax}}}\right)^{1/2}$$

式中　$d_{\min}$——最小容器内径，cm；

Q_g——气体流量，$\mathrm{m^3/h}$；

T——操作温度，℃；

Z——气体压缩因子，0.85；

p——操作压力，kPa；

V_{gmax}——最大气体流速，m/s。

当 $V_{\mathrm{gmax}}=3\mathrm{m/s}$ 时，

$$d_{\min}=8.58\left(\frac{2400\times311\times0.85}{8400\times3}\right)^{1/2}$$

$$d_{min}=43.1\text{cm}$$

第2步　根据吸附要求计算最小容器直径［公式（9.4b）］。

国际单位

$$d_{min}=4255\left(\frac{Q_g X_{H_2S}}{\phi}\right)^{1/2}$$

式中　ϕ——吸附速率，粒/(h·m²)，=628；

X_{H_2S}——H_2S 摩尔分数，19mg/m³。

$$d_{min}=4255\left(\frac{2400\times0.000019}{628}\right)^{1/2}$$

$$d_{min}=36.3\text{cm}$$

第3步　计算最大直径［公式（9.5a）］。

国际单位

$$d_{max}=8.58\left(\frac{Q_g TZ}{pV_{gmin}}\right)^{1/2}$$

式中　d_{max}—最大容器内径，cm；

V_{gmin}—最小气体流速，m/s。

$$d_{max}=8.58\left(\frac{2400\times311\times0.85}{8400\times0.61}\right)^{1/2}$$

$$d_{max}=95.5\text{cm}$$

因此，直径范围 43.1~95.5in。

第4步　选择循环时间1个月或更长［公式（9.8b）］。

国际单位

$$t_c=1.48\times10^{-6}\frac{\text{Fe}d^2He}{Q_g X_{H_2S}}$$

式中　t_c——循环时间，d；

Fe——氧化铁体积，kg/m³；

e——效率，(0.65~0.8)。

$$d^2H=\left(\frac{t_c Q_g X_{H_2S}}{1.48\times10^{-6}e\text{Fe}}\right)$$

$$d^2H=\frac{30\times2400\times0.000019}{1.48\times10^{-6}\times116\times0.65}$$

$$d^2H=12259$$

容器直径可选择 76.2cm，虽然 t_c 和 e 是任意的，但是 3m 高的床层是可以接受的。

第5步　计算购买氧化铁量［公式（9.7b）］。

国际单位

$$\text{Bu}=0.0022d^2H$$

$$\mathrm{Bu_m}=7.85\times10^{-5}d^2H$$

式中 Bu——氧化铁体积，bu；

$\mathrm{Bu_m}$——氧化铁体积，m^3。

$$\mathrm{Bu}=0.0022\times76.2^2\times3$$

$$\mathrm{Bu}=38bu$$

案例设计（国际单位）

例题4：胺吸收工艺（DEA）

已知

原料气体积=120000m^3/h；

原料气相对密度=0.67SG（空气=1.0）；

压力=7000kPa（A）；

原料气温度=38℃；

入口 CO_2 含量=4.03%；

出口 CO_2 含量=2%；

入口 H_2S 含量=19mg/m^3=0.0019%；

出口 H_2S 含量=4mg/m^3；

最高环境温度=38℃。

解析

第1步 工艺选择

入口酸性气体总量=4.03%+0.0019%=4.032%

入口酸性气体分压=7000×（4.032/100）=282kPa（41psia）

出口酸性气体总量=2%

出口酸性气体分压=7000×（2.0/100）=140kPa（20psia）

根据图9.29［脱除 CO_2（无 H_2S）］脱除 CO_2 和 H_2S，

可以选择：胺液、环丁砜和碳酸盐溶液。

第2步 DEA循环量。

利用公式（9.10b）确定循环量。

国际单位

$$L_{\mathrm{DEA}}=\frac{4.39Q_{\mathrm{g}}X_{\mathrm{A}}}{c\rho A_{\mathrm{L}}}$$

式中 L_{DEA}——DEA溶液循环量，m^3/h；

Q_{g}——气体流量，标况 m^3/h；

X_{A}——要求除去的总酸性气体分数，酸性气体去除物质的量/入口气体总物质的量，注：当MEA和DEA没有选择性时，X_{A} 代表所有酸性物质的物质的量，包括 CO_2、H_2S、硫醇；

c——胺液质量分数，kg醇胺/kg溶液或lb胺/lb溶液；

ρ——溶液密度，kg/m^3 或lb/gal；

A_L——酸气负荷，酸气物质的量/醇胺物质的量；

$\rho = 1.045 \times 1000 \text{kg/m}^3 = 1045 \text{kg/m}^3$；

$c = 0.35 \text{kg/kg}$；$A_L = 0.50 \text{mol/mol}$；

$Q_g = 120000 \text{m}^3/\text{h}$；$X_A = 4.032\% = 0.04032$

注：当 DEA 对 H_2S 无选择性性，为了满足出口 H_2S 要求，几乎所有的 CO_2 将脱除

$$L_{DEA} = \frac{4.39 \times 120000 \times 0.04032}{0.35 \times 1045 \times 0.50} = 116 \text{m}^3/\text{h}$$

为保证安全增加 10%之后得 $128 \text{m}^3/\text{h}$。

第 3 步　重沸器负荷。

利用公式（9.14b）确定重沸器负荷。

国际单位

$$q_{reb} = 77421 L_{DEA}$$

式中　q_{reb}——重沸器负荷，W；

L_{DEA}——DEA 溶液循环量，m^3/h。

$$q_{reb} = 77421 \times 128$$

$$q_{reb} = 10000000 \text{W}$$

第 4 步　吸收热平衡。

在吸收塔进行如下热平衡：

设定胺液入口温度高于原料气入口温度 5℃，或 43℃。

假定原料气离开吸收塔的温度接近胺液入口温度 3℃，或出口温度 46℃。

确定 CO_2 吸收反应热负荷和考虑安全因素的循环。

$$\text{吸收 } CO_2 \text{ 物质的量} = \frac{120000 \text{m}^3/\text{h} \times 0.04032}{10.87 \text{m}^3/\text{mol}} = 445 \text{mol/h}$$

DEA 循环物质的量 $= 128 \text{m}^3/\text{h} \times 1045\ \text{kg/m}^3 \times 0.35 \text{kg/(kg} \cdot \text{mol)} / 47.7 \text{kg} = 980 \text{mol/h}$

吸收负荷 CO_2 物质的量/DEA 物质的量 = 445/980 = 0.45

根据表 9.5（DEA 溶液中的 CO_2 反应热），35%DEA 对 CO_2 反应热是 1395000J/kg。

$$\text{对 } CO_2 \text{ 总反应热} = 1395000 \text{J/kg} \times 445 \text{mol/h} \times 1/3600 \times 20 \text{kg/mol} = 3450000 \text{W}$$

$$\text{吸收 } H_2S \text{ 物质的量} = \frac{120000 \text{m}^2/\text{h} \times (0.000019 - 0.000004)}{10.87 \text{m}^3/\text{mol}} = 0.166 \text{mol/h}$$

$$\text{对 } H_2S \text{ 总反应热} = 1395000 \text{J/kg } H_2S \times 0.166\ \text{mol/h} \times 1/3600 \times 15.4 \text{kg/mol} = 923 \text{W}$$

数值较小，可以忽略。

计算吸收塔 DEA 出口温度。

$$\text{气体流量} = \frac{120000 \text{m}^3/\text{h} \times 0.67 \times 13.14 \text{kg/mol}}{1087 \text{m}^3/\text{mol}} = 97200 \text{kg/h}$$

气流获得热量

$$Q=97200\text{kg/h}\times(46-38)℃\times2700\text{J/kg}℃/3600\text{s}=580000\text{W}$$

损失到大气中的热量取决于大气温度、表面积、风速等。

假定非绝热吸收器有5%的反应热损失到大气中。

出口胺液获得的总热量等于：

反应热-气流获得热量-到大气的热损失

$$\begin{aligned}\text{出口胺液获得热量}&=3450000-580000-3450000\times0.05\\&=2700000\text{W}\end{aligned}$$

$$\text{富胺液出口温度}=\frac{2700000\text{s}\times3600\text{s}}{128\text{m}^3/\text{h}\times1045\text{kg/m}^3\times0.915\text{Btu/(lb}\cdot℉)\left[\dfrac{4187\text{J/(kg}\cdot℃)}{1\text{Btu/(lb}\cdot℉)}\right]}+43℃=62℉$$

第5步　闪蒸罐。

确定闪蒸罐尺寸。

操作压力=1035kPa（G）

操作温度=62℉

胺液循环量=128m^3/h

$$\text{闪蒸 }CO_2\text{（Max）}=445\text{mol/h}\times20\text{kg/mol}=8900\text{kg/h}$$

吸收H_2S（Max）可忽略。

操作液位按一半算，停留时间为3min。

第6步　贫富液换热器。

确定贫富液换热器的负荷：

$$\begin{aligned}\text{贫液流量}&=128\text{m}^3/\text{h}\times1045\text{kg/m}^3\\&=134000\text{kg/h}\end{aligned}$$

$$\begin{aligned}\text{富液流量}=&134000+445\text{mol}CO_2/\text{h}\times20\text{kg/mol}+0.166\text{mol/h}\\&\times15.4\text{kg/mol}=143000\text{kg/h}\end{aligned}$$

假定DEA重沸器温度120℃，富胺液温度低于重沸器17℃。

富胺液入口温度=62℃（从吸收塔来）

富胺液出口温度=120℃-17℃=103℃。

计算贫胺液出口温度，假定富胺液的比热容和贫胺液的比热容相同=3830J/(kg·℃)。

$$T_{out}=120-(103-62)\times\frac{143000}{134000}=76℃$$

$$\begin{aligned}\text{换热器负荷}&=143000\text{kg/h}\times3830\text{J/kg}℃\times(103-62)/3600\\&=624\times10^6\text{W}\end{aligned}$$

第7步　气提塔塔顶。

设置气提塔塔顶冷凝器出口温度，计算酸性气体和蒸汽流量。计算冷凝器尺寸、确定回流量。酸性气体和蒸汽将被排掉、闪蒸或去下游除去H_2S。

设置冷凝器温度高于最高环境温度为17℃，取55℃。

根据蒸汽表查得55℃下水的分压为15.8kPa。

气提塔和回流罐操作压力为170kPa（A）

计算离开回流冷凝器的蒸汽量

油田单位

$$V_r = \frac{(p_R + 101.35)A_G}{(p_R + 101.35) - pp_{H_2O}} \times \frac{1}{24}$$

式中 V_r——离开回流冷凝器的蒸汽量，kg·mol/h；

p_R——回流罐压力，kPa；

A_G——酸性气体处理量；(kg·mol)/d；

pp_{H_2O}——冷凝器出口温度下的水的分压，kPa。

$$V_r = \frac{170\times（CO_2\text{ 物质的量}+H_2S\text{ 物质的量}）}{170 - pp_{H_2O}}$$

$$V_r = \frac{170\times（445+0.166）}{170-15.8} = 491\text{mol/h}$$

$$V_{steam} = 491 - 445.166 = 45.6\text{mol/h}$$

$$W_{H_2O} = 4.56\text{mol/h}\times 8.16\text{kg/mol} = 372\text{kg/h}\text{ 冷凝器损失量}$$

第8步　冷凝器负荷与循环量。

通过气提塔的能量平衡计算冷凝器负荷和循环量。

$$q_{reb} = q_{steam} + q_{H_2S} + q_{CO_2} + q_{amine} + q_{cond}$$

气化酸性气体需要热量（逆向反应）：

$$q_{CO_2} = 3450000\text{W/h 和 } q_{H_2S} = 923\text{W}$$

计算DEA进出口的热量差。

$$q_{la} = 134000\text{kg/h}\times 3830\text{J/(kg·℃)}\times(120-103)/3600\text{s} = 2420000\text{W}$$

$$q_{cond} = 10000000 - 2420000 - 3451000 = 4130000\text{W}$$

循环冷凝器必须将酸性气体和蒸汽从第一块塔盘温度冷却至55℉和冷却要求的回流量。

假设第一块塔盘的温度为99℉。

冷却酸性气体的估算热量：

$$q_{ag} = 445.2\text{mol/s}\times 20\text{kg/mol}\times 2700\text{J/(kg·℃)}\times(99-55)\text{℃}/3600 = 294000\text{W}$$

$$W_{reflux} = \frac{(4130000-294000)\text{J/s}}{(2676-230)\text{J/g}} = 5600\text{kg/h}$$

计算离开第一块塔盘的气相流量：

$$V_{top} = 445.2\text{mol/h}A_G + \frac{(5600+372)}{8}$$

$$= 1200\text{mol/h 蒸汽量和酸性气体量}$$

$$塔顶气相中的\ pp_{H_2O}=\frac{(1200-145)\times170kPa(A)}{1200mol/h}=107kPa$$

根据表 9.6，pp_{H_2O}为 107kPa 对应温度 103℃。

假设第一块塔盘的温度为 103℃再进行计算。

$$q_{ag}=445.2\times20\times2700\times(103-55)/3600$$
$$=321000W$$

$$W_{reflux}=\frac{(4130000-321000)\times(3600/1000)}{(2680-230)}=5600kg/h$$

$$V_{top}=445.2mol/hA_G+\frac{(5600+372)}{8}$$

$$=1200mol/h$$

$$V_{水}=1200-445.2=754.8mol/d$$

$$塔顶气相中的\ pp_{H_2O}=\frac{754.8}{1200}\times170=107kPa$$

根据表 9.6，pp_{H_2O}为 107kPa 对应温度 103℃。

第 9 步　回流闪蒸罐。

回流闪蒸罐的尺寸计算采用两相分离的原则。

液相体积（水）= 5600kg/h

气相体积=491moles/h 或者 130000std m^3/d

操作压力=170kPa

操作温度=55℃

第 10 步　贫胺液空冷器。

确定贫胺液空冷器负荷是将胺液从贫富液换热器出口温度 76℃冷却至吸收塔入口温度 43℃。

$$q=134000kg/h\times3830J/kg℃\times(76-43)/3600$$
$$=4700000W$$

第 11 步　增压泵和循环泵。

确定贫液泵和循环泵功率。

$$BHP=\frac{\Delta pL_{LA}}{3598e}$$

假定贫富液换热器压降为 70kPa，贫胺液空冷器压降为 70kPa，过滤器压降为 35kPa，辅助管路为 100kPa。

$$\Delta p=2\times70+35+100=275kPa$$

假定 $e=0.65$

$$BHP=(275\times128)/(3598\times0.65)=15kW$$

循环泵 $\Delta p=6900kPa$

$$BHP=(6900\times128)/(3598\times0.65)=380kW$$

10 天然气加工工艺

10.1 天然气凝液回收

10.1.1 总体要求

天然气加工工艺主要是指回收乙烷、丙烷、正丁烷、异丁烷等。

凝液可以经分馏后以纯组分销售，也可以作为天然气凝液混合物销售（NGL）。

10.1.2 天然气加工目的

天然气加工的目的是使外输天然气满足商品气标准，同时最大程度回收液体产品。天然气长距离输送过程中不能有凝液析出，析出凝液有两个缺点：

（1）相同压降下两相输送比单相输送需要的管径更大；

（2）在两相流进入下游设备之前，需要采用段塞流捕集器将凝液分离。

因此，存在两种方案：方案一，在源头进行凝液回收；方案二，高密度流体输送。为了满足商品气要求，在保证最低总热值（GHV）的前提下尽可能降低烃露点。如果液烃比天然气凝液更有价值，应在保证最小热值要求下最大限度地回收液烃。如果将液烃作为天然气更有价值，则应在满足烃露点要求下尽可能保留在天然气中。

10.1.3 最大限度回收凝液

根据表 10.1，纯甲烷的热值可满足常见热值指标 1000Btu/ft^3 的要求。一般天然气中含有 N_2 和 CO_2 等不燃气体，则需要乙烷或丙烷来提供所需热值。但如果较重的烃类作为液体具有更高价值，则丙烷及较重烃类的全部液化以及部分乙烷回收也是可取的。

表 10.1 典型的烃类总热值

烃类组分	GHV，Btu/ft^3
甲烷	1010
乙烷	1770
丙烷	2516

凝析气藏循环注气，即回注天然气使储层压力保持在天然气露点以上，可以最大限度地回收天然气凝液。如果储层压力下降至两相区，则有价值的液烃会凝结出来，而无法回收。

10.2 天然气凝液组分的价值

10.2.1 乙烷和重烃组分（C_{2+}）液化

以丙烷为例来说明烃类气相与液相的相对价值。在商品气中，假设丙烷以气相存在于天然气中，以最高总热值出售，则丙烷的价格等于天然气的价格。

若天然气价格是 5 美元/10^6Btu，根据表 10.1 丙烷的热值是 2516Btu/ft^3，则：（1000000Btu）×（1ft^3/2516Btu）= 397.5ft^3。如果丙烷液化，60℉时回收液体（397.5ft^3）×（1gal/36.375ft^3）= 10.9gal。注：36.375ft^3/gal 取自物理常数表。

丙烷作为液体的相等价值是 5 美元/10.9gal = 0.459 美元/gal（当气体价值 5 美元/10^6Btu 时）。如果液体丙烷卖出价格高于 0.459 美元/gal，则从经济角度可决定丙烷以液体出售。图 10.1 给出了天然气凝液组分的液相与气相价值关系。

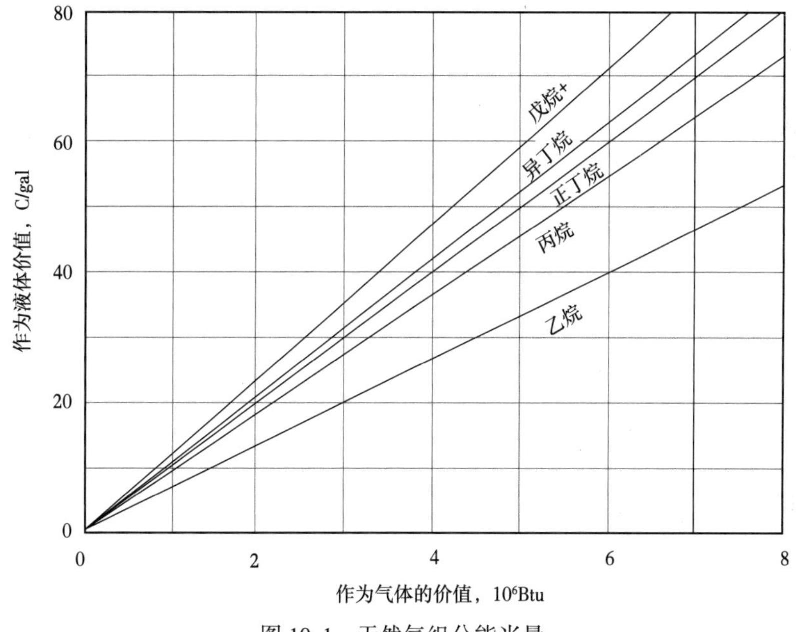

图 10.1 天然气组分能当量

10.2.2 原油价格激励

石油开发增加了石油的产量，提高了美国石油学会重度标准（提高每桶售价）。石油价格非常重要，丙烷价值 0.459 美元/gal，相当于 23.87 美元/bbl，石油价值必须高于 23.87 美元/bbl，才有经济效益。天然气凝液的回收受到商品气最高热值标准限值，尤其当 N_2 和 CO_2 存在时。

图 10.2 给出了乙烷回收是如何受到惰性气体含量的限制。

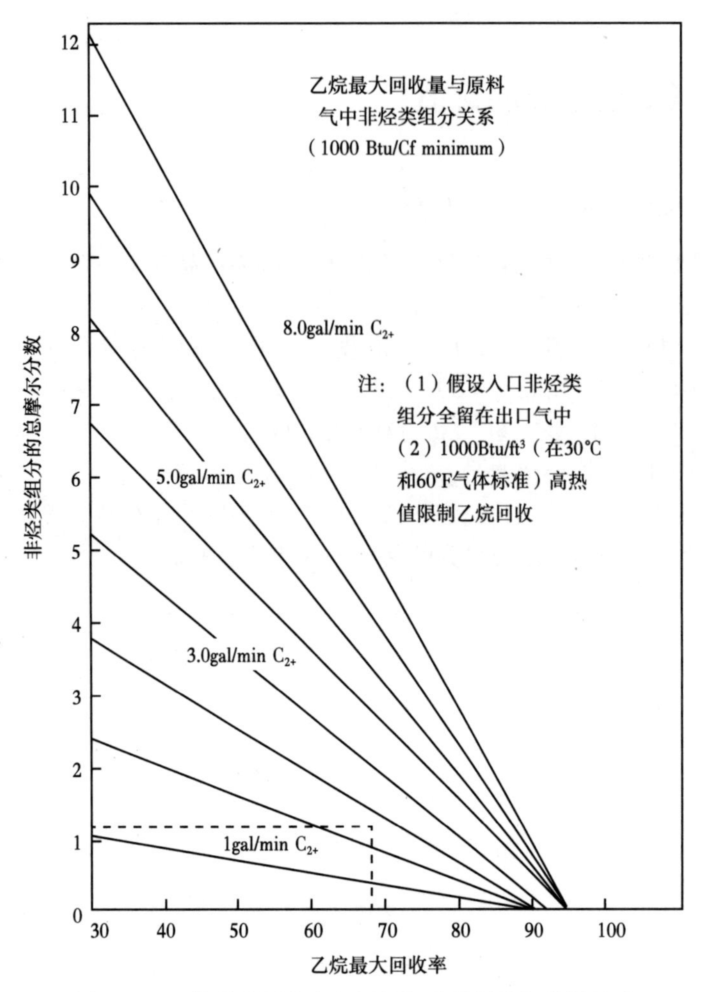

图 10.2　乙烷最大回收率与原料气中非烃类组分的关系

10.3　天然气加工术语

液化石油气（LPG）产品由蒸气压决定。

未经分馏的 NGL 由戊烷及更重的烃组成，可能含有丁烷和少量丙烷，不包含沸点高于 375℉（191℃）的重烃。

10.4　液化回收工艺

10.4.1　总体要求

任何冷却过程都会发生冷凝，从而产生 NGL，图 10.3 表示 NGL 回收的相图线。其他条件相同的情况下，压力越高，冷凝越多。另一种 NGL 回收工艺是采用传质剂。最基础的 NGL 回收工艺根据图 10.3 进行描述。本章不包含天然气处理装置的详细设计的内容。

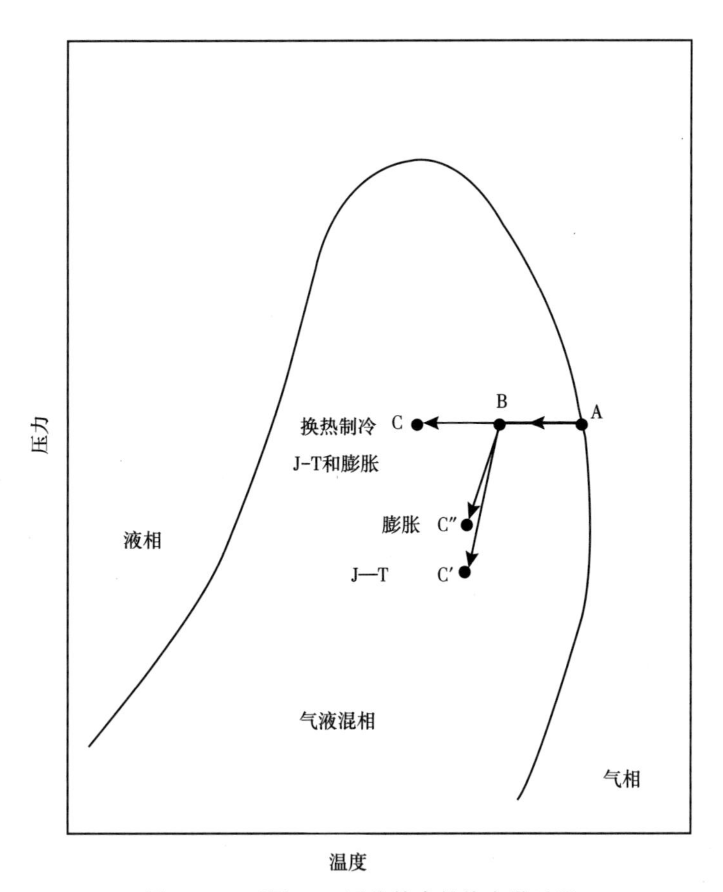

图 10.3　不同 NGL 回收技术的热力学过程

10.4.2　贫油吸收工艺

液烃可以通过与贫油接触从天然气中分离出来，类似具有相近分子量的煤油。贫油通常用来吸收天然气中的轻质烃类组分，轻质烃类组分从饱和油中分离出来，贫油再进行循环吸收。在一定的压力和温度下，油溶液中每种组分的含量随着该组分挥发性的降低而增加。虽然只有小部分甲烷进入溶液，但 80%以上的丙烷，90%以上的丁烷等可被油溶液吸收。较轻的组分，如甲烷和乙烷，在再生之前被排出，从而在再生过程中回收饱和油所吸收的丙烷和重烃。贫油吸收工艺简易流程如图 10.4 所示，富气从塔底进入吸收塔，向上流动通过吸收塔的塔盘或填料。吸收塔结构类似醇液接触塔。气体向上流动时贫油通过塔盘或填料向下流动。气体从塔顶离开，饱和烃类组分的吸收油从塔底离开。

当气体在塔内向上流动时，与从塔顶进入的吸收油进行充分接触，气体离开塔顶时重组分被洗掉。饱和烃类的富油（简称富油）流入再生塔，富油加热后释放所吸收的烃类，蒸汽离开再生塔塔顶后冷却，将大多数丙烷和重烃冷凝，回流分离器气相被增压循环至富气或商品气。

简单贫油吸收工艺在环境温度下运行，更为复杂的贫油吸收工艺如图 10.5 所示。这种工艺设计在低于环境温度下运行。入口气在进吸收塔之前被出口气和空冷器冷却。

入口气温度越低，贫油吸收的重组分就会越多。富油先进脱乙烷塔（ROD）或脱甲烷

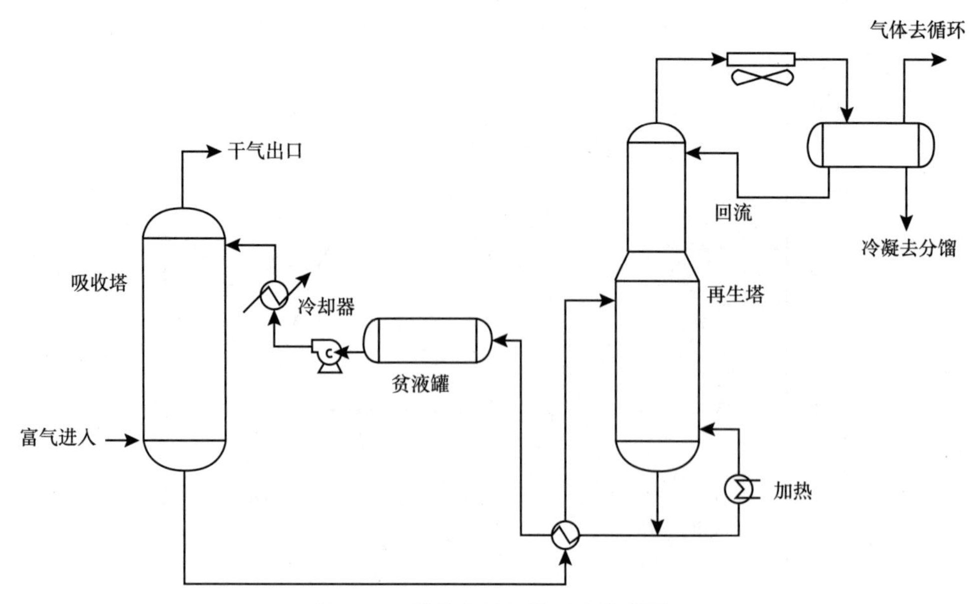

图 10.4　简单贫油吸收工艺流程图

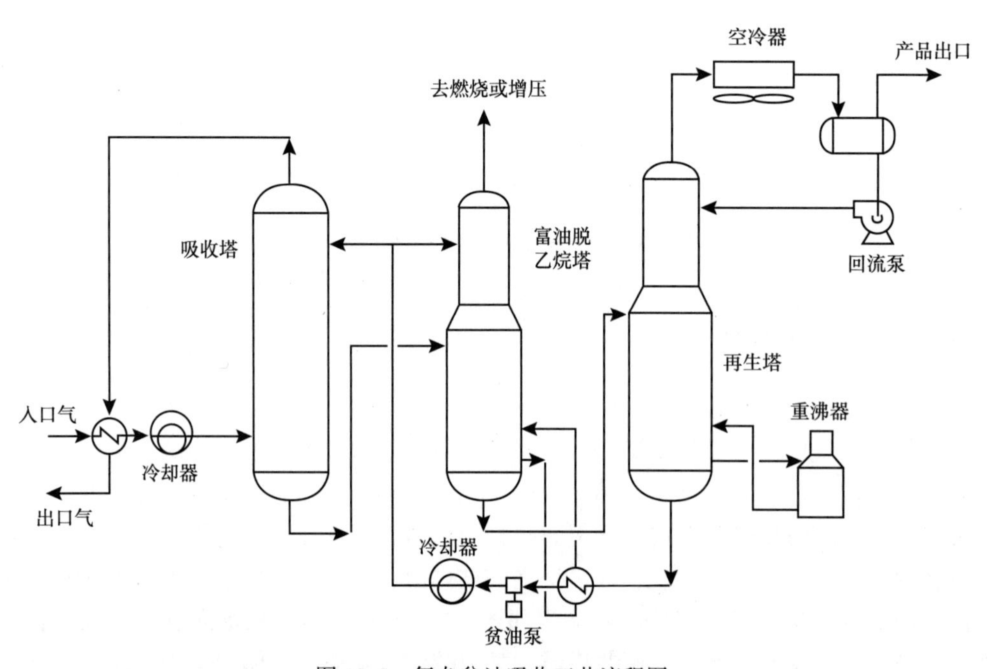

图 10.5　复杂贫油吸收工艺流程图

塔，甲烷或乙烷作为闪蒸气脱除。通过冷却气体与冷油在吸收塔内接触，与在环境温度下的操作工艺相比，有更多的组分被吸收到油溶液中。

在复杂贫油吸收装置中，乙烷不容易被贫油带走，因此富油脱水器将脱除甲烷和乙烷。如果只脱除甲烷，需要安装一个脱乙烷塔生产乙烷产品（增加蒸气压），其他液体产品也可以生产。

富油脱乙烷塔类似于冷油进料的稳定塔，塔底产品通过与来自再生塔底部的热贫油换热，提高塔底温度，脱除绝大部分的甲烷（和大部分乙烷），少量冷贫油回流至富油脱乙烷塔塔顶，气体从塔顶排出被用作燃料气或增压。中间组分的闪蒸量可以通过调节冷贫油的回流量来控制。

吸收油进入再生塔，被加热至足够高的温度，将丙烷、丁烷、戊烷和其他 NGL 组分蒸发到塔顶。塔底温度越接近贫油沸点，循环进吸收塔的贫油越纯净。控制冷凝器温度可防止贫油从塔顶损失。

因此，贫油完成一个循环，要经历一个吸收阶段，吸收天然气中轻组分和中间组分；一个脱除阶段，将轻组分从富油中脱除；一个分离阶段，将 NGL 从富液中分离出来。由于物料和能量平衡需要精确计算，因此设计计算过程一般由计算机模拟软件来完成。

这种工艺早期使用较为广泛，目前很少应用。主要是因为该工艺操作困难，且贫油会随时间变质，难以预测从天然气中脱除凝液的效率。

常见的凝液回收率：

（1）$C_3=80\%$。

（2）$C_4=90\%$。

（3）$C_{5+}=98\%$。

10.4.3 机械制冷工艺

图 10.6 是一个简化的机械制冷工艺流程图。制冷量由循环蒸发压缩提供，制冷工艺通常用于从工艺物流中吸收热量，它具备双重露点控制功能，能同时满足干气或商品气要求的烃露点和水露点指标。

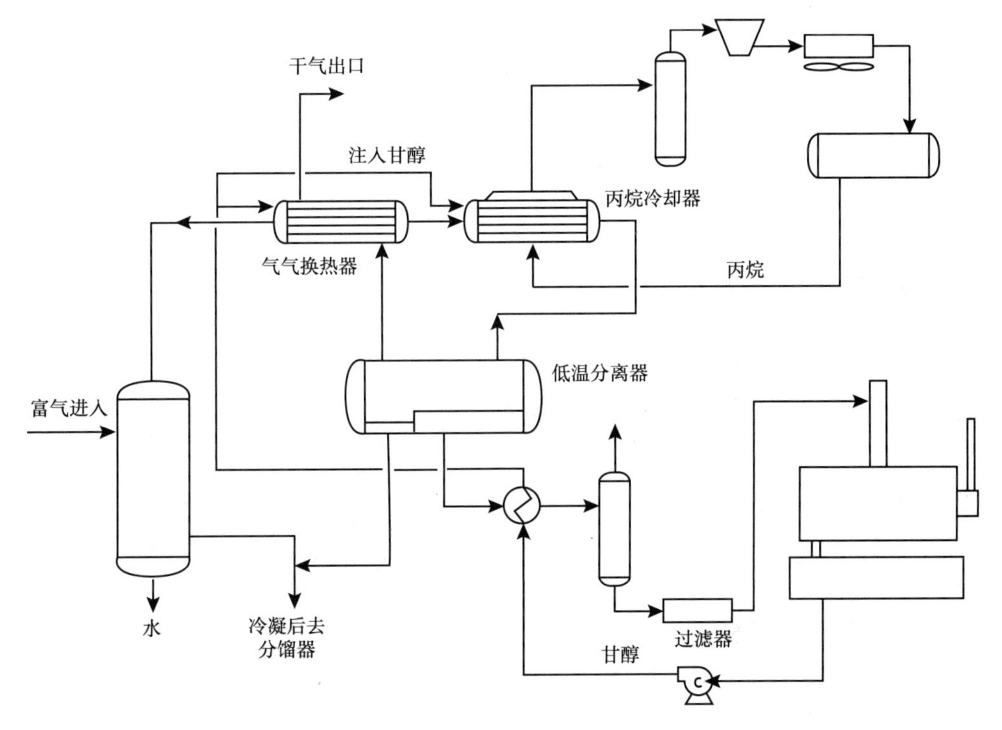

图 10.6 机械制冷工艺流程图

气体需要冷却到的最低温度取决于露点要求。是否将气体冷却至低于露点控制要求的最低温度，取决于回收 LPG 的经济指标。这需要将回收 LPG 的附加值与所增加的资本费用（CAPEX）和运行费用（OPEX）进行对比。通过将天然气冷却至更低的温度，如-20到-30℉（-17到-29℃），或者通过贫油吸收工艺可实现LPG的回收。

制冷过程是热量从一种介质传递到另一种介质，热量本身只能从温度较高的物质传递到温度较低的物质。因此，制冷是一种为原料气提供冷介质的工艺。制冷系统运行故障率低，只有在效率降低时，需要进行检查。

如图10.6所示，气气换热器将入口天然气冷却到足够低的温度，使LPG和NGL需要的组分冷凝。制冷装置（丙烷冷却器）与冷天然气交换热量，在丙烷冷却器中将冷天然气冷却至设计低温。由于进入制冷装置的天然气往往饱和含水，而设计的冷却温度通常低于天然气水合物的形成温度，因此需要采取一些措施来预防水合物形成，比如注醇，或者使用干燥剂脱水，比如分子筛（见第5章）。

在一定压力下，通过加入水合物抑制剂可以降低水合物生成温度。在传统的制冷装置中，乙二醇因其成本低、低温下无损失且可以使用标准化再生装置再生等优点而被广泛使用。乙二醇从以下两个位置被注入到天然气中：

（1）气气换热器入口；

（2）丙烷冷却器入口。

制冷装置（丙烷冷却器）通常是管壳式换热器，丙烷或其他制冷剂如RF-22（在制冷循环中用于冷却）能将气体冷却至-40℉。为使全部天然气均不形成水合物，甘醇在气体中均匀分布非常重要。这需要再生后的甘醇均匀喷洒在容器的管板上，与天然气一起均匀地流过每根换热管。

冷却器中的制冷剂在很低可控的温度下沸腾蒸发，吸收天然气中的热量，使部分天然气冷凝。来自冷却器的冷天然气、凝液和甘醇液进入三相低温分离器。凝液进入分馏装置。天然气经充分冷却后烃露点和水露点均满足要求，与进入制冷装置的原料气进行换热升温。

低温分离器将富醇液从液烃中分离出来，再生甘醇的浓度通常为75%~80%。甘醇从两个位置注入后与水混合，降低了水合物的形成温度。哈默施密特公式可以计算降低水合物形成温度所需要的甘醇量。

甘醇水溶液在低温分离器中分离出来后进入再生装置，水蒸发后甘醇溶液再循环注入天然气入口。

如果需要回收乙烷，则分馏塔被称为脱甲烷塔。如果仅回收丙烷和较重组分，则分馏塔称为脱乙烷塔。工厂出口气体成为“工厂剩余”。制冷过程如图10.3中曲线ABC所示。从A到B表示气体与气体换热，从B到C是冷却过程。气-气热交换在NGL回收工艺中非常普遍。

典型液体回收率：

（1）$C_3=85\%$。

（2）$C_4=94\%$。

（3）$C_{5+}=98\%$。

低温分离工艺的回收率高于贫油吸收工艺，还可在制冷装置中回收部分乙烷。

缺点：

采用常规制冷剂能够冷却的最低温度为-40℉。

10.4.4 焦耳汤姆逊膨胀

天然气制冷也可以通过膨胀阀或节流阀将高压气膨胀到低压来实现。这是一个等焓过程，温度降低值取决于初始压力和最终压力的压比、绝对压力、初始温度，以及气体组分。在有大量的压力能可以利用的情况下，该方法是一种实用的冷却气体和脱烃方法。在较低气体流量下，尤其是气量波动较大时，与涡轮膨胀工艺相比该方法更加实用。

图 10.7 是典型的焦耳—汤姆逊制冷工艺流程简图，与机械制冷不同，主要工艺设备是膨胀阀或节流阀。高压天然气经过入口分离器，分离出冷凝水和液烃后，进入热交换器，与低压低温天然气换热。换热过程中高压天然气中一些水和烃类被冷凝出来，再通过膨胀阀降低至设计压力，同时温度降低。冷凝出的液烃量取决于天然气组分、压力和温度。水也会冷凝出来，使天然气在最终压力和温度下达到饱和含水的状态。

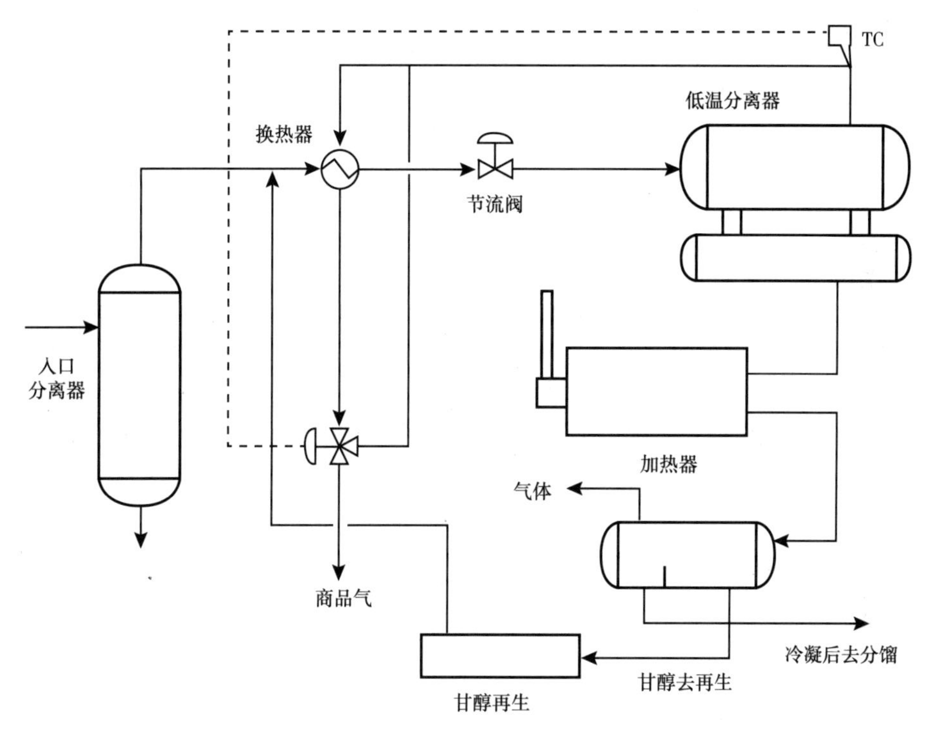

图 10.7 典型的焦耳—汤姆逊制冷工艺流程

若天然气未经脱水，经换热或膨胀后的气体温度低于工作压力下的水合物生成温度，则会有水合物生成。为避免含饱和水的天然气形成水合物，需在换热器之前向天然气中注入水合物抑制剂，常用的降低水合物形成温度的化学药剂是乙二醇，也可以使用二甘醇。甘醇的注入和再生流程如图 10.7 所示。乙二醇贫液质量分数为 75%~80%，循环量按照最终压力下天然气水合物形成温度以下 5℉计算。乙二醇贫液循环量可以用哈默施密特方程计算，主要取决于天然气含水量、乙二醇贫液浓度以及需要的水合物生成温度。

低温分离器气相经过换热器时设置旁通流程，来控制原料气的冷却程度。为了使低温凝液和甘醇更好地分离，需增加换热器，低温液体经换热后进入三相分离器，分离出少量天然气、液烃和甘醇富液。甘醇在重沸器中浓缩、蒸馏，再注入工艺气体中。

天然气首先经过气气换热器，然后流经膨胀阀或节流阀。节流阀的膨胀过程实际上是一个等焓过程。天然气在非理想状态下温度随压力降低而下降，如图 10.3 中 ABCD 线所示。温度的变化主要取决于压降。

同时，凝液需要进行分馏以满足蒸气压和组分标准的要求。这种工艺适用于井口压力非常高且天然气不需要压缩即可输送至销售管道的工况。

10.4.5 深冷（涡轮膨胀）装置

20 世纪 60 年代早期，开发了涡轮膨胀工艺，用于提高天然气中液体回收率。该工艺用透平膨胀机代替了制冷机或 J-T 阀，可以将气体冷却至-160℉（-107℃）。涡轮膨胀主要用于提高天然气中乙烷的回收率，该工艺可以达到非常低的温度，从而使天然气中大部分乙烷和重烃液化。液相中不同组分通过分馏实现回收。

涡轮膨胀制冷工艺配置不同，但都含有各种不同的换热器，进入涡轮膨胀机的天然气须在上游将含水脱至很低，保证低温时不生成水合物。通常利用甘醇脱水工艺脱除原料气中大部分水，然后采用分子筛脱除剩余的水。常用的一种深度干燥分子筛，其孔径为 0.4nm。天然气预处理也包括 CO_2 和 H_2S 的脱除。

天然气膨胀时对涡轮做功，焓值降低，产生比 J-T（等焓）工艺更大的温降，如图 10.3 中 ABC 线所示。原料气先通过换热器冷却至-90℉（-68℃），在此温度下进行低温分离，分离出的凝液进入脱甲烷塔。分离出的气相通过膨胀阀或涡轮进行膨胀压力从入口压力降低至 225psi。

涡轮膨胀机利用气体压力下降释放出的能量驱动压缩机，可以将气体重新压缩至外输压力。低温气体（-160℉，-107℃）在大部分乙烷处于液态的温度和压力下进入脱甲烷塔。液体向下流动并被加热，其中的甲烷沸腾蒸发，液体中的甲烷越来越少。利用压缩机排出的气体余热加热塔底，以确保塔底液体具有可接受的雷德蒸气压（RVP）或甲烷含量。由于可以达到较低的温度，深冷装置具有最高的液体回收率。图 10.8 是一个简单的

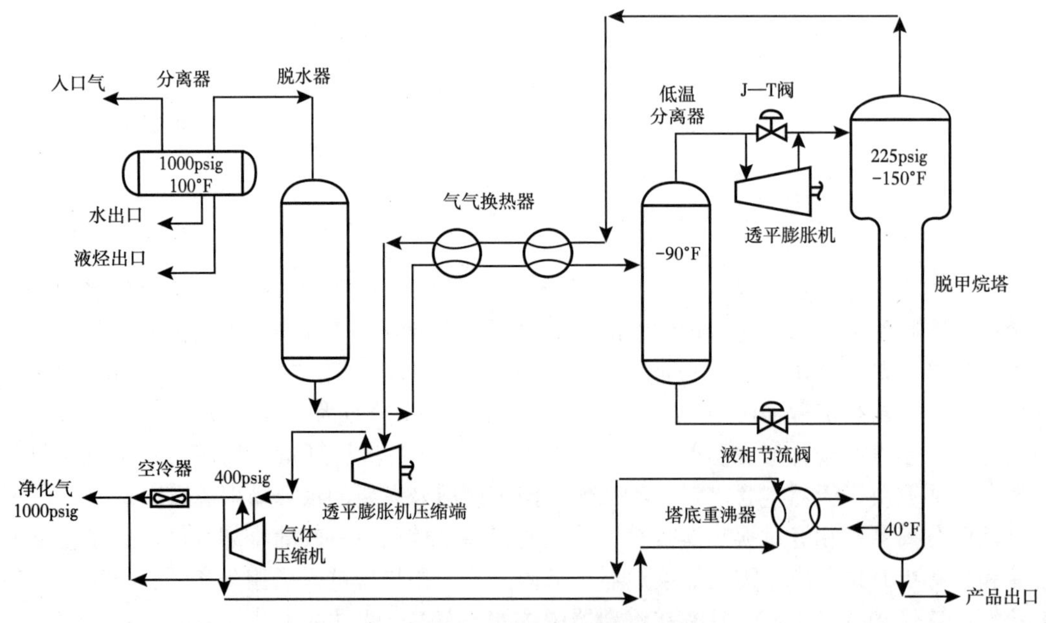

图 10.8 涡轮膨胀机深冷装置原理流程图

涡轮膨胀深冷装置原理流程图。根据气体组分和所需的液体回收率，还有许多其他的工艺方式供选择。对于从天然气中回收乙烷和重烃，需要进行分析论证涡轮膨胀机是否为最优的选择。

典型液体回收率：

（1）$C_2=60\%$。

（2）$C_3=90\%$。

（3）$C_{4+}=100\%$。

优点：

（1）使用简单。

（2）易于成橇（比制冷机费用高）。

涡轮膨胀装置的设计涉及详细的热平衡、物料平衡，以及闪蒸计算，这些设计计算需要通过计算机模拟软件完成。

10.5 工艺选择

通常，需要对可行的方案进行经济比选，遵循以下指导原则。

（1）如果原料气中 NGL 含量低，则使用膨胀工艺。

（2）如果原料气中 NGL 含量非常高，简单制冷可能是最好的选择，不建议采用膨胀工艺。

（3）原料气压力非常高，则低温分离可能比较好。

（4）如果原料气压力低，则建议采用膨胀机或直接制冷（如果气体比较富）。

（5）如果原料气气量少，则采取非常简单过程，比如自动操作的 J-T 装置可能比较好。

（6）如果原料气气量较大，则选用控制更复杂、操作人员更多的处理厂。

（7）如果气井较远，则可以使用简单的操作和处理，如 J-T 装置。

气井数量较多时，可能需要更复杂的中央处理设施。

10.6 分馏

气体处理装置底部液体可作为混合产品出售，也可以进一步分离为不同的组分：

（1）乙烷；

（2）丙烷；

（3）丁烷；

（4）天然汽油。

分馏是把液体分割成不同的组分。图 10.9 是一个简化的分馏系统流程图，液体通过一系列的蒸馏塔串联，在这些蒸馏塔中，越来越重的组分作为塔顶气被分馏出。

指标通常采用控制 RVP 来实现（上游塔控制），重组分的量由分馏塔设定。

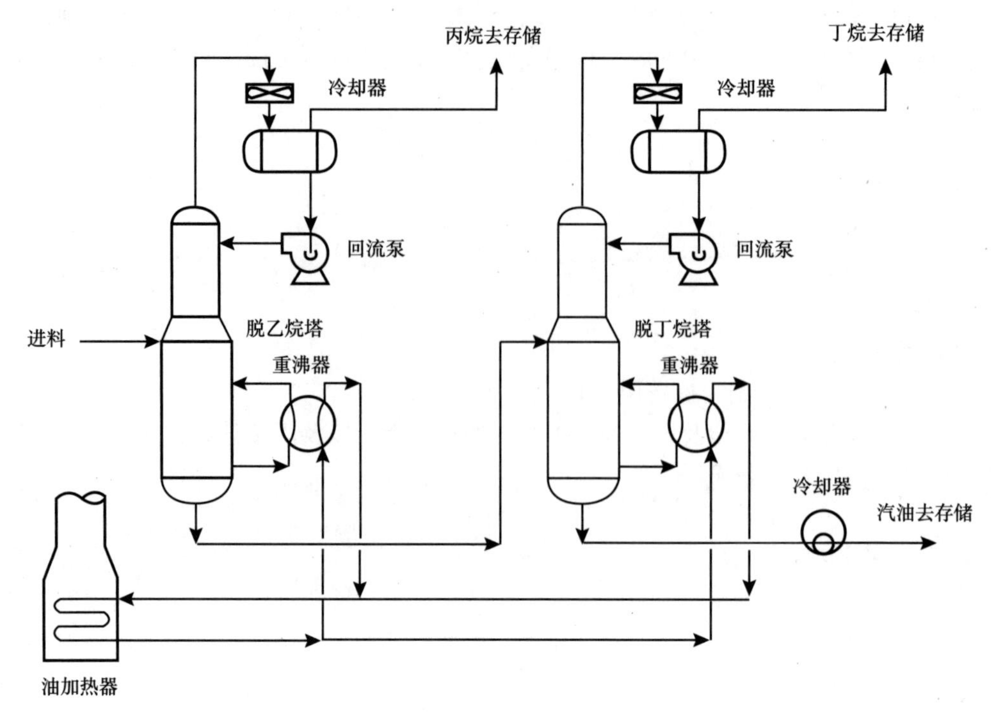

图 10.9　分馏流程原理图

10.7　设计要求

选择正确的设计参数：

(1) 操作压力；

(2) 塔底温度；

(3) 回流冷凝器；

(4) 温度；

(5) 塔盘数量。

详细设计通常是利用过程模拟软件模拟完成的。

11 安全系统

11.1 基本安全概念

11.1.1 简介

生产设施通常按设计值操作运行。石油和天然气从储层开采到地面，进行分离、净化和计量后，通过管道输送至终端用户。在这个过程中大部分都是按照计划进行的。偶尔会发生问题，运行中断，产生故障，设置发生改变，产生报警，系统关闭也会发生。这些问题通常可以迅速且容易地解决而不会产生不利的后果。但是有些问题有可能造成严重后果，如人员伤亡、环境污染和公司资产损失等。了解、预防或尽量减少潜在的负面后果需要理解基本的保护概念和安全分析。

为了确保设计安全，首先应按照适用的标准和规范来统一系统设计。系统设计完毕后，应设置一套过程安全停车系统，通过监测过程量异常来识别潜在的危险，并确保启用正确的安全措施（通常是自动关断）。接下来进行危险分析，以识别和减轻可能导致火灾、爆炸、污染或人员伤害的潜在危险，以及无法检测到的过程异常。最后，实施安全管理制度，确保受过培训的人员安全操作和维护该系统。

本章阐述了生产设施的安全设计和运行所需的基本保护概念。首先创建通用生产设施的危险树，然后说明如何使用危害分析来识别、评估和减轻过程危险。此外，本章还回顾了 API RP 14C 中提出的安全分析技术[1]。API RP 14C 为过程安全设备的需求提供了指导，需要对设施进行完整的危害分析，以找出过程安全方法不一定能检测到的或所包含的危险，包括那些可能导致碳氢化合物泄漏或导致火灾、爆炸、污染及人员伤害。美国石油协会推荐的行业共识标准 14J“海上设施的设计和危害分析”（API RP 14J）为各种安全分析技术的使用提供了指导。本章还讲述了使用安全和环境管理程序（SEMP）进行安全管理的方法，如 API RP 75 中所定义的用于开发安全和环境管理方案，以及北海常规的外大陆架（OCS）业务和设施及安全案例处理方案。本章最后讨论了溢流阀的选择和尺寸、通风口、耀斑和安全系统的设计。

11.1.2 基本保护概念

对生产安全威胁最大的是碳氢化合物的泄漏，因此，生产设施安全系统的分析和设计应侧重于防止此类泄漏，如果发生泄漏，应立刻阻止碳氢化合物流向泄漏点，尽量减轻碳氢化合物泄漏的影响。

11.1.2.1 预防措施

理想情况下，碳氢化合物的泄漏永远不会发生。每个流程单元都有两个级别的保护：一级和二级。两级保护的原因是，如果第一级不能正常工作，则提供二级保护。

11.1.2.2 关断操作

一旦发生碳氢化合物泄漏（尽管我们尽了最大的努力，但有时仍会发生），必须尽快关断流向泄漏点的物料，以防止更多碳氢化合物的泄漏。地面安全系统（SSS）和应急支持系统（ESS）都可以实现保护闭锁。

11.1.2.3 危害最小化

当碳氢化合物泄漏时，应尽可能将其影响降低到最小。这可以通过使用点火—预防措施和 ESS（液体遏制系统）来实现。如果发生原油泄漏，碳氢化合物就会释放出来。漏油从来都不是好事，但当泄漏物将要流入淡水河流或近海水域时，部件滑台和甲板排水沟（如果是近海的话）会将负面影响降到最低。

11.1.3 危险树

危险树是用来识别潜在的危害，确定危险存在的必要条件，确定可能造成这种情况的危险源，并通过消除必要条件和威胁源来阻断导致危险的链条。因为完全消除几乎是不可能的，那就尽力减少发生的可能性。通过统计分析可以确定发生的概率。该工具也可以量化安全过程或装置的效果，以降低上述条件或危险源出现源的可能性。

11.1.4 通用—生产—设施危险树

图 11.1[2] 显示了通用生产设施的危险树。它同样适用于海上或陆上设施。主要危害是石油污染、火灾、爆炸和伤害等。

11.1.4.1 石油污染

石油污染是由图 11.1 所示的某一条件导致的溢油造成的。如果发生石油泄漏，可以通过安装适当的防护装置来避免污染。油罐防护堤，集液盘（海上）和集油池减少了大多数小规模溢油污染的可能性。

漏油的来源之一是船只装油过程中通过排气孔泄漏。当流入超过流出时，储罐最终会发生溢流。漏油的另一个来源是设备破裂或瞬间发生无法控制的压力。图 11.1 列出了导致破裂的原因。而这些原因中的一部分可以通过感知导致断裂的工艺条件的变化来预测。其他事件则不能预测到。

除此以外还列出了石油泄漏的其他来源。例如，阀门被打开，操作人员无意中忘记关闭阀门，石油可能会从系统中溢出。如果系统周围没有足够大的围堰，就会造成石油污染。石油也有可能从泄放系统中泄漏出来。所有压力容器都连接到安全阀上，安全阀出口接入泄放系统。如果卸压容器没有足够的尺寸，那么它就没有足够大的储存能力，油就会从泄放系统流出。

11.1.4.2 火灾/爆炸

火灾和爆炸比污染事故更为严重。一方面，火灾和爆炸必然会导致污染灾事故，另一方面，还会造成人员伤亡。相对于导致污染所必需的安全级别，我们显然希望在导致火灾或爆炸的链条中设有更多的安全级别（即较低的发生概率）。也就是说，无论石油污染的风险有多大，火灾或爆炸都需要较低的风险。

火灾或爆炸的发生需要具备：燃料、点火源、氧气以及将它们混合在一起所需的时间。石油或天然气泄漏可以为火灾或爆炸提供燃料。如果这些因素中的任何一项能被 100%消除，那么导致火灾或爆炸的链条就会被打破。例如，氧气能与设施隔离，那么就

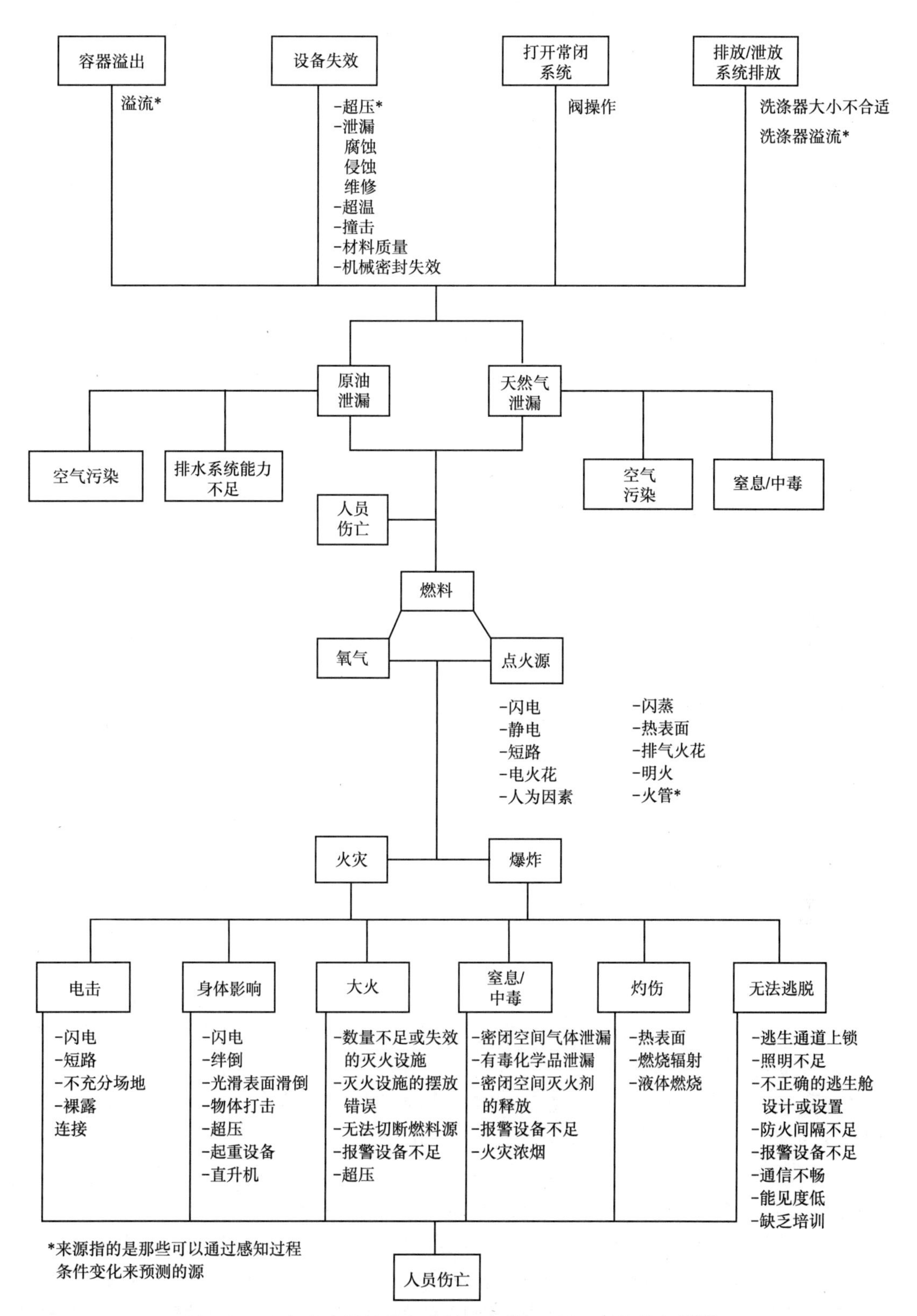

图 11.1　一般生产设施的危险树（由美国石油工业友情提供[2]）

不会发生火灾或爆炸。可以消除设备内部的氧气。因为设备上需要人机界面，所以该措施不能在设备之外进行。

尽管燃料的量可以保持在最低限度，但不可能被完全消除。石油和天然气存在于每一个生产设施内，石油泄漏或天然气泄放都可以提供所需的燃料。气体逸出可能是由破裂、打开封闭系统或正常排出的气体造成的。通过防止石油和天然气泄漏，可以将燃料量降到最低。

点火源很多，但可以将其最小化。雷电和静电是生产设施中常见的点火源，尤其是油罐通风口。不可能通过感知工艺条件的变化来预测点火源，但可以安装气封、压力真空阀和阻燃器，以确保火焰不会回火进罐造成爆炸。电气短路和火花也是点火源的来源。设计和电气系统的相关规范和条例等，规定了该类点火源应与任何燃料保持隔绝。在美国，国家电气规范和电力系统 API 推荐做法将这些点火源的危险降到最低。人为点火源包括焊接和切割操作、吸烟和锤击（这会导致静电）。回火也是一个来源。在一些容器中，火焰存在于火管中。如果在火管的进气口周围形成燃料源，火焰就会在火管外传播，并向外蔓延到开口。然后，火焰将成为其他更多燃料的点火源，并可能导致火灾或爆炸。这就是为什么自然通风火管不需要阻火器的原因。

热表面是另一个常见的点火源。发动机排气、透平排气和发动机驱动的压缩机上发动机歧管都可能产生足够的热以点燃石油或天然气。热机歧管可成为漏油的点火源。发动机排气可以成为气体逸出的点火源。

发动机和燃烧器的排气火花可能是点火的来源。设施内的任何明火也可作为点火源。

火管，特别是在加热器中，火管会浸在原油当中，如果发生泄漏，就会成为点火源，从而使原油与火焰直接接触。如果燃烧器控制失灵，管过热，或者当管内有可燃混合物时引燃器熄灭以及燃烧器打开，火管也可以是点火源。

由于点火源不能通过检测工艺条件的变化来预测，且氧气无处不在，所以当存在任何一个点火源时，危险分析必须集中在降低油气泄漏的风险上。减小点火源与油气泄漏同时出现的可能性是危险分析的重点所在。

11.1.4.3 伤害

伤害可以由爆炸、失控的火灾或图 11.1 所示的其他条件导致。火灾可以直接导致伤害，但是通常情况下，在火灾变得足够大而导致伤害之前，需要有几个促成的条件。例如，如果发生火灾，并且有足够的警告，在伤害发生之前，应有足够的时间逃跑。如果火灾发生前有足够的警告，在伤害之前应有足够的时间逃跑。如果燃料能被切断，并在火灾变大前，有足够的消防设备提供给控制人员，受伤的可能性是最小的。

然而，爆炸会直接造成伤害。在达到点火源的燃烧极限之前，大量的气体云就会积聚起来。当云点燃时，爆炸产生的能量可能是巨大的。

还有其他伤亡的原因，例如坠落、绊倒、在光滑的表面上滑落或被物体撞击以及由破裂直接造成的身体撞击等。特别是在处理有毒化学品时，可能发生窒息。

电击和烧伤也会导致受伤。接触热表面或热辐射可能引起的烫伤。

由于无法逃脱，这些情况中的任何一种都增加了受伤的可能性。假如工作人员暴露在这种情况下的时间越长，所有的情况都更有可能导致受伤。因此，逃生路线、照明、适当的救生舱/船只（如果在海上的话）和防火屏障都有降低受伤的可能性。

11.1.5 严重危险源

危险树可以帮助识别危险源的严重性。下面对危险源严重性进行讨论。

11.1.5.1 超压

超压可直接导致以上三种危险。它可以直接和立即导致伤害；如果有点火源，就会导致火灾/爆炸；如果没有足够的遏制措施，就会导致污染。由于潜在危险，这就需要很好的保障措施以确保超压发生的可能性很小。

11.1.5.2 火管

如果原油或乙二醇泄漏到火管内，或燃烧器控制失效，火管就会引起火灾/爆炸。爆炸是突发的并直接导致伤害，因此需要更高等级的安全防护。

11.1.5.3 超温

过高的温度会导致设备在低于其最大设计工作压力下过早失效。温度过高会造成泄漏，如果气体泄漏可能导致火灾或爆炸，如果漏油则可能导致石油污染。这种类型的故障应该是渐进的，在发展过程中发出警告，因此不需要像前面提到的那样高等级的防护。

11.1.5.4 泄漏

泄漏很少直接导致人员伤亡，但如果有点火源，它们可能导致火灾/爆炸，如果没有足够的安全池，则会导致石油污染。危险发展的瞬间性和严重性小于超压；因此，虽然有必要防止泄漏，这种保护将不需要达到超压所需的安全等级。

11.1.5.5 流入超过流出

如果安全池容量不足，流入超过流出可能导致石油污染，进而引起火灾/爆炸，因此，如果发生溢油，则会造成伤害。这种情况对时间的依赖性更大，损害的程度也更低，因此，安全等级更低是可以接受的。

11.1.6 其他保护装置的需求

危险树还有助于确定在设备设计中应包括的其他保护装置，以尽量减少危险源发展到危险状态的可能性。其他保护设备包括阻燃器、堆栈避雷器、气体探测器、火灾探测器和手动关闭设施。危险分析可以确定安全装置和安全系统的需要。

11.2 制定安全程序

通过危险树，可以看出导致这三大危害的许多来源和条件与设计过程的方式无关。在生产过程中，许多危险源不能通过检测某一条件来预测。例如，不可能通过在分离器上设置传感器，来防止分离器维护人员跌落。另一种说明这一点的方法是，在危险树上识别的危险源和工况需要考虑在工艺流程图中没有的设计。在危险树上，很明显需要正确设计人行道、逃生通道、电气系统、消防系统、管道绝缘等。在开发过程安全系统时，只有那些在危险树中带星号的项目才能被检测到，因此可以预防。

这一点必须强调，因为这样一个生产设施是用 API RP 14C 中描述的进程闭包系统设计的，不一定是“安全的”。具有适当级别的设备和冗余来减少那些通过感知工艺条件中的变化而可以预期的源和条件。然而，如果任何一条链导致危险的总体概率是可以接受的，设施的设计就需要做更多的工作。也就是说，API RP 14C 仅仅是一个与生产设施中工艺部件的安全分析有关的文档。它没有解决安全设计所必需的所有问题。

危险树中的星号项目是工艺条件的变化，这些变化可能发展成源并导致危害。表 11.1 列出了这些项目的严重程度。

表 11.1 与流程系统变化相关的危险源

危险源	危害	危险根源
超压	人员伤亡	无
	火灾/爆炸	点火源
	污染	不合适的安全池
泄漏	火灾/爆炸	点火源
	原油污染	不合适的安全池
火管	火灾/爆炸	燃料
流入超过流出	原油污染	不合适的安全池
	火灾/爆炸	点火源
超温	原油污染	不合适的安全池

超压可直接导致三种危险。如果有点火源，它可以直接立即导致伤害、火灾或爆炸，如果没有足够的安全池，还会造成污染。因此，必须有一个强力的保证措施以确保超压有非常低的发生频率。

如果原油泄漏到火管或燃烧器控制失灵，火管可能导致火灾或爆炸。爆炸可能是突然的，直接导致受伤。因此，需要高等级的安全防护。

温度过高会导致设备在设计最大工作压力以下过早失效。这样的故障会造成泄漏，如果是气体泄漏有可能导致火灾或爆炸，如果石油泄漏就会造成石油污染。这种类型的故障应该是渐进的，随着它的发展而发出警告，因此不需要像前面提到的那样高等级的防护。

泄漏不能直接导致人身伤害。如果有点火源，它们会导致火灾或爆炸，如果没有足够的安全池，就会造成石油污染。泄漏的危害发展的瞬时性和严重性都比超压的小。因此，虽然有必要防止泄漏，但这种保护不需要与防止超压所需的安全等级相同。

如果安全池不足，超过流出的流入会导致石油污染。它可能导致火灾或爆炸，从而造成石油泄漏伤害。这类事故更多的是时间积累性和破坏程度较低，因此，更低的安全防护等级是可以接受的。

危险树还有助于确定在设备设计中应包括的保护装置，这些保护装置可将根源发展成为条件的可能性降至最低。例如防火管上的阻燃器和堆叠式阻燃器能防止回火和废气火花，气体探测器可探测密闭空间内是否有可燃气体存在，火灾探测器和手动关闭系统等能提供足够的警告和防止小火灾发展为大火灾。

11.2.1 首要防护措施

在开始讨论过程所需的安全设备之前，必须明确在过程系统设计中，防止危害的首要措施是选用具有足够的强度和厚度的材料，以承受正常操作压力。这需要设计设备和管道时依据公认的工业设计规范。如果不这样做，任何传感器都不足以防止超压、泄漏等。例如，压力容器的最大工作压力为 1480psi，其安全阀定压值将设置为 1480psi。如果没有经过适当的设计和检测，它可能在压力未达到 1480psi 前破裂。防止这种情况发生的主要防护措施是选用适当的规范和设计程序，并确保对设备的制造及其制造系统进行充分的检测。在美国，压力容器是按照 ASME 锅炉和压力容器规范制造的，管道系统是按照 ASME 管道规范制造的。这在第三卷中讨论过。

同样重要的是，确保腐蚀、削减或其他损坏不会影响系统，使其不再能够安全地承受设计压力。一旦系统投入使用，保持机械完整性对于维护设施的安全至关重要。

11.2.2 故障模式影响分析

用于确定需要哪些传感器来监测工艺条件和过程保护的手段称为故障模式影响分析（FMEA）。需要检查过程中的每一个设备的不同故障模式。然后进行搜索，确保存在冗余，以避免危险源或工况发展成为潜在故障模式。如前面所述，所需冗余的程度取决于危险源的严重性。表 11.2 列出了生产设施中常用各种设备的故障模式。

表 11.2 各种装置的失效模式

传感器		信号/指示器	
FTS	不识	FTI	未标明
OP	过早操作		
止回阀		开关	
FTC	未能关闭（检查）	FS	无法开关
Lin	内部泄漏	FO	无法打开
Lex	外部泄漏	FC	无法关闭
孔板（节流器）		电动机	
FTR	无法限制	FTD	未交付
BL	堵塞	FXP	提供多余电力
泵		变压器	
FTP	泵故障	FTF	不起作用
POP	泵超压		
控制器		通用	
FTCL	无法控制液位	OF	过量
FTCT	无法控制温度	NP	未加工的
FTCF	无法控制流量	NS	无信号
OP	过早操作	FP	无动力
FTCLL	无法控制低液位	MOR	手动操作
FTCHL	无法控制高液位	NA	不适用
FTRP	无法降低压力	安全膜片	
FTCP	无法控制压力	RP	过早破裂
FTAA	无法激活警报	FTO	无法打开
阀门		LEX	外部泄漏
FO	故障打开	计量	
FC	故障关闭	FTOP	无法正确操作
FTO	无法打开	LEX	外部泄漏
FTC	无法关闭	BL	堵塞
Lin	内部泄漏	定时器	
Lex	外部泄漏	FTAP	无法启泵
		FTSP	无法停泵

在应用 FMEA 时，首先要设计工艺流程图。举个例子，液体输送管道上的止回阀。它可能有 3 种失效模式—无法关闭，内漏，外漏。FMEA 将调查该止回阀未能关闭可能造成的影响。假设发生这种情况，必须在系统中设置一些阻止源发生的冗余。接下来，将对第

2 种失效模式进行评估，如果止回阀内部发生泄漏，会发生什么情况。最后对第 3 种失效模式进行评估。评估止回阀很容易。控制器有 9 种故障模式，阀门有 6 种。

为了对生产设施执行完整的、正式的 FMEA，必须评估所有设备的每一故障模式。必须计算每个设备的每种模式的百分比故障率和故障成本。如果故障的风险折扣成本为可以接受，那么就有适当的冗余数。如果该成本不可接受，则必须添加其他冗余，直到达到可接受的成本。

显然，这种做法将是耗时的，会产生大量的文件，造成检查困难。而且显然这种方法仍然是主观的，因为评估者必须就事故的后果、预期的故障率和可能发生的事故的风险承受值做出决定。

通过对几个海上生产设施进行分析，得出的结果不一致。也就是说，在某一设计中，一组评价人员确定的必要保护措施，在完全类似的其他设计中另一组评价人员则认为不需要。此外，考虑到某个装置上的安全设施可能出现故障，因此评估人员需增加备用的安全设施，而同一组人员在评估没有初始安全设施的类似安装时，并没有将缺少初始安全装置视为一种危险或需要备用安全装置。

应该清楚的是，完整的 FMEA 方法对于评估生产设施安全系统是不实际的。这是因为：(1) 这一技术已证明在核电站和火箭等领域是有用的；但通常失败的代价不像核电站或火箭那样大，(2) 生产设施设计项目不能承担此分析需要的工程成本和准备时间；(3) 监管机构的工作人员不足以批判性地分析 FMEA 的结果，以判断主观判断的错误；(4) 最重要的是所有生产设施的设计都有相似之处，这些设施使工业界能够发展一种能满足所有这些反对意见的修正的 FMEA 方法。

11.2.3 改进的 FMEA 方法

改进后的 FMEA 方法要求在最坏的输入、输出条件下，对设备上的每个零部件（而不是单个装置）作为独立的单元进行评估。无论设备的具体设计如何，分离器、出油管、加热器、压缩机和其他设备的作用都是相同的。也就是说，它们有液位，压力和温度控制和阀门。这些都会受到以同样方式影响设备的故障模式的影响。因此，如果对独立的设备项目执行 FMEA 分析，FMEA 对于任何进程配置中的该组件都是有效的。

此外，一旦对每个过程组件分别进行了最坏情况、独立条件的分析，不存在通过将组件连接到系统中而产生的额外安全风险。也就是说，如果每个流程组件都根据其 FMEA 分析得到了充分的保护，由其中几个组件组成的系统也将得到充分的保护。

系统配置甚至有可能使一个进程组件上的设备提供的保护能够保护其他进程组件。也就是说，一旦所有组件组装在一个系统中，可能需要为独立的组件提供足够保护的装置可能是冗余的。这一程序概述如下。

(1) 对于每个部件（流程组件），通过假设可能成为潜在源的每个流程依次发生下创建 FMEA。也就是说，假设控制失败、泄漏或其他导致进程中断的事件。

(2) 提供一个传感器，在确定的条件源形成前，检测进程中的异常和关闭。例如，如果压力控制器失效，压力增加，则提供一个高压传感器来关闭该过程。如果有泄漏和压力下降，提供一个低压传感器来关闭该过程。

(3) 应用 FMEA 技术为传感器提供独立的备份，作为识别危险之前的第二级防御措施。备用设备的可靠性将取决于问题的严重性。例如，由于超压是一种可能导致严重危险的情况，所以备用装置应该是非常可靠的。通常，用安全阀作为高压传感器的备用设施。在这种情况下，安全阀实际上比高压传感器更可靠，但它还有其他相关的缺点。另一方面，石油泄漏并没有那么严重。在这种情况下，用集液盘来防止石油污染就足够了。

（4）假设有两个级别的保护是足够的。在生产设备中应用 FMEA 分析的经验表明，在许多情况下，考虑到停机系统的可靠性和后果，只需要一个级别的保护。但是，证明某一特定的装置只需要一个级别的防护比安装和维护两个级别需要更多的时间。因此，始终需要设定两个级别。

（5）将组件组装到过程系统中，并应用 FMEA 技术确定某些组件上的保护设备是否为其他组件提供冗余保护。例如，如果有两个设计压力相同的串联的分离器，设置一个防止超压的装置也会保护另一个。因此，可能不需要两套高压传感器。

在一个简单的两相分离器上执行 FMEA 最能看到这一过程的应用。表 11.3 列出了在导致条件源的不希望事件发生之前可以感觉到的那些工艺异常。对于超压，一次保护是由一个在入口处的高压传感器关闭（PSH）。如果该装置发生故障，则由安全阀（PSV）提供二次保护。

表 11.3　分离器的 FMEA

不良事件	首要	次要
超压	PSH	PSV
大量天然气泄漏	PSL，FSV	ASH，最小化点火源
大量原油泄漏	LSL，FSV	集油罐（LSH）
少量天然气泄漏	ASH，最小化	火灾探测
少量原油泄漏	点火源	人工操作
流入大于流出	集油罐（LSH）	通气洗涤器（LSH）
超高温	TSH	泄漏检测设备

一个低压传感器（PSL）检测到大量气体泄漏，在入口处的该传感器关闭，而一个止回阀（FSV）阻止下游组件的气体回流发生泄漏。同样，由一个低液位传感器（LSL）和一个止回阀检测到大量漏油。集油池和它的漏油高安全液位（LSH）作为后备保护。也就是说，在石油泄漏变成污染之前，必须有第二个传感器失效。当少量泄漏可能引起火灾时，气体泄漏的后备保护就成为火灾探测和保护设备。对于少量漏油，集油池没有自动化的 LSH 作为后备防护。在超过安全池和造成石油污染之前人工干预作为备用。

高温传感器（TSH）可以关闭进料或热源，是超温的一级保护，它可以使最大允许工作压力（MAWP）低于压力安全阀（PSV）的设置。检漏装置提供后备保护。

流入量超过流出量是通过液位安全高限检测的。如果容器气体出口进入大气，则由 PSH（防止安全阀运行）或下游排气洗涤器中的 LSH 提供后备保护。也就是说，必须在任何直接排放到大气的容器的下游安装一个排气洗涤器。

一旦 FMEA 完成，就会对特定的系统进行分析，以确定是否真的需要这么多的装置。例如，如果工艺条件不可能超过压力容器的压力等级，则不需要这些装置。如果不可能将容器加热到足以影响其最大工作压力的温度，则可以取消 TSH。

11.3 API RP 14C

11.3.1 概述

API RP 14C[1]是一种基于许多传统危险分析技术的安全分析方法，如失效模式影响分析（FMEA）和危害与可操作性研究。安全分析的目的是找出可能对安全构成威胁的不良事件，并确定可靠的保护措施，以防止此类事件发生或一旦它们发生时将其影响降至最低。对安全的潜在威胁是通过已证实的危险查明的，已经适应了碳氢化合物的生产过程。推荐的保护措施是经过多年运行经验证明的常见行业做法。陆上和海上生产设施的“安全分析”由危害分析和保护措施结合而成。

API RP 14C[1]的安全性分析基于以下前提。

（1）无论具体设备如何设计，工艺组件都以相同的方式工作。

（2）每个过程组件针对“最坏情况”的输入和输出条件进行分析。

（3）独立分析时，该分析将在任何配置中对该组件有效。

（4）如果每个组件都受到保护，系统将受到保护。

（5）当组件组装成一个系统时，有些设备可以取消。

这一分析的主要好处是简洁、易于审核的文件、最小化的主观决定和一致的结果。第11.3节的其余部分解释了分析中使用的保护的基本概念，讨论了分析过程的方法，并建立综合安全系统的设计准则。包含了整个生产过程，并提供了用于逐步进行安全分析的要点。

11.3.2 工艺参数

上游生产设备有4个主要的工艺参数：压力、液位、温度和流量。参数在上下极值之间波动。例如，容器内的液位可以从容器底部（空罐）到顶部（满罐）波动。工艺参数允许流体通过过程部件变动，同时达到销售或水处理所需的分离标准。

11.3.3 工艺部件

工艺部件是处理碳氢化合物的所有设备。识别出生产设施中处理碳氢化合物的所有组件将是必不可少的。RP 14C[1]没有按其通用名称列出组件，而是按其功能列出组件，从而将名称从数百个减少到10个。无论一件设备被称为什么，它都可以被描述为以下十个过程组件之一：井口和出油管，井口注入管线，汇管，压力容器，常压容器，燃烧和排气加热部件，泵、压缩机、管道和管壳式换热器。

11.3.4 正常操作范围

只要工艺设备中存在碳氢化合物，4个主要过程变量中的每一个就具有一定的值。运行正常时，这些变量的值称为正常值。例如，在一段时间内，管线上的压力读数会有波动（例如，在小时间隔计数中，在第1300h时读数可能为950psi，在第1340h时为1010psi，在第1400h时为979psi）。只要发生流动，流程中的液位就会发生变化。例如，在分离器的油腔中，液面会稳步上升，直到排油阀打开并排出一些油，这时液面会下降，直到排油阀关闭。在所有工艺设备中，每个变量都有一个正常操作范围，而不是单个值。

设施保护的基础之一是保护每个设施不受与4个主要工艺参数密切相关的某些不良事件的影响。例如，如果设备内的压力变得太高，设备可能会破裂；设备内的压力过低可能发生了泄漏。元件内的液位过高或过低可能会引起问题，并表明设备故障。

生产经营者建立正常的操作范围。对这4个主要过程变量的主要关注是，它们的传感设备在正常范围以外的条件下，有足够的时间在问题发生之前做出响应。例如，分离器液位的正常范围可以在操作者想要的任何位置，只要高液位（LSH）能在液体溢出发生前关闭，并且低液位可以在液面完全消失之前做出反应，并允许气体从液体出口流出（气体喷出）。通过在组件上安装一个压力记录器并记录压力随时间的变化，可以确定组件压力的正常工作范围。

保持正常的操作范围需要正常的工艺流程。当4个主要工艺参数保持在其正常范围内时，流程正常运行。工艺流程主要由节流器、调节器、控制器和主要过程变量之间相互影响来维持，也就是说，正常的操作范围由相同的因素维持。

11.3.5 不正常的工作情况

基本上，过程变量在它们的正常操作范围内，但是确实会发生报警器报警和闭锁。当控制工艺参数在正常范围内的节流器和控制器不能正常工作时，被控制的过程变量可能超出其正常操作范围。每当过程变量超出其正常范围时，就会被称为处于异常状态。例如，正常工作范围为800~900psig的元件，压力大于900psig或小于800psig则是发生了异常。泄放阀开启或关闭点之上或之下的液位是一种异常状态。

异常状态的意义是什么？实际上，只少量超出正常运行范围时，对设施的运作影响很小。然而，如果一个变量完全超出了它的正常运行范围，它可能会继续升级，可能带来灾难性的后果。运营者主要关注的是，如果异常情况变得极端，可能造成的后果。

11.3.6 重要性

不正常的操作条件可能会造成若干后果。最好的结果是只报警和联锁动作。最严重的后果是人员的伤害、污染和公司资产的损失。异常情况并不总是发展成严重的后果，但它有可能发生。根据API RP 14C[1]的规定，严重的后果通常是由一些异常情况引起的。不及时处理的异常情况可能会升级到最坏的情况。

11.3.7 原因

造成异常情况的主要原因是设备故障或失灵及人为错误。设备故障或失灵的例子有，因水流中沙子过多而造成节流作用增大，泄放阀常开或保持关闭，以及因振动引起的调节器或控制器的变动。如果修复泄放阀的操作人员不想关闭已完成工作并使用泄放阀的旁路，则可能发生人为错误。当旁路阀开启时，如果操作人员不能对液位进行适当的监测，则元件中的液位可能过高或过低。如果操作人员对水位进行了准确的监测，但忘记检查新修复的泄放阀是否正常工作，也可能发生人为错误。

11.3.8 预防

异常情况的实际原因是多种多样的。API RP 14C[1]提供了一种分析技术来识别潜在的异常情况并防止其发生。

11.3.9 碳氢化合物释放的影响

反常的操作条件会造成人员伤亡、污染和资产损失。每当这些最坏的后果发展到最严重的时候，通常都会涉及碳氢化合物的释放。虽然任何类型的污染都是不可取的，但碳氢化合物污染是最严重的。1989 年 5 月埃克森瓦尔迪兹事件是引起人们注意的一个主要例子，也说明了通航水道受到碳氢化合物污染所涉及的费用。碳氢化合物的释放往往还涉及人员的重大伤害。碳氢化合物的释放往往足以对人员造成伤害（例如，每当涉及硫化氢时）。

最糟糕的是由碳氢化合物释放引起或助长的火灾。爆炸或火灾会对设备和人员造成广泛的损害，从而造成广泛的伤害、污染和设施破坏。由于释放的碳氢化合物，1988 年夏天在北海发生的 Piper Alpha 事件中海上平台融化到了水线，而 1988 年发生在得克萨斯州帕萨迪纳的菲利普斯事故，陆上设施则完全夷为平地。

11.3.10 安全装置

安全装置为碳氢化合物的释放提供了解决方案。为了保护生产设施，已经开发了特定的设备。随着这些设备变得越来越普遍，行业标准，如名称、符号和标识以及安装位置就被建立起来了。API RP 14C SEC. 2[1] 概述了与地面生产有关的标准。

11.3.10.1 名称

在安装特定的安全装置之前，需要有一种标准的参考方法。API RP 14C 提供两组安全装置："通用"（即典型油田）名称，如止回阀或止动阀，以及美国仪器学会（ISA）的"专用"名称，如流量安全阀或压力安全阀。除了少数例外，每个 ISA 名称都包括测量或初始化变量作为名称的第一部分，单词安全作为名称的第二部分。名称的第三部分，通常也是最后一部分，是指设备本身（即阀门或元件）或设备执行的功能类型（即高或低）。

ISA 设备名称通常用名称的每个部分的第一个字母缩写。如果单个组件上有两个或多个相同类型的设备，则通过在设备的字母后面添加一个数字或字母来区分每个设备（例如，LSH 1 和 LSH 2）。同样的惯例也适用于所有的安全装置（图 11.2[1]）。

11.3.10.2 图例符号

流程图必须显示安全设施。图形符号表示每个安全设施。这些符号节省了图表上的空间，使外观更加整洁。图 11.3[1] 包含碳氢化合物设施图中使用的标准化符号。

11.3.11 生产过程安全系统

生产过程安全系统能够提供比单个设备本身更广泛的保护级别。生产过程安全系统包括终端设备和辅助设备，它不仅对生产过程本身重要，而且对设施的安全运行也很重要。生产过程安全系统主要构成如下。

11.3.11.1 地面安全系统

地面安全系统（SSS）主要由具有检测功能的独立安全设施构成。安全设施对温度、压力、液位或流量等 4 个主要变量之一做出响应。地面安全系统的主要目的是防止碳氢化合物的初始泄漏，并阻止已经泄漏的碳氢化合物继续外泄。地面安全系统主要由传感装置、继电器装置和执行机构等 3 部分组成。有些安全设备（如止回阀、减压阀等）集检测功能和执行功能于一体。

传感和自动装置				
变量	自动装置设计		符号	
	常用	美国工业协会（ISA）	单一设备	结合设备
回流	止回阀	流量安全阀	FSV	
燃烧器火焰	燃烧器火焰检测器	燃烧器低流量安全	BSL	
流量	高流量传感器	流体高流量安全	FSH	FSHL
	低流量传感器	流体低流量安全	FSL	
液位	高压力传感器	高液位安全	LSH	LSHL
	低压力传感器	低液位安全	LSL	
压力	减压—安全阀	高压力安全	PSL	PSHL
	爆破片或安全盖	低压力安全	PSL	
	爆破片或安全盖	压力安全阀	PSV PSV	
	爆破片或安全盖	压力安全元素	PSE	
压力或真空	压力或真空泄压阀	压力安全阀	PSV	
	压力或真空盖	压力安全阀	PSV	
	通风孔	无		
真空	真空泄压阀	压力安全阀	PSV	
	爆破片或安全盖	压力安全元素	PSE	
温度	高温传感器	高温安全	TSH	TSHL
	低温传感器	低温安全	TSL	
火焰	火焰或堆垒避雷针	无		

图 11.2　安全—设备识别示例（转载自美国石油学会[1]）

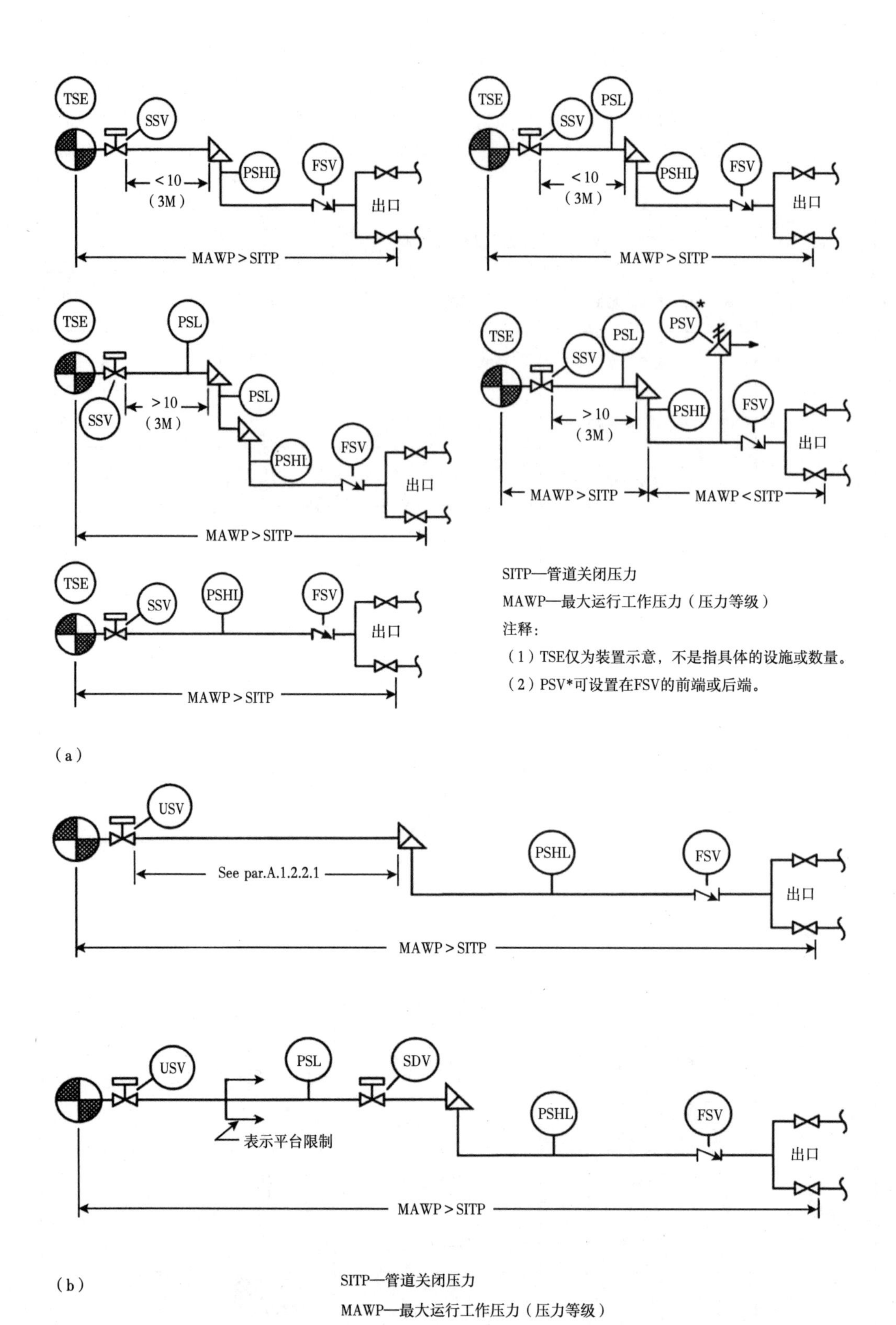

图 11.3　安全设施表［引自美国石油学会（API）[1]］

地面安全系统集成了各种传感装置。当检测到异常时，传感装置向执行机构发送控制信号，转移或关闭流体并发出警报，或采取一些其他补救措施。例如，如果容器的溢流阀被锁定在关闭状态，容器内的液面将上升。当液位上升到一定高度时，容器的高液位检测开关（LSH）将检测到高液位并发出关井命令，截断流入容器的流体。同时，发出警报通知现场操作人员。

11.3.11.2 应急保障系统

应急保障系统（ESS）主要包括7个子系统，它们都有助于保护设施和环境。ESS的主要目的是阻止额外泄漏并尽量降低已经泄漏的烃类的影响。API认为理想情况下，通过使用传感装置（即SSS）可以防止碳氢化合物的释放。但是API也提到，尽管设置地面安全系统，但有时也会因地面安全系统失效而无法检测到碳氢化合物泄漏。为了解决这个问题，API规定了保护设施的备用手段。ESS是这些备用手段的主要部分。组成ESS的7个子系统是紧急关断（ESD）系统、火灾探测系统、可燃气体探测系统、充足的通风、液体密封系统、集油池和地下安全阀。

11.3.11.3 其他保障系统

为了尽可能保证系统安全，还需要压缩空气供给系统和天然气放空系统。压缩空气供给系统负责为大多数其他工艺系统提供操作动力。放空系统将多余气体排放至大气以保证设备安全，同时还可以最大限度分离出液态烃从而减少环境污染。

11.3.12 防火措施

防火措施旨在防止泄漏的碳氢化合物被点燃，从而减小已泄漏的碳氢化合物的危害。防火措施可以通过强制通风、遵守所有适应的电气安全规范、在泄漏风险最小的区域布置设备、隔绝热源等4项措施来实现。有关这些措施的更多信息，请参阅RP 14C，第4.2.4段[1]。

11.3.13 不良事件

误操作可导致一个或多个不良事件，从而导致人员伤害、环境污染以及装置或设备的损坏。在地面生产系统中设安全策略和安全系统可以防止不良事件发生，它是防止最坏结果发生的最后一道屏障。在工艺运行每个阶段，都可以通过采取措施来防止因主要工艺参数超调而引起的事故的发生。节流阀和控制器可将变量限制在正常范围内。一旦变量超出其正常范围，安全设施动作以保证变量不超出运行范围。即使不良事件发生，仍然有防止或降低事故发展到最坏结果措施（例如，紧急保障系统ESS）。即使不良事件比正常或异常情况发生概率低，但不良事件比上述2种情况中的任何一种更可能导致灾难性后果。

通过研究可能发生的伤害、污染和企业资产损失的所有可能性，可以确定8种不良事件。该过程类似于用于识别10个过程组件的过程。可通过深入研究8种不良事件，以确定每个不良事件通常的诱因、影响、发生在不良事件之前的可察觉的异常状况以及能防止不良事件发生的最有效的一级和二级保护装置，以及放置所需保护装置的最佳地点。

通过研究每个不良事件，可以得到利于设施安全的保护信息。例如，通过了解某一特定不良事件的诱因，获取安全保护信息，可以在这些诱因发展成为不良事件之前得到监测和纠正。了解每个不良事件的可能影响，可以对不良事件做出更迅速或更恰当的反应。可检测的异常情况诱因有利于优化监控方式和选择适宜的安全策略为不良事件发生预警。一级和二级保护信息有助于针对特定的不良事件确定最适合的安全策略。现场位置数据为优化安全装置位置以实现最有效的保护提供依据。

API RP 14C[1]很好地描述了这些信息。它首先把不良事件定义为“对安全构成威胁的工艺过程中的不利情况”。有很多情况可能“对安全构成威胁”，可以从小事件到灾难性事故。API从概念上将不良事件定义为“灾难性威胁”。

API RP 14C[1]定义的8种不良事件包括超压、泄漏、液体溢流、气井井喷、负压、超温（火灾或设备过度加热）、直接点火源和过度燃烧。接下来讨论不良事件的关键要素。

在生产过程中，对安全构成灾难性的威胁往往由上述8种事件中的一个或多个引起。

通常，每一个不良事件都由异常情况开始，但这并不绝对。而异常情况通常是可以检测到的。

为防止不良事件的发生或者降低不良事件一旦发生造成的危害，生产现场必须提供一级防护措施。

需设置二级防护措施作为一级防护措施的备用防护手段。一级和二级是指防护级别。虽然这些保护级别通常是由设备本身决定的［如：安全高压（PSH）/安全低压，LSH/安全低液位，压力安全阀等］，但是保护级别也可以通过其他方法确定。例如，压力容器所需要的二级防护是通过紧急关断系统（ESS）决定而不是由设备本身决定。

大多数情况下，不良事件会引起伤亡、污染或损失。设计一个保护系统来防止或减少损伤、污染或损害所采取的保护措施必须基于不良事件将导致这些后果的假设。

11.3.14 安全分析

每个过程组件可以归入API RP 14C[1]中列出的10个过程组件之一，并且与生产过程相关的损伤、污染和损坏的原因可以归入8种不良事件之一。安全分析将这两件事情联系起来，是确保设施得到充分保护的工具。安全分析检查设施中的每个过程组件，以确定哪些不良事件可能与哪个组件相关，哪些安全设备对于组件的保护是必需的，以及安全设备必须做出什么响应以确保生产过程得到充分的保护。安全分析表（SAT）、安全分析检查表（SAC）和安全分析功能评估图（SAFE）是安全分析的三个主要组成部分。

11.3.14.1 安全分析表

安全分析表（SAT）检查生产过程的每个独立的组件。考虑可能影响组件的每一个不良事件，并且针对每个不良事件，列出相关原因、可检测的异常条件以及安装保护装置所需的位置。检查每个独立的部件并为每个特定部件确定足够的保护程度。对该设施的每个部件进行检查分析后，整个设施也得了到充分保护。把每个组件作为独立的组件验证是否被保护确保设施得到最大程度的连续保护。

11.3.14.2 安全分析检查表

有时，安全分析表里要求的安全设备也可以不需要设置，因为工程控制消除了对特定设备的需求。例如，安全分析表要求压力安全阀（PSV）来防止井口管线超压，但是，如果管线及相关设备的最大允许工作压力（MAWP）大于生产井的最大关井管压，那么系统已经得到保护，就不需要上述设备了。

如果位于别处的另一设备提供相同程度的保护，故障检查表里要求的安全设施也不再需要。例如，如果PSV已经安装在上游管线上，并且如果上游PSV为下游管线及其设备提供足够程度的保护，则位于下游管线上的第二PSV就多余了。

安全分析检查表（SACs）在坚持必要的防护等级的同时，提供了去除多余安全措施的准则。如果不能消除多余的安全措施，生产设施将包含更多的设备，且不能获得任何额外的保护。购买、安装和维护多余设备所需的时间和费用会显著增加且没有必要。因此能够分析出哪些安全设备可以去除且不影响保护级别是很重要的。安全分析检查表确保了在尽可能少的使用安全设备的同时满足两个保护级别。图 11.4[1]是用于某段流程的 SAT 和 SAC 的示例。

不良事件	原因	可检测的异常条件
超压	管线堵塞或限流 下游油嘴堵塞 水合物堵塞 上游流量控制失效 井口生产参数改变 出口阀关闭	超压
泄漏	老化 磨损 腐蚀 撞击损伤 振动	低压

注：（1）超压传感器（PSH）。

①已安装 PSH。

②管段最大允许工作压力（MAWP）大于最大关井压力且超压传感器安装在下游管段。

（2）低压传感器（PSL）。

①已安装 PSL。

②管段位于井和油嘴之间并且小于 10ft（3m）长度或者当采用井下安装，合适的安装距离。

（3）压力安全阀（PSV）。

①已安装压力安全阀。

②管段最大允许工作压力大于最大关井压力。

③有两个关断阀（SDV）（其中一个可以是安全切断阀 SSV）和独立的高压检测传感器及控制设备，并且检测点所在隔断阀上游有足够的流量裕度以保证管线在超压之前有足够的时间关闭关断阀。

④管段被上游安装的压力安全阀保护。

⑤管段被下游安装的不能与本管段隔离的压力安全阀保护，并且在管段和安全阀之间不能有油嘴或其他限流设备。

（4）流量安全阀。

①已安装流量安全阀。

②管段被最后管段的流量安全阀保护。

图 11.4　流程段安全分析表和安全分析检查表［引自美国石油学会（API）[1]］

11.3.14.3　安全分析功能评估图

安全分析表（SAT）指出每个组件所需的安全设施，安全分析检查表（SAC）确定哪些设施可以被去除，以及去除这些设施必须满足哪些条件。SAT 和 SAC 都不指出设施做什么，或者一个组件的设施与另一个组件的设施的关系。安全分析功能评估图（SAFE）是用来评价每个安全设施的功能，并准确记录每一个安全设施的用途。例如，安全分析功能评估图表不仅说明 PSH 关闭物料流入，还需说明 PSH 如何关闭物料流入（例如，通过关闭一个特定的井的地上安全阀)。

安全分析功能评估图也说明了当 PSH 失效时可能发生的一切情况。它提供了一种考虑装置每个组件的机制，并且每一个组件都有对应的安全设施。安全分析功能评估图是故障诊断及解决工具，它可以确保装置得到充分保护。例如，现场检查时发现工艺参数一直保持在允许范围内，某一 SDV 却处于关闭状态，那么安全分析功能评估图可以用来确定那个设备造成了 SDV 的关闭。然后逐一检查每个设施，进而确定使 SDV 处于关闭状态的设施。

11.3.15 手动紧急关断

安全系统应该具有通过阻止易燃物质的释放、隔离点火源和关闭适当设备等过程来最小化损害的特征。操作人员可以通过在重要位置设置的 ESD 按钮（站）关闭生产设施。这些 ESD 按钮应标记清楚，设置位置要方便操作，与被保护设备距离 50~100ft 为宜，备用 ESD 按钮距离受保护设备 250~500ft 为宜。按钮的位置应选择在逃生路线出口位置且应至少可以选择两个远离的位置触发 ESD 按钮。

ESD 按钮可以关闭整套装置，也可以设计为两级关断。第一级关闭设备，如压缩机、贫油泵和直接燃烧式加热器，或者通过关闭入口或出口截断阀、开启旁路阀来切断和转移装置内的物流。第二级关闭剩余配套或辅助设施，包括发电机和供电系统。

11.3.16 报警系统

报警系统对即将发生的故障给予预警，提醒操作人员在关闭之前采取纠正措施，并提供关于关闭原因的初始信息。它是所有大型关断系统设计的重要组成部分。在较小的系统上，过程报警可能没有作用，因为在启动自动关断之前，没有足够的时间让人员对报警器做出反应。

报警器控制面板应集中布置，报警系统包括一般报警和停机报警，两种报警单独分组。首次一般报警和停机通常发出声光报警，称为“先出指示”。随后由面板接收的关机或报警信号要么没有声光指示，要么以不同的声光警报方式通知，以便操作者确定警报级别。

用于控制操作阀的输出信号可以作为报警信号，但关断报警信号应来自完全独立的仪器，而不能用正常使用操作的输出信号。

11.3.17 安全分析的执行

进行生产设施安全分析的过程包括以下几步。

（1）获得准确的工艺流程示意图（即包括所有工艺设备以及相关的操作参数）。一旦确定了流程示意图，就验证其准确性，因为生产设置可能发生了改变，但工艺流程图经过很长时间才更新。验证包括遍历设施以确保位于设施中的每个过程组件都显示在示意图上。验证还包括确保流程示意图不描述不再是过程设施一部分的组件以及最大操作压力和工作压力与流程示意图相符。不采取这一步骤会影响流程示意图和安全分析功能评估表的准确性。

（2）参考每个过程组件和安全分析表（SAT），确定设施内每个过程组件所需的所有安全设施。首先参考 API RP 14C 的附录 A-1 至 A-10[1]。通过参考安全分析表，了解修正过流程图中显示的每个工艺组件，确保每个组件要求的安全设施都显示在流程示意图上。要遵循 API RP 14C 附录 E 中的示例，也就是说，对每个设备使用云线标记和 ISA 命名规则。对所选组件依据安全分析表分析前，应首先阅读 API RP 14C 中关于该组件的所有内容。

（3）依据安全分析表，依据 API RP 14C[1] 每个过程组件都添加保护设备后，再依据 API RP 14C 中的安全分析检查表（SACs），以确定各个组件的保护设备是否多余。如果有的话，对于每个多余的设备，将该设备的实线云线标记（代表已安装的安全设备）变成虚线云线（代表已消除的安全设备）。记住，如果有适用于这种操作条件的安全分析检查表（SAC）参考号，该组件将会得到充分的保护。仔细查看每个安全分析检查表（SAC）参考号后面的描述，并确定是否满足所有要求的限制条件。如果满足所有条件，该特定设备可被移除，也可以保留在组件上。记住，SACs 允许消除冗余设备，但不是必须移除的。对于那些将被移除的设备，用虚线云线替换实线云线来修改示意图，参见 API RP 14C，附录 E[1]。

（4）完成设施的安全分析功能评估图（SAFE），也就是说，填写一张空白的安全分析功能评估图（SAFE），包含设施内的每个组件、安全设备和响应终端设备。标记 SAFE 图表以指示每个安全设备动作条件。实际上，除非正在对设施进行初步安全分析，否则很少需要填写一份新的空白 SAFE 图表。通常情况是修改现有图表，然而，知道如何从头开始完成新的图表将使修改现有 SAFE 图表的工作变得更容易。熟悉 SAFE 图表有助于排除设施故障。

要完成 SAFE 图表需要了解图表的结构。SAFE 图表设计为横向和纵向。横向涉及设施内的所有过程组件及其安全装置。纵向不仅包括每个安全设备的终端设备，还包括它们的功能（例如关井，最小化回流等）。图 11.5 显示了典型的 SAFE 图表[1]。

11.3.18 危害分析

危害分析识别潜在危害，定义每个危害的必要条件，并识别每个危害的来源。危险树识别潜在危险并确定这些危险存在的必要条件。危害分析从危害树的最低级别开始并试图通过消除其中一个条件来阻止危险的发生。

许多危险树中识别的来源和条件需要考虑与工艺设计无关的因素，例如逃生通道、电气系统、消防系统和管道绝缘等。设计有安全停机系统的设施也不一定绝对“安全”。它有适当级别的安全保护设备和冗余，通过检测工艺条件的变化来预见相应危险源和条件，以降低风险发生。危险树有助于识别设备设计中包含的保护装置（例如，火炬上的火焰或烟囱阻火器）。要降低任何一条链导致危险的总概率控制在可以接受的范围内，还需要更多工作要做，例如定期维护保养、制度操作程序、定期测试和演习等。不同的危害分析技术可以在项目执行过程中的不同阶段应用，以评估和减轻设施设计、施工和运营过程中的潜在危害。

11.3.19 危害分析分类

危害分析技术分为两大类。一类是通过确保设计满足经过实践验证的标准规范来控制危害发现。这些技术源自先前的危害分析、行业标准和推荐做法、事故和事故评估结果或类似设施。另外一类技术是预测性的，因为它们全新的，没有已应用的实践可以借鉴。

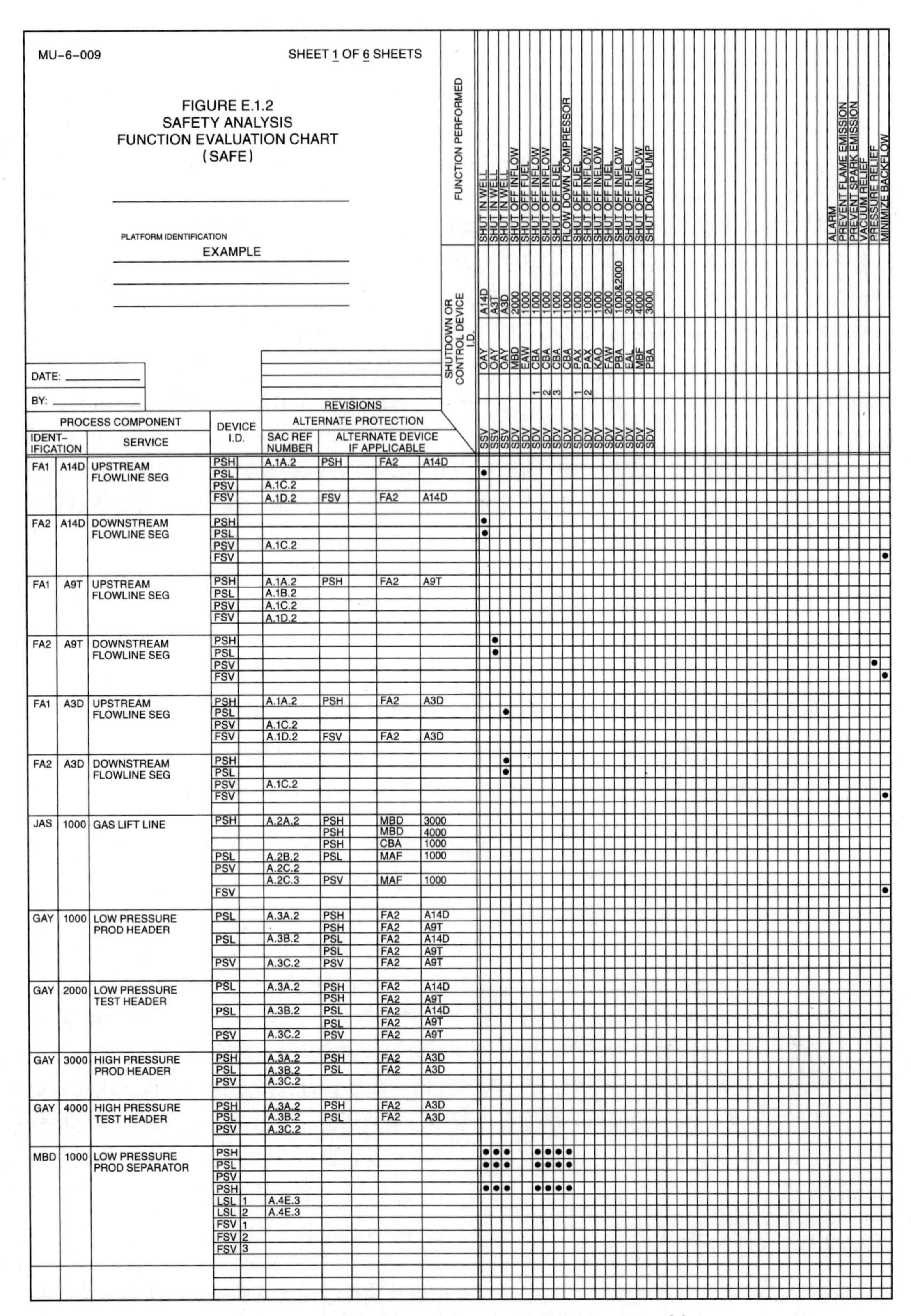

MU-6-009 SHEET 1 OF 6 SHEETS

FIGURE E.1.2
SAFETY ANALYSIS
FUNCTION EVALUATION CHART
(SAFE)

PLATFORM IDENTIFICATION
EXAMPLE

DATE:
BY:

REVISIONS

PROCESS COMPONENT IDENT-IFICATION		PROCESS COMPONENT SERVICE	DEVICE I.D.		ALTERNATE PROTECTION SAC REF NUMBER	ALTERNATE DEVICE IF APPLICABLE		
FA1	A14D	UPSTREAM FLOWLINE SEG	PSH		A.1A.2	PSH	FA2	A14D
			PSL					
			PSV		A.1C.2			
			FSV		A.1D.2	FSV	FA2	A14D
FA2	A14D	DOWNSTREAM FLOWLINE SEG	PSH					
			PSL					
			PSV		A.1C.2			
			FSV					
FA1	A9T	UPSTREAM FLOWLINE SEG	PSH		A.1A.2	PSH	FA2	A9T
			PSL		A.1B.2			
			PSV		A.1C.2			
			FSV		A.1D.2			
FA2	A9T	DOWNSTREAM FLOWLINE SEG	PSH					
			PSL					
			PSV					
			FSV					
FA1	A3D	UPSTREAM FLOWLINE SEG	PSH		A.1A.2	PSH	FA2	A3D
			PSL					
			PSV		A.1C.2			
			FSV		A.1D.2	FSV	FA2	A3D
FA2	A3D	DOWNSTREAM FLOWLINE SEG	PSH					
			PSL					
			PSV		A.1C.2			
			FSV					
JAS	1000	GAS LIFT LINE	PSH		A.2A.2	PSH	MBD	3000
						PSH	MBD	4000
						PSH	CBA	1000
			PSL		A.2B.2	PSL	MAF	1000
			PSV		A.2C.2			
					A.2C.3	PSV	MAF	1000
			FSV					
GAY	1000	LOW PRESSURE PROD HEADER	PSL		A.3A.2	PSH	FA2	A14D
						PSH	FA2	A9T
			PSL		A.3B.2	PSL	FA2	A14D
						PSL	FA2	A9T
			PSV		A.3C.2	PSV	FA2	A9T
GAY	2000	LOW PRESSURE TEST HEADER	PSL		A.3A.2	PSH	FA2	A14D
						PSH	FA2	A9T
			PSL		A.3B.2	PSL	FA2	A14D
						PSL	FA2	A9T
			PSV		A.3C.2	PSV	FA2	A9T
GAY	3000	HIGH PRESSURE PROD HEADER	PSH		A.3A.2	PSH	FA2	A3D
			PSL		A.3B.2	PSL	FA2	A3D
			PSV		A.3C.2			
GAY	4000	HIGH PRESSURE TEST HEADER	PSH		A.3A.2	PSH	FA2	A3D
			PSL		A.3B.2	PSL	FA2	A3D
			PSV		A.3C.2			
MBD	1000	LOW PRESSURE PROD SEPARATOR	PSH					
			PSL					
			PSV					
			PSH					
			LSL	1	A.4E.3			
			LSL	2	A.4E.3			
			FSV	1				
			FSV	2				
			FSV	3				

FUNCTION PERFORMED / SHUTDOWN OR CONTROL DEVICE I.D.

Component	Device	SSV OAY A14D SHUT IN WELL	SSV OAY A3T SHUT IN WELL	SSV OAY A3D SHUT IN WELL	SDV MBD 2000 SHUT OFF INFLOW	SDV EAW 1000 SHUT OFF FUEL	SDV 1 CBA 1000 SHUT OFF INFLOW	SDV 2 CBA 1000 SHUT OFF INFLOW	SDV 3 CBA 1000 SHUT OFF FUEL	SDV CBA 1000 RLOW DOWN COMPRESSOR	SDV 1 PAX 1000 SHUT OFF FUEL	SDV 2 PAX 1000 SHUT OFF INFLOW	SDV KAO 1000 SHUT OFF INELOW	SDV FAW 2000 SHUT OFF FUEL	SDV PBA 1000&2000 SHUT OFF INFLOW	SDV EAL 3000 SHUT OFF FUEL	SDV MBF 4000 SHUT OFF INFLOW	SDV PBA 3000 SHUT DOWN PUMP	ALARM	PREVENT FLAME EMISSION	PREVENT SPARK EMISSION	VACUUM RELIEF	PRESSURE RELIEF	MINIMIZE BACKFLOW
FA1 A14D	PSH																							
	PSL	•																						
	PSV																							
	FSV																							
FA2 A14D	PSH	•																						
	PSL	•																						
	PSV																							
	FSV																							•
FA1 A9T	PSH																							
	PSL																							
	PSV																							
	FSV																							
FA2 A9T	PSH		•																					
	PSL		•																					
	PSV																						•	
	FSV																							•
FA1 A3D	PSH																							
	PSL			•																				
	PSV																							
	FSV																							
FA2 A3D	PSH			•																				
	PSL			•																				
	PSV																							
	FSV																							•
JAS 1000	PSH																							
	PSL																							
	PSV																							
	FSV																							•
GAY 1000	PSL																							
	PSL																							
	PSV																							
GAY 2000	PSL																							
	PSL																							
	PSV																							
GAY 3000	PSH																							
	PSL																							
	PSV																							
GAY 4000	PSH																							
	PSL																							
	PSV																							
MBD 1000	PSH	•	•	•			•	•	•	•														
	PSL	•	•	•			•	•	•	•														
	PSV																							
	PSH	•	•	•			•	•	•	•														
	LSL 1																							
	LSL 2																							
	FSV 1																							
	FSV 2																							
	FSV 3																							

图 11.5 安全分析功能评估图（引自美国石油学会）[1]

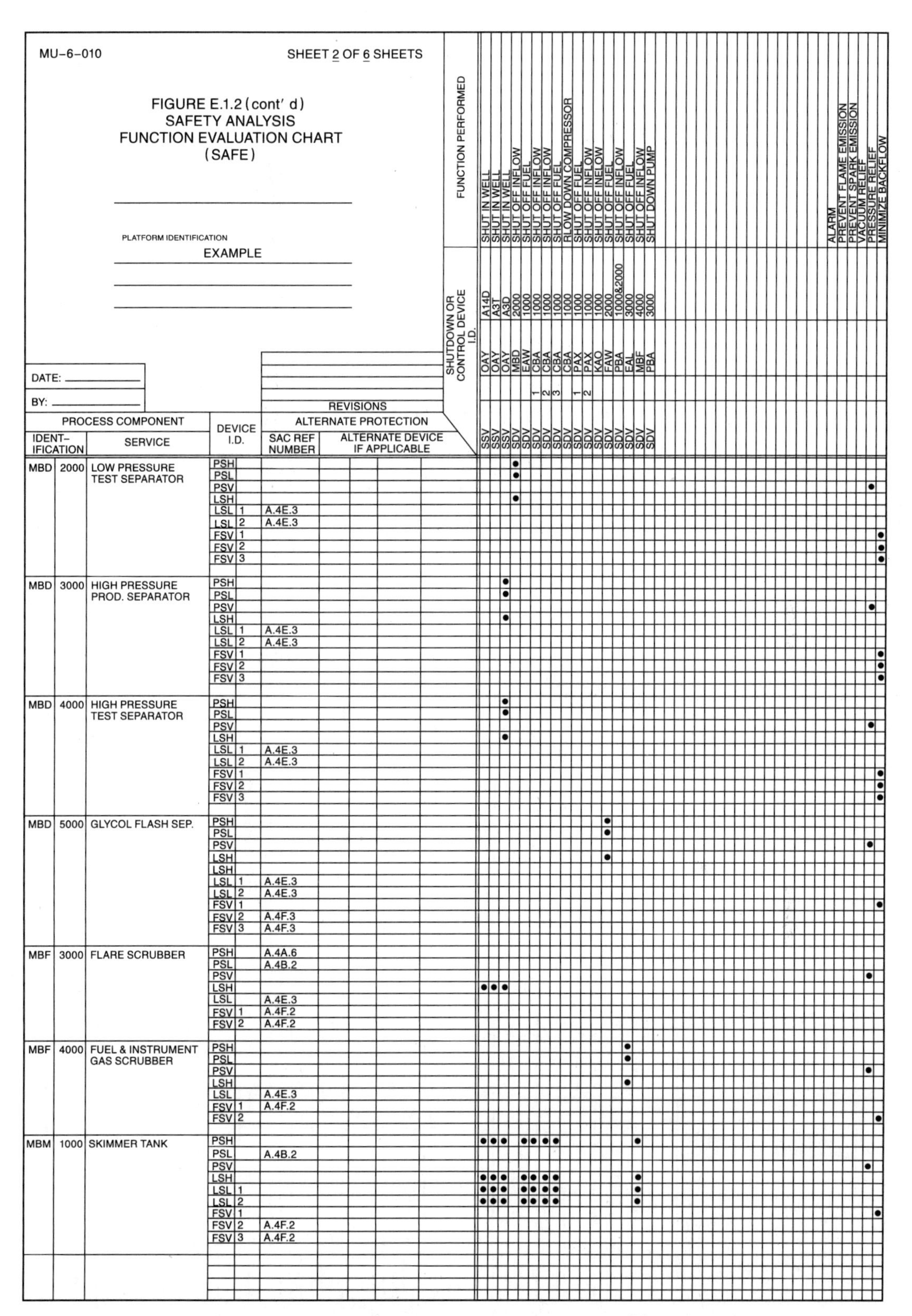

MU-6-010

SHEET 2 OF 6 SHEETS

FIGURE E.1.2 (cont' d)
SAFETY ANALYSIS
FUNCTION EVALUATION CHART
(SAFE)

PLATFORM IDENTIFICATION
EXAMPLE

DATE:

BY:

REVISIONS

FUNCTION PERFORMED

PROCESS COMPONENT IDENT-IFICATION		PROCESS COMPONENT SERVICE	DEVICE I.D.		ALTERNATE PROTECTION SAC REF NUMBER	ALTERNATE PROTECTION ALTERNATE DEVICE IF APPLICABLE	SHUT IN WELL	SHUT IN WELL	SHUT IN WELL	SHUT OFF INFLOW	SHUT OFF FUEL	SHUT OFF INFLOW	SHUT OFF INFLOW	SHUT OFF FUEL	BLOW DOWN COMPRESSOR	SHUT OFF FUEL	SHUT OFF INFLOW	SHUT OFF INFLOW	SHUT OFF FUEL	SHUT OFF INFLOW	SHUT OFF FUEL	SHUT OFF INFLOW	SHUT DOWN PUMP	ALARM	PREVENT FLAME EMISSION	PREVENT SPARK EMISSION	VACUUM RELIEF	PRESSURE RELIEF	MINIMIZE BACKFLOW
						SHUTDOWN OR CONTROL DEVICE I.D.	SSV	SSV	SSV	SDV	SDV	SDV	SDV	SDV	SDV	SDV	SDV	SDV	SDV	SDV	SDV	SDV	SDV						
												1	2	3		1	2												
							OAY	OAY	OAY	MBD	EAW	CBA	CBA	CBA	CBA	PAX	PAX	KAO	FAW	PBA	EAL	MBF	PBA						
							A14D	A3T	A3D	2000	1000	1000	1000	1000	1000	1000	1000	1000	2000	1000&2000	3000	4000	3000						
MBD	2000	LOW PRESSURE TEST SEPARATOR	PSH							●																			
			PSL							●																			
			PSV																									●	
			LSH							●																			
			LSL	1	A.4E.3																								
			LSL	2	A.4E.3																								
			FSV	1																									●
			FSV	2																									●
			FSV	3																									●
MBD	3000	HIGH PRESSURE PROD. SEPARATOR	PSH						●																				
			PSL						●																				
			PSV																									●	
			LSH						●																				
			LSL	1	A.4E.3																								
			LSL	2	A.4E.3																								
			FSV	1																									●
			FSV	2																									●
			FSV	3																									●
MBD	4000	HIGH PRESSURE TEST SEPARATOR	PSH						●																				
			PSL						●																				
			PSV																									●	
			LSH						●																				
			LSL	1	A.4E.3																								
			LSL	2	A.4E.3																								
			FSV	1																									●
			FSV	2																									●
			FSV	3																									●
MBD	5000	GLYCOL FLASH SEP.	PSH																●										
			PSL																●										
			PSV																									●	
			LSH																●										
			LSH																										
			LSL	1	A.4E.3																								
			LSL	2	A.4E.3																								
			FSV	1																									●
			FSV	2	A.4F.3																								
			FSV	3	A.4F.3																								
MBF	3000	FLARE SCRUBBER	PSH		A.4A.6																								
			PSL		A.4B.2																								
			PSV																									●	
			LSH				●	●	●																				
			LSL		A.4E.3																								
			FSV	1	A.4F.2																								
			FSV	2	A.4F.2																								
MBF	4000	FUEL & INSTRUMENT GAS SCRUBBER	PSH																		●								
			PSL																		●								
			PSV																									●	
			LSH																		●								
			LSL		A.4E.3																								
			FSV	1	A.4F.2																								
			FSV	2																									●
MBM	1000	SKIMMER TANK	PSH				●	●	●		●	●	●	●								●							
			PSL		A.4B.2																								
			PSV																									●	
			LSH				●	●	●		●	●	●	●								●							
			LSL	1			●	●	●		●	●	●	●								●							
			LSL	2			●	●	●		●	●	●	●								●							
			FSV	1																									●
			FSV	2	A.4F.2																								
			FSV	3	A.4F.2																								

图 11.5　安全分析功能评估图（引自美国石油学会）[1]（续图）

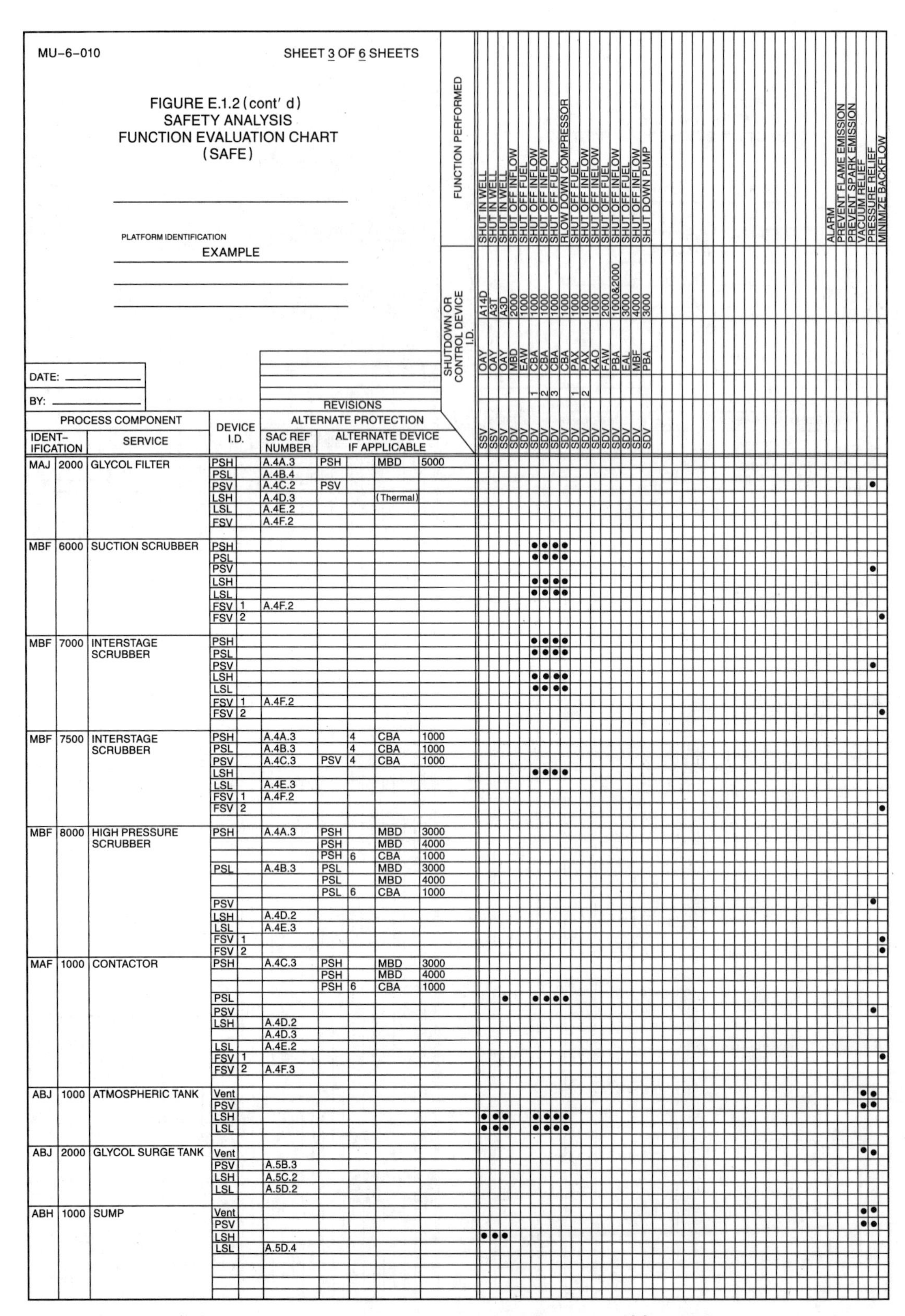

MU-6-010 SHEET 3 OF 6 SHEETS

FIGURE E.1.2 (cont' d)
SAFETY ANALYSIS
FUNCTION EVALUATION CHART
(SAFE)

PLATFORM IDENTIFICATION
EXAMPLE

DATE:

BY:

REVISIONS

PROCESS COMPONENT IDENT-IFICATION		PROCESS COMPONENT SERVICE	DEVICE I.D.		ALTERNATE PROTECTION SAC REF NUMBER	ALTERNATE DEVICE IF APPLICABLE				SSV OAY A14D SHUT IN WELL	SSV OAY A3T SHUT IN WELL	SSV OAY A3D SHUT IN WELL	SDV MBD 2000 SHUT OFF INFLOW	SDV EAW 1000 SHUT OFF FUEL	SDV 1 CBA 1000 SHUT OFF INFLOW	SDV 2 CBA 1000 SHUT OFF INFLOW	SDV 3 CBA 1000 SHUT OFF FUEL	SDV CBA 1000 RLOW DOWN COMPRESSOR	SDV 1 PAX 1000 SHUT OFF FUEL	SDV 2 PAX 1000 SHUT OFF INFLOW	SDV KAO 1000 SHUT OFF INELOW	SDV FAW 2000 SHUT OFF FUEL	SDV PBA 1000&2000 SHUT OFF INFLOW	SDV EAL 3000 SHUT OFF FUEL	SDV MBF 4000 SHUT OFF INFLOW	SDV PBA 3000 SHUT DOWN PUMP	ALARM	PREVENT FLAME EMISSION	PREVENT SPARK EMISSION	VACUUM RELIEF	PRESSURE RELIEF	MINIMIZE BACKFLOW
MAJ	2000	GLYCOL FILTER	PSH		A.4A.3	PSH		MBD	5000																							
			PSL		A.4B.4																											
			PSV		A.4C.2	PSV																									●	
			LSH		A.4D.3			(Thermal)																								
			LSL		A.4E.2																											
			FSV		A.4F.2																											
MBF	6000	SUCTION SCRUBBER	PSH												●	●	●	●														
			PSL												●	●	●	●														
			PSV																												●	
			LSH												●	●	●	●														
			LSL												●	●	●	●														
			FSV	1	A.4F.2																											
			FSV	2																												●
MBF	7000	INTERSTAGE SCRUBBER	PSH												●	●	●	●														
			PSL												●	●	●	●														
			PSV																												●	
			LSH												●	●	●	●														
			LSL												●	●	●	●														
			FSV	1	A.4F.2																											
			FSV	2																												●
MBF	7500	INTERSTAGE SCRUBBER	PSH		A.4A.3		4	CBA	1000																							
			PSL		A.4B.3		4	CBA	1000																							
			PSV		A.4C.3	PSV	4	CBA	1000																							
			LSH												●	●	●	●														
			LSL		A.4E.3																											
			FSV	1	A.4F.2																											
			FSV	2																												●
MBF	8000	HIGH PRESSURE SCRUBBER	PSH		A.4A.3	PSH		MBD	3000																							
						PSH		MBD	4000																							
						PSH	6	CBA	1000																							
			PSL		A.4B.3	PSL		MBD	3000																							
						PSL		MBD	4000																							
						PSL	6	CBA	1000																							
			PSV																												●	
			LSH		A.4D.2																											
			LSL		A.4E.3																											
			FSV	1																												●
			FSV	2																												●
MAF	1000	CONTACTOR	PSH		A.4C.3	PSH		MBD	3000																							
						PSH		MBD	4000																							
						PSH	6	CBA	1000																							
			PSL									●			●	●	●	●														
			PSV																												●	
			LSH		A.4D.2																											
					A.4D.3																											
			LSL		A.4E.2																											
			FSV	1																												●
			FSV	2	A.4F.3																											
ABJ	1000	ATMOSPHERIC TANK	Vent																											●	●	
			PSV																											●	●	
			LSH							●	●	●			●	●	●	●														
			LSL							●	●	●			●	●	●	●														
ABJ	2000	GLYCOL SURGE TANK	Vent																											●	●	
			PSV		A.5B.3																											
			LSH		A.5C.2																											
			LSL		A.5D.2																											
ABH	1000	SUMP	Vent																											●	●	
			PSV																											●	●	
			LSH							●	●	●																				
			LSL		A.5D.4																											

图 11.5 安全分析功能评估图（引自美国石油学会）[1]（续图）

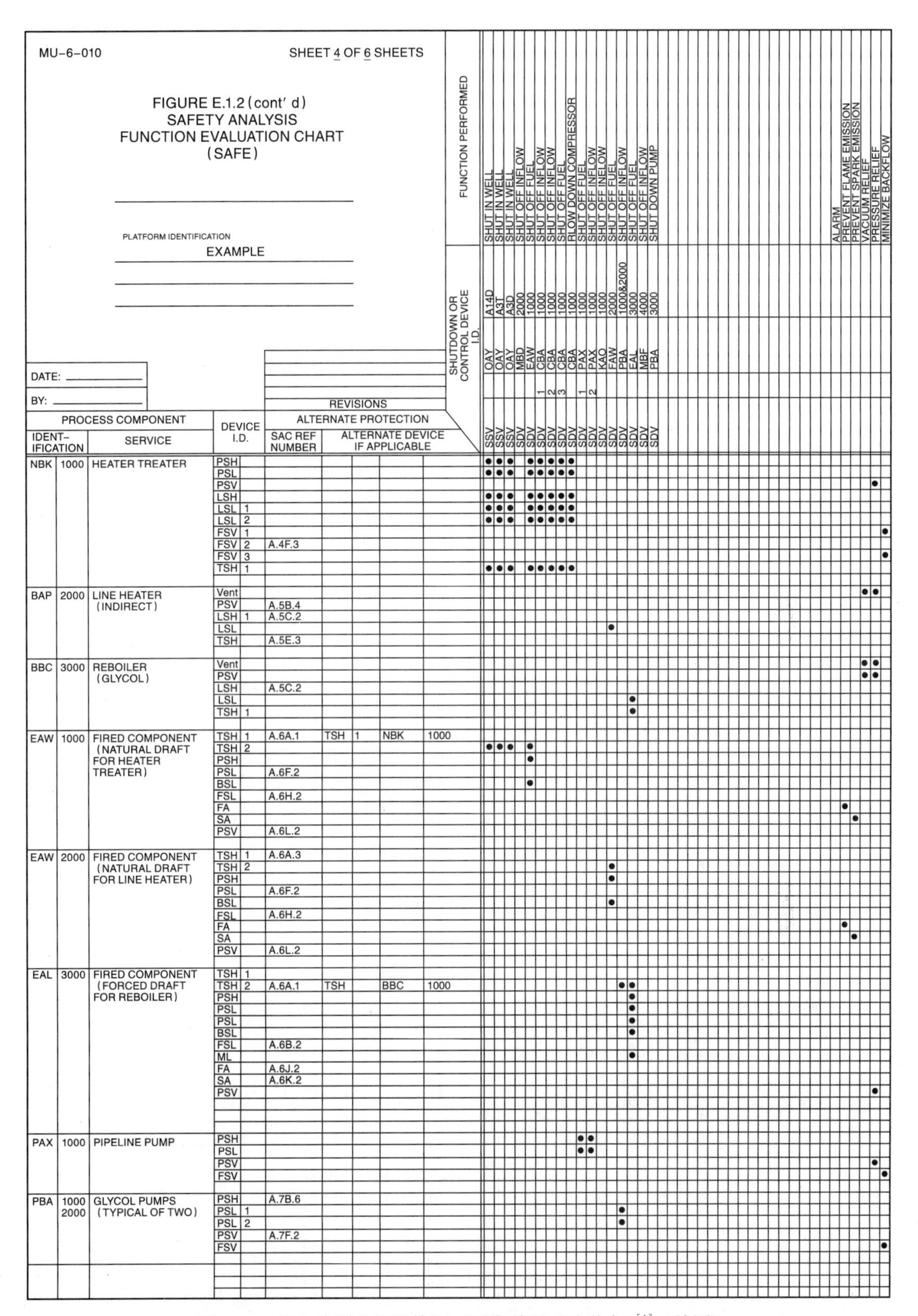

MU–6–010 SHEET 4 OF 6 SHEETS

FIGURE E.1.2 (cont' d)
SAFETY ANALYSIS
FUNCTION EVALUATION CHART
(SAFE)

PLATFORM IDENTIFICATION
EXAMPLE

DATE:

BY:

REVISIONS

IDENT–IFICATION		SERVICE	DEVICE I.D.		SAC REF NUMBER	ALTERNATE DEVICE IF APPLICABLE				SSV OAY A14D SHUT IN WELL	SSV OAY A3T SHUT IN WELL	SSV OAY A3D SHUT IN WELL	SDV MBD 2000 SHUT OFF INFLOW	SDV EAW 1000 SHUT OFF FUEL	SDV 1 CBA 1000 SHUT OFF INFLOW	SDV 2 CBA 1000 SHUT OFF INFLOW	SDV 3 CBA 1000 SHUT OFF FUEL	SDV CBA 1000 BLOW DOWN COMPRESSOR	SDV 1 PAX 1000 SHUT OFF FUEL	SDV 2 PAX 1000 SHUT OFF INFLOW	SDV KAO 1000 SHUT OFF INFLOW	SDV FAW 2000 SHUT OFF FUEL	SDV PBA 1000&2000 SHUT OFF INFLOW	SDV EAL 3000 SHUT OFF FUEL	SDV MBF 4000 SHUT OFF INFLOW	SDV PBA 3000 SHUT DOWN PUMP	ALARM	PREVENT FLAME EMISSION	PREVENT SPARK EMISSION	VACUUM RELIEF	PRESSURE RELIEF	MINIMIZE BACKFLOW
NBK	1000	HEATER TREATER	PSH							●	●	●		●	●	●	●	●														
			PSL							●	●	●		●	●	●	●	●														
			PSV																												●	
			LSH							●	●	●		●	●	●	●	●														
			LSL	1						●	●	●		●	●	●	●	●														
			LSL	2						●	●	●		●	●	●	●	●														
			FSV	1																												●
			FSV	2	A.4F.3																											
			FSV	3																												●
			TSH	1						●	●	●		●	●	●	●	●														
BAP	2000	LINE HEATER (INDIRECT)	Vent																											●	●	
			PSV		A.5B.4																											
			LSH	1	A.5C.2																											
			LSL																			●										
			TSH		A.5E.3																											
BBC	3000	REBOILER (GLYCOL)	Vent																											●	●	
			PSV																											●	●	
			LSH		A.5C.2																											
			LSL																					●								
			TSH	1																				●								
EAW	1000	FIRED COMPONENT (NATURAL DRAFT FOR HEATER TREATER)	TSH	1	A.6A.1	TSH	1	NBK	1000																							
			TSH	2						●	●	●		●																		
			PSH											●																		
			PSL		A.6F.2																											
			BSL											●																		
			FSL		A.6H.2																											
			FA																									●				
			SA																										●			
			PSV		A.6L.2																											
EAW	2000	FIRED COMPONENT (NATURAL DRAFT FOR LINE HEATER)	TSH	1	A.6A.3																											
			TSH	2																		●										
			PSH																			●										
			PSL		A.6F.2																											
			BSL																			●										
			FSL		A.6H.2																											
			FA																									●				
			SA																										●			
			PSV		A.6L.2																											
EAL	3000	FIRED COMPONENT (FORCED DRAFT FOR REBOILER)	TSH	1																												
			TSH	2	A.6A.1	TSH		BBC	1000														●	●								
			PSH																					●								
			PSL																					●								
			PSL																					●								
			BSL																					●								
			FSL		A.6B.2																											
			ML																					●								
			FA		A.6J.2																											
			SA		A.6K.2																											
			PSV																												●	
PAX	1000	PIPELINE PUMP	PSH																●	●												
			PSL																●	●												
			PSV																												●	
			FSV																													●
PBA	1000 2000	GLYCOL PUMPS (TYPICAL OF TWO)	PSH		A.7B.6																											
			PSL	1																			●									
			PSL	2																			●									
			PSV		A.7F.2																											
			FSV																													●

图 11.5 安全分析功能评估图（引自美国石油学会）[1]（续图）

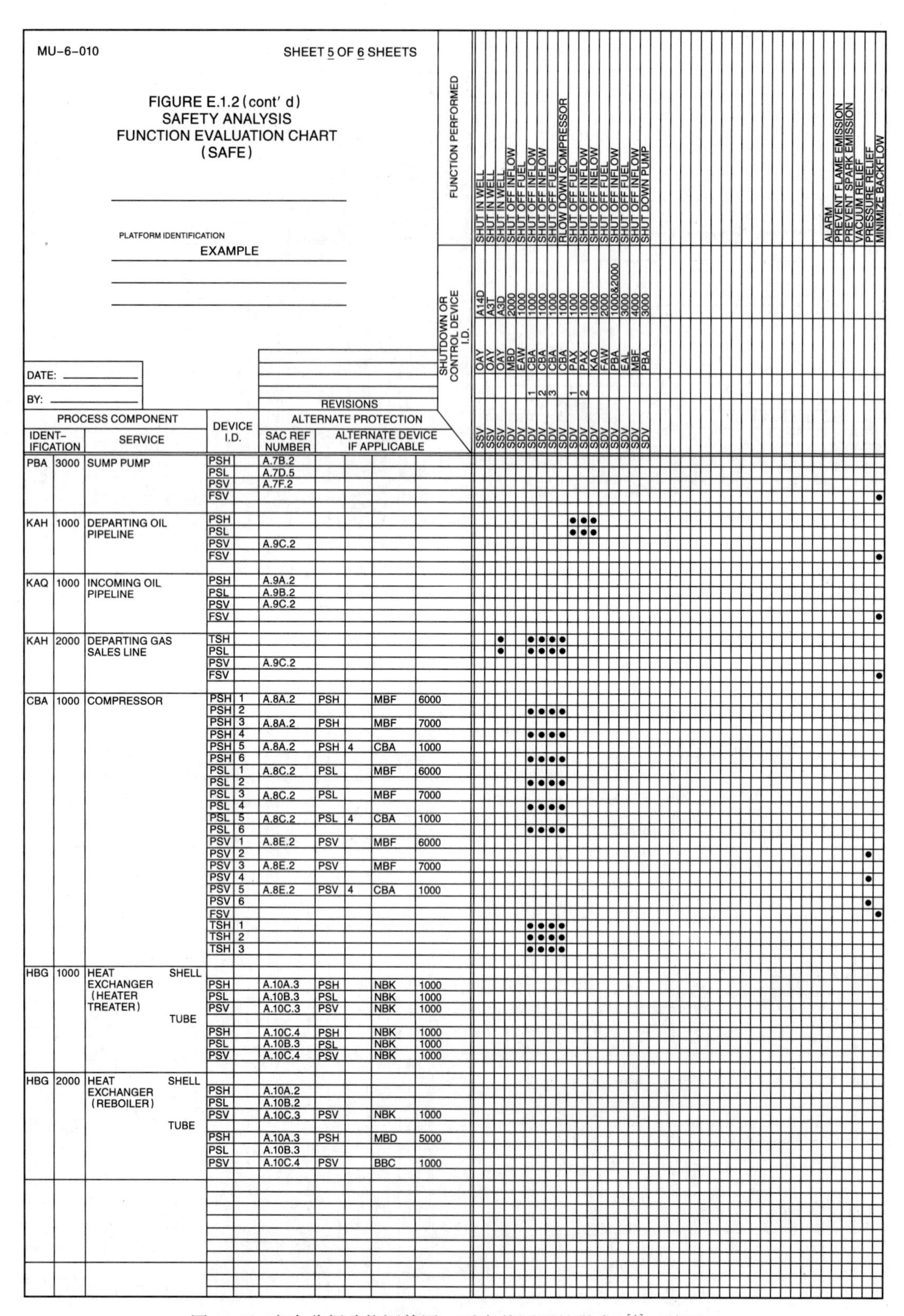

MU-6-010 SHEET 5 OF 6 SHEETS

FIGURE E.1.2 (cont' d)
SAFETY ANALYSIS
FUNCTION EVALUATION CHART
(SAFE)

PLATFORM IDENTIFICATION
EXAMPLE

DATE:
BY:

REVISIONS

Function performed and shutdown or control device I.D. columns:

Device	Control device I.D.		Function performed
SSV	OAY	A14D	SHUT IN WELL
SSV	OAY	A3T	SHUT IN WELL
SSV	OAY	A3D	SHUT IN WELL
SDV	MBD	2000	SHUT OFF INFLOW
SDV	EAW	1000	SHUT OFF FUEL
SDV 1	CBA	1000	SHUT OFF INFLOW
SDV 2	CBA	1000	SHUT OFF INFLOW
SDV 3	CBA	1000	SHUT OFF FUEL
SDV	CBA	1000	BLOW DOWN COMPRESSOR
SDV 1	PAX	1000	SHUT OFF FUEL
SDV 2	PAX	1000	SHUT OFF INFLOW
SDV	KAQ	1000	SHUT OFF INFLOW
SDV	FAW	2000	SHUT OFF FUEL
SDV	PBA	1000&2000	SHUT OFF INFLOW
SDV	EAL	3000	SHUT OFF FUEL
SDV	MBF	4000	SHUT OFF INFLOW
SDV	PBA	3000	SHUT DOWN PUMP
			ALARM
			PREVENT FLAME EMISSION
			PREVENT SPARK EMISSION
			VACUUM RELIEF
			PRESSURE RELIEF
			MINIMIZE BACKFLOW

IDENTIFICATION		SERVICE	DEVICE I.D.		SAC REF NUMBER	ALTERNATE DEVICE IF APPLICABLE				SSV OAY A3D	SDV 1 CBA 1000	SDV 2 CBA 1000	SDV 3 CBA 1000	SDV CBA 1000 (BLOW DOWN)	SDV 1 PAX 1000	SDV 2 PAX 1000	SDV KAQ 1000	PRESSURE RELIEF	MINIMIZE BACKFLOW
PBA	3000	SUMP PUMP	PSH		A.7B.2														
			PSL		A.7D.5														
			PSV		A.7F.2														
			FSV																●
KAH	1000	DEPARTING OIL PIPELINE	PSH												●	●	●		
			PSL												●	●	●		
			PSV		A.9C.2														
			FSV																●
KAQ	1000	INCOMING OIL PIPELINE	PSH		A.9A.2														
			PSL		A.9B.2														
			PSV		A.9C.2														
			FSV																●
KAH	2000	DEPARTING GAS SALES LINE	TSH							●	●	●	●	●					
			PSL							●	●	●	●	●					
			PSV		A.9C.2														
			FSV																●
CBA	1000	COMPRESSOR	PSH	1	A.8A.2	PSH		MBF	6000										
			PSH	2							●	●	●	●					
			PSH	3	A.8A.2	PSH		MBF	7000										
			PSH	4							●	●	●	●					
			PSH	5	A.8A.2	PSH	4	CBA	1000										
			PSH	6							●	●	●	●					
			PSL	1	A.8C.2	PSL		MBF	6000										
			PSL	2							●	●	●	●					
			PSL	3	A.8C.2	PSL		MBF	7000										
			PSL	4							●	●	●	●					
			PSL	5	A.8C.2	PSL	4	CBA	1000										
			PSL	6							●	●	●	●					
			PSV	1	A.8E.2	PSV		MBF	6000										
			PSV	2														●	
			PSV	3	A.8E.2	PSV		MBF	7000										
			PSV	4														●	
			PSV	5	A.8E.2	PSV	4	CBA	1000										
			PSV	6														●	
			FSV																●
			TSH	1							●	●	●	●					
			TSH	2							●	●	●	●					
			TSH	3							●	●	●	●					
HBG	1000	HEAT EXCHANGER (HEATER TREATER) SHELL	PSH		A.10A.3	PSH		NBK	1000										
			PSL		A.10B.3	PSL		NBK	1000										
			PSV		A.10C.3	PSV		NBK	1000										
		TUBE	PSH		A.10C.4	PSH		NBK	1000										
			PSL		A.10B.3	PSL		NBK	1000										
			PSV		A.10C.4	PSV		NBK	1000										
HBG	2000	HEAT EXCHANGER (REBOILER) SHELL	PSH		A.10A.2														
			PSL		A.10B.2														
			PSV		A.10C.3	PSV		NBK	1000										
		TUBE	PSH		A.10A.3	PSH		MBD	5000										
			PSL		A.10B.3														
			PSV		A.10C.4	PSV		BBC	1000										

图 11.5 安全分析功能评估图（引自美国石油学会）[1]（续图）

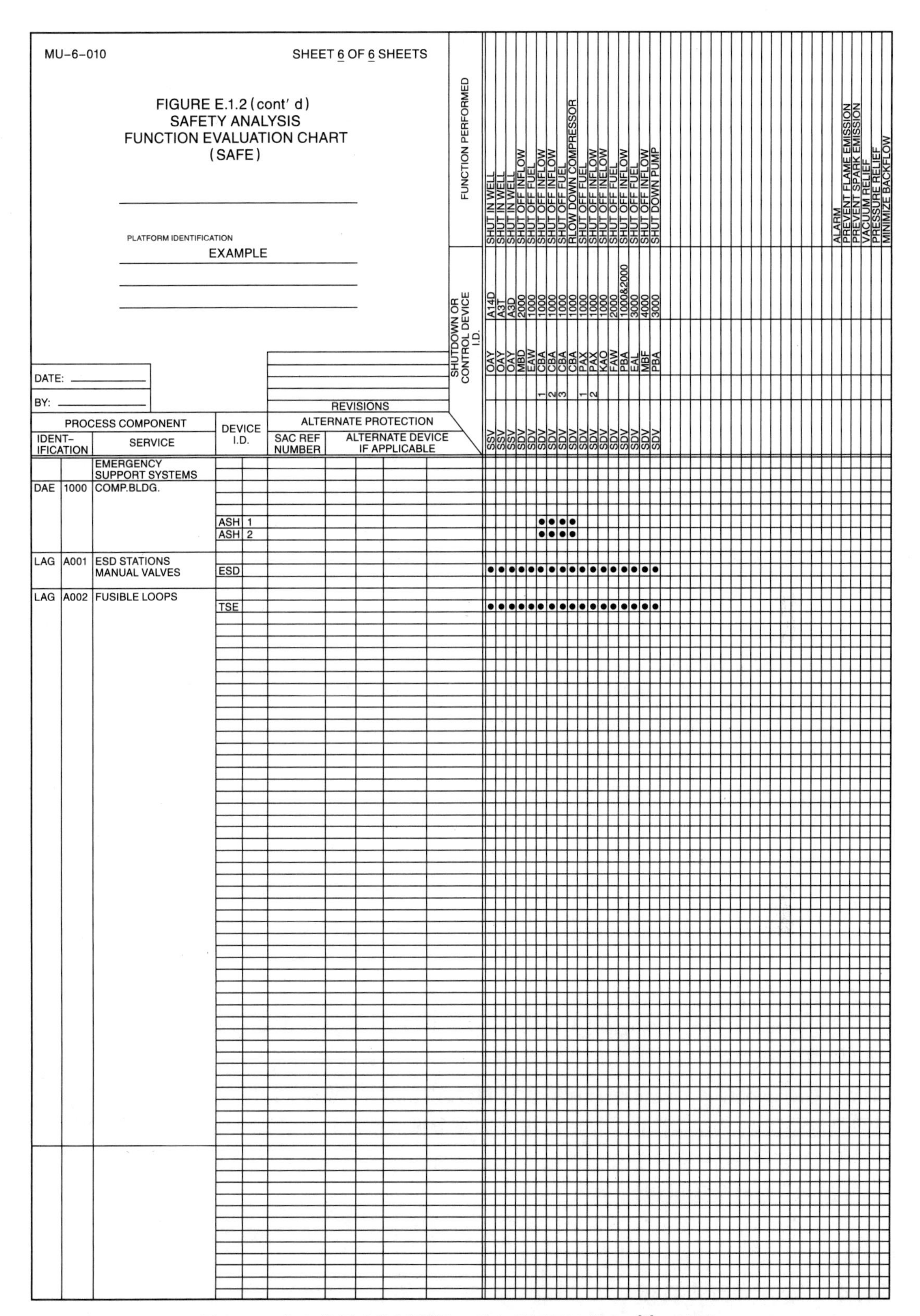

MU-6-010 SHEET 6 OF 6 SHEETS

FIGURE E.1.2 (cont' d)
SAFETY ANALYSIS
FUNCTION EVALUATION CHART
(SAFE)

PLATFORM IDENTIFICATION
EXAMPLE

DATE:
BY:

REVISIONS

Col.	Device	Shutdown or control device I.D.		Function performed
1	SSV	OAY	A14D	SHUT IN WELL
2	SSV	OAY	A3T	SHUT IN WELL
3	SSV	OAY	A3D	SHUT IN WELL
4	SDV	MBD	2000	SHUT OFF INFLOW
5	SDV	EAW	1000	SHUT OFF FUEL
6	SDV 1	CBA	1000	SHUT OFF INFLOW
7	SDV 2	CBA	1000	SHUT OFF INFLOW
8	SDV 3	CBA	1000	SHUT OFF FUEL
9	SDV	CBA	1000	BLOW DOWN COMPRESSOR
10	SDV 1	PAX	1000	SHUT OFF FUEL
11	SDV 2	PAX	1000	SHUT OFF INFLOW
12	SDV	KAO	1000	SHUT OFF INFLOW
13	SDV	FAW	2000	SHUT OFF FUEL
14	SDV	PBA	1000&2000	SHUT OFF INFLOW
15	SDV	EAL	3000	SHUT OFF FUEL
16	SDV	MBF	4000	SHUT OFF INFLOW
17	SDV	PBA	3000	SHUT DOWN PUMP

ALARM
PREVENT FLAME EMISSION
PREVENT SPARK EMISSION
VACUUM RELIEF
PRESSURE RELIEF
MINIMIZE BACKFLOW

PROCESS COMPONENT IDENT-IFICATION		SERVICE	DEVICE I.D.		ALTERNATE PROTECTION SAC REF NUMBER	ALTERNATE DEVICE IF APPLICABLE	Marks (columns)
		EMERGENCY SUPPORT SYSTEMS					
DAE	1000	COMP.BLDG.	ASH	1			● 6, 7, 8, 9
			ASH	2			● 6, 7, 8, 9
LAG	A001	ESD STATIONS MANUAL VALVES	ESD				● 1–17
LAG	A002	FUSIBLE LOOPS	TSE				● 1–17

图 11.5 安全分析功能评估图（引自美国石油学会）[1]（续图）

最常见的危害控制技术是“检查表”。检查表是由经验丰富且熟悉类似设施的设计、建设和生产操作的人员编制的。检查表相对容易使用，为评估者评估危险时需要考虑的内容提供了指南。API RP 14J 有两个检查表的例子，可以用来评估不同复杂程度的设施。由于生产设施非常相似，并且已经成为许多危害分析的主题，因此建议生产设施依据检查表进行危害分析，以确保其符合标准做法。检查表要求的执行程序和评估记录考虑遵从性的方式应具体情况具体分析。

最常用的危险分析预测技术是危险和可操作性技术或“HAZOP”，用于分析包含新设备或工艺的设施，或人员或环境面临异常高风险的设施。“HAZOP”分析需要一个由 5 到 10 名多学科人员组成的团队，团队由来自工程、运营、健康、安全和环保专业的人员组成。生产设施被首先分解成若干个“节点”（通常是主要的设备及其相关的管道、阀门和仪表），然后由一位经验丰富的团队领导使用预先确定的“引导词”和“工艺参数”清单指导团队分析每个节点。例如，引导词“LOW”和工艺参数“PRESSURE”导致被分析节点低于设计压力的潜在原因。如果条件可能，则分析后果影响。必要时，需增加解决方法，直到风险降低到可接受范围。尽管这种方法很耗时，但事实证明它是一种全面彻底的分析方法，对于以前从未分析过的新过程或包含新设备的已知过程都是有效的。然而，检查表应该与 HAZOP 一起使用，以确保 HAZOP 团队遵守相关实践的标准，避免疏忽。

11.3.20 常见问题

在危险分析的结果中常见问题如下。

11.3.20.1 安全阀尺寸

由于初始设计不佳或设计过程中工艺条件的变化，经常会导致安全阀尺寸小于要求的泄放速率。最常见的系统问题是，安全阀的尺寸对于阻塞介质的排放是足够的，但是对于由于上游控制阀失效而处于打开位置（即气体吹过）而可能出现的流通能力不够的情况。

11.3.20.2 开式和闭式排污管

另一类常见的问题是开式和闭式排污管的连接。从压力容器排出的液体会在大气压下“闪蒸”放出可燃气体。如果这种液体流入开放式排污管道，闪蒸的气体将泄漏到距离最近的大气中，从而在系统中的任何开放式排污管处造成潜在的火灾危险。

当气体通过排污系统释放到正在进行焊接或其他动火作业的开放区域时，许多事故就发生了。

11.3.20.3 管道压力等级变化

管道额定压力的设计应确保无论哪一个阀门关闭，管道都能够承受任何可能的压力或者设置安全阀保护。当管道的压力等级发生变化，出现从高到低的最大允许工作压力时，在低压力侧必须有一个安全阀来保护管道免受超压破坏。安全阀可以设在管道上，或者更常见情况是设在下游容器上。管线等级破坏最常见的情况是，容器入口上设有截止阀或者旁路从高压系统来，绕过装有泄放阀的压力容器，接入低压系统。

11.3.20.4 爆炸危险区域划分

另一个常见错误是电气设备的防爆等级与设计爆炸危险区域划分不一致。

11.4 安全管理系统

只有作为综合安全管理系统的一部分时，危险分析才能为设施提供安全等级足够的防护。在美国，每套处理高度危险化学品的设施，包括一些陆上生产设施和大多数天然气厂，都必须有过程安全管理（PSM）计划。海上平台作业在 API RP 75 中提出了自愿安全管理系统“外层大陆架（OCS）作业和设施安全和环境管理项目开发推荐做法”（SEMP），该系统描述了安全管理计划中应包含的要素。

从实际角度来看，PSM 和 SEMP 的要求是相同的，因此，SEMP 可以很容易地应用于陆上设施和海上设施。SEMP 的基本概念如下。

11.4.1 安全和环境信息

为了便于进一步实施操作程序和危害分析，安全信息和环境信息等基础资料是必要的。API RP 14J 中包含了关于所需信息的具体指南。

11.4.2 危险分析

危险分析见 11.3.18，API RP 14J 中包含了进行危害分析的具体指南。

11.4.3 变更管理

变更管理是一项程序，有助于最大限度地减少因施工、拆除或修改导致的设备或工艺条件变化而引起的事故。应该建立相应的程序来识别与变化相关的各种危险。尽管有时变化很小，但如果不采取适当的措施让操作者意识到这些变化，那么都可能导致事故或伤害。应对管理设施的变化以及人员的变化进行管理，以保证人员和环境安全。

11.4.4 操作规程

管理程序应包括书面形式的设备操作规程。这些规程应该为合理的操作提供充分的指导，并与安全和环境信息保持一致。应定期审查和更新程序，以反映当前的工艺操作实际情况。程序提供了对新员工进行的工艺流程培训的方法和对所有员工进行新设备和新操作培训的方法。

11.4.5 安全工作操作手册

事故多发生在施工和主要维修过程中。在编写安全工作操作手册时，应注重这些方面，并且至少应包括以下内容：

（1）设备或管线打开；

（2）上锁挂签进行能量隔离；

（3）加热或动火作业；

（4）进入受限空间；

（5）吊装作业。

11.4.6 培训

对新雇员、承包商的培训和对现有雇员的定期培训有助于教育他们能够安全地完成工作并了解环境。培训应涉及操作程序、安全工作操作手册、应急响应和控制措施。

11.4.7 质量和机械完整性保证

关键设备的设计、制造、安装、维护、测试和检验都需要质量保证程序。安全要求关键安全设备按预期操作，并且工艺系统部件必须保持能够承受设计压力。

11.4.8 启动前检测

所有新建或改扩建设施都要进行启动前安全和环境检查。

11.4.9 应急响应和控制

应建立应急行动计划，配备应急指挥中心和相应的应急人员。进行演练确保所有人员熟悉这些计划。

11.4.10 事故调查

如果发生涉及严重安全或环境污染后果或潜在后果的事件，就必须进行调查。调查的目的在于从错误中吸取教训，并提供纠正措施。调查应由经验丰富的人员进行，并应为更安全的工作条件提出建议。

11.4.11 安全与环境管理程序（SEMP）要素审核

应定期对 SEMP 要素进行审计，以评估方案的有效性。审核应由专业人员通过面谈和检查方式进行。如果审核始终没有发现程序有缺陷，那么管理层应该得出结论：审核没有得到正确执行，因为安全管理系统总会有可以改进的地方。

11.5 安全案例与个人风险率

上述整个安全系统可以称作“API 系统”。它基于一系列 API 标准和推荐做法，这些标准和推荐做法可以概括为四步体系，每个后续步骤都要以前面步骤为前提，具体步骤如下：

（1）工艺过程异常检测和停机系统的设计与维护——API RP 14C；

（2）设计并选择经实际应用验证其可靠性和机械完整性的硬件来控制压力并减轻故障后果——API RP 14 中所有其他系列标准；

（3）遵循系统设计原理、文档需求和危害分析需求——API RP 14J；

（4）开发安全管理系统——API RP 75。

在墨西哥湾和其他类似地区（在灾难性事件中可能被放弃的地区）该系统已被证明能提供足够的安全保护水平。在环境条件恶劣的北海，已经开发了一种不同的安全方法，该方法基于建立一个安全案例并计算个人风险率（IRR）来显示在装置内工作的任何个人的风险是“最低合理可行的”，简称“ALARP”（最低合理可行原则）。

安全案例是一个现场安装安全设备达到充分安全水平案例的文字叙述。它要求检查可能导致设备损失、生命损失或重大污染事件的所有潜在危险。对每个危害进行风险分析，评估事件发生的概率并描述后果的大小。然后讨论降低发生概率或减轻后果所采取的措施，并且提出了安装风险满足“ALARP”安全标准的“案例”。

在北海海上平台，通常通过详细的量化风险评估和计算个人总体风险率（IRR）或计算总损失风险来完成。直到能够证明风险水平满足要求，并且进一步降低会大幅度增加成本，也就是说进一步降低风险水平的成本与收益率不再“可行”时，该降低风险措施才可以采纳执行。这些分析往往相当复杂且耗时长，可能对项目周期和成本产生负面影响。事实上，为了确保基本的已知安全理念不会在无意中被忽略，安全案例方法应该包括“API系统”的所有元素。必须确保遵守良好做法，并包括合适的安全管理系统的所有要素。所以，在没有政府规章的情况下，一个常识性的方法是大多数设施使用 API 系统，在人员高度集中或由于天气或偏远而不可能放弃地点的情况下，使用定性的安全案例来考虑消防和逃生措施。

11.6 泄放阀和泄放系统

11.6.1 引言

泄放系统是在异常情况下通过手动或控制手段或通过自动泄压阀将气体从压力容器或管道系统排放到大气中以泄放超过最大允许工作压力（MAWP）的压力的紧急系统。减压系统可以包括减压装置、放空管线、回火保护和气体出口。如果放空时可能有液态烃，则应设置分液罐将其分离。减压系统出口可以接放空管或火炬。如果设计得当，压力容器的放空管或火炬紧急减压系统是可以合并的。

有些设施还包括在紧急关闭时对压力容器进行减压放空的系统。减压系统控制阀可以成排布置放到通风口、火炬或泄放系统中。应该考虑在高压释放到大气中时冻结和水合物形成的可能性。

在设计或修改放空系统时主要有 3 个方面需要考虑：

（1）确定各个设备的泄压要求，并选择合适的设备来处理泄放负荷；

（2）设计一个放空汇管系统，来处理放空载荷或增加的负荷；

（3）确定相连的放空汇管或处理系统的放空量，并设计合适的配套系统，以对人员安全、工厂—过程系统完整性和环境造成的不利影响降至最低。

这些考虑是相互关联的，因此不可能建立对大多数情况有效的程序准则。放空系统设计的一部分必须考虑上述因素对放空系统的影响。

11.6.2 泄放设备选择

11.6.2.1 确定每个设备的放空负荷

有若干行业守则、标准和推荐做法，为泄放设备和系统的规模、选择和安装提供指导。美国机械工程师学会（ASME）压力容器规范，第 8 部分第 1 类，UG-127 段，列出安全阀规范要求[3]。API RP 520，第 1 部分，概述了减压装置的类型、超压的原因、泄压负荷的确定以及泄压装置的选择和大小调整方法[4]。API RP 520，第 2 部分，提供了安装泄压装置的指导[5]，API RP 521 提供了选择和设计泄放处理系统的指导[6]。

11.6.2.2 超压原因

在上游操作中，导致超压的最常见原因是排放受阻、窜气和火灾。当最坏情况的放空负荷是由控制阀未能打开（阻塞排放）引起的，泄放装置应为控制阀的全尺寸，即使实际阀已经减小了尺寸。当最坏情况下的放空负荷是由气体窜气引起的，泄放装置的尺寸为液体出口管线上最小的阀的全尺寸，即使实际阀已经减小了阀内件尺寸。许多容器都是要保温。只要保温完好，可以限制火灾时吸收热量。必须提供有效的防老化措施，以便隔热材料不被高速消防水流除去。

11.6.2.3 泄压装置类型

常见的两种主要泄压装置为安全阀和爆破片。

11.6.2.3.1 安全阀

3 种基本类型的安全阀是常规弹簧式、平衡弹簧式和先导式安全阀。

(1) 常规弹簧式安全阀。传统的弹簧安全阀（图 11.6）中，阀盖、弹簧和导向器暴露于释放的流体中。如果阀盖排到大气中，减压系统背压会降低设定压力。如果阀盖内部通向出口，则减压系统背压增加设定压力。传统的弹簧加载阀适应于非腐蚀性介质，其中背压是小于设定值的 10%。

(2) 平衡弹簧式安全阀。平衡弹簧安全阀（图 11.7）包括保护阀盖、弹簧和导向器，它不受释放流体影响并将背压的影响最小化。暴露空气中的膜片面积正好等于暴露于背压的膜片的面积。这些阀可用于腐蚀性或脏的介质，并具有可调的背压。

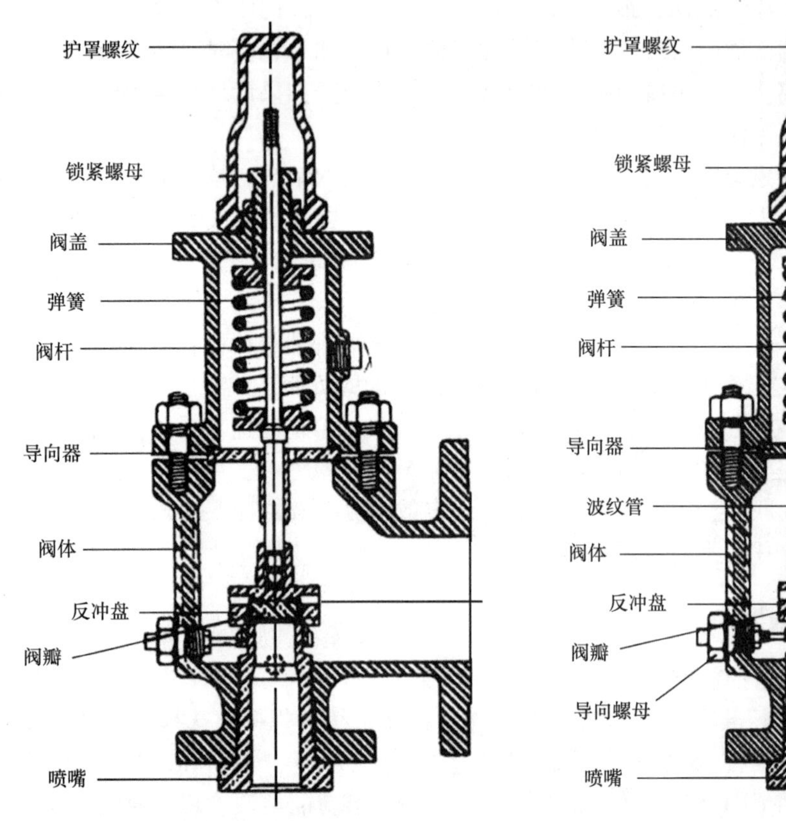

图 11.6 常规弹簧式安全阀

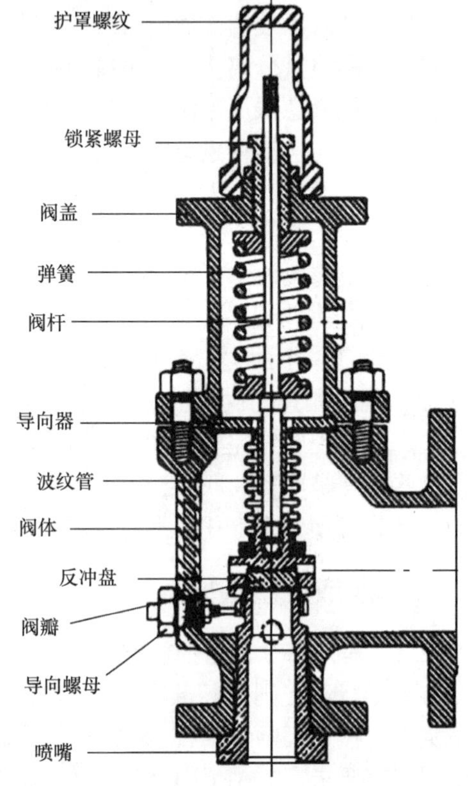

图 11.7 平衡弹簧式安全阀（引自美国石油学会[4]）

(3) 先导式安全阀。先导式安全阀（图 11.8）与辅助压力先导结合并由其控制。主阀中活塞上的阻力由通过孔口的介质压力控制。作用在活塞上的净坐力随着工艺压力接近设定点而增加。

11.6.2.3.2 爆破装置

爆破片装置（图 11.9）是由入口静压驱动的非二次关闭的差压装置。破裂片被设计成在设定的进口压力下破裂。该装置包括破裂片和盘座。爆破片可以单独使用、与安全阀并联或串联使用。它们制造材料多样，并具有各种耐腐蚀涂层。

图 11.8　先导式安全阀（引自美国石油学会[4]）

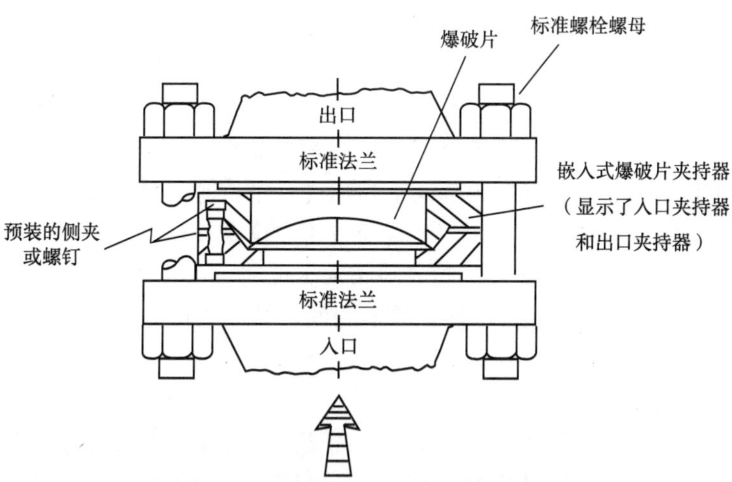

图 11.9　常规爆破片（引自美国石油学会[4]）

11.6.3 泄放装置设计

在选择合适的减压装置之前，必须先考虑整个减压系统。放空汇管应该设计成使压降最小化，从而为将来的扩建和额外的负荷留有余量。

（1）常规的弹簧式安全阀的设计。常规阀门的泄放汇管背压（叠加而成）要求小于接入该汇管的泄放压力最低的安全阀设定压力的10%。

（2）平衡弹簧式安全阀设计。由于较高的允许背压（40%），在最大泄放流量条件下，由于允许的压降较大，平衡弹簧式安全阀允许使用较小的放空管线。平衡式安全阀和放空汇管系统应设计成在较高的背压下。平衡式安全阀比常规弹簧式安全阀更昂贵；但是，使用平衡式安全阀的放散系统较小，因此总成本可能更低。较大的背压下容量减小，因此该方式可能不是所有背压问题的解决方案。在波纹管模型中，波纹管是具有最大背压极限的柔性压力容器，在较大的阀门尺寸下背压极限较低。波纹管可用的材料数量有限，在某些暴露条件下可能迅速恶化。波纹管应定期检查是否有泄漏。泄漏的波纹管提供不了背压补偿，它允许通过放散管泄漏到大气中。平衡式安全阀通常将低压减压负载导入现有的重载减压集管或保护减压阀顶部，以防止被放空管束中的腐蚀性气体影响。

（3）先导式安全阀设计。先导式安全阀在适当温度条件下，可用于所有的清洁介质中。它们非常适合低于15psig的压力，并且与先导压力传感管线相连，先导压力传感管线可以连接到阀门入口或连接到不同的点。先导阀在工作压力和设定压力之间提供非常窄的操作弹性。

11.6.4 重点考虑内容

在选择适当的减压装置来处理所施加的载荷时，必须考虑几个问题。

11.6.4.1 设定压力

泄放装置通常设置在最大允许工作压力（MAWP）时起跳。设定压力和工作压力之间的余量越大，泄放的可能性就越小。除了补偿叠加的背压的要求之外，没有理由将泄压装置设置为小于最大允许工作压力（MAWP）。

11.6.4.2 背压

在设计泄放条件下，每个泄放装置出口处的背压应该使得该装置能够处理背压条件下的泄放容量。

11.6.4.3 双安全阀

在关键工艺应用中，如果不能容忍停机，通常需要安装两个安全阀。其目的是，如果第一安全阀起跳且未能复位，则在第一阀被移除进行维护时，第二安全阀可被切换到使用流程中，而不会关闭或影响工艺过程。这是通过将安全阀并联，并在每个安全阀的入口和出口处放置一个“铅封”的全通径球阀或闸阀来实现的。一组是密封开启的，另一组是密封关闭的。ASME 认可的选择阀可以简化安全阀的切换，它可以联锁开关并联的进出口关断阀，并确保对工艺设备的充分保护。

11.6.4.4 多安全阀

当安全负荷超过安全阀最大可用容量时，需要多个安全阀。安装多个用于不同容量的安全阀可以有效减小小流量时的振动。ASME 第 8 部分，第 1 部分[3]和 API RP 520，第 1 部分[4]（图 11.10），都规定单个安全阀设定压力在最大允许工作压力（MAWP）之上

10%，而多个安全阀在 MAWP 之上 16%。主安全阀必须设置在 MAWP 或低于 MAWP。辅助安全阀应该具有分段压力。最高压力可以设置为不超过高于 MAWP 的 105%。如果使用不同尺寸的安全阀，最小的安全阀应该设置为最低压力。

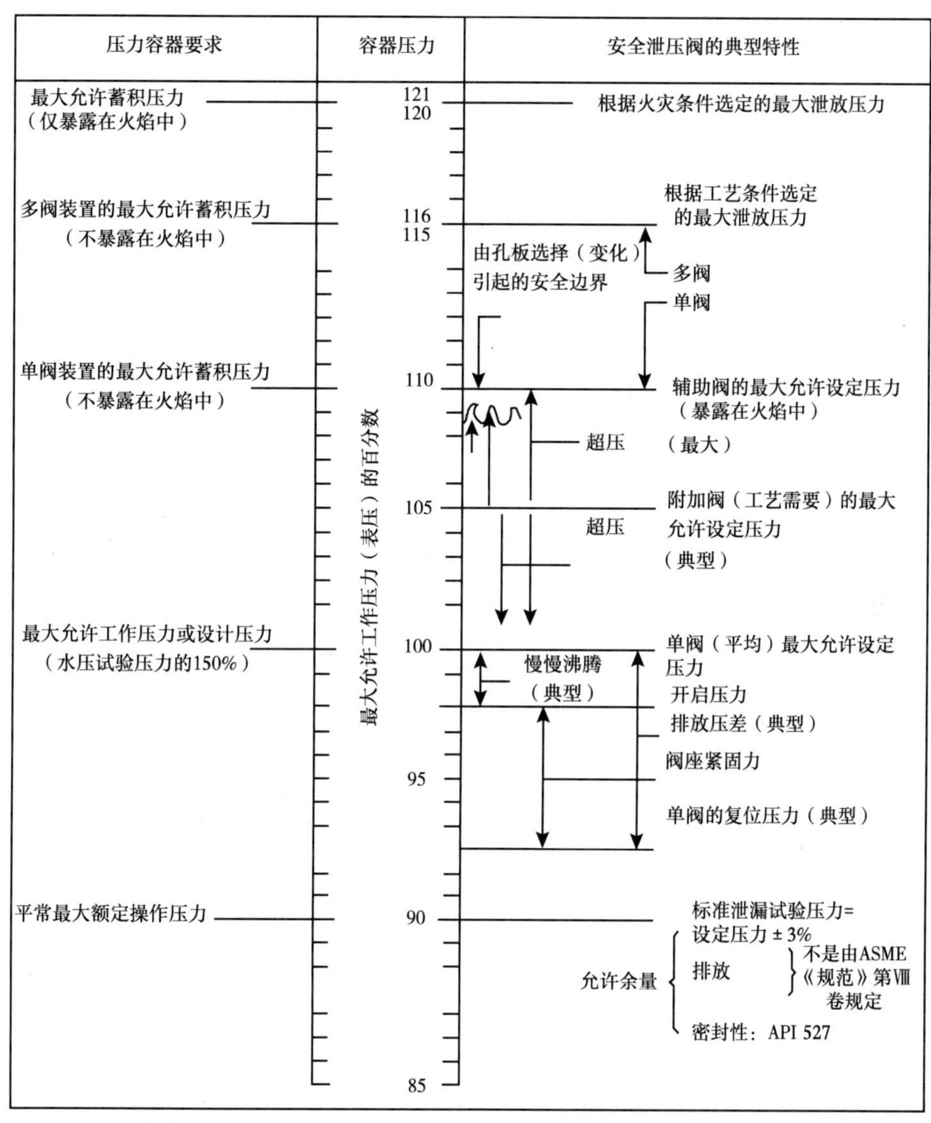

注：1. 操作压力可以低于要求压力；

2. 如果操作压力允许，则设定压力和与设定压力有关的其他所有数值可以向下移动；

3. 此图符合ASME《规范》第Ⅷ卷的要求；

4. 图示的压力条件都是针对安装在压力容器（气相）上的安全泄压阀的。

图 11.10　安全阀的压力等级（引自美国石油学会[4]）

11.6.4.5　安全阀尺寸

确定泄压装置的最困难的因素是确定泄压的限制条件，确定泄压载荷和泄流的性质，以及选择合适的泄压装置。当负载已知时，分级步骤很简单。API RP 520，第 1 部分，提供了用于确定蒸汽、液体和蒸汽泄放的泄放阀口径的公式[4]。图 11.11 显示了按字母名称、孔面积和口径大小可用的标准孔。安全阀的尺寸应检查以下条件。

标准孔板代号	节流孔面积，in^2	1×2	1.5×2	1.5×2.5	1.5×3	2×3	2.5×4	3×4	4×6	6×8	6×10	8×10
D	0.110	●	●	●								
E	0.196	●	●	●								
F	0.307	●	●	●								
G	0.503			●	●	●						
H	0.785				●	●						
J	1.287					●	●	●				
K	1.838							●				
L	2.853							●	●			
M	3.60								●			
N	4.34								●			
P	6.38								●			
Q	11.05									●		
R	16.0									●	●	
T	26.0											●

阀体尺寸（进口直径×出口直径），in

图 11.11　安全阀口径选择

11.6.4.5.1　排放受阻

安全阀尺寸的一种设计工况是假定它必须处理进入装置的总设计流量（气体加液体）。通过关闭所有入口和出口，可以隔离工艺设备或管道段以进行维护。在启动时，若所有出口阀因疏忽而关闭，而入口源处于比工艺部件的 MAWP 更高的压力，则只有适当大小的安全阀才能防止工艺部件由于过压而破裂。

11.6.4.5.2　气体窜气

罐和低压容器通常从高压上游容器接收液体，通过安全阀的最大流速通常由气体窜气时气体的流量确定。当上游容器的液位控制器或液位控制阀在开启位置失效或来自上游容器的排放阀在开启位置失效，允许液体和/或气体流入所评估的部件时，就会出现这种情况。在窜气工况下，被测试部件的正常液体和气体出口均正常工作。然而，流入设备的气体可能大大超过正常气体出口的流量。这种多余的气流必须由安全阀泄放，以防止超过部件的 MAWP。当供给设备的压力调节器在开启位置失效，产生高于设计入口流速的气流时，也可能发生气体窜气情况。

根据上游部件与被评估部件之间的压降可以计算出窜气速率的最大值。在计算由压降引起的最大流速时，应考虑控制阀、节流阀和管路中其他限流孔的影响。更保守的方法是假设这些设备已经被移除或者具有最大尺寸的孔板可以安装在设备中。

11.6.4.5.3　火灾或受热膨胀

随着流体吸热膨胀和液体吸热气化，过程组件内的压力升高。对于储罐和大型低压容器，释放气体的排放需求决定了排放口或安全阀的大小。安全阀的防火尺寸仅能保持压力累积到小于最大允许工作压力（MAWP）的 120%。如果部件长时间受到火灾灼烧，则可能在低于 MAWP 的压力下失效，因为金属的强度随着温度的升高而降低。

对于可以与流程隔离的部件，可以加热包含在部件中的工艺流体。这对于低温（相对于环境）介质或当组件被加热（如燃烧的容器或热交换器）时尤其如此。对于压缩机气缸和冷却器也是如此。这些部件上的安全阀的尺寸应适合其存储流体的热膨胀。这通常不会用于确定安全阀的最终尺寸，除非其他工况不需要安全阀。

11.6.5 安装要求

安装减压装置需要仔细考虑入口管道、压力传感管路（如果使用的话）和开启程序。安装不当可能导致安全装置不能工作或严重限制阀门的泄放能力。这两种情况都危及设施的安全。许多安全阀放空系统在安全阀前后都设有截断阀，以备安全阀的在役检测或移除。这些截断阀必须是铅封或锁定打开的。

11.6.5.1 入口管道

API RP 520，第2部分[5]和ASME代码[3]将入口压力损失限制在PSV设定压力的3%，其中压力损失是入口损失、管线损失和截断阀压降损失（如果使用的话）的总和。在安全阀的最大流量下计算压降损失。为了将安全阀的入口压降降到最小，保守的指导原则是保持入口管道与安全阀的等效长径比小于等于5。对于有压降限制和典型的管道配置，请参阅API RP 520第2部分[5]。

11.6.5.2 放空管道

放空管道的设计应使背压不超过系统中任何安全阀的设定值。管道直径通常应大于阀出口尺寸以减小背压。先导式安全阀的升降和设定压力与先导式放空压力不受背压的影响；然而，如果排放压力可能超过入口压力（例如，储存低蒸汽压力介质的储罐），则止回器（真空截断）必须使用。平衡式安全阀的设定压力不会像传统的安全阀那样受到背压的影响。随着背压的增加，平衡安全阀承受的压力降低。

11.6.5.3 应力

高压阀门在泄压期间的反作用力很大，可能需要外部支撑。参照RP 520，第1部分[4]和第2部分[5]中有计算这些力的公式。

11.6.5.4 放空管设计

没有连接到密闭系统的安全阀应该有放空管，以便将排放的气体引导到远离人员的安全区域。放空管的最大出口速度不应超过500ft/s。以确保气体/空气混合物在距离排气管120倍的管道直径处低于易燃极限或爆炸极限。放空管应该支撑在弯头底部。小孔或“排液孔”（直径最小¼ft）应安装在弯头底部，以便排出通过放空管口进入的液体。排液孔应远离工艺部件，特别是火源类部件。

11.6.5.5 快速循环

当安全阀开始动作时，由于阀门上游管道的压力损失过大，阀进口的压力降低时，就会发生快速循环。在这种条件下，阀门将快速循环，这种情况称为“颤振”。颤振是由以下序列引起的。阀门对进口压力做出反应。如果流体流动过程中压力降至设定点以下，则阀门会关闭；但一旦流量停止，进口管压力损失为零，阀门进口压力再次上升到容器压力，如果容器压力仍然等于或大于安全阀设置的压力，安全阀将再次打开和关闭。过大的安全阀也可能颤振，因为阀门可能迅速释放足够多的流体，使容器压力暂时回落到低于设置压力的水平，然后又迅速增加。快速循环不仅会使阀门的所有运动部件过度磨损，还会降低阀门的容量，对阀座造成破坏。如前所述，过大的回压也会导致快速循环。

11.6.5.6 共振颤振

当进口管道在阀门进口处产生过大的压力损失，且进口管道的固有声频接近阀门运动部件的固有频率时，就会发生共振颤振。定压越大，阀门直径越大，或进口管道的压力损失越大，就越有可能发生共振颤振。共振颤振是不可控制的，即一旦开始，就不能停止，除非将压力从阀门进口移除。在实际操作中，由于所涉及的冲击力非常大，阀门在关闭前可能会发生故障。为了避免颤振，从容器喷嘴到安全阀的压降不应超过设定压力的3%。RP 520第2部分[5]介绍了安全阀进口管道的设计。具有感应先导装置的先导安全阀可以在进口管道压降较高的情况下工作。

11.6.5.7 隔断阀/截止阀

对于隔断阀没有行业标准或RP，实际应用也有很大的不同。安装隔断/截止阀时，允许在现场测试安全阀弹簧负载，从而无须在对安全阀进行测试时停用设备容器，并且在进行维护和维修时允许安全阀与封闭的安全阀系统隔离。美国机械工程师协会（ASME）非燃烧压力容器规范[3]允许在安全阀下使用隔断阀。ASME压力容器规范，附录M，描述了隔断阀的特殊强制性要求。ASME锅炉规范[3]禁止使用，美国职业安全与健康管理局[7]禁止在仪表风接收器上使用。由于隔断阀的不当使用可能导致安全阀失效，因此应该仔细评估这些隔断阀的设计、安装和管理，以确保工厂安全不受影响。参阅RP 520，第2部分[5]，了解安全阀下典型的隔断阀安装。

11.6.5.8 安全阀设置

安全阀设置没有行业标准或RP可以参考。图11.12列出了一些更常见的安全阀安装方法。

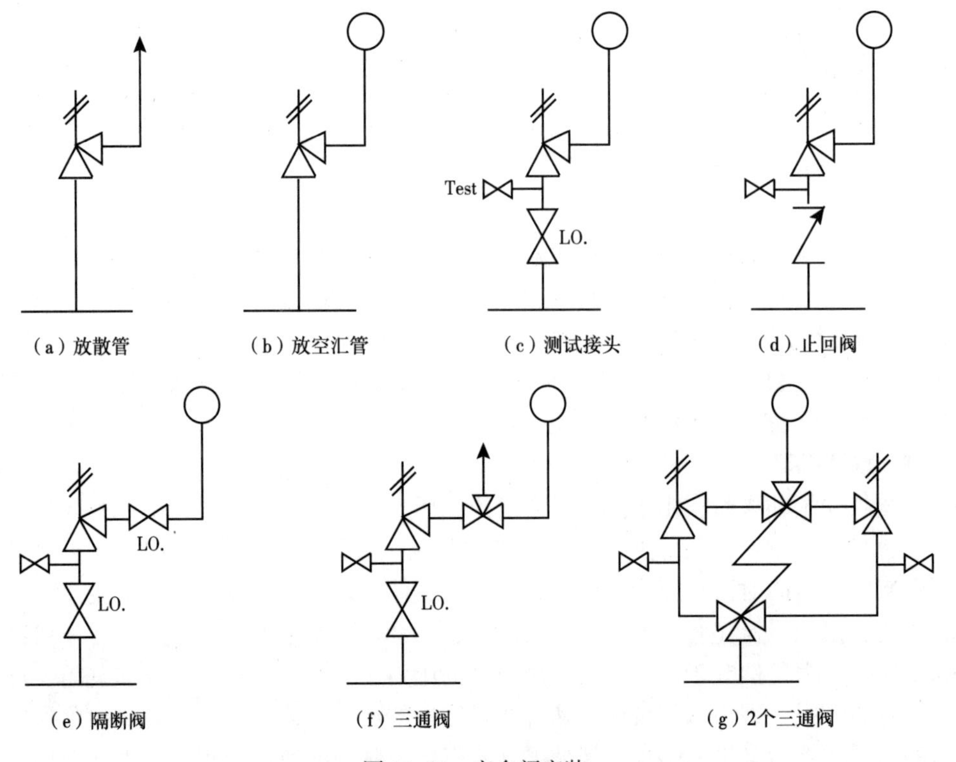

图11.12 安全阀安装

（1）在安全阀上游或下游安装全开隔断（切断）阀的。隔断阀应铅封开启（锁开启），并保存日志。当潜在超压是最大允许压力的2倍时，这些阀门应该取消。

应该在所有弹簧负载安全阀上提供测试连接口。应该考虑安装2个安全阀（100%冗余），保证一个安全阀可以一直处于工作状态。

（2）没有隔断阀时安装先导式安全阀。这种配置只允许测试先导设定的压力，并要求整个装置关闭时，才能维修和维护安全阀。

（3）安装三通阀，三通阀的一个端口开到排气管或排气烟囱上。这种情况下，允许不关闭装置的情况下维护和维修安全阀。但需要确保三通阀失效时，有通向大气的路径。

（4）安装2个双向阀，通过机械方式连接2个安全阀。这种配置提供了隔断阀的所有优点。并且不会因误操作造成流程隔断。这种配置的唯一缺点是初始成本高。

（5）安装止回阀以代替隔离阀。ASME压力容器规范不允许这种配置，因为止回阀可能会失效或造成过大的压降[3]。

11.6.5.9 安全阀数量计算指南

目前还没有行业标准或RP来确定减压装置的数量，并且减压装置安装方式也有很大差别。有时，在直接连接油井的容器上有两个泄压装置（100%备用）。主安全阀设定点为最大允许工作压力（MAWP）。如果第2个泄压装置也是安全阀，则第二个安全阀的设定压力在主安全阀的值上加10%。如果第2个减压装置是爆破片（对于所有可能的减压方案来说是多余的），爆破压力在主泄压装置之上15%~25%。该设置确保了在超10%的情况下，当达到设计初始释放速率时，爆破片不会破裂。初设和后续的泄放速率应足够以满足火灾情况下的特殊要求。

有些公司在所有关键设备上安装两个安全阀，这样在测试和维护期间就不需要关闭装置。如果辅助泄放装置需要承担所有需泄放工况（排放堵塞、气体串气、火灾等）的所有负荷，则辅助泄放装置应按照RP 520，第1部分[4]和第2部分[5]的规定设置（即ASME第Ⅷ卷，第1部，UG-134段）[3]。

11.6.5.10 液体泄放注意事项

冷凝的水雾中含有直径小于20~30μm的液滴，试验和经验表明，在微风作用下，这种类型的雾的可燃性与蒸汽的可燃性是相同的。液体应该定级，来确定火灾和污染的危险性；因此，减压装置应安装在工艺容器的气相空间中，并具有LSH，LSH在被激活时发出报警并关闭进口流量。LSH的设置应不高于最大工作液位的15%，安全阀的设置应不高于工艺组件的MAWP。应该在火炬、放空管和放空管道中安装干燥器或分离器，从而分离和除去放空气中的液滴。

11.7 火炬和放空处理系统

11.7.1 处理系统设计

在正常运行和异常情况下（紧急泄放），火炬或放空处理系统收集压力容器的泄放的气体，并排放到大气或安全地点。放空系统中的天然气排放到大气中。因为排放可以是连续的，也可以是间歇的，所以火炬系统通常有一个先导装置或点火装置，来点燃离开系统的气体。储罐的放空处理系统的工作压力接近常压，常被称为常用放空或常用火炬。压力容器的气体处理系统称为带压放空管或带压火炬。有压力源的火炬或放空系统通常包括控制阀、收集管道、阻火系统和气体出口。应该还包括一个分液罐来除去液体碳氢化合物。来自常压源的火炬或放空系统通常包括真空压力阀、收集管道、阻火器和气体出口。工程实际中火炬或放空系统的设计取决于对具体装置的危害评估。

API RP 520，第1部分，第8节[4]，和RP 521，第4和5节[6]，包括处理和泄压系统设计。API RP 521，附录C，提供了一个火炬组合计算的案例。API RP 521，附录D，提供了一个火炬阻火器，一个爆破片和一个典型的火炬安装案例[6]。

11.7.2 分液罐

API RP 521，第5.4.2节，对分液罐（也称为放空罐或火炬/放空分离器）的设计提供了详细的指导[6]。所有的火炬、放空和泄压系统必须包括液体分离器，该分离器将气体中携带的液滴分离出来。大多火炬要求液滴直径小于300μm。API RP 14J 建议液体滴直径在400μm和500μm之间[2]。大多数分液罐卧式的长度和直径比（长径比）在2到4之间。分液罐必须有足够大的直径，以保持足够低的气体流速，允许夹带液体沉降或分离。

在常压下工作的分液罐的尺寸应该能够处理在液体最大沉降和排出速率下预测的最大液量。API RP 521 建议的液体停留时间是20~30min[6]。这在油气生产上游作业中是不实际的。在陆上作业中，建议采用最大潜在液体流量的20%，并考虑10min的液体停留时间。对于海上作业，建议提供正常的分离停留时间（1~3min，根据API重力分离）和紧急转储设计，以处理没有阀门情况下的最大液体流量。建议用应急事故（处置）池来处理液体，建议用密封盖来容纳分液罐内的背压。

分液罐通常在常压下工作。为了保持微正压，通常将分液罐的最大允许工作压力设置为50psig。碳氢化合物/空气爆炸产生的峰值压力是正常压力的7~8倍。

11.7.3 回火保护

所有处理系统都应考虑回火保护（火焰可能会向上游进入系统），因为回火会导致上游管道和容器内压力积聚。在最大允许工作压力小于125psig的储罐或压力容器以及火炬系统中，回火保护更为关键。API RP 520 讨论了带压放空口和火炬的回火保护[4]，API RP 2000 讨论了常压放空口和火炬的回火保护[8]。API RP 14C 建议常压容器的排气口设置阻火器[1]。由于阻火器有可能堵塞，因此应考虑使用不带阻火器的辅助压力/真空阀作为冗余。辅助系统应设置在足够高的压力和足够低的真空下，以保证主系统上的阻火器未堵塞时不会启用。

压力大于等于125psig的容器的压力放空孔通常不需要设置回火保护。在天然气流体中，排气口点火后闪蒸背压高于125psig的可能性很小。当低压容器连接到压力通风口时，通常使用分子筛或射流密封和吹扫气来防止回火。如果安全阀与通风口相连，则当安全阀打开时，流量激增可能会破坏阻火器并导致危险状况。此外，阻火器也有可能堵塞。对于放空系统，应考虑采用紧急熄火的措施。

即使在流量非常低的情况下，火炬也要考虑连续火焰的存在。它们通常配有分子筛或射流密封和少量的吹扫气，以防回火。

11.7.4 液体密封

根据本书第1卷第4章中所述的气体容量方程确定分离器的尺寸。液体密封罐是用一层液体将泄放气体和火炬、放散管隔离的容器。密封液体通常是水（或水和乙二醇混合物）。火炬气（或吹扫气体）在到达火炬筒之前，通过一层水形成气泡。这样可以防止空气或气体从水封处倒流。液封膜是最后的分离设施，将液体从释放气体中分离出来。

在深密封罐中，密封液的设计深度等于分级火炬系统的分级压力。大多数分级密封罐中的密封液深度通常在 2~5psig，相当于 5~12. 5ft 水柱。在浅密封罐（常规防回火）中，水封只有 6~10in 水柱深度。在分段点设计具有适当气体速度的深密封罐，以确保所有密封液在分段压力下快速排出（类似于快动阀门执行机构的作用）是很重要的。通常还设计带有同心溢流腔用于收集深密封罐置换的密封液。一旦气体速度降低到关闭第二级所需的速度以下，溢流腔液体可设计为自动流回密封室。

在计算泄压总管的背压时，必须考虑液封的深度。该深度由火炬供应商设定，但通常可以在供应商同意的情况下进行一定程度的修改，以适应工厂条件。对于高架火炬，典型的密封深度为 2ft，用于地面火炬为 6in。液封高度可由以下公式确定：

$$h=144p/\rho$$

其中 h=液封高度，p=最大允许放空管背压，ρ=密封液密度。

容器液位以上空间应至少为 3ft 或入口管横截面积的 3 倍，以防止气体快速流向火炬，同时也为气液分离提供空间。

API RP 521 规定，在下浸管端部开 V 形缺口可以将气体对密封罐中的冲击降至最低[6]。如果水在密封罐中晃动，将导致气流中的脉动进入火炬，导致噪声和光波动。因此，大多数设施更喜欢置换密封或带泄气孔的密封器。如图 11. 13 所示的密封罐的配置。

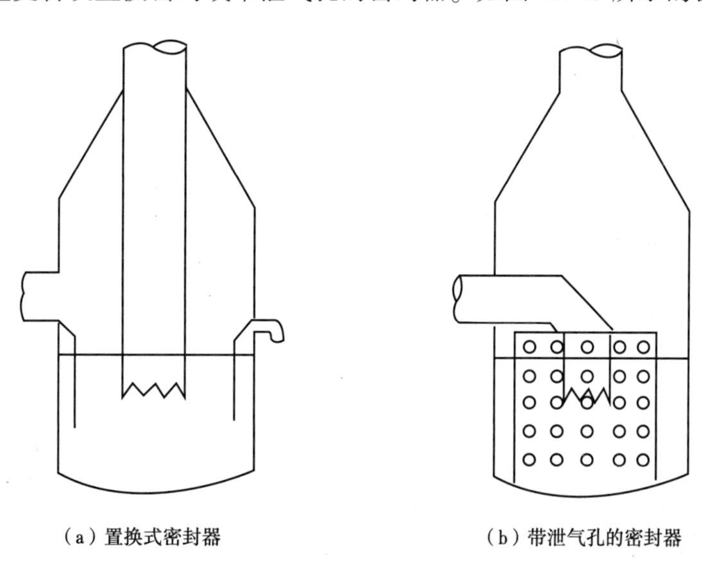

（a）置换式密封器　　（b）带泄气孔的密封器

图 11. 13　密封器结构

11. 7. 5　分子封

分子封导致流动逆转。它们通常位于火炬头下方，用于防止空气进入烟囱。分子封依靠空气和碳氢化合物气体之间的密度差。轻气体被困在 U 形管的顶部。为了使气封正常工作，需要连续的吹扫气体流，但吹扫气体的量比没有气封所需的量要少得多。与液体密封相比，气体密封的主要优点是不会产生晃动，而且产生的含油水少得多。气封必须排空，并且排放回路必须密封。由于需要使用带高架火炬的气封来防止空气进入火炬筒，因此通常只在高架火炬系统中省略液封。如果使用压缩机回收蒸汽，则使用液封来提供最小的放空汇管反压力。

11.7.6 动密封

动密封是气体密封的替代品。动密封采用开放式无壁文丘里管，它允许从一个方向流出火炬，阻力很小，但防止气流回流到烟囱中的能力很强。文丘里管是一系列挡板，外形像开口锥，安装在火炬头上。动密封的主要优点是体积小、价格低、重量轻，因此与分子封相比，火炬塔内的结构载荷更小。然而，动密封比分子封需要更多的吹扫气。

11.7.7 阻火器

阻火器主要安装在大气通风口，不推荐用于压力系统。由于火焰的加速，阻火器必须安装在距离出口约 10 倍管道直径处，以防止火焰通过阻火器。要求管子的长度和表面积能使金属保持低温。阻火器的主要缺点是它们很容易堵塞，可能会被液体覆盖，并且可能强度不满足泄压系统。

11.7.8 火炬

API RP 521，第 5.4.3 节，涵盖了高架火炬的设计[6]。API RP 521，附录 C，提供了一个火炬塔的完整设计示例[6]。大多数火炬的设计是在高架火炬或在海上平台的倾斜吊杆上操作。

11.7.9 高架火炬设计

图 11.14 提供了一个高架火炬设计的示例。

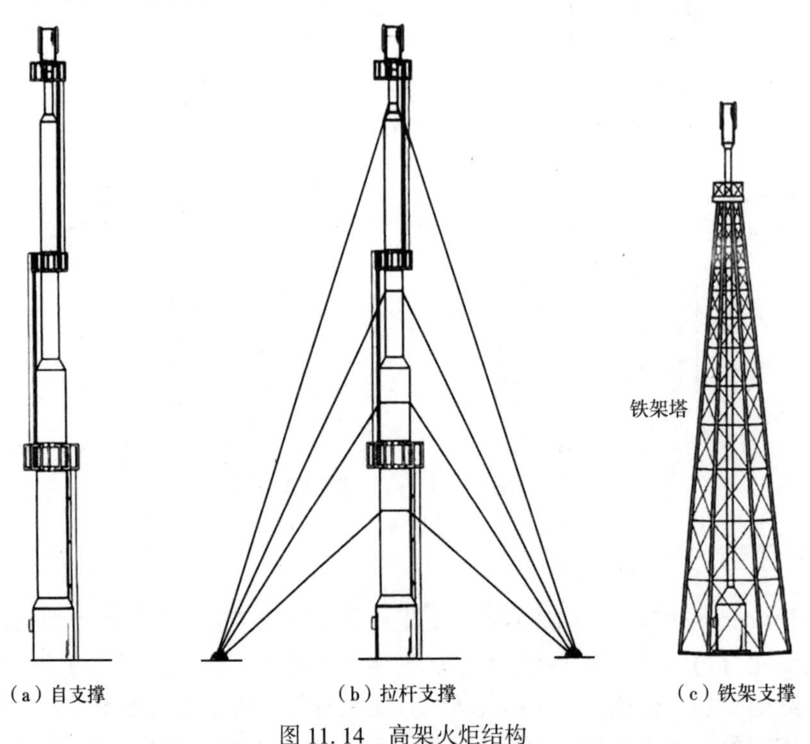

（a）自支撑　（b）拉杆支撑　（c）铁架支撑

图 11.14　高架火炬结构

11.7.9.1 自支撑火炬

自支撑火炬是最简单和最经济的设计，适用于要求短堆叠高度（最高 100ft 的总高度）的应用场合，然而，随着火焰高度和/或风荷载的增加，所需的直径和壁厚变得非常大和昂贵。

11.7.9.2 拉杆支撑火炬

拉杆支撑火炬高度在 100~350ft 范围内时为最经济的设计。设计可以是单直径立管或悬臂设计。通常，三组拉杆在不同的高度（1~6）以 120°固定。

11.7.9.3 铁架支撑火炬

对于 350ft 以上的高度，铁架支撑火炬是最可行的设计。火炬采用单直径立管，由螺栓连接框架支撑。铁架支架可以用管子（最常见的）、角铁、实心杆或上述材料的组合来制造。当空间受限时，会选择它们而不是拉杆支撑的火炬。

11.7.10 海上平台火炬

由于海上生产平台处理大量的高压气体，因此泄放系统和火炬系统设计必须能够满足快速处理大量气体。火炬通常位于非常靠近生产设备和平台人员的位置，或者位于远程平台上。最大紧急放空火炬设计是基于生产系统的紧急关断和系统的快速减压。最大连续火炬设计是基于输气量损失、压缩机单体关闭、燃气轮机关闭等，典型的海上平台火炬安装形式有斜桁安装（最常见）、垂直塔或远程火炬平台。图 11.15 显示了典型的海上平台火炬支撑结构。

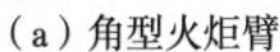
（a）角型火炬臂

（b）塔式火炬

图 11.15 典型的海上平台火炬支撑结构

11.7.10.1 火炬臂

火炬臂从平台边缘以 15°~45°的角度延伸，通常为 100~200ft 长。有时，使用两个彼此朝向 180°的吊杆来抵抗风荷载。图 11.16 显示了海上火炬臂的示意图。

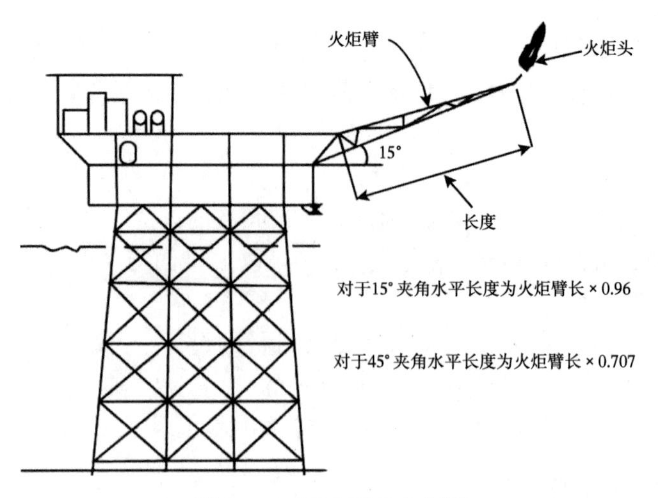

图 11.16　海上平台火炬臂

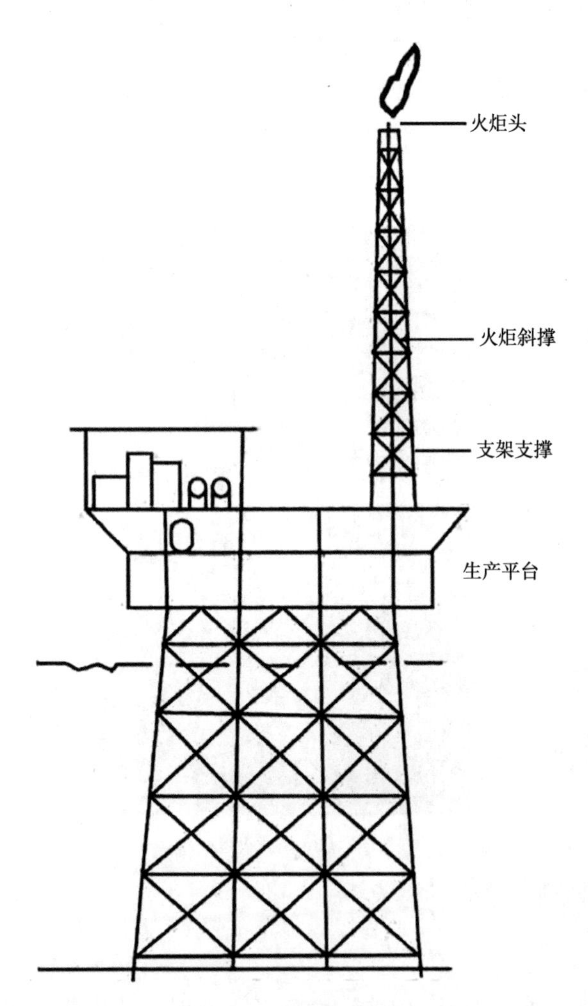

图 11.17　支架支撑火炬

11.7.10.2　支架支撑火炬

由支架支撑的火炬（图 11.17）是海上最常见的火炬塔。它们提供了最小的占地面积（四腿设计）和固定支架，这是海上火炬的关键设计参数，通常在空间有限且泄放量适中的情况下使用。由支架支撑的火炬的缺点是可能泄漏原油到平台上、对直升机着陆的干扰以及更高强度的热辐射。

11.7.10.3　桥式支撑火炬

在桥式支撑的火炬（图 11.18）中，生产平台与专门用于火炬结构的单独平台相连。桥梁的长度可达 600ft，桥梁支架的间距通常约为 350ft。

11.7.10.4　远程火炬

远程火炬（图 11.19）位于通过海底泄压管线与主平台连接的单独平台上。远程火炬的主要缺点是，任何液体携带或水下冷凝都会被困在连接管线的低洼处。

11.7.11　火炬筒设计要点

确定火炬筒尺寸和成本的重要设计标准包括火炬头直径和出口气流速度、压降、火炬筒高度、气体扩散限制、侧风引起的火焰变形和辐射等。

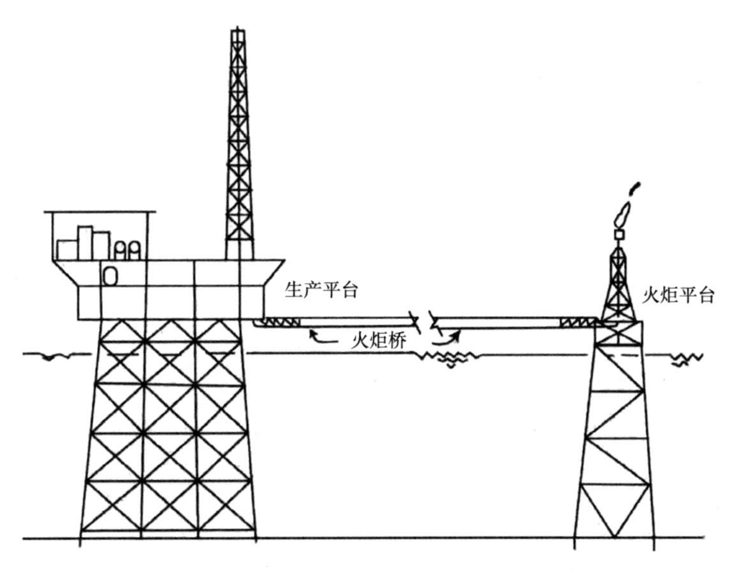

图 11.18　桥式火炬结构

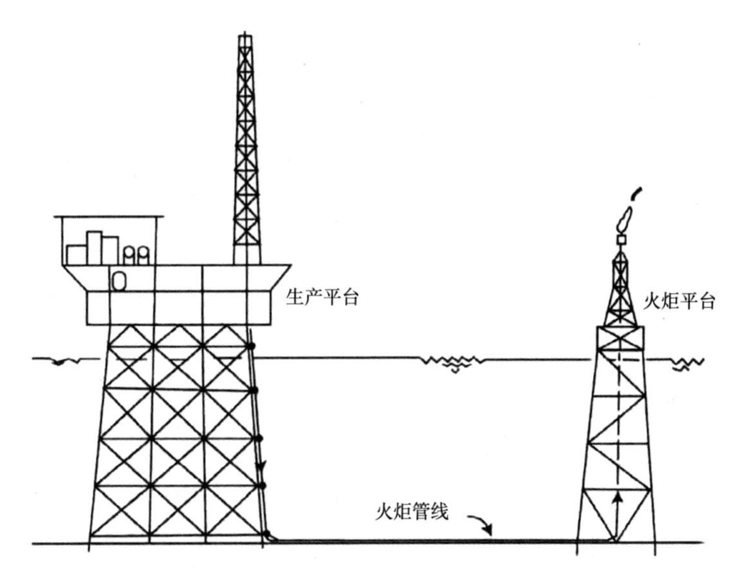

图 11.19　带海底泄压管的远程火炬

11.7.11.1　火炬头直径和出口气体流速

火炬头直径应提供足够大的出口速度，以便火焰从火炬头上升起，但不能太大，太大会使火炬爆裂。通常，火炬直径和气体速度由火炬供应商确定。它们是根据气体速度确定尺寸的，压力降也应考虑。

11.7.11.2　火炬头直径

低压火炬在顶峰、短时间、不频繁（紧急释放）情况下的流速为 0.5*Ma*；正常条件下为 0.2*Ma*。其中马赫数等于在相同的温度和压力下的气体速度与声速的比值，是无单位的数值。这些 API 521 建议是保守的[6]。一些供应商正在为紧急情况下 0.8*Ma* 的速率尝试设计“实用型”的火炬。对于高压火炬头，大多数制造商提供的“声波”火炬运行非常稳定并且燃烧彻底；然而，它们确实给火炬系统带来了更高的反作用力。无烟火炬的大小应根据其无烟操作的条件而定。

11.7.11.2.1 确定流速

气体声速按式（11.2）计算：

$$V_S=\left(\frac{1720kTZ}{S}\right)^{1/2} \tag{11.2}$$

气体流速按式（11.3）计算：

$$V=\frac{60Q_gTZ}{d_i^2p_{CL}} \tag{11.3}$$

放空系统末端的临界流动压力计算公式按式（11.4）计算：

$$p_{CL}=\frac{(2.02)\ Q_g}{d_i^2}\left[\frac{TS}{k(k+1)}\right]^{0.5} \tag{11.4}$$

式中 d_i——管道内径，in；

k——比热容比，C_P/C_V；

p_C——火炬头临界压力，≥14.7psia；

Q_g——气流速度，$10^6ft^3/d$；

S——相对密度；

T——温度，°R；

V——气体速度，ft/s；

V_S——声波速度，ft/s；

Z—标准条件下的气体压缩系数，其中空气=1，psi^{-1}。

11.7.11.3 压力降考虑

压力降小于2psi时，放空用效果最好。如果出口速度过小，会引起热腐蚀损伤。此外，气体燃烧变得相当缓慢，火焰受风的影响很大。火炬头下风侧的低压区可能导致燃烧的气体沿火炬头向下吸入10ft或以上距离。在这种情况下，尽管火炬头的顶部8~10ft内材质通常是由耐腐蚀材料制成的，放空气体中的腐蚀性物质也会加速腐蚀火炬头。

对于传统（明管）火炬，火炬总压降的估计值为1.5速度压头，这个值的大小由火炬头直径决定。压力降按式（11.5）确定：

$$\Delta p_W=\frac{\rho_gV^2}{(2g)\ (144)}=\frac{\rho_gV^2}{9274} \tag{11.5}$$

式中 g——重力加速度，32.3ft/s^2；

V——气体速度，ft/s；

Δp_W——末端的压降，inH_2O；

ρ_g——气体密度，lb/ft^3。

图11.20为用于确定火炬头直径的“快速观察”诺模图。

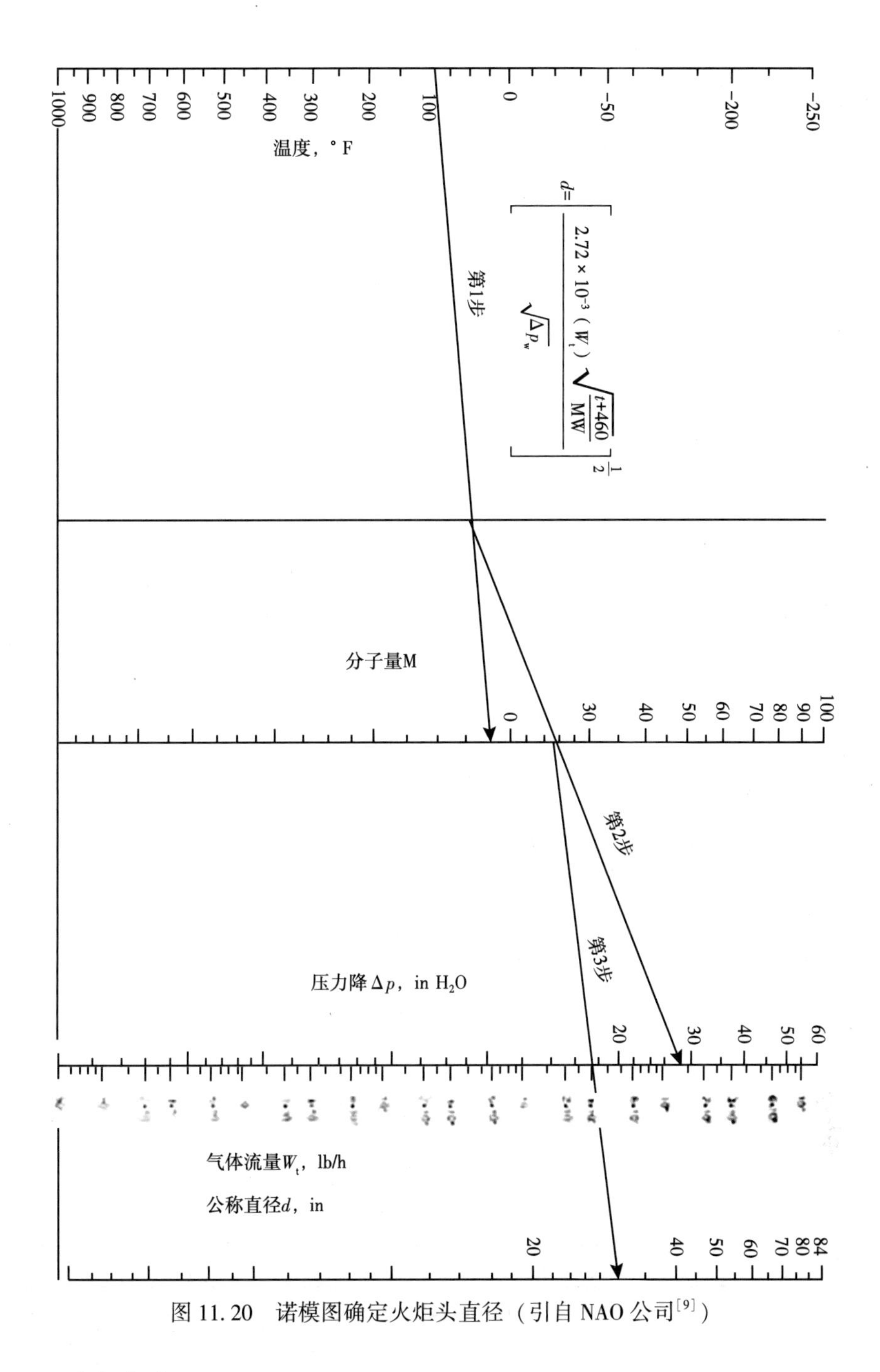

$$d=\left[\frac{2.72\times10^{-3}(W_t)\sqrt{\frac{t+460}{MW}}}{\sqrt{\Delta p_w}}\right]^{\frac{1}{2}}$$

图 11.20 诺模图确定火炬头直径（引自 NAO 公司[9]）

11.7.11.4 火炬高度

火炬高度一般是根据火焰产生的辐射热强度确定的。火炬的位置应确保紧急和长期泄放的热辐射都是可接受的，并且如果火焰熄灭，碳氢化合物和硫化氢可以充分扩散。火炬的结构也应坚固，能够承受风、地震和其他各种荷载。API RP 521，附录 C 提供了计算火炬塔尺寸的指导[6]。

哈耶克和玻尔兹曼方程（见 API RP 521）可用于确定从火炬到暴露于热辐射的物体的最小距离。

$$D=\left(\frac{\tau EQ}{4\pi K}\right)^{0.5} \tag{11.6}$$

式中 D——火焰中点到至受热点的最小距离，ft；

E——辐射率；

k——允许辐射强度，Btu/（h·ft²）；

Q——火炬释放总热量（较低的加热值），Btu/h；

τ——辐射系数，由式（11.7）确定。

表 11.4 辐射率表

组分	辐射率
甲烷	0.11~0.15
丁烷	0.22~0.33
天然气	0.19~0.23

注：引自 API RP 521[6]。

表 11.2 显示了允许的辐射水平，表 11.4 显示了组分的辐射率。湿度将表 11.5 中的辐射率降低一个 τ 系数，其定义为

$$\tau=0.79\left(\frac{100}{r}\right)^{1/16}\left(\frac{100}{R}\right)^{1/16} \tag{11.7}$$

式中 r——大气相对湿度；

R——火炬中心至受热点的距离，ft；

τ——辐射系数，取值范围 0.7~0.9。

表 11.5 允许的热辐射水平①

条件	允许热辐射，Btu/（h·ft²）		
	RP 521	工业方法	NAO
操作人员不经常到达的地方，停留时间几秒钟内	5000	5000	—
操作人员操作路径，停留时间几秒钟内	3000	1200	—
设备永久暴露	5000	1000	3000
应急操作时间达到 1min 的区域	2000	—	—
应急操作时间达到几分钟的区域	1500	—	1500
操作人员持续暴露区域	500	300	440

注：数值假设存在 200~300Btu/（h·ft²）的额外热辐射。火炬通常设计热辐射在 200~500Btu/（h·ft²）之间。引自 API RP 521[6]。

11.7.11.5 气体扩散限制

在某些情况下，可能需要根据污染物在大气中的扩散情况来确定火炬的高度。如果需要，当地政府管理部门通常会有一个首选的计算方法。

11.7.11.6 侧风引起的火焰变形

另一个要考虑的因素是侧风对火焰的影响，它改变了至火焰中心的距离。考虑工厂的位置时，火焰的中心被认为是所有辐射热释放的来源。图 11.21 给出了侧风作用的近似曲线。

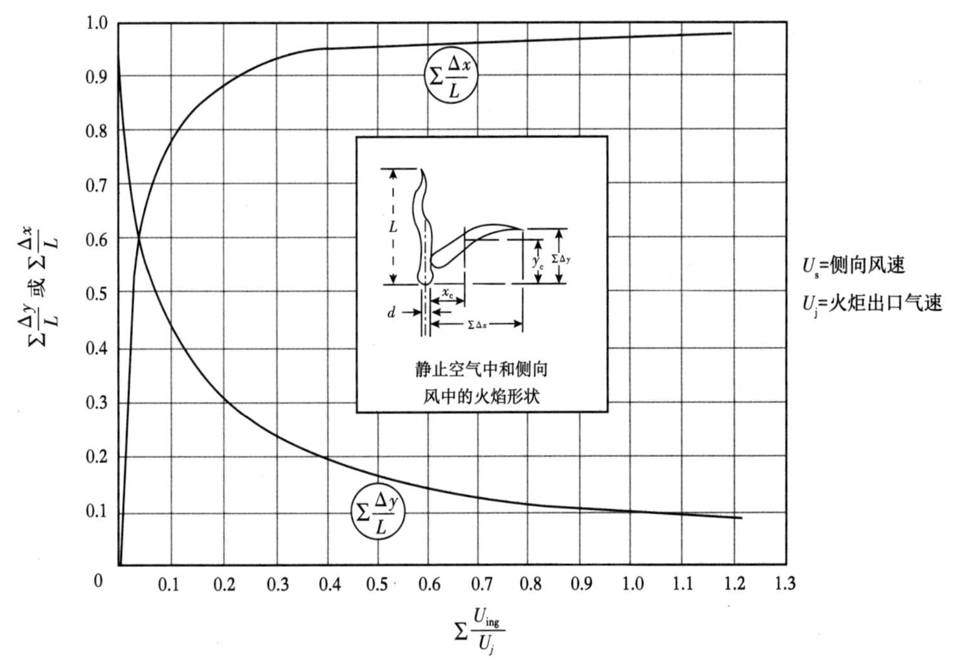

图 11.21　由于侧风对火炬喷射速度的影响引起火焰变形的近似结果（引自 API[6]）

11.7.11.7　热辐射考虑

许多参数会影响火炬发出的热辐射量，包括火炬头的类型、声速或亚声速（HP 或 LP）、辅助或非辅助设施；产生的火焰辐射率或火焰长度；气体流量；气体热值；火炬气出口速度；火炬头方向；风速以及空气中的湿度水平。

热辐射计算有多种设计方法。最常见的方法是 API 示例方法和 Bruztowski 和 Sommers 方法。这两种方法都在 API RP 521 附录 C[6] 中列出。这些方法对于简单的低压火炬（常规火炬）计算是相当精确的，但是对于产生短而强的火焰的高效声速火炬头，这些方法不能精确地建模。API RP 521 的第四版建议，制造商的专有计算应该用于高效率的声速火炬头[6]。

11.7.11.8　吹扫气

吹扫气在上游注入放空汇管的和主要支管，以维持每个支管的富烃气，然后注入场外泄压系统，并注入火炬塔。气体体积通常足以保持以下速度：密度密封为（），动密封为 0.4ft/s，开放式火炬为 0.4～3ft/s。RP 521 指出，在火炬头 25ft 处，氧浓度不能大于 6%[6]。当有足够的 PSV 泄漏或工艺排气来维持所需的反压力时，可不注入吹扫气。

11.7.12　放喷池

放喷池可以处理挥发性液体。它们必须足够大，能够容纳最大的紧急火焰长度，并且必须有泄放阀和泵（如果需要的话）来处理积水。火焰应该朝向下方，引火装置应该是可靠的。由于风对火焰中心影响的不确定性，建议在计算所需的燃烧端距离上增加 50ft 或 25%长度。放喷池应至少在 200ft 的安全线外。应设置围栏或其他防护的措施，使动物和人员远离 1200Btu/（h・ft^2）的潜在热辐射区。

11.7.13　放空设计

放空管的尺寸必须考虑热辐射、速度和扩散。

11.7.13.1 热辐射

放空管的位置应确保燃烧辐射水平可接受。

11.7.13.2 泄放速度

放空口必须有足够的速度将空气与放空气混合，以使混合浓度低于释放的喷射控制部分的可燃极限。放空口的尺寸应适合至少 500ft/s（最小 100ft/s）的出口速度。研究表明，速度为 500ft/s 或更高的气体有足够的喷射能量，并与空气产生涡流混合，并将根据以下方程式排放气体。

$$\frac{W}{W_o}=0.264\left(\frac{Y}{D_i}\right) \tag{11.8}$$

式中 W——距离尾管末端 y 处的蒸气—空气混合物的重量（质量）流量；

W_o——泄放装置排出物的重量（质量）流量，单位与 W 相同；

Y——沿着尾管轴线在 W 处计算的距离；

D_i——尾管直径，单位与 Y 相同。

由式（11.8）可知，典型烃类泄放气被稀释至可燃极限下限的 Y 距离排放管末端约 120 倍直径。只要喷流形成，就不用担心在火炬下面会有大量易燃气体。从图 11.22 至图 11.24[6] 可以确定到可燃浓度极限的距离。水平极限距离为 30 倍的尾管直径。

行业惯例是将放空管水平放置在距离任何结构 50ft 的位置外，使其高于排放点。火炬必须至少高出任何设备 10ft 以上距离或高出构筑物潜在火源 25~50ft 以上距离。因为火焰可以被点燃，所以必须设计好火炬的高度或者设置好坑道的位置，这样辐射水平才不会违反紧急情况。

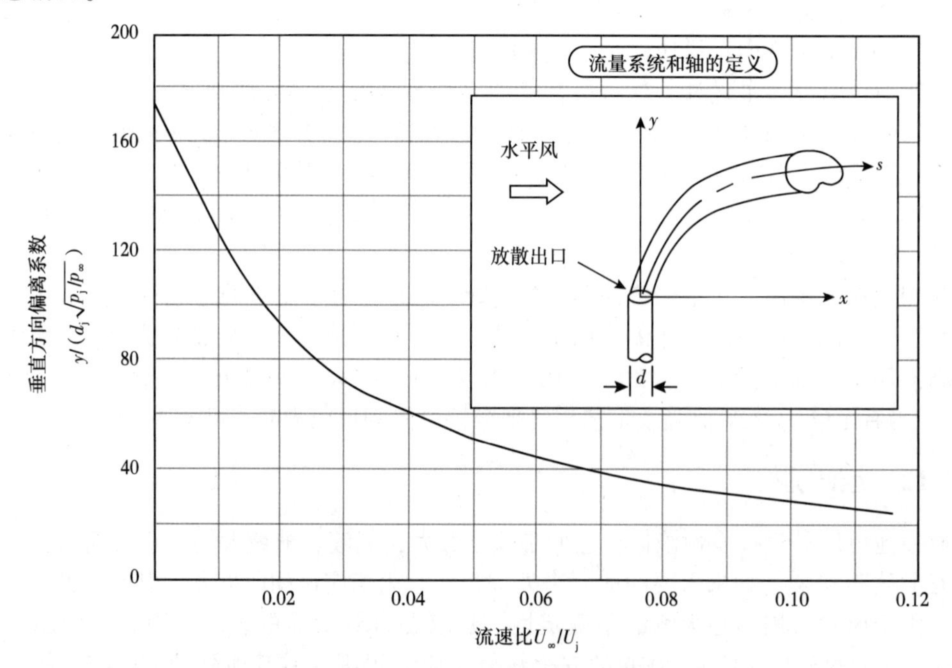

图 11.22 从扩散出口到贫可燃浓度区域的最大顺风垂直距离（石油气）（引自 API[6]）

U_∞—风速，ft/s（m/s）；U_j—出口喷射流速，ft/s（m/s）；y—垂直距离，ft（m）；

p_j—顶部出口内部的流体密度，lb/ft³（kg/m³）；p_∞—环境空气密度，lb/ft³（kg/m³）；

d_j—火炬头内径（喷出口直径），ft（m）；a_y—距离系数乘以 $d_j\ (p_j/p_\infty)^{1/2}$

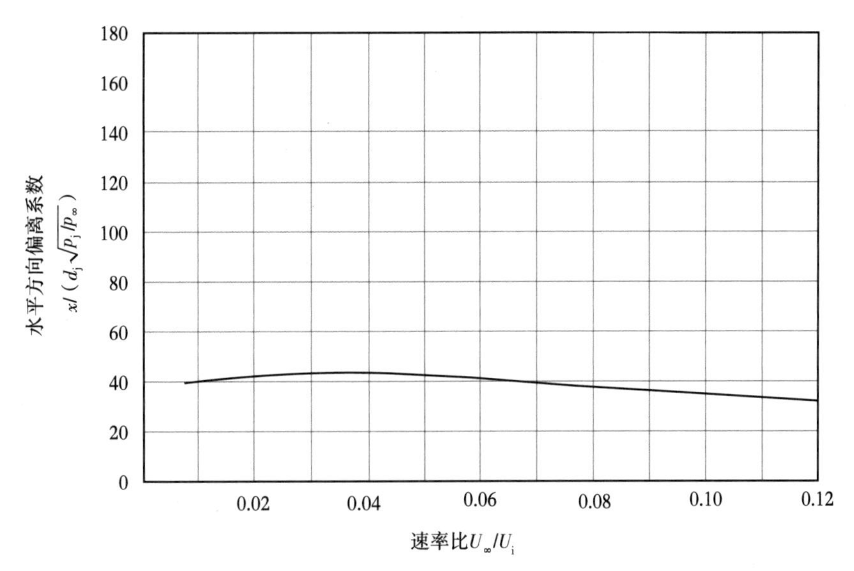

图 11.23　从扩散口到贫可燃性浓度区域的最大顺风水平距离（石油气）（引自 API[6]）

X—水平距离，ft（m）　a_X—距离系数乘以 d_j（p_j/p_∞）$^{1/2}$

注：上述变量的命名及流量系统和轴的定义如图 11.22 所示。

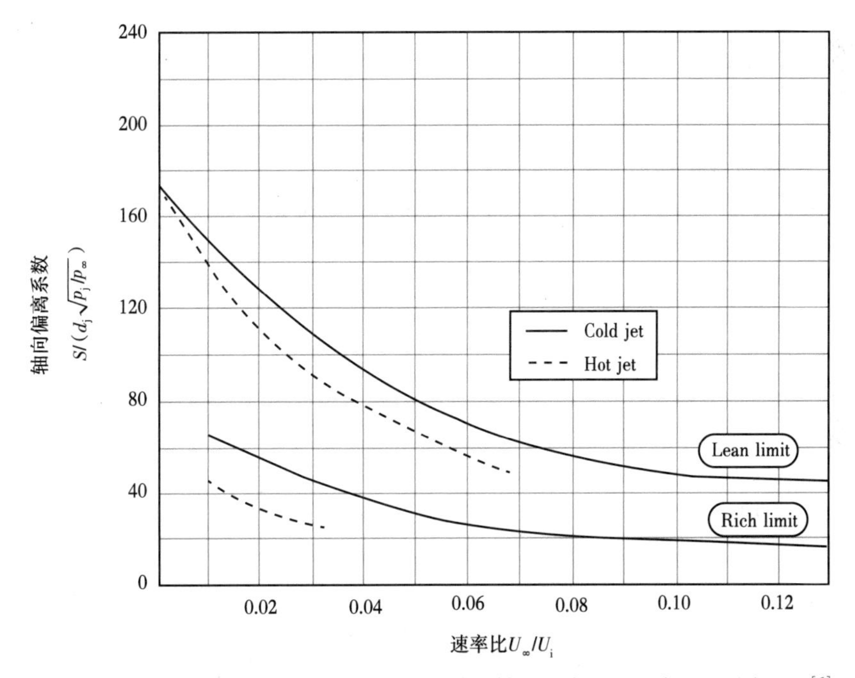

图 11.24　到贫可燃浓度区和富可燃浓度区域的轴向距离（石油气）（引自 API[6]）

S—水平距离，ft（m）　x_S—距离系数乘以 d_j（p_j/p_∞）$^{1/2}$

注：上述变量的命名及流量系统和轴的定义如图 11.24 所示。

11.7.13.3　放散

放空口必须设置在适当的位置，以避免潜在的火源。低速放空口的扩散计算比较困难，应由熟悉最新计算机程序的专家进行建模。如果气体中含有 H_2S，这些排气口的位置非常关键，因为即使在人员能够接触到的水平上浓度很低，也可能是危险的。在紧急点火时，应检查低速放空口的位置是否有热辐射。

SI 公制转换系数				
Btu	×	1.055 056	E+00	=kJ
Btu/h	×	2.930 711	E+01	=W
ft	×	3.048*	E-01	=m
ft/s	×	3.048*	E-01	=m/s
ft/s^2	×	3.048*	E-01	=m/s^2
ft^2	×	9.290 304	E-02	=m^2
ft^3	×	2.831 685	E-02	=m^3
℉	×	(℉-32) /1.8		=℃
lb	×	4.535 924	E-01	=kg
lb/ft^3	×	1.601 846	E+01	=kg/m^3
psi	×	6.894 757	E+00	=kPa
°R			°R/1.8	=K

参考文献

[1] RP 14C, Analysis Design, Installation and Testing of Basic Surface Safety Systems for Offshore Production Platforms, API, Washington, DC, 1998.

[2] RP 14J, Design and Hazards Analysis for Offshore Production Facilities, API, Washington, DC, 1993.

[3] "Pressure Vessels", Boiler and Pressure Vessel Code, Sec. 8, Divisions 1 and 2, ASME, New York City, New York, 2001.

[4] RP 520, Design and Installation of Pressure Relieving Systems in Refineries, Part I, seventh ed., API, Washington, DC, 2000.

[5] RP 520, Design and Installation of Pressure Relieving Systems in Refineries, Part 2, fifth ed., API, Washington, DC, 2003.

[6] RP 521, Guide for Pressure-Relieving and Depressuring Systems, fourth ed., API, Washington, DC, 1999.

[7] "Occupational Safety and Health Standards," regulations, 29 CFR Part 1910, U. S. Dept. of Labor, Washington, DC, March 1999.

[8] STD, Venting Atmosphere and Low-Pressure Storage Tanks—Non refrigerated and Refrigerated, fifth ed., API, Washington, DC, 1999.

[9] STD 2000, NAO Inc., Philadelphia, Pennsylvania, 1999.

术　　语

d　公称直径，L，in
d_i　管道内径，L，in
D　从火焰中心到被考虑目标的最小距离，L，ft
D_t　尾管直径，L，与 Y 的单位相同
E　热辐射率
G　重力加速度，32.3ft/s^2
H　液封高度，L，ft
k　比热容比，C_p/C_v
K　辐射水平，Btu/（h·ft^2）
L　火焰长度，L，ft
p　最大允许压头背压，M/Lt^2，psi
p_{cl}　火炬头临界压力，M/Lt^2，psia
Q　放热（较低的热值），Btu/h
Q_g　气体流量，10^{6}ft^3/d
r　相对湿度
R　距火焰中心的距离
S　相对密度
t　温度，T，℉
T　温度，T，℉
$\underline{U}_x$　横向风速，L/t
$\underline{U}_j$　烟囱出口流速，L/t
v_{gas}　气体速度，L/t，ft/s
v_s　声速，L/t，ft/s
W　尾管末端距离 Y 处蒸汽/空气混合物的质量流量
W_f　气体流量，lb/h
W_o　泄放装置质量流量，与 W 单位相同
x_c　从耀斑尖端到火焰中心的水平距离，L
y_c　从耀斑尖端到火焰中心的垂直距离，L
Y　计算 W 的尾管轴线上的距离，L
Z　标准条件下的气体压缩因子，Lt^2/M，psi^{-1}
Δx　横向风引起的水平火焰偏移，L，ft
Δy　侧向风引起的垂直火焰偏移，L，ft
Δp_w　水头压降，ft
ρ　封闭液体密度，lb/ft^3
ρ_g　气体密度，lb/ft^3
τ　传热强度分数

附录 A

案例研究：膜/胺混合工艺，Grissik 天然气处理厂[1-3]，印度尼西亚，苏门答腊

A.1 简介

康菲石油公司负责运营 Grissik 天然气处理厂（图 A.1），其代表的合作伙伴包括：

Talisman 能源公司

Pertamina 公司

BPMigas 公司

该处理厂的设计基础：

（1）处理气量：$310\times10^6ft^3/d$；

（2）CO_2 浓度：

进厂：30%，

出厂：3%。

图 A.1　Grissik 天然气处理厂

A.2 工艺概况

CO_2 脱除工艺采用膜/吸附混合工艺。该混合工艺包括：

（1）膜分离；

（2）胺吸收。

工艺流程简图如图 A.2 所示。

变温吸附（TSA）单元有三个功能：

（1）脱除重烃，降低外输气烃露点；

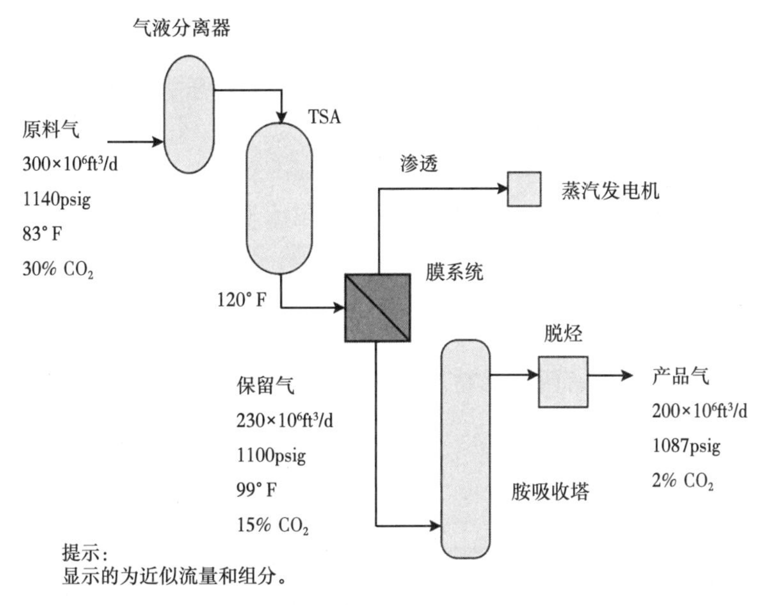

图 A.2 Grissik 工艺流程图

（2）膜分离的预处理；

（3）原料气脱水。

膜胺混合工艺的优点：

（1）该工艺只设置单级膜并回收利用渗透气的热能；

（2）通过采用单级膜，膜分离过程无需使用循环压缩机；

（3）该工艺避免了烃的损失；

（4）该工艺将富含 CO_2 的渗透气用作常压燃烧器的燃料气，生产用于胺再生的蒸汽。

经过膜分离的天然气：

（1）含有约 15%的 CO_2；

（2）送入胺吸收塔，CO_2 含量降至约 3%。

富含 CO_2 的渗透气在接近大气压下离开膜分离装置。

A.3 背景

A.3.1 考虑因素

该工厂于 1998 年投入使用，投产伊始未建设变温吸附（TSA）膜预处理装置。最初的试油数据表明天然气中重烃含量极少，但随后的测试显示情况并非如此。

A.4 首次试运行

最初安装的膜预处理装置包括以下组件：

（1）聚结过滤器；

（2）不可再生的吸附保护床。

1998 年投产时，重烃（C_{10+}，芳香烃和环烷烃）的含量高于预期。高含量的重烃导致膜处理能力急剧下降（在一个月内下降至初始能力的 20%~30%）。为了保持其生产能力，需要经常更换膜分离元件。

安装 TSA 装置：康菲石油公司重新评估了除重烃工艺，包括以下内容：

（1）空冷工艺；

（2）可再生吸附工艺。

空冷工艺：认为该工艺在操作压力下无效，因为其操作压力接近原料气相包络图的临界凝析压力。

可再生吸附工艺：可再生吸附工艺采用 Engelhard 公司的一个短循环工艺，使用 Sorbead（硅胶）作为吸附剂。该工艺使用多个并联吸附床来除掉天然气中的重烃、芳香烃和环烷烃。

吸附过程结束后紧随硅胶高温再生过程。变温吸附单元（TSA）由 Kvaerner 公司于 2000 年制造并安装。TSA 单元旨在减少 C_{6+} 组分（包括芳香烃和环烷烃），从而可以长时间保持膜性能。该单元设计有两列装置，每列装置有 4 座吸附塔（图 A.3）。

图 A.3　Engelhard 变温吸附装置

A.5　变温吸附单元（TSA）的设计和性能

A.5.1　设计考虑因素

由于原料气中含有大量重烃（C_{10+}，芳香烃和环烷烃），TSA 装置有两个功能，解决了两个问题：

（1）TSA 装置预处理脱除重烃，从而延长膜的寿命；

（2）TSA 装置脱除重烃，使得外输天然气满足烃露点要求。

由于水与吸附剂的黏附力强于烃类，TSA 单元同时实现了对膜分离单元入口原料气的脱水处理。

A.6　变温吸附单元（TSA）工艺描述

每列装置设计处理规模为 $225\times10^6 ft^3/d$。每列装置由四个内部隔热的吸附塔组成，该系统可实现：

（1）最大限度地降低循环过程中的热质消耗；

（2）减少系统的热负荷。

TSA 工艺流程图（图 A.4）描述了其工艺过程：经过两相分离器之后，进料气体被分成两路。大部分原料气经调压阀降压后进入 2 台并联的吸附塔进行吸附。吸附塔的循环时间按 50%交错运行，天然气经连续处理后进入下游的膜分离单元。另一部分未经过调压阀的原料气，用于冷却和加热再生另外 2 座吸附塔。

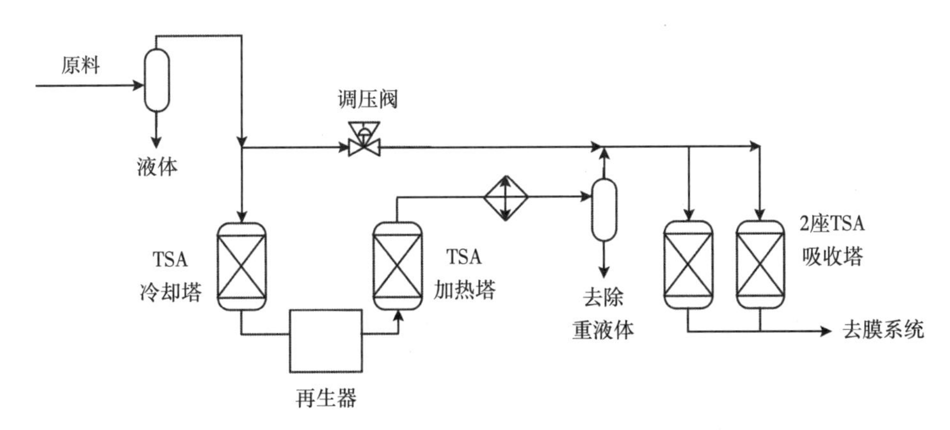

图 A.4 TSA 工艺流程图

再生流程包括以下设备：

（1）处于冷却阶段的塔；

（2）再生加热器；

（3）处于加热/再生阶段的塔；

（4）热回收换热器；

（5）再生气体分离器。

每座吸附塔配有 6 个阀门，以实现以下功能：

（1）吸附；

（2）加热/再生；

（3）冷却；

（4）吸附。

湿原料气用作再生气，并且由于设置了调压阀，不需要压缩机来对再生气进行增压。

吸附过程中，水和 C_{6+}组分在 1100psig 和 90～140℉下被吸附。在 C_{6+}饱和之前，吸附塔切换到加热模式，并加热到 540℉。

内部绝热层可实现仅加热吸附剂而不加热钢外壳。在加热过程中，水蒸气和 C_{6+}组分被解吸，然后对含有水和 C_{6+}的再生气进行冷却，可实现：

（1）在再生气分离器中除去冷凝的液体；

（2）天然气重烃从系统中分离出来（仅在此阶段）。

A.7 设置 4 塔流程的原因

为了保障吸附床内气体流速保持在合理区间，工作的吸附塔数量取决以下两个因素：

（1）气体流量；

（2）吸附塔直径。

塔的最大直径受运输条件限制，Grissik 公司设计建造了 4 座塔，工作时始终有 2 座塔并联吸附。此设计实现以下功能：

（1）内部绝热层最大限度地减少所需的再生气量；

（2）再生塔和冷却塔串联运行，从而减少再生气量；

（3）吸附塔并联运行保障处理后气体组分相对均衡。

在单塔系统中，由于某些组分的穿透，气体组分在循环开始和结束时是不同的。此外，在4塔系统中，2座工作吸附塔具有以下优点：

（1）2座工作塔有半个吸附循环的补偿时间；

（2）装置出口气体的组分比单塔系统更稳定。

A.8　循环时间和吸附穿透

循环时间由吸附塔设计中C_{6+}组分的穿透行为决定，直接影响处理后气体的烃类组分。循环时间通过理论分析和现场实验确定。典型的循环包括2h吸附，1h加热，1h冷却。参见表A.1。

表A.1　吸附塔时间分配表

1#塔	2h吸附	1h加热	1h冷却
2#塔	1h冷却	2h吸附	1h加热
3#塔	1h加热	1h冷却	2h吸附
4#塔	1h吸附	1h加热	1h冷却，1h吸附

A.9　热量回收

TSA系统中1个塔加热时另外1个塔同时在冷却。冷却气离开冷却塔后，再进加热器继续升温。循环开始阶段，冷却气接近所需的加热温度，此时几乎不需要补充额外热量。由于整座塔被冷却，冷却气被加热至540℉再生温度。冷却循环期间，随着冷却塔出口气温度逐步下降，需加热器将其加热至所需温度。

气—气热交换器：气—气热交换器用于回收被加热塔出口高温再生气携带的热量。在再生加热器之前，高、低温再生气进行换热（图A.4）。当冷却塔出口气体温度高于再生塔出口气体温度时，则旁路热交换器。

再生加热器：再生加热器采用火焰直接加热式设备。加热器的规格取决于循环周期内加热吸附固定床及解吸水和碳氢化合物所需的再生气量。

工厂于2000年10月重新投产后的TSA运行状况。

（1）TSA系统提高重烃脱除程度，从而保障分离膜的优异性能。

（2）TSA系统在降低烃露点方面的性能显著（表A.2）。

表A.2　TSA进出口气体烃露点

TSA进口气体	86℉@ 1150psig
TSA出口气体	−22℉@ 1115psig

相应的相包络曲线如图A.5所示。

使用质谱仪对TSA系统的进口和出口气体进行动态组分分析，图A.6中曲线为出口与入口烃浓度的比率。可见，C_6至C_8之间烃浓度急剧下降，较重的碳氢化合物基本上完全脱除。

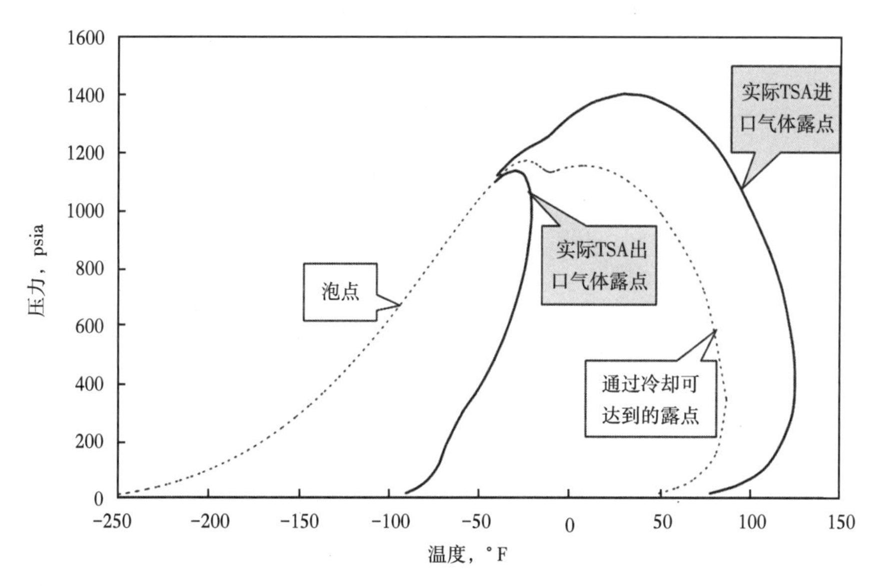

图 A.5　TSA 进出口气体的相包络曲线

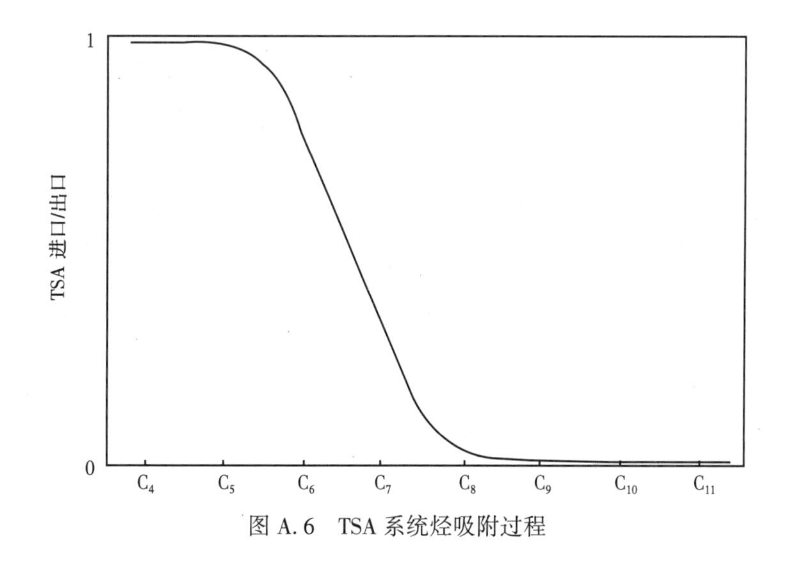

图 A.6　TSA 系统烃吸附过程

A.10　液化空气膜

聚酰亚胺中空纤维滤芯（图 A.7）可以高效地从烃类流体中分离掉 CO_2。分离膜系统由并联操作的多个过滤橇块（图 A.8）构成，每个过滤橇块包含多个水平过滤管。

每个过滤管包含多个滤芯（图 A.9），并具有以下特征：多个滤芯安装在一个管中，滤芯实际上并联运行。该工厂使用了 100 多个滤芯。

进料气体在靠近一端的进口进入过滤管并通过环形间隙轴向流到所有滤芯。每个滤芯由数十万个平行的中空聚酰亚胺纤维组成。进料气体进入滤芯内部的纤维壳，气体流经纤维的同时分离掉 CO_2，汇集到每个滤芯中心的同轴管（剩余物）。每个滤芯的剩余物轴向流动，并从过滤管的一端流出。

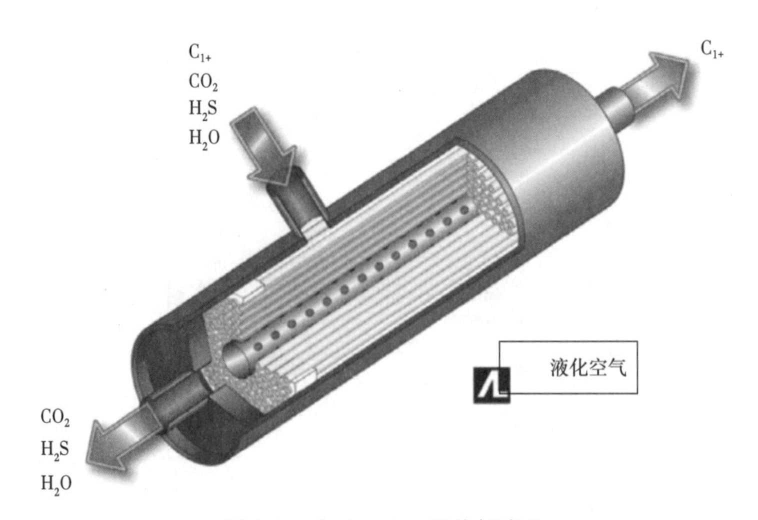

图 A.7　Air Liquide 天然气滤芯

图 A.8　包含液化空气滤芯的过滤橇块

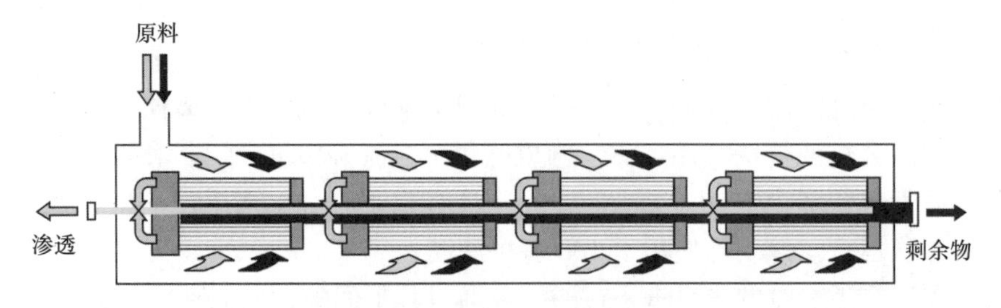

图 A.9　多个滤芯的流动状态

CO_2 选择性地渗透到纤维的孔中，然后轴向流动到每个元件末端的收集点（渗透物）。每个滤芯的渗透物汇集在同轴中心管并轴向流动，然后从过滤管的另一端流出。

A.11 膜的性能

典型操作条件：过滤膜橇块原料气直接来自变温吸附单元（TSA），进口温度在90到120℉之间，进口压力为1100psig。进料气体含有30%的二氧化碳。渗透压约为10psig，渗透气体供锅炉燃料用。

烃损失与时间的关系：聚酰亚胺膜的主要优点之一是它能够始终保持完整性，即使在重烃造成膜老化时也是如此。

如图A.10所示，膜的完整性是可靠的，并且自投产以来烃损失有所减少。图中所示烃损失的降低趋势表明膜的完整性没有降低，实际上膜的选择性表现为略微增强。膜的选择性增强与其渗透率的变化相关。

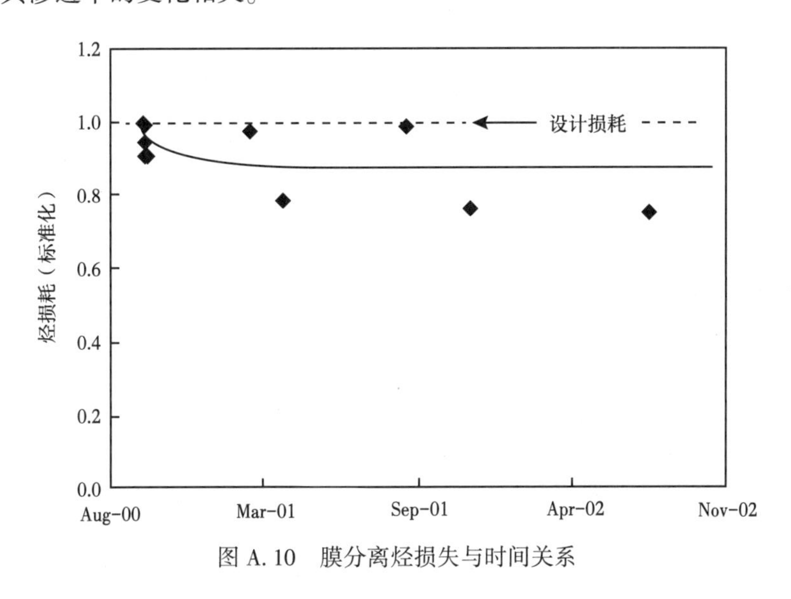

图A.10 膜分离烃损失与时间关系

2000年10月TSA系统投入使用后，其中1座膜分离橇更换了新的膜分离元件并跟踪其性能，膜的处理能力与时间的关系如图A.11所示。

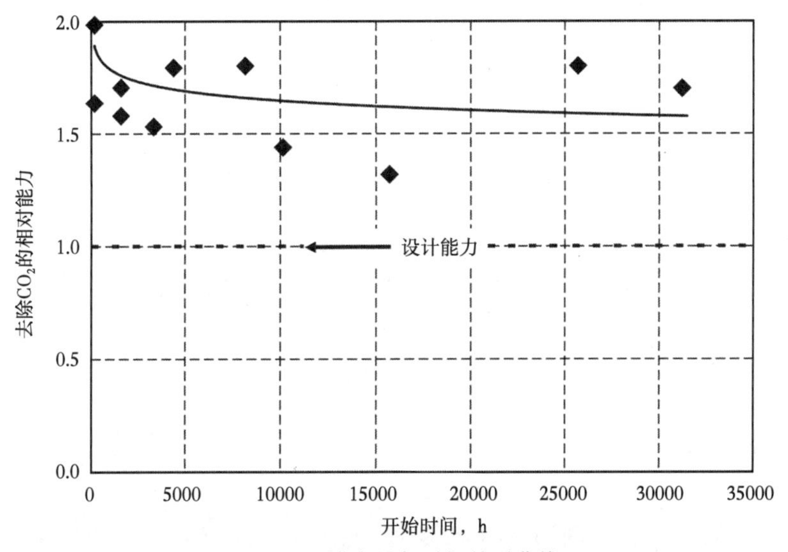

图A.11 膜容量与时间关系曲线

如图 A.11 所示。纵轴为“去除 CO_2（物质的量）的相对能力”，这是标准化的膜固有渗透性。初始处理能力远高于设计值，经过 10 年的运行，处理能力仍然高于设计值。据此可以推断，膜的实际寿命超过 12 年而无需更换。

TSA 系统和膜分离系统的优异性能使生产多年无故障运行，零维护，即一直未更换分离膜。由于维修其他设备或处理量变化，膜分离橇多次关闭并重新启动。虽然启动和停止或加压和减压循环对膜性能没有影响，但必须谨慎使用以避免反向加压。

A.12　渗透气/酸性气体的回收利用

该工厂内安装了两台废热锅炉，具有以下功能：废热锅炉从膜分离单元中回收低热值渗透气（150~250Btu/ft^3），渗透气的回收利用避免了烃类损失，同时采用单级膜即可满足要求，避免了建设第二级膜和配套的循环气压缩机。

废热锅炉用于焚烧胺单元脱除的酸性气体。辅助燃料系统用于弥补热值不足并稳定火焰。在渗透燃料或酸性气体进炉之前，炉温保持在 1600℉以上。较低的燃烧温度导致不完全燃烧及有毒气体排放。

废热锅炉由蒸汽汇管控制，通过调节每个汽包上的压力控制阀来实现。蒸汽汇管压力控制器信号输出给流量比控制器，从而调节渗透气体、燃料气体和燃烧空气的流量。燃料气流量设定为渗透气流量的 10%左右，同时控制燃烧空气以保障合适的燃烧比例，用 2%~5%过量空气确保完全燃烧。

废热锅炉在 150psig 和 348℉下产生高达 210000 lb/h 的蒸汽。蒸汽最大用户是胺系统，蒸汽释放的潜热用于加热再沸器，从而使酸性气体从胺溶剂中脱除。

A.13　胺系统

为满足天然气销售指标要求，采用胺系统来进一步降低天然气中 CO_2 和 H_2S 含量。

经过膜分离单元的天然气仍含有 15%的 CO_2，再进入吸收塔并与醇胺贫液［质量分数为 50%活化的甲基二乙醇胺（MDEA）］接触。用于吸收 CO_2 的活化 MDEA 溶液最大酸气负荷为 0.5mol 酸性气体/molMDEA。脱酸后气体中的 CO_2 体积含量在 2%至 5%之间（平均为 3%）。

吸收塔出来的醇胺富液在 75psig 压力下闪蒸，而后通过贫/富胺交换器加热，然后进再生塔，富液在重沸器内被蒸汽加热实现再生。再生塔使用的 150psig 蒸汽由燃烧渗透气的废热锅炉产生。胺系统存在的几个常见问题包括：

（1）吸收酸性气体强度和能力的降低；

（2）降解；

（3）发泡；

（4）重沸器内酸性气体解析过程中的 CO_2 腐蚀。

胺系统中发现的大多数问题都是由胺溶剂中存在污染物引起的，包括：

（1）热稳态盐；

（2）降解产品；

（3）注入化学品；

（4）碳氢化合物；

（5）固体颗粒。

热稳态盐和降解产物由醇胺分解和/或与其他污染物反应形成。在上游安装 TSA 系统和膜分离单元可解决上述问题。

（1）TSA 装置从原料气中除去重质烃，几乎消除了胺溶剂中的发泡风险。

（2）提供消泡剂注入系统以预防最坏情况。

膜分离单元减少 CO_2 含量也可能导致以下情况：

（1）再生过程中解析进程的发展；

（2）再生过程中的 CO_2 解析能力的减少；

（3）可能引发盐类形成或胺降解的污染物减少（污染物也可能通过补充水或醇胺时进入系统。）

胺单元出口甜气中通常含有 3%的 CO_2 和 2~4mg/L 的 H_2S（体积含量），而天然气销售合同规定值为 5%CO_2 和 8mg/LH_2S。在满足天然气销售产品指标要求的同时，通过采取一部分未经处理的气体与处理过的天然气掺混，可以增加系统的处理能力。

参考文献

[1] C. L. Anderson, A. Siahaan, "Case study: membrane CO_2 removal from natural gas, Grissik gas plant, Sumatra, Indonesia," Regional Symposium on Membrane Science and Technology, 2004, Johor Bahru, Malaysia.

[2] J. Malcolm, The Grissik gas plant. Hydrocarbon Asia 11: (2001); 36-38.

[3] C. L. Anderson, "Case study: Membrane CO_2 removal from natural gas," Regional Symposium on Membrane Science and Technology, 2004, Johor Bahru, Malaysia.

附录 B

案例研究：迪格比天然气厂加快生产溶剂更换

B.1　迪格比工厂

这家天然气厂由英国石油公司运营，位于路易斯安那州南部波因特库比教区。

该厂于 1970 年投产。表 B.1 给出了进料物流的组成。该厂二乙醇胺（DEA）单元输出的产品气二氧化碳含量低于 3%，硫化氢含量为 8mL/m^3。

表 B.1　典型进料流

组分	摩尔分数
CO_2	8.08
C_1	89.54
C_2	1.15
C_3	0.18
iC_4	0.08
nC_4	0.05
iC_5	0.05
nC_5	0.03
C_{6+}	0.57
N_2	0.27
H_2S，mL/m^3	40

该装置由两列组成，具有以下特点：第一列由 $150\times10^6ft^3/d$ 常规脱硫单元及 TEG 脱水单元组成，第 2 列只包含 $100\times10^6ft^3/d$ TEG 脱水单元。图 B.1 提供了工厂的鸟瞰图，第 1 列在图左上角。

图 B.2 为第一列工艺流程图。该工厂最初设计的处理气量为 $150\times10^6ft^3/d$。在脱硫装置中，第 1 列设计目标是从 $120\times10^6ft^3/d$ 的原料气中去除 95%酸性气体。$30\times10^6ft^3/d$ 原料气走脱硫装置的旁路，与处理后净化气混合，满足产品气二氧化碳和硫化氢指标要求，总气量达到 $150\times10^6ft^3/d$。旁路气体与外输气体混合前，采用不可再生的化学脱硫剂处理。1999 年，研究机构对该装置的性能进行了评估，结论如下：最大处理能力由 135～$140\times10^6ft^3/d$ 下降到 $135\times10^6ft^3/d$。当生产能力大于 $140\times10^6ft^3/d$ 时，该装置变得不稳定，需要 24 小时人工操作。

DEA 系统也存在一系列问题：DEA 溶液降解，重沸器污染严重。腐蚀探头表明腐蚀程度很高，再生单元受水力限制，无法完全脱除富液中的酸气。通常在贫液中 1molDEA 含有 0.6～0.7molCO_2。完全脱除酸气的贫液 1molDEA 中 CO_2 的含量应小于 0.02mol。高浓度低负荷及溶液降解产物通常会导致腐蚀和重沸器污染问题。若再生塔出来的 DEA 溶液中

图 B.1　迪格比天然气净化厂

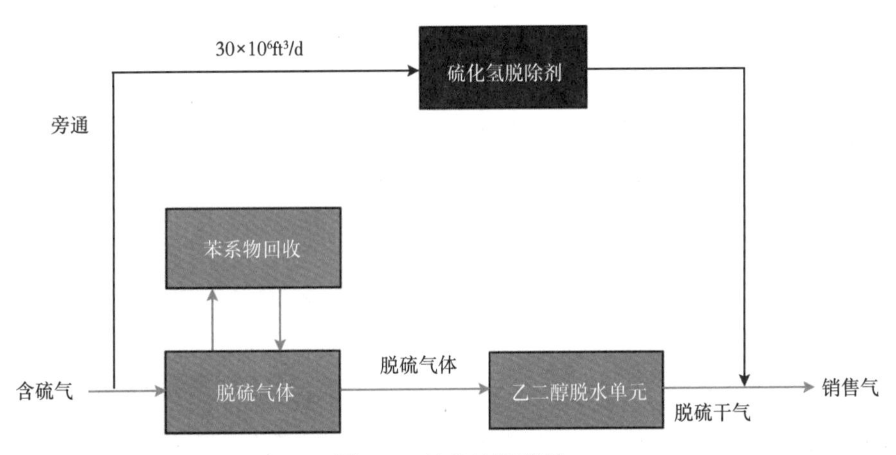

图 B.2　迪格比流程图

CO_2 负荷高，将会影响吸收塔对原料气中 CO_2 的脱除效果，导致脱硫单元出口天然气 CO_2 含量过高。该装置能力由原来的 $122.5\times10^6ft^3/d$ 处理和 $30\times10^6ft^3/d$ 旁路变成了 $122.5\times10^6ft^3/d$ 处理和 $13.5\times10^6ft^3/d$ 旁路，总外输气量只有 $135\times10^6ft^3/d$，CO_2 含量小于 3%。该厂采用 DEA 的运行情况见表 B.2。

表 B.2　DEA 操作记录

	1999 年 8 月	2000 年 7 月
进气流量，$10^6ft^3/d$	92.5	135.0
旁通气流量，$10^6ft^3/d$	0	13.5
进脱硫单元气体流量，$10^6ft^3/d$	92.5	122.5
进气压力，psia	994	1000

续表

	1999年8月	2000年7月
进气温度,℉	96	95
DEA循环, gal/min	680	953
DEA质量分数,%	30	33
贫液携带量, $molCO_2$/mol DEA	0.02	0.06
贫液温度,℉	113	110
重沸器负荷, 10^6Btu/h	39.5	50
出口二氧化碳含量,%	2.72	2.75

B.2 消除瓶颈

英国BP公司考虑了几种方法来提高装置处理能力。该装置进料流量为$120\times10^6ft^3/d$，这一条件限制了接触塔的水力计算，也限制了BP的选择。流量大于接触塔的水力极限，将出现以下问题。

胺液的损失量增加、腐蚀加剧、操作稳定性变差。

为了最大限度地提高产量，BP公司需最大限度提高旁路气体流量以及吸收塔脱除CO_2的量。同时在高流量下减少工厂的故障次数，原因如下：该工厂是16h/d无人值守，无人值守期间的故障增加了下班操作员的呼叫次数和成本。

每一次计划外停产都会对生产井产生不利影响。BP决定将现有的DEA化学溶剂替换为Dow的AP-814型号，主要原因是AP-814可以吸收更多的二氧化碳且需要的再生负荷较低。溶剂更换需要工厂采取以下有限措施：不进行大范围系统清洗，24h内完成清洗，无机械设备更换。

B.3 更换准备工作

图B.3中为胺液接触塔（后面）、再生塔、苯系物（BTEX）回收装置。图B.4为胺系统工艺流程图。

图B.3 脱硫单元包括接触塔、再生塔和BTEX回收装置

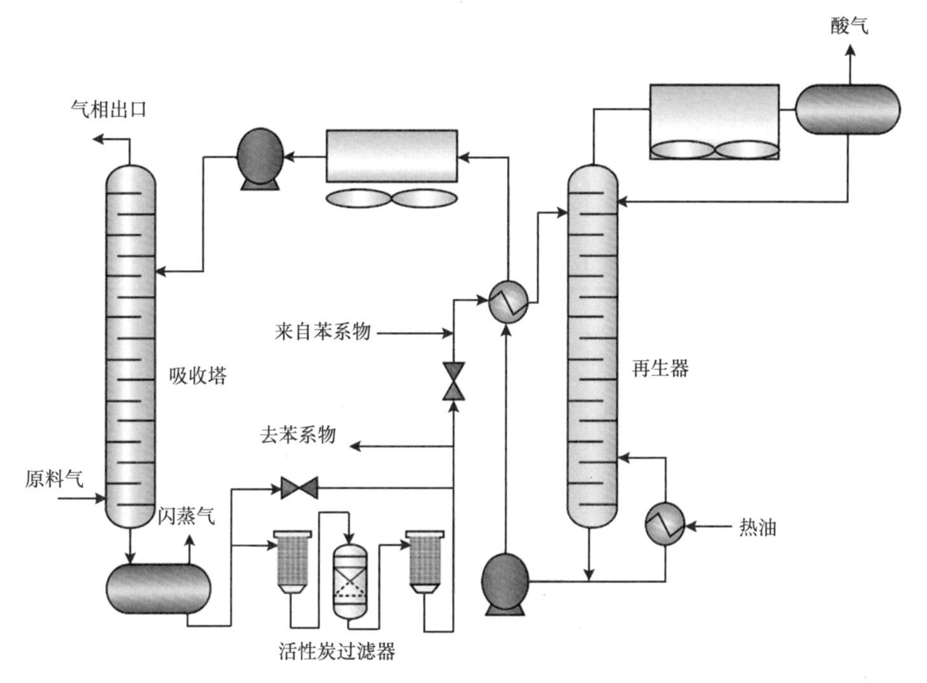

图 B.4　胺脱硫单元

BP 公司在溶剂更换前对吸收塔和再生塔进行伽马射线扫描。工程分析显示重沸器污染严重。两名清洁人员模拟关闭，确保重沸器管束及时清洁。清洁过程包括以下步骤：清洗过程是限时的。在停止生产前，清洗严重污染的管束花费了 32h。DEA 被从储罐中取出，并运往另一工厂。对储罐进行清洗并充入质量分数 45%AP-814 溶液。引入两种消泡剂，一种消泡剂用于消除启动过程中由固体产生的泡沫。一种消泡剂用于正常操作。最初的工厂配置中没有消泡剂连续加注流程，因此本次改造增加了消泡剂加注泵。

过程安全管理注意事项：对变更资料进行管理并进行了过程危害分析评审。

机组人员考虑了溶液变化所需进行的评估，包括一些特殊事项，如冶金、设备配置、泵设计、垫片材料等。结果表明不需要进行额外的更改。对该生产单元操作人员及工程师的培训应注重以下方面：新的实验方法、操作技术、新型 AP-814 溶剂操作参数以及重沸器清洗和溶剂更换设计的时间。

B.4　更换

2000 年 10 月，DEA 从脱硫单元移除，尽可能从所有低点排净。胺装置用排水冲洗。活性炭过滤器被清空，并重新填充。启动后气相色谱分析显示，系统中只剩下微量的 DEA。

溶剂交换：首先安装进、出口隔离阀将重沸器隔离。若隔离阀泄漏，重沸器必须清洗后才能加入新的溶剂。若隔离阀没有泄漏，更换溶剂则需 4h。

重沸器管束结垢：对重沸器管束进行水力清理以去除碳酸铁铁垢。32h 后停止水力清理，重沸器投入使用。20%~30%管子仍然被碳酸铁堵塞。更换溶液及水力清理管束之后，装置平稳启动，即使重沸器管束仍存在结垢现象，装置仍可以多产生 $20\times10^6ft^3/d$ 天然气。

B.5 工厂操作

该工厂投产6周后，油井产量才开始下降。表B.3显示了在此期间收集的性能数据。考虑到这种新溶剂可以去除更多的二氧化碳，甜气可以与未经处理的气体混合。新的溶剂允许更多的操作灵活性，有助于补偿不太理想的重沸器性能。受损井于2001年3月重新启动，由于重沸器管束状况恶化，装置无法高流量运行。对重沸器管束进行了更换。表B.4为装置使用AP-814的性能参数与采用DEA的历史最好性能参数的对比。

表B.3 Ucarsol溶剂操作性能

进气流量，$10^6ft^3/d$	131
旁通气流量，$10^6ft^3/d$	26
气体流量去吸收，$10^6ft^3/d$	105
进气压力，psia	1001
进气温度，℉	102
溶剂循环，gal/min	840
溶剂浓度，$molCO_2/mol$ 溶剂	0.03
溶剂温度，℉	117
重沸器负荷，$10^6Btu/h$	48
输出端二氧化碳量，%	0.01

表B.4 优化后性能对比

	DEA（33%，质量分数）	Ucarsol（45%，质量分数）
最大处理能力，$10^6ft^3/d$	136	150
溶剂循环，gal/min	953	1000
溶剂中二氧化碳负荷，$molCO_2/mol$ 溶剂		
贫液	0.06	0.03
富液	0.49	0.46
再沸器负荷，$10^6Btu/h$	50	50
处理后二氧化碳含量：		
吸收塔出口，%	2	0.2~0.5
掺混旁路后产品气，%	3	<2.5

管束更换后，工厂达到设计能力，若天然气价格在3美元/10^3ft^3，增加的产量可使销售收入增加约3400万美元/a。

工厂性能：尽管产能增加，采用AP-814的操作费用（OPEX）却保持不变。理论上，如果去除其他瓶颈，胺单元处理能力可以达到$168\times10^6ft^3/d$。实验室测试没有显示任何溶剂降解。溶剂损失较低。脱硫脱碳装置运行了几个月，溶剂浓度没有明显变化。

在更换过程中，将10μm过滤器更换为5μm过滤器。5μm过滤器更换频率减半。腐蚀程度降低。根据腐蚀监测探头显示，使用DEA时腐蚀程度较大，目前腐蚀程度较低。溶剂中的低铁含量和5μm过滤器的良好性能证实了这一结论。在上游故障及生产井停产期间，脱硫装置运行良好。

B.6 BTEX 排放

Digby 天然气中含有一些苯系物（BTEX)。苯系化合物具有很高的燃烧值。但针对人体接触和空气排放，对 BTEX 是要严格管控的。苯系物在胺类溶剂中的溶解度高于其他烃类。该工厂有一个从富胺中脱除苯系物的装置，具有以下特点：该装置位于富液流程中富胺液过滤器和贫胺液换热器之间。采用燃料气作为剥离剂，与 BTEX 及同时剥离出来的其他气体，均被回收并输送至工厂的燃气系统。

在 AP-814 溶剂较高循环量下对 BTEX 脱除装置进行了评估。评估结果表明，更换 DMA 对 BTEX 脱除装置的负荷影响不大。

参 考 文 献

[1] R. Hlozek, S. Jackson, Louisiana gas plant hikes production with quick solvent changeout Oil and Gas J. 101: 2003; 52-55 June 9.

单位和换算系数

1in = 25.4mm

1ft = 0.3048m

1gal（英）= 4.546092dm^3 1gal（美）

= 3.785412m^3

1bbl（美）= 158.9873m^3

1lb = 0.45359237kg

1gr = 64.78891mg

1lb/ft^3 = 16.01846kg/m^3

1dyn = 10^{-5}N

1atm = 101325Pa

1at = 98066.5Pa

1lbf/in^2 = 6894.757Pa

1St = $10^{-4}m^2$/s

1cst = 1mm^2/s

1hp = 745.6999W

1Btu = 1055.056J

1cal_{15} = 4.1855J

1cal_{IT} = 4.1868J

1$Mcal_{IT}$ = 1.163kW·h

1cal_{th} = 4.184J

1Btu/h = 0.2930711W

1Btu/(s·ft·°R) = 6230.64W/(m·K)

1Btu/(s·ft^2·°R) = 20441.7W/(m^2·K)